Albrecht Rost

Grundlagen der Elektronik

Albrecht Rost

Grundlagen der Elektronik

Ein Einstieg für Naturwissenschaftler und Techniker

3., vollständig überarbeitete und ergänzte Auflage

Akademie Verlag

Autor:
Dr. sc. nat. Albrecht Rost
Martin-Luther-Universität Halle-Wittenberg
Fachbereich Physik

1. Auflage 1983
2. Auflage 1988
3. Auflage 1992

Lektorat: Heike Höpcke
Manuskriptbearbeitung: Dipl.-Phys. Ursula Heilmann
Herstellerische Betreuung: Christoph Neubarth

Die Deutsche Bibliothek — CIP-Einheitsaufnahme

Rost, Albrecht:
Grundlagen der Elektronik : ein Einstieg für Naturwissenschaftler und Techniker ; mit 44 Tabellen / von Albrecht Rost. — 3., vollst. überarb. und erg. Aufl. — Berlin : Akad.-Verl., 1992
ISBN 3-05-501545-2

Der Akademie Verlag ist ein Unternehmen der VCH-Verlagsgruppe.

Gedruckt auf säurefreiem Papier

Satz, Druck und Bindung: Druckhaus „Thomas Müntzer“ GmbH, O-5820 Bad Langensalza
Umschlaggestaltung: Eckhard Steiner
Printed in the Federal Republic of Germany

Vorwort zur 3., vollständig überarbeiteten und ergänzten Auflage

Diskussionen mit Kollegen, Erfahrungen aus der Ausbildung und nicht zuletzt die schnelle Entwicklung der Halbleiterelektronik ließen den Wunsch nach einer gründlichen Überarbeitung dieses Lehrbuches entstehen. Ein entsprechender Vorschlag des Verlages wurde daher gern aufgegriffen. Andererseits hat die gute Aufnahme dieses Buches die Richtigkeit seiner Grundkonzeption bestätigt, so daß diese unverändert beibehalten wurde. Um trotz der erforderlichen Ergänzungen den Umfang nicht über Gebühr zu vergrößern, wurde die Darstellung gestrafft, wo es ohne Einbuße an Verständlichkeit möglich war.

Die eingearbeiteten Änderungen und Ergänzungen betreffen nur in wenigen Fällen die Art der Darstellung; vielmehr berücksichtigen sie vor allem wichtige neue Entwicklungen und Anwendungen. So wird z. B. im Abschnitt 3.3 außer auf herkömmliche Leitungen auch auf Streifenleiter und Lichtleiter eingegangen, und im Abschnitt 4.7 werden zusätzlich zum Thyristor die praktisch wichtigen Bauelemente Diac und Triac behandelt. Das Kapitel 5 wurde um eine Anzahl vor allem für die Meßtechnik wichtiger Schaltungen erweitert und durch einen Abschnitt über elektronische Regler ergänzt.

Fast vollständig neu entstand Kapitel 6. Das war unerläßlich, um der Bedeutung der Digitaltechnik gerecht zu werden. Es soll den Leser systematisch in Grundlagen und Anwendungen der digitalen Schaltungstechnik einführen, wobei der Aufbau moderner Halbleiterschaltkreise ebenso behandelt wird wie der Entwurf einfacher Schaltungen und die Funktionsweise komplexer Baugruppen. Den Abschluß bildet ein Abschnitt über Aufbau und Arbeitsprinzip des Mikrorechners.

Dem Verlag, insbesondere der Lektorin Frau Heike Höpcke sei für die wiederum gute Zusammenarbeit gedankt. Mein besonderer Dank gilt Herrn Dipl.-Phys. R. Tannert, der durch viele Gespräche und Hinweise sowie mit einer kritischen Durchsicht des Manuskriptes einen wesentlichen Beitrag zu der nun vorliegenden Fassung geleistet hat.

Halle, im November 1991

Albrecht Rost

Vorwort zur 1. Auflage

Das vorliegende Lehrbuch entstand auf der Grundlage der Vorlesung „Elektronik“, die vom Verfasser für Studenten der Fachrichtung Physik im zweiten Studienjahr an der Martin-Luther-Universität Halle-Wittenberg gehalten wird. Es ist daher vor allem für Studierende dieser Fachrichtung gedacht. Das Buch soll die Lehrveranstaltungen zum Fachgebiet Elektronik begleiten und den Studenten die Möglichkeit geben, den in Vorlesungen, Übungen und Praktika dargebotenen Stoff nachzuarbeiten und zu vertiefen. Darüber hinaus wendet es sich aber auch an alle Studierenden sonstiger naturwissenschaftlicher und technischer Fachrichtungen sowie an andere Interessierte, die sich selbständig Grundkenntnisse auf dem Gebiet der Elektronik erarbeiten möchten oder ergänzende Literatur zu entsprechenden Lehrveranstaltungen benötigen.

Gemäß dieser Zielstellung war von vornherein eine Beschränkung sowohl hinsichtlich der Stoffauswahl als auch in der Breite der Darstellung geboten. Diese wird durch den Lehrplan für das Fachgebiet Elektronik der Grundstudienrichtung Physik vorgenommen. Auswahl und Gliederung des dargebotenen Stoffes lehnen sich daher eng an diesen Lehrplan an. In sechs Kapiteln werden folgende Themen behandelt:

Darstellung von Signalen im Frequenz- und Zeitbereich,

Schaltungen mit passiven Bauelementen,

Leitungen,

Halbleiterbauelemente,

Analogschaltungen,

Digitalschaltungen.

Dabei wurde, soweit das im Rahmen dieses Buches möglich war, auch neueren Entwicklungen z. B. auf dem Gebiet der Halbleiterbauelemente oder der digitalen Schaltkreise Rechnung getragen. Daß andererseits bei dieser Auswahl die Behandlung der Elektronenröhre vollständig entfallen mußte, entspricht der Tatsache, daß sie in der Anwendung bereits überwiegend durch Halbleiterbauelemente verdrängt worden ist. Trotzdem geht der Stoff teilweise erheblich über die Forderungen des Lehrplans hinaus, vor allem hinsichtlich der Beschreibung der physikalischen Grundlagen. Damit möchte der Verfasser sowohl die unterschiedlichen Vorkenntnisse und Interessen des

Lesers berücksichtigen als auch den Übergang zu weiterführenden Darstellungen bestimmter Teilgebiete erleichtern. Trotz aller bei dem begrenzten Umfang dieses Buches erforderlichen Vereinfachungen hat sich der Verfasser stets um eine physikalisch exakte und anschauliche Darstellung bemüht und sich besonders auf die praktische Anwendung orientiert.

Die Schreibweise der Gleichungen und Symbole entspricht im wesentlichen den Empfehlungen der „Internationalen Union für reine und angewandte Physik (I.U.P.A.P.)". Eine Zusammenstellung der wichtigsten Formelzeichen und Symbole soll das Arbeiten mit dem Buch erleichtern; darüber hinaus werden aber alle Symbole im Text eingeführt und erläutert. Mathematische Ableitungen werden so ausführlich gebracht, daß sie der Leser leicht nachvollziehen kann. Die Gleichungen sind, soweit erforderlich, kapitelweise fortlaufend numeriert.

Die in den Textteil einbezogenen Rechenbeispiele sind nicht als Übungsaufgaben gedacht, sondern dienen ebenso wie die Abbildungen der Erläuterung und Veranschaulichung des behandelten Stoffes. Abbildungen und Rechenbeispiele sind in den einzelnen Kapiteln fortlaufend numeriert. Bei den besprochenen Schaltungen wurde ein Bezug auf konkrete Bauelemente (z. B. durch die Angabe von Daten oder Kennlinien) vermieden, da dieser aufgrund der schnellen Entwicklung bald nicht mehr aktuell wäre. Die wenigen in dieses Buch aufgenommenen Angaben über technische Daten und Kennlinien von Bauelementen dienen lediglich als Beispiele zur Veranschaulichung allgemeiner Aussagen.

Auf ein ausführliches Literaturverzeichnis wurde verzichtet und nur eine Auswahl an ergänzender und weiterführender Literatur angegeben, die aber keine Wertung darstellt und keinerlei Anspruch auf Vollständigkeit erhebt. Aus der großen Zahl der zu diesem Fachgebiet erschienenen Bücher wurden nur deutschsprachige und davon in erster Linie die berücksichtigt, die dem Verfasser zur Verfügung standen.

Abschließend sei es dem Verfasser gestattet, allen den Kollegen zu danken, die die Arbeit an diesem Buch durch Diskussionen und kritische Hinweise gefördert haben. Sein besonderer Dank gilt Herrn Prof. Dr. H. Pfeifer und Herrn Dr. W. Heink von der Karl-Marx-Universität Leipzig, Herrn Dr. G. Borchhardt, jetzt VEB Keramische Werke Hermsdorf, und Herrn Dipl.-Phys. G. Tschuch von der Martin-Luther-Universität für die kritische Durchsicht des Manuskriptes und die sich daraus ergebenden Hinweise. Gedankt sei aber auch dem Akademie-Verlag, insbesondere der Lektorin Frau Dipl.-Phys. U. Heilmann, für die gute Zusammenarbeit und die Bemühungen, allen Vorstellungen und Wünschen hinsichtlich der Gestaltung dieses Buches gerecht zu werden.

Halle, im März 1982

Albrecht Rost

Inhalt

1 Darstellung von Signalen im Frequenz- und Zeitbereich

1.1 Grundgesetze des elektrischen Stromkreises

In diesem Abschnitt werden zunächst zeitunabhängige Verhältnisse vorausgesetzt. Die Grundgesetze des elektrischen Stromkreises lassen sich dann besonders einfach und anschaulich gewinnen. Wie in den späteren Abschnitten gezeigt wird, läßt sich ihre Gültigkeit jedoch auch auf quasistationäre Stromkreise ausdehnen.

1.1.1 Elektrischer Strom — Ohmsches Gesetz

Wird in einem Leiter ein elektrisches Feld $\vec{E}$ aufrechterhalten, indem man z. B. die Enden des Leiters mit den Klemmen einer Batterie verbindet, so wirkt auf alle geladenen Bausteine des Leitermaterials eine Kraft $\vec{F} = q\vec{E}$, wenn man mit q ihre Ladung bezeichnet. Die frei beweglichen Ladungsträger werden durch diese Kraft verschoben. Sie führen eine beschleunigte Bewegung aus, bis sie mit einem anderen Baustein zusammenstoßen und dabei ihre Geschwindigkeit nach Betrag und Richtung ändern. Makroskopisch erscheint die Bewegung der Ladungsträger als Bewegung in einem reibenden Medium mit einer konstanten mittleren Driftgeschwindigkeit $\vec{v}_D$, deren Größe der Feldstärke proportional ist:

$$\vec{v}_D = \mu \vec{E}\,. \tag{1.1}$$

Der Proportionalitätsfaktor μ heißt Beweglichkeit. Die Gesamtheit der sich unter Feldeinfluß pro Zeiteinheit durch einen Leiterquerschnitt A bewegenden Ladungsträger ergibt einen elektrischen Strom $\bar{I} = \Delta Q/\Delta t$. Aus Abb. 1.1 liest man ab, daß in der Zeit Δt alle im Volumen $A v_D \Delta t$ enthaltenen Ladungsträger durch den zur Feldrichtung senkrechten Querschnitt A fließen; sie bilden die Ladung

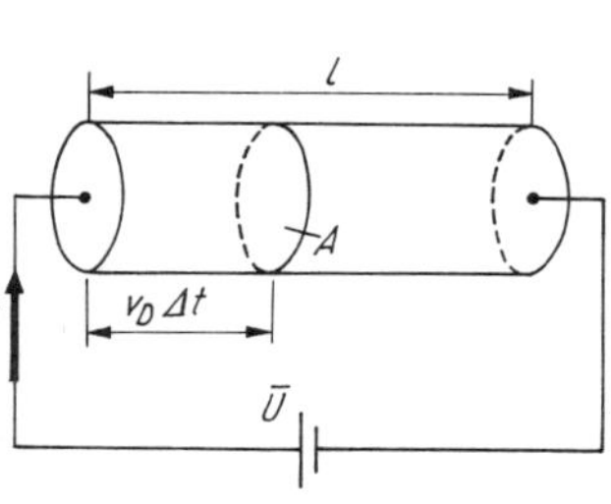

Abb. 1.1. Zur Berechnung der Leitfähigkeit

$\Delta Q = q n_l A v_D \, \Delta t$ (n_l Anzahl der freien Ladungsträger pro Volumeneinheit = Trägerdichte). Für den Strom gilt also

$$\bar{I} = \frac{\Delta Q}{\Delta t} = n_l q A v_D = n_l q \mu A E = n_l q \mu \frac{A}{l} \bar{U} . \tag{1.2}$$

Bei konstanter Beweglichkeit μ und Trägerdichte n_l besteht demnach ein linearer Zusammenhang zwischen Stromstärke und Spannung, den man als Ohmsches Gesetz bezeichnet. Man schreibt das in der Form

$$\bar{I} = \frac{1}{R} \bar{U} = \sigma \frac{A}{l} \bar{U} . \tag{1.3}$$

Die Größe $R = l/\sigma A$ nennt man den ohmschen Widerstand, der außer von den geometrischen Abmessungen des Leiters von der Leitfähigkeit $\sigma = n_l q \mu$ des Leitermaterials abhängt.

Bei Metallen ist die Anzahl der freien Ladungsträger (Elektronen) praktisch unabhängig von der Temperatur gleich der Anzahl der Atome. Dagegen hängt die Driftbeweglichkeit von der Temperatur ab, da mit wachsender Temperatur die Wahrscheinlichkeit von Zusammenstößen zwischen den freien Elektronen und den Gitterbausteinen zunimmt. Die Leitfähigkeit nimmt also mit wachsender Temperatur ab, d. h., der Widerstand nimmt zu.

Bei Eigenhalbleitern steigt, wie später noch gezeigt werden wird, die Trägerdichte mit wachsender Temperatur stark an. Dieser Einfluß überwiegt die Abnahme der Beweglichkeit, so daß ihre Leitfähigkeit mit steigender Temperatur wächst.

Die Abhängigkeit des elektrischen Widerstandes von der Temperatur beschreibt man in erster Näherung durch den linearen Temperaturkoeffizienten

$$\mathrm{TK}_R = \frac{1}{R} \frac{\Delta R}{\Delta \vartheta} . \tag{1.4}$$

Tabelle 1
Leitfähigkeit und mittlerer linearer Temperaturkoeffizient einiger Metalle und Legierungen (bei 20 °C)

Stoff	$\sigma \Big/ \frac{10^6}{\Omega\mathrm{m}}$	$\mathrm{TK}_R \Big/ \frac{10^{-3}}{\mathrm{K}}$
Gold	45,5	4,0
Aluminium	35,9	4,0
Silber	61,3	4,1
Kupfer	57	3,87
Platin	9,3	3,98
Nickelin	3,33	0,11
Manganin	2,32	0,02
Konstantan	2,0	−0,03
Chromnickel	1,0	0,2

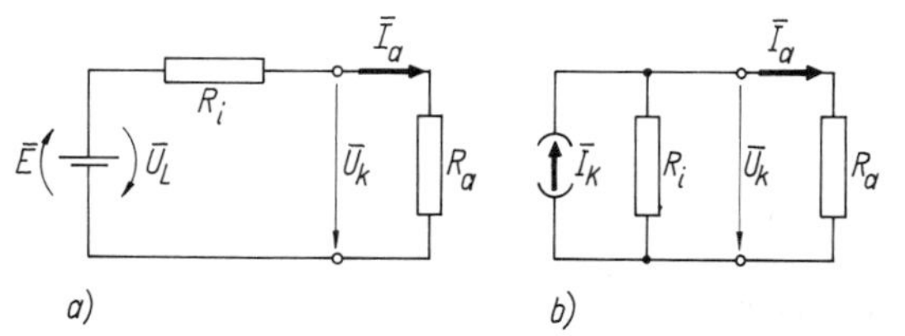

Abb. 1.2. Grundstromkreis aus Quelle und Lastwiderstand
a) mit Spannungsquelle, b) mit Stromquelle

In Tab. 1 sind die Leitfähigkeiten und Temperaturkoeffizienten einiger für die Elektrotechnik wichtiger Metalle und Legierungen zusammengestellt.

1.1.2 Quellen

Als Quellen bezeichnet man Anordnungen, die an einen Verbraucher elektrische Energie abgeben können; sie weisen eine elektromotorische Kraft (EMK) auf. Wenn die Spannung an den Klemmen der Quelle nur wenig vom Widerstand des Verbrauchers abhängt, spricht man von Spannungseinspeisung im Laststromkreis und bezeichnet die Quelle als Spannungsquelle. Ist dagegen der von der Quelle gelieferte Strom weitgehend lastunabhängig, spricht man von Stromeinspeisung und bezeichnet die Quelle als Stromquelle.

Einer realen Spannungsquelle schreibt man einen Innenwiderstand R_i zu, der zur EMK in Reihe geschaltet ist. Entnimmt man der Spannungsquelle einen Laststrom $\bar{I}_a$, tritt an R_i ein Spannungsabfall auf, und ihre Klemmenspannung $\bar{U}_k$ sinkt (Abb. 1.2a)):

$$\bar{U}_k = \frac{R_a}{R_i + R_a}\,\bar{U}_L = \frac{1}{1 + R_i/R_a}\,\bar{U}_L\,. \tag{1.5}$$

Als Leerlaufspannung $\bar{U}_L$ bezeichnet man die im Leerlauf ($\bar{I}_a = 0$) gemessene Klemmenspannung. Sie kann mittels Kompensationsverfahren gemessen werden und entspricht dem Betrage nach der EMK $\bar{E}$, wird aber im Gegensatz zu dieser durch die gleiche Zählpfeilrichtung wie die Klemmenspannung gekennzeichnet (vom höheren zum niedrigeren Potential; s. Abb. 1.2a)). Man erkennt aus (1.5), daß Spannungseinspeisung vorliegt, wenn $R_i \ll R_a$ ist; bei $R_i \to 0$ spricht man von einer idealen Spannungsquelle.

Auch eine reale Stromquelle hat einen Innenwiderstand, der aber der Quelle parallelgeschaltet ist (Abb. 1.2b)). Die Quelle wird durch ihren Kurzschlußstrom $\bar{I}_K$ gekennzeichnet. Für den Strom über den Lastwiderstand R_a gilt damit

$$\bar{I}_a = \frac{R_i}{R_i + R_a}\,\bar{I}_K = \frac{1}{1 + R_a/R_i}\,\bar{I}_K\,. \tag{1.6}$$

Man erkennt aus (1.6), daß bei $R_i \gg R_a$ Stromeinspeisung vorliegt; bei $R_i \to \infty$ spricht man von einer idealen Stromquelle.

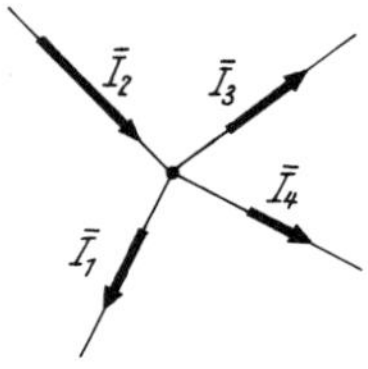

Abb. 1.3. Zur 1. Kirchhoffschen Regel

1.1.3 Kirchhoffsche Regeln

In einem verzweigten Stromkreis lassen sich unmittelbar aus der Anschauung zwei Gesetze ableiten, die man als Kirchhoffsche Regeln bezeichnet. In einem Verzweigungspunkt (Knoten) gilt die 1. Kirchhoffsche Regel (Knotenpunktsatz):

Die Summe aller zufließenden Ströme ist gleich der Summe aller abfließenden Ströme.

Dieses Gesetz folgt aus dem Satz von der Erhaltung der Ladung. Bezeichnet man alle zum Knoten fließenden Ströme als positiv und die abfließenden als negativ, dann gilt (Abb. 1.3)

$$\sum_n \bar{I}_n = 0 \,. \tag{1.7}$$

Für einen geschlossenen Strompfad mit beliebig vielen Verzweigungspunkten (Masche) gilt die 2. Kirchhoffsche Regel (Maschensatz):

Die Summe aller Spannungsabfälle ist gleich der Summe der Leerlaufspannungen.

Dieses Gesetz folgt aus der 2. Maxwellschen Gleichung. Bei den Spannungsabfällen müssen die an den Innenwiderständen der Spannungsquellen mit berücksichtigt werden. Zählt man die im (willkürlich festgelegten) Umlaufsinn der Masche fließenden Ströme positiv, entgegengesetzt fließende negativ und die Leerlaufspannungen ebenfalls entsprechend, gilt (s. Abb. 1.4)

$$\sum_m \bar{I}_m R_m = \sum_n \bar{U}_n \,. \tag{1.8}$$

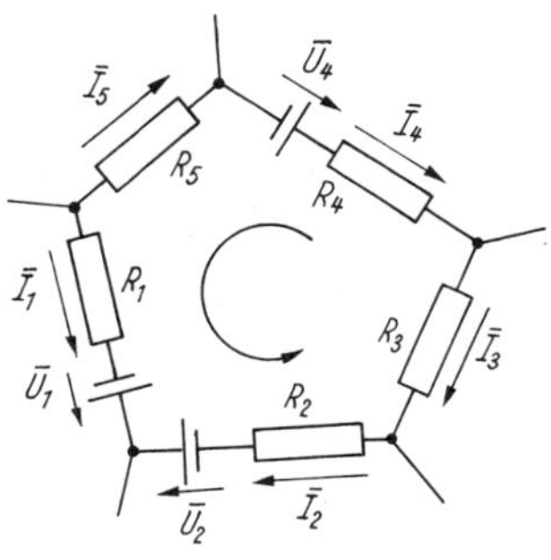

Abb. 1.4. Zur 2. Kirchhoffschen Regel

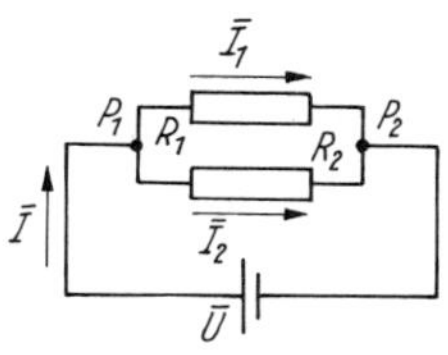

Abb. 1.5. Parallelschaltung von Widerständen

Die Anwendung dieser Regeln auf beliebige Stromkreise liefert mindestens so viele Gleichungen wie Unbekannte und gestattet daher die vollständige Berechnung der Ströme bei gegebenen Spannungen und Widerständen. Die berechneten Ströme haben dann einen positiven Wert, wenn ihre anfangs willkürlich festgelegte Richtung mit der tatsächlichen übereinstimmt. Als besonders wichtige Fälle seien die Parallel- und die Serienschaltung von Widerständen betrachtet. Für die Parallelschaltung (Abb. 1.5) ergibt sich im Knoten P_2 aus (1.7)

$$\bar{I}_1 + \bar{I}_2 - \bar{I} = 0 . \tag{1.9}$$

Zwischen den beiden Knoten P_1 und P_2 liegt die Spannung $\bar{U}$, d. h., es ist

$$\bar{I}_1 = \frac{\bar{U}}{R_1}, \qquad \bar{I}_2 = \frac{\bar{U}}{R_2} .$$

Andererseits wird $\bar{I}$ durch den aus der Parallelschaltung von R_1 und R_2 resultierenden Widerstand R_{ges} bestimmt:

$$\bar{I} = \frac{\bar{U}}{R_{\text{ges}}} .$$

Dann folgt aber nach Einsetzen in (1.9) und Division durch $\bar{U}$

$$\frac{1}{R_{\text{ges}}} = \frac{1}{R_1} + \frac{1}{R_2}, \tag{1.10}$$

d. h., bei Parallelschaltung addieren sich die reziproken Teilwiderstände zum reziproken Gesamtwiderstand. Da man den Kehrwert eines Widerstandes als Leitwert bezeichnet, kann man auch sagen: Bei Parallelschaltung addieren sich die Teilleitwerte zum Gesamtleitwert, d. h., es ist

$$G_{\text{ges}} = G_1 + G_2 . \tag{1.10a}$$

Da sich in einer Parallelschaltung die Ströme umgekehrt wie die Widerstände verhalten, folgt für den Zusammenhang zwischen Teilströmen und Gesamtstrom die Stromteilerregel. So gilt z. B. für den Teilstrom $\bar{I}_1$ in Abb. 1.5

$$\bar{I}_1 = \frac{R_2}{R_1 + R_2} \bar{I} . \tag{1.11}$$

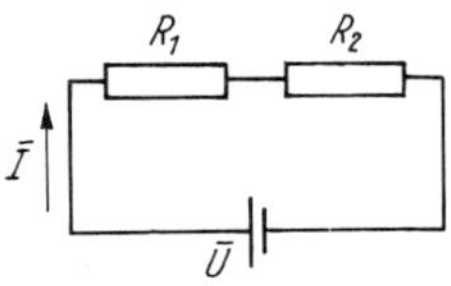

Abb. 1.6. Serienschaltung von Widerständen

Bei der Serienschaltung folgt aus Abb. 1.6 mit (1.8)

$$\bar{I}R_1 + \bar{I}R_2 = \bar{U} = \bar{I}R_{\text{ges}}$$

und daraus unmittelbar

$$R_1 + R_2 = R_{\text{ges}}, \tag{1.12}$$

d. h., bei Serienschaltung addieren sich die Teilwiderstände zum Gesamtwiderstand. Außerdem verhalten sich die Teilspannungen wie die Widerstände, und mit $\bar{U}_n = R_n\bar{I}$ folgt daher für den Zusammenhang zwischen den Teilspannungen und der Gesamtspannung die Spannungsteilerregel, also z. B.

$$\bar{U}_1 = \frac{R_1}{R_1 + R_2}\,\bar{U}\,. \tag{1.13}$$

Beispiel 1.1. Berechnung des Querstromes einer Wheatstone-Brücke mit Hilfe der Kirchhoffschen Regeln.

In Abb. 1.7 ist eine Wheatstone-Brücke dargestellt, wie sie zur Messung von Widerständen benutzt wird. Zunächst wird davon ausgegangen, daß der Gesamtstrom $\bar{I}$ der Brücke gegeben ist. Dann ergibt sich folgendes Gleichungssystem:

$$\begin{array}{llllllll}
(\text{Knoten } A) & \bar{I}_1 & & + & \bar{I}_3 & & & = \bar{I}\,, \\
(\text{Knoten } D) & \bar{I}_1 - & \bar{I}_2 & & & & + \ \bar{I}_g & = 0\,, \\
(\text{Knoten } C) & & & & \bar{I}_3 - & \bar{I}_4 & - \ \bar{I}_g & = 0\,, \\
(\text{Masche } ADC) & R_1\bar{I}_1 & & - & R_3\bar{I}_3 & & - \ R_g\bar{I}_g & = 0\,, \\
(\text{Masche } BCD) & & R_2\bar{I}_2 & & & - \ R_4\bar{I}_4 & + \ R_g\bar{I}_g & = 0\,.
\end{array}$$

Die Anwendung der Kramerschen Regel liefert daraus

$$\bar{I}_g = \bar{I}\,\frac{R_1R_4 - R_2R_3}{R_g(R_1 + R_2 + R_3 + R_4) + (R_1 + R_3)(R_2 + R_4)}\,.$$

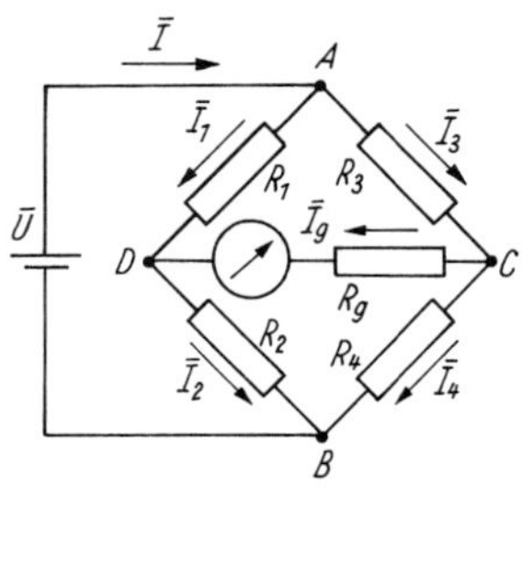

Abb. 1.7. Zu Beispiel 1.1: Wheatstone-Brücke

Nimmt man dagegen die Batteriespannung $\bar{U}$ als gegeben an, so ist die erste Gleichung des Gleichungssystems zu ersetzen durch

$$\text{(Masche } ADB) \quad R_1\bar{I}_1 + R_2\bar{I}_2 = \bar{U} ,$$

und damit ergibt sich

$$\bar{I}_g = \bar{U} \frac{R_1R_4 - R_2R_3}{R_g(R_1 + R_2)(R_3 + R_4) + R_1R_2R_3 + R_2R_3R_4 + R_3R_4R_1 + R_4R_1R_2} .$$

Die Brücke ist abgeglichen, wenn $\bar{I}_g = 0$ ist. Daraus folgt die Abgleichbedingung

$$\frac{R_1}{R_2} = \frac{R_3}{R_4} .$$

1.1.4 Zweipole

Zweipole sind Netzwerke mit zwei Anschlußklemmen. Man spricht von einem linearen Zweipol, wenn seine Strom-Spannungs-Kennlinie linear ist. Geht die Strom-Spannungs-Kennlinie durch den Nullpunkt, d. h., ist bei der Klemmenspannung Null auch der Strom Null, nennt man den Zweipol passiv; anderenfalls spricht man von einem aktiven Zweipol.

Nach dem Satz von Helmholtz lassen sich aktive Zweipole entweder durch eine Ersatzspannungsquelle mit der Leerlaufspannung $\bar{U}'_L$ und dem Serieninnenwiderstand R'_i oder durch eine Ersatzstromquelle mit dem Kurzschlußstrom $\bar{I}'_K$ und einem gleichgroßen Parallelinnenwiderstand R'_i darstellen. Die Spannung $\bar{U}'_L$ der Ersatzspannungsquelle ist gleich der Spannung, die am Zweipol bei offenen Klemmen gemessen wird, während sich R'_i als Widerstand zwischen den Klemmen ergibt, wenn man alle im Zweipol enthaltenen Spannungsquellen durch Kurzschlüsse und alle Stromquellen durch offene Leiterzweige ersetzt. Der Strom $\bar{I}'_K$ der Ersatzstromquelle ergibt sich als Kurzschlußstrom zwischen den Klemmen des Zweipols. Zwischen den Ersatzgrößen gilt

$$\bar{U}'_L = \bar{I}'_K R'_i . \tag{1.14}$$

Mit diesen Ersatzgrößen kann der Ausgangsstrom auch bei veränderlichem Lastwiderstand einfach angegeben werden:

$$\bar{I}_a = f(R_a) = \frac{\bar{U}'_L}{R'_i + R_a} = \frac{R'_i}{R'_i + R_a} \bar{I}'_K . \tag{1.15}$$

Beispiel 1.2. Berechnung der Ersatzstromquelle und der Ersatzspannungsquelle für ein gegebenes Netzwerk (Abb. 1.8).

Bei offenen Klemmen *a* und *b* gilt

$$\begin{aligned}
\bar{I}_1R_1 + \bar{I}_2R_2 \qquad\qquad\qquad &= \bar{U} ,\\
\bar{I}_2R_2 + \bar{I}_3R_3 + \bar{I}_4R_4 &= \bar{U} ,\\
\bar{I}_1 - \bar{I}_2 + \bar{I}_3 \qquad\qquad &= 0 ,\\
- \bar{I}_3 + \bar{I}_4 &= 0 .
\end{aligned}$$

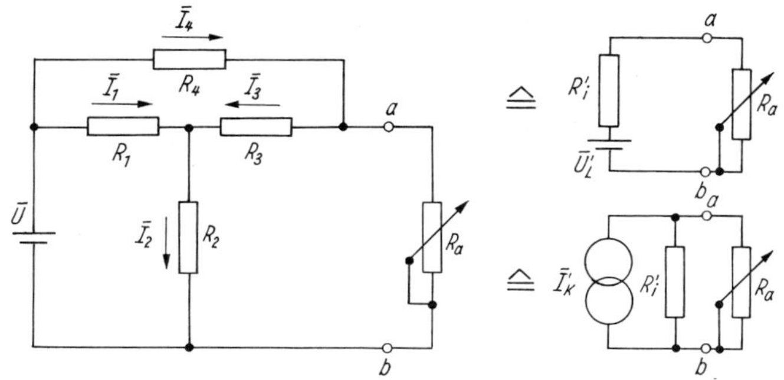

Abb. 1.8. Lineares Netzwerk mit Ersatzspannungsquelle und Ersatzstromquelle

Aus diesem Gleichungssystem lassen sich $\bar{I}_2$ und $\bar{I}_3$ nach der Kramerschen Regel berechnen:

$$\bar{I}_2 = \bar{U}\frac{R_1 + R_3 + R_4}{R_1R_2 + (R_1 + R_2)(R_3 + R_4)},$$

$$\bar{I}_3 = \bar{U}\frac{R_1}{R_1R_2 + (R_1 + R_2)(R_3 + R_4)}.$$

Damit folgt für die Ersatzleerlaufspannung $\bar{U}_L'$ nach (1.8)

$$\bar{U}_L' = \bar{I}_2R_2 + \bar{I}_3R_3 = \bar{U}\frac{R_1(R_2 + R_3) + R_2(R_3 + R_4)}{R_1R_2 + (R_1 + R_2)(R_3 + R_4)}.$$

Für den Ersatzinnenwiderstand gilt (bei kurzgeschlossener Spannungsquelle $\bar{U}$) nach (1.10) und (1.12)

$$R_i' = (R_1 \parallel R_2 + R_3) \parallel R_4$$

$$= R_4\frac{R_1R_2 + R_2R_3 + R_3R_1}{R_1R_2 + (R_1 + R_2)(R_3 + R_4)}.$$

Schließlich findet man für den Kurzschlußstrom nach (1.14)

$$\bar{I}_K' = \frac{\bar{U}_L'}{R_i'} = \frac{R_1(R_2 + R_3) + R_2(R_3 + R_4)}{R_4(R_1R_2 + R_2R_3 + R_1R_3)}\bar{U}.$$

1.1.5 Anpassung

Wir betrachten die Zusammenschaltung eines aktiven Zweipols (Quelle) mit einem passiven Zweipol (Verbraucher) und fragen, welcher Betriebszustand sich einstellt und unter welcher Bedingung dem Verbraucher die maximale Leistung $P_{a\max}$ zugeführt wird. Wenn man den aktiven Zweipol durch seine Ersatzspannungsquelle und den passiven Zweipol durch seinen Ersatzwiderstand R_a' [1] ersetzt, erhält man wieder den

[1] R_a' ist der Widerstand, der zwischen den Klemmen des passiven Zweipols wirkt.

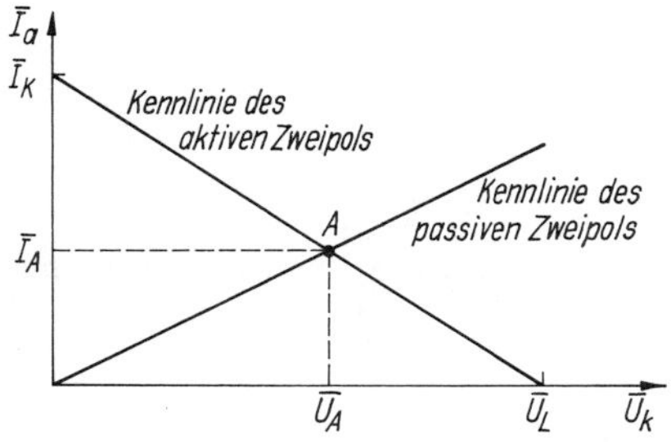

Abb. 1.9. Zum Arbeitspunkt bei der Zusammenschaltung eines aktiven und eines passiven Zweipols

in Abb. 1.2 dargestellten Grundstromkreis. Der sich einstellende Betriebszustand ergibt sich als Schnittpunkt der Strom-Spannungs-Kennlinien der beiden Zweipole; man bezeichnet ihn als Arbeitspunkt (Abb. 1.9). Mit den Ersatzgrößen des aktiven Zweipols berechnet sich der Strom $\bar{I}_A$ im Arbeitspunkt nach (1.15), und für die Spannung $\bar{U}_A$ im Arbeitspunkt gilt

$$\bar{U}_A = \frac{R'_a}{R'_i + R'_a}\bar{U}'_L = \frac{R'_i R'_a}{R'_i + R'_a}\bar{I}'_K, \tag{1.16}$$

wobei natürlich $\bar{U}_A = R'_a \bar{I}_A$ ist. Für die an den Verbraucher abgegebene Leistung gilt mit (1.16)

$$P_a = \frac{\bar{U}_A^2}{R'_a} = \frac{R_a \bar{U}'^2_L}{(R'_i + R'_a)^2}. \tag{1.17}$$

Sowohl der Arbeitspunkt als auch die Ausgangsleistung einer Quelle ist abhängig vom angeschlossenen Lastwiderstand. Bei $R'_i = R'_a$ gibt die Quelle die maximale Leistung

$$P_{a\max} = \frac{\bar{U}'^2_L}{4R'_i} \tag{1.18}$$

an den Verbraucher ab (Abb. 1.10.).

Allerdings ist mit dem Fall der Leistungsanpassung nicht der größte Wirkungsgrad der Spannungsquelle verknüpft. Vielmehr beträgt dieser nur 50%, da am Innenwiderstand der Spannungsquelle genau so viel Leistung umgesetzt wird wie am Verbraucher.

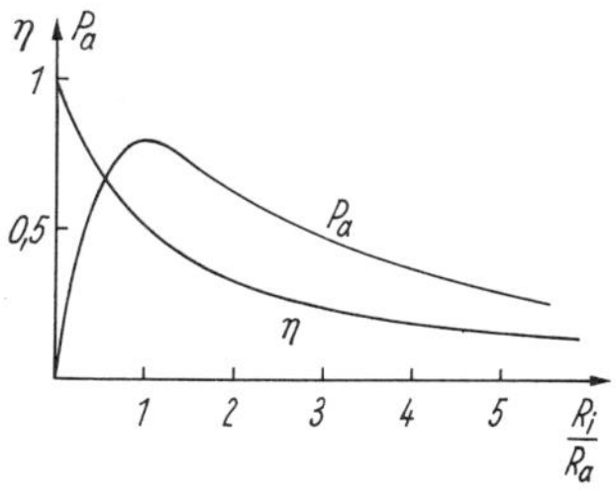

Abb. 1.10. Ausgangsleistung und Wirkungsgrad einer Spannungsquelle als Funktion des Lastwiderstandes

In Abhängigkeit vom Lastwiderstand beträgt der Wirkungsgrad

$$\eta = \frac{P_a}{P_{\text{ges}}} = \frac{1}{1 + (R_i/R_a)}. \tag{1.19}$$

Aus (1.19) liest man ab, daß der Wirkungsgrad, allerdings bei abnehmender Ausgangsleistung, für $R_a \to \infty$ dem Maximalwert $\eta = 1$ zustrebt und mit abnehmendem Lastwiderstand sinkt (Abb. 1.10).

1.2 Komplexe Darstellung elektrischer Größen

Bisher hatten wir zeitunabhängige Spannungen und Ströme angenommen. In vielen praktischen Fällen sind aber Spannung und Stromstärke zeitabhängig. Ändert sich dabei nicht nur der Betrag, sondern auch die Richtung dieser Größen, dann spricht man von Wechselspannungen und Wechselströmen. Dabei beschränken wir uns zunächst auf die Behandlung des quasistationären Zustandes im Stromkreis. Das bedeutet, daß alle Übergangs- oder Einschwingvorgänge, wie sie z. B. nach dem Ein- oder Ausschalten von Spannungen auftreten, abgeklungen sind. Es werden also nur solche zeitlichen Änderungen zugelassen, bei denen die Momentanwerte von Strom und Spannung jederzeit dem eingeschwungenen Zustand entsprechen.

1.2.1 Die Zeitfunktion harmonischer Wechselspannungen und Wechselströme

Von einer harmonischen Wechselspannung spricht man, wenn man die Zeitabhängigkeit des Momentanwertes durch eine Kosinus- oder Sinusfunktion darstellen kann. Damit ergibt sich folgende Schreibweise:

$$U = \hat{U} \cos(\omega t + \varphi_u), \qquad I = \hat{I} \cos(\omega t + \varphi_i). \tag{1.20}$$

Die Größen $\hat{U}$, $\hat{I}$ (s. Abb. 1.11) heißen Scheitelwert oder Amplitude; sie geben den maximalen Momentanwert an. Die Größe $\omega = 2\pi f = 2\pi/T$ heißt Kreisfrequenz, f ist die Frequenz (Anzahl der Schwingungen pro Zeiteinheit), T die Periodendauer. Die Nullphasenwinkel φ_u und φ_i kennzeichnen den Zeitpunkt des Nulldurchganges

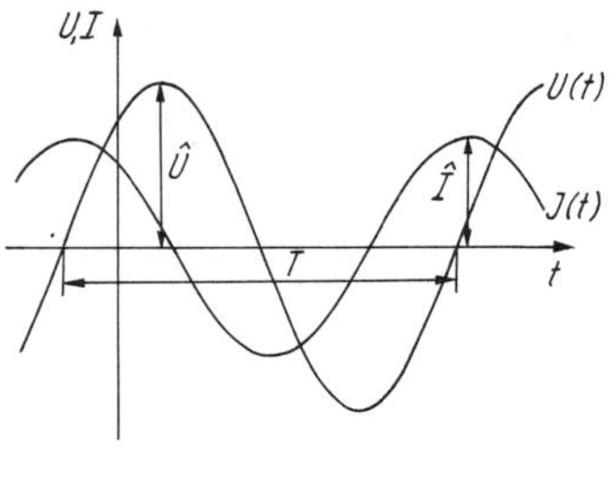

Abb. 1.11. Graphische Darstellung einer harmonischen Wechselspannung und eines Wechselstromes

von Spannung und Strom. Da diese Festlegung willkürlich ist, wählt man häufig den Koordinatenursprung $t = 0$ so, daß einer der Nullphasenwinkel verschwindet, also z. B. $\varphi_u = 0$. Mit $\varphi = \varphi_u - \varphi_i$ kann man für (1.20) auch

$$U = \hat{U} \cos \omega t\,, \qquad I = \hat{I} \cos (\omega t - \varphi) \tag{1.21}$$

schreiben. Ist $\varphi > 0$, spricht man davon, daß der Strom der Spannung nachläuft, während im Falle $\varphi < 0$ der Strom der Spannung vorauseilt.

1.2.2 Symbolische (komplexe) Schreibweise

Wie in der ebenen Trigonometrie gezeigt wird, kann man den zeitlichen Verlauf einer Kosinusfunktion konstruieren, indem man einen im Einheitskreis mit konstanter Winkelgeschwindigkeit rotierenden Zeiger auf die x-Achse projiziert. Man kann demnach auch umgekehrt die Zeitabhängigkeit harmonischer Wechselspannungen und -ströme durch Zeiger darstellen, die im Einheitskreis mit konstanter Winkelgeschwindigkeit umlaufen. In Abb. 1.12 ist dieser Zusammenhang zwischen den Momentanwerten $U(t)$ und $I(t)$ von Spannung und Strom zu zwei definierten Zeiten $t = 0$ und $t = t_1$ und den entsprechenden Zeigern dargestellt. Der Momentanwert entspricht der Projektion des entsprechenden Zeigers auf die x-Achse, und eine Phasenverschiebung zwischen Spannung und Strom erscheint im Zeigerbild als zeitunabhängiger Winkel zwischen den beiden Zeigern. Das Zeigerbild gestattet es demnach, unabhängig vom Zeitpunkt unmittelbar die für eine harmonische Größe charakteristischen Werte Amplitude und Phase abzulesen.

Deutet man die durch das kartesische Koordinatensystem beschriebene Darstellungsebene des Zeigerbildes als Gaußsche (komplexe) Zahlenebene, wobei die reelle Achse der x-Achse entspricht, kann man die Zeiger formal durch komplexe analytische

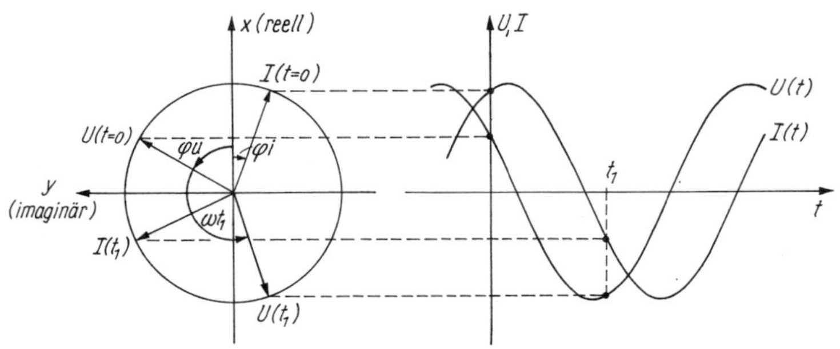

Abb. 1.12 Zur Ableitung der komplexen Darstellung harmonischer Größen

Ausdrücke beschreiben:

$$\begin{aligned} \underline{U}\,\mathrm{e}^{j\omega t} &= \hat{U}\,\mathrm{e}^{j(\omega t+\varphi_u)} \\ &= \hat{U}\,[\cos(\omega t+\varphi_u)+j\sin(\omega t+\varphi_u)] \\ &= \underline{U}\,(\cos\omega t+j\sin\omega t)\,, \end{aligned} \tag{1.22}$$

$$\begin{aligned} \underline{I}\,\mathrm{e}^{j\omega t} &= \hat{I}\,\mathrm{e}^{j(\omega t+\varphi_i)} \\ &= \hat{I}\,[\cos(\omega t+\varphi_i)+j\sin(\omega t+\varphi_i)] \\ &= \underline{I}\,(\cos\omega t+j\sin\omega t)\,. \end{aligned} \tag{1.23}$$

Dabei kann man die Amplitude reell ($\hat{U}, \hat{I}$) oder komplex ($\underline{U}, \underline{I}$) schreiben, je nachdem ob man den Einfluß des Nullphasenwinkels in die Amplitude einbezieht oder nicht. Der Momentanwert der Wechselgröße ist gleich dem Realteil des entsprechenden komplexen Ausdruckes (s. auch Abb. 1.12), d. h., es gilt z. B.

$$U(t) = \mathrm{Re}\,(\underline{U}\,\mathrm{e}^{j\omega t}) = \hat{U}\cos(\omega t+\varphi_u)\,,$$

während dem Imaginärteil keine physikalische Aussage zukommt.

1.2.3 Komplexer Widerstand

Diese komplexe Schreibweise gestattet es, analog zum Ohmschen Gesetz des stationären Stromkreises das Verhältnis aus Spannung und Stromstärke zu bilden. Mit (1.22) und (1.23) erhält man dafür einen zeitunabhängigen Wert

$$\begin{aligned} \frac{\underline{U}\,\mathrm{e}^{j\omega t}}{\underline{I}\,\mathrm{e}^{j\omega t}} &= \frac{\underline{U}}{\underline{I}} = \frac{\hat{U}}{\hat{I}}\,\mathrm{e}^{j(\varphi_u-\varphi_i)} \\ &= \frac{\hat{U}}{\hat{I}}\,\mathrm{e}^{j\varphi} = \underline{Z}\,, \end{aligned} \tag{1.24}$$

den man als komplexen Widerstandsoperator oder einfach als Scheinwiderstand (Impedanz) des Wechselstromkreises bezeichnet. Deshalb heißt (1.24) Ohmsches Gesetz des Wechselstromkreises. Aus (1.24) liest man ab, daß der Betrag $|\underline{Z}| = Z$ des Scheinwiderstandes gleich dem Verhältnis der reellen Amplituden von Spannung und Strom ist, während sein Phasenwinkel $\varphi = \varphi_u - \varphi_i$ der Differenz der Nullphasenwinkel von Spannung und Strom entspricht.

Die Anwendung dieser komplexen Symbolik soll an einfachen Beispielen verdeutlicht werden. Für den Spannungsabfall an einer Selbstinduktivität L gilt

$$U = L\,\frac{\mathrm{d}I}{\mathrm{d}t}\,. \tag{1.25}$$

Ist darin I ein harmonischer Wechselstrom, so folgt daraus (in komplexer Schreibweise)

$$\underline{U}\,\mathrm{e}^{j\omega t} = L\frac{\mathrm{d}}{\mathrm{d}t}(\underline{I}\,\mathrm{e}^{j\omega t}) = j\omega L\underline{I}\,\mathrm{e}^{j\omega t}\,,$$

d. h., die Induktivität kann durch einen Wechselstromwiderstand $\underline{Z}_L = j\omega L$ beschrieben werden mit

$$Z_L = \frac{\hat{U}}{\hat{I}} = \omega L\,, \qquad \varphi_L = (\varphi_u - \varphi_i) = \frac{\pi}{2}\,. \tag{1.26}$$

Für die Spannung an einer Kapazität C gilt

$$U = \frac{Q}{C} = \frac{1}{C}\int I\,\mathrm{d}t\,. \tag{1.27}$$

Daraus folgt in komplexer Schreibweise

$$\underline{U}\,\mathrm{e}^{j\omega t} = \frac{1}{C}\int \underline{I}\,\mathrm{e}^{j\omega t}\,\mathrm{d}t = \frac{1}{j\omega C}\underline{I}\,\mathrm{e}^{j\omega t}\,,$$

d. h., die Kapazität stellt einen Wechselstromwiderstand $\underline{Z}_C = -j/\omega C$ dar mit

$$Z_C = \frac{\hat{U}}{\hat{I}} = \frac{1}{\omega C}\,, \qquad \varphi_C = (\varphi_u - \varphi_i) = -\frac{\pi}{2}\,. \tag{1.28}$$

Nach wie vor sollen für Ströme und Spannungen die Kirchhoffschen Gesetze (1.7) und (1.8) gelten; man spricht dann vom quasistationären Stromkreis. Enthält das Netzwerk Induktivitäten oder Kapazitäten und geht man bei deren Beschreibung von (1.25) bzw. (1.27) aus, ergeben sich die Netzwerkgleichungen in Form von Differentialgleichungen. Beschreibt man jedoch diese Bauelemente durch die oben bestimmten komplexen Widerstandsoperatoren, was im Fall harmonischer Spannungen und Ströme zulässig ist, erhält man statt dessen komplexe algebraische Gleichungen. In dieser Form lassen sich also die ursprünglich für den Gleichstromkreis aufgestellten Grundgesetze auf den Wechselstromkreis anwenden.

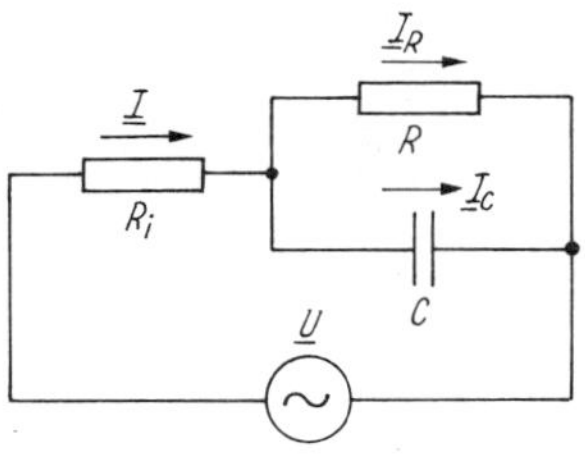

Abb. 1.13. Zu Beispiel 1.3: lineares Wechselstrom-Netzwerk

Beispiel 1.3. Berechnung der Gesamtimpedanz eines linearen Netzwerkes (Abb. 1.13) für Wechselstrom.

Das Gleichungssystem wird mit Hilfe der Kirchhoffschen Regeln und des Ohmschen Gesetzes aufgestellt. Dabei werden Spannung und Strom durch ihre komplexen Amplituden beschrieben, und für den Wechselstromwiderstand des Kondensators wird der oben berechnete Wert eingesetzt. Man findet

$$\begin{aligned} R_i\underline{I} - j\frac{1}{\omega C}\underline{I}_C \qquad\qquad &= \underline{U}\,, \\ R_i\underline{I} \qquad\qquad + R\underline{I}_R &= \underline{U}\,, \\ \underline{I} - \quad \underline{I}_C - \quad \underline{I}_R &= 0\,. \end{aligned}$$

Die formale Anwendung der Kramerschen Regel ergibt

$$\underline{I} = \underline{U}\frac{\omega CR - j}{R_i\omega CR - j(R + R_i)}\,.$$

Nach dem Ohmschen Gesetz (1.24) ist also

$$\underline{Z}_{\text{ges}} = \frac{\underline{U}}{\underline{I}} = \frac{R_i\omega CR - j(R + R_i)}{\omega CR - j} = \frac{R_i\omega^2C^2R^2 + R + R_i - j\omega CR^2}{\omega^2C^2R^2 + 1}\,.$$

Daraus findet man[1]

$$Z_{\text{ges}} = \sqrt{\underline{Z}_{\text{ges}}\underline{Z}^*_{\text{ges}}} = \sqrt{\frac{(R_i\omega CR)^2 + (R + R_i)^2}{(\omega CR)^2 + 1}}\,,$$

$$\tan\varphi = \frac{\operatorname{Im}(\underline{Z}_{\text{ges}})}{\operatorname{Re}(\underline{Z}_{\text{ges}})} = -\frac{\omega CR^2}{R_i\omega^2C^2R^2 + R + R_i}\,.$$

1.2.4 Zeigerdiagramm

Wie die Überlegungen und Beispiele des vorangegangenen Abschnittes zeigen, tritt bei Verwendung der komplexen Symbolik zur Berechnung von Netzwerken die Zeitabhängigkeit von Spannung und Strom gar nicht mehr explizit in Erscheinung. Als Verhältnis aus Spannung und Stromstärke ergab sich ein zeitunabhängiger Wert, der Scheinwiderstand. Berücksichtigt man das bei der Darstellung von Spannung und Stromstärke im komplexen Zeigerbild, so kann man zur anschaulichen Darstellung der Verhältnisse im Stromkreis auch mit ruhenden Zeigern arbeiten. Da die Wahl der Nullphase willkürlich ist, setzt man zweckmäßig $\varphi_i = 0$ und damit $\varphi = \varphi_u - \varphi_i = \varphi_u$, d. h., der Stromzeiger liegt auf der reellen Achse, und der Winkel zwischen

[1] Mit $\underline{A}^*$ wird die zu $\underline{A}$ konjugiert komplexe Zahl bezeichnet. Wenn $\underline{A} = a + jb$ ist, dann ist $\underline{A}^* = a - jb$. Damit folgt allgemein

$$\underline{A} \cdot \underline{A}^* = A^2\,.$$

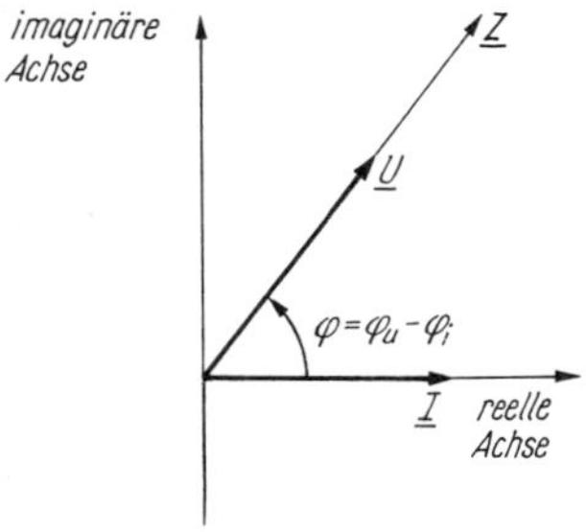

Abb. 1.14. Zeigerdarstellung komplexer Größen im Wechselstromkreis

Spannungszeiger und reeller Achse gibt unmittelbar die Phasenverschiebung zwischen Spannung und Strom an. Nach (1.24) ist dann aber der Scheinwiderstand $\underline{Z}$ eine komplexe Größe mit dem gleichen Phasenwinkel wie die Spannung $\underline{U}$ und kann damit als Zeiger dargestellt werden, der die gleiche Richtung wie der Spannungszeiger hat (Abb. 1.14). Betrachtet man z. B. eine Serienschaltung von Wechselstromwiderständen (Abb. 1.15a)), so ergibt sich aus (1.8) (2. Kirchhoffsche Regel) und (1.24) (Ohmsches Gesetz)

$$\begin{aligned}\underline{U} = \underline{U}_R &= \underline{U}_L + \underline{U}_C \\ &= R\underline{I} + j\omega L\underline{I} - j\frac{1}{\omega C}\underline{I} \\ &= \left[R + j\left(\omega L - \frac{1}{\omega C}\right)\right]\underline{I} = \underline{Z}\,\underline{I}\,.\end{aligned}$$

Stellt man alle Spannungen als Zeiger dar, so ergibt sich das Diagramm in Abb. 1.15b). Der Zeiger ist die geometrische Summe der Zeiger $\underline{U}_R$, $\underline{U}_L$ und $\underline{U}_C$, entsprechend den Rechenregeln für komplexe Zahlen. Da sich bei dieser Wahl des Nullphasenwinkels ($\varphi_i = 0$) der Stromzeiger $\underline{I}$ nur als reeller Faktor auswirkt, kann man dieses Diagramm auch als Darstellung von Widerstandszeigern deuten: Der Übergang von Spannungen zu Widerständen in diesem sogenannten Zeigerdiagramm bedeutet

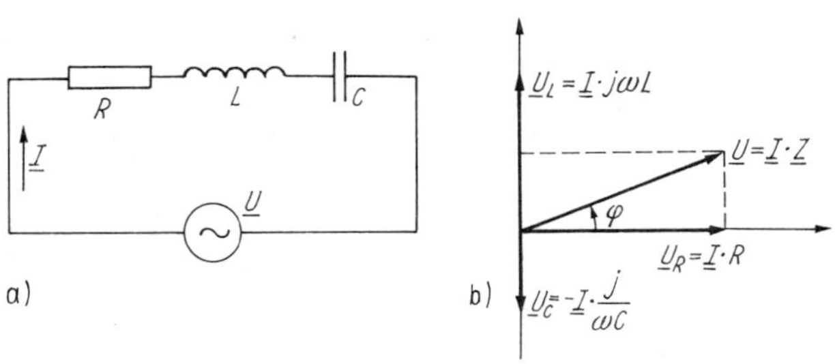

Abb. 1.15. Serienschaltung von Wechselstromwiderständen
a) Schaltung, b) Zeigerdiagramm

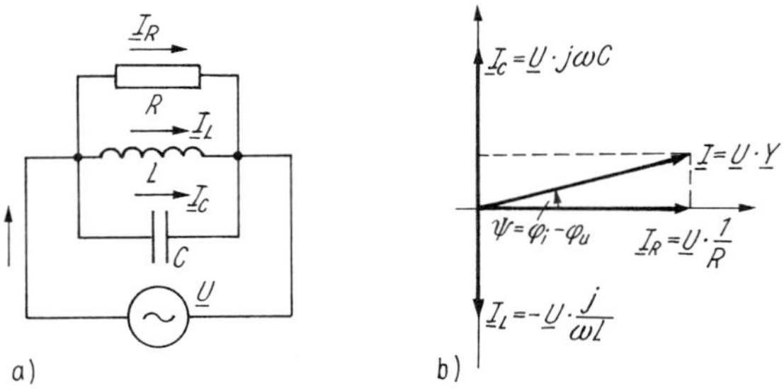

Abb. 1.16. Parallelschaltung von Wechselstromwiderständen
a) Schaltung, b) Zeigerdiagramm

lediglich eine Maßstabsänderung. Die Anwendung der komplexen Symbolik auf die Serienschaltung von Wechselstromwiderständen und ihre anschauliche Darstellung im Zeigerdiagramm ergibt also:

Bei Serienschaltung addieren sich Wechselstromwiderstände geometrisch (d. h. wie komplexe Zahlen) zum Gesamtwiderstand. Die Länge eines Widerstandszeigers ist ein Maß für das Amplitudenverhältnis von Spannung und Strom, sein Winkel zur reellen Achse ist gleich der Phasenverschiebung zwischen Spannung und Strom.

Betrachtet man eine Parallelschaltung von Wechselstromwiderständen (Abb. 1.16a)), so ergibt sich durch Anwendung von (1.7) (1. Kirchhoffsche Regel) und (1.24)

$$\begin{aligned}\underline{I} &= \underline{I}_R + \underline{I}_C + \underline{I}_L \\ &= \frac{1}{R}\underline{U} + j\omega C\underline{U} - j\frac{1}{\omega L}\underline{U} \\ &= \left[\frac{1}{R} + j\left(\omega C - \frac{1}{\omega L}\right)\right]\underline{U} = \underline{Y}\,\underline{U}\,,\end{aligned}$$

wenn man analog zum Gleichstromkreis durch die Gleichung

$$\underline{Y} = \frac{\underline{I}}{\underline{U}} = \frac{1}{\underline{Z}} \tag{1.29}$$

einen Scheinleitwert (Admittanz) einführt. Zur Darstellung im Zeigerdiagramm (Abb. 1.16b)) wählt man $\varphi_u = 0$ und damit $\psi = \varphi_i - \varphi_u = \varphi_i$, d. h., der Spannungszeiger $\underline{U}$ weist in Richtung der reellen Achse, und die Winkel der Stromzeiger zur reellen Achse geben die Phasenverschiebungen der Ströme gegenüber der Spannung $\underline{U}$ an. Da sich damit die Spannung $\underline{U}$ nur als reeller Faktor auf die Stromzeiger auswirkt, kann man dieses Zeigerdiagramm auch als Leitwertdiagramm deuten: Der Übergang vom Stromzeigerdiagramm zum Leitwertdiagramm bedeutet nur eine Maßstabsänderung. Man findet also:

Bei Parallelschaltung addieren sich die Kehrwerte der Wechselstromwiderstände – die Wechselstromleitwerte – geometrisch zum Gesamtleitwert. Die Länge eines Leitwertzeigers ist ein Maß für das Amplitudenverhältnis von Strom und Spannung, sein Winkel zur reellen Achse ist gleich der Phasenverschiebung zwischen Strom und Spannung.

1.2.5 Ortskurve

Bisher wurde bei der Konstruktion der Zeigerdiagramme die Frequenz ω stillschweigend als konstant vorausgesetzt. Die Darstellung galt also jeweils nur für eine Frequenz. In vielen praktischen Fällen ändert sich aber gerade die Frequenz der Betriebsspannung, und damit ändern sich die Impedanzen und Admittanzen sowie die Ströme und Spannungen in der Schaltung nach Betrag und Phasenwinkel.

In anderen Betriebsfällen ändern sich bestimmte Teilwiderstände der Schaltung; auch dadurch ändern sich Ströme und Spannungen sowohl in ihrer Amplitude als auch in ihrer Phase.

Stellt man für einen solchen Fall die interessierende Größe in der komplexen Ebene graphisch dar, so ergibt sich für jeden Wert der Variablen p ein anderer Zeiger; die Spitze des Zeigers beschreibt demnach in Abhängigkeit von der Variablen p eine Kurve, die Ortskurve. Betrachten wir als einfachsten Fall, daß nur der Imaginärteil der Impedanz $\underline{Z}$ vom Parameter p abhängt. Dann beschreibt der Zeiger

$$\underline{Z}(p) = R + jX(p) \tag{1.30}$$

eine Ortskurve, die – da $R = \text{const}$ – eine zur imaginären Achse parallele Gerade ist. Wenn nur der Realteil der Impedanz von p abhängt, ergibt sich für

$$\underline{Z}(p) = R(p) + jX \tag{1.31}$$

mit $X = \text{const}$ eine zur reellen Achse parallele Gerade.

Beispiel 1.4. Darstellung der Ortskurven für die Serienschaltung eines Widerstandes R, einer Induktivität L und einer Kapazität C

a) bei veränderlicher Frequenz ω;

b) bei konstanter Frequenz und veränderlicher Kapazität C.

In beiden Fällen ergeben sich also als Ortskurven zur imaginären Achse parallele, im Abstand R verlaufende Geraden (s. Abb. 1.17). Während aber im Fall a) $\mathrm{Im}(\underline{Z})$ zwischen $-\infty$ (für $\omega = 0$) und $+\infty$ (für $\omega \to \infty$) variieren kann, ist im Fall b) der Variationsbereich von $\mathrm{Im}(\underline{Z})$ durch den von C festgelegt:

$$\omega L - \frac{1}{\omega C_{\max}} \geqq \mathrm{Im}(\underline{Z}) \geqq \omega L - \frac{1}{\omega C_{\min}}.$$

Betrachtet man Parallelschaltungen von Bauelementen, ist es zweckmäßiger, die Ortskurve für den Leitwert darzustellen. Diese ist ebenfalls eine Gerade, wenn nur der Real- oder der Imaginärteil vom Parameter p abhängt.

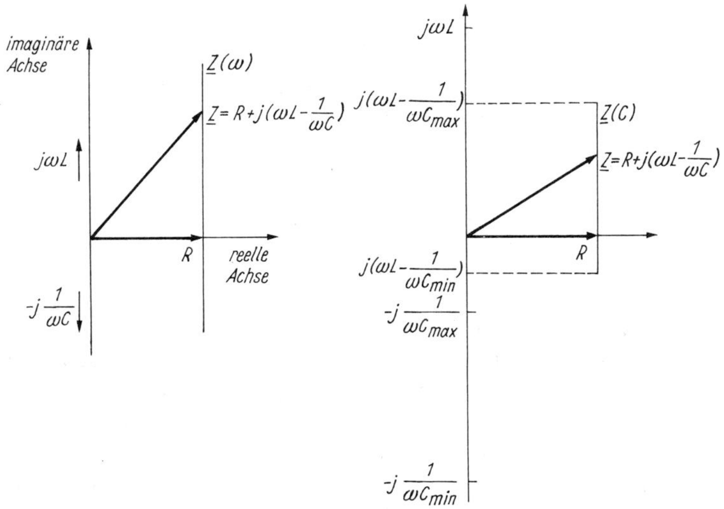

Abb. 1.17. Zu Beispiel 1.4: Ortskurven

In Serien-Parallel-Schaltungen ist häufig ein Übergang von der Leitwert- zur Widerstandsdarstellung und umgekehrt erforderlich. Mathematisch wird dieser Übergang durch eine Inversion beschrieben. Wir wollen das an der durch (1.30) beschriebenen Widerstandsortskurve näher betrachten. Durch Inversion wird daraus

$$\underline{Y} = \frac{1}{\underline{Z}} = \frac{1}{R + jX(p)} = \frac{R - jX(p)}{R^2 + X^2(p)}.$$

Nach Trennen in Real- und Imaginärteil ergibt sich daraus die Parameterdarstellung

$$\operatorname{Re}(\underline{Y}) \equiv x = \frac{R}{R^2 + X^2(p)}, \qquad \operatorname{Im}(\underline{Y}) \equiv y = -\frac{X(p)}{R^2 + X^2(p)}.$$

Aus diesen beiden Gleichungen läßt sich $X(p)$ eliminieren:

$$\frac{y}{x} = -\frac{X(p)}{R}, \quad \text{d. h.} \quad X(p) = -R\frac{y}{x}.$$

Setzt man das in die Parameterdarstellung von x ein, so folgt

$$x = \frac{x^2}{R(x^2 + y^2)},$$

$$x^2 - \frac{x}{R} + y^2 = 0$$

und nach Hinzufügen einer quadratischen Ergänzung

$$\left(x - \frac{1}{2R}\right)^2 + y^2 = \frac{1}{4R^2}.$$

Das ist die Gleichung eines Kreises durch den Koordinatenursprung mit dem Radius $r = 1/2R$ und dem Mittelpunkt $(x_0, y_0) = (1/2R, 0)$. Dieser Kreis ist die gesuchte Leitwertortskurve.

Allgemein lassen sich folgende Sätze für die Inversion ableiten:

1. Eine Gerade durch den Koordinatenursprung geht wieder in eine Gerade durch den Ursprung über.
2. Eine nicht durch den Ursprung gehende Gerade ergibt einen Kreis durch den Ursprung und umgekehrt.
3. Ein Kreis, der nicht durch den Ursprung geht, ergibt ebenfalls einen nicht durch den Ursprung gehenden Kreis.

Die geometrische Durchführung der Inversion ergibt sich sofort, wenn man die komplexen Größen in Exponentialform schreibt. Dann wird aus

$$\underline{Z} = Z\,\mathrm{e}^{i\varphi}$$

durch Inversion

$$\underline{Y} = Y\,\mathrm{e}^{j\psi} = \frac{1}{Z}\,\mathrm{e}^{-j\varphi}$$

mit $Y = 1/Z$ und $\psi = -\psi$, d. h., der durch Inversion gewonnene Zeiger hat die reziproke Länge des ursprünglichen und einen entgegengesetzt gleichgroßen Phasenwinkel. Gerade und Kreis stellen aber nur die einfachsten Formen der Ortskurven dar. Bereits bei relativ einfachen Schaltungen erhält man als Ortskurven Kurven höherer Ordnung.

Beispiel 1.5. Ermittlung der Widerstandskurve mit der Frequenz ω als Parameter für den in Abb. 1.18a) angegebenen Zweipol.

Für den komplexen Leitwert der Schaltung gilt

$$\underline{Y} = \frac{1}{R + j\omega L} + j\omega C = \frac{1 - \omega^2 LC + j\omega RC}{R + j\omega L},$$

und daraus folgt für den Scheinwiderstand

$$\underline{Z} = \frac{R + j\omega L}{1 + j\omega RC - \omega^2 LC}.$$

Bei Ortskurvendarstellungen wählt man häufig eine Form, bei der $\underline{Z}$ auf den ohmschen Widerstand R der Schaltung und die Frequenz ω auf $\omega_0 = 1/\sqrt{LC}$ normiert wird. Mit den Abkürzungen

$$\omega\sqrt{LC} = \frac{\omega}{\omega_0} = \Omega\,, \qquad \frac{1}{R}\sqrt{\frac{L}{C}} = Q$$

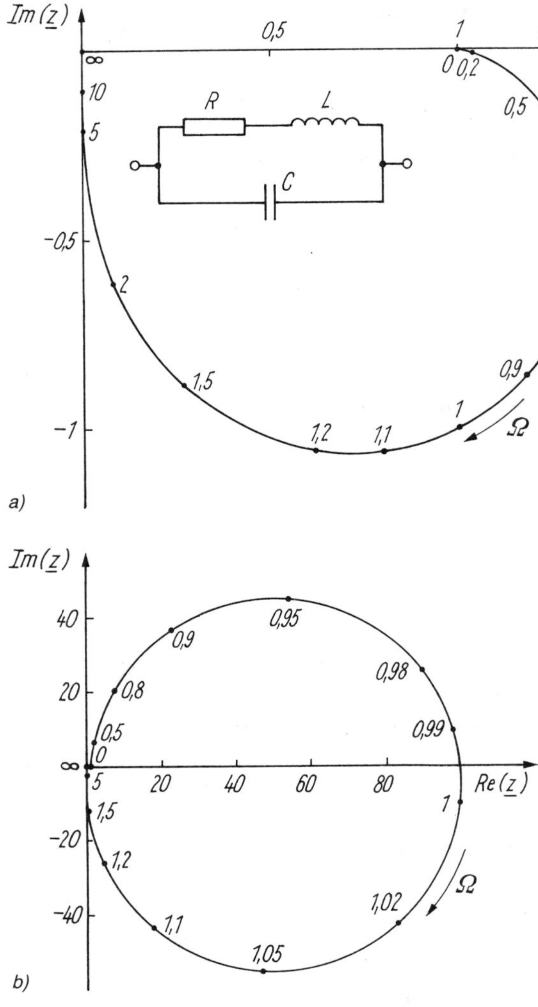

Abb. 1.18. Zu Beispiel 1.5
a) Schaltung und Ortskurve für $Q = 1$,
b) Ortskurve für $Q = 10$

ergibt sich schließlich nach einigen Umformungen

$$\frac{\underline{\underline{Z}}}{R} = \underline{z} = \frac{1 + j\Omega[(1 - \Omega^2)\,Q - (1/Q)]}{(1 - \Omega^2)^2 + (\Omega^2/Q^2)}\,.$$

Trennt man die normierte Impedanz $\underline{z}$ in Real- und Imaginärteil, so ergibt sich die Parameterdarstellung der gesuchten Ortskurve:

$$\mathrm{Re}(\underline{z}) \equiv x = \frac{1}{(1 - \Omega^2)^2 + (\Omega^2/Q^2)}\,, \qquad \mathrm{Im}\,(\underline{z}) \equiv y = \frac{(1 - \Omega^2)\,Q - (1/Q)}{(1 - \Omega^2)^2 + (\Omega^2/\Omega^2)}\,\Omega\,. \tag{1.32}$$

Die numerische Berechnung nach (1.32) liefert für die Werte des Schaltungsparameters $Q = 1$ bzw. $Q = 10$ die in Abbildung 1.18 dargestellten Ortskurven. Man erkennt, daß sich die Ortskurven des betrachteten Zweipols mit wachsendem Q der Kreisform immer mehr annähern. Für den Grenzfall $Q \to \infty$ ergibt sich sowohl als Widerstands- als auch als Leitwert-Ortskurve die imaginäre Achse ($Q \to \infty$ bedeutet $R \to 0$):

$$\underline{Y} = \frac{1}{j\omega L} + j\omega C = j\frac{1 - \Omega^2}{\omega L},$$

$$\underline{Z} = j\frac{\omega L}{\Omega^2 - 1}.$$

Man findet, daß

$$Z = \frac{\omega L}{\Omega^2 - 1} \begin{cases} = 0 & \text{für } \Omega = 0, \quad \text{d. h. für } \omega = 0\,, \\ < 0 & \text{für } 0 < \Omega < 1, \quad \text{d. h. für } 0 < \omega < \omega_0\,, \\ \to \mp \infty & \text{für } \Omega \to 1, \quad \text{d. h. für } \omega \to \omega_0\,, \\ > 0 & \text{für } \Omega > 1, \quad \text{d. h. für } \omega > \omega_0\,, \\ = 0 & \text{für } \Omega \to \infty, \quad \text{d. h. für } \omega \to \infty\,. \end{cases}$$

1.2.6 Übertragungsfunktion

Wir betrachten ein lineares Netzwerk mit zwei Eingangs- und zwei Ausgangsklemmen, das nur passive Bauelemente, aber keine Spannungs- oder Stromquellen enthält.[1] Ein solches Netzwerk bezeichnet man als linearen passiven Vierpol. Für einen solchen Vierpol existiert ein eindeutiger Zusammenhang zwischen der Ausgangsspannung $\underline{U}_2$ und der Eingangsspannung $\underline{U}_1$ der Form

$$\frac{\underline{U}_2}{\underline{U}_1} = \underline{g}(\omega)\,. \tag{1.33}$$

Die Funktion $\underline{g}(\omega)$ nennt man Übertragungsfunktion des Vierpols. Da die Ausgangsspannung gegenüber der Eingangsspannung i. allg. sowohl in der Amplitude als auch in der Phase geändert wird, nimmt man die Übertragungsfunktion komplex an. Sie beschreibt die Übertragungseigenschaften des Vierpols für Gleichspannungen und beliebige harmonische Wechselspannungen und kann aus der Schaltung des Vierpols berechnet werden.

Beispiel 1.6. Berechnung der Übertragungsfunktion für den Vierpol in Abb. 1.19a).

Betrachtet wird die Ausgangsspannung $\underline{U}_2$ des Vierpols im Leerlauf, d. h., die Ausgangsklemmen bleiben offen. Dann ist

$$\underline{U}_2 = \underline{U}_C = \underline{I}\frac{1}{j\omega C},$$

$$\underline{I} = \frac{\underline{U}_1}{\underline{Z}} = \frac{\underline{U}_1}{R + (1/j\omega C)}.$$

---

[1] Beispiele für solche Netzwerke werden in 2.2 behandelt, allgemeine Gesetzmäßigkeiten in 2.3.

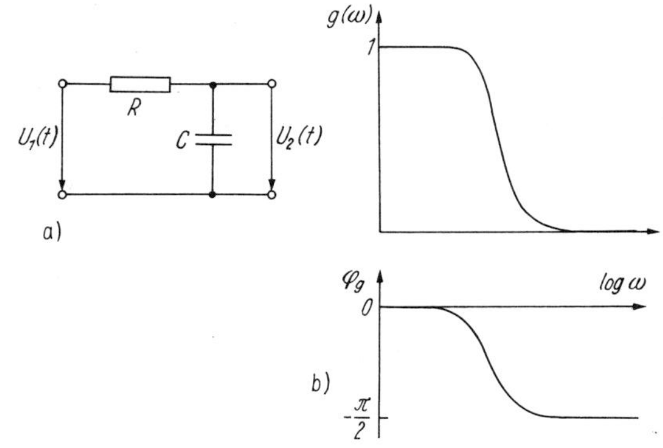

Abb. 1.19. Zu Beispiel 1.6
a) Schaltung, b) Betrag und Phasenwinkel der Übertragungsfunktion als Funktion der Frequenz

Daraus folgt nach (1.33) die Übertragungsfunktion

$$\underline{g}(\omega) = \frac{1}{1 + j\omega RC}$$

mit

$$g(\omega) = \frac{1}{\sqrt{1 + (\omega RC)^2}}, \qquad \tan \varphi_g = -\omega RC$$

(s. Abb. 1.19b)). Der Betrag der Übertragungsfunktion ist also für $\omega = 0$ gleich Eins und nimmt mit wachsender Frequenz ab; man bezeichnet die betrachtete Schaltung deswegen als Tiefpaß.

1.3 Signale und Spektren

Bei den bisherigen Betrachtungen zu den Vorgängen in elektrischen Stromkreisen waren zeitunabhängige oder quasistationäre Verhältnisse vorausgesetzt worden, d. h., daß als Leerlaufspannungen Gleichspannungen oder harmonische Wechselspannungen angenommen wurden, die bereits so lange eingeschaltet waren, daß sich im Stromkreis ein Gleichgewichtszustand – der eingeschwungene Zustand – eingestellt hatte. Im folgenden Abschnitt wollen wir nun unsere Betrachtungen um zwei Gesichtspunkte erweitern: Erstens wollen wir beliebige periodische und nichtperiodische Spannungen zulassen, und zweitens soll gerade die Zeit unmittelbar nach dem Einschalten der Spannung und die Reaktion des Stromkreises auf das Einschalten der Spannung untersucht werden.

1.3.1 Fourier-Transformation

Wir nehmen an, daß die Zeitabhängigkeit einer Spannung durch eine periodische Funktion $F(t)$ beschrieben werden kann, d. h., für diese Funktion gilt

$$F(t) = F(t + T)$$

(T Periodendauer) für beliebige Zeiten t. Innerhalb einer Periode soll die Funktion $F(t)$ nur eine endliche Anzahl von Extremwerten besitzen und bis auf eine endliche Anzahl von Sprungstellen stetig sein. Dann kann $F(t)$ in eine unendliche Reihe der Form

$$F(t) = \frac{a_0}{2} + \sum_{n=1}^{\infty} (a_n \cos n\omega_0 t + b_n \sin n\omega_0 t) \tag{1.34}$$

– eine Fourier-Reihe – entwickelt werden mit den Koeffizienten

$$a_n = \frac{2}{T} \int_{t_0}^{t_0+T} F(t) \cos n\omega_0 t \, \mathrm{d}t\,, \tag{1.35.1}$$

$$b_n = \frac{2}{T} \int_{t_0}^{t_0+T} F(t) \sin n\omega_0 t \, \mathrm{d}t \tag{1.35.2}$$

(t_0 ist eine beliebig wählbare Zeit). Benutzt man die komplexe Darstellungsweise, kann man die Fourier-Reihe auch in der Form

$$F(t) = \frac{1}{2} \sum_{n=-\infty}^{+\infty} \underline{c}_n \, \mathrm{e}^{jn\omega_0 t} \tag{1.36}$$

mit $c_0 = a_0$, $\underline{c}_{+n} = a_n - jb_n$, $\underline{c}_{-n} = \underline{c}^*_{+n} = a_n + jb_n$ und

$$\underline{c}_n = \frac{2}{T} \int_{t_0}^{t_0+T} F(t) \, \mathrm{e}^{-jn\omega_0 t} \, \mathrm{d}t \tag{1.37}$$

schreiben. Ist die Funktion $F(t)$ durch einen analytischen Ausdruck gegeben, lassen sich die Fourier-Koeffizienten a_n und b_n bzw. $\underline{c}_n$ nach (1.35) bzw. (1.37) berechnen. Das konstante Glied $a_0/2$ entspricht dem zeitlichen Mittelwert der Funktion $F(t)$, beschreibt also den Gleichspannungsteil, wenn $F(t)$ eine Wechselspannung darstellt. Die der Periode T entsprechende Kreisfrequenz $\omega_0 = 2\pi/T$ kennzeichnet die Grundschwingung oder 1. Harmonische der periodischen Funktion, die weiteren Glieder der Fourier-Reihe, deren Frequenzen ganzzahlige Vielfache von ω_0 sind, bezeichnet man als Oberschwingungen oder höhere Harmonische.

Die Funktion $F(t)$ läßt sich eindeutig darstellen, indem man die Fourier-Koeffizienten als Funktion der Frequenz angibt. Diese Darstellung bezeichnet man als Amplitudenspektrum. Die Fourier-Entwicklung transformiert also die Zeitfunktion $F(t)$ in eine Funktion der Frequenz, die Spektralfunktion $\underline{c}_n(\omega)$. Damit läßt sich das Problem der Übertragung nichtsinusförmiger Wechselspannungen durch einen Vierpol mit der Übertragungsfunktion $\underline{g}(\omega)$ lösen. Wird an seinen Eingang eine Spannung $\underline{U}_1(t)$ gelegt, deren Spektralfunktion $\underline{c}_n(\omega)$ bekannt ist, dann gilt für die Ausgangs-

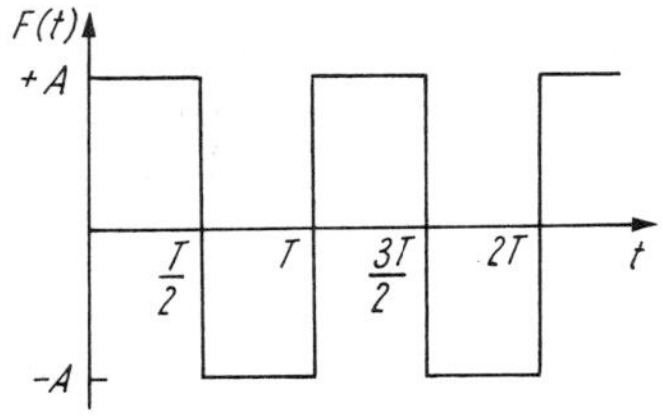

Abb. 1.20. Rechteckfunktion

spannung (mit $\underline{g}(-n\omega_0) = \underline{g}^*(n\omega_0)$)

$$\underline{U}_2(t) = \frac{1}{2} \sum_{-\infty}^{+\infty} \underline{g}(n\omega_0)\, \underline{c}_n\, e^{jn\omega_0 t}\,. \tag{1.38}$$

Beispiel 1.7. Darstellung einer Rechteckfunktion durch eine Fourier-Entwicklung.

Den in der graphischen Darstellung der Abb. 1.20 gegebenen zeitlichen Verlauf der Funktion $F(t)$ kann man analytisch durch

$$F(t) = \begin{cases} +A & \text{für} \quad 0 < t < \dfrac{T}{2}\,, \\ -A & \text{für} \quad \dfrac{T}{2} < t < T \end{cases}$$

beschreiben. Damit ergeben sich die Fourier-Koeffizienten nach (1.35) zu

$$\begin{aligned} a_n &= \frac{2}{T} \int_0^T F(t) \cos\left(n \frac{2\pi}{T} t\right) dt \\ &= \frac{2}{T} \int_0^{T/2} A \cos\left(n \frac{2\pi}{T} t\right) dt - \frac{2}{T} \int_{T/2}^{T} A \cos\left(n \frac{2\pi}{T} t\right) dt \\ &= \frac{2A}{T} \frac{T}{2\pi n} \left[\sin\left(n \frac{2\pi}{T} t\right)\Bigg|_0^{T/2} - \sin\left(n \frac{2\pi}{T} t\right)\Bigg|_{T/2}^{T} \right] = 0 \end{aligned}$$

für beliebige Werte von n und

$$\begin{aligned} b_n &= \frac{2}{T} \int_0^T F(t) \sin\left(n \frac{2\pi}{T} t\right) dt \\ &= \frac{2A}{T} \frac{T}{2\pi n} \left[-\cos\left(n \frac{2\pi}{T} t\right)\Bigg|_0^{T/2} + \cos\left(n \frac{2\pi}{T} t\right)\Bigg|_{T/2}^{T} \right] \\ &= \frac{A}{n\pi} (1 - \cos n\pi + \cos 2n\pi - \cos n\pi) \\ &= \begin{cases} 0 & \text{für gerade } n\,, \\ \dfrac{4A}{n\pi} & \text{für ungerade } n\,. \end{cases} \end{aligned}$$

Daraus folgt die Fourier-Entwicklung

$$F(t) = \frac{4A}{\pi}\left(\sin \omega_0 t + \frac{1}{3}\sin 3\omega_0 t + \frac{1}{5}\sin 5\omega_0 t + \ldots\right),$$

d. h., die Reihe enthält nur Sinusglieder mit ungeraden Vielfachen der Grundfrequenz ω_0. Verschiebt man den Nullpunkt der Zeitachse um eine Viertelperiode, d. h., wählt man als neue Variable $t' = t + T/4$, erhält man eine Fourier-Entwicklung, die nur Kosinusglieder enthält.

In Tab. 2 sind einige praktisch wichtige Funktionen und ihre Fourier-Entwicklungen und Spektralfunktionen dargestellt. Aus diesen Beispielen kann man folgendes ablesen:

– Treten in der Zeitfunktion $F(t)$ sehr steile Anstiege auf (Tab. 2, Beispiel 1, 2 und 4), dann fällt das Amplitudenspektrum zu hohen Frequenzen hin nur langsam ab. In der Fourier-Entwicklung der Funktion $F(t)$ treten viele Harmonische auf, deren Amplitude einen bestimmten Minimalwert überschreitet, d. h., zur Darstellung der Funktion $F(t)$ im Frequenzbereich benötigt man ein breites Frequenzband.
– Da $\omega \sim 1/T$ ist, wird der Frequenzabstand der Harmonischen mit wachsender Periode T immer geringer, und für den Grenzfall $T \to \infty$, d. h., für eine nichtperiodische Zeitfunktion geht das Linienspektrum in ein kontinuierliches Spektrum über.

Aus der zweiten Feststellung folgt, daß dann in der analytischen Darstellung an die Stelle der Summation eine Integration tritt; (1.34) und (1.35) gehen also über in

$$F(t) = \int_0^\infty (a \cos \omega t + b \sin \omega t)\, \mathrm{d}\omega \tag{1.39}$$

mit

$$a = \frac{1}{\pi} \int_{-\infty}^{+\infty} F(t) \cos \omega t \, \mathrm{d}t\,, \tag{1.40.1}$$

$$b = \frac{1}{\pi} \int_{-\infty}^{+\infty} F(t) \sin \omega t \, \mathrm{d}t \tag{1.40.2}$$

oder in komplexer Schreibweise in

$$F(t) = \int_{-\infty}^{+\infty} \underline{c}(\omega)\, \mathrm{e}^{j\omega t}\, \mathrm{d}\,\frac{\omega}{2\pi} \tag{1.41}$$

mit

$$\underline{c}(\omega) = \int_{-\infty}^{+\infty} F(t)\, \mathrm{e}^{-j\omega t}\, \mathrm{d}t\,. \tag{1.42}$$

Tabelle 2
Zeitfunktion, Fourier-Entwicklung und Amplitudenspektrum einiger wichtiger Funktionen

1

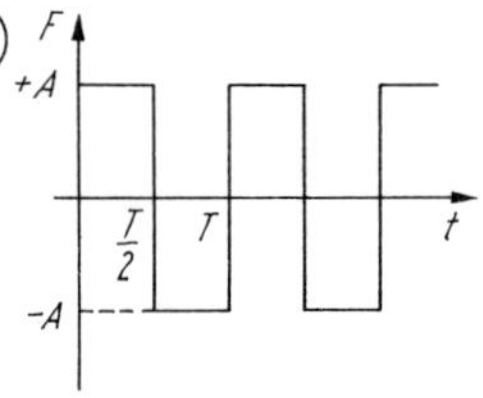

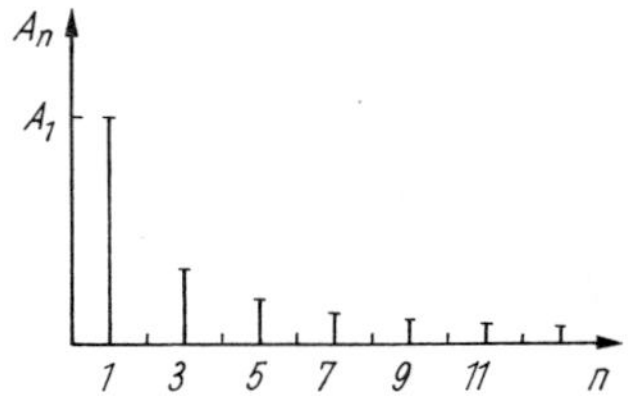

$$F(t) = \begin{cases} +A & \text{für} \quad 0 < t < \frac{T}{2} \\ -A & \text{für} \quad \frac{T}{2} < t < T \end{cases}$$

$$F(t) = \frac{4A}{\pi}\left(\sin \omega t + \frac{1}{3}\sin 3\omega t + \frac{1}{5}\sin 5\omega t + \ldots\right)$$

2

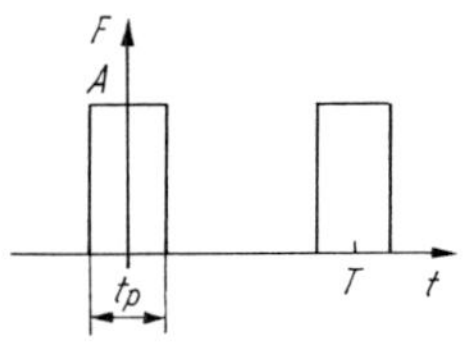

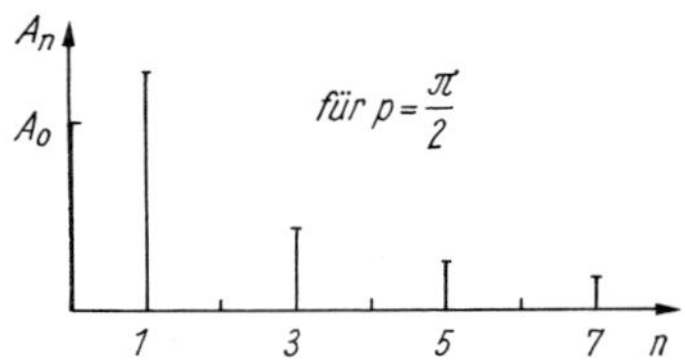

$$F(t) = \begin{cases} +A & \text{für} \quad 0 \leqq t < \frac{t_p}{2} \\ 0 & \text{für} \quad \frac{t_p}{2} < t < T - \frac{t_p}{2} \\ +A & \text{für} \quad T - \frac{t_p}{2} < t \leqq T \end{cases}$$

$$F(t) = \frac{2A}{\pi}\left(\frac{p}{2} + \sum_{n=1}^{\infty} \frac{\sin np}{n} \cos n\omega t\right)$$

mit $p = \pi \cdot \frac{t_p}{T}$

3

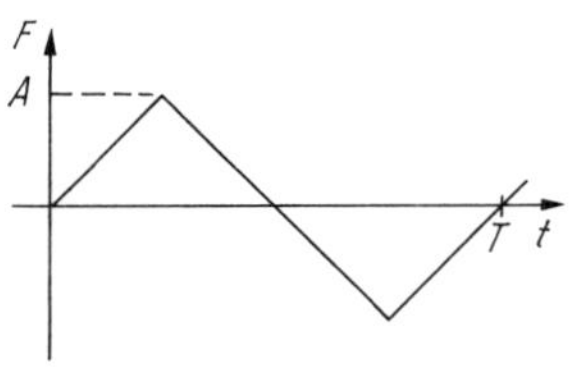

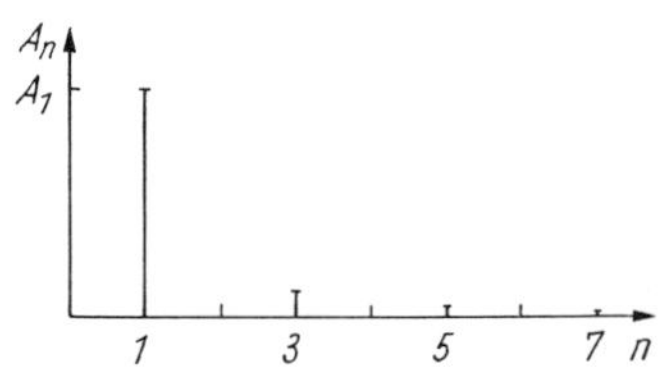

$$F(t) = \begin{cases} \frac{4A}{T} t & \text{für} \quad 0 < t < \frac{T}{4} \\ -2A\left(\frac{2}{T} t - 1\right) & \text{für} \quad \frac{T}{4} < t < \frac{3T}{4} \\ 4A\left(\frac{1}{T} t - 1\right) & \text{für} \quad \frac{3T}{4} < t < T \end{cases}$$

$$F(t) = \frac{8A}{\pi^2}\left(\sin \omega t - \frac{\sin 3\omega t}{3^2} + \frac{\sin 5\omega t}{5^2} - + \ldots\right)$$

Tabelle 2 (Fortsetzung)

④

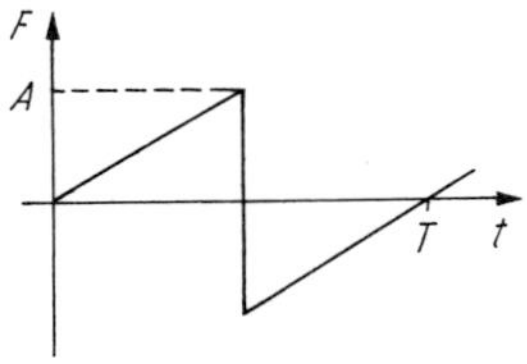

$$F(t) = \begin{cases} \dfrac{2A}{T}\,t & \text{für} \quad 0 < t < \dfrac{T}{2} \\[2ex] 2A\left(\dfrac{1}{T}\,t - 1\right) & \text{für} \quad \dfrac{T}{2} < t < T \end{cases}$$

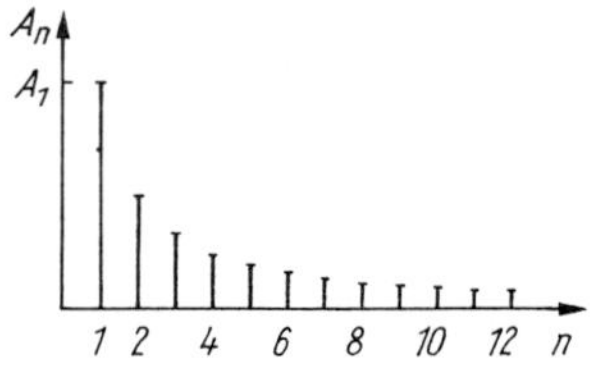

$$F(t) = \frac{2A}{\pi}\left(\sin \omega t - \frac{\sin 2\omega t}{2} + \frac{\sin 3\omega t}{3} - + \ldots\right)$$

⑤

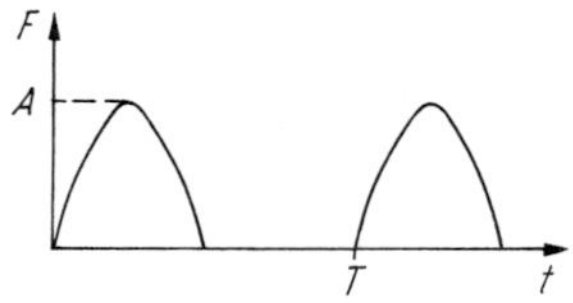

$$F(t) = \begin{cases} A \sin \omega t & \text{für} \quad 0 < t < \dfrac{T}{2} \\[2ex] 0 & \text{für} \quad \dfrac{T}{2} < t < T \end{cases}$$

$$F(t) = \frac{A}{2} \sin \omega t + \frac{2A}{\pi}\left(\frac{1}{2} - \frac{\cos 2\omega t}{1 \cdot 3} - \frac{\cos 4\omega t}{3 \cdot 5} \ldots\right)$$

⑥

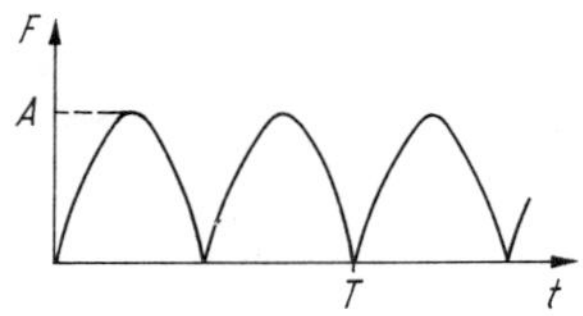

$$F(t) = \begin{cases} A \sin \omega t & \text{für} \quad 0 < t < \dfrac{T}{2} \\[2ex] -A \sin \omega t & \text{für} \quad \dfrac{T}{2} < t < T \end{cases}$$

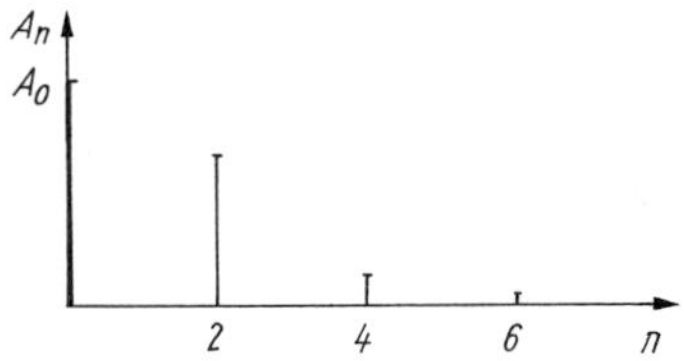

$$F(t) = \frac{2A}{\pi}\left(1 - \frac{2 \cos 2\omega t}{1 \cdot 3} - \frac{2 \cos 4\omega t}{3 \cdot 5} - \ldots\right)$$

Gleichung (1.42) heißt Fourier-Transformation; sie ordnet der Zeitfunktion $F(t)$ eine Frequenzfunktion $\underline{c}(\omega)$ – die spektrale Verteilungsfunktion – zu. Für die Gültigkeit dieser Entwicklung der Funktion $F(t)$ durch ein Fourier-Integral ist allerdings vorauszusetzen, daß das Integral

$$\int_{-\infty}^{+\infty} |F(t)| \, \mathrm{d}t$$

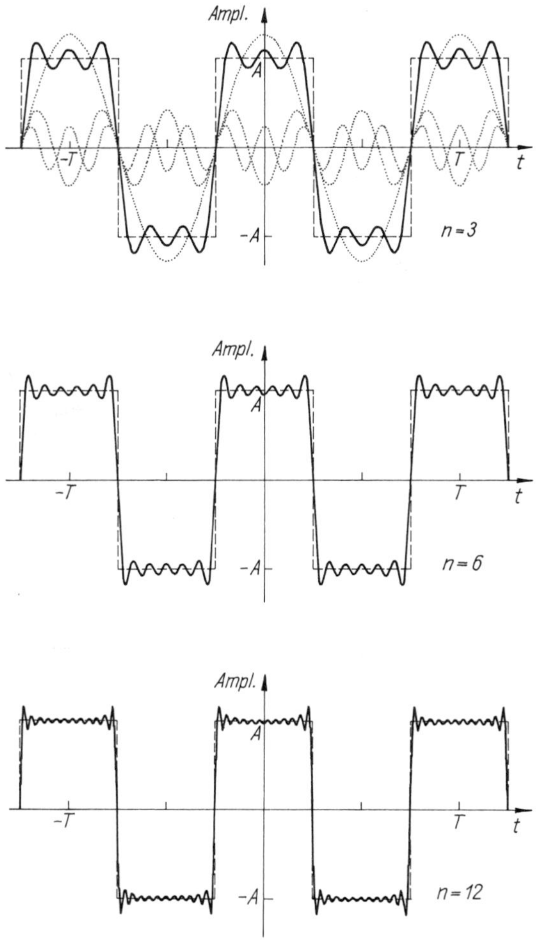

Abb. 1.21. Fourier-Synthese einer symmetrischen Rechteckfunktion mit unterschiedlicher Anzahl von Entwicklungsgliedern (der Funktionsverlauf der ersten drei Entwicklungsglieder ist punktiert gezeichnet)

einen endlichen Wert besitzt. Diese Bedingung schränkt die Anwendbarkeit der Fourier-Transformation auf nichtperiodische Funktionen erheblich ein. So kann z. B. auch keine Fourier-Transformierte für die zum Zeitpunkt $t = 0$ eingeschaltete Gleichspannung angegeben werden.

Eine andere Frage ist die nach der Anzahl der notwendigen Entwicklungsglieder, die für eine hinreichend gute Darstellung eines gegebenen nichtharmonischen Signals durch eine Fourier-Synthese erforderlich ist. Eine Antwort findet man, wenn man eine numerische Berechnung der Reihenentwicklung (1.34) der betrachteten Funktion durchführt und diese bei einem bestimmten Glied abbricht. Dieses Vorgehen veranschaulicht Abb. 1.21 am Beispiel einer Rechteckfunktion bei Verwendung einer unterschiedlichen Anzahl von Entwicklungsgliedern (vgl. Tab. 2). Dieses Beispiel zeigt aber auch, daß die Fourier-Reihe in der Umgebung von Sprungstellen nicht gegen $F(t)$ konvergiert, sondern unabhängig von der Zahl der Entwicklungsglieder ein bestimmtes Überschwingen zeigt (Gibbssches Phänomen), welches sich nur durch die Einführung zusätzlicher Gewichtsfaktoren zu den Fourier-Koeffizienten beseitigen läßt (Toeplitz-Summation).

Beispiel 1.8. Berechnung des Fourier-Integrals und der Spektralfunktion für einen einzelnen Rechteckimpuls.

Wenn der Impuls eine Amplitude A und eine Dauer t_p hat, kann man die Zeitfunktion beschreiben durch

$$F(t) = \begin{cases} 0 & \text{für} \quad t < -\dfrac{t_p}{2}, \\ A & \text{für} \quad -\dfrac{t_p}{2} \leqq t \leqq \dfrac{t_p}{2}, \\ 0 & \text{für} \quad t > \dfrac{t_p}{2} \end{cases}$$

(s. Abb. 1.22a)). Nach (1.42) ergibt sich für die Spektralfunktion

$$\underline{c}(\omega) = \int_{-t_p/2}^{+t_p/2} A\, \mathrm{e}^{-j\omega t}\, \mathrm{d}t$$

$$= j\,\frac{A}{\omega}\,(\mathrm{e}^{-j\omega(t_p/2)} - \mathrm{e}^{j\omega(t_p/2)})$$

$$= t_p A\,\frac{\sin\,(\omega t_p)/2}{(\omega t_p)/2} = t_p A\,\mathrm{si}\left(\frac{\omega t_p}{2}\right)$$

(s. Abb. 1.22b)). Für das Fourier-Integral gilt dann nach (1.41)

$$F(t) = \frac{1}{2\pi}\int_{-\infty}^{0} c(\omega)\,\mathrm{e}^{j\omega t}\,\mathrm{d}\omega + \frac{1}{2\pi}\int_{0}^{+\infty} c(\omega)\,\mathrm{e}^{j\omega t}\,\mathrm{d}\omega\,.$$

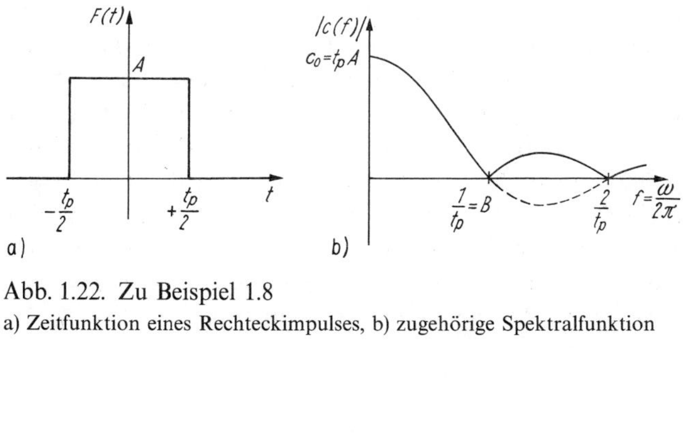

Abb. 1.22. Zu Beispiel 1.8

a) Zeitfunktion eines Rechteckimpulses, b) zugehörige Spektralfunktion

Das erste Integral dieses Ausdruckes kann man mit der neuen Variablen $\omega' = -\omega$ umformen in

$$\int_{\omega'=\infty}^{0} -c(-\omega')\,\mathrm{e}^{-j\omega' t}\,\mathrm{d}\omega' = \int_{0}^{+\infty} c(-\omega')\,\mathrm{e}^{-j\omega' t}\,\mathrm{d}\omega' .$$

Aus der berechneten Spektralfunktion liest man aber ab, daß $c(-\omega) = c(\omega)$, d. h. $c(\omega') = c(-\omega')$ ist. Damit kann man das Integral weiter umformen in

$$\int_{0}^{+\infty} c(\omega')\,\mathrm{e}^{-j\omega' t}\,\mathrm{d}\omega'$$

und erhält somit für das gesamte Fourier-Integral

$$F(t) = \frac{1}{2\pi}\int_{0}^{+\infty} c(\omega)\,(\mathrm{e}^{-j\omega t} + \mathrm{e}^{j\omega t})\,\mathrm{d}\omega$$

$$= \frac{1}{2\pi}\int_{0}^{+\infty} 2t_p A \,\mathrm{si}\,\frac{\omega t_p}{2}\cos\omega t\,\mathrm{d}\omega .$$

Als Ergebnis findet man also:

- Die Spektralfunktion (Amplitudenverteilungsfunktion) ist reell;
- Im Fourier-Integral tritt nur die Kosinusfunktion, also eine gerade Funktion, auf;
- Die größten Amplituden treten im Intervall $0 < f \leqq 1/t_p$ auf.

Die im vorangegangenen Beispiel für die Spektralfunktion ermittelte charakteristische Größe $1/t_p = B$ (s. Abb. 1.22b)) nennt man Bandbreite des Impulses. Aus

$$Bt_p = 1 \tag{1.43}$$

folgt, daß die Bandbreite eines Impulses mit abnehmender Impulsdauer wächst. Diesen allgemein zwischen der Zeitdauer eines Signals und der Bandbreite seiner Spektralfunktion geltenden Zusammenhang bezeichnet man als Zeitgesetz der Nachrichtentechnik.

1.3.2 Entstehung höherer Harmonischer

In linearen Netzwerken gilt im quasistationären Zustand ein lineares Überlagerungsgesetz für Wechselströme und -spannungen. Das bedeutet, daß man für den Fall, daß in einem linearen Netzwerk gleichzeitig mehrere harmonische Wechselspannungen wirken, für jede einzelne den Strom nach den bekannten Grundgesetzen so berechnen kann, als wenn die anderen Spannungen Null wären. Damit ist es also auch möglich, den Strom für beliebige Wechselspannungen zu bestimmen, wenn man diese in ihre Fourier-Komponenten zerlegt und die Rechnung für jede Komponente einzeln ausführt. Allerdings ist dieses Verfahren sehr umständlich und zeitraubend und wird daher durch mathematisch elegantere Methoden ersetzt (s. unten).

Ganz andere Verhältnisse liegen vor, wenn der Stromkreis Bauelemente mit nichtlinearer Strom-Spannungs-Charakteristik enthält. Diese führen auch dann zum Auftreten höherer Harmonischer im Strom, wenn man nur eine einzige harmonische Wechselspannung an ein solches nichtlineares Netzwerk anlegt.

Betrachten wir als einfaches Beispiel ein Bauelement mit der quadratischen Kennlinie

$$\bar{I} = k\bar{U}^2 . \tag{1.44}$$

Legt man an dieses Bauelement die harmonische Wechselspannung $U = \hat{U} \cos \omega t$, so fließt ein Strom

$$I = k(\hat{U} \cos \omega t)^2 = \frac{k\hat{U}^2}{2} (1 + \cos 2\omega t) ,$$

d. h., der Strom setzt sich aus einem Gleichstromanteil

$$\bar{I} = \frac{k\hat{U}^2}{2}$$

und einem Wechselstromanteil

$$I_2 = \frac{k\hat{U}^2}{2} \cos 2\omega t$$

mit der doppelten Frequenz zusammen, während die Frequenz ω der Wechselspannung im Strom gar nicht mehr in Erscheinung tritt.

Allgemein läßt sich eine nichtlineare Strom-Spannungs-Kennlinie durch eine Potenzreihe

$$\bar{I} = a\bar{U} + b\bar{U}^2 + c\bar{U}^3 + \dots \tag{1.45}$$

darstellen. Mit einer harmonischen Wechselspannung $U = \hat{U} \cos \omega t$ ergibt sich dann für den Strom

$$\begin{aligned} I &= a\hat{U} \cos \omega t + b\hat{U}^2 \cos^2 \omega t + c\hat{U}^3 \cos^3 \omega t + \dots \\ &= a\hat{U} \cos \omega t + \frac{b}{2} \hat{U}^2(1 + \cos 2\omega t) \\ &\quad + \frac{c}{4} \hat{U}^3(\cos 3\omega t + 3 \cos \omega t) + \dots , \end{aligned}$$

den man auch in der Form

$$I = \bar{I}_0 + \hat{I}_1 \cos \omega t + \hat{I}_2 \cos 2\omega t + \hat{I}_3 \cos 3\omega t + \dots \tag{1.46}$$

schreiben kann. Für das Auftreten höherer Harmonischer im Strom lassen sich aus den Eigenschaften der Kennlinien folgende Gesetzmäßigkeiten ableiten:

– Enthält die Potenzreihenentwicklung der Kennlinie nur ungerade Potenzen, treten im Strom nur ungeradzahlige Harmonische auf; es entsteht kein Gleichstromanteil.
– Enthält die Reihenentwicklung nur gerade Potenzen, entstehen im Strom nur geradzahlige Harmonische; es entsteht ein Gleichstromanteil, aber die 1. Harmonische fehlt.

In der Praxis muß man zwei Fälle unterscheiden, nämlich erstens, daß das Auftreten höherer Harmonischer unerwünscht ist, wie z. B. bei der nachrichtentechnischen Übertragung, in elektroakustischen Anlagen oder bei Meßverstärkern, oder zweitens, daß man das Auftreten höherer Harmonischer oder des Gleichstromanteils z. B. zur Frequenzvervielfachung oder zur Gleichrichtung ausnutzen will.

Im ersten Fall müssen die Kennlinien der Bauelemente im ausgenutzten Bereich quasi linear sein. Den Anteil der trotzdem auftretenden höheren Harmonischen kennzeichnet man durch den Klirrfaktor

$$k = \frac{\sqrt{\sum_{n=2}^{\infty} \tilde{I}_n^2}}{\sqrt{\sum_{n=1}^{\infty} \tilde{I}_n^2}} \tag{1.47.1}$$

($\tilde{I}_n$ Effektivwert der n-ten Harmonischen). Bei kleinem Klirrfaktor kann man anstelle des Gesamteffektivwertes in guter Näherung den der 1. Harmonischen einsetzen:

$$k = \frac{\sqrt{\sum_{n=2}^{\infty} \tilde{I}_n^2}}{\tilde{I}_1}\,. \tag{1.47.2}$$

Häufig gibt man auch den Klirrfaktor k_n für eine einzige Oberschwingung an:

$$k_n = \frac{\tilde{I}_n}{\sqrt{\sum_{n=1}^{\infty} \tilde{I}_n^2}}\,. \tag{1.48}$$

Im zweiten Fall wird man Bauelemente mit stark nichtlinearen Kennlinien verwenden und den erwünschten Anteil an Harmonischen mittels Siebschaltungen aus dem Gesamtspektrum ausfiltern. Dabei sind bestimmte Kennlinientypen für bestimmte Anwendungen besonders geeignet. So wird man z. B. zur Gleichrichtung Bauelemente verwenden, die aufgrund ihrer Kennlinie einen hohen Gleichanteil erzeugen.

1.3.3 Modulation

Für Ströme und Spannungen in linearen Netzwerken gilt ein einfaches Überlagerungsgesetz (s. 1.3.2). Legt man dagegen an ein nichtlineares Bauelement gleichzeitig zwei harmonische Wechselspannungen unterschiedlicher Frequenz ω_1 und ω_2, treten im Spektrum des Stromes Frequenzen auf, die weder gleich den ursprünglichen Frequenzen ω_1 und ω_2 sind noch in deren Oberschwingungsspektren auftreten. Diese Erscheinung nennt man Modulation. Betrachten wir als einfaches Beispiel ein Bauelement mit der Kennlinie

$$\bar{I} = a\bar{U} + b\bar{U}^2 \tag{1.49}$$

und legen an dieses die beiden Wechselspannungen $U_1 = \hat{U}_1 \cos \omega_1 t$ und $U_2 = \hat{U}_2 \cos \omega_2 t$, so fließt ein Strom

$$\begin{aligned} I &= a(\hat{U}_1 \cos \omega_1 t + \hat{U}_2 \cos \omega_2 t) + b(\hat{U}_1 \cos \omega_1 t + \hat{U}_2 \cos \omega_2 t)^2 \\ &= a(\hat{U}_1 \cos \omega_1 t + \hat{U}_2 \cos \omega_2 t) \\ &\quad + b(\hat{U}_1^2 \cos^2 \omega_1 t + 2\hat{U}_1 \hat{U}_2 \cos \omega_1 t \cos \omega_2 t + \hat{U}_2^2 \cos^2 \omega_2 t) \\ &= \frac{b}{2}(\hat{U}_1^2 + \hat{U}_2^2) + a(\hat{U}_1 \cos \omega_1 t + \hat{U}_2 \cos \omega_2 t) \\ &\quad + \frac{b}{2}(\hat{U}_1^2 \cos 2\omega_1 t + \hat{U}_2^2 \cos 2\omega_2 t) \\ &\quad + b\hat{U}_1 \hat{U}_2 [\cos(\omega_1 - \omega_2)t + \cos(\omega_1 + \omega_2)t], \end{aligned} \tag{1.50}$$

d. h., neben einem Gleichstromanteil und Teilströmen mit den ursprünglichen Frequenzen und ihren zweiten Harmonischen treten Ströme mit der Summenfrequenz $\omega_1 + \omega_2$ und der Differenzfrequenz $\omega_1 - \omega_2$ auf.

In der Nachrichtentechnik spricht man von Modulation, wenn man eine charakteristische Größe eines hochfrequenten Stromes – des Trägerstromes – im Rhythmus eines Signals verändert. In diesem Sinne spricht man von Amplituden-, Frequenz- oder Phasenmodulation, je nachdem welche charakteristische Größe des Trägerstromes man moduliert.

Betrachten wir zunächst die Amplitudenmodulation (AM). Entsprechend Abb. 1.23 gilt

$$I_{\text{AM}} = \hat{I}(s) \cos \omega_t t \,. \tag{1.51}$$

Dabei bedeutet ω_t die Trägerfrequenz, und für die Amplitude $\hat{I}(s)$ als Funktion des Signals gilt

$$\hat{I}(s) = \hat{I}_t + I_s \cos \omega_s t \tag{1.52}$$

(ω_s Signalfrequenz), wenn man zunächst auch den Signalstrom harmonisch annimmt. Durch Einsetzen von (1.52) in (1.51) ergibt sich

$$\begin{aligned} I_{\text{AM}} &= \hat{I}_t \left(1 + \frac{\hat{I}_s}{\hat{I}_t} \cos \omega_s t\right) \cos \omega_t t \\ &= \hat{I}_t (1 + m \cos \omega_s t) \cos \omega_t t \,. \end{aligned}$$

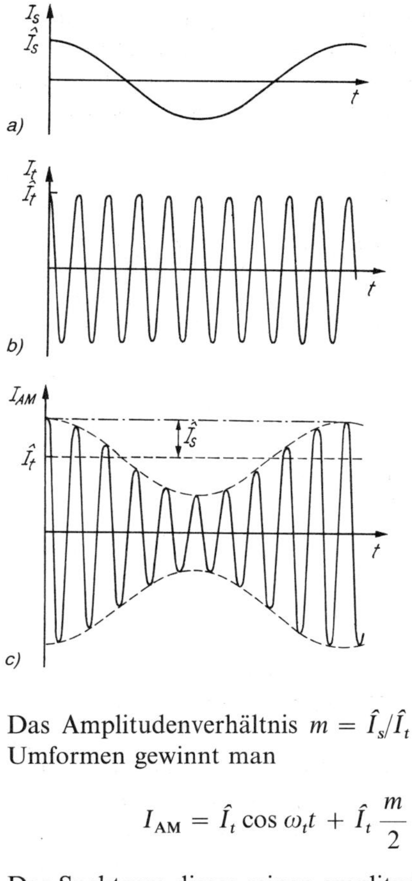

Abb. 1.23. Zur Amplitudenmodulation
a) Signalstrom I_s, b) Trägerstrom I_t, c) amplitudenmodulierter Strom I_{AM}

Das Amplitudenverhältnis $m = \hat{I}_s/\hat{I}_t$ bezeichnet man als Modulationsgrad. Durch Umformen gewinnt man

$$I_{\mathrm{AM}} = \hat{I}_t \cos \omega_t t + \hat{I}_t \frac{m}{2} [\cos (\omega_t - \omega_s) t + \cos (\omega_t + \omega_s) t] . \qquad (1.53)$$

Das Spektrum dieses reinen amplitudenmodulierten Signals enthält also außer dem Trägerstrom nur Ströme mit der Summen- und der Differenzfrequenz, während ein Teilstrom mit der Signalfrequenz ω_s selbst nicht mehr auftritt. Ein Vergleich mit der allgemeinen Modulationsgleichung (1.50) zeigt, daß dort noch weitere Anteile im Strom enthalten sind. Für die Praxis bedeutet das, daß man durch entsprechende Filter unerwünschte Spektralanteile von dem reinen AM-Signal trennen muß.

Praktisch wird das Signal ein ganzes Frequenzband $\Delta\omega_s$ umfassen. Ist $\Delta\omega_s \ll \omega_t$, gilt (1.53) weiterhin, wenn man ω_s durch $\Delta\omega_s$ ersetzt. Der amplitudenmodulierte Strom enthält dann außer dem Träger ω_t die beiden symmetrisch liegenden Seitenbänder $\omega_t - \Delta\omega_s$ und $\omega_t + \Delta\omega_s$. Zur Übertragung eines AM-Signales benötigt man daher eine Bandbreite

$$B = 2\,\Delta f_s \qquad (1.54)$$

($\Delta f_s = \Delta\omega_s/2\pi$).

Bei der Frequenzmodulation (FM) wird die Trägerfrequenz ω_t durch die Zeichenfrequenz ω_s moduliert. Im Zeigerbild bedeutet das, daß der Zeiger I_{FM} nicht mehr mit konstanter Winkelgeschwindigkeit umläuft. Das Argument $\omega_t t$ muß also ersetzt werden durch

$$\int_0^t (\omega_t + \Delta\omega_t \cos \omega_s t)\,\mathrm{d}t = \omega_t t + \frac{\Delta\omega_t}{\omega_s} \sin \omega_s t\,,$$

wobei $\Delta\omega_t$ die maximal auftretende Frequenzänderung – der Frequenzhub – ist. Damit ist

$$\begin{aligned} I_{\mathrm{FM}} &= \hat{I}_t \sin\left(\omega_t t + \frac{\Delta\omega_t}{\omega_s} \sin \omega_s t\right) \\ &= \hat{I}_t \sum_{-\infty}^{\infty} \hat{I}_n(m_F) \sin\,(\omega_t + n\omega_s)\,t\,. \end{aligned} \tag{1.55}$$

Die Amplituden $\hat{I}_n(m_F)$ der einzelnen Teilströme werden durch die Bessel-Funktionen n-ter Ordnung vom Argument $m_F = \Delta\omega_t/\omega_s = \Delta H/f_s$ dargestellt (m_F heißt Phasenhub oder Modulationsindex, ΔH ist der Frequenzhub in Hz). In der Praxis rechnet man damit, daß die zur Übertragung eines FM-Signals erforderliche Bandbreite mindestens

$$B \geqq 2(\Delta H + \Delta f_s) \tag{1.56}$$

beträgt, also um $2\,\Delta H$ größer ist als die für ein entsprechendes AM-Signal. Der Frequenzhub $\Delta\omega_t$ ist unabhängig von der Signalfrequenz ($\Delta\omega_t$ wird beim UKW-Rundfunk z. B. durch die Lautstärke bestimmt), während der Phasenhub m_F der Signalfrequenz umgekehrt proportional ist.

Die Phasenmodulation (PM) läßt sich mathematisch ähnlich wie die Frequenzmodulation darstellen:

$$I_{\mathrm{PM}} = \hat{I}_t \sin\,(\omega_t t + \Delta\varphi \sin \omega_s t)\,. \tag{1.57}$$

Im Gegensatz zur FM ist aber der Phasenhub $\Delta\varphi$ unabhängig von ω_s, dagegen wird der erzeugte Frequenzhub proportional zu ω_s.

1.3.4 Das Einschaltproblem

Bisher haben wir lediglich stationäre bzw. quasistationäre Zustände untersucht. In diesem Abschnitt wollen wir uns den technisch sehr wichtigen Übergangserscheinungen zuwenden, die in einem Netzwerk z. B. nach dem Ein- oder Ausschalten einer Spannung ablaufen. Da die dazu notwendigen mathematischen Hilfsmittel allerdings recht aufwendig werden, sollen nur die Grundgedanken dargestellt und an einigen einfachen Beispielen erläutert werden.

1.3.4.1 Sprungantwort und Stoßantwort

Als Sprungantwort bezeichnet man den zeitlichen Verlauf $U_2(t)$ der Ausgangsspannung eines Netzwerkes, wenn der zeitliche Verlauf $U_1(t)$ der Eingangsspannung

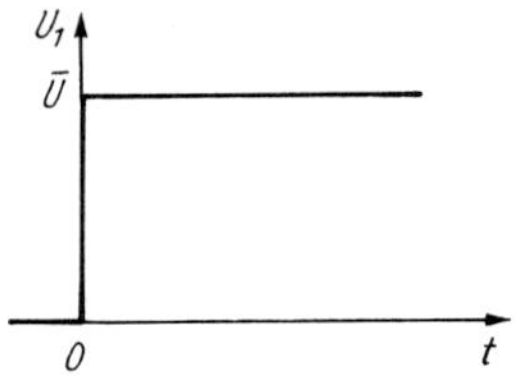

Abb. 1.24. Sprungfunktion

durch eine Sprungfunktion

$$U_1(t) = \begin{cases} 0 & \text{für} \quad t < 0\,, \\ \bar{U} & \text{für} \quad t \geqq 0 \end{cases}$$

(Abb. 1.24) beschrieben werden kann. Als Übergangsfunktion bezeichnet man die auf den Schaltsprung $\bar{U}$ am Eingang bezogene Sprungantwort. Die Übergangsfunktion ist also definiert durch

$$w(t) = \frac{U_2(t)}{\bar{U}}\,. \tag{1.58}$$

Zur Veranschaulichung wollen wir die Übergangsfunktion für die einfache, in Abb. 1.25 dargestellte Schaltung berechnen. Die Sprungantwort ergibt sich durch Lösen einer Differentialgleichung, wenn man voraussetzt, daß der Kondensator C zur Zeit $t = 0$ keine Ladung trägt. Dann gilt nach (1.8) für $t \geqq 0$

$$IR + U_2 = \bar{U}\,.$$

Der Strom I läßt sich als Ladestrom des Kondensators schreiben:

$$I = \frac{\mathrm{d}Q}{\mathrm{d}t} = C\,\frac{\mathrm{d}U_2}{\mathrm{d}t}\,.$$

Damit gewinnt man die Differentialgleichung

$$\frac{\mathrm{d}U_2}{\mathrm{d}t} + \frac{1}{RC}\,(U_2 - \bar{U}) = 0\,,$$

die sich nach Trennen der Variablen integrieren läßt:

$$\ln\,(U_2 - \bar{U}) = -\,\frac{t}{RC} + K\,,$$

$$U_2 - \bar{U} = K'\,\mathrm{e}^{-t/RC}\,.$$

Da für $t = 0$ auch $U_2 = 0$ sein soll, ergibt sich für die Integrationskonstante $K' = -\bar{U}$, und damit folgt

$$U_2 = \bar{U}(1 - \mathrm{e}^{-t/RC})\,.$$

Für die Übergangsfunktion ergibt sich daraus nach (1.58)

$$w(t) = 1 - \mathrm{e}^{-t/RC}\,.$$

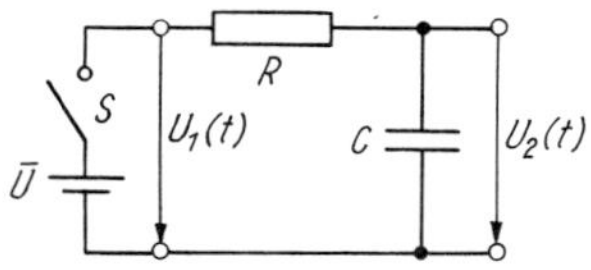

Abb. 1.25. Zur Berechnung der Sprungantwort (zur Zeit $t = 0$ wird der Schalter S geschlossen)

Allgemein läßt sich eine Übergangsfunktion zerlegen in einen Sprunganteil $w(0)$ für $t = 0$ (im betrachteten Beispiel ist $w(0) = 0$) und einen stetigen, differenzierbaren Anteil $w_d(t)$ für $t > 0$:

$$w(t) = w(0) + w_d(t)\,. \tag{1.59}$$

Als Stoßantwort bezeichnet man den zeitlichen Verlauf der Ausgangsspannung, wenn der zeitliche Verlauf der Eingangsspannung einer Stoßfunktion entspricht. Die Stoßfunktion können wir aus zwei gleichgroßen, aber entgegengesetzt gerichteten Sprungfunktionen erzeugen, die im zeitlichen Abstand Δt aufeinander folgen (s. Abb. 1.26). Für unsere weiteren Überlegungen machen wir folgende Voraussetzungen:

- Für die Schaltung gilt das Überlagerungsgesetz.
- Die Schaltung ist stabil; ein Ausgangssignal tritt stets erst nach einem Eingangssignal auf.
- Die Sprungantwort ist unabhängig vom Zeitpunkt des Sprunges.

Diese Voraussetzungen werden von linearen, stabilen, zeitinvarianten Netzwerken erfüllt. Unter diesen Voraussetzungen läßt sich die Stoßantwort aus der Übergangsfunktion berechnen. Für die Ausgangsspannung gilt

$$U_2 = \begin{cases} 0 \quad \text{für} \quad t < 0\,, \\ \bar{U}[w(0) + w_d(t)] \quad \text{für} \quad 0 \leqq t < \Delta t\,, \\ \bar{U}[w(0) + w_d(t)] - \bar{U}[w(0) + w_d(t - \Delta t)] \\ = \bar{U}[w_d(t) - w_d(t - \Delta t)] \quad \text{für} \quad t > \Delta t\,. \end{cases}$$

Der Wert $U_2(t)$ für $t > \Delta t$ liefert für $\Delta t \to 0$ die gesuchte Stoßantwort. Dazu stellt man $U_2(t)$ für $t > \Delta t$ als Taylor-Reihe dar, die nach dem ersten Entwicklungsglied

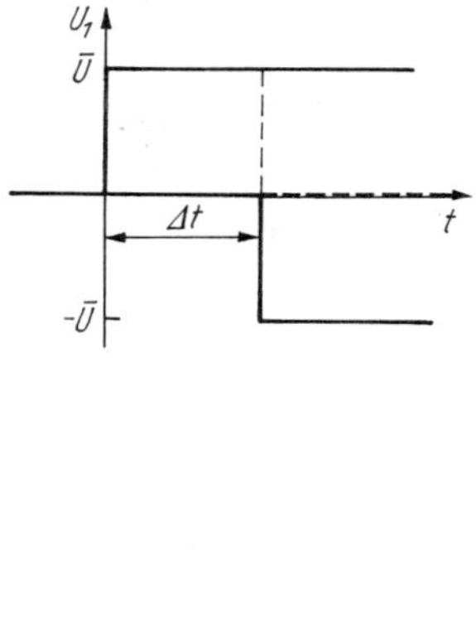

Abb. 1.26. Überlagerung von zwei Sprungfunktionen zu einer Stoßfunktion

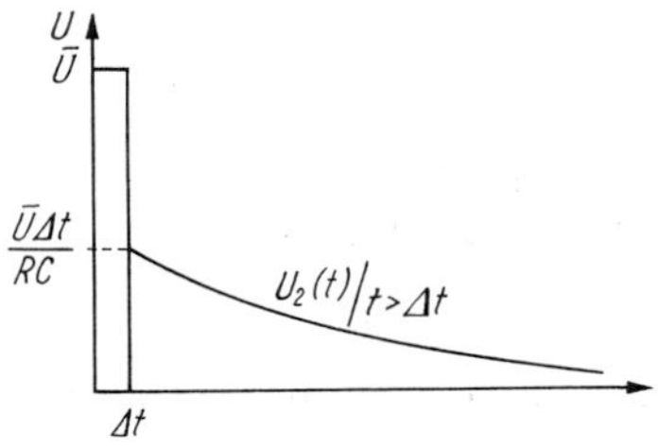

Abb. 1.27. Stoßfunktion und Stoßantwort (Schaltung s. Abb. 1.25)

abgebrochen wird:

$$U_2 = \bar{U}\left[w_d(t) - w_d(t) - \frac{\mathrm{d}w_d}{\mathrm{d}t}(-\Delta t) - \ldots\right]$$

$$= \bar{U}\,\frac{\mathrm{d}w_d}{\mathrm{d}t}\,\Delta t\,. \tag{1.60}$$

Das Produkt $\bar{U}\cdot\Delta t$ bezeichnet man als Größe des Stoßes.

Zur Veranschaulichung wollen wir die Stoßantwort der Schaltung aus Abb. 1.25 berechnen. Mit der oben berechneten Übergangsfunktion ergibt sich

$$\frac{\mathrm{d}w_d(t)}{\mathrm{d}t} = \frac{1}{RC}\,\mathrm{e}^{-t/RC}$$

und daraus als Stoßantwort

$$U_2(t) = \frac{\bar{U}\cdot\Delta t}{RC}\,\mathrm{e}^{-t/RC}$$

(s. Abb. 1.27). Die bei der Herleitung der Gl. (1.60) formulierte Bedingung $\Delta t \to 0$ bedeutet praktisch, daß $\Delta t \ll RC$ sein muß; anderenfalls kann man nicht mehr von einer stoßförmigen Anregung sprechen.

1.3.4.2 Lösung des Einschaltproblems bei bekannter Übergangsfunktion

Wir hatten gezeigt, daß sich die Stoßantwort aus der Übergangsfunktion berechnen läßt. Wir wollen nun auf beliebige Eingangsspannungen verallgemeinern, für die wir lediglich fordern, daß sie für $t < 0$ Null sind. Dazu wird der zeitliche Verlauf $U_1(t)$ der Eingangsspannung in viele kurze Stöße zerlegt, während derer die Eingangsspannung als konstant angenommen werden kann (Abb. 1.28). Die Stoßantwort des i-ten Stoßes ist dann nach (1.60)

$$U_1(\tau_i)\,\Delta\tau_i\,\frac{\mathrm{d}w_d(t-\tau_i)}{\mathrm{d}t}\,,$$

und als gesamte Antwortfunktion ergibt sich näherungsweise

$$U_2(t) \approx U_1(t)\,w(0) + \sum_{i=1}^{n} U_1(\tau_i)\,\Delta\tau_i\,\frac{\mathrm{d}w_d(t-\tau_i)}{\mathrm{d}t}\,.$$

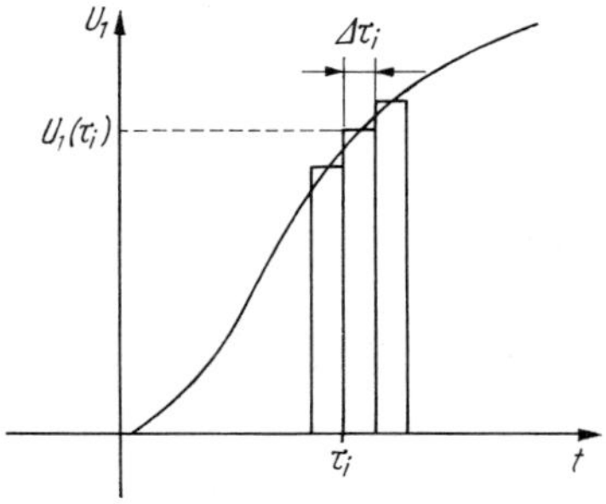

Abb. 1.28. Zerlegung der Spannung $U_1(t)$ in n Stöße der Dauer $\Delta\tau_i$

Der erste Summand in diesem Ausdruck berücksichtigt die Tatsache, daß zur Zeit $t = \tau_i$ die Antwortfunktion bereits einen bestimmten Wert besitzt, hervorgerufen durch die in der Zeit $t < \tau_i$ erfolgten Stöße. Dazu kann man sich vorstellen, daß zur Zeit $t = \tau_i$ die Spannung $U_1(\tau_i)$ eingeschaltet wird, die entsprechend der Übergangsfunktion $w(t - \tau_i)$ einen Beitrag

$$U_1(\tau_i)\, w(t - \tau_i)|_{t=\tau_i} = U_1(t)\, w(0)$$

zur Ausgangsspannung liefert. Der Grenzübergang $\Delta\tau_i \to 0$ liefert schließlich

$$U_2(t) = U_1(t) \cdot w(0) + \int_0^t U_1(\tau)\, \frac{\mathrm{d}w_d(t - \tau)}{\mathrm{d}t}\, \mathrm{d}\tau\,. \tag{1.61}$$

Auch dieses Ergebnis wollen wir wieder an der oben bereits betrachteten RC-Schaltung der Abb. 1.25 veranschaulichen. An diese Schaltung wird eine Eingangsspannung

$$U_1(t) = \bar{U}(1 - \mathrm{e}^{-t/\tau_0})$$

angelegt. Aus der oben berechneten Übergangsfunktion folgt

$$w(0) = 0\,,$$

$$w_d(t) = 1 - \mathrm{e}^{-t/RC}\,, \qquad w_d(t - \tau) = 1 - \mathrm{e}^{-(t-\tau)/RC}\,,$$

$$\frac{\mathrm{d}w_d(t - \tau)}{\mathrm{d}t} = \frac{1}{RC}\, \mathrm{e}^{-(t-\tau)/RC}\,,$$

und damit folgt aus (1.61) für die gesuchte Antwortfunktion

$$U_2(t) = \frac{\bar{U}}{RC} \int_0^t (1 - \mathrm{e}^{-\tau/\tau_0})\, \mathrm{e}^{-(t-\tau)/RC}\, \mathrm{d}\tau\,.$$

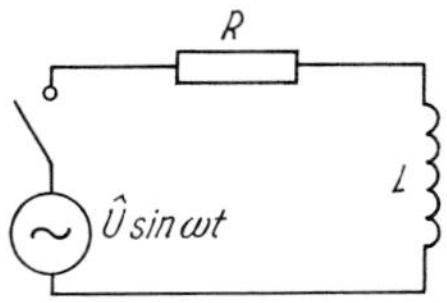

Abb. 1.29. Zu Beispiel 1.9: Schaltung

Nimmt man an, daß die Schaltung die gleiche Zeitkonstante hat wie die Eingangsspannung ($RC = \tau_0$), dann ist

$$U_2(t) = \frac{\bar{U}}{\tau_0} \mathrm{e}^{-t/\tau_0} \int_0^t (\mathrm{e}^{+\tau/\tau_0} - 1)\,\mathrm{d}\tau$$

$$= \bar{U}\left[1 - \left(1 + \frac{t}{\tau_0}\right) \mathrm{e}^{-t/\tau_0}\right].$$

Beispiel 1.9. Berechnung des Zeitverlaufes des Stromes nach Anlegen einer Wechselspannung an die in Abb. 1.29 dargestellte Serienschaltung.

Zunächst muß die Übergangsfunktion $w(t)$ der Schaltung bestimmt werden. Dazu nimmt man als Eingangsspannung die Sprungfunktion an. Für $t > 0$ gilt die Differentialgleichung

$$L \frac{\mathrm{d}I}{\mathrm{d}t} + RI - \bar{U} = 0\,.$$

Durch einfaches Umformen kann man die Trennung der Variablen vornehmen, und die Integration liefert

$$\ln\left(I - \frac{\bar{U}}{R}\right) = -\frac{R}{L} \cdot t + K\,,$$

$$I - \frac{\bar{U}}{R} = K' \cdot \mathrm{e}^{-(R/L)t}\,.$$

Da für $t = 0$ auch $I = 0$ sein muß, ergibt sich $K' = -\bar{U}/R$, d. h.

$$I(t) = \frac{\bar{U}}{R}(1 - \mathrm{e}^{-(R/L)t})\,.$$

Betrachtet man die an R abfallende Spannung $R \cdot I(t)$ als Sprungantwort, lautet die Übergangsfunktion

$$w(t) = 1 - \mathrm{e}^{-(R/L)t}\,,$$

und es ist

$$w(0) = 0\,, \qquad w_d(t) = w(t)\,,$$

$$w_d(t - \tau) = 1 - \mathrm{e}^{-(R/L)(t-\tau)}\,,$$

$$\frac{\mathrm{d}w_d(t - \tau)}{\mathrm{d}t} = \frac{R}{L}\,\mathrm{e}^{-(R/L)(t-\tau)}\,.$$

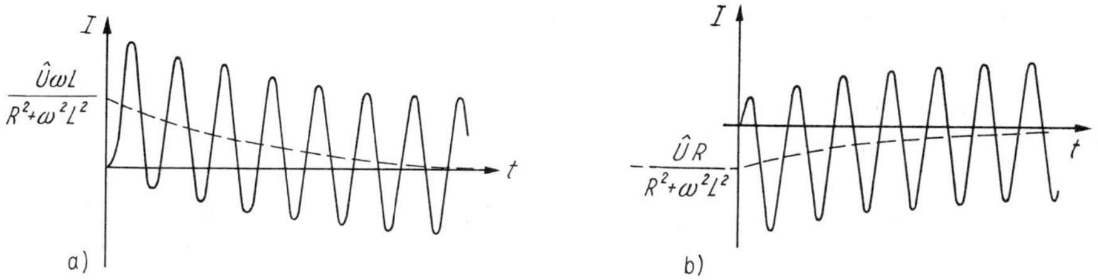

Abb. 1.30. Zu Beispiel 1.9: zeitlicher Verlauf des Stromes nach dem Einschalten der Wechselspannung ($R = 0{,}3\omega L$)
a) $U_1 = \hat{U} \sin \omega t$ für $t \geqq 0$, b) $U_1 = \hat{U} \cos \omega t$ für $t \geqq 0$

Durch Einsetzen in (1.61) findet man für den gesuchten Strom

$$I(t) = \int_0^t \hat{U} \sin \omega\tau \, \frac{1}{L} \, \mathrm{e}^{-(R/L)(t-\tau)} \, \mathrm{d}\tau$$

$$= \frac{\hat{U}}{L} \, \mathrm{e}^{-(R/L)t} \int_0^t \sin \omega\tau \, \mathrm{e}^{(R/L)\tau} \, \mathrm{d}\tau \, .$$

Nach partieller Integration ergibt sich

$$I(t) = \frac{\hat{U}}{R^2 + \omega^2 L^2} \left(R \sin \omega t - \omega L \cos \omega t + \omega L \, \mathrm{e}^{-(R/L)t}\right).$$

Die ersten beiden Summanden stellen den Strom im quasistationären Zustand dar, der sich aus einer zur Spannung phasengleichen ohmschen und einer zur Spannung um 90° phasenverschobenen induktiven Komponente zusammensetzt. Der dritte Summand ist ein exponentiell abklingender Gleichstrom, der dem Wechselstrom nach dem Einschalten überlagert ist. Der zeitliche Verlauf des Stromes hängt wesentlich vom Moment des Einschaltens der Wechselspannung ab (s. Abb. 1.30). Schaltet man diese nicht im Nulldurchgang, wie oben für die Rechnung angenommen, sondern in ihrem Maximalwert ein ($U_1(t) = \hat{U} \cos \omega t$ für $t \geqq 0$), so ergibt sich

$$I(t) = \frac{\hat{U}}{R^2 + \omega^2 L^2} \left(\omega L \sin \omega t + R \cos \omega t - R \, \mathrm{e}^{-(R/L)t}\right).$$

In diesem Fall stellt sich bei kleiner Dämpfung ($R \ll \omega L$) praktisch sofort der quasistationäre Zustand ein. Aus diesem Grunde nimmt man z. B. das Zuschalten eines überwiegend induktiven Netzes möglichst im Maximalwert der Spannung vor.

1.3.4.3 Laplace-Transformation

Bei den bisher erläuterten Verfahren zur Behandlung des Einschaltproblems ist die Lösung einer Differentialgleichung erforderlich. Die Berechnung der Ausgangsspannung aus der Übertragungsfunktion mittels der Fourier-Transformation war andererseits nur möglich, wenn das Integral

$$\int_{-\infty}^{+\infty} |F(t)| \, \mathrm{d}t$$

konvergiert (s. 1.3.1.). Im folgenden soll eine Methode aufgezeigt werden, mit der man diese Schwierigkeiten umgeht. Dazu leitet man aus der Zeitfunktion $F(t)$, für die man lediglich fordert, daß $F(t) = 0$ für $t < 0$ ist, eine Funktion $f(p)$ ab nach der Vorschrift

$$f(p) = \int_{0}^{\infty} F(t) \, \mathrm{e}^{-pt} \, \mathrm{d}t \,, \tag{1.62.1}$$

wobei $p = x + j\omega$ eine komplexe Variable ist[1]. Man nennt $f(p)$ die Laplace-Transformierte zu $F(t)$ und schreibt

$$f(p) = \mathfrak{L}[F(t)] \,, \tag{1.62.2}$$

indem man die mit (1.62.1) gegebene Berechnungsvorschrift als Operator $\mathfrak{L}$ auffaßt. Die Funktion $f(p)$ existiert, wenn

$$\int_{0}^{\infty} F(t) \, \mathrm{e}^{-xt} \, \mathrm{d}t$$

konvergiert ($x \geqq 0$, reell; e^{-xt} heißt konvergenzerzeugender Faktor), und ist in ihrem ganzen Existenzbereich differenzierbar. Im Sinne dieser Transformation bezeichnet man den Existenzbereich der Funktion $F(t)$ auch als Oberbereich (Zeitbereich), $F(t)$ selbst als Oberfunktion (auch Zeit- oder Originalfunktion), den Existenzbereich der Laplace-Transformierten als Unterbereich (Frequenzbereich, d. h., man interpretiert die komplexe Variable p als Frequenz) und $f(p)$ selbst als Unterfunktion (auch Spektral- oder Bildfunktion). Die Rücktransformation aus dem Unter- in den Oberbereich beschreibt man symbolisch durch

$$\mathfrak{L}^{-1}[f(p)] = F(t) \,. \tag{1.63}$$

In der Praxis werden Transformation und Rücktransformation mit Hilfe von Transformationstabellen durchgeführt (s. Tab. 3).

Der Rechenweg zur Lösung des Einschaltproblems mittels der Methode der Laplace-Transformation läßt sich in vier Schritte einteilen:

1. Aufstellen der Differentialgleichung des Netzwerkes im Zeitbereich.
2. Transformation dieser Gleichung in den Unterbereich. Voraussetzung für diesen Schritt ist, daß die Differentialgleichung nur konstante Koeffizienten enthält, d. h.,

[1] Zur Vereinfachung der Schreibweise wird in diesem Abschnitt auf eine ausdrückliche Kennzeichnung komplexer Variabler und Funktionen verzichtet.

Tabelle 3
Einige Korrespondenzen zur Laplace-Transformation

Oberbereich	Unterbereich	Bemerkungen
1. $F(t)$	$f(p) = \int_0^\infty F(t)\,\mathrm{e}^{-pt}\,\mathrm{d}t$	$F(t) = 0$ für $t < 0$
2. $c_1 F_1(t) + c_2 F_2(t)$	$c_1 f_1(p) + c_2 f_2(p)$	
3. $\frac{\mathrm{d}^n F(t)}{\mathrm{d}t^n}$	$p^n f(p) - p^{n-1} F(0) - p^{n-2} \frac{\mathrm{d}F(0)}{\mathrm{d}t} - \ldots - p \frac{\mathrm{d}^{n-2} F(0)}{\mathrm{d}t^{n-2}} - \frac{\mathrm{d}^{n-1} F(0)}{\mathrm{d}t^{n-1}}$	$F(0) = \lim_{+t \to 0} F(t)$
4. $\int_0^t F(\tau)\,\mathrm{d}\tau$	$\frac{f(p)}{p}$	
5. $(-t)^n F(t)$	$\frac{\mathrm{d}^n f(p)}{\mathrm{d}t^n}$	
6. $F(t - a)$	$f(p)\,\mathrm{e}^{-ap}$	$a \geqq 0$, reell $F(t < a) = 0$
7. $F(t)\,\mathrm{e}^{-bt}$	$f(p + b)$	
8. $F(ct)$	$\frac{1}{c} f\left(\frac{p}{c}\right)$	$c > 0$, reell
9. $\int_0^t F_1(\tau) F_2(t - \tau)\,\mathrm{d}\tau$	$f_1(p) \cdot f_2(p)$	
		stets: $F(t) = 0$ für $t < 0$
10. $1(t)$	$\frac{1}{p}$	Einheitssprung $1(t) = 1$ für $t \geqq 0$
11. $\delta(t)$	1	Dirac-Stoß $\delta(t) = \begin{cases} \infty & \text{für } t = 0, \\ 0 & \text{für } t > 0 \end{cases}$
12. $\delta(t - t_0)$	e^{-pt_0}	$t_0 > 0$
13. t	$\frac{1}{p^2}$	
14. $\mathrm{e}^{\pm at}$	$\frac{1}{p \mp a}$	
15. $\frac{t^{n-1}}{(n-1)!} \mathrm{e}^{\pm at}$	$\frac{1}{(p \mp a)^n}$	
16. $(1 + at)\,\mathrm{e}^{at}$	$\frac{p}{(p - a)^2}$	
17. $\sin at$	$\frac{a}{p^2 + a^2}$	

Tabelle 3 (Fortsetzung)

Oberbereich	Unterbereich	Bemerkungen
18. sinh *at*	$\frac{a}{p^2 - a^2}$	
19. cos *at*	$\frac{p}{p^2 + a^2}$	
20. cosh *at*	$\frac{p}{p^2 - a}$	

daß alle Größen *R*, *L* und *C* zeitunabhängig sind. Man erhält im Unterbereich eine algebraische Gleichung.

3. Lösen der algebraischen Gleichung; man gewinnt dadurch die Spektralfunktion der gesuchten Spannung bzw. des Stromes.
4. Rücktransformation dieser Lösung in den Zeitbereich.

Zur Veranschaulichung wollen wir mit dieser Methode noch einmal die Sprungantwort der *RC*-Schaltung aus Abb. 1.25 berechnen (s. 1.3.4.1). Die Differentialgleichung[1] des Problems lautet

$$\frac{\mathrm{d}U_2(t)}{\mathrm{d}t} + \frac{1}{RC} U_2(t) = \frac{1}{RC} U_1(t)\,.$$

Durch Transformation in den Unterbereich erhält man daraus (s. dazu Tab. 3)

$$pu_2(p) - U_2(0) + \frac{u_2(p)}{RC} = \frac{u_1(p)}{RC}\,.$$

Nun ist $U_1(t) = \bar{U}$ für $t \geqq 0$ und damit $u_1(p) = \bar{U}/p$. Aus der Annahme, daß der Kondensator für $t < 0$ ladungsfrei ist, folgt $U_2(0) = 0$. Damit erhält man

$$u_2(p) = \frac{\bar{U}}{RC} \frac{1}{p} \frac{1}{p + \frac{1}{RC}}\,.$$

[1] Zur besseren Unterscheidung von Ober- und Unterfunktion werden in diesem Abschnitt alle Funktionen im Zeitbereich mit großen Buchstaben und ihre Laplace-Transformierten mit kleinen Buchstaben bezeichnet.

Die Rücktransformation kann mit Hilfe des Faltungssatzes (Tab. 3, Nr. 9) erfolgen und liefert

$$U_2(t) = \frac{\bar{U}}{RC} \int_0^t \mathrm{e}^{-(t-\tau)/RC}\, \mathrm{d}\tau = \bar{U}(1 - \mathrm{e}^{-t/RC}),$$

also das bereits bekannte Ergebnis.

Durch eine formale Operatorenrechnung läßt sich auch noch das Aufstellen der Differentialgleichung im Zeitbereich umgehen, und man erhält sofort die Gleichung im Unterbereich, wenn im betrachteten Netzwerk für $t < 0$ alle Spannungen und Ströme Null sind. Dazu führt man eine Operatorimpedanz $z(p)$ ein nach der Vorschrift

$$z(p) = \frac{u(p)}{i(p)}. \tag{1.64}$$

Da ebenso wie das Ohmsche Gesetz (s. (1.64)) auch die Kirchhoffschen Regeln invariant gegenüber der Laplace-Transformation sind, kann man mit diesen Operatorimpedanzen im Unterbereich genauso rechnen wie mit den Impedanzen eines Wechselstromkreises. Man erhält auf diese Weise eine Übertragungsfunktion $g(p)$ des Netzwerkes im Unterbereich, und die Berechnung der Antwortfunktion erfolgt dann formal wie bei der Methode der Fourier-Transformation (s. 1.3.1, (1.38)) aus

$$u_2(p) = g(p) \cdot u_1(p). \tag{1.65}$$

Auch dieses Vorgehen wollen wir an einem Beispiel anschaulich machen. Dazu soll die Sprungantwort der in Abb. 1.31 dargestellten RC-Schaltung berechnet werden. Die Übertragungsfunktion im Unterbereich ist

$$g(p) = \frac{u_2(p)}{u_1(p)} = \frac{z_R(p)}{z_{\text{ges}}(p)} = \frac{R}{R + \dfrac{1}{pC}}.$$

Mit der Spektralfunktion der Sprungfunktion (s. Tab. 3) erhält man nach (1.64)

$$u_2(p) = \frac{p}{p + \dfrac{1}{RC}} \frac{\bar{U}}{p}$$

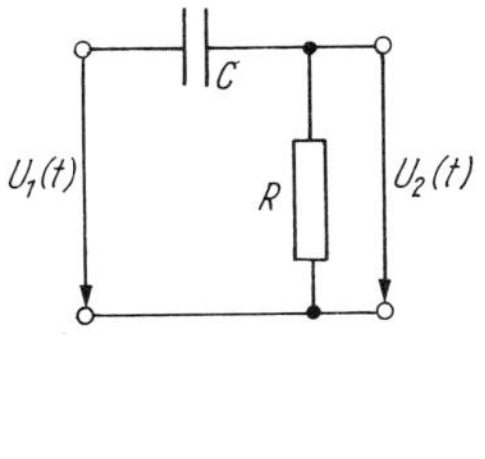

Abb. 1.31. RC-Schaltung zur Berechnung der Sprungantwort

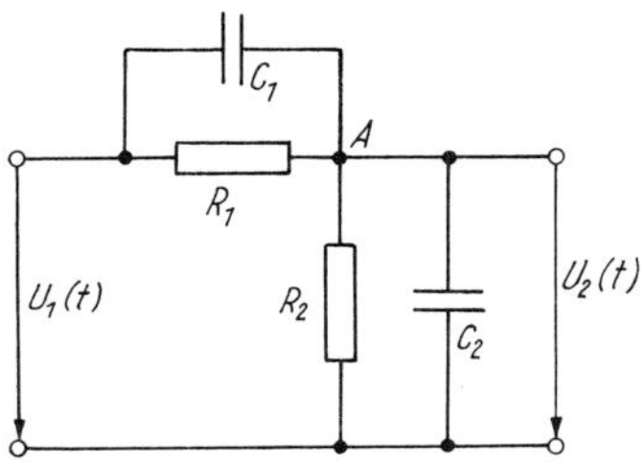

Abb. 1.32. Zu Beispiel 1.10: Schaltung

und nach Rücktransformation in den Zeitbereich (s. ebenfalls Tab. 3)

$$U_2(t) = \bar{U}\,\mathrm{e}^{-t/(RC)}\,.$$

Beispiel 1.10. Berechnung der Sprungantwort für die in Abb. 1.32 angegebene RC-Schaltung

a) durch Integration der Differentialgleichung;
b) mittels Laplace-Transformation.

a1) Aufstellen der Differentialgleichung

Nach der 1. Kirchhoffschen Regel gilt im Knotenpunkt A (Abb. 1.32) mit $I = \mathrm{d}Q/\mathrm{d}t = C(\mathrm{d}U/\mathrm{d}t)$

$$\frac{U_1 - U_2}{R_1} + C_1\frac{\mathrm{d}(U_1 - U_2)}{\mathrm{d}t} = \frac{U_2}{R_2} + C_2\frac{\mathrm{d}U_2}{\mathrm{d}t}\,.$$

Die Eingangsspannung ist gegeben durch

$$U_1 = \begin{cases} 0 & \text{für } t < 0\,,\\ \bar{U}_0 & \text{für } t \geqq 0\,,\end{cases}$$

d. h., für $t \geqq 0$ ist $U_1 = \bar{U}_0$ zeitunabhängig. Dann ist

$$(C_1 + C_2)\frac{\mathrm{d}U_2}{\mathrm{d}t} + \left(\frac{1}{R_1} + \frac{1}{R_2}\right)U_2 - \frac{\bar{U}_0}{R_1} = 0\,,$$

$$\frac{\mathrm{d}U_2}{\mathrm{d}t} + \frac{1}{C_1 + C_2}\cdot\frac{R_1 + R_2}{R_1R_2}\left(U_2 - \frac{R_2}{R_1 + R_2}\bar{U}_0\right) = 0\,.$$

a2) Lösen der Differentialgleichung

Durch einfaches Umstellen kann man eine Trennung der Variablen vornehmen und erhält

$$\frac{\mathrm{d}U_2}{U_2 - \dfrac{R_2}{R_1 + R_2}\bar{U}_0} = -\frac{R_1 + R_2}{R_1\tau_2 + R_2\tau_1}\,\mathrm{d}t$$

mit den Zeitkonstanten $\tau_1 = R_1 C_1$ und $\tau_2 = R_2 C_2$. Die Integration liefert

$$\ln\left(U_2 - \frac{R_2}{R_1 + R_2}\bar{U}_0\right) = -\frac{R_1 + R_2}{R_1\tau_2 + R_2\tau_1}t + K,$$

$$U_2 - \frac{R_2}{R_1 + R_2}\bar{U}_0 = K'\,\mathrm{e}^{-[(R_1+R_2)/(R_1\tau_2+R_2\tau_1)]t}.$$

Im Moment des Einschaltens wirkt die Schaltung wie ein kapazitiver Spannungsteiler, d. h., als Anfangsbedingung gilt

$$t = 0: \qquad U_2 = \frac{C_1}{C_1 + C_2}\bar{U}_0.$$

Damit ergibt sich für die Integrationskonstante

$$K' = \frac{\tau_1 - \tau_2}{(C_1 + C_2)(R_1 + R_2)}\bar{U}_0$$

und für die gesuchte Sprungantwort

$$U_2(t) = \frac{R_2}{R_1 + R_2}\bar{U}_0\left[1 + \frac{\tau_1 - \tau_2}{R_2(C_1 + C_2)}\mathrm{e}^{-[(R_1+R_2)/(R_1\tau_2+R_2\tau_1)]t}\right].$$

b1) Berechnung der Übertragungsfunktion g(p)

Bezeichnet man die Operatorimpedanzen der beiden Parallelschaltungen aus R_1 und C_1 bzw. R_2 und C_2 mit $z_1(p)$ und $z_2(p)$, so gilt für die Übertragungsfunktion

$$g(p) = \frac{u_2(p)}{u_1(p)} = \frac{z_2(p)}{z_1(p) + z_2(p)}$$

$$= \frac{1}{\frac{1}{R_2} + pC_2}\cdot\frac{1}{\frac{1}{\frac{1}{R_1} + pC_1} + \frac{1}{\frac{1}{R_2} + pC_2}}$$

$$= \frac{R_2(1 + p\tau_1)}{R_1 + R_2 + p(R_1\tau_2 + R_2\tau_1)}.$$

Für die Ausgangsspannung im Unterbereich gilt dann mit $u_1(p) = \bar{U}_0/p$

$$u_2(p) = \bar{U}_0\frac{R_2(1 + p\tau_1)}{p[R_1 + R_2 + p(R_1\tau_2 + R_2\tau_1)]}.$$

b2) Rücktransformation in den Zeitbereich

Zur Rücktransformation wird eine Partialbruchzerlegung für $u_2(p)$ vorgenommen. Mit

$$p_1 = 0, \qquad p_2 = -\frac{R_1 + R_2}{R_1\tau_2 + R_2\tau_1}$$

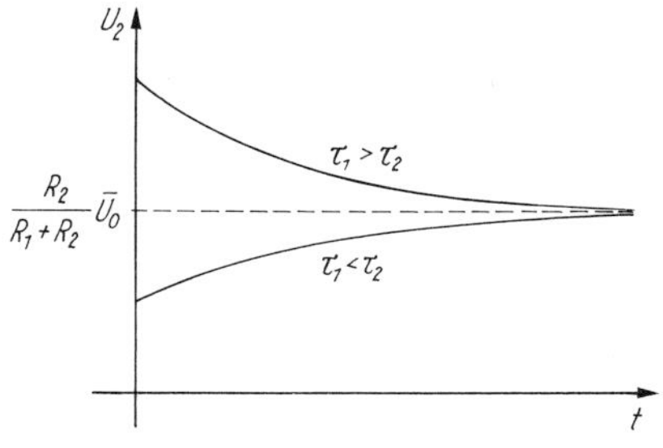

Abb. 1.33. Zu Beispiel 1.10: Sprungantwort bei verschiedenen Zeitkonstanten

findet man

$$u_2(p) = \frac{R_2}{R_1 + R_2}\,\bar{U}_0 \left[\frac{1}{p} + \frac{\tau_1 - \tau_2}{R_2(C_1 + C_2)} \cdot \frac{1}{p + \dfrac{R_1 + R_2}{R_1\tau_2 + R_2\tau_1}}\right].$$

Die Rücktransformation nach Tab. 3 liefert dann das bereits bekannte Ergebnis.

c) Diskussion des Ergebnisses (s. Abb. 1.33)

Für $\tau_1 = \tau_2$ ist $U_2 = \frac{R_2}{R_1 + R_2}\bar{U}_0$, d. h. $w(t) = \frac{R_2}{R_1 + R_2}$; die Übertragungsfunktion ist linear, die Schaltung wirkt wie ein rein ohmscher Spannungsteiler. In dieser Form wird die Schaltung als kapazitiv kompensierter Spannungsteiler eingesetzt.

Für $\tau_1 > \tau_2$ ist $U_2(0) = \frac{C_1}{C_1 + C_2}\bar{U}_0 > U_2(\infty) = \frac{R_2}{R_1 + R_2}\bar{U}_0$; die Spannung $U_2(t)$ sinkt exponentiell vom Anfangswert $U_2(0)$ auf den stationären Endwert ab.

Für $\tau_1 < \tau_2$ ist $U_2(0) = \frac{C_1}{C_1 + C_2}\bar{U}_0 < U_2(\infty) = \frac{R_2}{R_1 + R_2}\bar{U}_0$; die Spannung $U_2(t)$ steigt exponentiell vom Anfangswert $U_2(0)$ auf den stationären Endwert an.

1.3.5 Abtasttheoreme und Pulsmodulation

1.3.5.1 Abtasttheorem der Spektralfunktion

Wie die vorangegangenen Abschnitte gezeigt haben, besteht oft die Aufgabe, die Übertragungseigenschaften eines Netzwerkes für ein einmaliges Signal zu bestimmen. Meßtechnisch arbeitet man aber tatsächlich nicht mit einem einmaligen, sondern mit einem periodischen Signal. Wichtig dabei ist, daß dessen Folgefrequenz so gering ist, daß sich die Antwortfunktion nach jedem einzelnen Signalimpuls auf ihren stationären Wert einstellen kann. Daß unter dieser Voraussetzung die mit einmaligen und periodischen Signalen erhaltenen Ergebnisse übereinstimmen, wird im Abtasttheorem der Spektralfunktion formuliert:

Ist ein einmaliges Signal $F(t)$ auf das Zeitintervall $0 \leqq t \leqq T$ beschränkt, so ist seine spektrale Verteilungsfunktion $\underline{c}(\omega)$ vollständig bestimmt durch die komplexen Amplituden $\underline{c}_n$ des mit T periodischen Signals $F_p(t)$ gleicher Form.

Das periodische Signal $F_p(t)$ läßt sich durch eine Fourier-Entwicklung (s. 1.3.1.)

$$F_p(t) = \frac{1}{2} \sum_{n=-\infty}^{+\infty} \underline{c}_n \, e^{jn(2\pi/T)t}$$

mit den komplexen Amplituden

$$\underline{c}_n = \frac{2}{T} \int_0^T F_p(t) \, e^{-jn(2\pi/T)t} \, dt$$

darstellen. Andererseits ergibt sich die Spektralfunktion des einmaligen Signals aus der Fourier-Transformation (s. (1.42)):

$$\underline{c}(\omega) = \int_{-\infty}^{+\infty} F(t) \, e^{-j\omega t} \, dt .$$

Da nun die Funktion $F(t)$ nur in dem Intervall $0 \leqq t \leqq T$ definiert ist, andererseits aber in ebendiesem Intervall $F_p(t) = F(t)$ vorausgesetzt worden ist, gilt

$$\underline{c}(\omega) = \int_0^T F_p(t) \, e^{-j\omega t} \, dt .$$

Daraus folgt

$$\underline{c}(\omega) = \int_0^T \left[\frac{1}{2} \sum_{n=-\infty}^{+\infty} \underline{c}_n \, e^{jn(2\pi/T)t} \right] e^{-j\omega t} \, dt \tag{1.66}$$

bzw.

$$\underline{c}_n = \frac{2}{T} \underline{c}\left(n \frac{2\pi}{T} \right), \tag{1.67}$$

d. h., bis auf den Faktor $2/T$ stimmt die komplexe Amplitude $\underline{c}_n$ mit dem Wert $\underline{c}(n \cdot 2\pi/T)$ der spektralen Verteilungsfunktion für die Frequenz $\omega_n = n \cdot 2\pi/T$ überein. Gleichung (1.66) bedeutet, daß die Spektralfunktion des einmaligen Signals gebildet wird aus dem Produkt eines Signalimpulses der Funktion $F_p(t)$ mit einem Rechteckimpuls – dem Abtastimpuls – der Dauer T und der Amplitude Eins. Vertauschen von Summation und Integration und Auswerten des Integrals liefert

$$\underline{c}(\omega) = \frac{1}{2} \sum_{n=-\infty}^{+\infty} \underline{c}_n \frac{1 - e^{-j(\omega - n2\pi/T)T}}{j\left(\omega - n \dfrac{2\pi}{T} \right)}$$

$$= \sum_{n=-\infty}^{+\infty} \frac{\underline{c}_n T}{2} e^{-j(\omega T/2 - n\pi)} \operatorname{si}\left(\omega \frac{T}{2} - n\pi \right) \tag{1.68.1}$$

$$= e^{-j\omega T/2} \sum_{\nu=-\infty}^{+\infty} (-1)^n \, \underline{c}\left(n \frac{2\pi}{T} \right) \operatorname{si}\left(\omega \frac{T}{2} - n\pi \right). \tag{1.68.2}$$

Die Spektralfunktion $\underline{c}(\omega)$ wird also aus den einzelnen Probenwerten $\underline{c}(n \cdot 2\pi/T)$ aufgebaut, wobei die si-Funktion zwischen diesen Probenwerten interpoliert. In diesem Sinne bezeichnet man das Abtasttheorem auch als Probensatz der Spektralfunktion.

Beispiel 1.11. Berechnung der Spektralfunktion des Signals $F(t) = \hat{U} \sin^2 \omega_s t$ $(0 \leqq t \leqq T = \pi/\omega_s)$ mittels Fourier-Transformation und nach dem Abtasttheorem.

Mit

$$\sin^2 x = \frac{1}{2}(1 - \cos 2x) = \frac{1}{2}\left(1 - \frac{1}{2}\,e^{j2x} - \frac{1}{2}\,e^{-j2x}\right)$$

und nach (1.42) ist

$$\underline{c}(\omega) = \frac{\hat{U}}{2}\int_0^T \left[e^{-j\omega t} - \frac{1}{2}\,e^{-j(\omega - 2\omega_s)t} - \frac{1}{2}\,e^{-j(\omega + 2\omega_s)t}\right] dt$$

$$= \frac{\hat{U}}{2}\,T e^{-j\omega(T/2)}\left[\mathrm{si}\,\omega\frac{T}{2} + \frac{1}{2}\,\mathrm{si}\left(\omega\frac{T}{2} - \pi\right) + \frac{1}{2}\,\mathrm{si}\left(\omega\frac{T}{2} + \pi\right)\right]$$

$$= \frac{\hat{U}}{2}\,T e^{-j\omega(T/2)}\,\frac{\mathrm{si}\,\omega\dfrac{T}{2}}{1 - \left(\dfrac{\omega T}{2\pi}\right)^2}.$$

Für die Grundfrequenz ω_0 des mit T periodischen Signals $F_p(t)$ gilt

$$\omega_0 = \frac{2\pi}{T} = 2\omega_S\,.$$

Damit folgt aus (1.37)

$$\underline{c}_n = \frac{2}{T}\int_0^T \frac{\hat{U}}{2}(1 - \cos\omega_0 t)\,e^{-jn\omega_0 t}\,dt$$

$$= \frac{\hat{U}}{T}\int_0^T \left[e^{-jn\omega_0 t} - \frac{1}{2}\,e^{-j(n-1)\omega_0 t} - \frac{1}{2}\,e^{-j(n+1)\omega_0 t}\right] dt\,.$$

Daraus ergibt sich

$$\underline{c}_0 = \hat{U}\,, \qquad \underline{c}_1 = -\frac{\hat{U}}{2} = \underline{c}_{-1}\,, \qquad \underline{c}_n = 0 \quad \text{für} \quad |n| > 1\,.$$

Einsetzen dieser Werte in (1.68) liefert

$$\underline{c}(\omega) = \frac{\hat{U}}{2}\,T e^{-j\omega(T/2)}\left[\mathrm{si}\,\omega\frac{T}{2} + \frac{1}{2}\,\mathrm{si}\left(\omega\frac{T}{2} - \pi\right) + \frac{1}{2}\,\mathrm{si}\left(\omega\frac{T}{2} + \pi\right)\right],$$

also das gleiche Ergebnis wie oben.

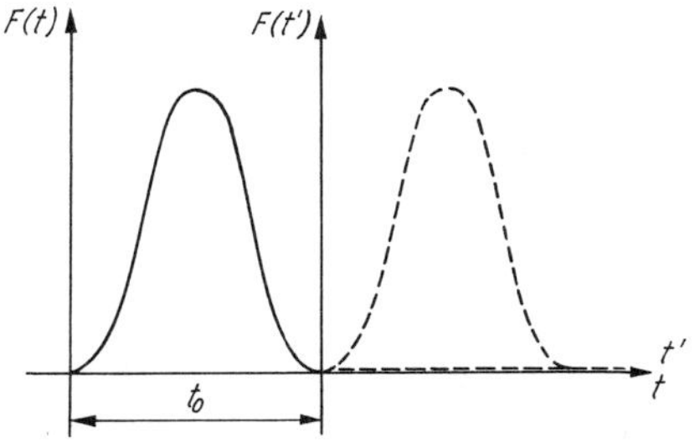

Abb. 1.34. Zum Verschiebungssatz

1.3.5.2 Verschiebungssatz

Häufig ist der Existenzbereich einer zeitbegrenzten Funktion anders als im vorangegangenen Abschnitt festgelegt. Es ist zu untersuchen, wie sich das auf die Spektralfunktion auswirkt. Das Signal setze nicht zur Zeit $t = 0$, sondern zur Zeit $t' = t - t_0$ ein. Da das Signal sonst gleich sein soll, gilt $F(t) = F(t')$ für $t = t'$. Für die Spektralfunktion des zeitverschobenen Signals liest man aus Abb. 1.34 ab:

$$\begin{aligned}\underline{c}(\omega)|_{t_0} &= \int_{t_0}^{\infty} F(t - t_0)\, \mathrm{e}^{-j\omega t}\, \mathrm{d}t \\ &= \int_{0}^{\infty} F(t')\, \mathrm{e}^{-j\omega(t' + t_0)}\, \mathrm{d}t' \\ &= \mathrm{e}^{-j\omega t_0} \int_{0}^{\infty} F(t')\, \mathrm{e}^{-j\omega t'}\, \mathrm{d}t' .\end{aligned}$$

Nun ist aber offensichtlich unter den angenommenen Voraussetzungen

$$\int_{0}^{\infty} F(t')\, \mathrm{e}^{-j\omega t'}\, \mathrm{d}t' = \int_{0}^{\infty} F(t)\, \mathrm{e}^{-j\omega t}\, \mathrm{d}t = \underline{c}(\omega),$$

d. h., es gilt

$$\underline{c}(\omega)|_{t_0} = \mathrm{e}^{-j\omega t_0}\, \underline{c}(\omega) . \qquad (1.69)$$

Die spektrale Verteilungsfunktion der um t_0 zeitverschobenen Funktion $F(t')$ geht also aus der ursprünglichen einfach durch eine Phasendrehung um den Winkel ωt_0 hervor (s. auch Tab. 3, Nr. 6).

Beispiel 1.12. Berechnung der Spektralfunktion der Zeitfunktion $F(t') = \hat{U} \sin^2 \omega_S t'$ $(0 \leqq t' \leqq \pi/\omega_S;\ t_0 = t - t' = -T/2)$ aus dem Ergebnis von Beispiel 1.11 mittels des Verschiebungssatzes.

Aus dem Ergebnis von Beispiel 1.11 folgt mit (1.69) sofort

$$\begin{aligned}\underline{c}(\omega)|_{-T/2} &= \mathrm{e}^{+j\omega(T/2)}\, \underline{c}(\omega) \\ &= \frac{\hat{U} \cdot T}{2}\, \frac{\mathrm{si}\, \pi f T}{1 - (fT)^2} .\end{aligned}$$

In Abb. 1.35 ist die Zeitfunktion $F(t + T/2)$ und die zugehörige Spektralfunktion dargestellt.

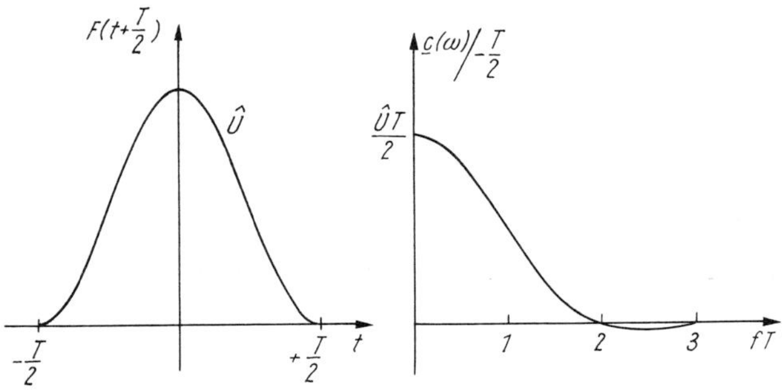

Abb. 1.35. $\sin^2$-Impuls und seine spektrale Verteilungsfunktion

1.3.5.3 Abtasttheorem der Zeitfunktion

Eine für die Meßtechnik wichtige Frage ist, ob man zur vollständigen Bestimmung einer periodischen Zeitfunktion $F(t)$ deren Amplitude kontinuierlich messen muß oder ob Messungen in bestimmten Zeitabständen ausreichen. Dabei kann man sicher von einer bandbegrenzten Zeitfunktion ausgehen, allein bedingt durch die endliche Bandbreite realer Meß- und Übertragungssysteme. Die Antwort kann man als Abtasttheorem der Zeitfunktion formulieren:

> Wenn eine Spektralfunktion $\underline{c}(\omega)$ nur in dem Frequenzbereich $0 \leqq f \leqq 2B$ existiert, so ist die zugehörige Zeitfunktion $F(t)$ vollständig durch die Werte $F(t_m)$ bestimmt, die man der Zeitfunktion als Probensignale zu den Zeiten $t_m = m/2B$ ($m = 0, 1, 2, \ldots$) entnimmt.

Formal kann man die spektrale Verteilungsfunktion $\underline{c}(\omega)$ über ihren Existenzbereich $0 \leqq f \leqq 2B$ hinaus periodisch fortsetzen und diese so gewonnene periodische Funktion $\underline{c}_p(\omega)$ durch eine Fourier-Entwicklung darstellen:

$$\underline{c}_p(\omega) = \frac{1}{2} \sum_{m=-\infty}^{+\infty} \underline{c}_m \, \mathrm{e}^{-jm(\omega/2B)}$$

mit

$$\underline{c}_m = \frac{2}{2B} \int_0^{2B} \underline{c}_p(\omega) \, \mathrm{e}^{jm(\omega/2B)} \, \mathrm{d}f$$

(s. (1.36) und (1.37); die veränderten Vorzeichen der Exponenten ergeben sich, weil $\underline{c}_p(\omega)$ bereits eine Fourier-Transformierte ist). Andererseits ergibt sich die Zeitfunktion $F(t)$ als Fourier-Integral der Spektralfunktion (Gl. (1.41)) zu

$$F(t) = \int_{-\infty}^{+\infty} \underline{c}(\omega) \, \mathrm{e}^{j\omega t} \, \mathrm{d}f .$$

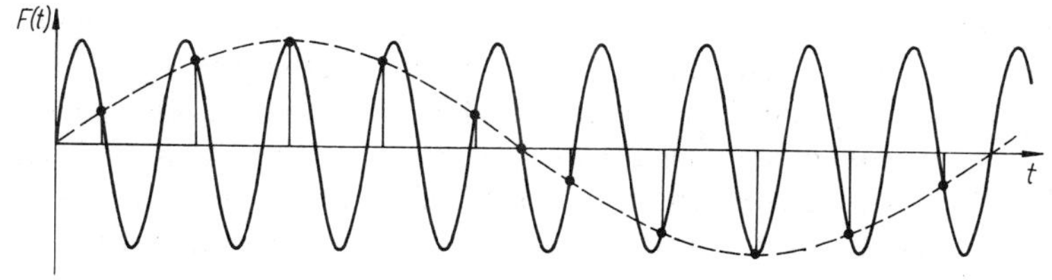

Abb. 1.36. Zum Samplingprinzip: Ursprüngliche Zeitfunktion mit Abtastpunkten (durchgezogen) und zwischen den Abtastwerten interpolierte Funktion (gestrichelt)

Da nun $\underline{c}(\omega)$ nur im Intervall $0 \leqq f \leqq 2B$ definiert ist, andererseits aber genau in diesem Intervall $\underline{c}(\omega) = \underline{c}_p(\omega)$ vorausgesetzt worden war, folgt

$$F(t) = \int_0^{2B} \underline{c}_p(\omega)\, e^{j\omega t}\, df$$

$$= \int_0^{2B} \left[\frac{1}{2} \sum_{m=0}^{\infty} \underline{c}_m\, e^{-jm(\omega/2B)}\right] e^{j\omega t}\, df \qquad (1.70)$$

(die Summation über negative Werte von m kann entfallen, da $m \geqq 0$ vorausgesetzt worden war). Die Fourier-Koeffizienten $\underline{c}_m$ der Entwicklung der periodischen Spektralfunktion lassen sich also durch die Probenwerte $F(t_m)$ der Zeitfunktion ausdrücken:

$$\frac{1}{2}\, \underline{c}_m = \frac{1}{2B}\, F\left(\frac{m}{2B}\right). \qquad (1.71)$$

Aus (1.70) folgt durch Vertauschen von Summation und Integration und Auswerten des Integrals

$$F(t) = \sum_{m=0}^{+\infty} \frac{\underline{c}_m}{2}\, e^{j2\pi[t-(m/2B)]B}\, \mathrm{si}\, 2\pi\left(t - \frac{m}{2B}\right) B$$

$$= e^{j2\pi Bt} \sum_{m=0}^{+\infty} (-1)^m F\left(\frac{m}{2B}\right) \mathrm{si}\,(2\pi Bt - m\pi)\,. \qquad (1.72)$$

Die Zeitfunktion $F(t)$ wird also aus den Probenwerten $F(t_m)$ aufgebaut, wobei die si-Funktion zwischen den Probenwerten interpoliert.

Zur Veranschaulichung dieser Zusammenhänge wollen wir zwei Beispiele aus der Meßtechnik diskutieren. Die Möglichkeiten zur unmittelbaren oszillographischen Darstellung hochfrequenter Signale werden durch die Bandbreite der Verstärker und die Ablenkgeschwindigkeit des Elektronenstrahls begrenzt. Für periodische Signale bietet das Prinzip des Sampling-Oszillographen einen praktikablen Ausweg. Mittels einer Abtast-Halteschaltung werden zu äquidistanten Zeitpunkten Amplitudenwerte gemessen (s. Abb. 1.36). Ein Tiefpaß interpoliert zwischen den einzelnen Meßwerten.

Dieser gewissermaßen stroboskopisch erzeugte Spannungsverlauf liefert ein gutes Abbild des ursprünglichen Signals, allerdings in einem niedrigeren Frequenzbereich.

Bei einem A/D-Wandler würde dagegen die in Abb. 1.36 gewählte zu niedrige Abtastfrequenz ein Signal mit zu geringer Frequenz vortäuschen (Stroboskopeffekt; engl. aliasing). Zur korrekten Rekonstruktion des Signals müssen nach dem Abtasttheorem nämlich mindestens zwei Abtastwerte pro Periode gemessen werden.

1.3.5.4 Pulsmodulation

Das Abtastheorem der Zeitfunktion bildet die theoretische Voraussetzung der gesamten Pulsmodulationstechnik. Bei den Pulsmodulationsarten benutzt man als Trägersignal eine Folge von Rechteckimpulsen. Das Signal wird einer charakteristischen Größe dieser Impulsfolge aufgeprägt. Entsprechend unterscheidet man zwischen

Pulsamplitudenmodulation (PAM),
Pulslängenmodulation (PLM) und
Pulsphasenmodulation (PPM)

(s. dazu Abb. 1.37). Mittels dieser Modulationsarten können sowohl Signale mit unendlichem Wertevorrat (wertkontinuierliche bzw. analoge Signale) als auch Signale mit endlichem Wertevorrat (wertdiskrete, quantisierte bzw. digitale Signale) dargestellt werden. Geht man von einem quantisierten Signal aus, so kommt als weitere Modulationsart die Pulscodemodulation (PCM) hinzu.

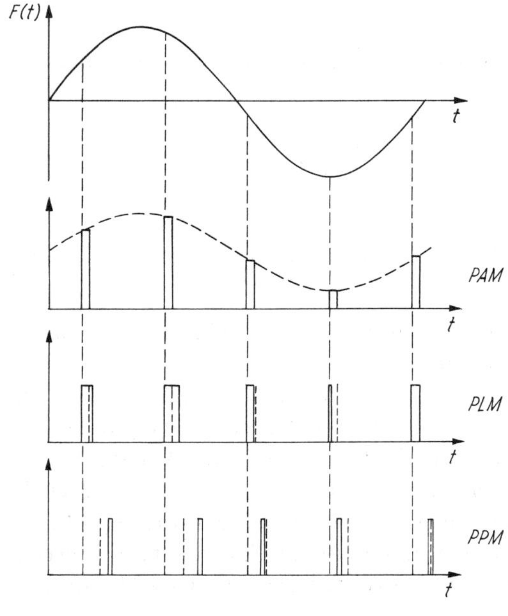

Abb. 1.37. Verschiedene Arten der Pulsmodulation (schematisch)

Bei der PAM entspricht die Pulsamplitude der Signalamplitude zu diesem Zeitpunkt. Damit wird der Zusammenhang zwischen der Impulsfolge und dem darzustellenden Signal über das Abtasttheorem der Zeitfunktion sofort deutlich. Dieses sagt aus, daß die Darstellung eines Signals durch eine Folge von Probenimpulsen möglich ist, wenn das Signal eine endliche Bandbreite B besitzt (was praktisch immer der Fall ist) und die Probensignale mindestens im Abstand $t_0 = 1/2B$ entnommen werden. Für die anderen Pulsmodulationsarten gilt die gleiche Überlegung, denn die einzelnen Impulse tragen ja die gleiche Information, nämlich die Amplitude der Probensignale, lediglich in einer anderen Form. So ist bei der PLM die Dauer der Impulse ein Maß für die Probensignalamplitude, während bei der PPM der Einsatzpunkt der Impulse entsprechend der Probensignalamplitude verschoben wird. Bei der PCM schließlich wird jedem diskreten Amplitudenwert eine bestimmte Impulsfolge über einen vorher vereinbarten Code zugeordnet. In diesem Sinne stellt also auch die Analog-Digital-Umwandlung eines Signals eine Pulscodemodulation dar. Das bedeutet aber, daß die aus dem Abtasttheorem folgenden Gesetzmäßigkeiten auch für das gesamte Gebiet der Analog-Digital-Wandlung und digitalen Informationsverarbeitung gültig sind.

Zur Veranschaulichung der Möglichkeiten und Vorteile der Pulsmodulation wollen wir die Übertragung von Telefoniesignalen betrachten. Die Bandbreite eines Telefoniesignals beträgt etwas mehr als 3 kHz (0,3 ... 3,4 kHz). Nach dem Abtasttheorem der Zeitfunktion wählt man für den Zeitabstand der Abtastimpulse

$$\frac{1}{2B} \geqq t_0 = 125\ \mu\text{s}\,.$$

Nimmt man für die Abtastimpulse eine Dauer $t_p = 0{,}25\ \mu\text{s}$ an, so haben sie nach dem Zeitgesetz der Nachrichtentechnik (1.43) eine spektrale Breite $B_p = 4$ MHz. Das pulsmodulierte Signal wird seinerseits zur Übertragung einem hochfrequenten Träger aufmoduliert (z. B. nach dem AM-Verfahren). Das bedeutet zunächst einmal, daß man einen hinreichend hochfrequenten Träger und einen Übertragungskanal ausreichender Bandbreite benötigt: Die Pulsmodulation wird zur Nachrichtenübertragung auf Richtfunkstrecken, Mikrowellenleitungen und Lichtleitern angewendet. Vorteile sind die gegenüber anderen Modulationsarten bedeutend höhere Störsicherheit (vor allem bei PCM) und die Möglichkeit der zeitlichen Bündelung (Zeitmultiplexverfahren), die die gleichzeitige Übermittlung mehrerer Nachrichten gestattet. Dazu werden in die Zeitlücke zwischen den Abtastimpulsen die Abtastimpulse weiterer Signale eingefügt. Sollen z. B. gleichzeitig N Telefoniesignale übertragen werden, so steht für jeden Gesprächskanal die Zeit

$$t_k = \frac{t_0}{N} - t_p$$

zur Verfügung. In unserem Beispiel ergibt sich mit $N = 20$ eine zeitliche Kanalbreite $t_k = 6\ \mu\text{s}$. Ein solcher Zeitkanal ist ausreichend, um jede der genannten Modulationsarten anwenden zu können.

2 Schaltungen mit passiven Bauelementen

Auch einfache elektronische Bauelemente wie Widerstände oder Kondensatoren zeigen ein recht komplexes physikalisches Verhalten, das sich nicht durch einen ohmschen Widerstand oder eine Kapazität allein beschreiben läßt. Man kann aber das physikalische Verhalten realer Bauelemente näherungsweise durch eine Ersatzschaltung darstellen, die als Elemente sogenannte ideale Schaltelemente enthält, nämlich reine Widerstände, Kapazitäten und Induktivitäten sowie unabhängige Spannungs- und Stromquellen.

Widerstand, Kapazität und Induktivität bezeichnet man als passive Schaltelemente. In diesem Sinn spricht man von einem passiven Bauelement, wenn seine Ersatzschaltung nur passive Schaltelemente enthält. Passive Bauelemente können zeitweilig Energie speichern (Kondensator, Induktivität). Dagegen bezeichnet man ein Bauelement als aktiv, wenn es in der Schaltung in irgendeiner Form eine Verstärkung bewirkt; in der Ersatzschaltung kann man das durch gesteuerte Strom- oder Spannungsquellen oder durch negative Widerstände beschreiben (s. Kap. 4 und 5).

2.1 Passive Bauelemente

In den folgenden Abschnitten werden einige besonders häufig verwendete technische Ausführungsformen von Widerständen, Kondensatoren und Induktivitäten einschließlich ihrer wichtigsten Eigenschaften und Kennwerte behandelt. Die wichtigsten Kennwerte werden auf dem Bauelement durch Aufdruck entweder in alphanumerischer Form oder mittels eines international festgelegten Farbcodes (s. Tab. 4) angegeben. Ein Bauelement wird durch die Angabe seines Nennwertes und der höchstzulässigen Abweichung seines Istwertes vom Nennwert – die Toleranz – charakterisiert. Bei der Bauelementefertigung treten technologisch bedingte Schwankungen der Kennwerte auf. Um jedes funktionsfähige Bauelement einordnen zu können, werden die Standardnennwerte annähernd in Form dezimalgeometrischer Reihen mit den Faktoren

$$\sqrt[6]{10},\ \sqrt[12]{10},\ \ldots,\ \sqrt[192]{10}$$

abgestuft (s. a. Tab. 5).

Tabelle 4
Internationale Farbenreihe

Farbe	Ziffernwert	Multiplikator	Toleranz
farblos	–	–	±20%
silberfarben	–	10^{-2}	±10%
goldfarben	–	10^{-1}	±5%
schwarz	0	1	–
braun	1	10	±1%
rot	2	10^2	±2%
orange	3	10^3	–
gelb	4	10^4	–
grün	5	10^5	±0,5%
blau	6	10^6	–
violett	7	10^7	–
grau	8	10^8	–
weiß	9	10^9	–

Tabelle 5
Internationale E-Reihen

Reihe E 24 ±5%	Reihe E 12 ±10%	Reihe E 6 ±20%
1,0	1,0	1,0
1,1		
1,2	1,2	
1,3		
1,5	1,5	1,5
1,6		
1,8	1,8	
2,0		
2,2	2,2	2,2
2,4		
2,7	2,7	
3,0		
3,3	3,3	3,3
3,6		
3,9	3,9	
4,3		
4,7	4,7	4,7
5,1		
5,6	5,6	
6,2		
6,8	6,8	6,8
7,5		
8,2	8,2	
9,1		

2.1.1 Widerstände

Als Widerstand bezeichnet man ein Bauelement, dessen hauptsächliches Kennzeichen ein bestimmter, von der Richtung des Stromes unabhängiger, ohmscher Widerstand gemäß (1.3) ist. Die Maßeinheit des elektrischen Widerstandes ist nach (1.3) das Ohm; 1 Ohm (Ω) = 1 Volt/ Ampere (V/A).

Festwiderstände haben einen definierten Widerstandswert, dessen durch äußere Einflüsse hervorgerufene Änderungen als Fehler betrachtet werden. Ihre Eigenschaften können daher in guter Näherung durch einen linearen Zusammenhang zwischen Stromstärke und Spannung beschrieben werden. Deshalb bezeichnet man sie als lineare Widerstände. Bei veränderbaren Widerständen kann der Widerstandswert mittels eines mechanischen Einstellorgans – des Schleifers – innerhalb eines vorgegebenen Regelbereiches verändert werden. Man setzt für sie ebenfalls eine lineare Strom-Spannungs-Charakteristik voraus. In Abb. 2.1 sind die Schaltzeichen für feste und veränderbare Widerstände dargestellt.

Für einen stationären Gleichstrom oder niederfrequenten Wechselstrom läßt sich das Verhalten eines Widerstandes allein durch seinen ohmschen Widerstand beschreiben. Bei Schaltvorgängen und hochfrequenten Wechselströmen jedoch weist ein Widerstand auch induktive und kapazitive Eigenschaften auf, und sein Verhalten muß durch die Ersatzschaltung in Abb. 2.2 beschrieben werden. Die induktive Komponente entsteht durch das Magnetfeld, das jeden stromdurchflossenen Leiter umgibt, während die Kapazität durch das um das Bauelement wirksame elektrische Streufeld hervorgerufen wird, das zusätzlich zum Leitungsstrom einen Verschiebungsstrom bewirkt.

Im Gegensatz zu den linearen spricht man von nichtlinearen Widerständen, wenn die Strom-Spannungs-Kennlinie einen ausgeprägt nichtlinearen Verlauf zeigt (Abb. 2.3; in den Kennlinienblättern der Hersteller wird i. allg. der Strom als unabhängige Variable gewählt). Nichtlineare Kennlinien treten z. B. auf, wenn die Leitfähigkeit des Widerstandsmaterials feldstärkeabhängig ist. Aber auch die Temperaturabhängigkeit der Leitfähigkeit kann zu einer nichtlinearen Charakteristik führen, wenn die Eigenerwärmung des Widerstandes durch die Stromwärme eine wesentliche Rolle spielt. So ergibt sich z. B. für einen metallischen Leiter unter Berücksichtigung der Eigenerwärmung eine Kennlinie erster Art.

Der Widerstandswert eines nichtlinearen Widerstandes hängt vom Betriebszustand ab, der in der Kennlinie durch den Arbeitspunkt A beschrieben wird. Dabei sind in jedem Arbeitspunkt zwei Widerstandswerte definiert:

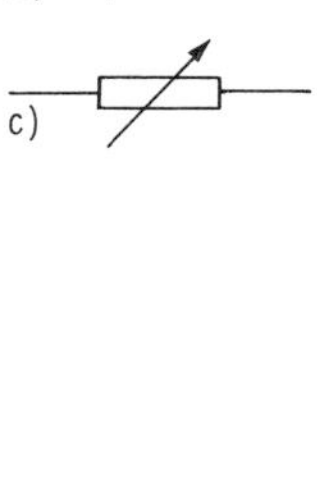

Abb. 2.1. Schaltzeichen für Widerstände
a) Festwiderstand, b) und c) veränderbare Widerstände

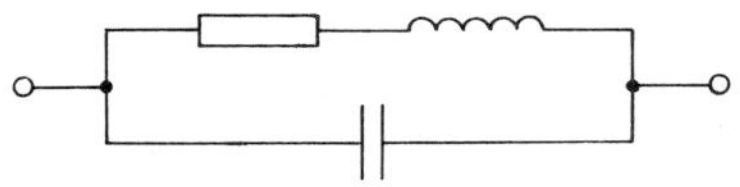

Abb. 2.2. Ersatzschaltung eines Widerstandes für hohe Frequenzen

der Gleichstromwiderstand

$$R_A = \frac{\bar{U}_A}{\bar{I}_A} = \frac{m_U}{m_I} \tan \alpha \tag{2.1}$$

und der differentielle Widerstand

$$r_A = \frac{\mathrm{d}\bar{U}_A}{\mathrm{d}\bar{I}_A} = \frac{m_U}{m_I} \tan \beta \tag{2.2}$$

(m_U, m_I Maßstabsfaktoren, angegeben z. B. in V cm^{-1} und A cm^{-1}). In Abb. 2.4 ist das am Beispiel einer Kennlinie zweiter Art dargestellt. Zu beachten ist, daß sich in diesem Fall zu dem Strom $\bar{I}_A$ zwei mögliche Arbeitspunkte ergeben. Im Arbeitspunkt A_2 ist der differentielle Widerstand negativ; in diesem Fall spricht man vom negativen Widerstand eines Bauelementes mit fallender Charakteristik.

2.1.1.1 Festwiderstände

Die gebräuchlichen Festwiderstände werden als Schicht- oder Drahtwiderstände aufgebaut. Dazu wird die Widerstandsschicht bzw. der Widerstandsdraht auf einen keramischen Träger aufgebracht und mit Anschlüssen zur elektrischen Verbindung mit der Schaltung versehen. Als Widerstandsschichten werden Kohle-, Metall- oder Metalloxidschichten verwendet, die nach verschiedenen Technologien auf dem Träger hergestellt werden. Der Widerstandswert wird sowohl durch die Schichtdicke als auch durch Einschleifen oder Einbrennen (Laser-Abgleich) einer Wendel in die Wider-

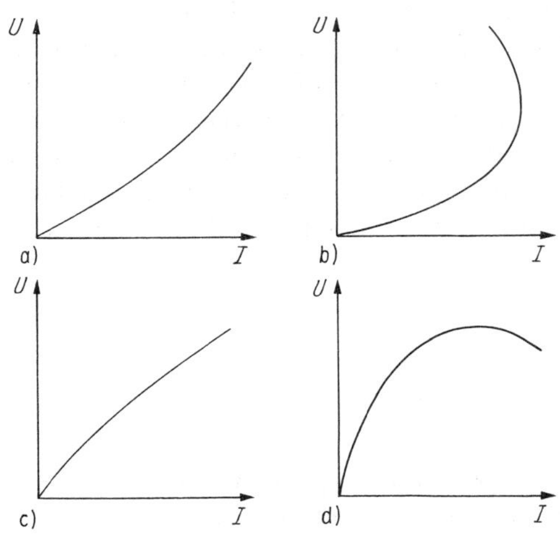

Abb. 2.3. Nichtlineare Kennlinien
a) erster Art, b) zweiter Art, c) dritter Art, d) vierter Art

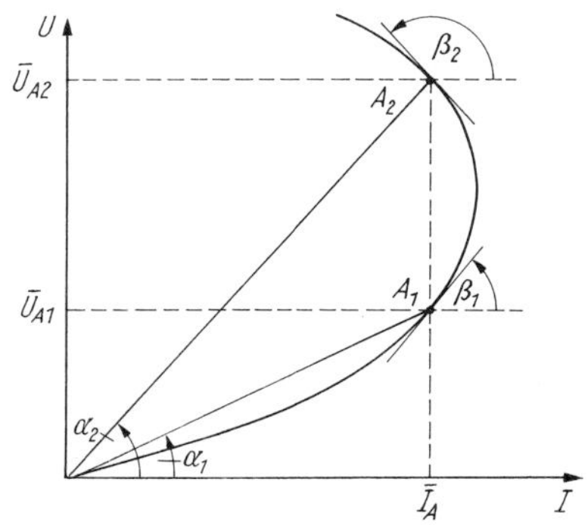

Abb. 2.4. Zur Bestimmung des Gleichstromwiderstandes und des differentiellen Widerstandes aus einer nichtlinearen Kennlinie

standsschicht eingestellt. Durch die zweite Maßnahme erhält der Widerstand allerdings eine zusätzliche induktive Komponente; Widerstände für Anwendungen bei sehr hohen Frequenzen haben daher keine Abgleichwendel. Metallschichtwiderstände zeichnen sich gegenüber Kohleschichtwiderständen durch eine bessere Langzeitkonstanz, eine höhere Belastbarkeit (s. 2.1.1.3) und ein geringeres Rauschen (s. 2.1.1.4) aus.

Eine spezielle Bauform stellen Chip-Widerstände dar, die zum Einsatz in Hybridschaltungen (s. 5.5) und besonders zur Oberflächenmontage auf Leiterplatten (SMD-Technik; von engl.: surface mounted device) geeignet sind. Der besondere Vorteil dieser Technik liegt in dem hohen Rationalisierungsgrad bei der Leiterplattenbestükkung bei gleichzeitiger Verringerung von Masse und Volumen und Erhöhung der Zuverlässigkeit. Die Widerstandsschicht wird im Siebdruckverfahren auf ein spezielles Keramiksubstrat aufgebracht und mittels Laser auf den gewünschten Wert abgeglichen. Das Bauelement hat prismatische Form und ist an gegenüberliegenden Enden lötfähig kontaktiert.

Drahtwiderstände werden aus speziellen Widerstandsdrähten hergestellt, die sich durch einen geringen Temperaturkoeffizienten und eine geringe Leitfähigkeit auszeichnen (s. Tab. 1). Wegen der höheren zulässigen Oberflächentemperaturen werden sie vor allem als Hochlastwiderstände eingesetzt. Durch bestimmte Ummantelungen kann die zulässige Oberflächentemperatur und damit die Belastbarkeit weiter erhöht werden (zementierte bzw. glasierte Drahtwiderstände). Weiter finden Drahtwiderstände Anwendung im Niederohmbereich (bei Werten unter 10 Ω ist die Herstellung von Schichtwiderständen technologisch problematisch) und als Präzisionswider-

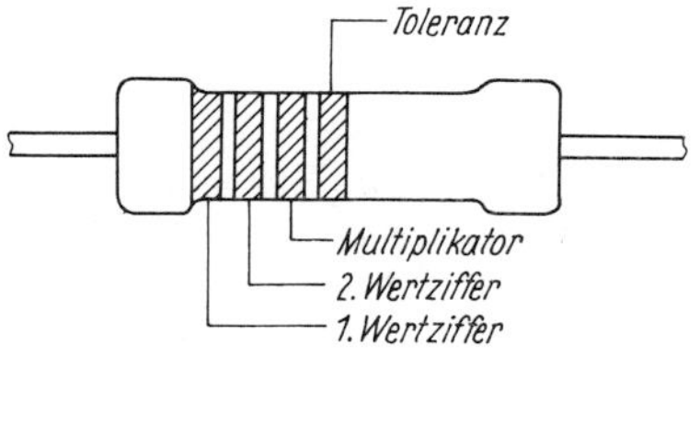

Abb. 2.5. Kennzeichnung eines Widerstandes mittels Farbringen nach dem internationalen Farbcode

stände. Aufgrund der Bauform weisen Drahtwiderstände eine große induktive Komponente auf; Präzisionswiderstände werden deshalb in der Regel bifilar gewickelt.

Als wichtigste Kennwerte werden der Widerstandsnennwert und dessen Toleranz, bei Drahtwiderständen zusätzlich die Belastbarkeit auf dem Widerstand angegeben. Aus Platzgründen und zur Rationalisierung erfolgen diese Angaben häufig durch eine Farbkennzeichnung (s. Abb. 2.5 und Tab. 4).

2.1.1.2 Veränderbare Widerstände

Veränderbare Widerstände werden sowohl als Draht- als auch als Schichtwiderstände hergestellt. Der gewünschte Widerstandswert kann mittels eines Schleifers innerhalb des vorgegebenen Nennwiderstandsbereiches eingestellt werden. Bei veränderbaren Drahtwiderständen wird der Widerstandsdraht einlagig auf einem gebogenen oder gestreckten Widerstandskörper aufgewickelt. Der Schleifer wird aus Federmetall gefertigt und kann zur Verbesserung der Kontakteigenschaften mit einer Edelmetallauflage oder mit einem Kohlekontakt versehen werden. Veränderbare Schichtwiderstände werden als Dreh- oder Schiebewiderstände aufgebaut. Für einfache Ausführungen wird ein Träger aus Hartpapier mit einer aufgespritzten Kolloidkohleschicht verwendet. Der Schleifer besteht wie bei Drahtwiderständen aus Federmetall und trägt einen Schleifer aus Kohle oder Neusilber. Für besondere Ansprüche werden auch Edelmetall-Widerstandsschichten verwendet, die nach einer Dickschichttechnologie auf einem Keramikträger erzeugt werden. Neben linearen sind auch logarithmische Reglercharakteristiken gebräuchlich.

2.1.1.3 Thermische Belastbarkeit

Wird ein Widerstand von einem Strom $\bar{I}$ durchflossen, dann wird in ihm die elektrische Leistung

$$P_v = \bar{U}\bar{I} = \bar{I}^2 R = \frac{\bar{U}^2}{R} \tag{2.3}$$

in Wärme umgesetzt (Joulesche Wärme). Diese Wärme wird zum größeren Teil durch Wärmeleitung, Konvektion und Wärmestrahlung abgeführt; ein Teil verbleibt aber im Bauelement und erhöht dessen Temperatur. Die Oberflächentemperatur ϑ_0 steigt also um einen Betrag $\Delta\vartheta_v$ über die Umgebungstemperatur ϑ_U an. Diese Übertemperatur $\Delta\vartheta_v$ hängt von der Verlustleistung ab:

$$\vartheta_0 - \vartheta_U = \Delta\vartheta_v = R_{th} P_v\,. \tag{2.4}$$

Die Größe R_{th} heißt thermischer Widerstand und hängt davon ab, wie gut die durch die Verlustleistung erzeugte Wärme durch die oben genannten Wärmeübertragungsmechanismen vom Bauelement abgeführt wird. Aus technischen Gründen darf

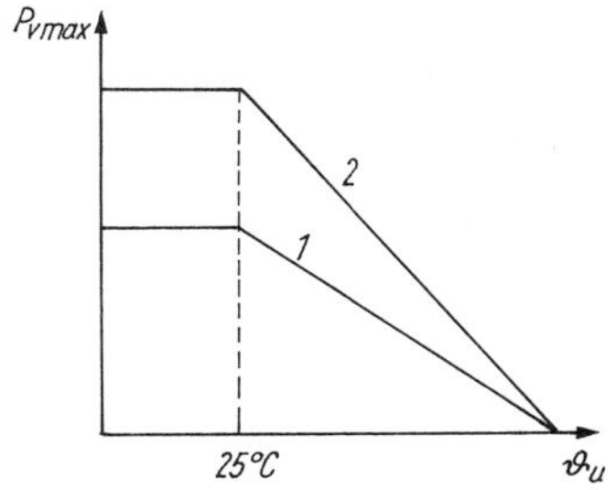

Abb. 2.6. Lastminderungskurven eines Bauelementes (schematisch)
1: ohne zusätzliche Kühlung, 2: mit Kühlung

ein bestimmter Maximalwert $\vartheta_{O,\max}$ der Oberflächentemperatur nicht überschritten werden. Aus (2.4) ergibt sich daher für die maximal zulässige Verlustleistung

$$P_{v,\max} = \frac{\vartheta_{O,\max} - \vartheta_U}{R_{th}} . \tag{2.5}$$

Die maximal zulässige Verlustleistung hängt also von der Umgebungstemperatur ab. Bezieht man sich bei der Angabe der maximalen Verlustleistung eines Bauelementes auf eine bestimmte Umgebungstemperatur (häufig wählt man $\vartheta_U = 25$ °C) und einen bestimmten Wärmewiderstand (z. B. bei freitragender Montage ohne zusätzliche Maßnahmen zur Kühlung), so ergibt die graphische Darstellung von (2.5) die sogenannte Lastminderungskurve des Bauelementes. Eine zusätzliche Kühlung (z. B. durch die Vergrößerung der Oberfläche mittels eines Kühlkörpers) würde eine Verringerung von R_{th} bewirken und damit nach (2.5) eine Erhöhung von $P_{v,\max}$ zulassen (s. Abb. 2.6).

Bei Kohleschichtwiderständen wird die angegebene maximale Verlustleistung auf eine Umgebungstemperatur von 40 °C bezogen. Da Metallschichtwiderstände eine höhere zulässige Oberflächentemperatur haben, ergibt sich für sie bei gleicher Baugröße und Umgebungstemperatur eine im Vergleich zu Kohleschichtwiderständen höhere Belastbarkeit.

2.1.1.4 Rauschen

Als Folge der thermischen Bewegung der Ladungsträger entstehen zwischen den Enden eines Leiters statistische Spannungsschwankungen. Diese Erscheinung heißt thermisches Rauschen. Nach Nyquist beträgt die effektive Rauschspannung des thermischen Rauschens

$$U_{th} = \sqrt{4k\vartheta RB} \tag{2.6}$$

(k Boltzmann-Konstante, ϑ absolute Temperatur, R ohmscher Widerstand des Leiters, B Rauschbandbreite). Die entsprechende Rauschleistung ist dann

$$P_{th} = \frac{U_{th}^2}{R} = 4k\vartheta B , \tag{2.7}$$

d. h., sie ist unabhängig von der Größe des Widerstandes. Die spektrale Leistungsdichte

$$\frac{P_{\mathrm{th}}}{B} = 4k\vartheta \tag{2.8}$$

hängt nicht von der Frequenz ab; man bezeichnet dieses Signal als weißes Rauschen. Dagegen spricht man von farbigem Rauschen, wenn die spektrale Leistungsdichte des Rauschsignals frequenzabhängig ist.

Bei anderen als metallischen Leitern liefern weitere statistische Prozesse zusätzliche Rauschspannungen, so z. B. Schwankungen der Ladungsträgerdichte oder des Stromüberganges in Mikrobereichen des Leitermaterials oder Schwankungen der Stromverteilung zwischen mehreren Anschlüssen eines Bauelementes (Stromverteilungsrauschen bei Mehrelektrodenröhren und Transistoren). Da metallische Leiter nur thermisches Rauschen zeigen, liefern Metallschichtwiderstände eine bis um eine Größenordnung geringere Rauschleistung als Kohleschichtwiderstände.

Zum Vergleich der Rauscheigenschaften von Verstärker-Bauelementen führt man den äquivalenten Rauschwiderstand $R_{\mathrm{äq}}$ ein. Man bezieht die am Ausgang des Bauelementes auftretende Rauschleistung auf den Eingang und gibt den Widerstand an, der die gleiche Rauschleistung als thermisches Rauschen liefern würde. Ist $U_{r,e}$ diese auf den Eingang des Bauelementes bezogene Rauschspannung, so gilt

$$R_{\mathrm{äq}} = \frac{U_{r,e}^2}{4k\vartheta B}. \tag{2.9}$$

Das Rauschen beschränkt die Möglichkeiten der Signalübertragung und der sinnvollen Signalverstärkung, da ein bestimmter Signal/Rausch-Abstand eingehalten werden muß, wenn die Erkennbarkeit des Signals gewährleistet sein soll. Jede Baugruppe eines Übertragungssystemes (z. B. ein Verstärker) liefert einen Beitrag zur Rauschleistung und verschlechtert damit das Signal/Rausch-Verhältnis $A_{s/r} = P_s/P_r$ (P_s Signalleistung, P_r Rauschleistung). Die Rauschzahl F drückt aus, um welchen Faktor sich das Signal/Rausch-Verhältnis am Ausgang der Baugruppe verringert hat:

$$A_{s/r,\,\mathrm{ein}} = F A_{s/r,\,\mathrm{aus}}\,. \tag{2.10}$$

Beispiel 2.1. Berechnung der minimalen Eingangs-Signalspannung eines Verstärkers für ein Signal/Rausch-Verhältnis $A_{s/r,\,\mathrm{aus}} = 100$. Die Bandbreite betrage $B = 200$ kHz, seine Rauschzahl $F = 1{,}5$; der am Eingang wirksame Widerstand sei $R = 1\ \mathrm{k\Omega}$.

Aus (2.7) und (2.10) folgt

$$U_{s,\,\mathrm{ein}}^2 = A_{s/r,\,\mathrm{aus}} \cdot F \cdot 4k\vartheta RB$$

und daraus bei Zimmertemperatur ($\vartheta = 293{,}15$ K)

$$U_{s,\,\mathrm{ein}} = 22{,}0\ \mu\mathrm{V}\,.$$

2.1.1.5 Temperaturabhängige Widerstände

In der Schaltungstechnik benötigt man Festwiderstände mit einem möglichst temperaturunabhängigen Widerstandswert. Die Temperaturabhängigkeit wird als Fehler betrachtet und durch den mittleren Temperaturkoeffizienten TK_R des Widerstandes beschrieben:

$$\mathrm{TK}_R = \frac{R(\vartheta) - R(\vartheta_0)}{\vartheta - \vartheta_0} \frac{1}{R(\vartheta_0)} \tag{2.11}$$

($R(\vartheta)$ Widerstandswert bei der Meßtemperatur ϑ, $R(\vartheta_0)$ Widerstandswert bei der Bezugstemperatur ϑ_0).

Für viele Aufgaben in der Elektronik, besonders auch in der Meß-, Steuer- und Regelungstechnik benötigt man aber gerade Widerstände mit möglichst großer und reproduzierbarer Temperaturabhängigkeit. Dabei ist es unerheblich, ob die Temperaturänderung des Widerstandes von außen oder durch Eigenerwärmung (Joulesche Wärme) erfolgen soll.

Als Präzisions-Widerstandsthermometer verwendet man Platindrahtwiderstände. Der Platindraht ist auf einem Träger aus Glas oder Keramik aufgewickelt und mit einer keramischen Masse abgedeckt. Zur Beschreibung der Temperaturabhängigkeit des Widerstandes über einen größeren Temperaturbereich reicht der lineare Ansatz nach (2.11) nicht mehr aus, sondern man verwendet eine Potenzreihenentwicklung

$$R(\vartheta) = R(\vartheta_0)\,(1 + \alpha_R\,\Delta\vartheta + \beta_R\,\Delta\vartheta^2 + \ldots) \tag{2.12}$$

mit

$$\alpha_R = 3{,}98 \cdot 10^{-3}\,\mathrm{K}^{-1}\,, \qquad \beta_R = -5{,}91 \cdot 10^{-7}\,\mathrm{K}^{-2}\,.$$

Für die meisten Anwendungen – z. B. zur Temperaturmessung und für temperaturabhängige Regler und Schalter – benutzt man Widerstände aus halbleitendem Material. Bei Halbleitern steigt die Ladungsträgerdichte mit wachsender Temperatur. Deshalb nimmt der Widerstand mit wachsender Temperatur ab. Nach (1.2) und (1.3) ist

$$R(\vartheta) \sim \frac{1}{n_i(\vartheta)}\,.$$

Im Gegensatz zu Metallen haben Halbleiter also einen negativen Temperaturkoeffizienten. Man bezeichnet diese Bauelemente daher als Heißleiter oder NTC-Widerstände (von engl.: negative temperature coefficient). Die Temperaturabhängigkeit eines NTC-Widerstandes kann in der Form

$$R(\vartheta) = K \cdot \mathrm{e}^{b/\vartheta} \tag{2.13}$$

dargestellt werden, wobei die Größen K und b von Form und Material des Bauelementes abhängen. Die Eigenschaften von Heißleitern werden durch spezielle Kennwerte (Kaltwiderstand R_{20}, Energiekonstante b) und Kennlinien beschrieben.

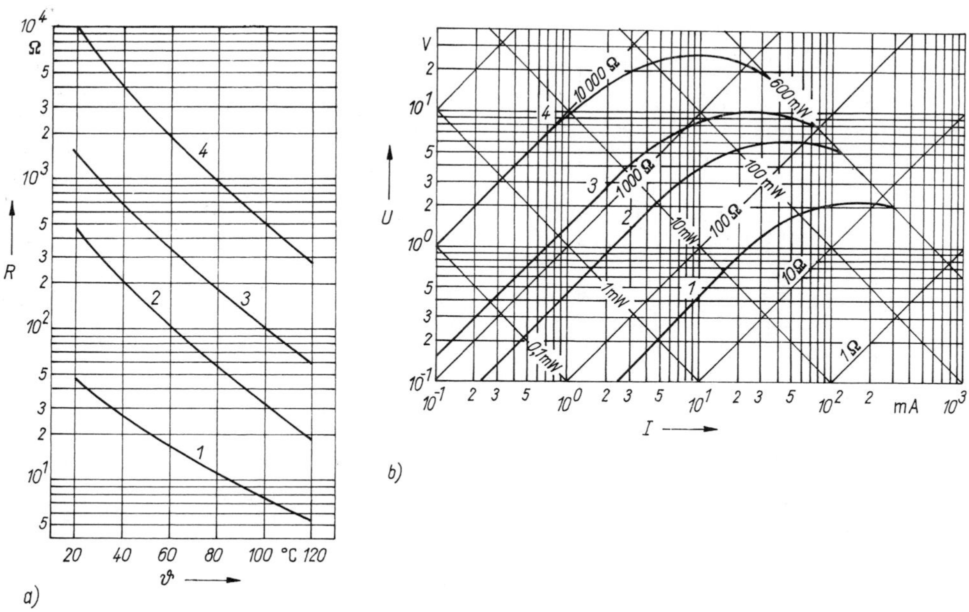

Abb. 2.7. Beispiele für Kennlinien scheibenförmiger NTC-Thermistoren (nach Datenblättern der Keramischen Werke Hermsdorf)
a) Widerstands-Temperatur-Kennlinien,
b) Strom-Spannungs-Kennlinien
1: $R_{20} = 47\,\Omega$; $b = 2500$ K,
2: $R_{20} = 470\,\Omega$; $b = 3300$ K,
3: $R_{20} = 1{,}5\,\mathrm{k}\Omega$; $b = 3700$ K,
4: $R_{20} = 10\,\mathrm{k}\Omega$; $b = 4100$ K

Für Anwendungen, bei denen die Temperaturänderung von außen vorgenommen wird, ist die Widerstands-Temperatur-Kennlinie wichtig (Abb. 2.7a)), während man für Anwendungen mit Eigenerwärmung die Strom-Spannungs-Kennlinie (Abb. 2.7b)) benötigt.

Eine andere Art technisch wichtiger temperaturabhängiger Widerstände sind Kaltleiter (PTC-Widerstände, von engl.: positive temperature coefficient). Kaltleiter werden aus *n*-leitend dotierter $BaTiO_3$-Keramik hergestellt. Bei diesem Material tritt in einem Intervall in der Umgebung der ferroelektrischen Phasenumwandlung ein sehr starker Anstieg des spezifischen Widerstandes auf: Bei ϑ_{max} erreicht der Widerstand den $10^3 \dots 10^6$-fachen Wert des Kaltwiderstandes (s. Abb. 2.8a)). Oberhalb ϑ_{max} und unterhalb ϑ_s verhält sich das Material elektrisch wie ein normaler Halbleiter, d. h., sein Temperaturkoeffizient ist negativ. Diese Bauelemente haben eine sehr stark nichtlineare Strom-Spannungs-Kennlinie (Abb. 2.8b)). Eine einfache analytische Beschreibung ihrer Kennlinien ist nicht möglich. Die Bauelemente werden u. a. durch den Kaltwiderstand R_{25} und die maximal zulässige Betriebsspannung U_{max} charakterisiert. Anwendung finden sie z. B. in Entmagnetisierungsschaltungen für Farbbildröhren, als Überlastschutz und als selbstregelnde Heizelemente.

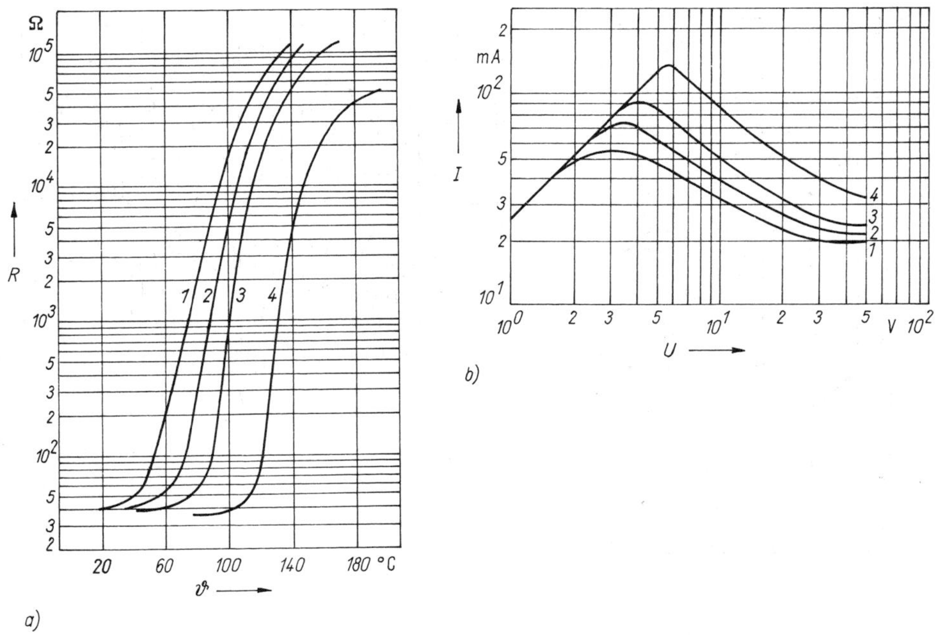

Abb. 2.8. Beispiele für Kennlinien scheibenförmiger PTC-Thermistoren (mit $R_{25} = 40\,\Omega$ und $U_{max} = 40$ V; nach Datenblättern der Keramischen Werke Hermsdorf)

a) Widerstands-Temperatur-Kennlinien,

b) Strom-Spannungs-Kennlinien

1: $\vartheta_s = 50\,°C$; $\vartheta_{max} = 130\,°C$,

2: $\vartheta_s = 70\,°C$; $\vartheta_{max} = 150\,°C$,

3: $\vartheta_s = 90\,°C$; $\vartheta_{max} = 170\,°C$,

4: $\vartheta_s = 120\,°C$; $\vartheta_{max} = 190\,°C$

2.1.1.6 Spannungsabhängige Widerstände

Varistoren (von engl.: variable resistor) sind Bauelemente, bei denen die Feldstärkeabhängigkeit der Leitfähigkeit ausgenutzt wird. Ausgangsmaterial ist Siliziumkarbid oder Zinkoxid mit bestimmten Dotierungen und in einer bestimmten Körnung, das zu Scheiben oder Stäben gesintert und mit Elektroden und Anschlußdrähten versehen wird. Die Kennlinie läßt sich durch die Gleichung

$$U = K \cdot I^{b'} \qquad (2.14)$$

(K Konstante, abhängig von den Abmessungen des Varistors; b' Nichtlinearitätskoeffizient, Werkstoffkonstante mit Werten zwischen 0,1 und 0,4) beschreiben und hat den in Abb. 2.9a) dargestellten Verlauf. Für die Anwendung ist es üblich, die Kennlinie im doppelt-logarithmischen Maßstab anzugeben (Abb. 2.9b)). Für sehr geringe Stromdichten ergeben sich Abweichungen von dem durch (2.14) beschriebenen

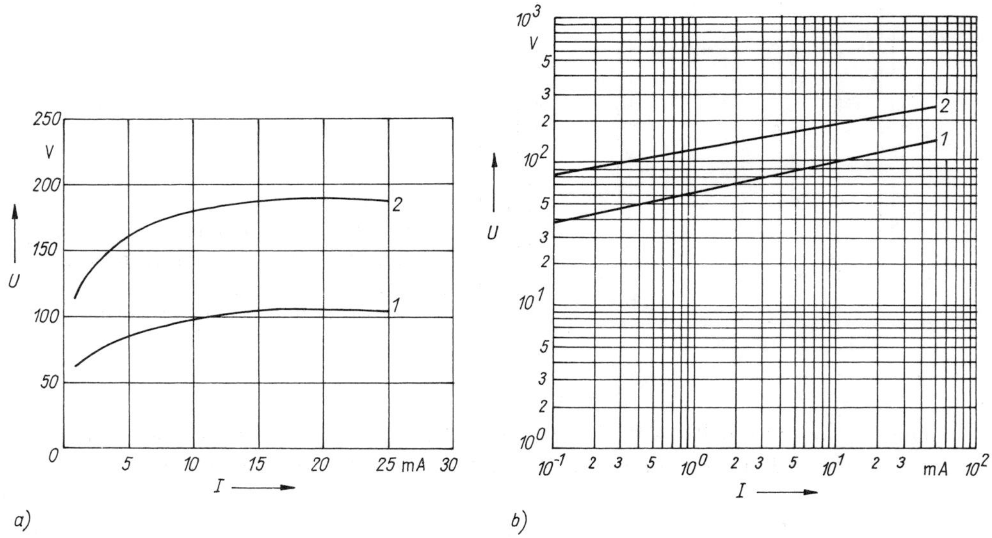

Abb. 2.9. Beispiele für Kennlinien scheibenförmiger Varistoren (nach Datenblättern der Keramischen Werke Hermsdorf)
a) im linearen Maßstab,
b) im doppelt-logarithmischen Maßstab
1: $U_{kl} = 100$ V; $0{,}19 < b' < 0{,}27$,
2: $U_{kl} = 180$ V; $0{,}15 < b' < 0{,}23$

Verlauf. Aufgrund ihrer nichtlinearen Kennlinie werden Varistoren vor allem zur Spannungsstabilisierung und als Überspannungssicherung sowie zum Verzerren von Wechselspannungen benutzt.

2.1.2 Kondensatoren

Kondensatoren sind neben Widerständen die wichtigsten passiven Bauelemente und finden in der Schaltungstechnik vielseitige Anwendung, z. B. als Energiespeicher, als Koppelelement zur Übertragung von Wechselspannungen zwischen auf unterschiedlichem Potential liegenden Punkten einer Schaltung, in Schwingkreisen und Phasenschiebern.

2.1.2.1 Kapazität und Dielektrizitätskonstante

Wir betrachten zunächst eine Anordnung aus zwei im Abstand *d* zueinander parallel stehenden kreisförmigen Metallplatten mit der Fläche *A* und dem Radius *r*. Diese Anordnung heißt Plattenkondensator. Verbindet man die Platten mit den Klemmen

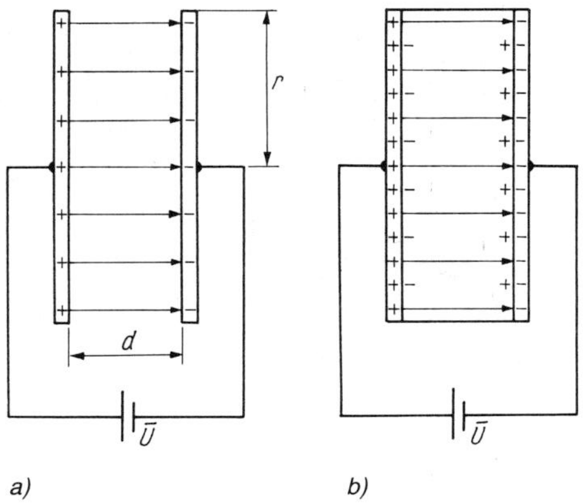

Abb. 2.10. Zum Zusammenhang zwischen Spannung und Ladung am Kondensator
a) Plattenkondensator,
b) Plattenkondensator mit Dielektrikum

einer Spannungsquelle (Abb. 2.10a)), so entsteht zwischen ihnen ein elektrisches Feld vom Betrage E, für das unter der Voraussetzung $d \ll r$ in guter Näherung

$$E = \frac{\bar{U}}{d} \tag{2.15}$$

gilt. Beide Platten tragen dann Ladungen gleicher Größe Q, aber entgegengesetzten Vorzeichens. Die Ladungsdichte auf den Platten bestimmt die Größe der dielektrischen Verschiebung im Feld:

$$\frac{Q}{A} = D = \varepsilon_0 E \tag{2.16}$$

($\varepsilon_0 = 8{,}8542 \cdot 10^{-12}$ As V^{-1} m^{-1}, Influenzkonstante, auch als Dielektrizitätskonstante des Vakuums bezeichnet). Aus (2.15) und (2.16) folgt

$$Q = \varepsilon_0 \frac{A}{d} \bar{U} = C\bar{U}\,. \tag{2.17}$$

Den von der Geometrie des Plattenkondensators abhängenden Ausdruck $C = \varepsilon_0 A/d$ nennt man Kapazität. Entsprechend (2.17) wird die Kapazität in Farad gemessen: 1 Farad (F) = 1 As V^{-1}. Da diese Einheit für die Praxis zu groß ist, verwendet man folgende Bruchteile:

Mikrofarad (μF): 1 μF = 10^{-6} F,
Nanofarad (nF): 1 nF = 10^{-9} F.
Picofarad (pF): 1 pF = 10^{-12} F.

Bringt man zwischen die Platten des Kondensators bei konstanter Spannung einen Nichtleiter (Dielektrikum), so wird dieser im elektrischen Feld polarisiert. Auf seinen Oberflächen entstehen scheinbare Ladungen Q', die einen Teil der Ladungen auf den Platten kompensieren. Da die Feldstärke nach Voraussetzung (s. (2.15)) konstant bleibt, muß also die Ladung Q' zusätzlich auf die Platten fließen (Abb. 2.10b)). Das

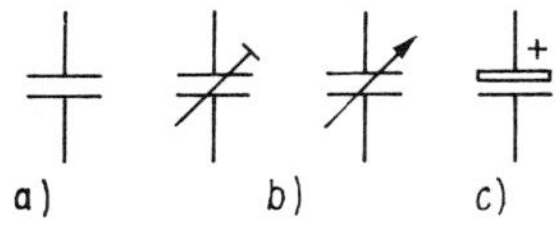

Abb. 2.11. Schaltzeichen für Kondensatoren
a) Festkondensator,
b) veränderbare Kondensatoren,
c) Elektrolytkondensator

führt zu einer Vergrößerung der dielektrischen Verschiebung:

$$D = \frac{Q}{A} + \frac{Q'}{A} = \varepsilon_0 E + P\,; \tag{2.18}$$

diese setzt sich nun aus dem Vakuumanteil $\varepsilon_0 E$ und der Polarisation P des Dielektrikums zusammen. Man schreibt dafür auch

$$D = \varepsilon_0 \varepsilon_r E \tag{2.19}$$

und nennt die so eingeführte dimensionslose Materialkonstante ε_r relative Dielektrizitätskonstante. Der Plattenkondensator mit Dielektrikum hat demnach die Kapazität

$$C = \varepsilon_0 \varepsilon_r \frac{A}{d}\,. \tag{2.20}$$

Die relative Dielektrizitätskonstante kann Werte zwischen 1 und einigen 10^4 annehmen. Diese Erhöhung der Kapazität einer bestimmten geometrischen Anordnung durch Verwendung eines geeigneten Dielektrikums nutzt man bei der Herstellung technischer Kondensatoren aus. In Abb. 2.11 sind die Schaltzeichen fester und veränderbarer Kondensatoren dargestellt.

2.1.2.2 Ersatzschaltung des realen Kondensators

Legt man an einen Kondensator mit der Kapazität C eine harmonische Wechselspannung $\underline{U} \cdot \exp(j\omega t)$, dann fließt ein Verschiebungsstrom, für den aus Gl. (2.17) folgt:

$$\underline{I}\, e^{j\omega t} = C \frac{d}{dt} (\underline{U}\, e^{j\omega t}) = j\omega C \cdot \underline{U}\, e^{j\omega t}\,, \tag{2.21}$$

d. h., der Kondensator kann als reiner Blindwiderstand beschrieben werden (s. auch 1.2.3). Nun ändern sich aber Größe und Richtung der Polarisation des Dielektrikums im Rhythmus des anliegenden elektrischen Wechselfeldes, und dabei wird ein Teil der zugeführten elektrischen Energie in Wärme umgesetzt. Diese sogenannten dielektrischen Verluste haben demnach einen zusätzlichen Wirkstrom zur Folge. Im elektrischen Ersatzschaltbild (Abb. 2.12) berücksichtigt man das durch einen der Kapazität C parallelgeschalteten Wirkleitwert G, in der relativen Dielektrizitätskonstanten durch den komplexen Ansatz

$$\underline{\varepsilon}_r = \varepsilon' - j\varepsilon''\,, \tag{2.22}$$

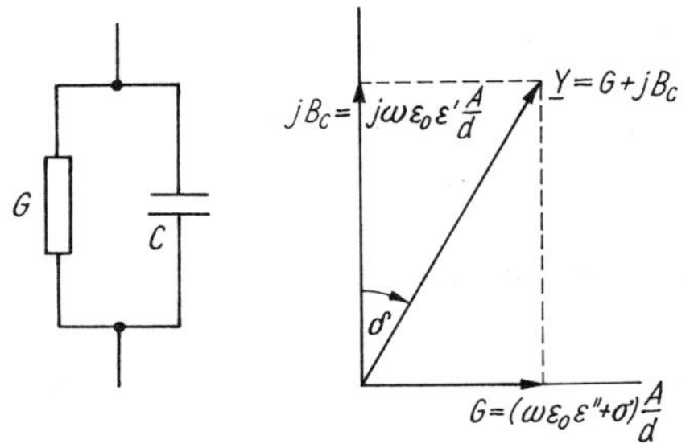

Abb. 2.12. Ersatzschaltung und Zeigerdiagramm eines realen Kondensators

wobei ε' die dielektrische Polarisation und ε'' die damit verbundenen Verluste beschreibt. Für den komplexen Leitwert des Kondensators gilt damit

$$\begin{aligned}\underline{Y}_C &= j\omega\underline{C} = j\omega\varepsilon_0\underline{\varepsilon}_r \frac{A}{d} \\ &= \omega\varepsilon_0\varepsilon'' \frac{A}{d} + j\omega\varepsilon_0\varepsilon' \frac{A}{d} \\ &= G + jB_C\,. \end{aligned} \tag{2.23}$$

Reale Dielektrika haben außerdem eine bestimmte Leitfähigkeit. Wird diese mit berücksichtigt (z. B. im Zeigerdiagramm), dann setzt sich der gesamte Verlustleitwert aus einem dielektrischen und einem Leitfähigkeitsanteil zusammen. Aus (2.23) und (1.3) folgt

$$\begin{aligned} G &= G_C + G_\sigma \\ &= \omega\varepsilon_0\varepsilon'' \frac{A}{d} + \sigma \frac{A}{d} \end{aligned} \tag{2.24}$$

(s. Abb. 2.12). Zur Charakterisierung eines verlustbehafteten Kondensators benutzt man den Verlustfaktor

$$\tan\delta_C = \frac{G}{B_C} \tag{2.25}$$

oder dessen Kehrwert, die Güte $Q_C = 1/\tan\delta_C$.

Insbesondere für Anwendungen im Hochfrequenzbereich muß man berücksichtigen, daß die Zuleitungen und Elektroden des Kondensators induktiv wirken. Im Ersatzschaltbild muß dann noch eine Serieninduktivität eingefügt werden.

2.1.2.3 Festkondensatoren

Industriell gefertigte Festkondensatoren haben Kapazitätswerte zwischen 0,5 pF und 5000 μF. Diesen großen Kapazitätsbereich kann man nur mit sehr unterschiedlichen Ausführungsformen erfassen.

Kondensatoren mit keramischem Dielektrikum zeichnen sich durch ihre kleine Bauform aus. Sie werden in Rohr- oder Scheibenform hergestellt. Als Werkstoffe werden Keramiken auf der Basis von TiO_2, $MgSiO_2$ oder $MgTiO_3$ (NDK-Werkstoffe: $\varepsilon_r \approx 5 \dots 150$, kleiner bis mittlerer Temperaturkoeffizient) sowie $BaTiO_3$ (HDK-Werkstoffe: $\varepsilon_r \approx 2000 \dots 10000$, sehr großer Temperaturkoeffizient) verwendet. Damit ist es möglich, Kapazitätswerte im Bereich 0,5 pF ... 100 nF zu realisieren.

Kondensatoren aus NDK-Werkstoffen werden als TK_C-gerichtete Kondensatoren angeboten, d. h., sie haben einen definierten positiven oder negativen mittleren Temperaturkoeffizienten. Damit ist es möglich, durch Zusammenschalten von mehreren Kondensatoren mit unterschiedlichem TK_C weitgehend temperaturunabhängige Gesamtkapazitäten zu erzeugen. Für den Temperaturkoeffizienten der Gesamtkapazität gilt bei Parallelschaltung von zwei Kondensatoren

$$TK_C = \frac{TK_{C1} \cdot C_1 + TK_{C2} \cdot C_2}{C_1 + C_2} \tag{2.26.1}$$

und bei Serienschaltung

$$TK_C = \frac{TK_{C1} \cdot C_2 + TK_{C2} \cdot C_1}{C_1 + C_2}\,. \tag{2.26.2}$$

Kondensatoren aus HDK-Werkstoffen können wegen ihres großen TK_C, der sehr großen Toleranz des Kapazitätsistwertes und der relativ hohen Verluste nur in Schaltungen angewendet werden, in denen der absolute Kapazitätswert nicht wesentlich ist (z. B. als Koppel- oder Siebkondensatoren).

Eine spezielle Bauform stellen Vielschichtkondensatoren dar. Dünne Keramikfolien werden vor dem Sintern mit Edelmetallpaste beschichtet und so gestapelt, daß die Elektrodenränder abwechselnd an den Stapelenden zur späteren Kontaktierung frei bleiben. Nach Vorpressen wird dieser Stapel zu einem prismatischen Block gesintert und kontaktiert. Bauelemente dieser Form eignen sich zum direkten Einbau in Hybridschaltungen (s. 5.5) und vor allem zur Oberflächenmontage auf Leiterplatten (SMD-Technik; s. 2.1.1.1). Vielschichtkondensatoren werden mit Nennkapazitäten zwischen 1 pF und 1 µF hergestellt.

Folienkondensatoren haben zwar ein größeres Volumen als entsprechende Keramikkondensatoren, zeichnen sich aber durch eine bessere elektrische Stabilität aus. Sie werden als Wickelkondensatoren hergestellt. Dazu werden zwei einseitig metallisierte Streifen des Dielektrikums (paraffingetränktes Papier, Kunststoff, Lackfilm) aufeinandergelegt und zu einer zylindrischen Form aufgerollt. Zur Vermeidung der Wickelinduktivität werden die Metallfilme an den Stirnflächen der Wickelzylinder herausgezogen und durchgehend kontaktiert. Für besondere Anforderungen hinsichtlich Langzeitkonstanz und Klimabeständigkeit werden die Wickel mit Kunststoff vergossen oder in Metallgehäuse eingebaut. Folienkondensatoren werden für den Kapazitätsbereich 10 pF bis 10 µF hergestellt.

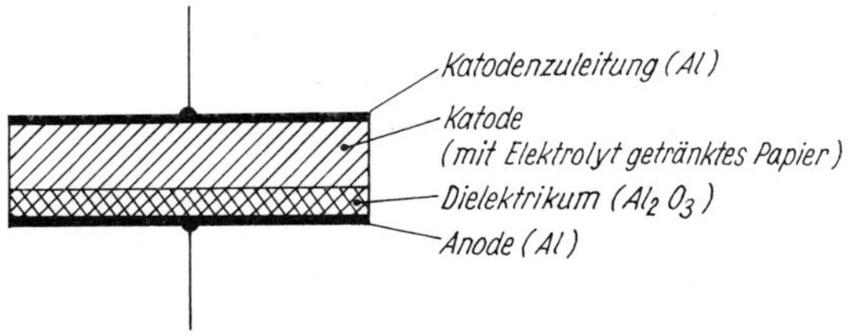

Abb. 2.13. Aufbau eines Aluminium-Elkos (schematisch)

Kondensatoren mit Nennkapazitäten zwischen 1 µF und 5000 µF stellt man als Elektrolytkondensatoren (Elkos) her. Die älteste und billigste Bauform ist der Aluminium-Elko (Abb. 2.13). Die Al_2O_3-Schicht wird durch einen Formierungsstrom, der eine elektrochemische Reaktion auslöst, erzeugt. Typische Kenndaten der Al_2O_3-Schicht sind die Dicke $d \leqq 1$ µm, die Durchbruchfeldstärke $E_{max} > 10^9$ V m^{-1} und die Dielektrizitätskonstante $\varepsilon_r \approx 7{,}5$. Elektrolytkondensatoren sind gepolte Kondensatoren; sie dürfen nur mit Gleichspannung betrieben werden, der allerdings eine Wechselspannung überlagert sein kann; anderenfalls tritt eine Deformierung ein. Auch während des Betriebes fließt ein bestimmter Reststrom, der die Oxidschicht ständig regeneriert. Elkos haben daher einen relativ großen Verlustfaktor.

2.1.2.4 Veränderbare Kondensatoren

Veränderbare Kondensatoren werden mit festem Dielektrikum oder als Luftkondensatoren hergestellt. Man unterscheidet Trimmer, wenn die Kapazität nur selten (z. B. bei einem einmaligen Abgleich) verändert wird, und Drehkondensatoren, wenn die Einstellung sehr häufig verändert wird. Die Kapazitätsänderung wird durch Verändern der wirksamen Fläche vorgenommen, indem man die Überdeckung der beiden Kondensatorelektroden verändert. Seltener benutzt man Abstandsänderungen zwischen den Elektroden.

Die gebräuchlichste Bauform des Trimmers ist der keramische Scheibentrimmer. Er besteht aus einer Keramikgrundplatte, dem Stator, und einer drehbaren Keramikscheibe, dem Rotor. Der Rotor bildet gleichzeitig das Dielektrikum. Stator und Rotor tragen kreisringsektorförmige, eingebrannte Metallelektroden. Scheibentrimmer haben gute elektrische Eigenschaften und eine hohe elektrische und mechanische Stabilität.

Drehkondensatoren bestehen aus zwei zueinander drehbar gelagerten, voneinander isolierten Plattenpaaren, dem Stator und dem Rotor. Durch die Plattenform erreicht man eine ganz bestimmte, für die Anwendung zweckmäßige Abhängigkeit der Kapazität vom Drehwinkel.

2.1.3 Induktivitäten

Neben Widerständen und Kondensatoren stellen Induktivitäten die dritte wichtige Gruppe passiver Bauelemente dar. Da sie als diskretes Bauelement einen relativ hohen

Fertigungsaufwand erfordern und sich in der integrierten Technik nur mit Einschränkungen oder gar nicht realisieren lassen, ist man allerdings in der modernen Schaltungstechnik bestrebt, die Verwendung von Induktivitäten weitgehend einzuschränken.

2.1.3.1 Selbstinduktion und Gegeninduktion

Jeder elektrische Strom erzeugt ein magnetisches Feld, dessen Kraftfluß Φ dem Strom proportional ist, im übrigen aber von der Geometrie der Anordnung und den magnetischen Eigenschaften des magnetisierten Volumens abhängt. Ist der magnetische Kraftfluß zeitlich veränderlich, induziert er ein elektrisches Feld. Zwischen den Enden eines Leiters, der sich in diesem Feld befindet, mißt man die Spannung

$$U_{\text{ind}} = -\frac{\mathrm{d}\Phi}{\mathrm{d}t}. \tag{2.27}$$

Dabei ist es für den Induktionsvorgang an sich unerheblich, ob der Strom, der den zeitlich veränderlichen Kraftfluß $\Phi(t)$ erzeugt, in eben diesem Leiter oder in einem zweiten fließt. Im ersten Falle spricht man von Selbstinduktion, und man schreibt für die induzierte Spannung

$$U_{\text{ind}} = -L\frac{\mathrm{d}I}{\mathrm{d}t}. \tag{2.28}$$

Die Größe L heißt Selbstinduktivität oder kurz Induktivität des Leiters. Ihre Maßeinheit ist das Henry (H): $1\ \mathrm{H} = 1\ \mathrm{Vs\,A^{-1}}$.

Im anderen Falle spricht man von Gegeninduktion, und man schreibt

$$U_{\text{ind}} = -M\frac{\mathrm{d}I}{\mathrm{d}t}. \tag{2.29}$$

Die Gegeninduktivität M ist für eine bestimmte Anordnung der beiden Leiter charakteristisch, im übrigen aber symmetrisch, d. h., sie beschreibt sowohl die Induktion einer Spannung im Leiter 1 als eine Folge eines Stromes I_2 im Leiter 2 als auch umgekehrt die Induktion einer Spannung im Leiter 2 als Folge eines Stromes I_1 im Leiter 1. Bei vollständiger magnetischer Kopplung der beiden Stromkreise würde die Gegeninduktivität ihren maximalen Wert

$$M_{\max} = \sqrt{L_1 L_2} \tag{2.30}$$

annehmen (L_1, L_2 Induktivitäten der Leiter 1 und 2). Praktisch trägt nur ein Teil des von einem Stromkreis erzeugten Kraftflusses zur induzierten Spannung im anderen Kreis bei; für die Gegeninduktivität gilt deshalb

$$M = k \cdot M_{\max}, \qquad 0 \leqq k \leqq 1. \tag{2.31}$$

Die Größe k heißt Koppelfaktor.

2.1.3.2 Aufbau und Eigenschaften von Induktivitäten

Legt man an eine Induktivität L eine Spannung $U = U(t)$, so bilden Spannungsquelle und Induktivität eine Masche, in der nach der 2. Kirchhoffschen Regel (Gl. (1.8))

$$U + U_{\text{ind}} = 0 \tag{2.32}$$

sein muß. Ist U eine harmonische Wechselspannung $\underline{U} \exp(j\omega t)$, läßt sich aus (2.32) mit (2.28) der Strom durch die Induktivität berechnen:

$$\underline{I}\,\mathrm{e}^{j\omega t} = \frac{1}{L}\int \underline{U}\,\mathrm{e}^{j\omega t}\,\mathrm{d}t = \frac{1}{j\omega L}\,\underline{U}\,\mathrm{e}^{j\omega t}\,. \tag{2.33}$$

Man kann also $-\underline{U}_{\text{ind}} = j\omega L \cdot \underline{I}$ als Spannungsabfall an der Induktivität mit dem Wechselstromwiderstand $\underline{R}_L = j\omega L$ auffassen, d. h., die Induktivität L stellt ähnlich wie die Kapazität einen reinen Blindwiderstand dar.

Im einfachsten Fall besteht das Bauelement Induktivität aus einer Drahtwicklung – einer Spule. Ist N die Anzahl ihrer Windungen, dann ist ihre Induktivität proportional N^2; die Proportionalitätskonstante hängt ab von der Spulengeometrie und den Eigenschaften des magnetisierten Volumens. Da die magnetischen Kraftlinien in sich geschlossen sind, spricht man von einem magnetischen Kreis mit dem magnetischen Widerstand

$$R_m = \frac{1}{\mu} \cdot \frac{l}{A} \tag{2.34}$$

(μ Permeabilität des Materials; l Länge; A Querschnittsfläche des magnetischen Kreises). Damit gilt für die Induktivität

$$L = \frac{N^2}{R_m}\,. \tag{2.35}$$

Bei einer Luftspule ist der magnetische Kreis ein reiner Luftweg. In Luft ist der Zusammenhang zwischen magnetischer Feldstärke und Kraftflußdichte linear. Also ist die Induktivität einer Luftspule konstant; die Luftspule ist ein lineares Bauelement.

Aus den Gleichungen (2.34) und (2.35) liest man ab, daß sich die Induktivität beträchtlich vergrößern läßt, wenn man in den magnetischen Kreis Stoffe mit großer Permeabilität μ bringt. Man verwendet dazu Spulenkerne aus ferromagnetischem Material. Ferromagnetika können relative Anfangspermeabilitäten bis $\mu_{rA} \approx 10^5$ aufweisen. Bei Ferromagnetika ist der Zusammenhang zwischen magnetischer Feldstärke und Magnetisierung stark nichtlinear; er wird durch eine Hysteresekurve beschrieben. Das bedeutet, daß auch die Permeabilität stark von der Feldstärke und damit die Induktivität von dem Strom in der Spule abhängt. Induktivitäten mit ferromagnetischem Kern sind also nichtlineare Bauelemente.

In Abb. 2.14 sind die Schaltzeichen für verschiedene Formen von Induktiyitäten dargestellt.

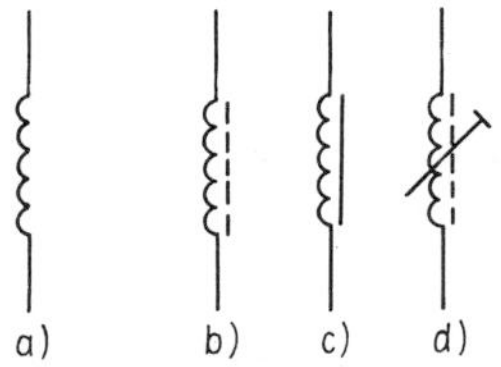

Abb. 2.14. Schaltzeichen für Induktivitäten
a) Luftspule, b) Spule mit Ferritkern, c) Spule mit Eisenkern, d) veränderbare Induktivität

Sowohl Luftspulen als auch Spulen mit einem ferromagnetischen Kern stellen keine reinen Induktivitäten dar. Jede Induktivität hat eine Eigenkapazität, hervorgerufen durch die Kapazität der Windungen und der Anschlüsse gegeneinander und gegen ihre Umgebung (z. B. gegenüber dem Kern). Dazu kommt ein Verlustwiderstand, der sich aus folgenden Anteilen zusammensetzt:

– dem ohmschen Widerstand der Drahtwicklung;
– den Magnetisierungs- und Wirbelstromverlusten im ferromagnetischen Kern;
– den dielektrischen Verlusten der Eigenkapazität im Spulenkörper.

Infolge des Skineffektes ist der Wirkwiderstand der Spulenwicklung frequenzabhängig. Der Skineffet, d. h. die Stromverdrängung im Inneren eines Leiters, wird hervorgerufen durch Überlagerung des ursprünglichen Stromes mit den im Leiter induzierten Wirbelströmen und führt zu einer Abnahme des wirksamen Leiterquerschnittes und damit zu einer Zunahme des Wirkwiderstandes mit wachsender Frequenz. Für die Eindringtiefe Δd eines Wechselstromes mit der Frequenz ω gilt bei einem kreiszylindrischen Leiter näherungsweise

$$\Delta d = \sqrt{\frac{2}{\omega\mu\sigma}}\,, \tag{2.36}$$

wenn $r_0 \gg \Delta d$ ist (r_0 Radius des Leiters; μ Permeabilität, σ Leitfähigkeit des Leitermaterials). Bei hohen Frequenzen steigt daher der Wirkwiderstand etwa proportional $\sqrt{\omega}$ (s. Abb. 2.15).

In einem ferromagnetischen Kern treten Verluste auf, die proportional der Frequenz und der Fläche der Hysteresekurve sind. Außerdem werden im ferromagnetischen

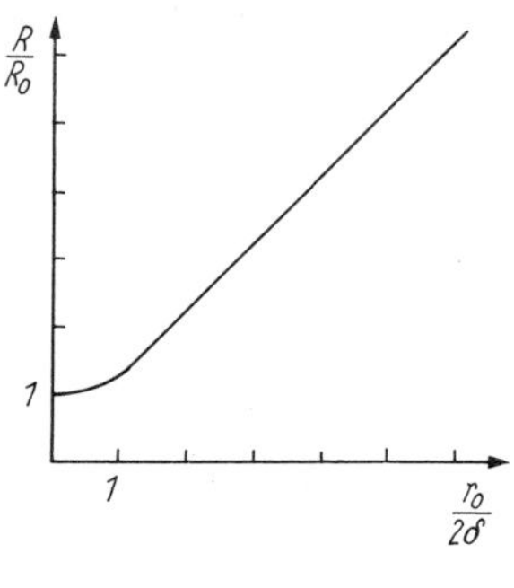

Abb. 2.15. Erhöhung des Wirkwiderstandes durch den Skineffekt

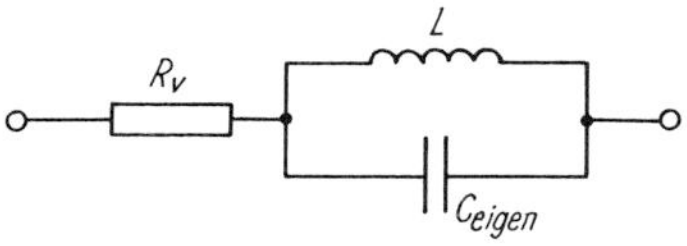

Abb. 2.16. Ersatzschaltung einer realen Induktivität

Kern aufgrund seiner Leitfähigkeit Wirbelströme induziert. Dieser Verlustanteil kann durch einen proportional zu ω^2 ansteigenden Verlustwiderstand beschrieben werden.

Faßt man alle diese Einflüsse zusammen, kann man die reale Induktivität durch die Ersatzschaltung in Abb. 2.16 beschreiben. Die gesamten Verluste werden durch einen Serienverlustwiderstand R_v dargestellt, der frequenzabhängig ist. Die Eigenschaften der Induktivität charakterisiert man durch den Verlustfaktor

$$\tan \delta_L = \frac{\omega L}{R_v} \tag{2.37}$$

oder dessen Kehrwert, die Güte Q_L. Entsprechend der Frequenzabhängigkeit der einzelnen Beiträge zeigt der Verlustfaktor meist ein ausgeprägtes Minimum bei einer Frequenz, die weit unterhalb der durch die Induktivität und die Eigenkapazität bestimmten Eigenresonanzfrequenz der Spule liegt.

2.1.3.3 Induktivität mit Luftspalt

Die Kennlinie einer Induktivität mit ferromagnetischem Kern kann linearisiert werden, wenn der magnetische Kreis im Kern durch einen Luftspalt unterbrochen wird. Für den magnetischen Widerstand gilt dann (im unverzweigten magnetischen Kreis)

$$\begin{aligned} R_m &= R_{mK} + R_{mL} \\ &= \frac{l_K}{\mu_K A_K} + \frac{l_L}{\mu_0 A} = \frac{l}{\mu_{\text{eff}} \cdot A} \end{aligned} \tag{2.38}$$

(mit dem Index K sind alle den Kern betreffenden, mit L die den Luftspalt betreffenden Größen bezeichnet; μ_0 Permeabilität des Vakuums). Der Spulenkern mit Luftspalt kann hinsichtlich seiner Wirkung also durch einen mit der magnetischen Weglänge $l = l_K + l_L$ und der effektiven Permeabilität

$$\mu_{\text{eff}} = \frac{\mu_K}{\dfrac{l_K}{l} + \dfrac{l_l}{l} \cdot \dfrac{\mu_K}{\mu_0}} \tag{2.39}$$

ersetzt werden, in dem eine effektive Feldstärke

$$H_{\text{eff}} = \frac{H_K l_K + H_L l_L}{l} = H_K \frac{l_K}{l} + \frac{B_K}{\mu_0} \cdot \frac{l_L}{l} \tag{2.40}$$

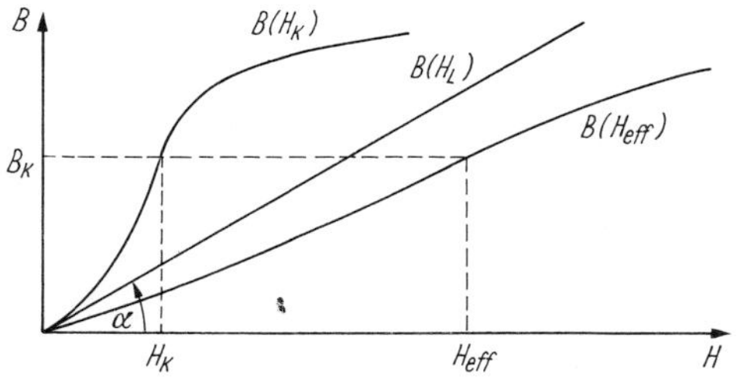

Abb. 2.17. Konstruktion der Magnetisierungskennlinie eines Kerns mit Luftspalt (schematisch)

wirkt. Nach dieser Gleichung kann die Kennlinie $B = f(H_{\text{eff}})$ des Kerns mit Luftspalt konstruiert werden (Abb. 2.17). Dazu wird $B(H_K)$ mit der Luftspaltgeraden $B(H_L)$ in H-Richtung addiert. (Diese Operation wird auch als Scherung bezeichnet.) Den Anstieg der Luftspaltgeraden erhält man aus

$$\tan\alpha = \mu_0 \frac{l}{l_L} \frac{m_B}{m_H} \tag{2.41}$$

(m_B, m_H Maßstabsfaktoren der grafischen Darstellung). Allerdings ist zu beachten, daß infolge der Feldinhomogenitäten der wirksame Querschnitt A und die wirksame Luftspaltlänge l_L größer sind als die geometrischen Größen. Für übliche Kernformen findet man entsprechend korrigierte Werte in den einschlägigen Tabellenwerken und Katalogen.

Induktivitäten mit Luftspalt werden vor allem in Schaltungen eingesetzt, in denen eine Gleichstrom-Vormagnetisierung der Induktivität auftritt (Siebschaltungen, NF-Übertrager). Die durch den Luftspalt bewirkte Scherung der Permeabilität sorgt bei richtiger Dimensionierung für eine über weite Bereiche der Vormagnetisierung nahezu konstante Induktivität.

2.1.3.4 Transformator

Als Transformator bezeichnet man eine Anordnung aus zwei Spulen, die von einem gemeinsamen magnetischen Kraftfluß durchsetzt werden. Nimmt man an, daß keine Verluste auftreten und daß die Gegeninduktivität ihren Maximalwert $M_{\max}$ annimmt, dann spricht man von einem idealen Transformator. Aus Abb. 2.18 liest man für offene Ausgangsklemmen ($I_2 = 0$) ab:

$$U_1 = -U_{\text{ind},1} = L_1 \frac{\mathrm{d}I_1}{\mathrm{d}t} = \mu_0\mu_{rK} \frac{N_1^2 A}{l} \frac{\mathrm{d}I_1}{\mathrm{d}t}, \tag{2.42}$$

$$\begin{aligned} U_2 &= -M \frac{\mathrm{d}I_1}{\mathrm{d}t} = -\sqrt{L_1 L_2} \frac{\mathrm{d}I_1}{\mathrm{d}t} = -\mu_0\mu_{rK} \frac{N_1 N_2 A}{l} \frac{\mathrm{d}I_1}{\mathrm{d}t} \\ &= -\frac{N_2}{N_1} L_1 \frac{\mathrm{d}I_1}{\mathrm{d}t}. \end{aligned} \tag{2.43}$$

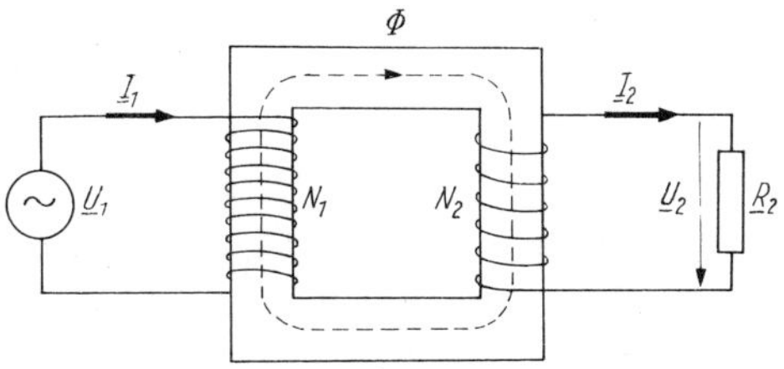

Abb. 2.18. Zum idealen Transformator

Daraus folgt

$$-\frac{U_2}{U_1} = \frac{N_2}{N_1} = \frac{1}{\ddot{u}} \tag{2.44}$$

(N_1, N_2 Windungszahlen der Primär- bzw. Sekundärspule). Die Zahl $1/\ddot{u}$ nennt man das Übersetzungsverhältnis des Transformators. Wenn man als Eingangsspannung eine harmonische Wechselspannung $U_1 \exp(j\omega t)$ annimmt, ist

$$\underline{I}_1 = -j\frac{\underline{U}_1}{\omega L}, \tag{2.45}$$

d. h., in der Primärspule fließt ein reiner Blindstrom; der ideale unbelastete Transformator nimmt keine Wirkleistung auf.

Belastet man die Sekundärspule mit einem Widerstand $\underline{R}_2$, fließt im Sekundärkreis ein Strom $\underline{I}_2$. Dieser induziert im Kern einen zusätzlichen magnetischen Kraftfluß. Bei konstanter Eingangsspannung muß aber nach wie vor (2.42) erfüllt sein, d. h., der magnetische Kraftfluß muß konstant bleiben. Im Primärstromkreis fließt daher ein zusätzlicher Strom $\underline{I}_{1B}$, der der Bedingung

$$N_1\underline{I}_{1B} + N_2\underline{I}_2 = 0 \tag{2.46}$$

genügt. Damit ergibt sich für den gesamten Primärstrom

$$\underline{I}_1 = \left[\frac{1}{j\omega L_1} + \left(\frac{N_2}{N_1}\right)^2 \frac{1}{\underline{R}_2}\right]\underline{U}_1\,. \tag{2.47}$$

Aus (2.47) liest man ab, daß man den Transformator primärseitig durch eine einfache Ersatzschaltung darstellen kann (s. Abb. 2.19). Der im Sekundärkreis eingeschaltete Lastwiderstand wird mit $\ddot{u}^2$ in den Primärkreis transformiert.

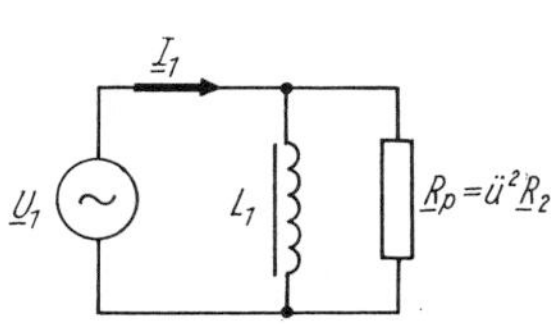

Abb. 2.19. Ersatzschaltung des idealen belasteten Transformators

Weiter liest man aus (2.47) ab, daß nur der Wirkanteil des Lastwiderstandes $\underline{R}_2$ eine Leistungsaufnahme durch den Transformator bedingt, d. h., der ideale Transformator hat einen Wirkungsgrad von Eins. Im Gegensatz dazu hat der reale Transformator einen Wirkungsgrad, der kleiner als Eins ist. Die Ursachen dafür sind die ohmschen Verluste in den Wicklungen (Kupferverluste) und die Magnetisierungs- und Wirbelstromverluste im Kern (Eisenverluste) sowie die Tatsache, daß wegen der Streuung des Magnetfeldes der Koppelfaktor $k < 1$ und damit das Verhältnis der Spannungen und Ströme kleiner als das Übersetzungsverhältnis ist.

Beispiel 2.2. Berechnung des zeitlichen Verlaufs der Spannung am Lastwiderstand eines idealen Transformators für eine rechteckförmige Eingangsspannung (Impulstransformator).

Da eine Rechteckspannung aus zwei entgegengesetzt gleichgroßen Gleichspannungssprüngen zusammengesetzt werden kann, die im Abstand der Impulsdauer t_p aufeinander folgen, genügt es zur Lösung dieses Problems, die Sprungantwort zu bestimmen (s. auch 1.3.4.). Mit der Ersatzschaltung des idealen, belasteten Transformators (Abb. 2.19) ergibt sich die Ersatzschaltung des gesamten Stromkreises in Abb. 2.20a), wenn man der Spannungsquelle den Innenwiderstand R_i zuschreibt. Durch Einführen einer Ersatzspannungsquelle mit

$$U_0' = \frac{R_p}{R_i + R_p} U_0 ,$$

$$R_i' = \frac{R_i R_p}{R_i + R_p}$$

gewinnt man daraus die Schaltung der Abb. 2.20b). Aus dieser liest man ab:

$$U_0' = IR_i' + L_1 \frac{\mathrm{d}I}{\mathrm{d}t} .$$

Mit

$$U_0 = \begin{cases} 0 & \text{für} \quad t < 0 , \\ \bar{U}_0 & \text{für} \quad t \geqq 0 \end{cases}$$

läßt sich diese Gleichung für $t \geqq 0$ nach Trennung der Variablen integrieren. Nach einigen Umformungen erhält man

$$\frac{\mathrm{d}I}{I - \dfrac{\bar{U}_0'}{R_i'}} = -\frac{R_i'}{L_1} \mathrm{d}t ,$$

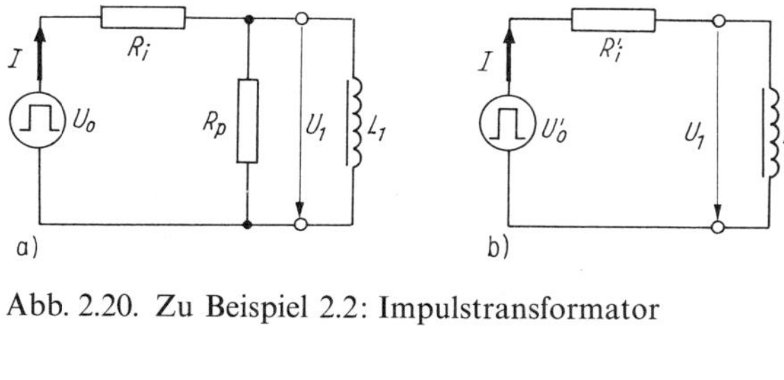

Abb. 2.20. Zu Beispiel 2.2: Impulstransformator

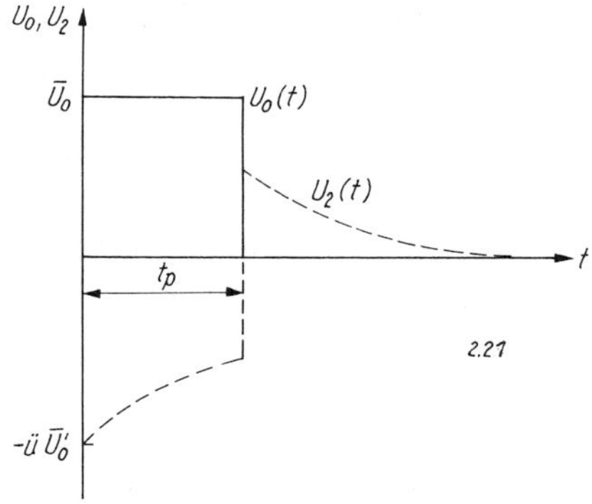

Abb. 2.21. Zu Beispiel 2.2: Zeitlicher Verlauf der Sekundärspannung

und daraus erhält man für den Strom

$$I(t) = \frac{\bar{U}_0'}{R_i'}\left(1 - e^{-(R_i'/L_1)t}\right).$$

Mit (2.42) ergibt sich schließlich für die Sekundärspannung

$$U_2(t) = -ü\bar{U}_0' \, e^{-(R_i'/L_1)t}.$$

Da sich für den zweiten Sprung der Eingangsspannung zur Zeit t_p eine entsprechende Sprungantwort ergibt, folgt für das Ausgangssignal der in Abb. 2.21 dargestellte Spannungsverlauf. Zur formgetreuen Impulsübertragung muß für die Zeitkonstante des Übertragers also die Bedingung

$$\tau = \frac{L_1}{R_i'} = L_1 \frac{R_i + R_p}{R_i R_p} \gg t_p$$

erfüllt sein.

2.2 Lineare passive Netzwerke

Schaltungen, die nur lineare passive Bauelemente enthalten, bezeichnet man als lineare passive Netzwerke. Im folgenden Abschnitt wollen wir uns mit einigen einfachen, aber in der Schaltungstechnik besonders häufig verwendeten Netzwerken beschäftigen. Dabei interessiert vor allem die Frequenzabhängigkeit der Übertragungsfunktion.

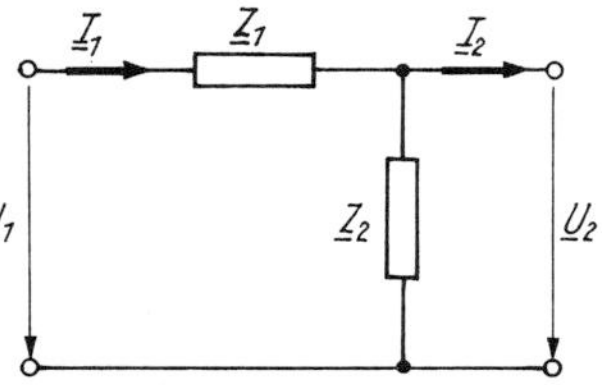

Abb. 2.22. Frequenzabhängiger Spannungsteiler

Bei der Analyse realer Schaltungen muß man allerdings berücksichtigen, daß die Bauelemente selbst bereits durch frequenzabhängige Ersatzschaltungen beschrieben werden müssen.

Die Übertragungseigenschaften vieler einfacher Netzwerke lassen sich anschaulich ableiten, wenn man sie als frequenzabhängige Spannungsteiler behandelt. Aus Abb. 2.22 liest man als Ausgangsspannung des unbelasteten Spannungsteilers ($\underline{I}_2 = 0$)

$$\underline{U}_2 = \frac{\underline{Z}_2}{\underline{Z}_1 + \underline{Z}_2}\,\underline{U}_1 \tag{2.48}$$

ab, d. h., als Übertragungsfunktion bei offenem Ausgang erhält man

$$\underline{g}(\omega) = \frac{\underline{Z}_2}{\underline{Z}_1 + \underline{Z}_2}\,. \tag{2.49}$$

2.2.1 Siebschaltungen

Siebschaltungen werden bei der Übertragung und Verarbeitung von Wechselspannungen benutzt, um bestimmte Frequenzbereiche voneinander zu trennen. Dazu muß ihre Übertragungsfunktion eine charakteristische Frequenzabhängigkeit aufweisen: Ihr Betrag $g(\omega)$ muß in einem bestimmten Frequenzbereich – dem Übertragungsbereich – nahezu Eins sein und außerhalb des Übertragungsbereiches gegen Null gehen. Entsprechend dem Verlauf der Frequenzabhängigkeit des Betrages der Übertragungsfunktion – der Filterkurve – unterscheidet man vier verschiedene Typen von Siebschaltungen (s. Abb. 2.23). Praktisch werden die Filterkurven einen stetigen Übergang zwischen Sperr- und Durchlaßbereich aufweisen, und im Durchlaßbereich wird die Übertragungsfunktion nicht exakt den Betrag Eins haben, d. h., reale Siebschaltungen haben stets eine endliche Durchlaßdämpfung.

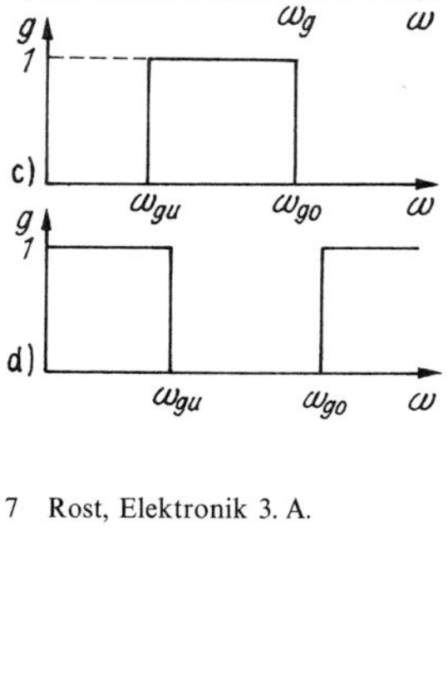

Abb. 2.23. Ideale Filterkurven von Siebschaltungen
a) Hochpaß, b) Tiefpaß,
c) Bandpaß, d) Bandsperre

Die Frequenzabhängigkeit der Übertragungsfunktion läßt sich mittels weniger ausgezeichneter Frequenzen, der Grenzfrequenzen ω_g, anschaulich machen (s. Abb. 2.23). Eine Grenzfrequenz wird definiert durch

$$g(\omega)|_{\omega=\omega_g} = \frac{g_0}{\sqrt{2}}, \tag{2.50}$$

wenn man mit g_0 den Betrag der Übertragungsfunktion im Übertragungsbereich bezeichnet.

Wir wollen uns im folgenden auf die einfachsten Siebschaltungen beschränken, die neben Widerständen entweder nur Kapazitäten oder nur Induktivitäten enthalten.

2.2.1.1 Hochpaß

Von einem Hochpaß spricht man, wenn $g(\omega)$ für $\omega > \omega_g$ gegen Eins und für $\omega < \omega_g$ gegen Null geht (Abb. 2.28a)). Aus (2.49) liest man ab, daß das entweder für

$$Z_1(\omega) = \text{const}\,, \qquad Z_2(\omega) \sim \omega$$

oder für

$$Z_1(\omega) \sim \frac{1}{\omega}, \qquad Z_2(\omega) = \text{const}$$

der Fall ist. Daraus ergeben sich die beiden in Abb. 2.24 angegebenen Schaltungen mit ihren Übertragungsfunktionen und Grenzfrequenzen. Man sieht, daß als Grenzfrequenzen die gleichen Größen auftreten, die sich bereits für das in 1.3.4. untersuchte Übergangsverhalten dieser Schaltungen als charakteristisch erwiesen. Den Kehrwert $1/\omega_g$ der Grenzfrequenz bezeichnet man als Zeitkonstante τ der Schaltung.

Schaltung	Übertragungsfunktion	Grenzfrequenz
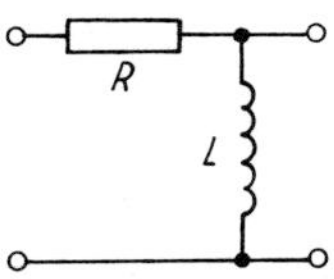	$\underline{g}(\omega) = \dfrac{1}{1 - j\dfrac{R}{\omega L}}$	$\omega_g = \dfrac{R}{L}$
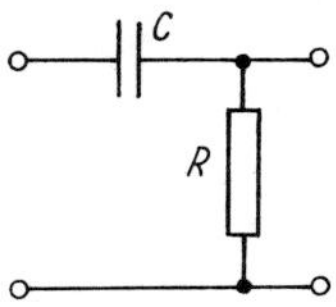	$\underline{g}(\omega) = \dfrac{1}{1 - j\dfrac{1}{\omega RC}}$	$\omega_g = \dfrac{1}{RC}$

Abb. 2.24 Hochpaß mit Übertragungsfunktion und Grenzfrequenz

Schaltung	Übertragungsfunktion	Grenzfrequenz
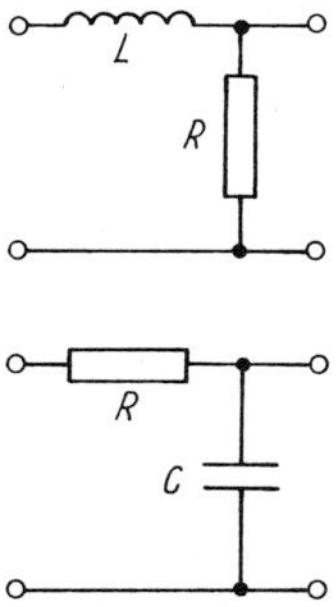	$\underline{g}(\omega) = \dfrac{1}{1 + j\omega \dfrac{L}{R}}$	$\omega_g = \dfrac{R}{L}$
	$\underline{g}(\omega) = \dfrac{1}{1 + j\omega RC}$	$\omega_g = \dfrac{1}{RC}$

Abb. 2.25 Tiefpaß mit Übertragungsfunktion und Grenzfrequenz

Führt man eine normierte Frequenz $\Omega = \omega/\omega_g$ ein, so kann man die Übertragungsfunktion eines Hochpasses durch die Gleichung

$$\underline{g}(\Omega) = j \frac{\Omega}{1 + j\Omega} \tag{2.51}$$

beschreiben, wenn sein Verhalten durch eine einzige Zeitkonstante bestimmt wird.

2.2.1.2 Tiefpaß

Analog spricht man von einem Tiefpaß, wenn $g(\omega)$ für $\omega < \omega_g$ gegen Eins und für $\omega > \omega_g$ gegen Null geht. Aus (2.49) ersieht man, daß das für

$$\underline{Z}_1(\omega) \sim \omega\,, \qquad \underline{Z}_2(\omega) = \text{const}$$

oder für

$$\underline{Z}_1(\omega) = \text{const}\,, \qquad \underline{Z}_2(\omega) \sim \frac{1}{\omega}$$

der Fall ist und erhält so die beiden in Abb. 2.25 angegebenen Schaltungen. Die allgemeine Übertragungsfunktion eines Tiefpasses, dessen Verhalten durch eine einzige Zeitkonstante bestimmt wird, lautet

$$g(\Omega) = \frac{1}{1 + j\Omega}\,. \tag{2.52}$$

2.2.1.3 Bode-Diagramm

Die Übertragungseigenschaften eines Netzwerkes lassen sich besonders gut veranschaulichen, wenn man die Frequenzabhängigkeit der Übertragungsfunktion, getrennt nach ihrem Betrag und ihrem Phasenwinkel, grafisch darstellt. Da Frequenz und Betrag der Übertragungsfunktion meist einen sehr großen Wertebereich (mehrere

Tabelle 6
Einige wichtige Verhältniszahlen in Neper und Dezibel

Verhältnis	Neper	Dezibel
1:100	−4,61	−40
1:10	−2,31	−20
1:1	0	0
$\sqrt{2}$:1	0,35	3
2:1	0,69	6
5:1	1,62	14
10:1	2,31	20
100:1	4,61	40

Zehnerpotenzen) überstreichen, ist eine logarithmische Darstellung üblich, die man als Bode-Diagramm bezeichnet.

Für Übertragungsgrößen, die als Verhältnis von Spannungen oder Strömen berechnet werden (s. auch 2.3.3), verwendet man zwei verschiedene relative Verhältnismaße, sogenannte Pegelmaße, je nachdem welche Basis man für den Logarithmus benutzt. Legt man den natürlichen Logarithmus (Basis e) zugrunde, kennzeichnet man das logarithmierte Verhältnis a der Ausgangsgröße A_2 zur Eingangsgröße A_1 durch die Bezeichnung Neper (Np):

$$a\,\mathrm{Np} = \ln \frac{A_2}{A_1}. \tag{2.53}$$

Geht man dagegen vom dekadischen Logarithmus (Basis 10) aus, kennzeichnet man die logarithmierte Größe a durch die Bezeichnung Dezibel (dB):

$$a\,\mathrm{dB} = 20 \lg \frac{A_2}{A_1}. \tag{2.54}$$

Durch Umrechnen findet man als Zahlenbeziehung zwischen diesen beiden Pegelmaßen

$$1\,\mathrm{Np} = 8{,}686\,\mathrm{dB} \tag{2.55}$$

(s. auch Tab. 6).

Unter Verwendung des Dezibel als relatives Pegelmaß erhält man z. B. für einen Hochpaß mit der Übertragungsfunktion (2.51) das in Abb. 2.26 dargestellte Bode-Diagramm (gestrichelte Kurven). Man kann das Bode-Diagramm vereinfachen, wenn man zu einer asymptotischen Darstellung übergeht. Ausgehend von der Übertragungsfunktion (2.51) erhält man für ihren Betrag

$$g(\Omega) = \frac{1}{\sqrt{1 + \frac{1}{\Omega^2}}} \tag{2.56.1}$$

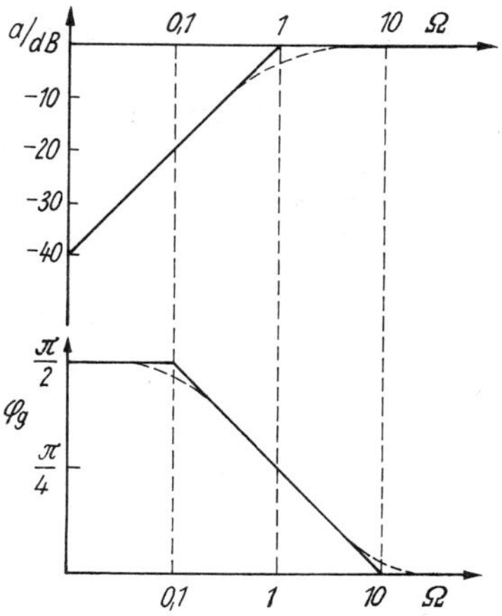

Abb. 2.26. Bode-Diagramm eines Hochpasses (durchgezogen: asymptotische Darstellung)

und für ihren Phasenwinkel

$$\varphi_g(\Omega) = \text{arc tan}\,\frac{1}{\Omega}. \tag{2.56.2}$$

Aus (2.56.1) ergibt sich weiter

$$a = 20 \lg g = -20 \lg \sqrt{1 + \frac{1}{\Omega^2}}\,. \tag{2.57}$$

Man sieht aus (2.57), daß man den tatsächlichen Verlauf der Funktion $a(\Omega)$ durch zwei asymptotische Bereiche annähern kann:

$$\Omega \gg 1\,, \quad \text{d. h.} \quad \omega \gg \omega_g\colon \quad a = 0\,\text{dB};$$

$$\Omega \ll 1\,, \quad \text{d. h.} \quad \omega \ll \omega_g\colon \quad a = -20 \lg \frac{1}{\Omega}.$$

Bei $\Omega = 1$, d. h. bei $\omega = \omega_g$ gehen beide Asymptoten ineinander über; man nennt daher ω_g auch Eckfrequenz. Im Sperrbereich nimmt der Betrag der Übertragungsfunktion um 20 dB pro Frequenzdekade ab (s. Abb. 2.26). Gleichung (2.56.2) kann man durch drei asymptotische Bereiche annähern:

$$\Omega \ll 1\,, \quad \text{d. h.} \quad \omega \ll \omega_g\colon \quad \varphi_g = \text{arc tan}\,\frac{1}{\Omega} = \frac{\pi}{2}\,;$$

$$\Omega \approx 1\,, \quad \text{d. h.} \quad \omega \approx \omega_g\colon \quad \varphi_g = \frac{\pi}{4}\,;$$

$$\Omega \gg 1\,, \quad \text{d. h.} \quad \omega \gg \omega_g\colon \quad \varphi_g = 0\,.$$

Diese Asymptoten gehen bei $\Omega = 0{,}1$ bzw. $\Omega = 10$ ineinander über. In der Umgebung der Grenzfrequenz ändert sich der Phasenwinkel der Übertragungsfunktion um 45° pro Frequenzdekade (s. Abb. 2.26). Eine analoge Betrachtung läßt sich auch für den

Tiefpaß anstellen, und man findet für die Anstiege der entsprechenden Asymptoten die gleichen Werte.

Diese Form der Darstellung der Frequenzabhängigkeit der Übertragungsfunktion läßt sich auch bei aktiven Schaltungen (z. B. bei Verstärkern) anwenden. So gilt für ein aktives Netzwerk mit Hochpaßcharakter, dessen Grenzfrequenz durch eine einzige Zeitkonstante bestimmt wird, für die Übertragungsfunktion

$$\underline{g}(\Omega) = \underline{g}_0 \cdot \underline{g}'(\Omega)\,, \tag{2.58}$$

d. h., die Übertragungsfunktion läßt sich als Produkt aus einem frequenzabhängigen Anteil

$$\underline{g}'(\Omega) = \frac{1}{\sqrt{1 + \dfrac{1}{\Omega^2}}}\, e^{j\varphi(\Omega)}$$

und einem frequenzunabhängigen Anteil

$$\underline{g}_0 = g_0\, e^{j\varphi_0}$$

darstellen. Daraus erhält man

$$a = \log g = \log g_0 - \log \sqrt{1 + \frac{1}{\Omega^2}}\,, \tag{2.29}$$

$$\varphi = \varphi_0 + \arctan \frac{1}{\Omega}\,.$$

Das Bode-Diagramm ist also um einen konstanten Betrag gegenüber dem in Abb. 2.26 gezeichneten verschoben, ohne daß sich an den Anstiegen der Asymptoten oder der Lage der Eckfrequenzen etwas verändert hat.

2.2.1.4 Übertragung von Rechteckspannungen

Aufgrund der endlichen Bandbreite von Wechselspannungsquellen und Übertragungseinrichtungen weichen die in der Praxis vorkommenden Rechteckspannungen mehr oder weniger stark von der idealen Rechteckform ab. Zu ihrer Beschreibung werden eine Reihe charakteristischer Impulskenngrößen definiert.

Als Anstiegszeit t_r (von engl.: rise time) definiert man die Zeit, in der die Impulsspannung von 10% auf 90% des Maximalwertes U_0 ansteigt (Abb. 2.27a)). Ganz entsprechend wird die Abfallzeit t_f (von engl.: fall time) definiert. Die Impulsdauer t_p (von engl.: pulse time) wird zwischen den Spannungswerten $0{,}7U_0$[1] auf der Anstiegs- und Abfallflanke gemessen. Eine periodische Impulsfolge wird durch die Folgefrequenz $f_p = 1/T$ und das Tastverhältnis $v_p = t_p/T$ gekennzeichnet. Als Dach-

[1] Manche Autoren geben t_p auch für den Spannungswert $0{,}5U_0$ an.

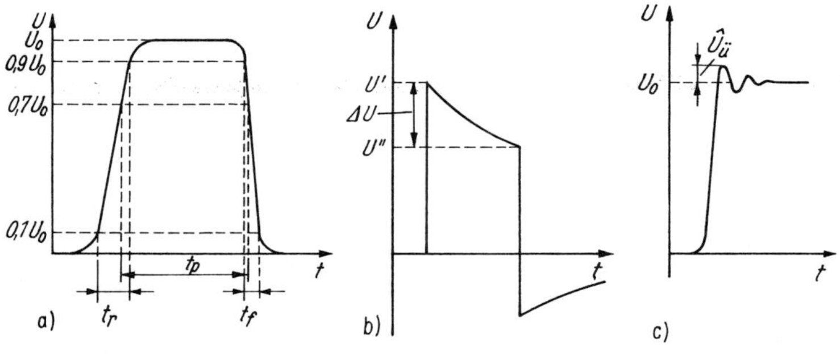

Abb. 2.27. Zur Definition der Impulskenngrößen

schräge oder Dachabfall bezeichnet man die Abnahme ΔU der maximalen Impulsspannung während der Impulsdauer t_p (Abb. 2.27b)), als Überschwingen die größte Überschwingamplitude $\hat{U}_{ü}$, angegeben in Prozent vom quasistationären Maximalwert U_0 (Abb. 2.27c)).

Die Übertragungseigenschaften von Siebschaltungen für Rechteckspannungen lassen sich einfach ermitteln, wenn man von ihrem Übergangsverhalten (s. 1.3.4) ausgeht. Allgemein gilt für die Übergangsfunktion eines Hochpasses

$$w(t) = \mathrm{e}^{-t/\tau} \quad \text{mit} \quad w(0) = 1 \tag{2.60}$$

und für die eines Tiefpasses

$$w(t) = 1 - \mathrm{e}^{-t/\tau} \quad \text{mit} \quad w(0) = 0\,, \tag{2.61}$$

wenn sich ihre Eigenschaften durch eine einzige Zeitkonstante beschreiben lassen.

Aus (2.60) liest man ab, daß ein Hochpaß einen Sprung in der Eingangsspannung in voller Höhe überträgt, die Ausgangsspannung aber anschließend exponentiell abklingt. Da sich ein Rechteckimpuls aus zwei Sprungfunktionen zusammensetzen läßt, ergibt sich für die Rückflanke des Eingangsimpulses der entsprechende Verlauf der Ausgangsspannung. Ein Hochpaß überträgt also die Flanken des Impulses unverändert, aber der Maximalwert der Ausgangsspannung zeigt einen Dachabfall. Die Gleichspannungskomponente der Eingangsspannung wird nicht mit übertragen, d. h., der zeitliche Mittelwert der Ausgangsspannung ist im quasistationären Zustand Null (s. Abb. 2.28: Die Impulsflächen oberhalb und unterhalb der Zeitachse sind gleich groß). Die Kurvenform der Ausgangsspannung hängt vom Verhältnis der Zeitkonstanten τ zur Impulsdauer t_p ab. Für $\tau \geqq t_p$ ist

$$\frac{U'}{U' - \Delta U} = \frac{U'}{U''} = \mathrm{e}^{t_p/\tau}\,, \tag{2.62}$$

und daraus folgt

$$\frac{1}{\tau} = \omega_g = \frac{1}{t_p} \ln \frac{U'}{U''}\,. \tag{2.63}$$

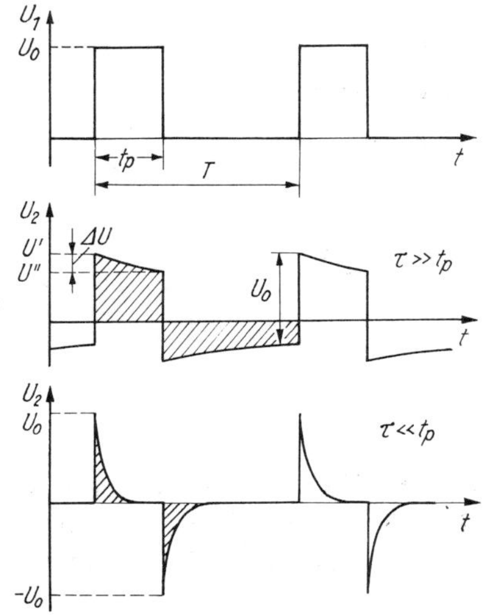

Abb. 2.28. Übertragung einer Rechteckspannung über einen Hochpaß mit unterschiedlichen Zeitkonstanten (quasistationärer Zustand)

Es ergibt sich also ein einfacher Zusammenhang zwischen dem bei der Übertragung von Rechtecksignalen auftretenden Dachabfall ΔU und der aus der Übertragungsfunktion für harmonische Wechselspannungen abgeleiteten Grenzfrequenz ω_g, den man zur Messung der Grenzfrequenz eines Hochpasses ausnutzt. Zweckmäßig verwendet man dann eine Impulsfolge mit dem Tastverhältnis $v_p = 0{,}5$ (Rechteckwelle; engl. square wave); (2.63) geht dadurch über in

$$f_g = \frac{f_p}{\pi} \ln \frac{U'}{U''}. \tag{2.64}$$

Aus (2.62) liest man ab, daß der Dachabfall vernachlässigbar ist, d. h., daß die Signalübertragung formgetreu erfolgt, wenn $t_p \ll \tau$ ist. Im anderen Fall ($\tau \ll t_p$) werden praktisch nur die Flanken als kurze Nadelimpulse übertragen (Abb. 2.28); man bezeichnet den Hochpaß dann auch als Differenzierglied.

Betrachtet man ganz analog die Eigenschaften eines Tiefpasses für die Übertragung von Rechteckspannungen, liest man aus (2.61) ab, daß der Sprung der Rechteckspannung überhaupt nicht übertragen wird, da der Sprunganteil $w(0)$ der Übergangsfunktion Null ist. Vielmehr wächst die Ausgangsspannung entsprechend (2.61) exponentiell, d. h. mit einer bestimmten Anstiegszeit t_r, an, nachdem die Eingangsspannung auf den Wert U_0 gesprungen ist. Dagegen wird der Gleichspannungsanteil in voller Höhe mit übertragen; im quasistationären Zustand hat also der zeitliche Mittelwert der Ausgangsspannung die gleiche Größe wie der der Eingangsspannung. Mit der Definition der Anstiegszeit ergibt sich aus (2.61)

$$\frac{1}{\tau} = \omega_g = \frac{\ln 9}{t_r} \approx \frac{2{,}2}{t_r}, \tag{2.65}$$

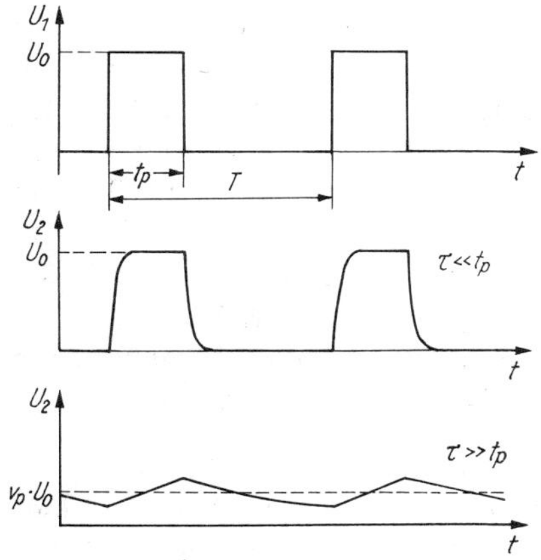

Abb. 2.29. Übertragung einer Rechteckspannung über einen Tiefpaß mit unterschiedlichen Zeitkonstanten (quasistationärer Zustand)

d. h., man findet einen einfachen Zusammenhang zwischen der Anstiegszeit t_r des Ausgangssignals und der Grenzfrequenz ω_g bzw.der Zeitkonstanten τ des Tiefpasses, den man ebenfalls meßtechnisch ausnutzt. In der Meßtechnik wird häufig statt der Anstiegs- oder Abfallzeit die Halbwertzeit t_H bestimmt. Diese ist dadurch definiert, daß die Exponentialfunktion auf die Hälfte des stationären Wertes angestiegen bzw. auf die Hälfte des Anfangswertes abgefallen ist. Aus dieser Definition findet man

$$t_H = \tau \ln 2 \,. \tag{2.66}$$

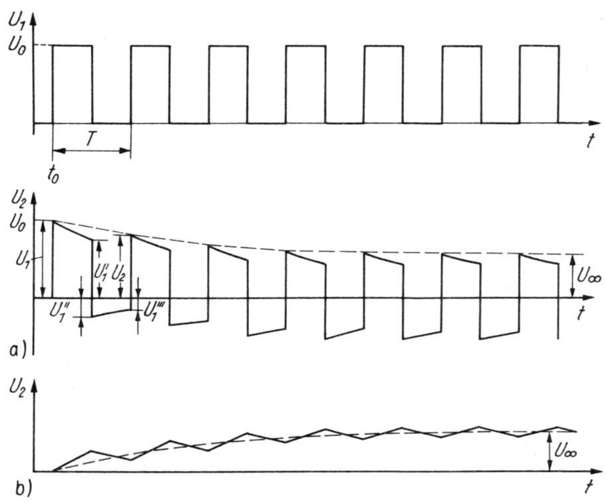

Abb. 2.30. Ausgleichsvorgang am Ausgang eines *RC*-Gliedes nach dem Einschalten einer Rechteckspannung
a) Hochpaß, b) Tiefpaß

Für die Rückflanke des Rechteckimpulses gelten die gleichen Überlegungen. Die Ausgangsspannung des Tiefpasses hat also auch eine Abfallzeit t_f, wobei $t_r = t_f$ ist. Die Signalverformung ist gering, wenn die Bedingung $\tau \ll t_p$ erfüllt ist. Dagegen entsteht im entgegengesetzten Fall ($\tau \gg t_p$) eine nur geringfügig um den zeitlichen Mittelwert schwankende Gleichspannung (s. Abb. 2.29), man bezeichnet den Tiefpaß dann als Integrierglied.

Der bisher beschriebene quasistationäre Zustand am Ausgang eines Hoch- oder Tiefpasses stellt sich nach einem Ausgleichsvorgang ein, der ebenfalls durch die Zeitkonstante τ der Schaltung bestimmt wird, wenn man die Rechteckspannung am Eingang zur Zeit t_0 einschaltet (Abb. 2.30).

Beispiel 2.3. An den Eingang eines Hochpasses mit der Zeitkonstanten τ wird zur Zeit $t = t_0$ eine unipolare Rechteckspannung mit dem Tastverhältnis $v_p = 0{,}5$ angelegt. Nach wie vielen Impulsen hat sich am Ausgang der quasistationäre Zustand bis auf einen Amplitudenfehler $\leqq \Delta U$ eingestellt?

Aus den Übergangseigenschaften eines Hochpasses für Rechteckspannungen ist bekannt, daß die Impulsflanken in voller Größe übertragen werden, aber das Impulsdach einen exponentiellen Dachabfall aufweist. Daraus folgt (s. Abb. 2.30)

$$t = t_0: \qquad U_1 = U_0\,,$$

$$t = t_0 + \frac{T}{2}: \qquad U_1' = U_0\,\mathrm{e}^{-T/2\tau}\,,$$

$$U_1'' = U_1' - U_0 = U_0\,(\mathrm{e}^{-T/2\tau} - 1)\,,$$

$$t = t_0 + T: \qquad U_1''' = U_0(\mathrm{e}^{-T/2\tau} - 1)\,\mathrm{e}^{-T/2\tau} = U_0(\mathrm{e}^{-T/\tau} - \mathrm{e}^{-T/2\tau})\,,$$

$$U_2 = U_1''' + U_0 = U_0(\mathrm{e}^{-T/\tau} - \mathrm{e}^{-T/2\tau} + 1)\,.$$

Entsprechend findet man für die folgenden Impulse

$$t = t_0 + 2T: \qquad U_3 = U_0(\mathrm{e}^{-2T/\tau} - \mathrm{e}^{-3T/2\tau} + \mathrm{e}^{-T/\tau} - \mathrm{e}^{-T/2\tau} + 1)\,,$$

$$t = t_0 + 3T: \qquad U_4 = U_0(\mathrm{e}^{-3T/\tau} - \mathrm{e}^{-5T/2\tau} + \mathrm{e}^{-2T/\tau} - \mathrm{e}^{-3T/2\tau} + \mathrm{e}^{-T/\tau} - \mathrm{e}^{-T/2\tau} + 1)$$

und schließlich

$$t = t_0 + nT: \qquad U_{n+1} = U_0[\mathrm{e}^{-(2n)(T/2\tau)} - \mathrm{e}^{-(2n-1)(T/2\tau)} + \ldots + \mathrm{e}^{-T/\tau} - \mathrm{e}^{-T/2\tau} + 1]\,.$$

Mit der Substitution $x = -\exp(-T/2\tau)$ läßt sich die Summe in der Klammer vereinfachen zu

$$x^{2n} + x^{2n-1} + \ldots + x^2 + x + 1\,.$$

Diese geometrische Reihe konvergiert für $|x| < 1$, d. h. für $T/2\tau > 0$. Sie hat die Summe

$$s_\nu = x^{\nu-1} + x^{\nu-2} + \ldots + x^2 + x + 1 = \frac{1 - x^\nu}{1 - x}$$

und den Grenzwert

$$s = \lim_{\nu\to\infty} s_\nu = \frac{1}{1 - x}\,.$$

Damit folgt für die Impulsamplitude U_∞ im quasistationären Zustand

$$U_\infty = \frac{U_0}{1 + e^{-T/2\tau}}$$

und für die Impulsamplitude U_{n+1} zur Zeit $t = t_0 + nT$, d. h. nach n Perioden

$$U_{n+1} = \frac{1 + {}^{-(2n+1)(T/2\tau)}}{1 + e^{-T/2\tau}} U_0$$

$$= U_\infty + (U_0 - U_\infty) e^{-n(T/\tau)},$$

wobei der zweite Summand dieses Ausdruckes den Ausgleichsvorgang beschreibt, der ebenfalls mit der Zeitkonstanten τ des Hochpasses abläuft. Aus der letzten Gleichung ergibt sich

$$n \geqq \frac{\tau}{T} \ln \frac{U_0 - U_\infty}{U_{n+1} - U_\infty}, \quad n \text{ ganze Zahl}.$$

Dabei beschreibt $U_{n+1} - U_\infty = \Delta U$ die Abweichung vom quasistationären Zustand nach n Perioden.

2.2.1.5 Bandpaß und Bandsperre

Mittels relativ einfacher RC-Schaltungen lassen sich auch Bandpässe und Bandsperren realisieren. Wir wollen einige Schaltungen betrachten, die wegen ihrer Einfachheit häufig Verwendung finden.

In Abb. 2.31 ist die Wien-Brücke dargestellt. Ihre Übertragungsfunktion ergibt sich sofort aus (2.48), wenn man für $\underline{Z}_1$ die Serienschaltung von R_1 und C_1 und für $\underline{Z}_2$ die Parallelschaltung von R_2 und C_2 einsetzt:

$$\underline{g}(\omega) = \frac{R_2}{1 + j\omega R_2 C_2} \frac{1}{R_1 + \dfrac{1}{j\omega C_1} + \dfrac{R_2}{1 + j\omega R_2 C_2}}. \tag{2.67}$$

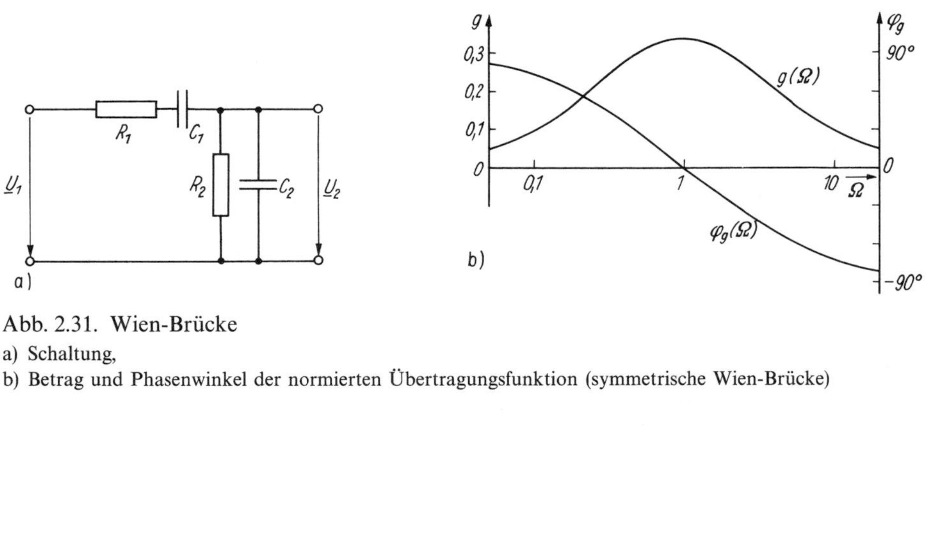

Abb. 2.31. Wien-Brücke

a) Schaltung,

b) Betrag und Phasenwinkel der normierten Übertragungsfunktion (symmetrische Wien-Brücke)

Meist verwendet man die Wien-Brücke in ihrer symmetrischen Form, d. h., es ist $R_1 = R_2 = R$ und $C_1 = C_2 = C$. Dann vereinfacht sich (2.67) zu

$$\underline{g}(\omega) = \frac{1}{3 + j\left(\omega RC - \frac{1}{\omega RC}\right)}. \tag{2.68}$$

Die Übertragungsfunktion (2.68) der symmetrischen Wien-Brücke wird für $\omega_0 = 1/RC$ reell und hat den Betrag $g = 1/3$ (s. Abb. 2.31). Die Frequenz ω_0 nennt man die Eigenfrequenz der Brücke. Mit der normierten Frequenz $\Omega = \omega/\omega_0$ läßt sich (2.68) vereinfachen zu

$$\underline{g}(\Omega) = \frac{1}{3 + j\left(\Omega - \frac{1}{\Omega}\right)} \tag{2.69}$$

mit

$$g = \left| \frac{1}{\sqrt{7 + \Omega^2 + \frac{1}{\Omega^2}}} \right|, \qquad \tan\varphi_g = \frac{1}{3}\left(\frac{1}{\Omega} - \Omega\right).$$

Der Verlauf dieser beiden Teilfunktionen ist in Abb. 2.31 b) dargestellt. Die Wien-Brücke zeigt das Verhalten eines Bandpasses.

Durch Hinzufügen eines ohmschen Spannungsteilers mit dem Teilverhältnis 3 : 1 zur Wien-Brücke erhält man die Wien-Robinson-Brücke (Abb. 2.32a)). Die auf

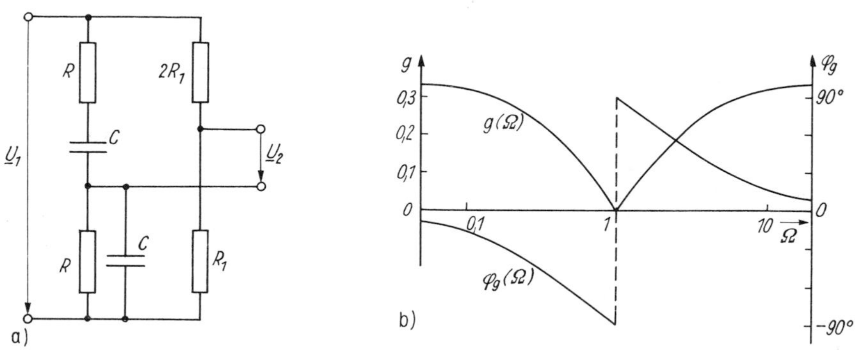

Abb. 2.32 Wien-Robinson-Brücke

a) Schaltung,

b) Betrag und Phasenwinkel der normierten Übertragungsfunktion

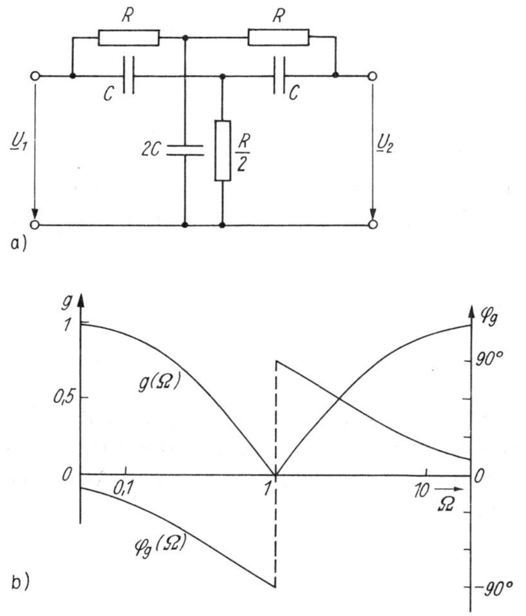

Abb. 2.33. Symmetrisches Doppel-T-Filter

a) Schaltung,

b) Betrag und Phasenwinkel der normierten Übertragungsfunktion

$\omega_0 = 1/RC$ normierte Übertragungsfunktion dieser Schaltung lautet

$$\underline{g}(\Omega) = \frac{1}{3} - \frac{1}{3 + j\left(\Omega - \frac{1}{\Omega}\right)} \tag{2.70}$$

mit

$$g = \left| \frac{\Omega - \frac{1}{\Omega}}{3\sqrt{7 + \Omega^2 + \frac{1}{\Omega^2}}} \right|, \qquad \tan \varphi_g = \frac{3}{\Omega - \frac{1}{\Omega}}.$$

Im Gegensatz zur Wien-Brücke ist der Betrag der Übertragungsfunktion für $\omega = \omega_0$ Null und geht für hohe und tiefe Frequenzen gegen den Wert $g = 1/3$, d. h., die Schaltung zeigt das Verhalten einer Bandsperre (s. Abb. 2.32b)). Der Phasenwinkel der Übertragungsfunktion weist bei $\omega = \omega_0$ eine Unstetigkeitsstelle auf.

Ein ganz ähnliches Verhalten wie die Wien-Robinson-Brücke zeigt das Doppel-T-Filter, von dem wir nur seine gebräuchliche symmetrische Form betrachten wollen (Abb. 2.33). Gegenüber der Wien-Robinson-Brücke hat diese Schaltung den Vorteil, daß Eingang und Ausgang eine gemeinsame Klemme haben. Die auf $\omega_0 = 1/RC$ normierte Übertragunsfunktion lautet

$$\underline{g}(\Omega) = \frac{1 - \Omega^2}{1 + 4j\Omega - \Omega^2} \tag{2.71}$$

mit

$$g = \left| \frac{1 - \Omega^2}{\sqrt{(1 - \Omega^2)^2 + 16\Omega^2}} \right|, \qquad \tan \varphi_g = \frac{4}{\Omega - \frac{1}{\Omega}}.$$

Das Doppel-T-Filter läßt sich vor allem in Verbindung mit integrierten Operationsverstärkern vorteilhaft einsetzen, u. a. zur Realisierung von Oszillatoren und aktiven Filtern.

2.2.2 Phasenschieber

Ein Phasenschieber ist ein Netzwerk, dessen Ausgangsspannung eine gegenüber der Eingangsspannung frequenzabhängige Phasenlage bei möglichst konstanter Amplitude aufweist. Eine einfache Möglichkeit zur Realisierung bietet die in Abb. 2.34 dargestellte *RC*-Brücke. Aus der Schaltung liest man ab:

$$\underline{U}'_2 = \frac{1}{1 + j\omega RC} \underline{U}_1,$$

$$\underline{U}'_1 = \frac{\underline{U}_1}{2} \qquad (\text{mit } R_1 = R_2).$$

Daraus folgt

$$\begin{aligned} \underline{U}_2 &= \underline{U}'_2 - \underline{U}'_1 \\ &= \frac{1}{2} \frac{1 - j\omega RC}{1 + j\omega RC} \underline{U}_1. \end{aligned} \tag{2.72}$$

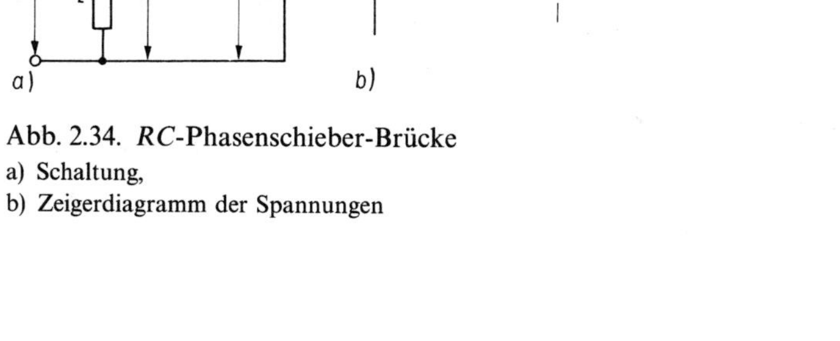

Abb. 2.34. *RC*-Phasenschieber-Brücke
a) Schaltung,
b) Zeigerdiagramm der Spannungen

Aus (2.72) erhält man den auf $\omega_0 = 1/RC$ normierten Betrag und Phasenwinkel der Übertragungsfunktion:

$$g(\Omega) = \frac{1}{2}, \qquad \tan\varphi_g = -2\frac{\Omega}{1-\Omega^2}.$$

Die Phasenbeziehungen zwischen den Spannungen verdeutlicht das Zeigerdiagramm in Abb. 2.34b). Man liest daraus ab, daß sich der Phasenwinkel der Ausgangsspannung in Abhängigkeit von der Frequenz um 180° ändern kann.

2.2.3 Schwingkreise

Schwingkreise sind Schaltungen, die Induktivitäten und Kapazitäten enthalten. Das besondere physikalische Verhalten dieser Schaltungen rührt daher, daß sie zwei Energiespeicher enthalten, die in der Lage sind, die in ihnen gespeicherte Energie periodisch auszutauschen. Da dabei Verluste auftreten, ist dieser Vorgang zeitlich begrenzt. Je nachdem wie Induktivität und Kapazität zusammengeschaltet sind, unterscheidet man Serien- und Parallelschwingkreise. Aufgrund der Verluste realer Spulen und Kondensatoren enthält die Ersatzschaltung auch stets ohmsche Widerstände.

2.2.3.1 Serienschwingkreis

Ein Serienschwingkreis entsteht durch Serienschaltung eines Kondensators mit einer Spule. Die Verluste dieser Bauelemente sollen durch die Serienwiderstände R_{Cs} und R_{Ls} beschrieben werden; sie lassen sich dann einfach zu einem Verlustwiderstand $R_s = R_{Cs} + R_{Ls}$ des Kreises zusammenfassen, und man erhält so die in Abb. 2.35 dargestellte Schaltung. Legt man an diesen Schwingkreis eine konstante harmonische Wechselspannung, so gilt im quasistationären Zustand

$$\underline{I} = \underline{Y}_s \cdot \underline{U} = \frac{\underline{U}}{R_s + j\left(\omega L - \dfrac{1}{\omega C}\right)} = Y_s \hat{U}\, e^{j\varphi_s} \tag{2.73}$$

mit

$$Y_s = \frac{1}{\sqrt{R_s^2 + \left(\omega L - \dfrac{1}{\omega C}\right)^2}}, \qquad \tan\varphi_s = \frac{\dfrac{1}{\omega C} - \omega L}{R_s}.$$

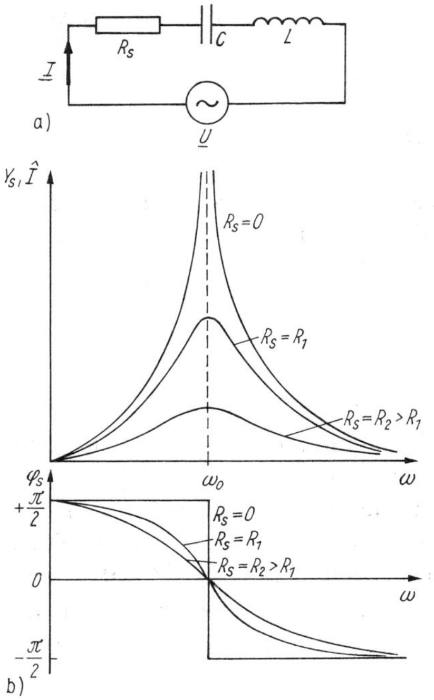

Abb. 2.35 Serienschwingkreis

a) Schaltung,

b) Betrag und Phasenwinkel der Admittanz bzw. des Stromes als Funktion der Frequenz (schematisch)

Die Admittanz der Schaltung ist frequenzabhängig. Sie wird für die Resonanzfrequenz $\omega_0 = 1/\sqrt{LC}$ reell und nimmt ihren Maximalwert $Y_{0s} = 1/R_s$ an, d. h., bei dieser Frequenz wird der Strom durch den Serienschwingkreis maximal und seine Phasenverschiebung gegenüber der angelegten Spannung Null (s. Abb. 2.35b)). Führt man eine normierte Frequenz $\Omega = \omega/\omega_0$ ein, erhält man mit

$$Q_s = \frac{1}{R_s}\sqrt{\frac{L}{C}} \tag{2.74}$$

aus (2.73) für die Admittanz

$$\underline{Y}_s = \frac{1}{R_s\left[1 + jQ_s\left(\Omega - \frac{1}{\Omega}\right)\right]} \tag{2.75}$$

mit

$$Y_s = \frac{1}{R_s\sqrt{1 + Q_s^2\left(\Omega - \frac{1}{\Omega}\right)^2}}, \qquad \tan\varphi_s = Q_s\left(\frac{1}{\Omega} - \Omega\right)$$

und für die Amplitude des Stromes

$$\hat{I} = \hat{U} \cdot Y_s = \frac{\hat{U}}{R_s \sqrt{1 + Q_s^2 \left(\Omega - \frac{1}{\Omega}\right)^2}} . \qquad (2.76)$$

Die in (2.74) definierte Größe Q_s nennt man Güte des Serienschwingkreises. In Resonanz ($\omega = \omega_0$) ist die Spannungsamplitude am Kondensator

$$\hat{U}_{C0} = \frac{\hat{I}_0}{\omega_0 C} = \frac{\hat{U}}{R_s \omega_0 C} = Q_s \cdot \hat{U} , \qquad (2.77)$$

d. h., sie ist Q_s mal so groß wie die der Eingangsspannung. Deshalb spricht man beim Serienschwingkreis von Spannungsresonanz. Außerdem gilt

$$\hat{U}_{C0} = \hat{U}_{L0} , \qquad (2.78)$$

wobei diese beiden Spannungen gegenphasig sind.

Eine weitere charakteristische Größe ist die Bandbreite eines Schwingkreises. Sie ist definiert als Abstand der beiden Frequenzen, bei denen die Stromamplitude den Wert $\hat{I}_0/\sqrt{2}$ hat. Aus

$$\frac{\hat{I}}{\hat{I}_0} = \frac{1}{\sqrt{1 + Q_s^2 \left(\Omega - \frac{1}{\Omega}\right)^2}} = \frac{1}{\sqrt{2}}$$

erhält man

$$\Omega_1 = -\frac{1}{2Q_s} + \sqrt{\frac{1}{4Q_s^2} + 1} ,$$

$$\Omega_2 = \frac{1}{2Q_s} + \sqrt{\frac{1}{4Q_s^2} + 1} ,$$

und daraus schließlich

$$f_2 - f_1 = B = \frac{f_0}{Q_s} ; \qquad (2.79)$$

die Bandbreite eines Schwingkreises ist seiner Güte umgekehrt proportional.

2.2.3.2 Parallelschwingkreis

Beim Parallelschwingkreis benutzt man zur Beschreibung der Bauelementeverluste zweckmäßig Parallelersatzschaltungen. Dann kann man die beiden Verlustleitwerte zu einem resultierenden Verlustleitwert $G_p = G_{Lp} + G_{Cp}$ zusammenfassen und erhält

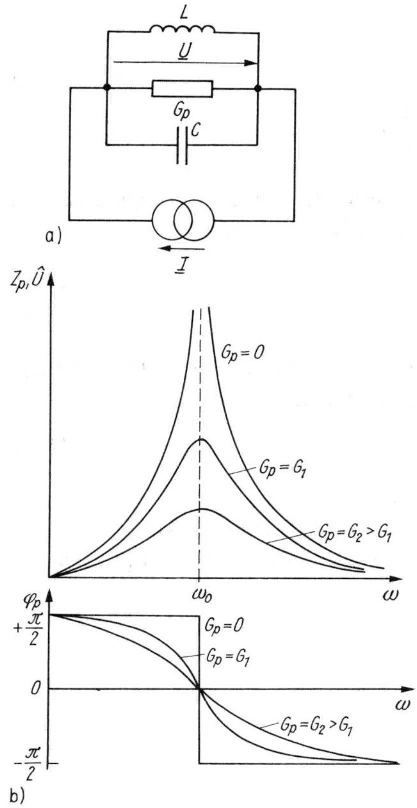

Abb. 2.36 Parallelschwingkreis

a) Schaltung,

b) Betrag und Phasenwinkel der Impedanz bzw. der Spannung als Funktion der Frequenz (schematisch)

die in Abb. 2.36 dargestellte Schaltung. Lassen wir durch diesen Schwingkreis einen konstanten harmonischen Wechselstrom fließen, ergibt sich im quasistationären Zustand

$$\underline{U} = \underline{Z}_p \cdot \underline{I} = \frac{\underline{I}}{G_p + j\left(\omega C - \dfrac{1}{\omega L}\right)}$$

$$= Z_p \cdot \hat{I}\, e^{j\varphi_p} \qquad (2.80)$$

mit

$$Z_p = \frac{1}{\sqrt{G_p^2 + \left(\omega C - \dfrac{1}{\omega L}\right)^2}}, \qquad \tan \varphi_p = \frac{\dfrac{1}{\omega L} - \omega C}{G_p}.$$

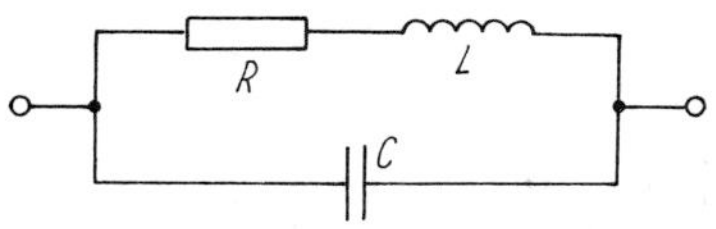

Abb. 2.37. Parallelschwingkreis mit Spulenverlusten

Führt man die Güte

$$Q_p = \frac{1}{G_p}\sqrt{\frac{C}{L}} = R_p\sqrt{\frac{C}{L}} \tag{2.81}$$

des Parallelschwingkreises ein und normiert wieder auf die Resonanzfrequenz $\omega_0 = 1/\sqrt{LC}$, erhält man aus (2.80)

$$\underline{Z}_p = \frac{R_p}{1 + jQ_p\left(\Omega - \frac{1}{\Omega}\right)} \tag{2.82}$$

mit

$$Z_p = \frac{R_p}{\sqrt{1 + Q_p^2\left(\Omega - \frac{1}{\Omega}\right)^2}}, \qquad \tan\varphi_p = Q_p\left(\frac{1}{\Omega} - \Omega\right)$$

(s. Abb. 2.36b)). In Resonanz ist die Amplitude des Stromes über die Kapazität

$$\hat{I}_{C0} = \omega_0 C\hat{U}_0 = R_p\omega_0 C\hat{I} = Q_p \cdot \hat{I} \tag{2.83}$$

Q_p mal so groß wie die des Gesamtstromes; man spricht deshalb von Stromresonanz. Außerdem ist

$$\hat{I}_{C0} = \hat{I}_{L0}\,, \tag{2.84}$$

und die beiden Blindströme sind gegenphasig. Für die Bandbreite des Parallelschwingkreises findet man analog zum Serienschwingkreis

$$B = \frac{f_0}{Q_p}. \tag{2.85}$$

2.2.3.3 Parallelschwingkreis mit Spulenverlusten

In der Praxis können die Verluste des Kondensators in der Regel gegenüber den Verlusten der Spule vernachlässigt werden. Verwendet man zur Beschreibung der Spulenverluste das meßtechnisch zweckmäßigere Serienersatzschaltbild, führt das auf die in Abb. 2.37 dargestellte Schaltung. Für die Impedanz dieser Schaltung findet man (s. Beispiel 1.5)

$$\underline{Z} = \frac{R + j\omega L}{1 - \omega^2 LC + j\omega RC} = R\,\frac{1 + j\Omega\left[(1-\Omega^2)\,Q - \dfrac{1}{Q}\right]}{(1-\Omega^2)^2 + \dfrac{\Omega^2}{Q^2}}\,, \tag{2.86}$$

wenn man wieder auf $\omega_0 = 1/\sqrt{LC}$ normiert und eine Güte Q nach (2.74) einführt. Bezeichnet man als Resonanzfrequenz die Frequenz, bei der die Impedanz reell wird, erhält man aus (2.86)

$$\omega_{0p} = \omega_0 \sqrt{1 - \frac{1}{Q^2}}\,; \tag{2.87}$$

die Resonanzfrequenz liegt also etwas tiefer als ω_0. Praktisch ist diese Abweichung aber bereits bei $Q \geqq 10$ vernachlässigbar. Die Impedanz zeigt eine charakteristische Frequenzabhängigkeit ähnlich Abb. 2.36b), geht allerdings für $\omega = 0$ nicht gegen Null, sondern wird gleich R. Im Resonanzfall hat sie den reellen Wert

$$Z_{0p} = Q^2 R\,. \tag{2.88}$$

Ihren maximalen Betrag nimmt sie näherungsweise bei der Frequenz

$$\omega_{\max} \approx \omega_0 \sqrt{1 - \frac{1}{4Q^2}} \tag{2.89}$$

an, also etwas oberhalb von ω_{0p} (s. dazu auch Abb. 1.18 von Beispiel 1.5). Allerdings ist auch diese Abweichung praktisch für $Q \geqq 10$ vernachlässigbar.

2.2.3.4 Der nichtstationäre Zustand

Mathematisch aufwendiger als die vorangegangenen Betrachtungen ist die Behandlung des nichtstationären Zustandes. Wie wir in Kap. 1 gesehen hatten, kann man den Strom bei gegebener Spannung entweder durch Lösen der Differentialgleichung des Schwingkreises unter Berücksichtigung der Anfangsbedingungen oder durch Anwendung der Laplace-Transformtion berechnen. Hinsichtlich der vollständigen Behandlung dieses Problems soll auf entsprechende Lehrbücher der theoretischen Physik oder Elektrotechnik[1] verwiesen werden; wir wollen uns hier auf die Diskussion der Ergebnisse für den Fall beschränken, daß der Kondensator eines Serienschwingkreises auf eine Spannung $\bar{U}_0$ aufgeladen ist und sich zur Zeit

[1] z. B. G. Joos: Lehrbuch der theoretischen Physik (15. Aufl.), AULA Verlag, Wiesbaden 1989; K. Lunze: Theorie der Wechselstromschaltungen, 7. Aufl., Verlag Technik, Berlin 1988.

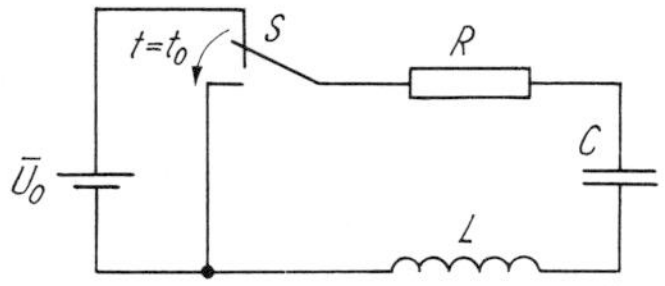

Abb. 2.38. Zum Übergangsverhalten eines Serienschwingkreises

$t = t_0$ über die Spule entlädt (Abb. 2.38). Man findet, daß die Lösung wesentlich durch die Größe $\delta = R/2L$ bestimmt wird, und kann drei Fälle unterscheiden:

1. $\delta > \omega_0$. Der Strom hat die Zeitabhängigkeit

$$\underline{I}(t) = -C\bar{U}_0 \frac{\omega_0^2}{\sqrt{\delta^2 - \omega_0^2}} \, e^{-\delta t} \sinh \sqrt{\delta^2 - \omega_0^2} \cdot t \,, \tag{2.90}$$

d. h., nach dem Umschalten des Schalters S läuft ein aperiodischer Ausgleichsvorgang ab (Kriechfall).

2. $\delta = \omega_0$. Für den Strom gilt

$$\underline{I}(t) = -C\bar{U}_0 \omega_0^2 t \, e^{-\delta t} \,. \tag{2.91}$$

Der Ausgleichsvorgang ist ebenfalls aperiodisch, läuft jedoch schneller ab als im Fall 1 (aperiodischer Grenzfall).

3. $\delta < \omega_0$. Der Strom wird beschrieben durch

$$\underline{I}(t) = -C\bar{U}_0 \frac{\omega_0^2}{\omega_e} \, e^{-\delta t} \sin \omega_e t \,; \tag{2.92}$$

der Ausgleichsvorgang läuft als gedämpfte Schwingung mit der Eigenfrequenz

$$\omega_e = \sqrt{\omega_0^2 - \delta^2} = \omega_0 \sqrt{1 - \frac{1}{4Q_s^2}} \tag{2.93}$$

ab. Man sieht, daß die Eigenfrequenz eines Schwingkreises um so mehr von seiner Resonanzfrequenz abweicht, je geringer seine Güte, d. h., je größer seine Dämpfung

$$\delta = \frac{R_s}{2L} = \frac{\omega_0}{2Q_s} \tag{2.94}$$

ist.

Betrachtet man den Strom im Schwingkreis unmittelbar nach dem Ein- oder Ausschalten einer harmonischen Wechselspannung, so setzt sich dieser aus der in (2.73) angegebenen quasistationären Lösung und dem entsprechend seiner Dämpfung berechneten Ausgleichsvorgang zusammen.

Beispiel 2.4. Bestimmung der Güte aus dem Übergangsverhalten eines Schwingkreises.

Aus den oben skizzierten Überlegungen kann man ein meßtechnisch elegantes Verfahren zur Bestimmung der Güte eines Schwingkreises ableiten, indem man sein Übergangsverhalten nach dem Anlegen einer Sprungfunktion (z. B. entsprechend der Schaltung in Abb. 2.38) untersucht. In dem praktisch interessanten Fall $\delta < \omega_0$ antwortet der Schwingkreis mit einer gedämpften

Schwingung, die man als Spannung über der Induktivität mit einem Oszillografen sichtbar machen kann. Nach (2.92) gilt für zwei beliebige aufeinander folgende Amplituden

$$\frac{\hat{U}_n}{\hat{U}_{n+1}} = \frac{\hat{U}\,e^{-\delta t_n}}{\hat{U}\,e^{-\delta(t_n+T)}} = e^{\delta T}$$

und daraus folgt mit (2.94)

$$\ln\frac{\hat{U}_n}{\hat{U}_{n+1}} = \delta T = \frac{\pi}{Q_s}.$$

Das logarithmierte Amplitudenverhältnis nennt man logarithmisches Dekrement der Schwingung.

2.2.3.5 Gekoppelte Schwingkreise

Man spricht von gekoppelten schwingungsfähigen Systemen, wenn zwischen ihnen ein Energieaustausch stattfinden kann. Besonders charakteristische Erscheinungen treten auf, wenn zwei schwingungsfähige Systeme mit gleicher Resonanzfrequenz miteinander gekoppelt werden. Die Eigenschwingung dieses gekoppelten Systems hat die Form einer Schwebung, die man sich aus der Überlagerung von zwei harmonischen Schwingungen mit etwas voneinander abweichender Frequenz entstanden denken kann. Das bedeutet, das System hat zwei verschiedene, von der ursprünglichen Resonanzfrequenz ω_0 abweichende Eigenfrequenzen, die um so mehr voneinander abweichen, je stärker die Kopplung ist. Bei Vernachlässigung der Verluste erhält man

$$\omega_{1,2} = \frac{\omega_0}{\sqrt{1 \pm k}}. \qquad (2.95)$$

Die Größe k heißt Koppelfaktor (s. auch 2.1.3.1) und bestimmt die Stärke der Kopplung.

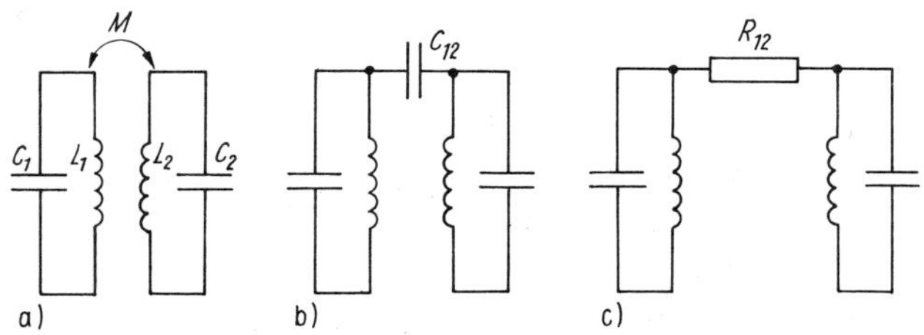

Abb. 2.39. Beispiele für die Kopplung von Parallelschwingkreisen
a) Induktive (transformatorische) Kopplung,
b) kapazitive Kopplung,
c) galvanische Kopplung

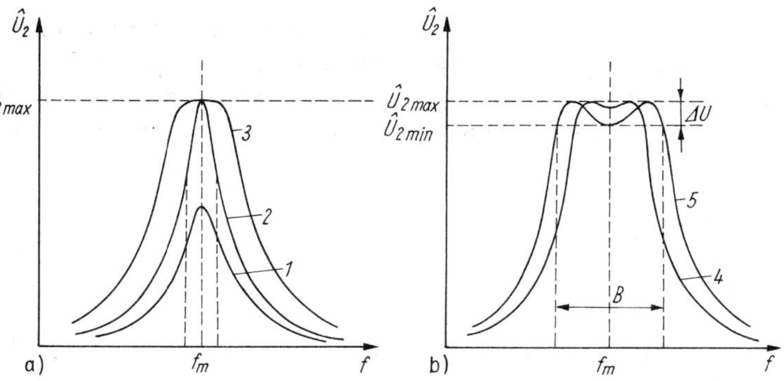

Abb. 2.40. Ausgangsspannung eines Bandfilters in Abhängigkeit von der Frequenz bei unterschiedlich fester Kopplung (schematisch)

Bei Schwingkreisen kann man die Kopplung auf verschiedene Weise erreichen. Man unterscheidet zwischen induktiver, kapazitiver und galvanischer Kopplung (s. Abb. 2.39). Wegen ihrer charakteristischen Übertragungseigenschaften nennt man diese Schaltungen Bandfilter (sie zeigen Bandpaßverhalten). Meist werden beide Schwingkreise gleich aufgebaut und auf die gleiche Resonanzfrequenz ω_0 abgestimmt. Der Primärkreis wird wie ein einfacher Parallelschwingkreis aus einer möglichst hochohmigen Stromquelle gespeist und der Sekundärkreis im Leerlauf betrieben.

Betrachten wir das quasistationäre Verhalten eines solchen Bandfilters. Bei sehr geringer Kopplung ($k < 0{,}01$) liegen die beiden Eigenfrequenzen sehr dicht beeinander. Der Primärkreis verhält sich nahezu wie ein einfacher Resonanzkreis; die Leerlaufspannung im Sekundärkreis ist relativ gering und durchläuft in Abhängigkeit von der Frequenz praktisch eine Resonanzkurve (Abb. 2.40a), Kurve 1: $k \ll k_{kr}$). Mit zunehmender Kopplung wächst die Ausgangsspannung, ohne daß eine wesentliche Änderung der Form der Bandfilterkurve auftritt, d. h., die Bandbreite bleibt praktisch konstant, bis die Amplitude $\hat{U}_2(f_m)$ bei der Mittenfrequenz f_m[1] einen Maximalwert $\hat{U}_{2max}$ erreicht hat (Abb. 2.40a), Kurve 2: $k < k_{kr}$). Eine weitere Erhöhung der Kopplung führt zu einer Vergrößerung der Bandbreite. Man spricht von kritischer Kopplung, wenn bei maximaler Bandbreite noch keine Einsattelung in der Bandfilterkurve auftritt (Abb. 2.40a), Kurve 3: $k = k_{kr}$). Der Koppelfaktor

$$k_{kr} = \frac{1}{Q} \tag{2.96}$$

ist dann gerade gleich dem Verlustfaktor des Einzelkreises, und für die Bandbreite gilt

$$B_{kr} = \sqrt{2}\,\frac{f_m}{Q}, \tag{2.97}$$

[1] Bei rein transformatorischer Kopplung ist $f_m = f_0$.

d. h., sie ist um den Faktor $\sqrt{2}$ größer als die eines entsprechenden Einzelkreises (s. (2.85)). Eine weitere Erhöhung der Kopplung (überkritische Kopplung, $k > k_{kr}$; s. Abb. 2.40b), Kurve 4 und 5) führt zu einer Welligkeit ΔU der Bandfilterkurve. Die Bandbreite – jetzt gemessen beim Spannungswert $\hat{U}_{2\min}$ des Minimums – beträgt

$$B = f_m \sqrt{2\left(k^2 - \frac{1}{Q^2}\right)}. \tag{2.98}$$

Praktisch arbeitet man meist mit überkritisch gekoppelten Filtern, wobei die relative Welligkeit kleiner als 5% sein soll.

Herstellung und Anwendung von *LC*-Filtern läßt sich kaum in moderne Elektronik-Technologien einordnen. Darüber hinaus erfordern *LC*-Filter einen aufwendigen Abgleich und gewährleisten nur eine verhältnismäßig geringe Stabilität der elektrischen Kennwerte. Deshalb werden sie sowohl in der kommerziellen als auch in der Unterhaltungselektronik zunehmend durch eletromechanische Filter abgelöst. Das eigentliche Filter besteht dabei aus gekoppelten mechanischen Resonatoren, d. h. aus Körpern definierter Geometrie, die zu elastischen Eigenschwingungen angeregt werden. Die Ein- und Auskopplung des elektrischen Signals erfolgt mittels elektromechanischer Wandler. Elektromechanische Filter erfordern keinen Abgleich. Die hohe Güte mechanischer Resonatoren ermöglicht die Realisierung sehr steiler Übertragungsfunktionen.

Derartige Filter sind schon länger bekannt und wurden zunächst vor allem in der kommerziellen Funk- und Trägerfrequenz-Fernsprechtechnik eingesetzt. Als mechanische Resonatoren werden Metallzylinder verwendet, die Ankopplung erfolgt über magneto- oder elektrostriktive Wandler. Die Verwendung von Resonatoren aus Quarz ermöglicht es, diese auf Grund ihrer Piezoelektrizität gleichzeitig als Wandler zu benutzen, wenn man sie mit geeigneten Elektroden versieht. Die fortschreitende Entwicklung auf dem Gebiet piezoelektrischer Keramikwerkstoffe gestattet inzwischen die Herstellung von Piezofiltern als preiswertes Massenprodukt für die Unterhaltungselektronik. Ein H-förmiger Körper aus Piezokeramik bildet mit seinen beiden Schenkeln ein System aus zwei gekoppelten mechanischen Resonatoren; die Ein- und Auskopplung des Signals erfolgt über geeignete Elektroden mittels des reziproken bzw. direkten Piezoeffekts.

Eine weitere Gruppe elektromechanischer Filterbauelemente sind die Oberflächenwellenfilter. Auf einem piezoelektrischen Trägermaterial (Einkristall, Keramik) werden mittels sogenannter Interdigitalwandler akustische Oberflächenwellen erzeugt, die sich durch eine relativ geringe Ausbreitungsgeschwindigkeit auszeichnen (typisch: $3 \cdot 10^3$ m/s). Ein Interdigitalwandler besteht aus zwei kammartigen Elektrodenstrukturen, die mit ihren Fingern ineinandergreifen. Auch als Empfänger der Oberflächenwelle wird wieder ein solcher Wandler verwendet. Die Geometrie der Wandler bestimmt Grundfrequenz und Übertragungsbandbreite der Oberflächenwelle und damit die Übertragungsfunktion des Filters. Es lassen sich Bandpässe im Bereich von 10 bis 1000 MHz mit einer relativen Bandbreite von 0,0005 bis 0,35 realisieren; allerdings weisen sie eine verhältnismäßig große Übertragungsdämpfung auf (typisch: -20 bis -30 dB). Nach dem gleichen Prinzip können auch Laufzeitglieder für die Farbfernsehtechnik aufgebaut werden.

2.3 Vierpole

Als Vierpol bezeichnet man ein elektrisches Netzwerk mit vier von außen zugänglichen Anschlußklemmen, wobei jeweils zwei Klemmen zu einem Klemmenpaar, dem Eingang und dem Ausgang, zusammengefaßt werden. In diesem Sinne spricht man auch von einem Zweitor, bei dem die elektrische Energie von einem Eingangs- zu einem Ausgangstor übertragen wird. Das hat den Vorteil, daß man die Ergebnisse der Vierpoltheorie auf die Höchstfrequenztechnik übertragen kann, wo man für Schaltungen zwar keine Klemmen im üblichen Sinne, wohl aber Eingangs- und Ausgangstor definieren kann.

Die Vierpoltheorie beschreibt zunächst die Eigenschaften der Vierpole, indem sie den funktionalen Zusammenhang zwischen den an den Klemmen auftretenden Spannungen und Strömen darstellt. Je nach Problemstellung verwendet man dazu bestimmte Systeme von Kennwerten, ohne sofort eine Beziehung zur tatsächlichen Schaltung herzustellen, d. h., der Vierpol wird als sogenannter schwarzer Kasten (engl. black box) behandelt. Die Vierpoltheorie liefert aber auch den Zusammenhang zwischen diesen Kennwerten und den Aufbaugrößen oder anderen meßbaren Größen und gestattet damit sowohl die Berechnung der Kennwerte für eine gegebene Schaltung als auch die Darstellung eines durch seine Kennwerte beschriebenen Vierpols durch eine äquivalente Ersatzschaltung.

Die Vierpoltheorie ist vor allem für die Nachrichtentechnik von Bedeutung; neben Übertragungsleitungen sind auch Siebschaltungen, Übertrager und Verstärker ausgesprochene Vierpole. Letztere nennt man aktive Vierpole im Gegensatz zu solchen, die nur passive Bauelemente enthalten und als passive Vierpole bezeichnet werden. Von linearen Vierpolen spricht man, wenn zwischen Strömen und Spannungen lineare Zusammenhänge bestehen; diese Vierpole sind ausschließlich aus linearen Bauelementen aufgebaut.

2.3.1 Vierpolgleichungen und ihre Matrixdarstellung

In Abb. 2.41 ist ein Vierpol dargestellt. Das Klemmenpaar 1, 1′ bezeichnet man als Eingangstor; an ihm liegt die Eingangsspannung $\underline{U}_1$, die einen Eingangsstrom $\underline{I}_1$ bewirkt. Die paarweise Zusammenfassung von Klemmen zu einem Tor bedeutet, daß $\underline{I}_1 = \underline{I}'_1$ sein muß. Entsprechend bezeichnet man das Klemmenpaar 2, 2′ als Ausgangstor, $\underline{U}_2$ als Ausgangsspannung und $\underline{I}_2$ als Ausgangsstrom; analog zum Eingangstor gilt für das Ausgangstor $\underline{I}_2 = \underline{I}'_2$. Bei den von uns nach Abb. 2.41

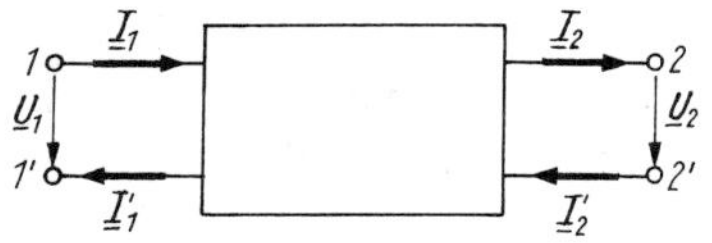

Abb. 2.41 Vierpol mit Zählpfeifen

gewählten Zählrichtungen der Spannungen und Ströme spricht man vom Kettenzählpfeilsystem[1].

Beschränkt man sich auf lineare, passive, zeitinvariante Vierpole, kann man zwei beliebige der Eingangs- und Ausgangsgrößen – Spannungen und Ströme – durch die beiden übrigen als Linearkombination mit konstanten Koeffizienten darstellen. Insgesamt gibt es also sechs verschiedene mögliche Gleichungssysteme zur Beschreibung der Vierpoleigenschaften. So lassen sich z. B. die Spannungen durch die Ströme folgendermaßen ausdrücken:

$$\underline{U}_1 = \underline{z}_{11}\underline{I}_1 + \underline{z}_{12}\underline{I}_2\,, \qquad \underline{U}_2 = \underline{z}_{21}\underline{I}_2 + \underline{z}_{22}\underline{I}_2\,. \tag{2.99}$$

Nach Voraussetzung sind die $\underline{z}_{ij}$ konstante, i. allg. komplexe Koeffizienten, deren physikalische Bedeutung sich durch partielle Differentiation der abhängigen Variablen $\underline{U}_1$ und $\underline{U}_2$ ergibt:

$$\underline{z}_{11} = \left.\frac{\partial \underline{U}_1}{\partial \underline{I}_1}\right|_{\underline{I}_2=\text{const}} = \left.\frac{\underline{U}_1}{\underline{I}_1}\right|_{\underline{I}_2=0} \quad \text{Leerlaufeingangsimpedanz,} \tag{2.100.1}$$

$$\underline{z}_{12} = \left.\frac{\partial \underline{U}_1}{\partial \underline{I}_2}\right|_{\underline{I}_1=\text{const}} = \left.\frac{\underline{U}_1}{\underline{I}_2}\right|_{\underline{I}_1=0} \quad \text{negativer Kernwiderstand rückwärts,} \tag{2.100.2}$$

$$\underline{z}_{21} = \left.\frac{\partial \underline{U}_2}{\partial \underline{I}_1}\right|_{\underline{I}_2=\text{const}} = \left.\frac{\underline{U}_2}{\underline{I}_1}\right|_{\underline{I}_2=0} \quad \text{Kernwiderstand vorwärts,} \tag{2.100.3}$$

$$\underline{z}_{22} = \left.\frac{\partial \underline{U}_2}{\partial \underline{I}_2}\right|_{\underline{I}_1=\text{const}} = \left.\frac{\underline{U}_2}{\underline{I}_2}\right|_{\underline{I}_1=0} \quad \text{negative Leerlaufausgangsimpedanz.} \tag{2.100.4}$$

Diese Darstellung liefert zugleich die Vorschrift, wie diese Koeffizienten zu messen sind. So bestimmt man z. B. $\underline{z}_{11}$, indem bei offenem Ausgang ein Strom $\underline{I}_1$ in den Vierpol eingespeist und die dabei auftretende Eingangsspannung $\underline{U}_1$ gemessen wird. Da in dem Gleichungssystem (2.99) alle Koeffizienten die Dimension von Widerständen haben, nennt man diese Darstellung Widerstandsform. Mittels der Regeln der Matrizenrechnung läßt sich das Gleichungssystem (2.99) auch in der Form

$$\begin{pmatrix} \underline{U}_1 \\ \underline{U}_2 \end{pmatrix} = \begin{pmatrix} \underline{z}_{11} & \underline{z}_{12} \\ \underline{z}_{21} & \underline{z}_{22} \end{pmatrix} \begin{pmatrix} \underline{I}_1 \\ \underline{I}_2 \end{pmatrix} = \underline{\mathbf{Z}} \begin{pmatrix} \underline{I}_1 \\ \underline{I}_2 \end{pmatrix} \tag{2.101}$$

[1] Teilweise wird die positive Zählrichtung von $\underline{I}_2$ auch entgegengesetzt gewählt (symmetrisches Zählpfeilsystem), was Vorzeichenänderungen in den Vierpolgleichungen nach sich zieht.

Tabelle 7
Umrechnung der Vierpolparameter (alle Parameter können komplex sein)

	A		**Z**		**Y**		**H**	
A	a_{11}	a_{12}	$\frac{z_{11}}{z_{21}}$	$-\frac{\Delta z}{z_{21}}$	$-\frac{y_{22}}{y_{21}}$	$\frac{1}{y_{21}}$	$-\frac{\Delta h}{h_{21}}$	$\frac{h_{11}}{h_{21}}$
	a_{21}	a_{22}	$\frac{1}{z_{21}}$	$-\frac{z_{22}}{z_{21}}$	$-\frac{\Delta y}{y_{21}}$	$\frac{y_{11}}{y_{21}}$	$-\frac{h_{22}}{h_{21}}$	$\frac{1}{h_{21}}$
Z	$\frac{a_{11}}{a_{21}}$	$-\frac{\Delta a}{a_{21}}$	z_{11}	z_{12}	$\frac{y_{22}}{\Delta y}$	$-\frac{y_{12}}{\Delta y}$	$\frac{\Delta h}{h_{22}}$	$\frac{h_{12}}{h_{22}}$
	$\frac{1}{a_{21}}$	$-\frac{a_{22}}{a_{21}}$	z_{21}	z_{22}	$-\frac{y_{21}}{\Delta y}$	$\frac{y_{11}}{\Delta y}$	$-\frac{h_{21}}{h_{22}}$	$\frac{1}{h_{22}}$
Y	$\frac{a_{22}}{a_{12}}$	$-\frac{\Delta a}{a_{12}}$	$\frac{z_{22}}{\Delta z}$	$-\frac{z_{12}}{\Delta z}$	y_{11}	y_{12}	$\frac{1}{h_{11}}$	$-\frac{h_{12}}{h_{11}}$
	$\frac{1}{a_{12}}$	$-\frac{a_{11}}{a_{12}}$	$-\frac{z_{21}}{\Delta z}$	$\frac{z_{11}}{\Delta z}$	y_{21}	y_{22}	$\frac{h_{21}}{h_{11}}$	$\frac{\Delta h}{h_{11}}$
H	$\frac{a_{12}}{a_{22}}$	$\frac{\Delta a}{a_{22}}$	$\frac{\Delta z}{z_{22}}$	$\frac{z_{12}}{z_{22}}$	$\frac{1}{y_{11}}$	$-\frac{y_{12}}{y_{11}}$	h_{11}	h_{12}
	$\frac{1}{a_{22}}$	$-\frac{a_{21}}{a_{22}}$	$-\frac{z_{21}}{z_{22}}$	$\frac{1}{z_{22}}$	$\frac{y_{21}}{y_{11}}$	$\frac{\Delta y}{y_{11}}$	h_{21}	h_{22}
Δa	$a_{11}a_{22} - a_{12}a_{21}$		$-\frac{z_{12}}{z_{21}}$		$-\frac{y_{12}}{y_{21}}$		$\frac{h_{12}}{h_{21}}$	
Δz	$-\frac{a_{12}}{a_{21}}$		$z_{11}z_{22} - z_{12}z_{21}$		$\frac{1}{\Delta y}$		$\frac{h_{11}}{h_{22}}$	
Δh	$-\frac{a_{11}}{a_{22}}$		$\frac{z_{11}}{z_{22}}$		$\frac{y_{22}}{y_{11}}$		$h_{11}h_{22} - h_{12}h_{21}$	
Δy	$-\frac{a_{21}}{a_{12}}$		$\frac{1}{\Delta z}$		$y_{11}y_{22} - y_{12}y_{21}$		$\frac{h_{22}}{h_{11}}$	

schreiben. Die Matrix $\underline{\mathbf{Z}}$ heißt Widerstandsmatrix, ihre Koeffizienten Widerstandsparameter des Vierpols.

Durch Vertauschen der Variablen findet man die anderen fünf Darstellungsformen. Die gebräuchlichsten davon lauten in Matrixschreibweise:

Leitwertform:

$$\begin{pmatrix} \underline{I}_1 \\ \underline{I}_2 \end{pmatrix} = \begin{pmatrix} \underline{y}_{11} & \underline{y}_{12} \\ \underline{y}_{21} & \underline{y}_{22} \end{pmatrix} \begin{pmatrix} \underline{U}_1 \\ \underline{U}_2 \end{pmatrix} = \underline{\mathbf{Y}} \begin{pmatrix} \underline{U}_1 \\ \underline{U}_2 \end{pmatrix}, \tag{2.102}$$

Kettenform:

$$\begin{pmatrix} \underline{U}_1 \\ \underline{I}_1 \end{pmatrix} = \begin{pmatrix} \underline{a}_{11} & \underline{a}_{12} \\ \underline{a}_{21} & \underline{a}_{22} \end{pmatrix} \begin{pmatrix} \underline{U}_2 \\ \underline{I}_2 \end{pmatrix} = \underline{\mathbf{A}} \begin{pmatrix} \underline{U}_2 \\ \underline{I}_2 \end{pmatrix}, \tag{2.103}$$

Hybridform (Reihen-Parallel-Form):

$$\begin{pmatrix} \underline{U}_1 \\ \underline{I}_2 \end{pmatrix} = \begin{pmatrix} \underline{h}_{11} & \underline{h}_{12} \\ \underline{h}_{21} & \underline{h}_{22} \end{pmatrix} \begin{pmatrix} \underline{I}_1 \\ \underline{U}_2 \end{pmatrix} = \underline{\mathbf{H}} \begin{pmatrix} \underline{I}_1 \\ \underline{U}_2 \end{pmatrix}. \tag{2.104}$$

Die Bedeutung der Matrixelemente ergibt sich ganz analog durch partielle Differentiation der entsprechenden abhängigen Variablen. Da alle Gleichungssysteme den gleichen physikalischen Sachverhalt beschreiben, lassen sich die Elemente jeder Matrix durch die jeder anderen ausdrücken. Einfaches Umformen der Gleichungen führt auf die in Tab. 7 wiedergegebenen Beziehungen zwischen den gebräuchlichen Vierpolparametern.

Der gleiche Formalismus läßt sich unter bestimmten Voraussetzungen auch auf nichtlineare Vierpole anwenden. Bei einem nichtlinearen Vierpol kann der Zusammenhang zwischen Strömen und Spannungen am anschaulichsten durch Kennlinien dargestellt werden. Nimmt man diese in einem bestimmten, hinreichend klein gewählten Arbeitsbereich – man sagt, in der Umgebung des Arbeitspunktes $\bar{U}_{1A}$, $\bar{U}_{2A}$, $\bar{I}_{1A}$, $\bar{I}_{2A}$ – als linear an, lassen sich die oben eingeführten Vierpolgleichungen zur Beschreibung der Übertragungseigenschaften innerhalb dieses Arbeitsbereiches verwenden. Die Matrixelemente sind dann allerdings keine Konstanten mehr, sondern vom Arbeitspunkt abhängig; sie entsprechen dem Anstieg der Kennlinien im Arbeitspunkt (s. dazu 4.4).

2.3.2 Zusammenschalten von Vierpolen

Ihre eigentliche Bedeutung gewinnt die Vierpoltheorie bei der Beschreibung der Zusammenschaltung von mehreren Vierpolen. Benutzt man auch weiterhin die im Zusammenhang mit den Kirchhoffschen Regeln eingeführte Bezeichnungsweise, so ist für eine Serienschaltung die Addition der Teilspannungen, für eine Parallelschaltung die Addition der Teilströme charakteristisch. Damit ergeben sich für Vierpole u. a. die in Abb. 2.42 dargestellten Schaltungen. Als besondere Form der Zusammen-

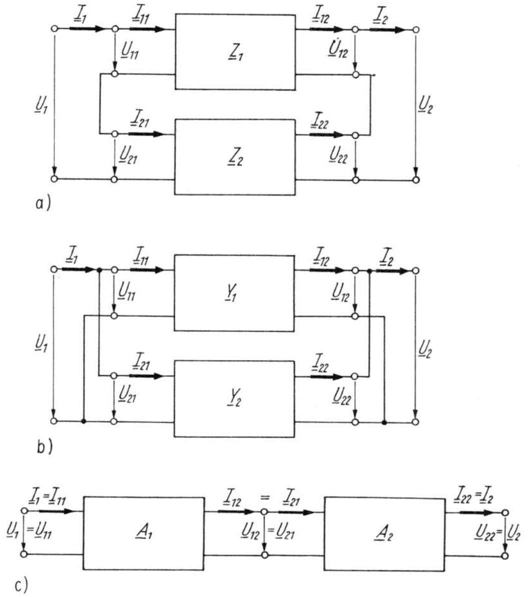

Abb. 2.42. Zusammenschalten von Vierpolen
a) Serienschaltung,
b) Parallelschaltung,
c) Kettenschaltung

schaltung von Vierpolen tritt die Kettenschaltung auf, bei der das Ausgangstor eines Vierpols mit dem Eingangstor des folgenden verbunden ist (Abb. 2.42c)).

Aus Abb. 2.42a) liest man für die Serienschaltung folgende Bedingungsgleichungen ab:

$$\underline{U}_{11} + \underline{U}_{21} = \underline{U}_1 , \qquad \underline{U}_{12} + \underline{U}_{22} = \underline{U}_2 , \tag{2.105.1}$$

$$\underline{I}_{11} = \underline{I}_{21} = \underline{I}_1 , \qquad \underline{I}_{12} = \underline{I}_{22} = \underline{I}_2 . \tag{2.105.2}$$

Stellt man die Vierpolgleichungen in Widerstandsform entsprechend (2.101) auf und berücksichtigt diese Bedingungen nach (2.105), ergibt sich nach Umformen in Matrixschreibweise

$$\begin{pmatrix} \underline{U}_1 \\ \underline{U}_2 \end{pmatrix} = \begin{pmatrix} \underline{z}_{111} + \underline{z}_{211} & \underline{z}_{112} + \underline{z}_{212} \\ \underline{z}_{121} + \underline{z}_{221} & \underline{z}_{122} + \underline{z}_{222} \end{pmatrix} \begin{pmatrix} \underline{I}_1 \\ \underline{I}_2 \end{pmatrix}$$

$$= (\underline{\mathbf{Z}}_1 + \underline{\mathbf{Z}}_2) \begin{pmatrix} \underline{I}_1 \\ \underline{I}_2 \end{pmatrix} . \tag{2.106}$$

Bei der Serienschaltung von Vierpolen addieren sich die Widerstandsmatrizen der einzelnen Vierpole entsprechend den gültigen Rechengesetzen zu einer resultierenden Widerstandsmatrix. Auf ganz ähnliche Weise findet man für die Parallelschaltung

(Abb. 2.42b))

$$\begin{pmatrix} \underline{I}_1 \\ \underline{I}_2 \end{pmatrix} = \begin{pmatrix} \underline{y}_{111} + \underline{y}_{211} & \underline{y}_{112} + \underline{y}_{212} \\ \underline{y}_{121} + \underline{y}_{221} & \underline{y}_{122} + \underline{y}_{222} \end{pmatrix} \begin{pmatrix} \underline{U}_1 \\ \underline{U}_2 \end{pmatrix}$$

$$= (\underline{\mathbf{Y}}_1 + \underline{\mathbf{Y}}_2) \begin{pmatrix} \underline{U}_1 \\ \underline{U}_2 \end{pmatrix}, \tag{2.107}$$

d. h., bei Parallelschaltung addieren sich die Leitwertmatrizen.

Für die Kettenschaltung ergeben sich aus Abb. 2.42c) folgende Bedingungsgleichungen:

$$\begin{aligned} \underline{U}_1 &= \underline{U}_{11}, & \underline{I}_1 &= \underline{I}_{11}, \\ \underline{U}_{12} &= \underline{U}_{21}, & \underline{I}_{12} &= \underline{I}_{21}, \\ \underline{U}_{22} &= \underline{U}_2, & \underline{I}_{22} &= \underline{I}_2 . \end{aligned} \tag{2.108}$$

Verwendet man die Vierpolgleichungen in Kettenform (Gl. (2.103)), ergibt sich für die Kettenschaltung mit den Bedingungen (2.108)

$$\underline{U}_1 = (\underline{a}_{111}\underline{a}_{211} + \underline{a}_{112}\underline{a}_{221})\, \underline{U}_2 + (\underline{a}_{111}\underline{a}_{212} + \underline{a}_{112}\underline{a}_{222})\, \underline{I}_2 ,$$

$$\underline{I}_1 = (\underline{a}_{111}\underline{a}_{211} + \underline{a}_{122}\underline{a}_{221})\, \underline{U}_2 + (\underline{a}_{121}\underline{a}_{212} + \underline{a}_{122}\underline{a}_{222})\, \underline{I}_2 ,$$

oder in Matrixschreibweise

$$\begin{pmatrix} \underline{U}_1 \\ \underline{I}_1 \end{pmatrix} = \underline{\mathbf{A}}_1 \cdot \underline{\mathbf{A}}_2 \begin{pmatrix} \underline{U}_2 \\ \underline{I}_2 \end{pmatrix}. \tag{2.109}$$

Dabei muß man beachten, daß das Matrixprodukt nicht kommutativ ist. Das bedeutet, daß die resultierende Kettenmatrix von der Reihenfolge der zusammengeschalteten Vierpole abhängt, was auch physikalisch einleuchtend ist.

Diese einfachen Regeln über das Zusammenschalten von Vierpolen gelten allerdings nur, wenn die oben für die paarweise Zusammenfassung der Klemmen zu Eingangs- und Ausgangstor gemachten Voraussetzungen erfüllt sind.

2.3.3 Übertragungsfunktionen und Wellenwiderstand

Die Eigenschaften eines Vierpols hinsichtlich der Übertragung eines elektrischen Signals vom Eingangs- zum Ausgangstor lassen sich beschreiben, wenn man Ströme und Spannungen miteinander ins Verhältnis setzt (s. auch 1.2.6). Wir gehen dabei aus von einem Vierpol, der am Ausgang mit einem Lastwiderstand $\underline{R}_2$ beschaltet ist (Abb. 2.43). Dann besteht zwischen den Ausgangsgrößen der Zusammenhang

$$\underline{U}_2 = \underline{R}_2 \cdot \underline{I}_2 . \tag{2.110}$$

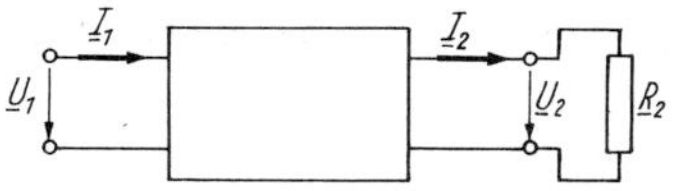

Abb. 2.43. Zur Herleitung der Übertragungsfunktionen

Setzt man das in die Kettengleichungen (2.103) ein, ergibt sich

$$\underline{U}_1 = \left(\underline{a}_{11} + \frac{\underline{a}_{12}}{\underline{R}_2}\right)\underline{U}_2, \qquad \underline{I}_1 = (\underline{a}_{21}\underline{R}_2 + \underline{a}_{22})\underline{I}_2. \tag{2.111}$$

Daraus gewinnt man die sogenannten Übertragungsfunktionen:

$$\frac{\underline{U}_2}{\underline{U}_1} = g_u = \frac{1}{\underline{a}_{11} + \frac{\underline{a}_{12}}{\underline{R}_2}} \quad \text{Spannungsübertragungsfaktor,} \tag{2.112.1}$$

$$\frac{\underline{I}_2}{\underline{I}_1} = g_i = \frac{1}{\underline{a}_{21}\underline{R}_2 + \underline{a}_{22}} \quad \text{Stromübertragungsfaktor,} \tag{2.112.2}$$

$$g_p = g_u \cdot g_i \quad \text{Leistungsübertragungsfaktor,} \tag{2.112.3}$$

$$\underline{W}_1 = \frac{\underline{U}_1}{\underline{I}_1} = \underline{R}_2 \cdot \frac{g_i}{g_u} = \frac{\underline{a}_{11}\underline{R}_2 + \underline{a}_{12}}{\underline{a}_{21}\underline{R}_2 + \underline{a}_{22}} \quad \text{Eingangsimpedanz,} \tag{2.112.4}$$

$$\frac{\underline{U}_2}{\underline{I}_1} = \frac{\underline{R}_2}{\underline{a}_{21}\underline{R}_2 + \underline{a}_{22}} \quad \text{Übertragungimpedanz,} \tag{2.112.5}$$

$$\frac{\underline{I}_2}{\underline{U}_1} = \frac{1}{\underline{a}_{11}\underline{R}_2 + \underline{a}_{12}} \quad \text{Übertragungsadmittanz.} \tag{2.112.6}$$

Mittels Tab. 7 lassen sich diese Funktionen auch durch andere Vierpolparameter darstellen.

Die Übertragungsfunktionen können in der Praxis in Abhängigkeit von anderen Variablen (z. B. als Funktion der Frequenz) einen sehr großen Wertebereich umfassen. Sie werden dann unanschaulich und lassen sich vor allem grafisch nicht mehr sinnvoll darstellen. Es ist daher üblich, sie in einen logarithmischen Maßstab darzustellen (s. dazu 2.2.1.3.).

Aus (2.112.4) liest man ab, daß die Eingangsimpedanz $\underline{W}_1$ eines Vierpols vom Abschlußwiderstand $\underline{R}_2$ abhängt. Je nach Beschaltung kann $\underline{W}_1$ alle Werte annehmen zwischen

$$\underline{W}_1|_{\underline{R}_2=\infty} = \underline{W}_{1L} = \frac{\underline{a}_{11}}{\underline{a}_{21}} \quad \text{Leerlaufeingangsimpedanz} \tag{2.113.1}$$

und

$$\underline{W}_1|_{\underline{R}_2=0} = \underline{W}_{1K} = \frac{\underline{a}_{12}}{\underline{a}_{22}} \quad \text{Kurzschlußeingangsimpedanz} \tag{2.113.2}$$

Gleiche Überlegungen gelten für das Ausgangstor, wenn man das Eingangstor mit einer Impedanz $\underline{R}_1$ abschließt, und führen auf

$$\underline{W}_2|_{\underline{R}_1=\infty} = \underline{W}_{2L} = \frac{\underline{a}_{22}}{\underline{a}_{21}} \quad \text{Leerlaufausgangsimpedanz} \tag{2.113.3}$$

und

$$\underline{W}_2|_{\underline{R}_1=0} = \underline{W}_{2K} = \frac{\underline{a}_{12}}{\underline{a}_{11}} \quad \text{Kurzschlußausgangsimpedanz.} \tag{2.113.4}$$

Den geometrischen Mittelwert aus Leerlauf- und Kurzschlußimpedanz bezeichnet man als Wellenwiderstand des Vierpols für das entsprechende Tor:

$$\underline{Z}_{01} = \sqrt{\underline{W}_{1L} \cdot \underline{W}_{1K}} = \sqrt{\frac{\underline{a}_{12}\underline{a}_{11}}{\underline{a}_{21}\underline{a}_{22}}} \quad \text{Eingangswellenwiderstand,} \tag{2.114.1}$$

$$\underline{Z}_{02} = \sqrt{\underline{W}_{2L} \cdot \underline{W}_{2K}} = \sqrt{\frac{\underline{a}_{12}\underline{a}_{22}}{\underline{a}_{21}\underline{a}_{11}}} \quad \text{Ausgangswellenwiderstand.} \tag{2.114.2}$$

Dieser stellt gerade den Abschlußwiderstand dar, für den der Vierpol angepaßt ist, d. h., ein mit $\underline{Z}_{02}$ am Ausgang abgeschlossener Vierpol hat gerade die Eingangsimpedanz $\underline{W}_1 = \underline{Z}_{01}$ und umgekehrt. Den Wellenwiderständen eines Vierpols kommt somit eine eminente praktische Bedeutung zu. Betrachten wie den Fall, daß eine Spannungsquelle mit dem Innenwiderstand $\underline{R}_i$ über einen Vierpol mit dem Verbraucher $\underline{R}_2$ verbunden ist. Im Anpassungsfall, d. h., wenn $\underline{R}_i = \underline{Z}_{01}$ und $\underline{R}_2 = \underline{Z}_{02}$ ist, wird die maximale Leistung an den Verbraucher übertragen, und es treten keine Reflexionen auf (s. dazu 1.1.5 und Kap. 3).

Die Wellenwiderstände lassen sich über die Messung der Leerlauf- und Kurzschlußimpedanzen experimentell ermitteln. Besonders einfache Verhältnisse ergeben sich beim symmetrischen Vierpol. Dann ist $\underline{a}_{11} = \underline{a}_{22}$ und damit

$$\underline{Z}_{01} = \underline{Z}_{02} = \sqrt{\frac{\underline{a}_{12}}{\underline{a}_{21}}}\,. \tag{2.115}$$

2.3.4 Vierpolersatzstrukturen

Die Gleichungen (2.113) liefern Zusammenhänge zwischen den oben definierten charakteristischen Ein- und Ausgangsimpedanzen $\underline{W}_{1K}$, $\underline{W}_{1L}$, $\underline{W}_{2K}$ und $\underline{W}_{2L}$ und den Kettenparametern eines Vierpols. Beschränken wir uns weiterhin auf passive Vierpole, dann ist

$$\Delta\underline{a} = \underline{a}_{11}\underline{a}_{22} - \underline{a}_{21}\underline{a}_{12} = 1\,. \tag{2.116}$$

Diese Beziehung ist identisch mit den Gleichungen $\underline{z}_{12} = \underline{z}_{21}$ oder $\underline{y}_{12} = -\underline{y}_{21}$ (s. Tab. 7). Damit lassen sich die Gleichungen (2.113) in einfacher Weise so umformen, daß die Kettenparameter $\underline{a}_{ij}$ durch die charakteristischen, der Messung unmittelbar zugänglichen Ein- und Ausgangsimpedanzen ausgedrückt werden:

$$\begin{aligned}
\underline{a}_{11} &= \sqrt{\frac{\underline{W}_{1L}}{\underline{W}_{2L} - \underline{W}_{2K}}}, \qquad \underline{a}_{22} = \sqrt{\frac{\underline{W}_{2L}}{\underline{W}_{1L} - \underline{W}_{1K}}}, \\
\underline{a}_{21} &= \frac{1}{\sqrt{\underline{W}_{1L}(\underline{W}_{2L} - \underline{W}_{2K})}} = \frac{1}{\sqrt{\underline{W}_{2L}(\underline{W}_{1L} - \underline{W}_{1K})}}, \\
\underline{a}_{12} &= \underline{W}_{1K}\sqrt{\frac{\underline{W}_{2L}}{\underline{W}_{1L} - \underline{W}_{1K}}} = \underline{W}_{2K}\sqrt{\frac{\underline{W}_{1L}}{\underline{W}_{2L} - \underline{W}_{2K}}}.
\end{aligned} \tag{2.117}$$

Entsprechend Tab. 7 kann man nun auch alle anderen Vierpolparameter durch die charakteristischen Impedanzen $\underline{W}_{1L}$, $\underline{W}_{1K}$, $\underline{W}_{2L}$ und $\underline{W}_{2K}$ ausdrücken. So ergibt sich z. B. für die Widerstandsparameter

$$\begin{aligned}
\underline{z}_{11} &= \frac{\underline{a}_{11}}{\underline{a}_{21}} = \underline{W}_{1L}, \\
\underline{z}_{12} &= -\frac{1}{\underline{a}_{21}} = -\underline{z}_{21} = -\sqrt{\underline{W}_{2L}(\underline{W}_{1L} - \underline{W}_{1K})} \\
&= -\sqrt{\underline{W}_{1L}(\underline{W}_{2L} - \underline{W}_{2K})}, \\
\underline{z}_{22} &= -\frac{\underline{a}_{22}}{\underline{a}_{21}} = -\underline{W}_{2L}.
\end{aligned} \tag{2.118}$$

Andererseits läßt sich das Übertragungsverhalten eines Vierpols auch durch eine Ersatzschaltung anschaulich machen. Die gebräuchlichsten Vierpolersatzstrukturen sind in Abb. 2.44 dargestellt. Die Aufbauelemente dieser Ersatzstrukturen lassen sich durch die meßbaren Größen $\underline{W}_{1L}$, $\underline{W}_{1K}$, $\underline{W}_{2L}$ und $\underline{W}_{2K}$ ausdrücken. Aus Abb. 2.44a) liest man z. B. ab:

$$\begin{aligned}
\underline{W}_{1L} &= \underline{Z}_1 + \underline{Z}_3, \qquad \underline{W}_{1K} = \underline{Z}_1 + \frac{\underline{Z}_2\underline{Z}_3}{\underline{Z}_2 + \underline{Z}_3}, \\
\underline{W}_{2L} &= \underline{Z}_2 + \underline{Z}_3, \qquad \underline{W}_{2K} = \underline{Z}_2 + \frac{\underline{Z}_1\underline{Z}_3}{\underline{Z}_1 + \underline{Z}_3}.
\end{aligned} \tag{2.119}$$

Man kann aber auch die Aufbauwiderstände durch die Vierpolparameter ausdrücken und umgekehrt. So liest man aus Abb. 2.44a) ab, wenn man die Definitionsgleichungen (2.100) der Widerstandsparameter berücksichtigt:

$$\begin{aligned}
\underline{z}_{11} &= \underline{W}_{1L} = \underline{Z}_1 + \underline{Z}_3, \\
\underline{z}_{12} &= -\underline{z}_{21} = -\underline{Z}_3, \\
\underline{z}_{22} &= -\underline{W}_{2L} = -(\underline{Z}_2 + \underline{Z}_3),
\end{aligned}$$

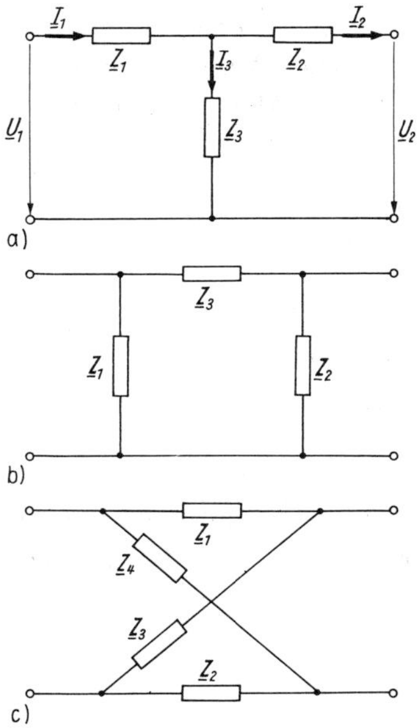

Abb. 2.44. Vierpolersatzstrukturen
a) T-Glied (Sternschaltung),
b) π-Glied (Dreieckschaltung),
c) Kreuzglied (Brückenschaltung)

d. h., es ist

$$\underline{Z}_1 = \underline{z}_{11} + \underline{z}_{12}, \qquad \underline{Z}_2 = -(\underline{z}_{21} + \underline{z}_{22}), \qquad \underline{Z}_3 = -\underline{z}_{12} = \underline{z}_{21}. \tag{2.120}$$

In ähnlicher Weise lassen sich Beziehungen zwischen den Aufbaugrößen anderer Ersatzstrukturen einerseits und den meßbaren Ein- und Ausgangsimpedanzen bzw. beliebigen Vierpolparametern andererseits aufstellen.

Beispiel 2.5. Phasenschieberkette (s. Abb. 2.45). Berechnet werden soll die Frequenz, bei der die Phasenverschiebung zwischen Ausgangs- und Eingangsspannung 180° beträgt (Ausgang offen).

Dieses einfache Beispiel soll deutlich machen, wie man mit Hilfe des Vierpolformalismus die Übertragungseigenschaften eines Netzwerkes einfach analysieren kann. Da es sich um die Kettenschaltung von drei gleichen Vierpolen handelt, geht man bei den Betrachtungen von der

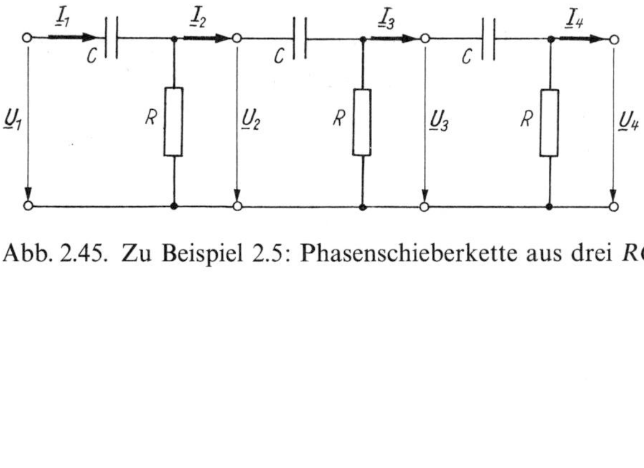

Abb. 2.45. Zu Beispiel 2.5: Phasenschieberkette aus drei RC-Hochpässen

Kettenmatrix aus. Aus Abb. 2.45 liest man mit den Gleichungen (2.100) für die Widerstandsmatrix eines RC-Hochpasses ab:

$$\underline{\mathbf{Z}} = \begin{bmatrix} R + \dfrac{1}{j\omega C} & -R \\ R & -R \end{bmatrix}.$$

Nach Tab. 7 ergibt sich daraus die Kettenmatrix

$$\underline{\mathbf{A}} = \begin{bmatrix} 1 + \dfrac{1}{j\omega RC} & \dfrac{1}{j\omega C} \\ \dfrac{1}{R} & 1 \end{bmatrix}.$$

Nach (2.109) findet man daraus die resultierende Kettenmatrix des Phasenschiebers:

$$\underline{\mathbf{A}}^3 = \begin{pmatrix} \underline{a}_{11}^{(3)} & \underline{a}_{12}^{(3)} \\ \underline{a}_{21}^{(3)} & \underline{a}_{22}^{(3)} \end{pmatrix}$$
$$= \begin{pmatrix} \underline{a}_{11}^3 + 2\underline{a}_{11}\underline{a}_{12}\underline{a}_{21} + \underline{a}_{12}\underline{a}_{21}\underline{a}_{22} & \underline{a}_{12}(\underline{a}_{11}^2 + \underline{a}_{22}^2 + \underline{a}_{11}\underline{a}_{22} + \underline{a}_{12}\underline{a}_{21}) \\ \underline{a}_{21}(\underline{a}_{11}^2 + \underline{a}_{22}^2 + \underline{a}_{11}\underline{a}_{22} + \underline{a}_{12}\underline{a}_{21}) & \underline{a}_{11}\underline{a}_{12}\underline{a}_{21} + 2\underline{a}_{12}\underline{a}_{21}\underline{a}_{22} + \underline{a}_{22}^3 \end{pmatrix}.$$

Bei offenem Ausgang ($\underline{I}_4 = 0$) gilt danach, wenn man die oben berechneten Kettenparameter des RC-Hochpasses einsetzt,

$$\underline{U}_1 = \underline{a}_{11}^{(3)} \cdot \underline{U}_4 = (\underline{a}_{11}^3 + 2\underline{a}_{11}\underline{a}_{12}\underline{a}_{21} + \underline{a}_{12}\underline{a}_{21}\underline{a}_{22})\,\underline{U}_4$$
$$= \left[1 - \frac{5}{\omega^2R^2C^2} + j\left(\frac{1}{\omega^3R^3C^3} - \frac{5}{\omega RC}\right)\right]\underline{U}_4\,.$$

Die Ausgangsspannung $\underline{U}_4$ weist gegenüber der Eingangsspannung $\underline{U}_1$ genau dann eine Phasenverschiebung von 180° auf, wenn $\underline{a}_{11}^{(3)}$ eine negative reelle Zahl ist. Das ist bei gegebenen Schaltelementen bei der Frequenz

$$\omega_0 = \sqrt{\frac{1}{6R^2C^2}}$$

der Fall. Es ist dann $\underline{a}_{11}^{(3)}(\omega_0) = -29$.

3 Leitungen

Bisher hatten wir angenommen, daß man den Strom in einem beliebigen Zweig eines Netzwerkes allein aus der Kenntnis der Widerstände und der wirksamen Spannungen berechnen kann, und zwar unabhängig davon, ob die Spannungen konstant oder zeitlich veränderlich sind. Nun kann sich jedoch ein bestimmter elektrischer Zustand, den man durch die Momentanwerte von Spannung und Stromstärke beschreibt, nur mit endlicher Geschwindigkeit ausbreiten. Das heißt aber, daß die Momentanwerte nicht überall gleichzeitig den gleichen Wert annehmen können. Praktisch bedeutend wird das allerdings erst, wenn die mechanischen Abmessungen der Schaltung hinreichend groß werden oder die zeitliche Änderung der Momentanwerte sehr schnell erfolgt.

Als Leitungen im Sinne dieses Kapitels sollen die elektrischen Verbindungen zwischen einzelnen Baugruppen oder Geräten eines Systems bezeichnet werden, die der Übertragung von Energie oder Informationen dienen. Häufig weisen diese Leitungen eine beträchtliche Länge auf. Wird die Laufzeit der Energie oder der Information auf einer Leitung vergleichbar mit einer für die übertragene Größe charakteristischen Zeit, z. B. der Periodendauer bei einer Wechselspannung oder der Impulsdauer bei einem impulsförmigen Signal, kann man die Beschreibung des elektrischen Zustandes auf der Leitung nicht mehr wie bisher vornehmen, sondern man muß zusätzlich die Ortsabhängigkeit von Spannung und Stromstärke berücksichtigen.

3.1 Vorgänge auf Leitungen

Eine exakte Beschreibung solcher Vorgänge erfolgt auf der Grundlage der Maxwellschen Gleichungen. Man kann aber bereits mittels eines einfachen Modells, der Ausbreitung von Wechselspannungen längs einer Doppelleitung, auf anschaulichem Wege eine Reihe neuer Erkenntnisse gewinnen, die zum Verständnis vieler für die Elektronik und Meßtechnik wichtiger Erscheinungen führen. Auf diesen einfachen Fall wollen wir uns beschränken.

Eine Doppelleitung (Paralleldrahtleitung, Lecher-Leitung) besteht aus zwei zueinander parallelen elektrischen Leitern konstanten Querschnitts. Ihre elektrischen Eigenschaften lassen sich durch den Widerstands- und Leitwertbelag beschreiben:

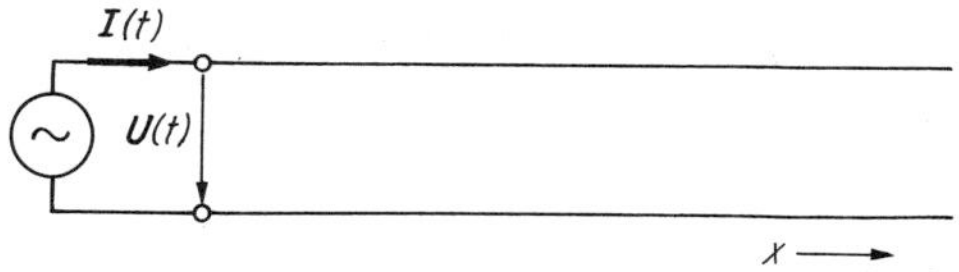

Abb. 3.1. Unendlich lange Leitung

R' Widerstand des Hin- und Rückleiters,
L' Induktivität des Hin- und Rückleiters,
G' Leitwert zwischen Hin- und Rückleiter,
C' Kapazität zwischen Hin- und Rückleiter
(alle Größen werden pro Längeneinheit angegeben).

Die Größen R' und L' können in recht guter Näherung als Impedanz der am Ende kurzgeschlossenen, G' und C' als Admittanz der am Ende offenen Leitung gemessen werden. Man nennt eine Leitung homogen, wenn diese Größen ortsunabhängig sind.

3.1.1 Leitungsgleichungen und Wellenparameter

An den Eingang einer unendlich langen Doppelleitung wird eine harmonische Wechselspannung angelegt. Auf Grund der Admittanz $\underline{Y}' = G' + j\omega C'$ zwischen Hin- und Rückleiter fließt in die Leitung ein Strom hinein. In ihrer Wirkung auf die Spannungsquelle kann man also der Leitung einen äquivalenten Widerstand zuschreiben. Dieser ergibt sich aus den Momentanwerten von Spannung und Stromstärke am Leitungseingang gemäß (1.24) und hängt von den Eigenschaften der Leitung ab (Abb. 3.1). Man nennt ihn den Wellenwiderstand der Leitung. Schließt man an eine Leitung endlicher Länge eine unendlich lange Leitung gleichen Wellenwiderstandes an, so wird sich die ganze Leitung so verhalten, als ob sie unendlich lang ist, d. h., der Eingangswiderstand der endlichen Leitung ist in diesem Fall ebenfalls gleich dem Wellenwiderstand. Daraus folgt, daß sich eine Leitung endlicher Länge auch dann wie eine unendlich lange verhält, wenn sie an ihrem Ende mit einer Impedanz abgeschlossen wird, deren Wert gleich ihrem Wellenwiderstand ist.

Um zu einer Beschreibung der Ortsabhängigkeit von Spannung und Strom auf der Leitung zu gelangen, betrachten wir die Verhältnisse auf einem Abschnitt der Länge Δx (Abb. 3.2). Wegen des Querleitwertes unterscheiden sich Eingangs- und Ausgangsstrom dieses Abschnittes, und wegen der Längsimpedanz tritt an ihm ein

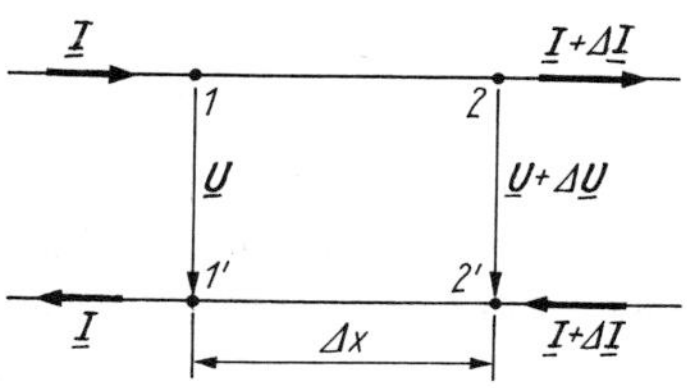

Abb. 3.2. Zur Ableitung der Leitungsgleichungen

Spannungsabfall auf. Die sinngemäße Anwendung der 2. Kirchhoffschen Regel (man betrachtet den Leitungsabschnitt als Masche) liefert[1]

$$\underline{\boldsymbol{U}} - \frac{R' + j\omega L'}{2} \Delta x \left(\underline{\boldsymbol{I}} + \frac{\Delta \underline{\boldsymbol{I}}}{2} \right) - (\underline{\boldsymbol{U}} + \Delta \underline{\boldsymbol{U}})$$

$$- \frac{R' + j\omega L'}{2} \Delta x \left(\underline{\boldsymbol{I}} + \frac{\Delta \underline{\boldsymbol{I}}}{2} \right) = 0\,.$$

Daraus erhält man

$$\Delta \underline{\boldsymbol{U}} = -(R' + j\omega L')\, \Delta x \left(\underline{\boldsymbol{I}} + \frac{\Delta \underline{\boldsymbol{I}}}{2} \right). \tag{3.1}$$

Entsprechend liefert die 1. Kirchhoffsche Regel (der Leitungsabschnitt wird als Knoten betrachtet)

$$\underline{\boldsymbol{I}} - (\underline{\boldsymbol{I}} + \Delta \underline{\boldsymbol{I}}) - (G' + j\omega C')\, \Delta x \left(\underline{\boldsymbol{U}} + \frac{\Delta \underline{\boldsymbol{U}}}{2} \right) = 0\,,$$

und daraus folgt

$$\Delta \underline{\boldsymbol{I}} = -(G' + j\omega C')\, \Delta x \left(\underline{\boldsymbol{U}} + \frac{\Delta \underline{\boldsymbol{U}}}{2} \right). \tag{3.2}$$

Aus den beiden Gleichungen (3.1) und (3.2) gewinnt man durch den Grenzübergang $\Delta x \to 0$ die Leitungsgleichungen

$$\frac{\mathrm{d}\underline{\boldsymbol{U}}}{\mathrm{d}x} = -\underline{\boldsymbol{I}}(R' + j\omega L')\,, \tag{3.3}$$

$$\frac{\mathrm{d}\underline{\boldsymbol{I}}}{\mathrm{d}x} = -\underline{\boldsymbol{U}}(G' + j\omega C')\,. \tag{3.4}$$

Nochmaliges Differenzieren von (3.3) und Einsetzen in (3.4) liefert schließlich die sogenannte Telegrafengleichung

$$\frac{\mathrm{d}^2\underline{\boldsymbol{U}}}{\mathrm{d}x^2} = \underline{\boldsymbol{U}}(R' + j\omega L')\,(G' + j\omega C')\,. \tag{3.5}$$

---

[1] Da wir uns auf den eingeschwungenen Zustand beschränken, braucht die Zeitabhängigkeit nicht immer explizit hingeschrieben werden; wir rechnen also wieder mit den komplexen Amplituden. Zur besseren Unterscheidung werden Variable, die zusätzlich ortsabhängig sind, durch halbfett kursiv gedruckte Buchstaben dargestellt.

Eine entsprechende Differentialgleichung erhält man auch für den Strom:

$$\frac{\mathrm{d}^2\underline{\boldsymbol{I}}}{\mathrm{d}x^2} = \underline{\boldsymbol{I}}(R' + j\omega L')(G' + j\omega C')\,. \tag{3.6}$$

Die allgemeinen Lösungen dieser Differentialgleichungen haben die Form

$$\underline{\boldsymbol{U}} = \underline{U}\,\mathrm{e}^{-\underline{\gamma}x} + \underline{U}^*\,\mathrm{e}^{+\underline{\gamma}x}\,, \tag{3.7}$$

$$\underline{\boldsymbol{I}} = I\,\mathrm{e}^{-\underline{\gamma}x} + \underline{I}^*\,\mathrm{e}^{+\underline{\gamma}x} \tag{3.8}$$

mit

$$\underline{\gamma} = \alpha + j\beta = \sqrt{(R' + j\omega L')(G' + j\omega C')}\,. \tag{3.9}$$

Die Größe $\underline{\gamma}$ heißt Ausbreitungskonstante. Sie ist i. allg. komplex und kann durch die Dämpfungskonstante α und die Phasenkonstante β ausgedrückt werden. Setzt man die Lösungen (3.7) und (3.8) in die Leitungsgleichungen (3.3) und (3.4) ein, erhält man durch Koeffizientenvergleich

$$\frac{\underline{U}}{\underline{I}} = -\frac{\underline{U}^*}{\underline{I}^*} = \sqrt{\frac{R' + j\omega L'}{G' + j\omega C'}} = \underline{Z}_0\,, \tag{3.10}$$

d. h., für beide Teillösungen hat das Verhältnis der Momentanwerte von Spannung und Strom den gleichen ortsunabhängigen Wert, den man als Wellenwiderstand oder charakteristische Impedanz der Leitung bezeichnet. Die beiden Größen $\underline{\gamma}$ und $\underline{Z}_0$ heißen Wellenparameter. In vielen praktisch wichtigen Fällen – insbesondere bei geringen Leitungslängen – kann man die Leitungsverluste vernachlässigen, d. h., man setzt $R' = 0$ und $G' = 0$. Dann nehmen die Wellenparameter besonders einfache Werte an: Der Wellenwiderstand

$$Z_0 = \sqrt{\frac{L'}{C'}} \tag{3.11}$$

ist reell und die Ausbreitungskonstante

$$\underline{\gamma} = j\beta = j\omega\sqrt{L'C'} \tag{3.12}$$

rein imaginär.

3.1.2 Ausbreitungsgeschwindigkeit

Setzt man die harmonische Wechselspannung $\hat{U} \cdot \exp(j\omega t)$ in die allgemeine Lösung (3.7) der Telegrafengleichung ein, erhält man

$$\underline{\boldsymbol{U}}\,\mathrm{e}^{j\omega t} = \hat{U} \cdot \mathrm{e}^{-\alpha x + j(\omega t - \beta x)} + \hat{U}^* \cdot \mathrm{e}^{\alpha x + j(\omega t + \beta x)}\,. \tag{3.13}$$

Dieser Ausdruck beschreibt die Spannung an der Stelle x der Leitung als Überlagerung aus zwei gedämpften Wellen, die sich in entgegengesetzter Richtung auf der Leitung ausbreiten. Wenn die Leitung unendlich lang ist, muß $\underline{U}^* = 0$ sein: Es tritt nur eine Welle auf, die in die Leitung hineinläuft.

Eine Welle ist ein zeitlich und räumlich periodischer Vorgang. Die Bedingung für diese zeitliche und räumliche Periodizität lautet

$$\omega t - \beta x = \omega(t + \Delta t) - \beta(x + \Delta x)\,, \tag{3.14}$$

wenn $\Delta t = T$ die zeitliche und $\Delta x = \lambda$ die örtliche Periode ist (T Periodendauer, λ Wellenlänge). Daraus findet man für die Ausbreitungsgeschwindigkeit der Welle, die sogenannte Phasengeschwindigkeit,

$$v_{\mathrm{ph}} = \frac{\Delta x}{\Delta t} = \frac{\lambda}{T} = \frac{\omega}{\beta}\,. \tag{3.15}$$

Für die Phasenkonstante folgt daraus $\beta = 2\pi/\lambda$.

Die Phasengeschwindigkeit beschreibt die Ausbreitung einer Welle mit der Kreisfrequenz ω. Bei der Informationsübertragung treten aber Signale mit endlicher Spektralbreite $\Delta\omega$ auf (s. 1.3). Zur Berechnung der Signalgeschwindigkeit wollen wir die Ausbreitung eines amplitudenmodulierten Signals betrachten. Nach (1.53) kann man für die Spannung am Eingang der Leitung

$$U = \hat{U}_t \cos \omega_t t + \frac{m}{2}\hat{U}_t \cos(\omega_t + \Delta\omega)\,t + \frac{m}{2}\hat{U}_t \cos(\omega_t - \Delta\omega)\,t \tag{3.16}$$

schreiben (mit dem Index t sind die Größen der Trägerspannung gekennzeichnet). Daraus folgt bei Vernachlässigung der Dämpfung für die Spannung an einer Stelle x auf der Leitung

$$\begin{aligned}\boldsymbol{U} = \hat{U}_t \cos(\omega_t t - \beta_t x) &+ \frac{m}{2}\hat{U}_t \cos[(\omega_t + \Delta\omega)\,t - \beta^+ x]\\ &+ \frac{m}{2}\hat{U}_t \cos[(\omega_t - \Delta\omega)\,t - \beta^- x]\,,\end{aligned} \tag{3.17}$$

wobei berücksichtigt wurde, daß die Phasenverschiebung der Spannung, die nach Durchlaufen der Leitungslänge x gegenüber der Eingangsspannung aufgetreten ist, von der Frequenz abhängt. Praktisch ist $\Delta\omega \ll \omega_t$; deshalb kann man die Frequenzabhängigkeit der Phasenkonstanten durch eine Taylor-Entwicklung ausdrücken, die nach dem ersten Glied abgebrochen wird:

$$\beta^+ = \beta_t + \frac{\mathrm{d}\beta_t}{\mathrm{d}\omega_t}\Delta\omega\,,$$

$$\beta^- = \beta_t - \frac{\mathrm{d}\beta_t}{\mathrm{d}\omega_t}\Delta\omega\,.$$

Damit erhält man für (3.17)

$$\boldsymbol{U} = \hat{U}_t \cos(\omega_t t - \beta_t x) + \frac{m}{2} \hat{U}_t \cos\left[(\omega_t + \Delta\omega)\, t - \left(\beta_t + \frac{\mathrm{d}\beta_t}{\mathrm{d}\omega_t} \Delta\omega\right) x\right]$$

$$+ \frac{m}{2} \hat{U}_t \cos\left[(\omega_t - \Delta\omega)\, t - \left(\beta_t - \frac{\mathrm{d}\beta_t}{\mathrm{d}\omega_t} \Delta\omega\right) x\right]. \tag{3.18}$$

Damit die Hüllkurve eines Signals richtig übertragen wird, müssen am Ausgang einer Leitung der Länge l alle Teilspannungen die gleiche Phasenlage zueinander haben wie am Eingang. So sind z. B. am Eingang zur Zeit $t = 0$ alle Argumente gleich Null (s. (3.16)), also gleich groß; sie müssen daher auch am Kabelausgang übereinstimmen, wenn das Signal nach der Laufzeit t_l dort eintrifft:

$$\omega_t t_l - \beta_t l = (\omega_t + \Delta\omega)\, t_l - \left(\beta_t + \frac{\mathrm{d}\beta_t}{\mathrm{d}\omega_t} \Delta\omega\right) l$$

$$= (\omega_t - \Delta\omega)\, t_l - \left(\beta_t - \frac{\mathrm{d}\beta_t}{\mathrm{d}\omega_t} \Delta\omega\right) l\,.$$

Daraus folgt für die Signal- oder Gruppengeschwindigkeit

$$v_\mathrm{g} = \frac{\mathrm{d}\omega}{\mathrm{d}\beta} = \frac{l}{t_l} \tag{3.19}$$

(l Leitungslänge, t_l Signallaufzeit). Im allgemeinen Fall sind Phasen- und Gruppengeschwindigkeit voneinander verschieden.

Aus diesen Betrachtungen ergeben sich einige wichtige Schlußfolgerungen für die Übertragungstechnik:

1. Innerhalb des zu übertragenden Frequenzbereiches muß jedes Teilsignal die gleiche Laufzeit haben.
2. Zur unverzerrten Übertragung der Hüllkurve eines amplitudenmodulierten Signals reicht es aus, wenn im Übertragungsbereich $\Delta\omega$ die Gruppenlaufzeit $t_\mathrm{g} = 1/v_\mathrm{g}$ konstant ist, d. h., wenn die Phasenkonstante β eine beliebige lineare Funktion der Frequenz ist.
3. Zur verzerrungsfreien Übertragung impulsförmiger Signale muß die Funktion $\beta = \beta(\omega)$ linear sein und für $\omega = 0$ verschwinden.

Die Trägerfrequenztechnik bietet daher u. a. den Vorteil, daß die an das Übertragungssystem zu stellenden Anforderungen hinsichtlich der Konstanz der Gruppenlaufzeit geringer sind als im Fall der direkten Signalübertragung.

3.1.3 Reflexionsfaktor und Stehwellenverhältnis

Eine Leitung der Länge l sei an ihrem Ende mit der Impedanz $\underline{Z}_a$ abgeschlossen. Eine an den Eingang angelegte Spannung ruft eine Welle hervor, die in die Leitung hineinläuft und am Ausgang teilweise reflektiert wird. Die Momentanwerte von Spannung und Strom an einer Stelle x der Leitung ergeben sich gemäß (3.13) aus der Überlagerung dieser beiden Wellen. Insbesondere muß für die komplexen Amplituden $\underline{U}_a$ und $\underline{I}_a$ von Strom und Spannung am Abschlußwiderstand

$$\underline{U}_a = \underline{U}_2 + \underline{U}_2^*, \tag{3.20}$$

$$\underline{I}_a = \underline{I}_2 + \underline{I}_2^* \tag{3.21}$$

gelten, wenn man mit $\underline{U}_2$ und $\underline{I}_2$ bzw. $\underline{U}_2^*$ und $\underline{I}_2^*$ die komplexen Amplituden der am Leitungsende ankommenden bzw. der reflektierten Welle bezeichnet. Erweitert man (3.21) mit dem Wellenwiderstand $\underline{Z}_0$ der Leitung, erhält man daraus und aus (3.20)

$$\underline{U}_2 = \frac{\underline{U}_a + \underline{I}_a\underline{Z}_0}{2}, \tag{3.22}$$

$$\underline{U}_2^* = \frac{\underline{U}_a - \underline{I}_a\underline{Z}_0}{2}. \tag{3.23}$$

Das Verhältnis der Amplituden von Spannung oder Strom der reflektierten und der einfallenden Welle am Leitungsende definiert man als Reflexionsfaktor $\underline{r}$. Berücksichtigt man, daß $\underline{U}_a/\underline{I}_a = \underline{Z}_a$ sein muß, folgt aus (3.22) und (3.23)

$$\underline{r} = r \cdot e^{j\varphi} = \frac{\underline{Z}_a - \underline{Z}_0}{\underline{Z}_a + \underline{Z}_0} \tag{3.24}$$

(φ Phasenwinkel des Reflexionsfaktors). Die eingangs rein anschaulich gewonnene Aussage, daß sich eine mit ihrem Wellenwiderstand abgeschlossene Leitung wie eine unendlich lange verhält, wird durch (3.24) bestätigt: Für $\underline{Z}_a = \underline{Z}_0$ ist $r = 0$, d. h., es läuft genau wie bei einer unendlich langen Leitung nur eine Welle in die Leitung hinein.

Tritt Reflexion auf, kann man unter Vernachlässigung der Dämpfung ($\alpha = 0$) die Spannung im Abstand x vom Leitungsende ausdrücken durch

$$\begin{aligned} \underline{U} \cdot e^{j\omega t} &= (\hat{U}\, e^{j\beta x} + \hat{U}^*\, e^{-j\beta x}) \cdot e^{j\omega t} \\ &= (e^{j\beta x} + r\, e^{j\varphi}\, e^{-j\beta x})\, \hat{U}\, e^{j\omega t}, \end{aligned} \tag{3.25}$$

d. h., die Spannungsamplitude hat den ortsabhängigen Betrag

$$\hat{\boldsymbol{U}} = \hat{U}\sqrt{1 + r^2 + 2r\cos(2\beta x - \varphi)}, \tag{3.26}$$

der für $\cos(2\beta x - \varphi) = \pm 1$ die Extremwerte

$$\hat{\boldsymbol{U}}_{\max} = \hat{U}(1 + r) = \hat{U} + \hat{U}^*,$$

$$\hat{\boldsymbol{U}}_{\min} = \hat{U}(1 - r) = \hat{U} - \hat{U}^*$$

annimmt. Diese stationäre, mit der örtlichen Periode von $\lambda/2$ auftretende Amplitudenverteilung bezeichnet man als stehende Welle. Den Quotienten aus den Extremwerten nennt man Welligkeitsfaktor oder Stehwellenverhältnis (engl. VSWR = voltage standing wave ratio):

$$s = \frac{1 + r}{1 - r} = \frac{\hat{U}_{max}}{\hat{U}_{min}}. \tag{3.27}$$

Bei vernachlässigbarer Dämpfung – diese Annahme ist bei vielen Laboranordnungen wegen der meist geringen Leitungslängen hinreichend genau erfüllt – besteht also ein einfacher Zusammenhang zwischen dem Betrag des Reflexionsfaktors und der unmittelbar meßbaren Größe s. Der Phasenwinkel φ des Reflexionsfaktors läßt sich aus dem Abstand eines Spannungsminimums vom Leitungsabschluß ermitteln. Aus (3.26) folgt als Minimumsbedingung

$$2\beta x_{min} - \varphi = (2k + 1)\,\pi\,, \qquad k = 0, 1, 2, \ldots,$$

und daraus ergibt sich

$$\varphi = 2\beta\left(x_{min} - \frac{k\lambda}{2}\right) - \pi\,. \tag{3.28}$$

Die Zahl k wird dabei so gewählt, daß $0 \leqq x_{min} - k\lambda/2 < \lambda/2$ ist.

3.1.4 Impedanztransformation

Für die Eingangsimpedanz einer Leitung gilt

$$\underline{Z}_e = \frac{\underline{U}_e}{\underline{I}_e} = \frac{\underline{U}_1 + \underline{U}_1^*}{\underline{I}_1 + \underline{I}_1^*} \tag{3.29}$$

(der Index 1 kennzeichnet die komplexen Amplituden der einfallenden und der reflektierten Welle am Leitungsanfang). Bei einer Leitung endlicher Länge l hängt die am Eingang auftretende reflektierte Welle vom Abschluß am Leitungsende ab. Es gilt

$$\underline{U}_1^*\,e^{\gamma l} = \underline{U}_2^* = \underline{r}\underline{U}_2 = \underline{r}\underline{U}_1\,e^{-\gamma l}$$

und

$$\underline{I}_1^*\,e^{\gamma l} = \underline{I}_2^* = -\underline{r}\underline{I}_2 = -\underline{r}\underline{I}_1\,e^{-\gamma l}\,.$$

Damit kann man für die Eingangsimpedanz schreiben

$$\underline{Z}_e = \frac{\underline{U}_1}{\underline{I}_1} \cdot \frac{1 + \underline{r}\,e^{-2\gamma l}}{1 - r\,e^{-2\gamma l}} = \underline{Z}_0\,\frac{e^{\gamma l} + \underline{r}\,e^{-\gamma l}}{e^{\gamma l} - \underline{r}\,e^{-\gamma l}}\,. \tag{3.30}$$

Der Reflexionsfaktor $\underline{r}$ wird aber durch die Abschlußimpedanz $\underline{Z}_a$ bestimmt. Setzt man $\underline{r}$ aus (3.24) in (3.30) ein, erhält man nach einigen Umformungen

$$\underline{Z}_e = \underline{Z}_0\,\frac{\underline{Z}_a + \underline{Z}_0 \tanh \gamma l}{\underline{Z}_0 + \underline{Z}_a \tanh \gamma l}\,. \tag{3.31}$$

Diese Gleichung sagt aus, daß die Eingangsimpedanz einer Leitung endlicher Länge von ihrer Länge und der Abschlußimpedanz bestimmt wird. Insbesondere ergibt sich für $\underline{Z}_a = \underline{Z}_0$, daß unabhängig von der Leitungslänge $\underline{Z}_e = \underline{Z}_0$ ist, ein Ergebnis, das wir oben bereits aus anschaulichen Überlegungen abgeleitet hatten. Durch Umstellen folgt aus (3.31)

$$\underline{Z}_a = \underline{Z}_0 \frac{\underline{Z}_e - \underline{Z}_0 \tanh \underline{\gamma} l}{\underline{Z}_0 - \underline{Z}_e \tanh \underline{\gamma} l}, \tag{3.32}$$

d. h., man kann die Abschlußimpedanz ermitteln, wenn man die Eingangsimpedanz einer Leitung und ihre Länge kennt.

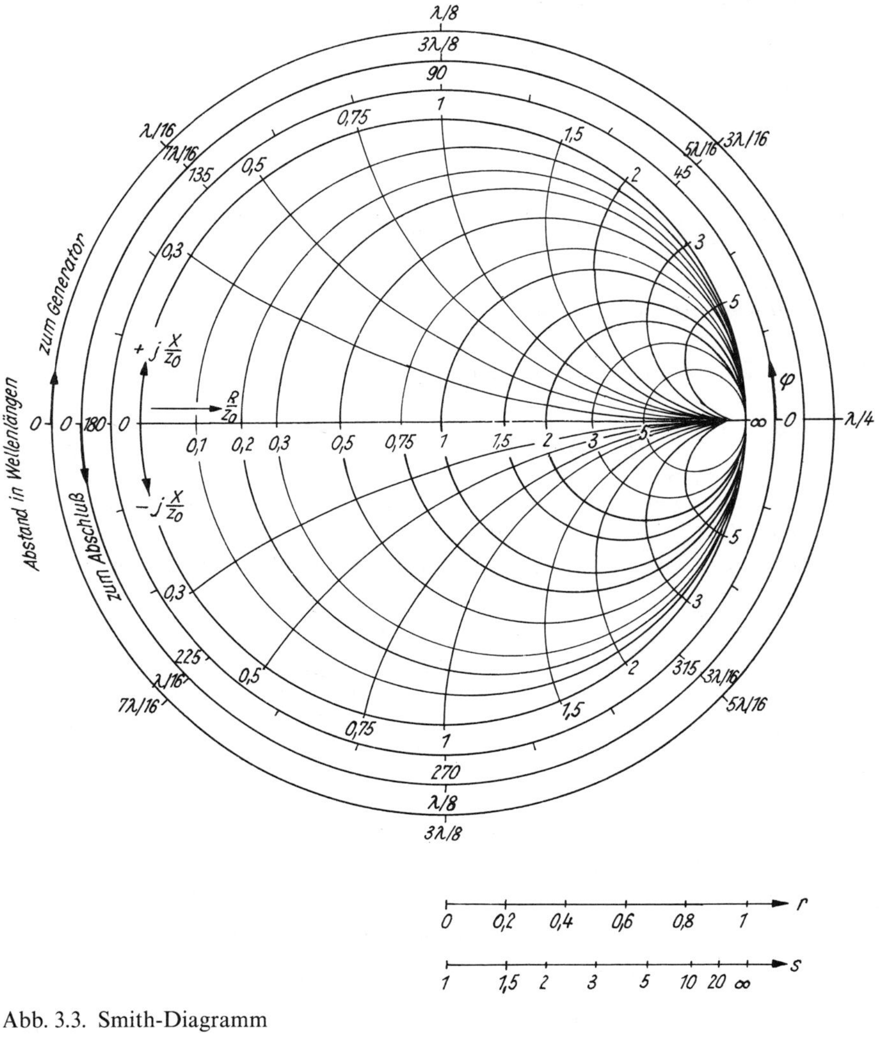

Abb. 3.3. Smith-Diagramm

Diese Transformationsgleichungen vereinfachen sich für den Fall der verlustlosen Leitung. Nach (3.12) wird das Argument $\underline{\gamma} l$ dann rein imaginär, und man erhält aus (3.31)

$$\underline{Z}_e = \underline{Z}_0 \frac{\underline{Z}_a + j\underline{Z}_0 \tan \beta l}{\underline{Z}_0 + j\underline{Z}_a \tan \beta l}. \tag{3.33}$$

Als speziellen, aber für die Anwendung wichtigen Fall liest man aus (3.33) ab: Die verlustlose, am Ausgang offene ($\underline{Y}_a = 1/\underline{Z}_a = 0$) oder kurzgeschlossene ($\underline{Z}_a = 0$)

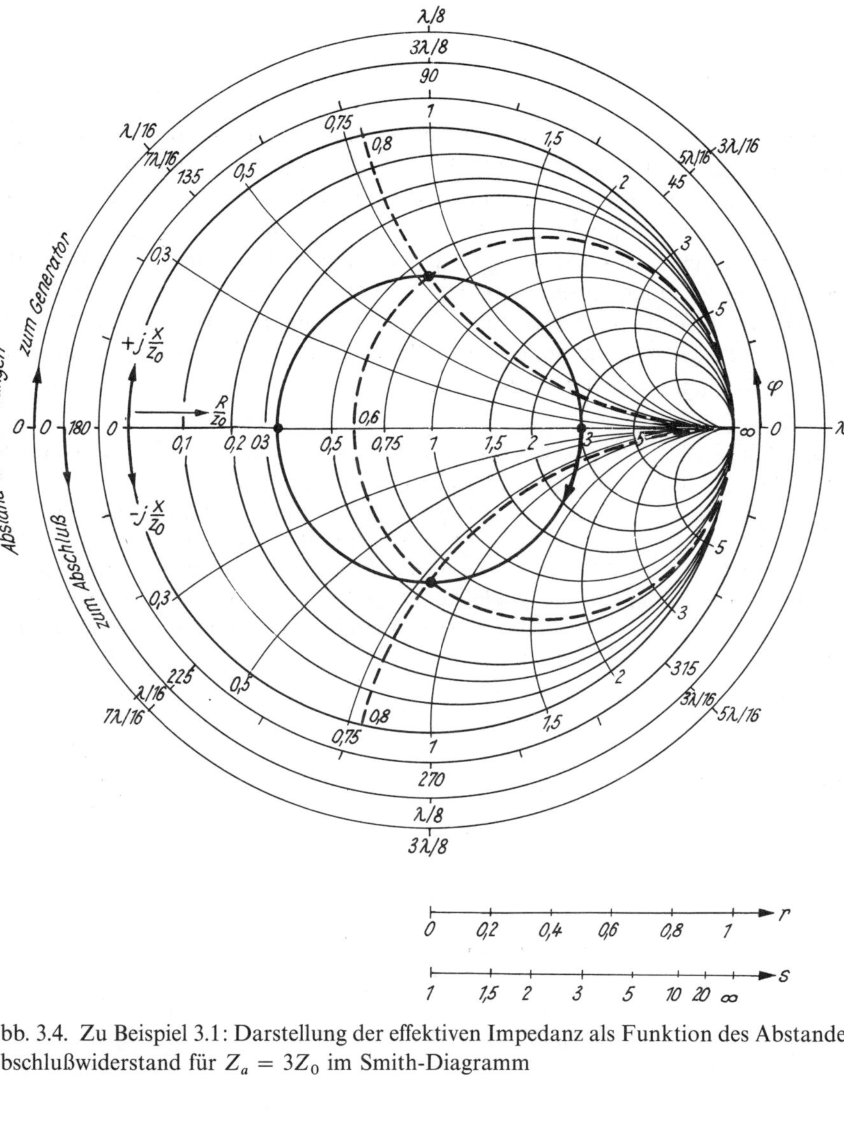

Abb. 3.4. Zu Beispiel 3.1: Darstellung der effektiven Impedanz als Funktion des Abstandes vom Abschlußwiderstand für $Z_a = 3Z_0$ im Smith-Diagramm

Leitung wirkt am Eingang wie ein reiner Blindwiderstand, dessen spezielle Eigenschaften nur von der Leitungslänge abhängen. So ist z. B. bei kurzgeschlossenem Ausgang $\underline{Z}_e$ für $0 < l < \lambda/4$ positiv (d. h. induktiv) und für $\lambda/4 < l < \lambda/2$ negativ (d. h. kapazitiv). Diese Eigenschaften wiederholen sich mit der Periode $\lambda/2$.

Die Auswertung der transzendenten Gleichung (3.33) läßt sich mit Hilfe grafischer Methoden vereinfachen. Eine solche Methode liefert die Anwendung des Smith-Diagramms. Dazu geht man zu normierten Impedanzen über, indem man alle Werte auf den Wellenwiderstand bezieht, den man reell annimmt (verlustlose Leitung). Dann läßt sich (3.30) auf eine Form

$$\underline{z}_e = \frac{\underline{Z}_e}{\underline{Z}_0} = \frac{1 + \underline{r}'}{1 - \underline{r}'} \tag{3.34}$$

bringen mit $\underline{r}' = r \cdot \exp[-j(2\beta l - \varphi)]$. Diese Gleichung beschreibt die Abbildung der als Darstellungsfläche für Impedanzen $\underline{Z} = R + jX$ verwendeten Gaussschen Zahlenebene auf einen Einheitskreis und die der rechtwinkligen Koordinaten auf die Kreiskoordinaten des Smith-Diagramms (Abb. 3.3). Dem Mittelpunkt des Kreisdiagramms entspricht $r = 0$ ($\underline{Z}_a = Z_0$); für jede andere Abschlußimpedanz nimmt der Reflexionsfaktor einen bestimmten, von der Leitungslänge unabhängigen Betrag an. Die effektive Impedanz auf der Leitung in Abhängigkeit von der Leitungslänge l zwischen dem Leitungsabschluß und der Meßebene wird im Smith-Diagramm durch einen konzentrischen Kreis dargestellt.

Beispiel 3.1. Für $\underline{Z}_a = 3Z_0$ soll die effektive Impedanz auf einer Leitung in Abhängigkeit vom Abstand der Meßebene zum Abschlußwiderstand dargestellt werden.

Aus (3.24) folgt $r = 0{,}5$, d. h., im Smith-Diagramm ergibt sich als Darstellung der effektiven Impedanz auf der Leitung ein konzentrischer Kreis mit dem Radius 0,5 (s. Abb. 3.4). Gegeben ist der Punkt $R_a/Z_0 = 3$, $X_a/Z_0 = 0$ im Diagramm. Mit wachsendem Abstand vom Abschluß bewegt man sich auf dem Impedanzkreis in Richtung zum Generator. Aus dem Smith-Diagramm liest man z. B. die in Tab. 8 angegebenen charakteristischen Werte für die Impedanz in Abhängigkeit von der Leitungslänge ab.

Tabelle 8
Zu Beispiel 3.1, Abb. 3.4

Abstand zur Abschlußimpedanz	effektive Impedanz
0	$3Z_0$
$\lambda/8$	$(0{,}6 - j \cdot 0{,}8)\, Z_0$
$\lambda/4$	$0{,}33Z_0$
$3\lambda/8$	$(0{,}6 + j \cdot 0{,}8)\, Z_0$
$\lambda/2$	$3Z_0$

Beispiel 3.2. Berechnung des Reflexionsfaktors und der Abschlußimpedanz aus dem Stehwellenverhältnis und dem Abstand des Spannungsminimums zum Abschluß und Darstellung im Smith-Diagramm.

Meßwerte: $s = 3$, $x_{\min} = 12$ cm; $\lambda = 20$ cm.

Aus den Meßwerten ergibt sich nach (3.27) und (3.28)

$$r = 0{,}5, \qquad \varphi = -108^\circ .$$

Aus (3.24) erhält man

$$z_a = \frac{\underline{Z}_a}{\underline{Z}_0} = \frac{1 + \underline{r}}{1 - \underline{r}} = \frac{1 - r^2}{1 + r^2 - 2r\cos\varphi} + j\,\frac{2r\sin\varphi}{1 + r^2 - 2r\cos\varphi}$$

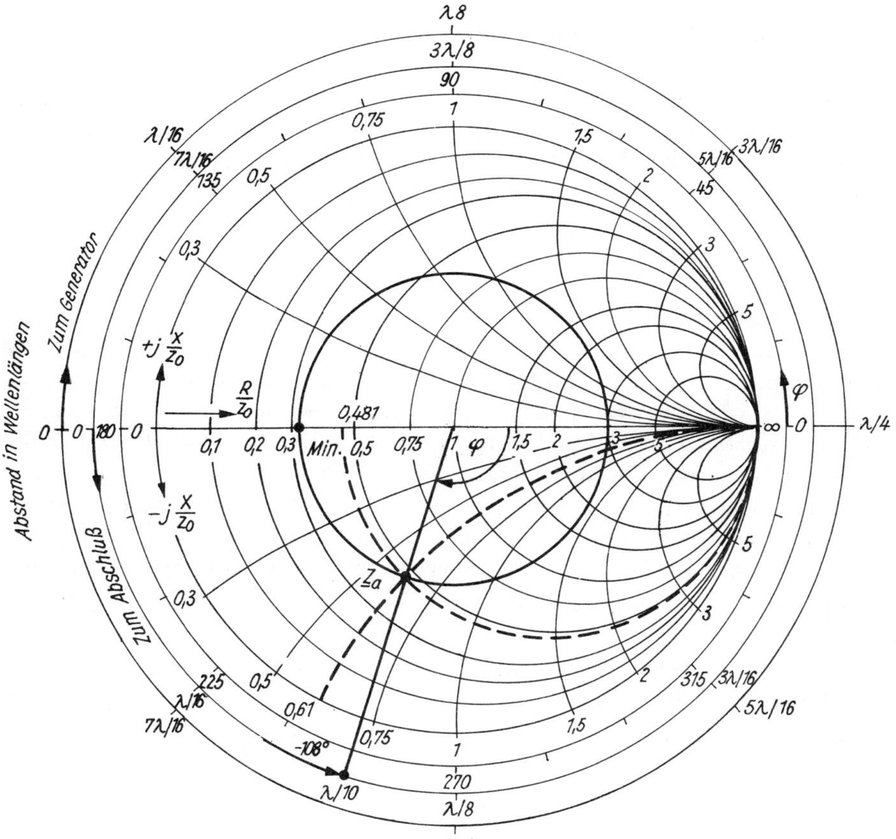

Abb. 3.5. Zu Beispiel 3.2: Grafische Bestimmung von $\underline{r}$ und $\underline{Z}_a$ aus dem Stehwellenverhältnis s und dem Minimumabstand $x_{\min}$

und damit schließlich

$$\underline{Z}_a = R_a + jX_a = (0{,}481 - 0{,}61j)\,Z_0\,.$$

In Abb. 3.5 sind diese Zusammenhänge im Smith-Diagramm dargestellt. Dem Minimum entspricht im Smith-Diagramm der Punkt s auf der reellen Achse. Die Abschlußimpedanz findet man auf dem Impedanzkreis mit dem Radius s im Abstand $l_{\min} = x_{\min} - \lambda/2$ vom Minimum in Richtung zur Last. Die oben berechneten Zahlenwerte ergeben sich unmittelbar aus dem Diagramm; außerdem kann man Betrag und Phasenwinkel des Reflexionsfaktors direkt ablesen.

3.2 Anwendungen von Leitungen

Wie bereits gesagt, finden Leitungen ihre Hauptanwendung als elektrische Verbindungen zur Energie- oder Signalübertragung zwischen einzelnen Geräten oder Baugruppen einer Anlage oder eines Systems. Daneben ergeben sich auf der Grundlage der Leitungstheorie eine ganze Anzahl spezieller Anwendungen, von denen einige für die Meßtechnik besonders wichtige kurz besprochen werden sollen.

3.2.1 Anpassung

Beim Zusammenschalten einer Spannungsquelle mit einem Verbraucher spricht man von Anpassung, wenn dem Verbraucher die maximale Leistung zugeführt wird (1.1.5). Ist zwischen Spannungsquelle und Verbraucher eine Leitung geschaltet, muß die Energieübertragung reflexionsfrei erfolgen. Das ist der Fall, wenn die Leitung mit ihrem Wellenwiderstand abgeschlossen ist. Ist auch der Innenwiderstand der Spannungsquelle gleich dem Wellenwiderstand, liegt Anpassung vor.

Diese Bedingungen sind in der Praxis häufig nicht erfüllt. Dann bietet die Impedanztransformation durch homogene Leitungen Möglichkeiten zum Aufbau von Anpassungsschaltungen.

In Abb. 3.6 ist eine Schaltung wiedergegeben, in der eine Spannungsquelle mit dem Innenwiderstand $\underline{R}_i$ mit einem Verbraucher $\underline{Z}_a$ verbunden ist, wobei $\underline{R}_i \neq \underline{Z}_a$ ist. Das Leitungsstück I habe den Wellenwiderstand $\underline{Z}_{01} = \underline{R}_i$, das am Verbraucher ange-

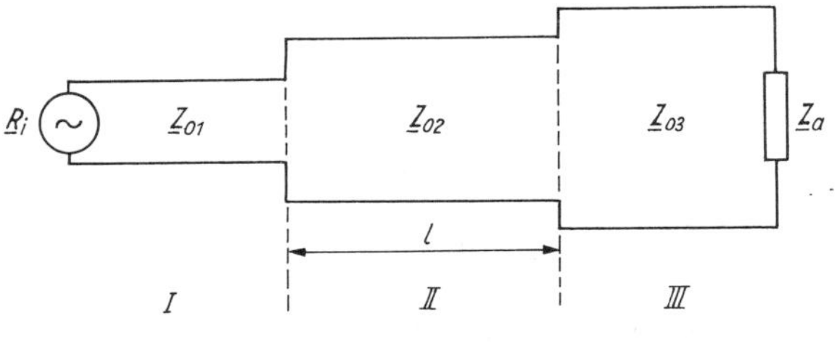

Abb. 3.6. Anpassung durch einen $\lambda/4$-Transformator

schlossene Leitungsstück III den Wellenwiderstand $\underline{Z}_{03} = \underline{Z}_a$. Damit in der gesamten Schaltung keine Reflexionen auftreten, muß die Verbindungsleitung II die Eingangsimpedanz $\underline{Z}_{e2} = \underline{Z}_{01}$ und die Ausgangsimpedanz $\underline{Z}_{a2} = \underline{Z}_{03}$ haben. Bei vernachlässigbarer Dämpfung der Verbindungsleitung II gilt nach (3.33) die Transformationsbeziehung

$$\underline{Z}_{e2} = \underline{Z}_{02} \frac{\underline{Z}_{03} + j\underline{Z}_{02} \tan \beta l}{\underline{Z}_{02} + j\underline{Z}_{03} \tan \beta l} = \underline{Z}_{01} ,$$

die auf die Bedingungsgleichung

$$\underline{Z}_{02}^2 - j \frac{\underline{Z}_{03} - \underline{Z}_{01}}{\tan \beta l} \underline{Z}_{02} - \underline{Z}_{01}\underline{Z}_{03} = 0 \tag{3.35}$$

führt. Nimmt man an, daß alle Wellenwiderstände reell sind, findet man reelle Lösungen für (3.35), wenn $\tan \beta l = \infty$ ist, d. h., wenn $l = (2k + 1) \cdot \lambda/4$ ist (mit $k = 0, 1, 2, \ldots$). Dann ist

$$\underline{Z}_{02} = \sqrt{\underline{Z}_{01}\underline{Z}_{03}} . \tag{3.36}$$

Das zur Anpassung erforderliche Leitungsstück II hat also eine Länge von $\lambda/4$ ($\lambda/4$-Transformator[1]) und einen Wellenwiderstand, der gleich dem geometrischen Mittelwert der beiden anzupassenden Widerstände ist. Die gleichen Überlegungen gelten, wenn eine der beiden Leitungen I oder III oder auch beide weggelassen werden.

Anpassung mittels eines $\lambda/4$-Transformators ist nur möglich, wenn der Lastwiderstand reell ist. Die Anwendung sogenannter Stichleitungen – das sind am Ende kurzgeschlossene Leitungen veränderlicher Länge, die als nahezu reiner Blindwiderstand wirken (s. 3.1.4) – gestattet aber in Verbindung mit den Transformationseigenschaften einer Leitung die Anpassung eines beliebigen komplexen Abschlußwiderstandes. Dazu wählt man die Leitungslänge l_L zwischen der Anpassungsebene A und der Abschlußimpedanz $\underline{Z}_a$ so, daß der Wirkanteil der in die Anpassungsebene

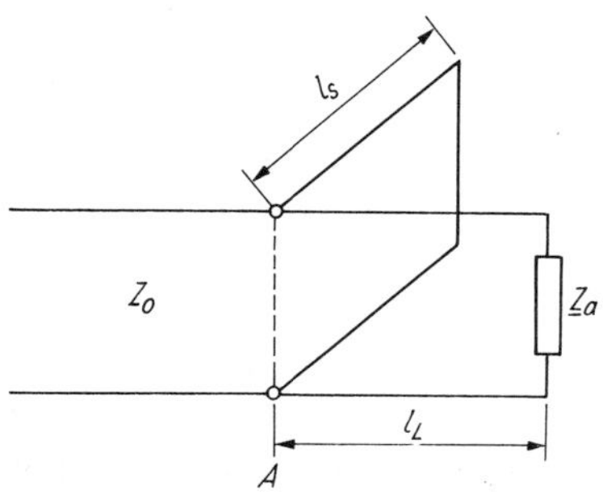

Abb. 3.7. Anpassung einer komplexen Last mittels Stichleitung

[1] Der $\lambda/4$-Transformator der Leitungstechnik entspricht in seiner Funktionsweise den reflexionsmindernden Schichten, die man im optischen Gerätebau anwendet.

transformierten effektiven Impedanz gleich dem Wellenwiderstand ist. Die Länge l_S der Stichleitung wird dann so eingestellt, daß der gesamte Blindanteil in der Anpassungsebene verschwindet (Abb. 3.7).

Natürlich führen unvermeidliche Verluste in der Praxis dazu, daß keine vollständige Anpassung erreicht werden kann. Außerdem gilt die Anpassung stets nur für eine Frequenz. Bei der Übertragung von Signalen endlicher Bandbreite muß man also stets mit einer gewissen Fehlanpassung rechnen.

3.2.2 Leitungen als Resonatoren

Ein einfacher elektromagnetischer Resonator, z. B. ein Serien- oder Parallelschwingkreis hat folgende Eigenschaften:

1. Bei der Resonanzfrequenz wird der Gesamtwiderstand reell und nimmt einen Extremwert an.
2. Im Resonator wird elektromagnetische Energie gespeichert.

Wie man leicht zeigen kann, weist diese Eigenschaft auch eine am Ende offene oder kurzgeschlossene Leitung auf.

Für die am Ende kurzgeschlossene Leitung ($\underline{Z}_a = 0$) ist $\underline{r} = -1$. Damit folgt aus (3.30) für ihre Eingangsimpedanz

$$\underline{Z}_e = \underline{Z}_0 \frac{1 - (\cos 2\beta l - j \sin 2\beta l)\, e^{-2\alpha l}}{1 + (\cos 2\beta l - j \sin 2\beta l)\, e^{-2\alpha l}}. \tag{3.37}$$

Setzt man voraus, daß $\underline{Z}_0$ reell ist, dann wird $\underline{Z}_e$ reell für $2\beta l = k\pi$, d. h. für $l = k\lambda/4$ $(k = 1, 2, 3, \ldots)$. Für $l = (2k - 1)\,\lambda/4$ wird

$$Z_e = Z_0 \frac{1 + e^{-(2k-1)(\lambda/2)\alpha}}{1 - e^{-(2k-1)(\lambda/2)\alpha}}, \tag{3.38}$$

d. h., Z_e nimmt ein Maximum an, während für $l = k\lambda/2$

$$Z_e = Z_0 \frac{1 - e^{-k\alpha\lambda}}{1 + e^{-k\alpha\lambda}} \tag{3.39}$$

wird, also ein Minimum annimmt. Wie bereits oben diskutiert (s. 3.1.3), entsteht auf der Leitung ein stationärer, zeitlich und räumlich periodischer Zustand, den man als stehende Welle bezeichnet, den man aber auch als erzwungene Schwingung deuten kann. Die Güte eines Leitungsresonators hängt von der Dämpfungskonstanten α der Leitung ab; die durch α beschriebenen Verluste rühren vom Längswiderstand R' und vom Querleitwert G' der Leitung her. Sinngemäß spricht man bei $l = (2k - 1)\,\lambda/4$ von Parallelresonanz und bei $l = k\lambda/2$ von Serienresonanz (vgl. 2.2.3).

Für die am Ende offene Leitung gilt $\underline{r} = 1$. Aus (3.30) folgt damit für die Eingangsimpedanz

$$\underline{Z}_e = \underline{Z}_0 \frac{1 + (\cos 2\beta l - j \sin 2\beta l)\, \mathrm{e}^{-2\alpha l}}{1 - (\cos 2\beta l - j \sin 2\beta l)\, \mathrm{e}^{-2\alpha l}}\,. \tag{3.40}$$

Nimmt man wieder $\underline{Z}_0$ reell an, folgt aus (3.40), daß $\underline{Z}_e$ wieder für $l = k\lambda/4$ reell wird ($k = 1, 2, 3, \ldots$). Allerdings tritt Serienresonanz jetzt bei $l = (2k - 1)\,\lambda/4$ und Parallelresonanz bei $l = k\lambda/2$ ein.

Tatsächlich sind die Resonanzlängen geringfügig kürzer als die hier berechneten, da am Eingang der Leitungen Feldverzerrungen auftreten, die wie eine zusätzliche Parallelkapazität wirken.

Man kann auch eine beidseitig kurzgeschlossene Leitung als Resonator benutzen. Eine solche Leitung kann man als Parallelschaltung von zwei am Ende kurzgeschlossenen Leitungen der halben Länge auffassen, für die dann (3.37) anwendbar ist. Die Ankopplung eines solchen Resonators erfolgt in der Mitte.

3.2.3 Schaltverhalten von Leitungen

Bisher hatten wir uns auf Vorgänge beschränkt, die sich auf Leitungen im eingeschwungenen Zustand, d. h. hinreichend lange nach dem Einschalten der äußeren Spannung, herausbilden. Bei vielen Problemen, z. B. bei der Übertragung impulsförmiger Signale, interessiert aber gerade das Ein- und Ausschaltverhalten von Leitungen. Eine exakte Beschreibung ihres Schaltverhaltens kann mit Hilfe der Methode der Laplace-Transformation vorgenommen werden. Man kann aber bereits sehr wesentliche Aussagen gewinnen, wenn man sich auf einige anschauliche Überlegungen beschränkt. Dabei wird zur Vereinfachung wieder vorausgesetzt, daß die Leitung verlustfrei ist, d. h., daß der Wellenwiderstand $Z_0 = \sqrt{L'/C'}$ reell ist und keine Dispersion auftritt, also $v_{\mathrm{ph}} = v_{\mathrm{g}} = 1/\sqrt{L'C'}$ ist. Beschreibt man ein beliebiges Signal – z. B. eine Sprungfunktion – durch seine Spektralfunktion, folgt aus dieser Voraussetzung, daß sich alle spektralen Komponenten ungedämpft und mit gleicher Geschwindigkeit ausbreiten: Das Signal wird bei der Übertragung nicht verformt.

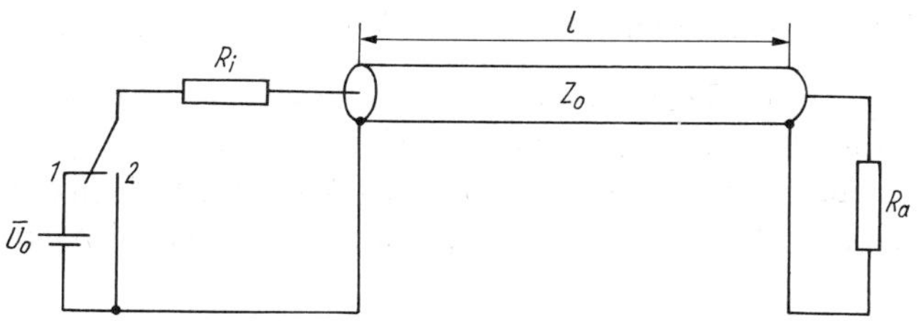

Abb. 3.8. Zum Ein- und Ausschaltvorgang an einer Leitung (alle Widerstände werden reell angenommen)

Betrachten wir zunächst den Fall, daß zur Zeit $t = t_1$ an den Eingang der Leitung eine Sprungfunktion angelegt wird (Abb. 3.8: Zur Zeit $t = t_1$ wird der Schalter S von 2 nach 1 umgeschaltet). Unabhängig vom Abschlußwiderstand tritt am Eingang der Leitung ein Spannungssprung

$$U_e = \frac{Z_0}{Z_0 + R_i} \bar{U}_0 \tag{3.41}$$

auf, da im Moment des Einschaltens der Eingangswiderstand der Leitung gleich ihrem Wellenwiderstand ist. Dieser Spannungssprung pflanzt sich mit der Geschwindigkeit $v = 1/\sqrt{L'C'}$ in die Leitung hinein fort und kommt nach der Laufzeit $t_l = l/v$ am Abschlußwiderstand an. Der weitere Verlauf des Einschaltvorgangs hängt von R_a ab:

$R_a = Z_0$: Am Leitungsende tritt keine Reflexion auf; der Einschaltvorgang ist nach der Zeit t_l beendet, und die Spannung hat längs der ganzen Leitung den stationären Wert

$$U_s = \frac{R_a}{R_i + R_a} \bar{U}_0 . \tag{3.42}$$

$R_a \neq Z_0$: Am Leitungsende tritt eine Reflexion auf; es läuft ein Spannungssprung

$$U_r = rU_e = \frac{R_a - Z_0}{R_a + Z_0} \cdot \frac{Z_0}{Z_0 + R_i} \bar{U}_0 \tag{3.43}$$

in die Leitung zurück, der sich mit dem hinlaufenden (s. (3.41)) überlagert. Ist $R_i = Z_0$, dann hat sich nach der Zeit $2t_l$ auf der ganzen Leitung die Spannung

$$U = (1 + r) \cdot U_e = \frac{R_a}{R_i + R_a} \bar{U}_0 , \tag{3.44}$$

d. h. wieder der stationäre Wert U_s, eingestellt, und der Einschaltvorgang ist beendet. Anderenfalls ($R_i \neq Z_0$) tritt auch am Eingang eine Reflexion auf. Es kommt zu Mehrfachreflexionen, und der Einschaltvorgang klingt um so langsamer ab, je größer die Fehlanpassungen am Eingang und am Ausgang sind. Der stationäre Endwert U_s stellt sich asymptotisch ein.

Betrachten wir ganz analog den Ausschaltvorgang (Abb. 3.8: Zur Zeit $t = t_2 \gg t_1$, d. h. nach Beendigung des Einschaltvorganges, wird der Schalter S von 1 nach 2 geschaltet). Die Quellenspannung springt um $-\bar{U}_0$ auf den Wert Null. Dadurch springt die Eingangsspannung der Leitung unabhängig von ihrem Abschlußwiderstand auf den Wert

$$U'_e = U_s - \frac{Z_0}{R_i + Z_0} \bar{U}_0 = \left(\frac{R_a}{R_i + R_a} - \frac{Z_0}{R_i + Z_0} \right) \bar{U}_0 . \tag{3.45}$$

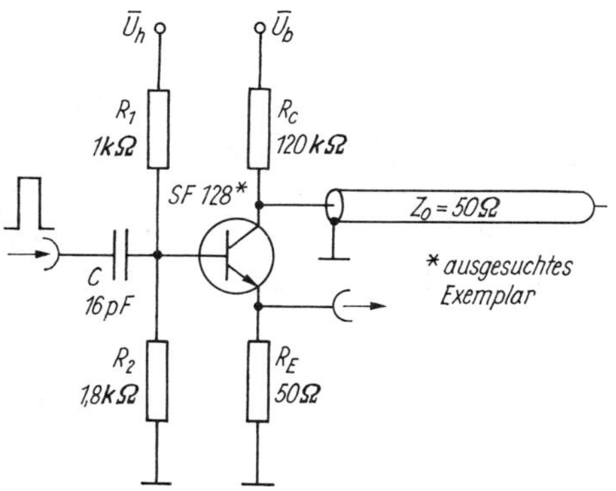

Abb. 3.9. Schaltung eines Impulsgenerators mit Laufzeitkabel

Der weitere Ablauf des Ausschaltvorganges ergibt sich dann aus den gleichen Überlegungen, wie sie für den Einschaltvorgang angestellt wurden.

Leitungen lassen sich zur Erzeugung kurzer Impulse verwenden. Wählt man $R_i = Z_0$ und $R_a = 0$, dann tritt am Eingang der Leitung nach dem Einschalten von $\bar{U}_0$ (s. Abb. 3.8) ein Rechteckimpuls mit der Amplitude $U_p = \bar{U}_0/2$ und der Dauer $t_p = 2l/v$ und nach dem Ausschalten ein gleichlanger negativer Impuls mit der Amplitude $U_p = -\bar{U}_0/2$ auf.

Ein Schaltungsbeispiel für einen Generator zur Erzeugung kurzer Rechteckimpulse großer Amplitude zeigt Abb. 3.9. Die am Ende offene Leitung liegt über den großen Widerstand R_C an der Betriebsspannung ($\bar{U}_b = 150$ V). Der Transistor wird mit einer negativen Hilfsspannung ($\bar{U}_h = -3$ V) sicher gesperrt. Dadurch steigt die Kollektorspannung bis auf den Wert $\bar{U}_b$ an. Wird der Transistor nun durch einen positiven Impuls geöffnet, geht er aufgrund der hohen Kollektorspannung sehr schnell in den leitenden Zustand über (es kommt zum Lawinendurchbruch — s. 4.4.6; die Schaltzeit beträgt etwa 1 ns). Dadurch liegt der Eingang über $R_E = Z_0$ praktisch an Masse, und an R_E tritt ein Impuls mit der Amplitude $U_0 = \bar{U}_b \cdot R_E/(R_E + Z_0) = \bar{U}_b/2$ und der Dauer $t_p = 2t_l$ auf. Danach sperrt der Transistor wieder, und die Kollektorspannung steigt erneut an. Die Schaltung kann auch freilaufend betrieben werden, wenn man $\bar{U}_b$ größer als die Durchbruchspannung wählt; mittels R_C kann dann die Periodendauer verändert werden.

3.3 Spezielle Leitungen

Bisher waren die Grundlagen der Ausbreitung elektromagnetischer Wellen auf Leitungen ohne strengen Bezug auf bestimmte Leitungstypen behandelt worden. Eingangs war zwar von der Lecher-Leitung ausgegangen worden, die wichtigsten Ergebnisse erwiesen sich aber als auf andere Leitungstypen übertragbar. In diesem Abschnitt soll kurz auf die besonderen Eigenschaften einiger praktisch wichtiger Leitungsbauformen eingegangen werden.

3.3.1 TEM-Leitungen

Unter diesem Begriff faßt man alle Leitungen zusammen, auf denen sich TEM-Wellen (von: transversal elektro-magnetisch) ausbreiten, d. h., daß nur zur Ausbreitungsrichtung senkrechte elektrische und magnetische Feldkomponenten auftreten. Allen TEM-Leitungen gemeinsam ist, daß die Phasengeschwindigkeit im verlustfreien Fall nicht von der Frequenz abhängt. Hat der felderfüllte Raum die relative DK ε_r, gilt daher

$$v_{\mathrm{ph}} = v_g = \frac{c_0}{\varepsilon_r} \tag{3.46}$$

(c_0 Lichtgeschwindigkeit im Vakuum).

3.3.1.1 Paralleldrahtleitung

Die Paralleldrahtleitung besteht aus zwei Leitern konstanten Querschnitts, die mittels eines Dielektrikums in einem konstanten Abstand zueinander gehalten werden (Abb. 3.10). Im störungsfreien Fall ist die Mittelebene zwischen ihnen die elektrische Symmetrieebene. Die Einspeisung muß daher durch einen erdsymmetrischen Generatorausgang erfolgen, so daß die beiden Leiter im Gegentakt betrieben werden.

Dieser als Bandkabel bezeichnete Leitungstyp findet in der UKW-Technik Verwendung. Unter der Voraussetzung, daß $d \gg r$ ist, gilt für den Induktivitätsbelag (s. Abb. 3.10)

$$L' = \frac{\mu_0}{\pi} \ln \frac{d}{r}, \tag{3.47}$$

wenn das umgebende Material unmagnetisch ist ($\mu_r = 1$), und für den Kapazitätsbelag

$$C' = \frac{\pi \varepsilon_0 \varepsilon_r}{\ln \frac{d}{r}}, \tag{3.48}$$

wobei ε_r die relative DK des umgebenden Materials ist. Daraus folgt unter Vernachlässigung der Verluste für den Wellenwiderstand

$$Z_0 = \frac{1}{\pi} \sqrt{\frac{\mu_0}{\varepsilon_0 \varepsilon_r}} \ln \frac{d}{r}. \tag{3.49}$$

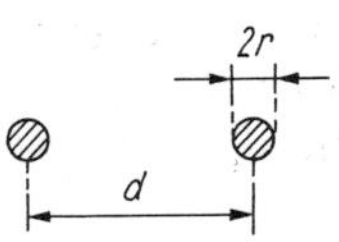

Abb. 3.10. Paralleldrahtleitung, Querschnitt (schematisch)

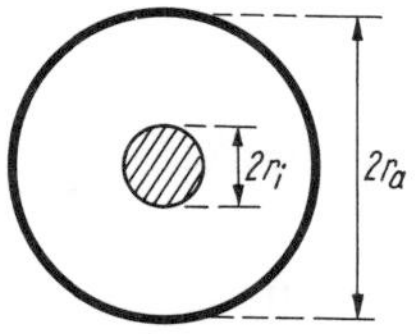

Abb. 3.11. Koaxialleitung, Querschnitt (schematisch)

Vorteilhaft ist die einfache und billige Herstellung dieses Kabeltyps, nachteilig sind die relativ hohen Strahlungsverluste sowie die Störung der Wellenparameter durch die Umgebung; z. B. steigt die Dämpfung durch Verschmutzung der Kabeloberfläche erheblich an.

3.3.1.2 Koaxialleiter

Besser geeignet für die unterschiedlichen Anwendungen in der Meß- und Nachrichtentechnik ist das Koaxialkabel, bei dem Hin- und Rückleiter konzentrisch angeordnet sind (Abb. 3.11). Der Außenleiter ist i. allg. geerdet, d. h., die Einspeisung erfolgt erdunsymmetrisch. Zwar weist dieser Leitungstyp gegenüber der Paralleldrahtleitung eine höhere Grunddämpfung auf und ist aufgrund des höheren Material- und Fertigungsaufwandes teurer, aber da der Außenleiter als elektrische Abschirmung wirkt, treten praktisch keine Strahlungsverluste auf, können keine Störungen influenziert und die Wellenparameter nicht durch die Umgebung beeinflußt werden. Der Induktivitätsbelag ist

$$L' = \frac{\mu_0}{2\pi} \ln \frac{r_a}{r_i} \tag{3.50}$$

und der Kapazitätsbelag

$$C' = \frac{2\pi\varepsilon_0\varepsilon_r}{\ln \frac{r_a}{r_i}}, \tag{3.51}$$

wenn das Volumen zwischen Innen- und Außenleiter von einem unmagnetischen Dielektrikum ($\mu_r = 1$) mit der relativen DK ε_r ausgefüllt ist. Unter Vernachlässigung der Verluste gilt

$$Z_0 = \frac{1}{2\pi} \sqrt{\frac{\mu_0}{\varepsilon_0\varepsilon_r}} \ln \frac{r_a}{r_i}. \tag{3.52}$$

3.3.1.3 Streifenleiter

Im Frequenzbereich 0,3 … 3 GHz werden in zunehmendem Maße Streifenleiter als Leitungselemente in Schaltungen eingesetzt, da sie sich auf der Basis moderner

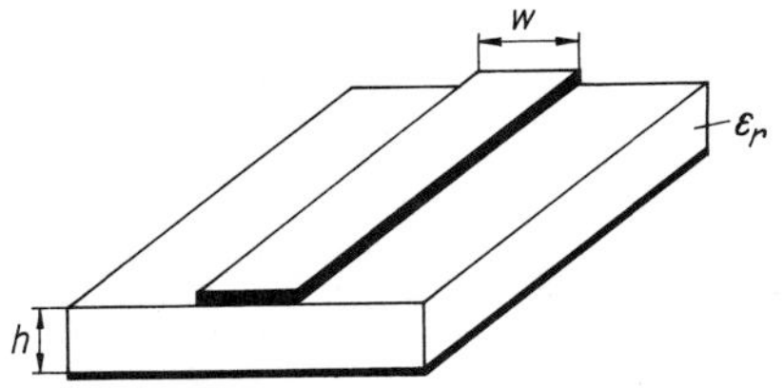

Abb. 3.12. Mikrostreifenleitung

Technologien besonders einfach, klein und kostengünstig herstellen lassen. Von der Vielzahl der praktisch realisierten Streifenleiter soll hier nur der einfachste, zugleich aber am häufigsten angewandte sogenannte Mikrostreifenleiter betrachtet werden (Abb. 3.12). Bei diesem Typ ist das dielektrische Trägermaterial einseitig mit einer leitfähigen Schicht versehen, auf der anderen Seite werden die Leitungsstrukturen aufgebracht. Es handelt sich also um einen erdunsymmetrischen Leitungstyp. Der Wellenwiderstand hängt in komplizierter Weise von der DK des Substrates und der Geometrie der Leitung ab (Abb. 3.13).

Die Verluste von Streifenleitern sind höher als die anderer, im gleichen Frequenzbereich verwendeter Leitungen, was aber durch die geringeren Abmessungen vergleichbarer Schaltungen teilweise ausgeglichen wird. Da die die Leitungseigenschaften bestimmende effektive DK ebenfalls von der geometrischen Anordnung abhängt, ist auch die Phasengeschwindigkeit geringfügig geometrieabhängig.

3.3.2 Hohlleiter

Vorgänge auf Leitungen lassen sich durch Wellen beschreiben. Die bisher behandelten Wellentypen können durch die Zeit- und Ortsabhängigkeit von Spannung und

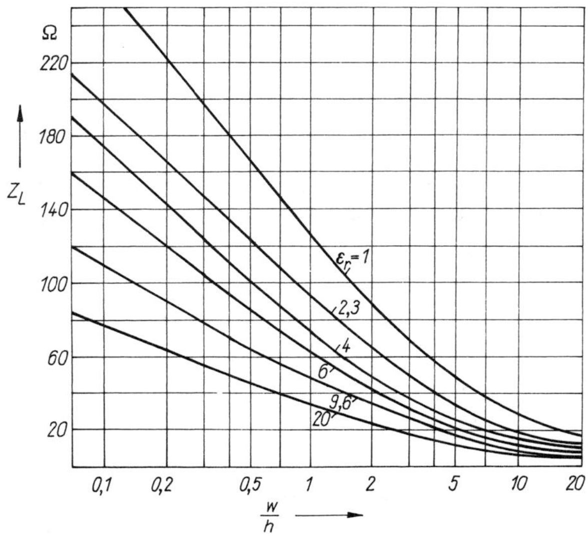

Abb. 3.13. Wellenwiderstand von Mikrostreifenleitungen (berechnet nach Hammerstadt)

Stromstärke dargestellt werden, die sich als Lösung der Telegrafengleichung ergab. Sie werden als Leitungswellen bezeichnet. Die Telegrafengleichung gilt aber nur für diesen besonderen Fall. Im allgemeinen Fall muß man von den Maxwellschen Gleichungen ausgehen. Auch dann findet man als allgemeine Lösung Wellen, die jedoch durch die Zeit- und Ortsabhängigkeit der elektrischen und magnetischen Feldstärke beschrieben werden. Die spezielle Form der Lösung hängt von den elektrischen und magnetischen Randbedingungen des Problems ab. Auch die Leitungswellen sind als Spezialfall in dieser allgemeinen Lösung enthalten, d. h., auch Leitungswellen kann man durch die Zeit- und Ortsabhängigkeit der Feldvektoren beschreiben. Da bei ihnen nur zur Ausbreitungsrichtung senkrechte Feldkomponenten auftreten, bezeichnet man sie als TEM-Wellen.

Eine weitere spezielle Lösung, die technisch interessant ist, beschreibt die Wellenausbreitung in Metallrohren, sogenannten Hohlleitern. Diese Lösung ergibt, daß in Ausbreitungsrichtung jeweils nur eine Feldkomponente auftreten kann. Je nachdem, welche Feldkomponente in Ausbreitungsrichtung auftritt, spricht man von einer *E*-Welle (auch TM-, d. h. transversal magnetische Welle) oder von einer *H*-Welle (auch TE-, d. h. transversal elektrische Welle). Die Berücksichtigung der durch die leitenden Wände des Rohres vorgegebenen Randbedingungen liefert für jede Frequenz unendlich viele Lösungen, die sich in ihrer Wellenlänge unterscheiden.

Am häufigsten finden Hohlleiter mit rechteckigem Querschnitt Verwendung, da sie bei einem bestimmten Querschnitt ein Frequenzband aufweisen, für welches nur eine einzige Wellenmode existiert, nämlich die TE-Grundwelle, auch als H_{10}-Welle bezeichnet. Das ergibt sich aus der Tatsache, daß der Rechteck-Hohlleiter für alle Wellenmoden Hochpaßcharakter hat. Die entsprechende Grenzwellenlänge ist

$$\lambda_c = \frac{1}{\sqrt{\left(\frac{m}{2a}\right)^2 + \left(\frac{n}{2b}\right)^2}} \tag{3.53}$$

(m, n ganze Zahl; a, b Hohlleiterabmessungen, s. Abb. 3.15; (3.53) gilt sowohl für E- als auch für H-Wellen). Die grafische Darstellung der Grenzwellenlängen im Vergleich zu den Hohlleiterabmessungen zeigt, daß für einen Rechteck-Hohlleiter mit dem Seitenverhältnis $b/a = 0{,}5$ ein Wellenlängenbereich existiert, in dem nur die H_{10}-Welle ($m = 1$, $n = 0$) auftritt (Abb. 3.14).

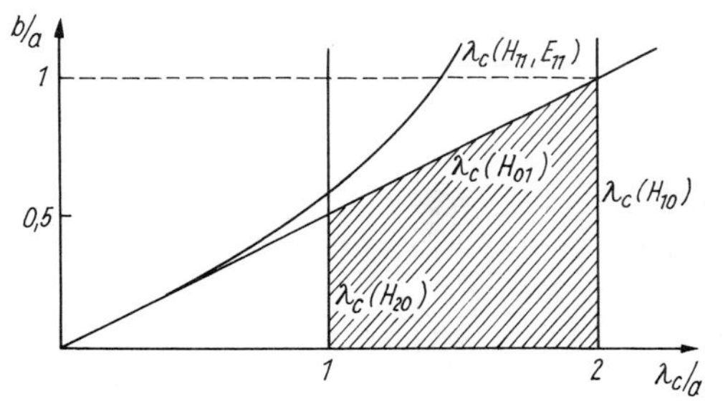

Abb. 3.14. Grenzwellenlängen eines Rechteck-Hohlleiters (schraffiert: Bereich, in dem allein die H_{10}-Welle stabil ist)

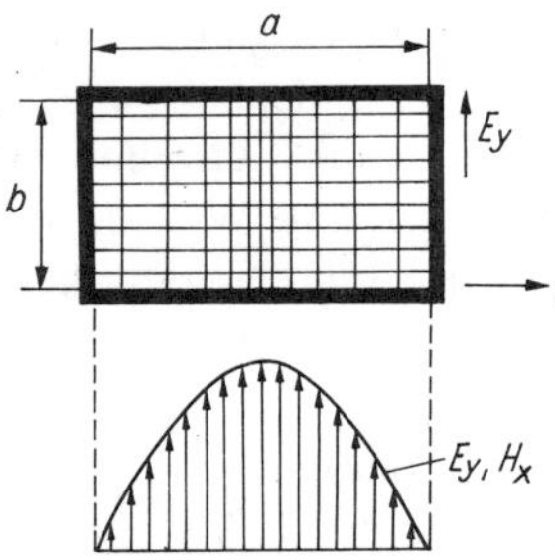

Abb. 3.15. Richtung und Amplitudenverteilung der Feldkomponenten der H_{10}-Welle im Rechteck-Hohlleiter

Die Wellenausbreitung im Hohlleiter erfolgt mit der Phasengeschwindigkeit $v_{ph} = f \cdot \lambda_H$, wobei die Wellenlänge

$$\lambda_H = \frac{\lambda_0}{\sqrt{1 - (\lambda_0/\lambda_c)^2}} \tag{3.54}$$

(λ_0 Vakuum-Wellenlänge im freien Raum) ist und zwischen Gruppen- und Phasengeschwindigkeit der Zusammenhang $v_{ph} \cdot v_g = c_0^2$ besteht. Für die H_{10}-Welle ergibt sich die in Abb. 3.15 schematisch dargestellte Feldverteilung. Das Verhältnis der Momentanwerte der vektoriellen Summen der transversalen Komponenten der elektrischen und magnetischen Feldstärke liefert einen ortsunabhängigen Wert, den Feldwellenwiderstand

$$Z_{FH} = \sqrt{\frac{\mu_0}{\varepsilon_0}} \frac{1}{\sqrt{1 - (\lambda_0/\lambda_c)^2}}. \tag{3.55}$$

Hinsichtlich der Beschreibung der Wellenausbreitung im Hohlleiter spielt dieser die gleiche Rolle wie der Wellenwiderstand einer Leitung hinsichtlich der Ausbreitung der Leitungswelle.

3.3.3 Lichtleiter

Unter bestimmten Voraussetzungen kann man eine elektromagnetische Welle auch längs eines einzelnen metallischen oder dielektrischen Drahtes führen. Die Wellenformen sind ähnlich denen im Hohlleiter, elektrisches und magnetisches Feld sind aber nicht auf das Drahtinnere beschränkt, sondern die Energie wird überwiegend in dem den Draht umgebenden Raum transportiert. Man bezeichnet diese Wellenleiter deshalb als Oberflächenleiter. Wegen ihrer großen Abstrahlung und der damit verbundenen Energieverluste sowie wegen der Schwierigkeiten bei ihrer mechanischen Halterung und elektrischen Ankopplung haben diese Leitungstypen aber in der Höchstfrequenztechnik nur wenig Anwendung gefunden.

Dagegen hat der dielektrische Wellenleiter als Lichtwellenleiter in den letzten Jahren eine herausragende Bedeutung erlangt; vor allem auf Grund seiner hohen Über-

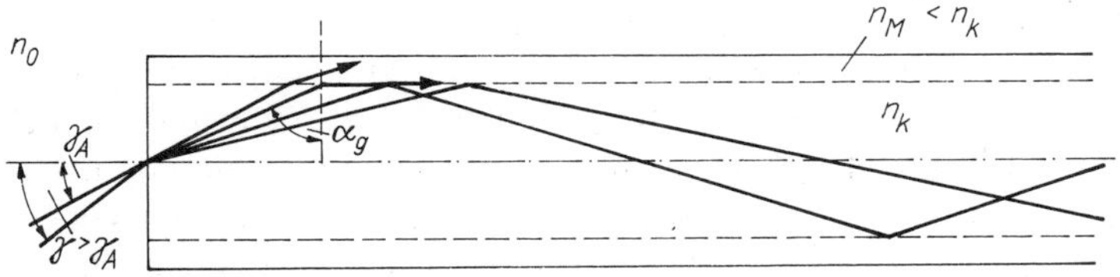

Abb. 3.16. Zur Lichtausbreitung in einem Stufenlichtleiter

tragungskapazität verdrängt er in der Nachrichtentechnik zunehmend die herkömmlichen Kupferkabel und Hohlleiter, seit mit Laserdioden (s. 4.4.6) und Photodioden (s. 4.4.5) geeignete Sende- und Empfangsbauelemente zur Realisierung der Schnittstellen zwischen elektrischen und optischen Übertragungseinrichtungen zur Verfügung stehen. Den Zusammenhang zu den bisher betrachteten Wellenleitern liefert die Beziehung zwischen DK und Brechungsindex:

$$\underline{n} = \sqrt{\underline{\varepsilon}_r}\,. \tag{3.56}$$

Die Lichtwelle wird innerhalb eines Zylinders mit einem gegenüber der Umgebung höheren Brechungsindex durch Totalreflexion geführt. Für bestimmte Anwendungen, z. B. zur Beleuchtung schwer zugänglicher Stellen, wird diese lichtleitende Faser schon lange benutzt; für die Nachrichtentechnik wurde sie jedoch erst interessant, als es gelang, Fasern aus hochreinem Glas herzustellen, die in bestimmten Spektralbereichen eine extrem geringe Dämpfung aufweisen (< 5 dB/km).

Die exakte Beschreibung der Wellenausbreitung muß mittels der Maxwellschen Theorie erfolgen. Das Prinzip läßt sich aber bereits an einem einfachen strahlenoptischen Modell erläutern, das Abb. 3.16 zeigt. Die eigentliche lichtleitende Faser, der Kern mit der Brechzahl n_K, ist von einem Mantel mit der geringeren Brechzahl n_M umgeben. Wegen dieses Brechzahlprofils bezeichnet man diesen Lichtleiter als Stufenlichtleiter. Alle Strahlen, die mit einem Einfallswinkel

$$\alpha > \alpha_g = \arcsin \frac{n_M}{n_K} \tag{3.57}$$

auf die Grenzfläche treffen, werden innerhalb der Faser totalreflektiert und damit weitergeleitet. Der Grenzwinkel α_g der Totalreflexion bestimmt damit den Akzeptanzwinkel γ_A des Strahlenbündels, das von dem Lichtleiter übertragen wird.

Dieses einfache Modell veranschaulicht aber bereits wichtige Übertragungsfehler dieses Lichtleitertyps. Man sieht unmittelbar aus Abb. 3.16, daß Strahlanteile mit unterschiedlichem Einfallswinkel unterschiedliche Lichtwege zurücklegen. Das führt

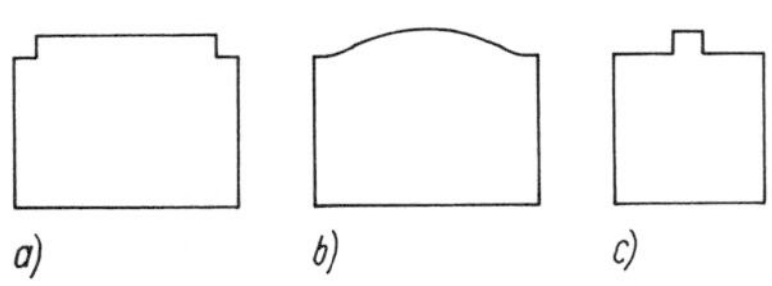

Abb. 3.17. Brechzahlprofile von Lichtwellenleitern (schematisch)
a) Stufenlichtleiter,
b) Gradientenlichtleiter,
c) Monomodefaser

durch unterschiedliche Dämpfung und Laufzeit zu Signalveränderungen, die man unter dem Begriff Modendispersion zusammenfaßt. Die Modendispersion wird bedeutend geringer, wenn die Änderung der Brechzahl zwischen Kern und Mantel kontinuierlich erfolgt (Gradientenlichtleiter) und läßt sich nahezu vollständig beseitigen durch den Übergang zur Monomodefaser, bei der der Kerndurchmesser in der Größenordnung der Lichtwellenlänge liegt (Abb. 3.17). Darüber hinaus haben alle Lichtleiter durch die Wellenlängenabhängigkeit des Brechungsindex, die man als Materialdispersion bezeichnet, eine wellenlängenabhängige Phasengeschwindigkeit.

4 Halbleiterbauelemente

Je nach der Größe der elektrischen Leitfähigkeit teilt man Stoffe in Leiter, Halbleiter und Nichtleiter ein, wobei allerdings die Grenzen zwischen diesen Gruppen nicht exakt festgelegt sind. Als Halbleiter bezeichnet man kristalline Festkörper, die sich bei tiefen Temperaturen ($\vartheta \to 0$ K) wie Nichtleiter verhalten, aber bei Zimmertemperatur eine meßbare Leitfähigkeit besitzen.

4.1 Grundlagen

4.1.1 Bändermodell und Besetzungswahrscheinlichkeit

Ausgangspunkt der folgenden Überlegungen ist das klassische Bohrsche Atommodell. Ein Atom besteht aus dem positiv gelandenen Kern und der negativen Hülle. Der Kern setzt sich aus z Protonen der Ladung $+e$ und $m - z$ ungeladenen Neutronen zusammen (m Massezahl, z Kernladungszahl). Um diesen Kern bewegen sich z Elektronen mit der Ladung $-e$, die die Hülle bilden. Sie führen eine Zentralbewegung mit einer solchen Geschwindigkeit aus (d. h., sie besitzen eine solche kinetische Energie), daß ihre Zentrifugalkraft gerade mit der Coulomb-Kraft im Gleichgewicht ist. Dabei wird die Existenz bestimmter Bahnen vorausgesetzt, auf denen sich die Elektronen ohne Energieverlust bewegen können. Diese werden durch einen Energiewert gekennzeichnet, der sich aus der dem Abstand zum Kern entsprechenden potentiellen und der der Bahngeschwindigkeit entsprechenden kinetischen Energie

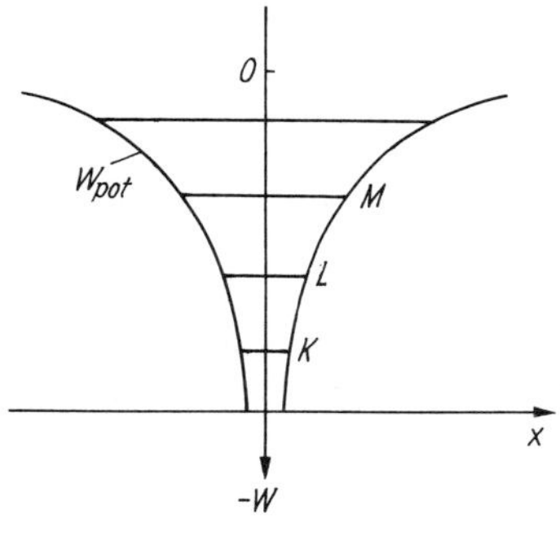

Abb. 4.1. Potentialtopfmodell eines Atoms

zusammensetzt und der ein Maß für die Bindung der Elektronen an den Kern ist. Zustände zwischen diesen Energieeigenwerten sind verboten (man bezeichnet diese Energiebereiche als verbotene Bereiche oder Zonen), aber durch Energieaufnahme oder -abgabe können Elektronenübergänge zwischen den erlaubten Niveaus stattfinden. Anschaulich läßt sich das im sogenannten Potentialtopfmodell (Abb. 4.1) darstellen, wobei man als Bezugsniveau die Energie des freien Elektrons wählt. Es macht deutlich, daß die Elektronen der innersten Schale (K-Schale) am stärksten an den Kern gebunden sind.

Im kristallinen Festkörper sind die Atome in einer räumlich periodischen Gitterstruktur angeordnet. Entsprechend hat auch die potentielle Energie eine periodische Struktur (Abb. 4.2). Wechselwirkungen zwischen den Atomen führen zu einer Aufspaltung der Energieeigenwerte. Im kristallinen Festkörper bedeutet das, daß jedem Elektronenzustand so viele dicht benachbarte Energieeigenwerte entsprechen, wie Atome im Gitter vorhanden sind. Man sagt, daß die ursprünglich diskreten Energieeigenwerte des Atoms in Energiebänder mit einer praktisch kontinuierlichen Verteilung der Energieeigenwerte aufspalten (s. Abb. 4.2). Nach wie vor existieren zwischen diesen Bändern der erlaubten Energiezustände i. allg. verbotene Bereiche.

Aus Abb. 4.2 erkennt man, daß von einem bestimmten Energieband an die Bindung der Elektronen an das Atom verlorengeht. Man bezeichnet das letzte Band, das im Grundzustand noch vollständig besetzt ist, als Valenzband, da die Elektronen dieses Bandes das chemische Bindungsverhalten des Stoffes bestimmen. Das nächste Band heißt Leitungsband, weil in ihm die Elektronen ungebunden sind und unter dem Einfluß eines elektrischen Feldes im Gitter verschoben werden können. Zur Diskussion der Leitfähigkeitsphänomene kann die Betrachtung auf diese beiden Energiebänder beschränkt werden.

In einem Festkörper stehen den Elektronen mehr Energieeigenwerte zur Verfügung, als Elektronen vorhanden sind. Es sind also nicht alle Energieniveaus besetzt. Die Besetzungsdichte hängt ab von der Höhe der Energieniveaus und der Temperatur des Festkörpers. Über die Wahrscheinlichkeit, daß ein bestimmtes Energieniveau besetzt ist, können statistische Aussagen gemacht werden.

Die elektrische Leitfähigkeit wird durch die Konzentration der freien, d. h. nicht an Atome gebundenen, Elektronen bestimmt, die sich also nach dem oben Gesagten

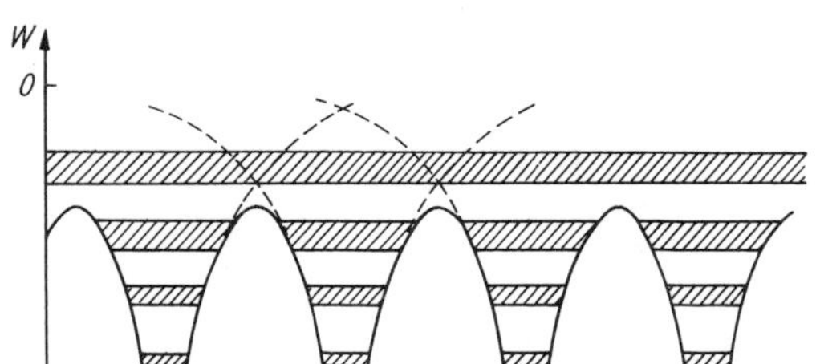

Abb. 4.2. Zur Entwicklung des Bändermodells: Anwendung des Potentialtopfmodells auf das lineare Gitter

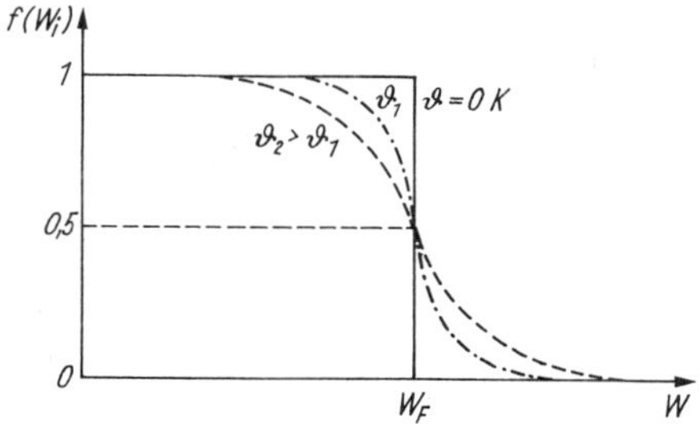

Abb. 4.3. Fermi-Verteilung

im Leitungsband befinden. Die Konzentration dieser Elektronen ist in Metallen und meist auch in Halbleitern bereits bei Zimmertemperatur sehr groß; man spricht von einem entarteten Elektronengas, dessen Energieverteilung durch die Fermi-Statistik beschrieben wird. Die Wahrscheinlichkeit $f(W_i)$ für die Besetzung des Energieeigenwertes W_i bei einer Temperatur ϑ ist danach

$$f(W_i) = \frac{1}{e^{(W_i - W_F)/(k\vartheta)} + 1} \tag{4.1}$$

($k = 1{,}38 \cdot 10^{-23}$ $\mathrm{WsK^{-1}}$, Boltzmann-Konstante). Dabei ist W_F das oberste bei der Temperatur $\vartheta = 0$ K besetzte Energieniveau (s. Abb. 4.3). Aus (4.1) liest man ab, daß bei $\vartheta = 0$ K alle Energieniveaus unterhalb W_F vollständig besetzt ($f(W_i) = 1$ für $W_i < W_F$) und alle oberhalb W_F leer sind ($f(W_i) = 0$ für $W_i > W_F$). Mit zunehmender Temperatur wächst die Wahrscheinlichkeit dafür, daß auch Energieniveaus oberhalb der sogenannten Fermi-Grenze W_F (auch als Fermi-Kante bezeichnet) besetzt werden.

Zur Veranschaulichung der Elektronenzustände kombiniert man die Aussagen der Fermi-Statistik mit den Erkenntnissen, die man aus dem Bändermodell gewinnt (s. Abb. 4.4). Valenz- und Leitungsband werden durch die verbotene Zone ΔW getrennt. Die Verhältnisse werden richtig beschrieben, wenn man die Fermi-Grenze W_F in die Mitte der verbotenen Zone legt. Man erkennt, daß dann bei $\vartheta = 0$ K das Valenzband voll besetzt, das Leitungsband dagegen völlig unbesetzt ist: Der Kristall verhält sich wie ein Nichtleiter. Mit steigender Temperatur nimmt die Besetzungswahrscheinlichkeit des Leitungsbandes zu: Der Kristall weist eine von Null verschiedene, mit steigender Temperatur zunehmende Leitfähigkeit auf.

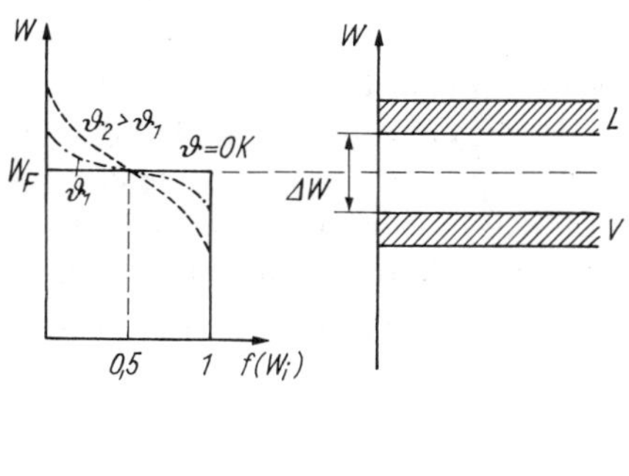

Abb. 4.4. Anwendung der Fermi-Statistik auf das Bändermodell

Tabelle 9
Breite der verbotenen Zone ΔW für einige Stoffe ($\vartheta = 300$ K)

Stoff		Verbotene Zone ΔW/eV
Kohlenstoff (Diamant)	C	5,2
Silizium	Si	1,12
Germanium	Ge	0,665
Zinn	Sn	0,08
Schwefel	S	2,6
Phosphor	P	1,5
Tellur	Te	0,34
Galliumphosphid	GaP	2,24
Galliumarsenid	GaAs	1,43
Galliumantimonid	GaSb	0,71
Indiumarsenid	InAs	0,36
Indiumantimonid	InSb	0,18
Cadmiumsulfid	CdS	2,42
Bleisulfid	PbS	0,37

Man erkennt weiter, daß die Größe der Energielücke ΔW maßgeblich die elektrischen Eigenschaften des Stoffes bestimmt. Ist der Bandabstand groß ($\Delta W \gg 1$ eV), dann bleibt auch bei hohen Temperaturen die Besetzungswahrscheinlichkeit des Leitungsbandes gering: Der Stoff ist ein Nichtleiter. Bei Halbleitern ist der Bandabstand relativ gering ($\Delta W \approx 1$ eV; s. Tab. 9), so daß die Besetzungswahrscheinlichkeit des Leitungsbandes bereits bei Zimmertemperatur relativ groß ist. Bei Metallen schließlich verschwindet die Energielücke zwischen Valenz- und Leitungsband, so daß auch bei $\vartheta \to 0$ K die Besetzungswahrscheinlichkeit des Leitungsbandes nicht verschwindet (die Fermi-Kante liegt in einem nur teilweise besetzten Band).

4.1.2 Eigenleitung

Die wichtigsten Grundsubstanzen für die Halbleiterphysik sind Germanium (Ge) und Silizium (Si). Diese Stoffe sind vierwertig, d. h., jedes Atom hat vier Valenzelektronen. Sie kristallisieren im Diamantgitter, dessen Grundstruktur ein Tetraeder ist, an dessen vier Ecken und in dessen Zentrum die Ge- bzw. Si-Atome angeordnet sind. Die Atome gehen eine kovalente Bindung ein, was bedeutet, daß zwischen je zwei Atomen eine Elektronenpaarbindung aufgebaut wird, zu der jedes Atom ein Valenzelektron beisteuert. Bei vier nächsten Nachbarn im Kristallgitter verfügt damit jedes Atom über eine scheinbar mit acht Elektronen aufgefüllte äußere Schale (s. Abb. 4.5). Der gesamte Kristall ist elektrisch neutral.

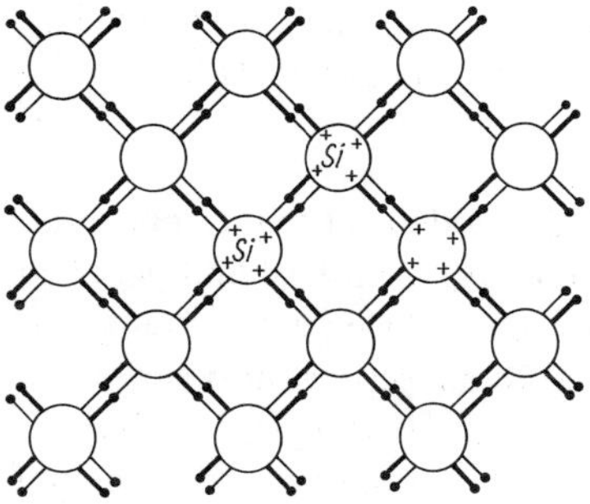

Abb. 4.5. Ideales Siliziumgitter (ebene Darstellung)

Aus der Betrachtung des Bändermodells folgte, daß die Valenzelektronen relativ schwach an das Atom gebunden sind und durch thermische Anregung ins Leitungsband gehoben werden können. Im Kristallgitter bedeutet das, daß ein Elektron aus einer kovalenten Bindung herausgelöst wird und sich unter dem Einfluß der Wärmebewegungen statistisch durch den Kristall bewegt. Durch ein äußeres elektrisches Feld wird dieser statistischen Bewegung eine Driftbewegung überlagert (Abb. 4.6). Zurück bleibt im Gitter eine ungesättigte Bindung, der als Folge der Neutralitätsbedingung eine positive Ladung zugeschrieben werden muß. Man spricht von einer Elektronfehlstelle (auch Defektelektron oder Loch genannt) und bezeichnet diesen Prozeß der Erzeugung eines frei beweglichen Elektrons und einer Elektronfehlstelle als Paarbildung.

Da die Elektronen in den kovalenten Bindungen energetisch nahezu gleichwertig sind, ist es leicht möglich, daß die Elektronfehlstelle von einem anderen Bindungselektron besetzt wird, d. h., unter dem Einfluß der Wärmebewegung wandert das Loch statistisch durch den Kristall. Bei der Einwirkung eines elektrischen Feldes überlagert sich dieser ungeordneten Bewegung ebenfalls eine Driftbewegung: Die Löcher tragen zum Ladungstransport bei. Insgesamt weist der Kristall als Folge der Paarbildung eine bestimmte Leitfähigkeit auf, die man Eigenleitung (engl. intrinsic conduction) nennt. Bezeichnet man mit n die Konzentration (Anzahl pro Volumenein-

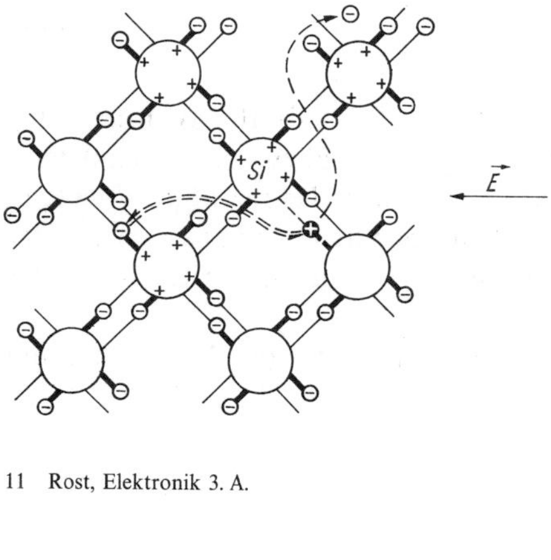

Abb. 4.6. Paarbildung und Ladungstransport im idealen, reinen Halbleiter (schematisch)

heit) der Elektronen und mit p die der Löcher sowie mit μ_n und μ_p die Beweglichkeiten dieser Ladungsträger, gilt für die elektrische Leitfähigkeit (s. (1.2) und (1.3))

$$\sigma = e(\mu_n n + \mu_p p)\,. \tag{4.2}$$

Überträgt man das bisher Gesagte auf das Bändermodell, erkennt man, daß Elektronen durch thermische Anregung aus dem Valenz- ins Leitungsband gehoben werden. Im Valenzband bleiben positive Löcher zurück. Beide Arten von Ladungsträgern können durch ein äußeres elektrisches Feld in den Bändern verschoben werden. Diese Verschiebung erfolgt parallel zur Bandkante, d. h., die Ladungsträger bleiben auf einem bestimmten Energieniveau. Der Kristall wird durch die Paarbildung zum Eigenhalbleiter.

Trifft ein Elektron bei seiner Bewegung durch das Gitter auf eine freie Bindung, kann es diese besetzen. Man sagt, es rekombiniert mit einem Loch. Dabei verschwinden zwei Ladungsträger, ein Elektron und ein Loch. Im Bändermodell beschreibt man diesen Rekombinationsprozeß durch den Übergang eines Elektrons aus dem Leitungsband in das Valenzband, wobei es eine Energie etwa vom Betrag ΔW entweder als Wärme an das Kristallgitter oder als elektromagnetische Strahlung abgibt. Entsprechend der Energielücke hat die Rekombinationsstrahlung eine ganz charakteristische Wellenlänge, die z. B. bei Si 1,13 µm beträgt (s. a. 4.3.6). Im thermodynamischen Gleichgewichtszustand werden genau so viele Ladungsträger durch Rekombination vernichtet, wie durch Paarbildung erzeugt werden, so daß ihre Konzentration konstant bleibt. Diese Gleichgewichtskonzentration der Ladungsträger ist abhängig von der Temperatur und der Breite der verbotenen Zone. Aus der Neutralitätsbedingung folgt, daß die Elektronenkonzentration n gleich der Löcherkonzentration p ist. Die Eigenleitungsdichte (Inversionsdichte) n_i beschreibt die Gesamtkonzentration freier Ladungsträger; es gilt

$$n \cdot p = n_i^2\,. \tag{4.3}$$

Beim Eigenhalbleiter ist also $n = p = n_i$, und (4.2) vereinfacht sich zu

$$\sigma = e(\mu_n + \mu_p)\, n_i\,. \tag{4.4}$$

Die Inversionsdichte nimmt mit steigender Temperatur zu; ihre Temperaturabhängigkeit läßt sich durch die Gleichung

$$n_i^2 = n_{i0}^2 \left(\frac{\vartheta}{\vartheta_0}\right)^3 \mathrm{e}^{-(\Delta W)/k\,(1/\vartheta - 1/\vartheta_0)} \tag{4.5}$$

beschreiben (n_{i0} Inversionsdichte bei der Temperatur ϑ_0; s. Tab. 10). Will man eine Aussage hinsichtlich der Temperaturabhängigkeit der Leitfähigkeit machen, muß man berücksichtigen, daß auch die Beweglichkeiten von der Temperatur abhängen (s. 1.1.1); jedoch ist deren Temperaturabhängigkeit bedeutend geringer als die der Inversionsdichte. Für einen Eigenhalbleiter ergibt sich daher eine mit wachsender Temperatur stark zunehmende Leitfähigkeit.

In Tab. 10 sind einige wichtige Eigenschaften und Kennwerte von Germanium und Silizium zusammengestellt.

Tabelle 10
Einige Kennwerte und Eigenschaften von reinem Ge und Si (ϑ = 300 K)

Größe	Ge	Si
Bandabstand $\Delta W/\mathrm{eV}$	0,665	1,12
Inversionsdichte n_i/m^{-3}	$2{,}4 \cdot 10^{19}$	$1{,}5 \cdot 10^{16}$
Beweglichkeit $\mu_n/\mathrm{m}^2\,\mathrm{V}^{-1}\,\mathrm{s}^{-1}$ $\mu_p/\mathrm{m}^2\,\mathrm{V}^{-1}\,\mathrm{s}^{-1}$	0,39 0,19	0,135 0,048
Leitfähigkeit $\sigma/\Omega^{-1}\,\mathrm{m}^{-1}$	2,23	$4{,}4 \cdot 10^{-4}$
Diffusionskonstante $D_n/\mathrm{m}^2\,\mathrm{s}^{-1}$ $D_p/\mathrm{m}^2\,\mathrm{s}^{-1}$	10^{-2} $4{,}9 \cdot 10^{-3}$	$3{,}5 \cdot 10^{-3}$ $1{,}24 \cdot 10^{-3}$
relative Dielektrizitätskonstante ε_r	16	12

4.1.3 Störstellenleitung

Durch den gezielten Einbau von Fremdatomen in das Kristallgitter läßt sich die elektrische Leitfähigkeit von Germanium oder Silizium definiert verändern. Man sagt, der Kristall wird dotiert. Die Fremdatome bewirken eine Störung des idealen Kristallgitters; die durch diese Störstellen im ursprünglichen Gitter verursachte Leitfähigkeit nennt man daher Störstellenleitung.

Betrachten wir zunächst den Fall, daß in einen Si-Kristall fünfwertige Fremdatome (Elemente der 5. Hauptgruppe, z. B. Sb; s. Tab. 11) eingebaut werden.[1] Das Sb-Atom

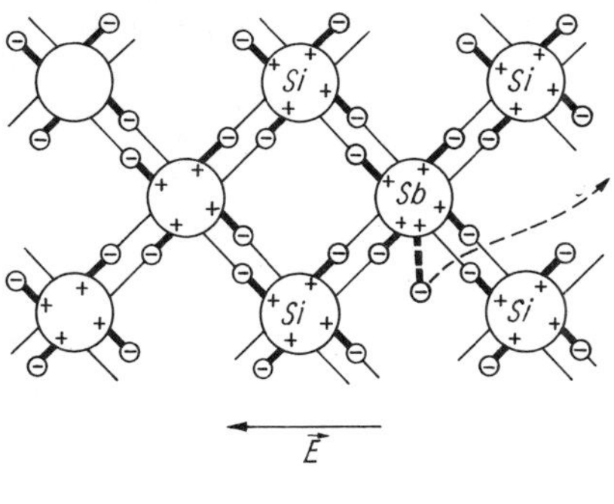

Abb. 4.7. Erzeugung von Leitungselektronen durch Einbau eines Donators

[1] Für einen Ge-Kristall gelten die nachfolgenden Überlegungen in gleicher Weise.

Tabelle 11
Bandabstände einiger Donatoren und Akzeptoren in Germanium und Silizium (ϑ = 300 K)

Grundgitter	Donator		Akzeptor	
	Element	ΔW/eV	Element	ΔW/eV
Ge	P	0,012	Al	0,01
	As	0,013	Ga	0,011
	Sb	0,0096	In	0,011
Si	P	0,044	Al	0,057
	As	0,049	Ga	0,065
	Sb	0,039	In	0,16

nimmt den Gitterplatz eines Si-Atoms ein. Da es jedoch fünf Valenzelektronen besitzt, ist eins nicht an der kovalenten Bindung beteiligt. Dieses gewissermaßen überflüssige Valenzelektron ist nur sehr lose an das Sb-Atom gebunden und wird bereits bei geringer Energiezufuhr im Gitter frei beweglich. Im Unterschied zu den Vorgängen im Eigenhalbleiter entsteht dabei aber kein Defektelektron, sondern zurück bleibt im Kristallgitter ein ortsfestes positives Ion (Abb. 4.7).

Fremdatome, die überschüssige Valenzelektronen als Leitungselektronen abgeben, nennt man Donatoren. Da die durch sie erzeugte Leitfähigkeit nur durch Elektronen bewirkt wird, spricht man von *n*-Leitung.

Wird dagegen ein dreiwertiges Fremdatom (Elemente der 3. Hauptgruppe, z. B. Ga; s. Tab. 11) in das Si-Gitter eingebaut, fehlt in einer Paarbindung ein Elektron. Das dreiwertige Atom erzeugt also im Gitter ein Defektelektron, das zunächst lose an das Fremdatom gebunden ist. Durch eine geringe Energiezufuhr kann diese freie Bindung aber durch ein Elektron aus einer anderen Bindung besetzt werden. Damit rückt das Loch an dessen Stelle. Es nimmt nun einen normalen Bindungsplatz ein, d. h., es wird zum freien Defektelektron. Bei diesem Prozeß entsteht kein freies Elektron, sondern im Gitter bleibt ein ortsfestes negatives Ion zurück (Abb. 4.8).

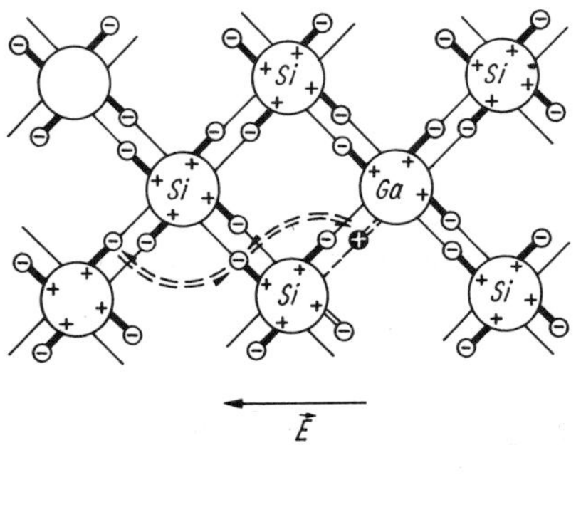

Abb. 4.8. Erzeugung von Defektelektronen durch Einbau eines Akzeptors

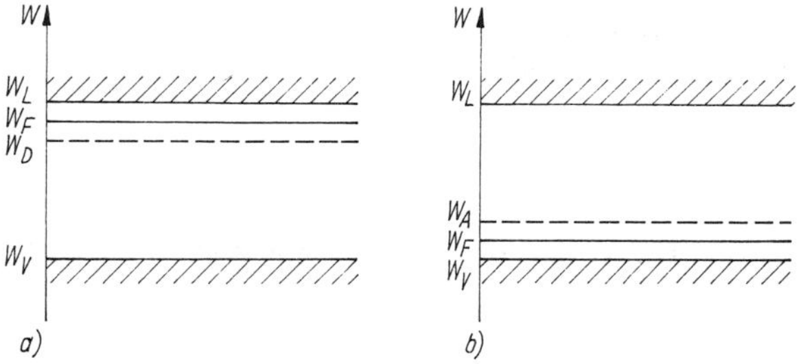

Abb. 4.9. Bändermodelle des Störstellenhalbleiters
a) n-Halbleiter, b) p-Halbleiter

Fremdatome, die Defektelektronen abgeben (d. h. Valenzelektronen aus dem Gitter aufnehmen), heißen Akzeptoren. Die durch sie erzeugte Leitfähigkeit wird allein durch Löcher bewirkt; man spricht daher von p-Leitung.

Überträgt man diese Aussagen auf das Bändermodell, kann man die Störstellenleitung folgendermaßen darstellen:

1. Dem fünften, in der Bindung nicht benötigten Valenzelektron der Donatoratome entsprechen Energieniveaus W_D, die nur einen sehr geringen Abstand zum Leitungsband haben (Tab. 11). Die Fermi-Kante W_F liegt zwischen diesen Donatorniveaus W_D und der Unterkante des Leitungsbandes; bei Zimmertemperatur haben praktisch alle Donatoratome ein Elektron an das Leitungsband abgegeben (Abb. 4.9a)).
2. Den Defektelektronen der Akzeptoren (d. h. dem fehlenden vierten Valenzelektron) entsprechen Energieniveaus W_A kurz über der Oberkante des Valenzbandes. Die Fermi-Kante W_F liegt zwischen Valenzband und Akzeptorniveau W_A; bei Zimmertemperatur haben praktisch alle Akzeptoren ihre Löcher an das Valenzband abgegeben (d. h. Elektronen aus dem Valenzband aufgenommen; s. Abb. 4.9b)).

In Tab. 11 sind die Bandabstände für einige gebräuchliche Donatoren und Akzeptoren zusammengestellt.

Unabhängig von der Dotierung eines Si- oder Ge-Kristalls laufen natürlich weiterhin die oben beschriebenen Paarbildungs- und Rekombinationsprozesse ab. Das bedeutet, daß in einem n-dotierten Halbleiter auch eine bestimmte Konzentration von Löchern bzw. in einem p-dotierten auch eine bestimmte Konzentration von Elektronen existiert. Die durch die Dotierung hervorgerufene Erhöhung der Konzentration einer Ladungsträgerart bewirkt jedoch eine Vergrößerung der Rekombinationsrate und dadurch eine Abnahme der anderen Ladungsträgerart. Im thermodynamischen Gleichgewicht ist (4.3) nach wie vor gültig; der n-Halbleiter weist daher einen Überschuß an Elektronen, der p-Halbleiter einen Überschuß an Löchern auf. Die jeweils überwiegende Ladungsträgerart bezeichnet man als Majoritätsträger, die andere als Minoritätsträger.

In den meisten technisch genutzten Störstellenhalbleitern ist die Dotierungskonzentration n_A (Konzentration der Akzeptoren) bzw. n_D (Konzentration der Donatoren) bedeutend höher als die Eigenleitungsdichte n_i. Da bei Raumtemperatur praktisch alle Donatoren bzw. Akzeptoren angeregt sind, gilt im thermischen Gleichgewicht im n-Halbleiter

$$n_0 \cong n_D \gg n_i \gg p_0$$

(n_0, p_0 Gleichgewichtskonzentration der Elektronen bzw. Löcher) und im p-Halbleiter

$$p_0 \cong n_A \gg n_i \gg n_0 \,.$$

Damit folgt aus (4.2) für die Leitfähigkeit eines n-Halbleiters

$$\sigma_n = e n_D \mu_n \qquad (4.6.1)$$

und für die eines p-Halbleiters

$$\sigma_p = e n_A \mu_p \,. \qquad (4.6.2)$$

Nach einer Störung des Gleichgewichtszustandes stellt sich die neue Gleichgewichtskonzentration der Ladungsträger nicht unmittelbar, sondern erst nach einer gewissen Zeit ein, die von der Lebensdauer der Ladungsträger abhängt. Die Majoritätsträgerkonzentration kann sich sehr schnell (in etwa 10^{-13} s) durch Verschiebung der Ladungsträger auf den Gleichgewichtswert einstellen. Dagegen läuft die Einstellung

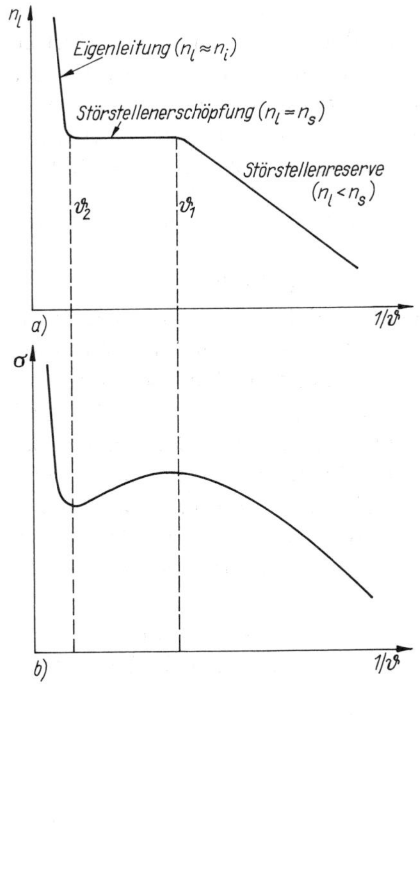

Abb. 4.10. Temperaturabhängigkeit der elektrischen Leitfähigkeit eines Störstellenhalbleiters (schematisch; n_s Störstellenkonzentration)
a) Ladungsträgerkonzentration $n_l = f(1/\vartheta)$,
b) Leitfähigkeit $\sigma = f(1/\vartheta)$

der Gleichgewichtskonzentration der Minoritätsträger wesentlich langsamer ab; sie wird vor allem durch Paarbildung und Rekombination bestimmt. Die Lebensdauer der Minoritätsträger technischer Halbleiter liegt etwa im Bereich von 1 µs bis 1 ms. Sie hängt stark von der Güte des Kristallmaterials ab: Gitterbaufehler und Verunreinigungen sowie Oberflächeneigenschaften bestimmen wesentlich die Rekombinationsrate und damit die Lebensdauer der Minoritätsträger.

Störstellenhalbleiter weisen eine charakteristische Temperaturabhängigkeit der elektrischen Leitfähigkeit auf. Nach wie vor verschwindet die Leitfähigkeit für $\vartheta \to 0$ K, denn für diesen Fall liest man aus dem Bändermodell (s. Abb. 4.9) ab, daß im *n*-Halbleiter alle Donatorniveaus besetzt sind und das Leitungsband leer ist, während im *p*-Halbleiter alle Akzeptorniveaus leer sind und das Valenzband vollständig besetzt ist. Mit zunehmender Temperatur werden immer mehr Majoritätsträger erzeugt, bis schließlich alle Störstellen ionisiert sind ($\vartheta = \vartheta_1$). Eine weitere Temperaturerhöhung bewirkt zunächst keine wesentliche Vergrößerung der Ladungsträgerkonzentration (Störstellenerschöpfung), bis die thermische Paarbildung so anwächst, daß sie schließlich bei $\vartheta > \vartheta_2$ die weitere Zunahme der Ladungsträgerkonzentration bestimmt (Abb. 4.10a)). Berücksichtigt man, daß die Beweglichkeit der freien Ladungsträger mit wachsender Temperatur abnimmt, erkennt man, daß die Leitfähigkeit im Bereich der Störstellenerschöpfung einen negativen Temperaturkoeffizienten hat, während sie sonst aufgrund der steigenden Ladungsträgerkonzentration mit wachsender Temperatur zunimmt (Abb. 4.10b)).

4.2 Bauelemente mit homogenem Halbleiter

Die Temperaturabhängigkeit der Leitfähigkeit von Halbleitern nutzt man zur Herstellung stark temperaturabhängiger Widerstände aus. Derartige Widerstände – je nach dem Vorzeichen des Temperaturkoeffizienten als NTC-Widerstände (Heißleiter) oder PTC-Widerstände (Kaltleiter) bezeichnet – haben wir bereits in 2.1.1.5 kennengelernt. Die Leitfähigkeit von Halbleitern läßt sich aber auch durch andere Größen beeinflussen. Diese Abhängigkeiten nutzt man ebenfalls zum Aufbau von Halbleiterbauelementen aus.

4.2.1 Halbleiterthermoelement

Klassische Thermoelemente nutzen die Temperaturabhängigkeit des Kontaktpotentials zwischen unterschiedlichen Leitern, die miteinander verschweißt oder verlötet sind, aus (Seebeck-Effekt). Dagegen lassen sich aus homogenen Halbleitern Thermoelemente aufbauen, bei denen die thermische Erzeugung freier Ladungsträger die Ursache für die Entstehung einer Thermospannung ist. Dazu versieht man einen Halbleiterstab mit sperrschichtfreien Kontakten (s. dazu 4.4.7). Bei geeigneter Dotierung ist die Ladungsträgerdichte stark temperaturabhängig. Hält man die beiden

Enden des Halbleiterstabes auf unterschiedlichen Temperaturen, so bildet sich zwischen ihnen ein Gradient der Ladungsträgerkonzentration und damit eine Thermospannung heraus. Bei Bismuttellurid (BiTe) beträgt diese Thermokraft z. B. $-250\ \mu V/K$ (Bezugstemperatur 125 °C).

4.2.2 Fotowiderstand

Bisher haben wir nur die thermische Anregung als Ursache der Paarbildung berücksichtigt. Die zur Paarbildung erforderliche Energie kann aber dem Halbleiter auch anders, z. B. als elektromagnetische Strahlung, zugeführt werden. Die Absorption elektromagnetischer Strahlung führt zur Paarbildung und damit zur Erhöhung der Eigenleitungsdichte n_i, wenn ein Strahlungsquant die Energie

$$h\nu \geqq \Delta W \tag{4.7}$$

(h Plancksches Wirkungsquantum, ν Frequenz der Strahlung) hat, d. h., wenn die Wellenlänge der Strahlung

$$\lambda \leqq \frac{hc_0}{\Delta W} \tag{4.8}$$

(c_0 Vakuum-Lichtgeschwindigkeit) ist. Diese Paarbildung durch Strahlungsabsorption bezeichnet man als inneren lichtelektrischen Effekt. Die Paarbildungsrate und damit die Leitfähigkeit hängt von der Intensität der absorbierten Strahlung ab.

Bauelemente, deren Leitfähigkeit man direkt über den inneren lichtelektrischen Effekt beeinflußt, heißen Fotowiderstände. Prinzipiell zeigt jeder Halbleiter den inneren lichtelektrischen Effekt. Für Fotowiderstände, die im sichtbaren Spektralbereich angewendet werden, verwendet man vor allem Cadmiumsulfid (CdS) und Cadmiumselenid (CdSe), wobei CdS wegen des größeren Bandabstandes die geringere Temperaturabhängigkeit zeigt. Im infraroten Spektralbereich verwendet man Fotowiderstände aus Bleisulfid (PbS) oder Indiumantimonid (InSb).

Alle Fotowiderstände haben eine gewisse temperaturabhängige Grundleitfähigkeit, hervorgerufen durch die thermische Paarbildung. Bei Anlegen einer Spannung fließt daher ein Dunkelstrom. Dieser stört vor allem bei geringen Lichtintensitäten und begrenzt die Empfindlichkeit des Bauelementes. Normalerweise ist die Kennlinie zur Darstellung des Widerstandes als Funktion der Beleuchtungsstärke nichtlinear; durch geeignete Dotierung oder Mischung verschiedener Materialien lassen sich aber auch weitgehend lineare Kennlinien erzeugen, wie man sie z. B. für automatische Belichtungsmesser oder Blendenregelungen benötigt.

Für viele Anwendungen ist die Charakterisierung des dynamischen Verhaltens wichtig. Ändert man sprunghaft die Beleuchtungsstärke, so stellt sich die Leitfähigkeit erst nach einer gewissen Zeit auf ihren stationären Wert ein. Diese Anstiegszeit nimmt mit zunehmender Beleuchtungsstärke ab; bei sehr geringen Beleuchtungsstärken kann sie bis zu einigen Sekunden betragen (s. dazu 4.1.3).

4.2.3 Hall-Generator

Auf bewegte Ladungsträger wirkt im Magnetfeld die Lorentz-Kraft $\vec{F}_L$, die dem Vektorprodukt aus der Geschwindigkeit $\vec{v}$ der Ladungsträger und der magnetischen Induktion $\vec{B}$ proportional ist (Abb. 4.11):

$$\vec{F}_L = q(\vec{v} \times \vec{B}) \tag{4.9}$$

(q Ladung der Ladungsträger). Sind Magnetfeld und Bewegungsrichtung senkrecht zueinander, steht die Lorentz-Kraft senkrecht auf beiden und hat den Betrag $F_L = qvB$. Die Ladungsträger werden in Richtung dieser Kraft ausgelenkt und erzeugen ein elektrisches Feld $\vec{E}$, das an entsprechenden Elektroden als Hall-Spannung U_H gemessen werden kann. Dieses Feld übt auf die Ladungsträger eine Kraft vom Betrage $F_E = qE = qU_H/l$ aus (s. Abb. 4.11). Im stationären Zustand haben Feldkraft und Lorentz-Kraft den gleichen Betrag und sind entgegengesetzt gerichtet. Daraus folgt für die Hall-Spannung

$$U_H = -vBl\,. \tag{4.10}$$

Drückt man die Driftgeschwindigkeit nun noch nach (1.2) und (4.6) durch Stromstärke und Leitfähigkeit aus, erhält man für die Hall-Spannung in Abhängigkeit von der Majoritätsträgerart

$$U_H = -\frac{\mu_p}{\sigma_p} IB \frac{l}{A} \tag{4.11.1}$$

bei reiner p-Leitung bzw.

$$U_H = +\frac{\mu_n}{\sigma_n} IB \frac{l}{A} \tag{4.11.2}$$

bei reiner n-Leitung, d. h., bei reiner p- oder n-Leitung hängt das Vorzeichen der Hall-Spannung von der Trägerart ab. Man kann daher Hall-Spannungsmessungen zur Bestimmung der Trägerart benutzen. Den Quotienten aus Beweglichkeit und

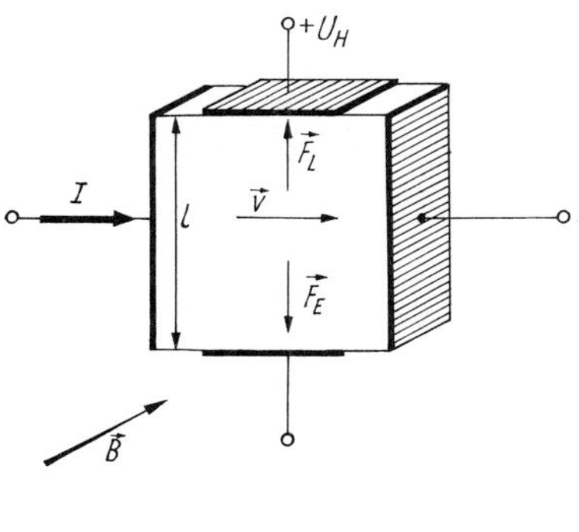

Abb. 4.11. Zur Ableitung der Hall-Spannung

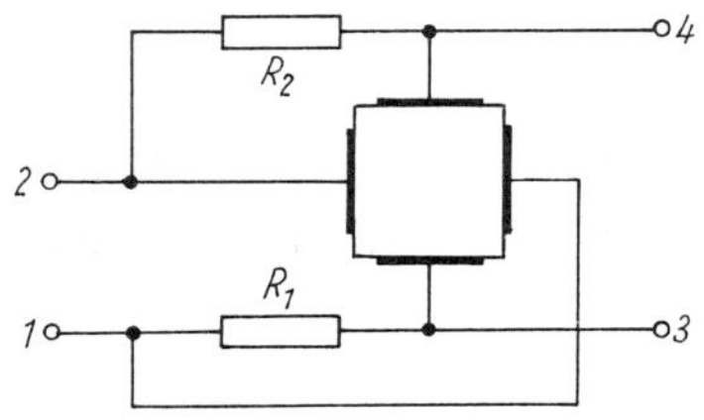

Abb. 4.12. Halbleiter-Gyrator (schematisch)

Leitfähigkeit bezeichnet man als Hall-Konstante R_H. Sind beide Ladungsträgerarten am Stromfluß beteiligt, gilt für die Hall-Konstante näherungsweise

$$R_H \approx \frac{p\mu_p^2 - n\mu_n^2}{e(p\mu_p + n\mu_n)^2}. \tag{4.12}$$

Für die Festlegung der Majoritätsträgerart spielen also neben den Konzentrationen auch die Beweglichkeiten eine wesentliche Rolle.

Hall-Generatoren sind bereits lange bekannt (E. M. Hall, 1879), gewannen aber erst im Zusammenhang mit der Halbleitertechnologie Bedeutung. Hall-Generatoren werden vor allem aus Indiumarsenid (InAs) und Indiumantimonid (InSb) gefertigt. Da die Hall-Spannung der magnetischen Induktion proportional ist, werden Hall-Generatoren zur Magnetfeldmessung benutzt. Eine weitere Anwendung ist die Messung sehr großer Stromstärken über ihr Magnetfeld. Dazu wird der stromführende Leiter von einem Eisenjoch umschlossen, in dessen Luftspalt sich die Hall-Sonde befindet. Da magnetische Induktion B und Steuerstrom I multiplikativ verknüpft sind, lassen sich Hall-Generatoren auch als Multiplizierer einsetzen.

Ein weiteres wichtiges Einsatzgebiet ist ihre Anwendung als Halbleiter-Gyrator. Als Gyrator bezeichnet man ein nicht-reziprokes Bauelement, das eine Signalübertragung nur in einer Richtung gestattet. Das Prinzip zeigt Abb. 4.12. Auf das Hall-Element wirkt ein konstantes Magnetfeld. Bei richtiger Dimensionierung der Widerstände R_1 und R_2 erfolgt die Übertragung eines Signals vom Klemmenpaar 1, 2 phasengleich über die Widerstände und das Hall-Element zum Klemmenpaar 3, 4. Dagegen bewirkt das Hall-Element bei der entgegengesetzten Übertragungsrichtung eine Phasendrehung von 180°, d. h., das über das Hall-Element übertragene Signal löscht das über die Widerstände übertragene aus. Beim Zirkulator (Abb. 4.13) wird die Übertragung

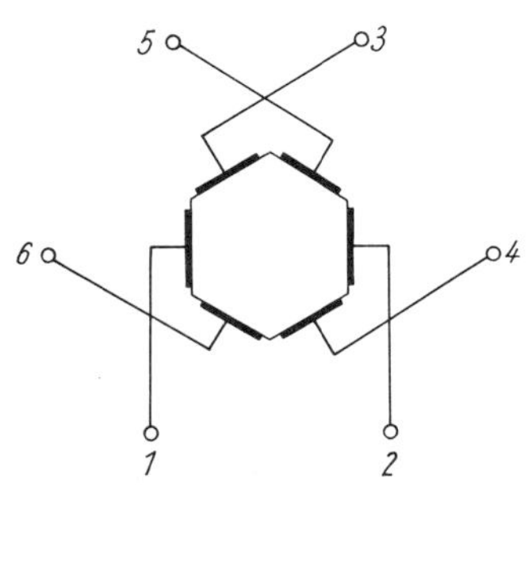

Abb. 4.13. Halbleiter-Zirkulator (schematisch)

durch das Magnetfeld gesteuert. Ohne Magnetfeld wird ein Signal vom Klemmenpaar 1, 2 zu gleichen Teilen nach den Klemmenpaaren 3, 4 und 5, 6 übertragen. Bei entsprechenden Feldstärken erfolgt die Übertragung dagegen nur nach dem Klemmenpaar 3, 4 oder 5, 6. Gleichzeitig sind dann aber auch andere Signalwege geöffnet. Erfolgt die Übertragung z. B. von 1, 2 nach 3, 4, so ist auch eine Signalübertragung von 3, 4 nach 5, 6 bzw. von 5, 6 nach 1, 2 möglich. Derartige nichtreziproke Bauelemente werden als Einwegleitungen und kontaktlose Schalter vor allem in der Höchstfrequenztechnik angewendet.

4.2.4 Gunn-Diode

Die Wirkungsweise dieses Bauelementes beruht auf einem von J. B. Gunn 1963 an undotiertem Galliumarsenid (GaAs) entdeckten Effekt. Zu seiner Erläuterung kann man sich vereinfacht vorstellen, daß das Leitungsband in zwei Teilbänder aufspaltet, in denen die Elektronen unterschiedliche Beweglichkeiten aufweisen, wobei diese in dem höherenergetischen Teilband geringer ist. Der Übergang aus dem Teilband mit der niedrigeren Energie in das mit der höheren erfolgt abrupt beim Überschreiten eines bestimmten Schwellwertes der kinetischen Energie des betreffenden Elektrons. Inzwischen ist dieser Effekt auch bei einer ganzen Anzahl anderer Halbleiter gefunden worden.

Gunn-Dioden werden als Oszillatoren im Höchstfrequenzbereich eingesetzt. Sie bestehen aus einem Halbleiterstäbchen mit sperrschichtfreien Kontakten. Wählt man die Betriebsspannung so, daß die Feldstärke im Halbleiter und damit die kinetische Energie der Elektronen im Mittel kurz unterhalb des Schwellwertes liegt, können örtliche Inhomogenitäten dazu führen, daß der Schwellwert überschritten wird. Dadurch bildet sich eine Domäne energiereicherer, aber langsamerer Elektronen, an der wegen der geringeren Driftbeweglichkeit ein großer Teil der Feldstärke abfällt (s. (1.2)). Dadurch können keine weiteren Domänen gebildet werden. Die Hochfelddomäne wandert mit der Driftgeschwindigkeit durch den Kristall und entlädt sich an der Anode. Erst danach kann sich eine neue Hochfelddomäne bilden. Die Domänenlaufzeit hängt von den Abmessungen des Kristalls und den Eigenschaften des Halbleiters ab. Mit den auf diese Weise erzeugten periodischen Stromimpulsen kann ein angekoppelter Resonator (Hohlraumresonator) zu Schwingungen angeregt werden. Mit Gunn-Oszillatoren wurden bereits bei einer Frequenz von 30 GHz Spitzenleistungen von 500 W im Impulsbetrieb erzeugt.

4.3 *pn*-Übergang

4.3.1 Verhältnisse am stromlosen *pn*-Übergang

Wir betrachten einen flächenhaften Kontakt zwischen einem *n*-Halbleiter und einem *p*-Halbleiter, wobei wir voraussetzen, daß sich die Donator- bzw. Akzeptorkon-

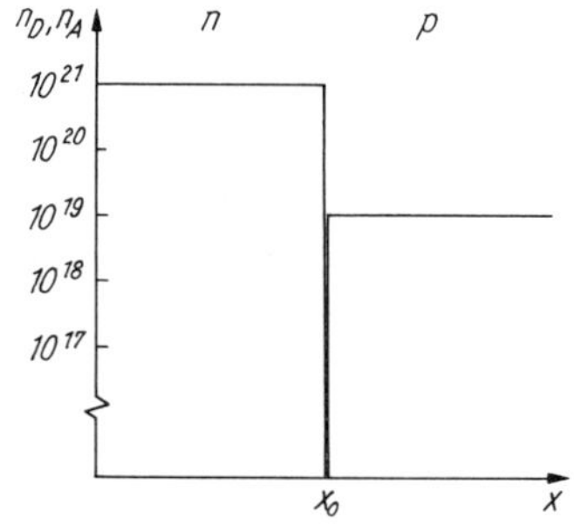

Abb. 4.14. Konzentrationsverteilung der Donatoren und Akzeptoren am abrupten *pn*-Übergang

zentration in der Kontaktebene sprunghaft ändert (Abb. 4.14). Ein solcher Kontakt wird als ebener, abrupter *pn*-Übergang bezeichnet. Durch die Konzentrationsunterschiede der Ladungsträger – die Gleichgewichtskonzentration n_{n0} der Elektronen im *n*-Gebiet ist wesentlich größer als ihre Gleichgewichtskonzentration n_{p0} im *p*-Gebiet, und entsprechend ist $p_{p0} \gg p_{n0}$ – kommt es zur Diffusion von Majoritätsträgern aus einem Halbleitergebiet über die Grenzschicht in das andere. Durch die Grenzschicht fließt ein Diffusionsstrom. Die Folge ist ein Anwachsen der Minoritätsträgerkonzentration in der Nähe der Grenzschicht, die eine Zunahme der Rekombinationsrate und damit eine Verarmung an freien Ladungsträgern bewirkt: Am *pn*-Übergang bildet sich eine Verarmungsrandschicht heraus (s. Abb. 4.15a)). Die geringe Konzentration freier Ladungsträger hat eine Abnahme der Leitfähigkeit zur Folge; man bezeichnet die Übergangsschicht daher auch als Sperrschicht. Andererseits wird durch die zurückbleibenden ortsfesten Akzeptoren bzw. Donatoren sowie durch die eindiffundierten Minoritätsträger in der Umgebung der Grenzschicht eine Raumladung aufgebaut: Als Folge der Ladungsträgerdiffusion entsteht eine Raumladungsdoppelschicht (Abb. 4.15b)). In dieser Raumladungsschicht wirkt ein elektrisches Feld (Abb. 4.15c)), das einen Strom von Minoritätsträgern hervorruft, der dem Diffusionsstrom entgegengesetzt gerichtet ist. Im thermischen Gleichgewicht sind Diffusions- und Feldstrom gleich groß. Der ortsabhängigen elektrischen Feldstärke der Raumladungsschicht entspricht ein Potentialverlauf am *pn*-Übergang, wie ihn Abb. 4.15d) zeigt. Es bildet sich eine Potentialschwelle U_D heraus, die man als Diffusionsspannung bezeichnet.

Die Verhältnisse am *pn*-Übergang lassen sich auch mittels des Bändermodells veranschaulichen. Man geht davon aus, daß im Gleichgewichtszustand die Fermi-Kante ein durch den gesamten Halbleiterkristall gehendes, konstantes Energieniveau darstellt. Daraus folgt, daß im *p*-Halbleiter Valenz- und Leitungsband energetisch höher liegen als im *n*-Halbleiter (s. Abb. 4.9). Die als Folge der Diffusion auftretenden Raumladungen führen in der Umgebung der Grenzschicht zu einer Deformation der Bänder: Valenz- und Leitungsband werden im *p*-Halbleiter angehoben und im *n*-Halbleiter abgesenkt (Abb. 4.16). Die gesamte Bandverschiebung zwischen *n*- und *p*-Halbleiter beträgt gerade eU_D. Dabei bleibt die Energielücke ΔW zwischen Valenz- und Leitungsband erhalten. Der Diffusionsstrom beschreibt das Anlaufen der Majoritätsträger gegen die Potentialschwelle U_D aufgrund ihrer kinetischen Energie,

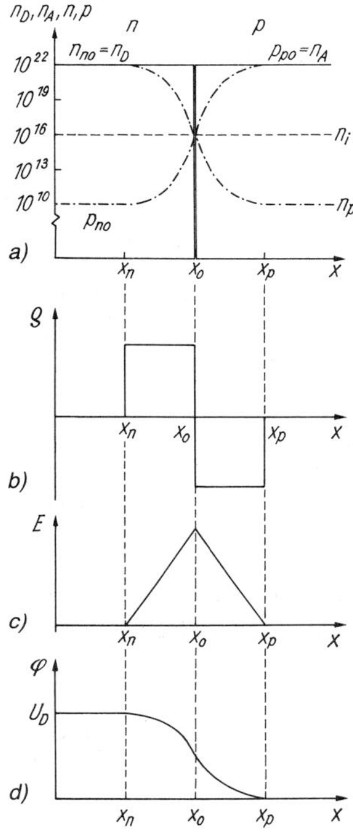

Abb. 4.15. Symmetrischer, abrupter *pn*-Übergang im thermischen Gleichgewicht
a) Dotierungsverlauf und Verteilung der Ladungsträgerkonzentration,
b) Verteilung der Raumladungsdichte,
c) Feldstärkeverlauf,
d) Potentialverlauf

der Feldstrom die Verschiebung der Minoritätsträger in den abfallenden Bändern unter Energiegewinn. Auch aus dieser Vorstellung folgt, daß diese beiden Ströme im thermodynamischen Gleichgewicht gleich groß sein müssen.

4.3.2 Berechnung der Diffusionsspannung

Unter dem Einfluß eines elektrischen Feldes fließen Elektronen und Löcher in unterschiedlicher Richtung. Ist $E(x)$ der Betrag der elektrischen Feldstärke an einer Stelle x, ist die Stromdichte des Elektronenfeldstromes

$$i_{nF} = e\mu_n n(x)\, E(x) \tag{4.13.1}$$

und die des Löcherfeldstromes

$$i_{pF} = e\mu_p p(x)\, E(x)\,. \tag{4.13.2}$$

Als Folge eines Konzentrationsgradienten tritt ein Diffusionsstrom in Richtung abnehmender Konzentration auf. Die Stromdichte des Elektronendiffusionsstromes

$$i_{nD} = eD_n \frac{\mathrm{d}n(x)}{\mathrm{d}x} \tag{4.14.1}$$

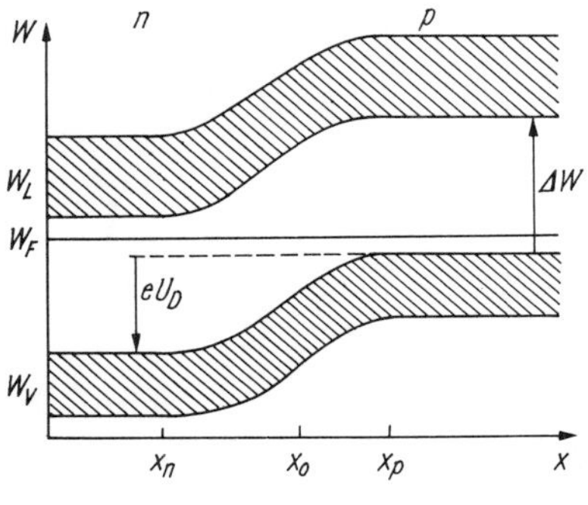

Abb. 4.16. Darstellung eines *pn*-Überganges im Bändermodell

und die des Löcherdiffusionsstromes

$$i_{pD} = -eD_p \frac{\mathrm{d}p(x)}{\mathrm{d}x} \tag{4.14.2}$$

sind dem Gradienten der Teilchenkonzentration proportional. Als Proportionalitätskonstanten treten die Diffusionskonstanten D_n und D_p auf, die von der Beweglichkeit und der thermischen Energie der Ladungsträger abhängen:

$$D_n = \mu_n \frac{k\vartheta}{e} = \mu_n U_\vartheta , \tag{4.15.1}$$

$$D_p = \mu_p \frac{k\vartheta}{e} = \mu_p U_\vartheta . \tag{4.15.2}$$

Die Größe $U_\vartheta = k\vartheta/e$ heißt Temperaturspannung; sie hat bei Zimmertemperatur ($\vartheta = 300$ K) einen Wert von $U_\vartheta = 25{,}84$ mV.

Am *pn*-Übergang sind im thermodynamischen Gleichgewicht Diffusions- und Feldstromdichte gleich groß. Für die Elektronenstromdichte gilt daher

$$i_n = 0 = e\mu_n n(x)\, E(x) + e\mu_n U_\vartheta \frac{\mathrm{d}n(x)}{\mathrm{d}x} , \tag{4.16}$$

und daraus folgt

$$E(x)\,\mathrm{d}x = -\mathrm{d}\varphi(x) = -U_\vartheta \frac{\mathrm{d}n(x)}{n} . \tag{4.17}$$

Die Integration von (4.17) liefert den Potentialverlauf am *pn*-Übergang:

$$\varphi(x) = U_\vartheta \ln n(x) + K' , \tag{4.18}$$

und daraus erhält man durch Umstellen die Ortsabhängigkeit der Elektronenkonzentration:

$$n(x) = K\, \mathrm{e}^{\varphi(x)/U_\vartheta} . \tag{4.19}$$

Die Integrationskonstante läßt sich aus (4.19) bestimmen, wenn man das Potential des neutralen *p*-Gebiets (für $x = x_p$) als Bezugspotential wählt und Null setzt. Mit $\varphi(x_p) = 0$ ist $K = n(x_p) = n_{p0}$, und damit folgt für den Konzentrationsverlauf

$$n(x) = n_{p0}\, e^{\varphi(x)/U_\vartheta}\,. \tag{4.20}$$

Als Diffusionsspannung bezeichnet man die Potentialdifferenz zwischen dem neutralen *n*-Gebiet ($x = x_n$) und dem neutralen *p*-Gebiet (s. Abb. 4.15d)):

$$U_D = \varphi(x_n) - \varphi(x_p) = U_\vartheta \ln \frac{n_{n0}}{n_{p0}}\,. \tag{4.21.1}$$

Eine entsprechende Rechnung für die Löcher liefert

$$U_D = U_\vartheta \ln \frac{p_{p0}}{p_{n0}}\,. \tag{4.21.2}$$

Beispiel 4.1. Berechnung der Diffusionsspannung eines *pn*-Überganges in Si bei Zimmertemperatur ($\vartheta = 300$ K). Die Leitwerte des Halbleitermaterials betragen $\sigma_n = 10\,\Omega^{-1}\,m^{-1}$ auf der *n*-Seite und $\sigma_p = 10^2\,\Omega^{-1}\,m^{-1}$ auf der *p*-Seite.

Bei starker Dotierung wird der Leitwert praktisch nur durch die Majoritätsträger bestimmt. Dann ist nach (4.6.1) mit den Werten aus Tab. 10

$$n_{n0} = \frac{\sigma_n}{e\mu_n} = 4{,}62 \cdot 10^{20}\,m^{-3}$$

und nach (4.6.2)

$$p_{p0} = \frac{\sigma_p}{e\mu_p} = 1{,}30 \cdot 10^{22}\,m^{-3}\,.$$

Mit (4.3) ergibt sich

$$n_{p0} = \frac{n_i^2}{p_{p0}} = 1{,}73 \cdot 10^{10}\,m^{-3}\,,$$

$$p_{n0} = \frac{n_i^2}{n_{n0}} = 4{,}87 \cdot 10^{11}\,m^{-3}\,.$$

Mit diesen Werten ergibt sich aus (4.21) $U_D = 620$ mV.

4.3.3 Sperrschichtweite

Die Raumladungen am *pn*-Übergang setzen sich aus der Raumladung der beweglichen Ladungsträger und der Raumladung der ionisierten ortsfesten Störstellen zusammen. Allerdings ist die Konzentration freier Ladungsträger in der Raumladungsschicht gering, so daß die Größe der Raumladung vor allem durch die Störstellenkonzentration bestimmt wird. Diese ist beim abrupten *pn*-Übergang sowohl im *n*- als auch

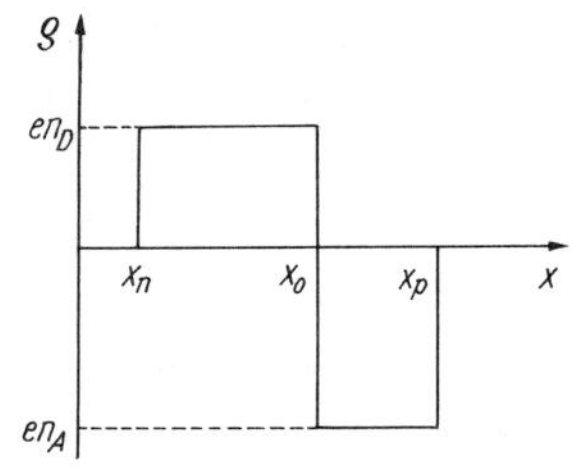

Abb. 4.17. Angenäherter Verlauf der Raumladungsdichte am abrupten *pn*-Übergang (Schottky-Näherung)

im p-Gebiet bis zur Grenzschicht konstant (s. Abb. 4.14). Damit ergibt sich näherungsweise der in Abb. 4.17 dargestellte Verlauf der Raumladungsdichte (Schottky-Näherung), aus dem sich die Dicke der Sperrschicht ermitteln läßt.

Aus der Raumladungsdichte läßt sich mittels der Poisson-Gleichung

$$\frac{\mathrm{d}^2\varphi}{\mathrm{d}x^2} = -\frac{\varrho(x)}{\varepsilon} \tag{4.22}$$

(ε Dielektrizitätskonstante des Halbleitermaterials) der Potentialverlauf durch zweimalige Integration berechnen, wenn man die Integrationskonstanten aus den Randbedingungen bestimmt. Für $x_n \leqq x \leqq x_0$ ist n_D konstant und $n_A = 0$ und damit

$$\frac{\mathrm{d}^2\varphi}{\mathrm{d}x^2} = -\frac{en_D}{\varepsilon},$$

$$\frac{\mathrm{d}\varphi}{\mathrm{d}x} = -E = -\frac{en_D}{\varepsilon}x + k_1\,, \tag{4.23.1}$$

$$\varphi(x) = -\frac{en_D}{2\varepsilon}x^2 + k_1x + k_2\,; \tag{4.24.1}$$

für $x_0 \leqq x \leqq x_p$ ist n_A konstant und $n_D = 0$ und damit

$$\frac{\mathrm{d}^2\varphi}{\mathrm{d}x^2} = \frac{en_A}{\varepsilon},$$

$$\frac{\mathrm{d}\varphi}{\mathrm{d}x} = -E = \frac{en_A}{\varepsilon}x + k_3\,, \tag{4.23.2}$$

$$\varphi(x) = \frac{en_A}{2\varepsilon}x^2 + k_3x + k_4\,. \tag{4.24.2}$$

Aus der Bedingung, daß die Feldstärke an den Grenzen der Raumladungsschicht verschwindet (s. Abb. 4.15c)), folgt aus den Gleichungen (4.23)

$$k_1 = \frac{en_D}{\varepsilon}x_n \quad \text{und} \quad k_3 = -\frac{en_A}{\varepsilon}x_p\,,$$

und aus der Festlegung, daß das Potential bei $x = x_p$ verschwindet und daher bei $x = x_n$ den Wert $\varphi(x_n) = U_D$ hat (s. Abb. 4.15d)), folgt schließlich aus den Gleichungen (4.24)

$$k_2 = -\frac{en_D}{2\varepsilon} x_n^2 + U_D \quad \text{und} \quad k_4 = \frac{en_A}{2\varepsilon} x_p^2 .$$

Mit diesen Werten für die Integrationskonstanten erhält man für den Verlauf von Feldstärke und Potential in der Raumladungsschicht

$$E(x) = \frac{en_D}{\varepsilon} (x - x_n) , \tag{4.25.1}$$

$$\varphi(x) = -\frac{en_D}{2\varepsilon} (x - x_n)^2 + U_D \tag{4.26.1}$$

für $x_n \leqq x \leqq x_0$ bzw.

$$E(x) = \frac{en_A}{\varepsilon} (x_p - x) , \tag{4.25.2}$$

$$\varphi(x) = \frac{en_A}{2\varepsilon} (x_p - x)^2 \tag{4.26.2}$$

für $x_0 \leqq x \leqq x_p$. Setzt man nun noch Stetigkeit der Feldstärke und des Potentials bei $x = x_0$ voraus (s. Abb. 4.15), erhält man aus den Gleichungen (4.25)

$$(x_0 - x_n)\, n_D = (x_p - x_0)\, n_A$$

und aus den Gleichungen (4.26)

$$-\frac{en_D}{2\varepsilon} (x_0 - x_n)^2 + U_D = \frac{en_A}{2\varepsilon} (x_p - x_0)^2$$

und damit schließlich

$$x_0 - x_n = \sqrt{\frac{2\varepsilon U_D n_A}{en_D(n_D + n_A)}} , \tag{4.27.1}$$

$$x_p - x_0 = \sqrt{\frac{2\varepsilon U_D n_D}{en_A(n_D + n_A)}} . \tag{4.27.2}$$

Daraus ergibt sich für die Dicke d_{pn} der gesamten Raumladungsschicht

$$d_{pn} = \sqrt{\frac{2\varepsilon U_D(n_A + n_D)}{en_A n_D}} . \tag{4.28}$$

Beispiel 4.2. Berechnung der Sperrschichtweite des in Beispiel 4.1 behandelten *pn*-Überganges. Bei Zimmertemperatur liegt Störstellenerschöpfung vor, d. h., es ist $n_D = n_{n0} = 4{,}62 \cdot 10^{20}\ \mathrm{m}^{-3}$ und $n_A = p_{p0} = 1{,}30 \cdot 10^{22}\ \mathrm{m}^{-3}$. Mit der oben berechneten Diffusionsspannung und den Zahlenwerten aus Tab. 10 ergibt sich nach den Gleichungen (4.27) und (4.28)

$$x_0 - x_n = 1{,}31\ \mu\mathrm{m}\,, \qquad x_p - x_0 = 0{,}047\ \mu\mathrm{m}\,, \qquad d_{pn} = 1{,}36\ \mu\mathrm{m}\,.$$

Das Beispiel zeigt, daß die Raumladungsschicht im stark dotierten Bereich (*p*-Halbleiter) wesentlich dünner ist als im schwach dotierten Bereich (s. auch die schematische Darstellung in Abb. 4.17).

Beispiel 4.3. Berechnung der Feldströme am *pn*-Übergang ($x = x_0$) mit den in Beispiel 4.1 und 4.2 ermittelten Zahlenwerten.

Aus (4.20) erhält man die Elektronenkonzentration $n(x_0)$, wenn man das Potential $\varphi(x_0)$ nach (4.26.2) berechnet:

$$n(x_0) = n_{p0}\, \mathrm{e}^{(e^2 n_A)/(2\varepsilon k \vartheta)(x_p - x_0)^2}\,.$$

Entsprechend findet man für die Löcherkonzentration an der Stelle $x = x_0$

$$p(x_0) = p_{p0}\, \mathrm{e}^{-(e^2 n_A)/(2\varepsilon k \vartheta)(x_p - x_0)^2}\,.$$

Aus (4.25.2) erhält man die Feldstärke an der Stelle $x = x_0$:

$$E(x_0) = \frac{e n_A}{\varepsilon}(x_p - x_0)\,.$$

Damit läßt sich die Stromdichte der Feldströme nach den Gleichungen (4.13) berechnen. Einsetzen der gegebenen Zahlenwerte liefert

$$n(x_0) = 4{,}0 \cdot 10^{10}\ \mathrm{m}^{-3}\,,$$

$$p(x_0) = 5{,}62 \cdot 10^{21}\ \mathrm{m}^{-3}\,,$$

$$E(x_0) = 9{,}21 \cdot 10^{5}\ \mathrm{Vm}^{-1}$$

und damit

$$i_{nF} = 0{,}8 \cdot 10^{-3}\ \mathrm{Am}^{-2}\,,$$

$$i_{pF} = 39{,}8 \cdot 10^{6}\ \mathrm{Am}^{-2}\,.$$

Die Stromdichte nimmt am *pn*-Übergang sehr große Werte an und wird bei unsymmetrischer Dotierung vor allem von den Majoritätsträgern der stark dotierten Seite bestimmt.

4.3.4 Stromdurchflossener *pn*-Übergang

Wir wollen nun die Verhältnisse an einem *pn*-Übergang untersuchen, an den von außen eine Spannung $\bar{U}$ angelegt wird. Dabei beschränken wir uns wieder auf einen ebenen, abrupten *pn*-Übergang und machen folgende zusätzliche Annahme:

1. Der von außen eingeprägte Strom ist klein gegenüber den Diffusions- und Feldströmen;

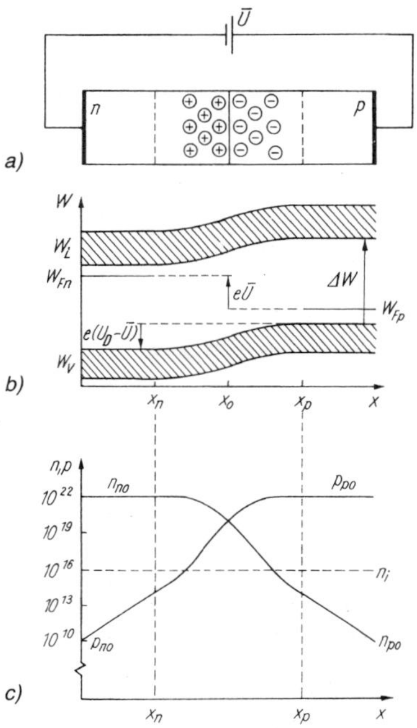

Abb. 4.18. *pn*-Übergang in Durchlaßrichtung
a) Schematische Darstellung der Raumladungszone,
b) Bändermodell,
c) Verteilung der Ladungsträgerkonzentration

2. Ein Spannungsabfall tritt nur am *pn*-Übergang auf, d. h., die Neutralgebiete des Halbleiters außerhalb der Sperrschicht haben einen vernachlässigbar kleinen Bahnwiderstand.

Unter diesen Annahmen kann man das Potential $\varphi(x_n)$ an der Grenze der Raumladungsschicht im *n*-Gebiet durch die Diffusionsspannung und die äußere Spannung ausdrücken. Damit lassen sich die Eigenschaften des *pn*-Überganges unter dem Einfluß einer äußeren Spannung im Bändermodell einfach beschreiben und die Ladungsträgerkonzentrationen an den Grenzen der Sperrschicht berechnen.

Betrachten wir zunächst den Fall, daß der Pluspol der Batterie mit der *p*-Zone verbunden wird (Abb. 4.18). Da an den Bahngebieten kein Spannungsabfall auftreten soll und wir das Potential auf $\varphi(x_p) = 0$ normiert hatten, ist

$$\varphi(x_n) = U_D - \bar{U}\,, \tag{4.29}$$

d. h., die Potentialschwelle in der Sperrschicht wird um die äußere Spannung verringert. Gleichzeitig wird die Konzentration der Minoritätsträger an den Grenzen der Raumladungsschicht und damit der über den *pn*-Übergang auftretende Konzentrationsgradient geändert. Für die Minoritätsträgerkonzentration findet man mit (4.29) aus den Gleichungen (4.21) an der Stelle $x = x_p$

$$n(x_p) = n_{n0}\, e^{-(U_D - \bar{U})/U_\vartheta} = n_{p0}\, e^{\bar{U}/U_\vartheta} \tag{4.30.1}$$

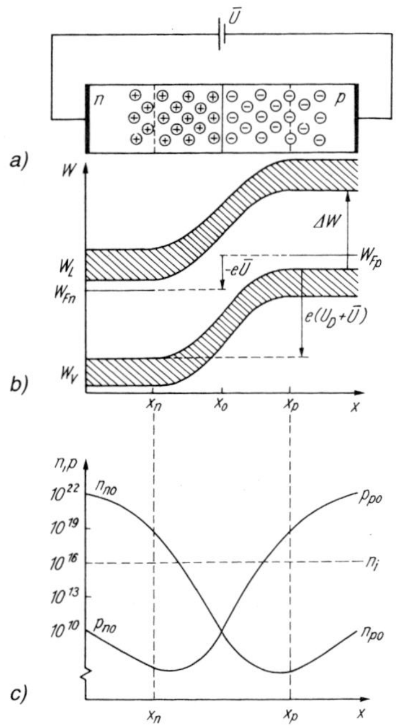

Abb. 4.19. *pn*-Übergang in Sperrichtung
a) Schematische Darstellung der Raumladungszone,
b) Bändermodell,
c) Verteilung der Ladungsträgerkonzentration

und an der Stelle $x = x_n$

$$p(x_n) = p_{n0}\, e^{\bar{U}/U_\vartheta}\,. \tag{4.30.2}$$

Demnach steigt die Konzentration der Minoritätsträger an den Grenzen der Sperrschicht an. Als Folge davon ändern sich sowohl der Diffusions- als auch der Feldstrom über den *pn*-Übergang. Es besteht kein Gleichgewicht mehr, sondern es ergibt sich ein resultierender Strom: Aus dem *p*-Gebiet fließen Löcher in das *n*-Gebiet und aus diesem Elektronen in das *p*-Gebiet.

Stark vereinfacht kann man auch sagen: Aus den Bahngebieten werden Ladungsträger in das Verarmungsgebiet injiziert. Die Breite der Sperrschicht nimmt ab und ihre Leitfähigkeit zu. Der *pn*-Übergang ist in Durchlaßrichtung geschaltet.

Wenn man die äußere Spannung umpolt (Abb. 4.19), wird die Potentialschwelle in der Sperrschicht um die äußere Spannung erhöht. Aus den Gleichungen (4.30) liest man eine Abnahme der Minoritätsträgerkonzentration an den Sperrschichträndern ab, der eine Verbreitung der Raumladungszone entspricht. Auch in diesem Fall sind Feld- und Diffusionsstrom nicht mehr im Gleichgewicht: Aus dem *p*-Gebiet fließen Elektronen in das *n*-Gebiet und aus diesem Löcher in das *p*-Gebiet. Dieser Strom ist jedoch wegen der geringen Konzentration der Minoritätsträger sehr gering.

Stark vereinfacht ergibt sich: Die Ladungsträgerkonzentration in der Sperrschicht nimmt ab, und ihre Dicke nimmt zu, d. h., ihre Leitfähigkeit wird noch weiter herabgesetzt. Der *pn*-Übergang ist in Sperrichtung geschaltet.

Die Abhängigkeit der Sperrschichtweite von der äußeren Spannung ergibt sich unmittelbar aus (4.28), wenn man für U_D nach (4.29) die tatsächliche Potentialdifferenz in der Sperrschicht einsetzt.

Beispiel 4.4. Berechnung der Minoritätsträgerkonzentration an den Sperrschichträndern und der Sperrschichtweite für eine äußere Spannung $\bar{U} = \pm 300$ mV (Zahlenwerte für den *pn*-Übergang wie in Beispiel 4.1).

Aus den Gleichungen (4.30) folgt für die Ladungsträgerkonzentration an den Sperrschichträndern des in Durchlaßrichtung betriebenen *pn*-Überganges

$$\frac{p(x_n)}{p_{n0}} = \frac{n(x_p)}{n_{p0}} = 1{,}10 \cdot 10^5$$

und aus (4.28) mit (4.29) für die Sperrschichtweite

$$d_{pn} = 0{,}98\ \mu\mathrm{m}.$$

Entsprechend ergibt sich für den in Sperrichtung betriebenen *pn*-Übergang

$$\frac{p(x_n)}{p_{n0}} = \frac{n(x_p)}{n_{p0}} = 0{,}91 \cdot 10^{-5}\,, \qquad d_{pn} = 1{,}66\ \mu\mathrm{m}\,.$$

4.3.5 Berechnung der Strom-Spannungs-Kennlinie

Zur Berechnung der Strom-Spannungs-Kennlinie machen wir die Annahme, daß sich die durch die äußere Spannung geänderte Minoritätsträgerkonzentration mit zunehmendem Abstand von den Sperrschichträndern exponentiell dem Gleichgewichtswert annähert (s. Abb. 4.18 und 4.19). Dazu führt man die Diffusionslänge L ein, die angibt, nach welchem Abstand die Anfangskonzentration auf den e-ten Teil abgesunken ist. Die Diffusionslänge hängt von der Rekombinationsrate und damit von der Lebensdauer der Minoritätsträger ab und kann je nach Dotierung und Kristallgüte zwischen etwa 10 µm und einigen mm betragen. Damit kann man für die Elektronenkonzentration an einer Stelle x im p-Gebiet

$$n(x) - n_{p0} = k_1\,\mathrm{e}^{(x - x_p)/L_n} \tag{4.31.1}$$

und für die Löcherkonzentration an einer Stelle x im n-Gebiet

$$p(x) - p_{n0} = k_2\,\mathrm{e}^{-(x - x_n)/L_p} \tag{4.31.2}$$

schreiben. Die gegenüber dem Gleichgewichtswert erhöhte Minoritätsträgerkonzentration an den Sperrschichträndern bewirkt einen Diffusionsstrom von Minoritätsträgern in die Bahngebiete hinein. Dieser wird dort allmählich infolge der Rekombination durch einen Majoritätsträgerstrom abgelöst. Die Diffusionsstromdichten lassen sich berechnen, wenn man die nach den Gleichungen (4.31) berechneten Konzentrationsgradienten in die Gleichungen (4.14) einsetzt. Damit erhält man für die Elektronenstromdichte

$$i_{nD} = \frac{eD_n}{L_n} k_1 \, \mathrm{e}^{(x-x_p)/L_n} = \frac{eD_n}{L_n} [n(x) - n_{p0}] \, ,$$

d. h., an der Stelle $x = x_p$ ergibt sich mit (4.30.1)

$$i_{nD} = \frac{eD_n}{L_n} n_{p0} \, (\mathrm{e}^{\bar{U}/U_\vartheta} - 1) \, .$$

Ganz entsprechend ergibt sich für die Löcherstromdichte an der Stelle $x = x_n$

$$i_{pD} = \frac{eD_p}{L_p} p_{n0} \, (\mathrm{e}^{\bar{U}/U_\vartheta} - 1) \, .$$

Die Stromdichte des Duchlaßstromes ergibt sich aus diesen beiden Anteilen zu

$$\bar{i}_F = i_{nD} + i_{pD} = e \left(\frac{D_n n_{p0}}{L_n} + \frac{D_p p_{n0}}{L_p} \right) (\mathrm{e}^{\bar{U}/U_\vartheta} - 1) \, . \tag{4.32}$$

In Sperrichtung kehren Stromdichte und Spannung ihr Vorzeichen um:

$$\bar{i}_R = e \left(\frac{D_n n_{p0}}{L_n} + \frac{D_p p_{n0}}{L_p} \right) (1 - \mathrm{e}^{-\bar{U}/U_\vartheta}) \, . \tag{4.33}$$

Aus dieser Gleichung liest man ab, daß $\bar{i}_R$ mit wachsender Sperrspannung einem Sättigungswert zustrebt, dem Sperrsättigungsstrom

$$\bar{i}_s = e \left(\frac{D_n n_{p0}}{L_n} + \frac{D_p p_{n0}}{L_p} \right) . \tag{4.34}$$

Damit kann man die Strom-Spannungs-Charakteristik eines *pn*-Überganges mit der Fläche A in der Form

$$\bar{I} = A\bar{i} = I_s \, (\mathrm{e}^{\bar{U}/U_\vartheta} - 1) \tag{4.35}$$

angegeben, wobei man $\bar{U}$ und $\bar{I}$ in Durchlaßrichtung positiv und in Sperrichtung negativ zählt. Ersetzt man in (4.34) die Minoritätsträgerkonzentration mittels (4.3) durch die Störstellenkonzentration und die Inversionsdichte, erhält man für den Sperrsättigungsstrom

$$I_s = e n_i^2 A \left(\frac{D_n}{n_A L_n} + \frac{D_p}{n_D L_p} \right) . \tag{4.36}$$

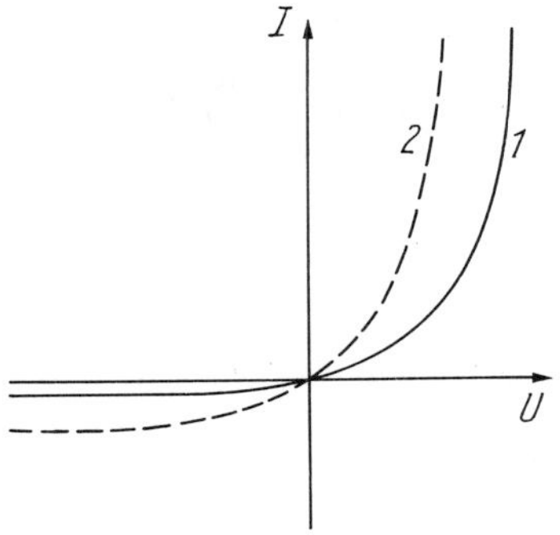

Abb. 4.20. Kennlinie eines *pn*-Überganges in Abhängigkeit von der Dotierung bzw. der Temperatur
Kurve 1: bei Zimmertemperatur ϑ_0 bzw. stark dotiert
Kurve 2: bei $\vartheta_1 > \vartheta_0$ bzw. schwach dotiert

Aus dieser Gleichung liest man ab, daß der Sperrsättigungsstrom mit zunehmender Dotierung abnimmt. Bei einem unsymmetrischen *pn*-Übergang wird er praktisch nur durch die schwach dotierte Seite bestimmt. Berücksichtigt man die Temperaturabhängigkeit der Inversionsdichte nach (4.5), erkennt man, daß der Sperrsättigungsstrom mit wachsender Temperatur sehr stark ansteigt. Da der Sperrsättigungsstrom nach (4.35) den gesamten Kennlinienverlauf bestimmt, ergibt sich die in Abb. 4.20 schematisch dargestellte Abhängigkeit der Strom-Spannungs-Kennlinie eines *pn*-Überganges von der Dotierung bzw. von der Temperatur.

Beispiel 4.5. Berechnung des Sperrsättigungsstromes eines *pn*-Überganges in Ge bei Zimmertemperatur ($\vartheta = 300$ K). Gegeben: $A = 1\ \text{mm}^2$; $\sigma_n = 10^3\ \Omega^{-1}\ \text{m}^{-1}$; $\sigma_p = 10\ \Omega^{-1}\ \text{m}^{-1}$; $L_n = 1$ mm; $L_p = 0{,}1$ mm.

Nach den Gleichungen (4.6) ergibt sich die Störstellenkonzentration aus den gegebenen Leitfähigkeiten zu

$$n_D = \frac{\sigma_n}{e\mu_n} = 1{,}6 \cdot 10^{22}\ \text{m}^{-3},$$

$$n_A = \frac{\sigma_p}{e\mu_p} = 3{,}3 \cdot 10^{20}\ \text{m}^{-3}.$$

Damit folgt aus (4.36) für den Elektronenanteil des Sperrsättigungsstromes

$$I_{sn} = en_i^2 \frac{D_n}{n_A L_n} A = 2{,}81\ \mu\text{A}$$

und für den Löcheranteil

$$I_{sp} = en_i^2 \frac{D_p}{n_D L_p} A = 0{,}28\ \mu\text{A}.$$

Man erkennt, daß der Sperrsättigungsstrom wesentlich vom schwächer dotierten *p*-Gebiet bestimmt wird. Der gesamte Sperrsättigungsstrom des *pn*-Überganges beträgt $I_s = 3{,}1\ \mu$A.

Ein *pn*-Übergang in Si weist auf Grund der geringeren Inversionsdichte einen bedeutend geringeren Sperrsättigungsstrom auf (s. Tab. 10).

Beispiel 4.6. Berechnung der Temperaturabhängigkeit des Sperrsättigungsstromes und der Durchlaßspannung eines *pn*-Überganges.

Die Temperaturabhängigkeit des Sperrsättigungsstromes wird vor allem durch die der Inversionsdichte bestimmt. Aus (4.36) folgt daher mit (4.5)

$$I_s(\vartheta) = I_s(\vartheta_0)\left(\frac{\vartheta}{\vartheta_0}\right)^3 e^{(\Delta W/k\vartheta_0)(\Delta\vartheta/\vartheta)}\,.$$

Für nicht zu große Temperaturänderungen ($\Delta\vartheta \ll \vartheta_0$) ergibt sich daraus als Näherung

$$I_s(\vartheta) \approx I_s(\vartheta_0)\,e^{\Lambda\,\Delta\vartheta}$$

mit dem Temperaturbeiwert

$$\Lambda = \frac{\Delta W}{k\vartheta_0^2}\,.$$

Mit den Zahlenwerten für den Bandabstand bei $\vartheta_0 = 300$ K (s. Tab. 10) folgt daraus

$$\Lambda_{\mathrm{Ge}} = 0{,}09\ \mathrm{K}^{-1}\,,$$

$$\Lambda_{\mathrm{Si}} = 0{,}14\ \mathrm{K}^{-1}\,.$$

Das bedeutet, daß sich bei einer Temperaturerhöhung von etwa 8 K der Sperrsättigungsstrom eines *pn*-Überganges in Ge verdoppelt und in Si verdreifacht.

Durch die Temperaturabhängigkeit des Sperrsättigungsstromes wird die gesamte Kennlinie stark temperaturabhängig (s. Abb. 4.20). Nach (4.35) und der hier berechneten Temperaturabhängigkeit des Sperrsättigungsstromes kann man den Flußstrom $I_F(\vartheta)$ bei einer Temperatur ϑ näherungsweise durch die Gleichung

$$I_F(\vartheta) \approx I_s(\vartheta_0)\,e^{\Lambda\,\Delta\vartheta}\,e^{U_F(\vartheta)/U_\vartheta}$$

beschreiben, wenn $U_F \gg U_\vartheta$ ist. Die Temperaturabhängigkeit der Kennlinie läßt sich gut veranschaulichen, wenn man daraus die Durchlaßspannung $U_F(\vartheta)$ als Funktion der Temperatur bei konstantem Flußstrom berechnet. Dann ist

$$I_F(\vartheta) = I_F(\vartheta_0) = I_s(\vartheta_0)\,e^{U_F(\vartheta_0)/U_{\vartheta_0}}\,.$$

Aus diesen beiden Gleichungen für den Flußstrom folgt durch Logarithmieren

$$\Lambda\,\Delta\vartheta = \frac{eU_F(\vartheta_0)}{k\vartheta_0} - \frac{eU_F(\vartheta)}{k(\vartheta_0 + \Delta\vartheta)}$$

und schließlich mit $\Delta\vartheta \ll \vartheta_0$

$$U_F(\vartheta_0) - U_F(\vartheta) = \Delta U_F \approx \Lambda U_{\vartheta_0}\,\Delta\vartheta\,.$$

Die Größe $\Lambda U_{\vartheta_0} = D_\vartheta$ heißt Temperaturdurchgriff und hat folgende Werte:

$$D_{\vartheta,\mathrm{Ge}} = 2{,}3\ \mathrm{mV\,K}^{-1}\,,$$

$$D_{\vartheta,\mathrm{Si}} = 3{,}6\ \mathrm{mV\,K}^{-1}\,.$$

Über die Temperaturspannung U_ϑ ist der Temperaturdurchgriff selbst noch temperaturabhängig.

4.3.6 Reale Diodenkennlinie

Ein Bauelement mit einem *pn*-Übergang bezeichnet man als Halbleiterdiode. Die Kennlinie einer realen Diode weicht von der nach der einfachen Schottky-Näherung des abrupten *pn*-Überganges berechneten ab. Als besonders wesentliche Einflüsse auf den Kennlinienverlauf sollen der Bahnwiderstand und die begrenzte Sperrfähigkeit diskutiert werden.

Der Bahnwiderstand R_b bewirkt, daß beim Betrieb in Durchlaßrichtung nicht die gesamte äußere Spannung U_F am *pn*-Übergang abfällt. Berücksichtigt man in (4.35) den Spannungsabfall am Bahnwiderstand, erhält man für den Durchlaßstrom

$$I_F = I_s(e^{(U_F - R_b I_F)/U_\vartheta} - 1)\,. \tag{4.37}$$

Bei konstantem Bahnwiderstand bedeutet das eine Scherung der exponentiellen Kennlinie von (4.35) mit der Widerstandskennlinie $U' = R_b I_F$ (s. Abb. 4.21). Tatsächlich sinkt der Bahnwiderstand mit wachsendem Strom. Die Kennlinie weist daher bei großen Strömen einen nahezu linearen Verlauf auf. Man definiert eine Schleusenspannung U_s, indem man diesen annähernd linearen Kennlinienteil auf $I_F = 0$ extrapoliert.[1] Die Schleusenspannung hat ungefähr die Größe der Diffusionsspannung. Um das zu zeigen, formen wir (4.36) um. Mit (4.3) und (4.21) erhält man

$$I_s = eA\left(\frac{n_D D_n}{L_n} + \frac{n_A D_p}{L_p}\right) e^{-U_D/U_\vartheta} = I_s^* \, e^{-U_D/U_\vartheta}\,, \tag{4.38}$$

d. h., für $U_F \gg U_\vartheta$ kann man die Durchlaßkennlinie in der Form

$$I_F = I_s^* \, e^{(U_F - U_D)/U_\vartheta} \tag{4.39}$$

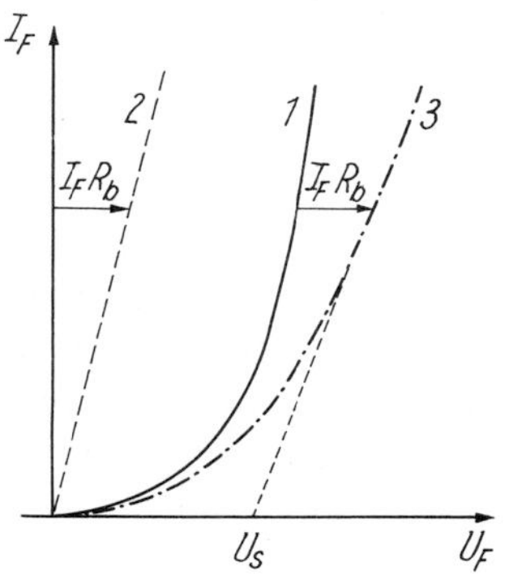

Abb. 4.21. Zum Einfluß des Bahnwiderstandes
Kurve 1: ideale Kennlinie
Kurve 2: Kennlinie des Bahnwiderstandes
Kurve 3: resultierende Kennlinie bei Berücksichtigung des Bahnwiderstandes

[1] Teilweise wird anstelle der Schleusenspannung die Flußspannung eingeführt, die durch die Spannung an der Diode bei einem Zehntel des höchstzulässigen Durchlaßstromes definiert wird.

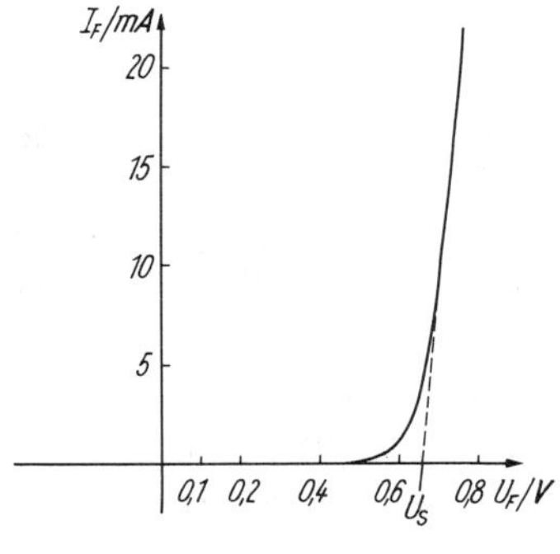

Abb. 4.22. Kennlinie einer Silizium-Flächendiode

schreiben. Tatsächlich ergibt sich also erst für $U_F > U_D$ ein steiler Anstieg des Durchlaßstromes (s. Abb. 4.22).

Erhöht man die Sperrspannung über einen bestimmten Wert, steigt der Sperrstrom stark an. Ursache dafür ist die große Feldstärke in der Sperrschicht, wobei für den Stromanstieg zwei verschiedene Mechanismen, der Zener-Effekt und der Lawinendurchbruch, verantwortlich sein können.

Beim Zener-Effekt kommt es durch die hohe Feldstärke in der Raumladungszone zur feldinduzierten Paarbildung. Die entstehenden Elektron-Loch-Paare werden im Raumladungsfeld sofort getrennt, so daß sie nicht rekombinieren können, sondern einen Beitrag zum Sperrstrom liefern. Die feldinduzierte Paarbildung kann durch den quantenmechanischen Tunneleffekt beschrieben werden. Dabei gelangen Elektronen aus dem Valenzband des p-Gebietes auf energetisch gleichwertige Niveaus im Leitungsband des n-Gebietes. Voraussetzung dafür ist das Vorhandensein solcher energetisch gleichwertiger Niveaus in den beiden Bereichen, d. h., es muß $e(U_D + \bar{U}_R) > \Delta W$ sein, und eine geringe Dicke der Potentialbarriere, d. h. der Sperrschicht (s. Abb. 4.23a)). Der Zener-Effekt tritt daher bei dünnen, hochdotierten Sperrschichten bei relativ geringen Sperrspannungen auf.

Beim Lawinendurchbruch (Avalanche-Effekt) tritt infolge Stoßionisation eine Ladungsträgervervielfachung ein. Unter dem Einfluß eines elektrischen Feldes bewegen sich die Ladungsträger mit konstanter mittlerer Geschwindigkeit, indem sie den Energieüberschuß durch Stöße an das Gitter abgeben. Im Bändermodell entspricht einer solchen Bewegung eine Verschiebung parallel zur Bandkante. Bei großen Feldstärken kann aber ein Ladungsträger zwischen zwei Stößen so viel Energie aufnehmen, daß er beim nächsten Stoß ein Atom ionisiert. Dadurch wird ein Ladungsträgerpaar gebildet. Das stoßende Teilchen gibt die Energie ΔW ab, bleibt aber noch im Leitungsband (Abb. 4.23b)). Das erzeugte Elektron-Loch-Paar wird im Raumladungsfeld getrennt und kann bei genügend großer Feldstärke weitere Stoßionisationsprozesse bewirken. Es kommt zur Ladungsträgervervielfachung (Ladungsträgerlawine) und damit zum abrupten Ansteigen des Sperrstromes. Der Lawinendurchbruch tritt an dicken Sperrschichten bei hohen Sperrspannungen auf.

Beide Mechanismen äußern sich in der Kennlinie also in gleicher Weise durch einen abrupten Anstieg des Sperrstromes, wenn eine bestimmte Sperrspannung

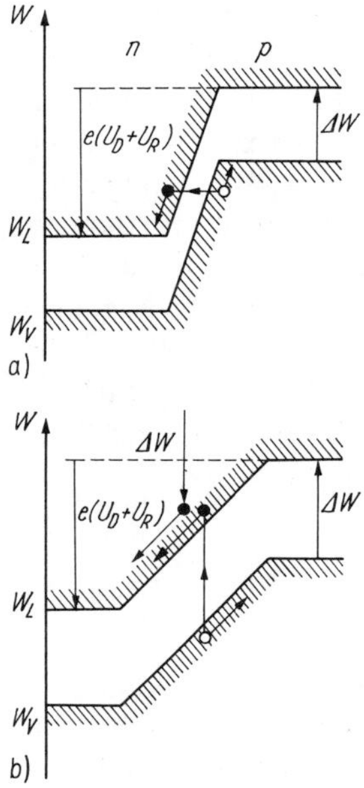

Abb. 4.23. Darstellung des Durchbruchs 1. Art im Bändermodell
a) Zener-Effekt; b) Lawineneffekt

überschritten wird (Abb. 4.24, Durchbruch 1. Art). Bei Si-Dioden führt dieser Durchbruch i. allg. nicht zur Zerstörung des Bauelementes, wenn man den Strom begrenzt (reversibler Durchbruch).

Die reale Diodenkennlinie wird außerdem durch den Realbau des Halbleiterkristalls beeinflußt. Vor allem Oberflächeneigenschaften führen zu einer Vergrößerung des Sperrstromes gegenüber dem berechneten Wert und zur Spannungsabhängigkeit des Sperrstromes bereits unterhalb der Durchbruchspannung.

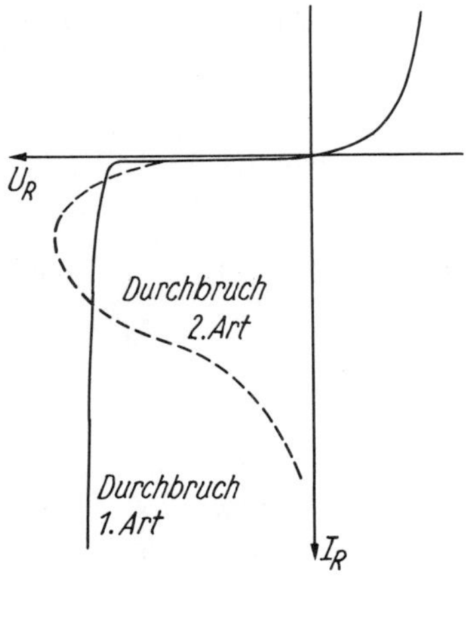

Abb. 4.24. Sperrkennlinie einer realen Diode (schematisch)

Beim Betrieb einer Halbleiterdiode tritt eine Verlustleistung auf, die zu einer Erwärmung des Bauelementes und dadurch zu einem Ansteigen des Stromes führt (s. Beispiel 4.6). Damit steigt aber die Verlustleistung weiter an, was eine weitere Erhöhung des Stromes zur Folge hat. Es kann zu einer unzulässigen Erwärmung und schließlich zur Zerstörung der Sperrschicht kommen (Abb. 4.24, Durchbruch 2. Art), wenn die Verlustwärme nicht abgeführt wird. Wegen des größeren Bandabstandes und der damit verbundenen geringeren Eigenleitungsdichte ist die maximal zulässige Sperrschichttemperatur ϑ_j und damit bei sonst vergleichbaren Bedingungen die maximal zulässige Verlustleistung $P_{v\max}$ bei Si-Dioden bedeutend höher als bei Ge-Dioden (Si: $\vartheta_j = 150 \dots 220$ °C; Ge: $\vartheta_j = 80 \dots 100$ °C). Durch eine zusätzliche Kühlung kann der Wärmewiderstand R_{th} zwischen Sperrschicht und Umgebung verringert und damit die maximal zulässige Verlustleistung erhöht werden (s. 2.1.1.3.).

4.3.7 Ersatzschaltung einer Diode

Die bisherigen Betrachtungen gelten am stromdurchflossenen *pn*-Übergang im quasistationären Zustand, der durch eine stationäre Ladungsträgerverteilung und einen bestimmten Gleichstromleitwert G_{pn} des *pn*-Überganges gekennzeichnet ist. Häufig wird aber eine Diode in der Weise betrieben, daß in einem bestimmten Gleichstrom-Arbeitspunkt zusätzlich eine Wechselspannung angelegt wird. Der Zusammenhang zwischen Wechselspannung und Wechselstrom wird dann durch den differentiellen Leitwert g_{pn} des *pn*-Überganges im entsprechenden Arbeitspunkt beschrieben (s. 2.1.1.). Die Ladungsträgerverteilung muß sich dabei auf den dem Momentanwert der Gesamtspannung entsprechenden Wert einstellen. Wegen der endlichen Lebensdauer und Beweglichkeit der Minoritätsträger geht das aber nicht beliebig schnell. Die Diode zeigt daher ein gegenüber der statischen Kennlinie abweichendes Verhalten.

Beim Betrieb in Sperrichtung hat eine Änderung der Sperrspannung eine Änderung der Sperrschichtweite und damit verbunden eine Änderung der Raumladung zur Folge (Abb. 4.25). Neben dem der statischen Kennlinie entsprechenden Sperrstrom

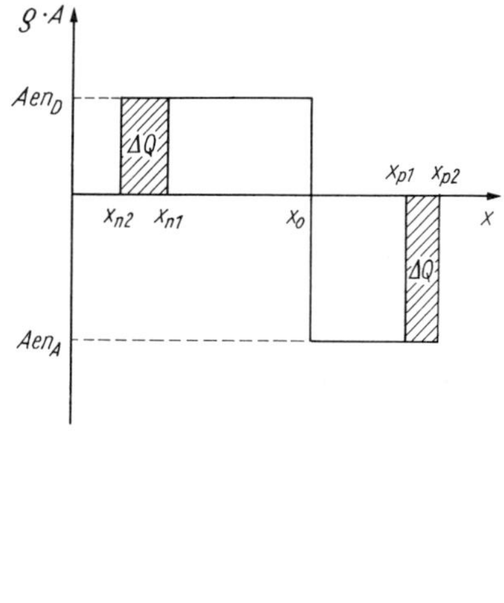

Abb. 4.25. Änderung der Raumladung am Rand der Sperrschicht

muß daher ein der Raumladungsänderung in der Sperrschicht entsprechender Verschiebungsstrom fließen: Beim Betrieb in Sperrichtung verhält sich eine Diode wie eine verlustbehaftete Kapazität. Zur Berechnung dieser Kapazität gehen wir aus von der Raumladung in der Sperrschicht. Mit (4.27.1) erhält man aus Abb. 4.25 am abrupten *pn*-Übergang

$$\begin{aligned} Q^+ &= en_D A(x_0 - x_n) \\ &= A\sqrt{\frac{2\varepsilon_0\varepsilon_r e\bar{U} n_A n_D}{n_A + n_D}}\,, \end{aligned}$$

wobei $\bar{U} = U_D + U_R$ die Potentialschwelle in der Sperrschicht ist (s. Abb. 4.19). Die Sperrschichtkapazität C_j ergibt sich aus der Änderung dieser Raumladung bei einer im Vergleich zur Spannung $\bar{U}$ kleinen Spannungsänderung, also als differentielle Kapazität, zu

$$C_j = \frac{\mathrm{d}Q^+}{\mathrm{d}U} = A\sqrt{\frac{\varepsilon_0\varepsilon_r e n_A n_D}{2(n_A + n_D)\,\bar{U}}}\,. \tag{4.40}$$

Beim Betrieb der Diode in Durchlaßrichtung hat eine Änderung der Durchlaßspannung eine Änderung der Minoritätsträgerkonzentration an den Sperrschichträndern und in den angrenzenden Bahngebieten zur Folge. Diese erfolgt nicht unmittelbar, sondern mit einer bestimmten Zeitkonstanten. Das kann man beschreiben, indem man dem differentiellen Leitwert g_{pn} des in Durchlaßrichtung betriebenen *pn*-Überganges eine Diffusionskapazität C_D parallelschaltet, die sich für nicht zu hohe Frequenzen ($\omega\tau < 1$; τ Minoritätsträger-Lebensdauer) zu

$$C_D = \frac{eA}{2U_\vartheta}\,(p_{n0}L_p + n_{p0}L_n)\,\mathrm{e}^{\bar{U}/U_\vartheta} \tag{4.41}$$

ergibt. Bei sehr hohen Frequenzen ($\omega\tau \gg 1$) wird die Gesamtadmittanz des *pn*-Überganges frequenzabhängig.

Zusätzlich zu diesen Größen, die sich aus den physikalischen Vorgängen am *pn*-Übergang ableiten lassen, muß man im vollständigen Ersatzschaltbild noch die Induktivität L_L der Zuleitungen und die Gehäusekapazität C_G berücksichtigen. Damit erhält man die in Abb. 4.26 dargestellte Ersatzschaltung einer Halbleiterdiode, die ihr elektrisches Verhalten beim Betrieb mit Wechselspannungen nicht zu hoher Frequenz und bei nicht zu großen Strömen beschreibt.

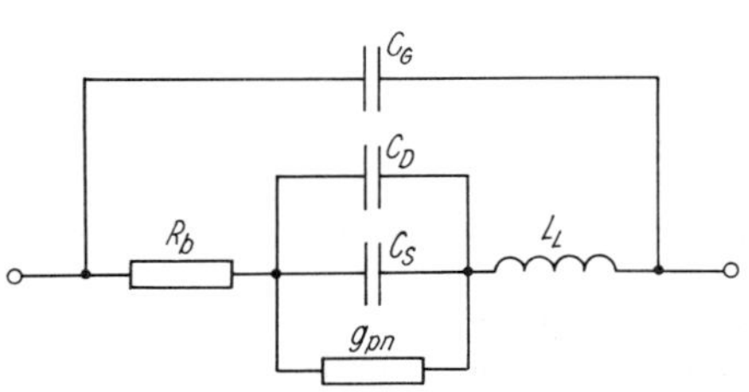

Abb. 4.26. Ersatzschaltung einer Halbleiterdiode

4.3.8 Übergangsverhalten

Für viele Anwendungen ist das dynamische Verhalten einer Halbleiterdiode beim schnellen Umschalten von Durchlaß- in Sperrichtung oder umgekehrt wichtig. Dieses sogenannte Übergangsverhalten läßt sich zumindest qualitativ aus den bisherigen Überlegungen ableiten.

Beim Betrieb der Diode in Durchlaßrichtung stellt sich am *pn*-Übergang und in den angrenzenden Bahngebieten eine hohe Minoritätsträgerkonzentration ein. Nach dem Umschalten in Sperrichtung fließt daher zunächst ebenfalls ein großer Strom, der praktisch nur von der Sperrspannung U_R und dem Widerstand R des Stromkreises bestimmt wird und während der Speicherphase konstant bleibt. Nach einer bestimmten Zeit, der Speicherzeit t_s (engl. storage time), hat die Minoritätsträgerkonzentration an den Sperrschichträndern den Gleichgewichtswert erreicht und fällt anschließend in der Abfallzeit t_f auf den der anliegenden Sperrspannung entsprechenden Wert ab. Dabei sinkt der Strom exponentiell auf den Sperrsättigungsstrom. Der stationäre Sperrzustand hat sich also nach der Sperrverzögerungszeit t_{rr} (engl. recovery time) eingestellt (Abb. 4.27). Vor allem über t_s hängt t_{rr} außer von den Eigenschaften des Halbleitermaterials vom Durchlaßstrom I_F und der Sperrspannung U_R ab: t_s steigt mit wachsendem I_F und nimmt mit wachsendem U_R ab.

Beim Umschalten aus der Sperr- in die Durchlaßrichtung kommt es durch die Entladung der Sperrschichtkapazität zu einer Stromspitze. Danach stellt sich exponen-

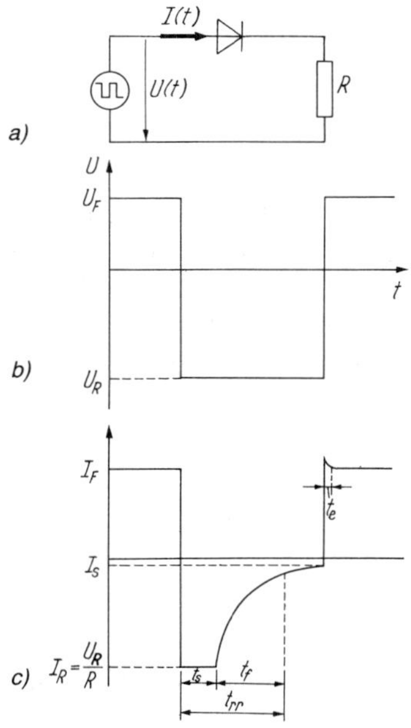

Abb. 4.27. Zum Übergangsverhalten einer Diode
a) Schaltung,
b) zeitlicher Verlauf der Spannung,
c) zeitlicher Verlauf des Diodenstromes

tiell der stationäre Durchlaßstrom ein. Dieses Verhalten beschreibt man durch eine Durchlaßerholzeit t_e. Praktisch spielt dieser Vorgang meist keine Rolle, da in der Schaltung wirksame Induktivitäten die Stromanstiegsgeschwindigkeit begrenzen.

4.4 Halbleiterdioden

Unter dem Begriff Halbleiterdiode wollen wir in diesem Abschnitt alle Bauelemente mit einem *pn*-Übergang zusammenfassen. Ausgehend vom physikalischen Verhalten des *pn*-Überganges, werden im folgenden verschiedene technische Ausführungsformen von Halbleiterdioden beschrieben, wobei gleichzeitig auf die schaltungstechnischen Grundlagen ihrer Anwendung eingegangen wird.

4.4.1 Gleichrichtung

Eine sehr wichtige Anwendung von Halbleiterdioden ist ihre Verwendung zur Gleichrichtung von Wechselspannungen. Von Gleichrichtung spricht man, wenn aus einer Wechselspannung $U(t)$, deren zeitlicher Mittelwert

$$\bar{U} = \frac{1}{T} \int_{t_0}^{t_0+T} U(t)\,\mathrm{d}t \tag{4.42}$$

(T Periodendauer) Null ist, mittels eines nichtlinearen Bauelementes ein Strom abgeleitet wird, dessen zeitlicher Mittelwert nicht mehr verschwindet (Abb. 4.28). Ein Bauelement, das sich dazu aufgrund seiner Kennlinie besonders eignet, nennt man

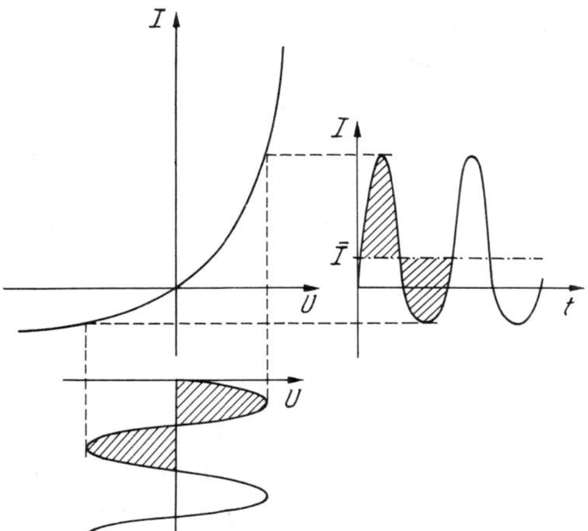

Abb. 4.28. Gleichrichtung an einer nichtlinearen Kennlinie

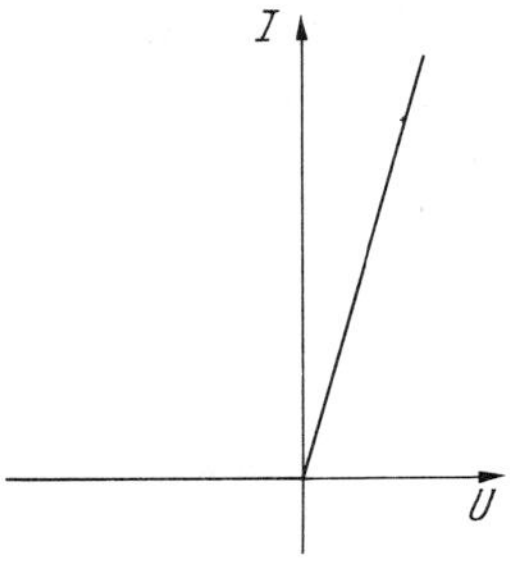

Abb. 4.29. Ideale Gleichrichterkennlinie

Gleichrichter. Der Widerstand eines Gleichrichters hängt von der Stromrichtung ab. Beim idealen Gleichrichter ist er für eine Stromrichtung (Durchlaßrichtung) sehr klein, für die entgegengesetzte (Sperrichtung) unendlich groß (Abb. 4.29). Dieser Forderung kommt die statische Kennlinie einer Halbleiterdiode sehr nahe (vgl. Abb. 4.22).

Man unterscheidet Leistungsgleichrichter und Gleichrichter für universelle Anwendungen. Leistungsgleichrichter dienen zur Erzeugung von Versorgungsgleichspannungen aus technischen Wechselspannungen. Die verwendeten Gleichrichter müssen für große Ströme dimensioniert sein und einen hohen Wirkungsgrad $\eta = P/\tilde{P}$ (P abgegebene Gleichstromleistung, $\tilde{P}$ aufgenommene Wechselstromleistung) aufweisen. Die zur Leistungsgleichrichtung verwendeten Gleichrichterdioden haben daher einen großflächigen *pn*-Übergang und einen möglichst geringen Flußwiderstand. Universaldioden müssen in der Regel keinen großen Strom liefern. Dagegen fordert man einen über einen großen Amplituden- und Frequenzbereich eindeutigen, konstanten Zusammenhang zwischen der anliegenden Wechselspannung und der abgegebenen Gleichspannung. Angestrebt werden ein linearer oder quadratischer Verlauf der Durchlaßkennlinie, ein möglichst großer Sperrwiderstand und geringe Kapazitäten.

Bei der Gleichrichtung kleiner Wechselspannungen muß man den Einfluß der Schleusenspannung der Diode berücksichtigen. Ein größerer Durchlaßstrom fließt erst bei $U_e > U_s$ (s. 4.3.6.). Leistungsgleichrichter können also nur mit Eingangsspannungen betrieben werden, deren Amplitude groß gegen die Schleusenspannung ist. Bei Meßgleichrichtern stört vor allem die starke Nichtlinearität der Kennlinie im Bereich um U_S. Zur Gleichrichtung kleiner Wechselspannungen verwendet man deshalb Dioden mit geringer Schleusenspannung.

4.4.1.1 Gleichrichtergrundschaltungen

Die einfachste Schaltung ist die Einweggleichrichterschaltung (Abb. 4.30). Bei $U_e > 0$ ist die Diode in Durchlaßrichtung gepolt; sie weist nur den kleinen Flußwiderstand R_F auf, und über den Lastwiderstand R_L fließt ein großer Strom. Bei $U_e < 0$ dagegen ist die Diode in Sperrichtung gepolt; sie hat einen großen Sperrwiderstand R_R, und über R_L fließt nur der kleine Sperrstrom. Eine Ausgangsspannung entsteht praktisch

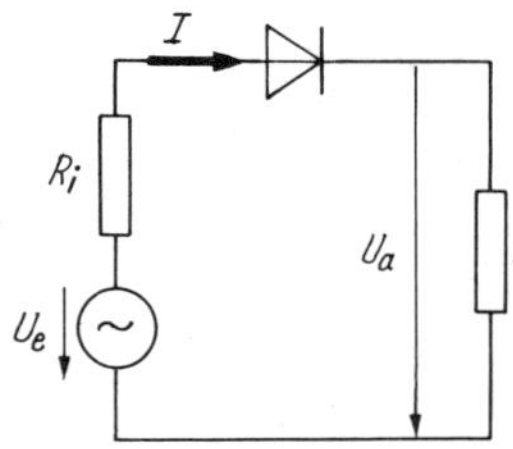

Abb. 4.30. Einweggleichrichterschaltung

nur während der positiven Halbwelle der Eingangsspannung (s. Tab. 2, Nr. 5); man spricht von einer pulsierenden Gleichspannung. Ihr Gleichspannungsanteil beträgt $\bar{U}_a = \hat{U}_a/\pi$, wobei die Amplitude der Ausgangsspannung nach der Schaltung in Abb. 4.30

$$\hat{U}_a = \frac{R_L}{R_i + R_F + R_L} \hat{U}_e \tag{4.43}$$

ist. Die Ausgangsspannung enthält neben der Gleichspannung einen Wechselspannungsanteil mit der Grundfrequenz ω sowie höhere Harmonische.

Um beide Halbwellen der Eingangsspannung ausnutzen zu können, verwendet man Doppelweggleichrichterschaltungen (Abb. 4.31). Die Zweiweggleichrichterschaltung (Abb. 4.31 a)) besteht aus zwei Einwegschaltungen, die abwechselnd betrieben werden. Die Eingangsspannung muß deshalb einer symmetrischen Wechselspannungsquelle (Gegentakt-Transformator) entnommen werden. Bei der eingezeichneten Polarität der Wechselspannung leitet Diode D_1, während Diode D_2 sperrt; über R_L fließt ein Strom in der angegebenen Richtung. Bei der entgegengesetzten Polarität sperrt D_1, und D_2 leitet; über R_L fließt ebenfalls ein Strom in der eingezeichneten Richtung. Da die Polarität der Ausgangsspannung stets gleich bleibt, tritt an den Dioden eine vergrößerte maximale Sperrspannung $U_R = \hat{U}_a + \hat{U}'_e \approx 2\hat{U}'_e$ auf, was bei der Auswahl der Dioden berücksichtigt werden muß.

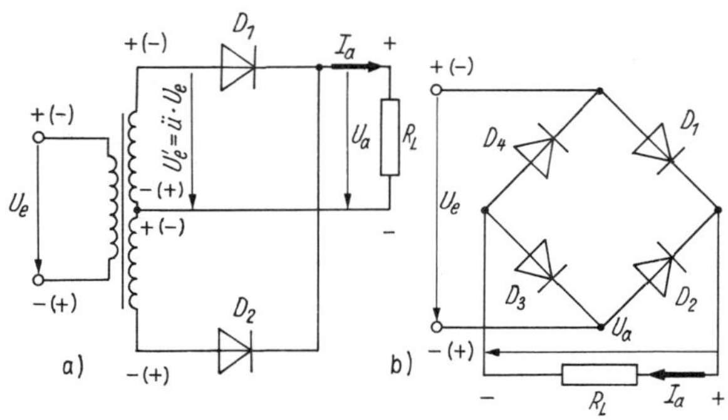

Abb. 4.31. Doppelweggleichrichterschaltungen
a) Zweiweggleichrichter mit symmetrischer Wechselspannungsquelle,
b) Brückengleichrichter (Graetz-Schaltung)

Beim Brückengleichrichter (Graetz-Gleichrichter; Abb. 4.31 b)) sind je nach der Polarität der Eingangsspannung entweder die Dioden D_1 und D_3 oder die Dioden D_2 und D_4 leitend; der Strom über R_L fließt während jeder Halbperiode in der gleichen Richtung. Da stets zwei Dioden in Reihe liegen, ist die Sperrbelastung genau so groß wie bei der Einwegschaltung.

Beide Doppelweggleichrichter liefern eine Ausgangsspannung der in Tab. 2, Nr. 6 angegebenen Form mit einem Gleichspannungsanteil $\bar{U}_a = 2\hat{U}_a/\pi$, der doppelt so groß ist wie beim Einweggleichrichter. Die Ausgangsspannung enthält keinen Wechselspannungsanteil mit der Grundfrequenz, sondern nur höhere Harmonische.

4.4.1.2 Gleichrichter mit Ladekondensator

Bei der Gleichrichtung werden pulsierende Gleichspannungen erzeugt, die außer der Gleichspannung auch noch Wechselspannungsanteile enthalten. Erst durch die Verwendung von Siebschaltungen gewinnt man Ausgangsspannungen, die einen für den Verwendungszweck hinreichend geringen Wechselspannungsanteil aufweisen. Gleichzeitig wird dabei der Gleichspannungsanteil erhöht.

Die schaltungstechnisch einfachste Maßnahme zur Glättung einer pulsierenden Gleichspannung ist die Verwendung eines Ladekondensators C_L, der dem Lastwiderstand parallelgeschaltet wird (Abb. 4.32). Abb. 4.33 zeigt schematisch den zeitlichen Verlauf der Spannungen und Ströme in dieser Schaltung. Der Kondensator C_L wird von der positiven Halbwelle der Eingangsspannung bis auf den Spitzenwert $\hat{U}_a \approx \hat{U}_e - U_F$ aufgeladen (U_F Flußspannung der Diode, $\approx U_s$). Sinkt die Eingangsspannung unter diesen Wert $\hat{U}_a$ ab, sperrt die Diode, und der Strom I_a über den Lastwiderstand R_L wird vom Ladekondensator geliefert. Dabei sinkt die Spannung am Kondensator exponentiell um einen Wert $2\,\Delta U_a$ ab. Der Kondensator gibt näherungsweise (wenn $R_L C_L \gg t_e$ ist) die Ladung

$$\bar{I}_a t_e = \frac{\bar{U}_a}{R_L} t_e = 2\,\Delta U_a C_L \tag{4.44}$$

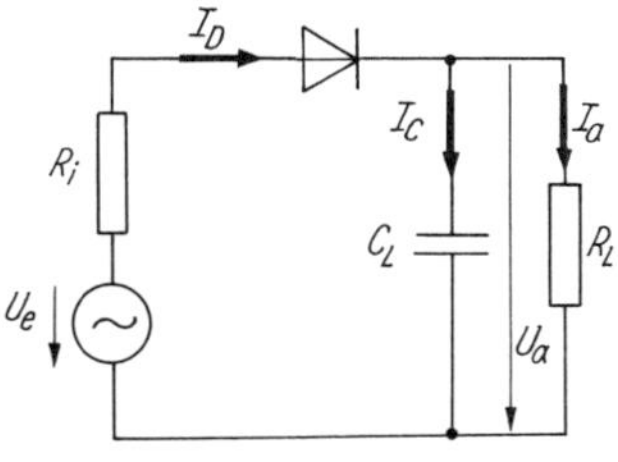

Abb. 4.32. Einweggleichrichter mit Ladekondensator

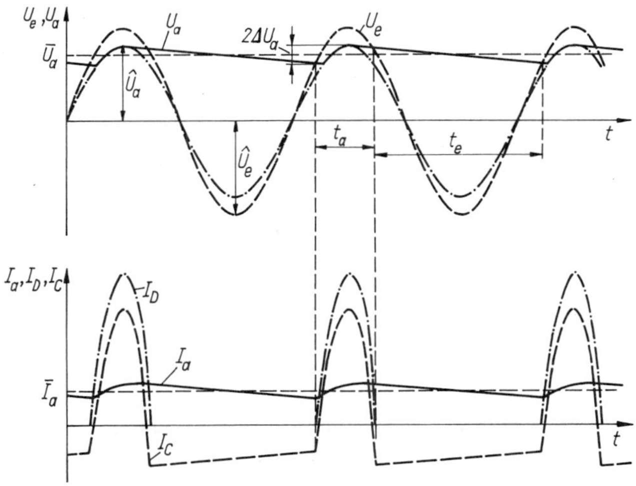

Abb. 4.33. Zeitlicher Verlauf der Spannungen und Ströme beim Einweggleichrichter mit Ladekondensator (schematisch)

ab. Mit $t_e < T$ folgt für die Schwankung ΔU_a der Ausgangsspannung, die man auch als Brummspannung U_{br} bezeichnet,

$$U_{br} = \Delta U_a = \frac{t_e}{2R_L C_L} \bar{U}_a < \frac{T}{2R_L C_L} \bar{U}_a = \frac{\bar{I}_a T}{2C_L}, \tag{4.45}$$

d. h., die Brummspannung wächst mit zunehmendem Laststrom und nimmt ab bei Vergrößerung des Ladekondensators.

Bei Gleichrichtern mit Ladekondensator ist der Diodenstrom I_D nicht mehr identisch mit dem Ausgangsstrom I_a. Unmittelbar nach dem Anschalten der Eingangsspannung wird der Ladekondensator auf den Spitzenwert $\hat{U}_a$ aufgeladen. Dabei fließt ein Einschaltspitzenstrom, der vom Momentanwert der Eingangsspannung im Einschaltmoment abhängig ist und nur durch den Widerstand $R_i + R_F$ begrenzt wird:

$$\hat{I}_{e0} \leqq \frac{\hat{U}_e}{R_i + R_F}. \tag{4.46}$$

Auch im stationären Betrieb treten Spitzenströme auf (Abb. 4.33), die erheblich über dem Gleichstrommittelwert $\bar{I}_a$ liegen, da die in der Entladephase t_e vom Ladekondensator abgegebene Ladung $2\,\Delta U_a C_L$ in der viel kürzeren Aufladephase t_a ersetzt werden muß. Gleichrichterdioden werden deshalb so konstruiert, daß der zulässige Spitzenstrom erheblich über dem zulässigen Dauerstrom liegen darf. Während der Sperrphase liegt an der Diode eine Sperrspannung $U_R = \bar{U}_a + \hat{U}_e \approx 2U_e$, d. h., die Sperrbelastung ist etwa doppelt so hoch wie bei der Schaltung ohne Ladekondensator.

Wählt man die Zeitkonstanten der Gleichrichterschaltung so, daß $R_L C_L \gg T$ und

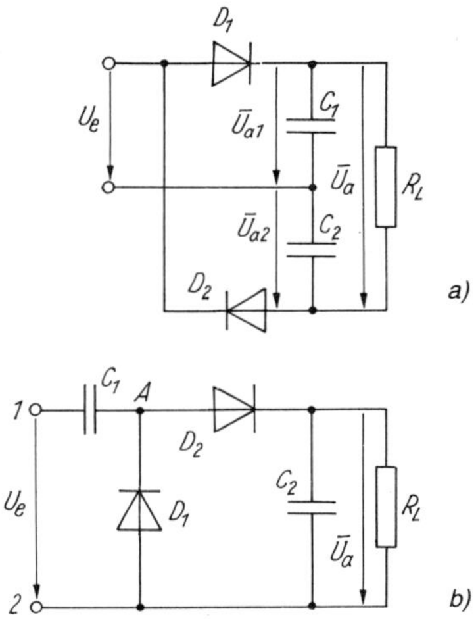

Abb. 4.34. Spannungsverdopplerschaltungen
a) Delon-Schaltung, b) Villard-Schaltung

$(R_i + R_F)\,C_L \ll T$ ist, bleibt der Kondensator praktisch stets auf den Spitzenwert $\hat{U}_a \approx \hat{U}_e - U_F$ aufgeladen. Derartige Spitzenwertgleichrichter finden vor allem in der Meßtechnik Verwendung.

4.4.1.3 Spannungsvervielfacher

Häufig soll aus einer gegebenen Wechselspannung eine Gleichspannung erzeugt werden, die bedeutend größer als der Scheitelwert der Wechselspannung ist. Dann verwendet man Spannungsvervielfacherschaltungen.

In Abb. 4.34 sind Schaltungen zur Spannungsverdopplung dargestellt. Die Delon-Schaltung (Abb. 4.34a)) ist aus zwei Einwegschaltungen mit Ladekondensator aufgebaut. Jeder dieser Einweggleichrichter richtet eine Halbwelle gleich. Die beiden so entstehenden Spannungen $\bar{U}_{a1}$ und $\bar{U}_{a2}$ sind in Reihe geschaltet; dadurch ist die Ausgangsspannung $\bar{U}_a$ doppelt so groß wie bei einer einfachen Einwegschaltung.

Zur Erläuterung der Wirkungsweise der Villard-Schaltung (Abb. 4.34b)) nehmen wir an, daß nach dem Einschalten Klemme 2 positiv gegenüber Klemme 1 ist. Dann ist die Diode D_1 leitend, und der Kondensator C_1 wird auf die Spannung $U_{C1} \approx \hat{U}_e$

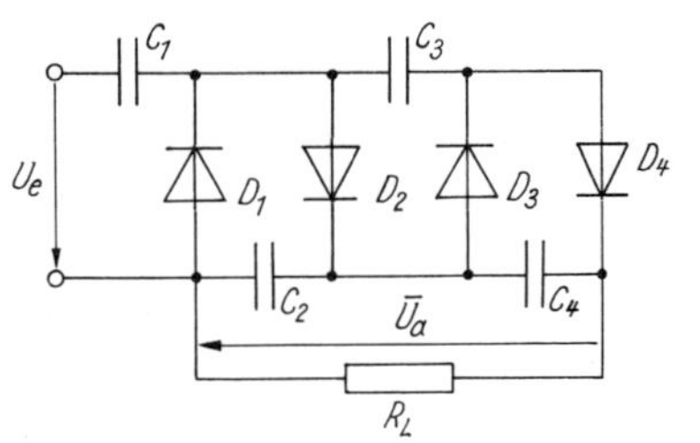

Abb. 4.35. Erweiterte Villard-Schaltung zur Spannungsvervielfachung

aufgeladen. Sinkt die Spannung an der Klemme 2 wieder ab, sperrt D_1. Mit dem Wechsel zur anderen Halbwelle verschiebt sich das Potential des Punktes A in positiver Richtung bis auf den Wert $\bar{U}_{C1} + \hat{U}_e \approx 2\hat{U}_e$; während dieser Phase ist D_2 leitend und lädt C_2 auf diesen Spannungswert auf. Durch Kaskadenschaltung kann man leicht noch höhere Ausgangsspannungen erzeugen (Abb. 4.35). Allerdings zeigen Vervielfacherschaltungen eine höhere Brummspannung. Haben in einer n-stufigen Villard-Kaskade alle Kondensatoren den Wert C, gilt näherungsweise für die Brummspannung

$$U_{br} \approx n \frac{\bar{I}_a T}{2C} . \tag{4.47}$$

4.4.1.4 Gleichrichtung bei hohen Frequenzen und Schalteranwendungen

Bei hohen Frequenzen läßt sich die Funktion eines Halbleitergleichrichters nicht mehr mit der statischen Kennlinie beschreiben. Die Diode muß durch eine Ersatzschaltung beschrieben werden, die den Einflüssen der endlichen Beweglichkeit und Lebensdauer der Ladungsträger Rechnung trägt. Aus dem Übergangsverhalten einer Diode kann man schlußfolgern:

- Durch die Sperrverzögerung tritt während der negativen Halbwelle der Eingangsspannung ein Rückstromimpuls auf. Der effektive Sperrwiderstand nimmt mit wachsender Frequenz ab.
- Induktive Anteile des Bahnwiderstandes und die Zuleitungsinduktivität vergrößern den effektiven Durchlaßwiderstand.

Als Folge dieser Einflüsse nimmt der Richtwirkungsgrad $\bar{U}_a/\hat{U}_e$, gemessen bei rein kapazitiver Belastung, mit wachsender Frequenz ab.

Von einer Schalteranwendung spricht man, wenn die Diode im Betrieb zwischen Durchlaß- und Sperrzustand umgeschaltet wird. Als Beispiel wollen wir die in Abb. 4.36 wiedergegebene Dioden-Torschaltung betrachten, mit der eine Wechselspannung geschaltet werden kann. Liegt am Steuereingang E_s eine positive Gleich-

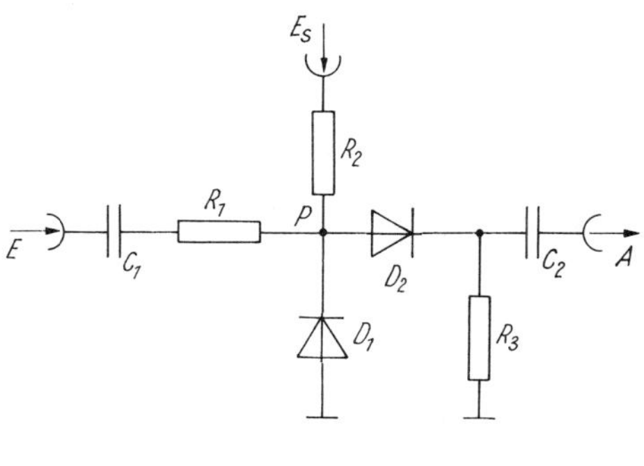

Abb. 4.36. Dioden-Torschaltung

spannung, sperrt D_1, und D_2 leitet. Für eine Wechselspannung am Eingang E ist das Tor geöffnet; die Schaltung wirkt annähernd wie ein einfacher Spannungsteiler, bestehend aus den Widerständen R_1 und R_3. Liegt dagegen am Steuereingang eine negative Gleichspannung, sperrt D_2, und D_1 leitet. Die Wechselspannung wird im Knoten P über D_1 kurzgeschlossen und gelangt nicht zum Ausgang; das Tor sperrt.

Die Eignung von Halbleiterdioden für schnelle Schalteranwendungen kann aus ihrem Übergangsverhalten abgeleitet werden. Schaltdioden müssen sich durch eine geringe Sperrverzögerungszeit, d. h. durch geringe Kapazitäten, durch geringe Induktivitäten und damit kurze Umschaltzeiten und durch ein großes Verhältnis aus Sperr- und Durchlaßwiderstand auszeichnen.

4.4.1.5 Technische Ausführungsformen von Gleichrichterdioden

Als Leistungsgleichrichter und als Universaldioden für nicht zu hohe Frequenzen verwendet man Flächengleichrichter. Zur Erzielung großer Stromstärken wird die Fläche des *pn*-Überganges möglichst groß gemacht. Wegen der günstigeren thermischen Eigenschaften (s. 4.3.6) verwendet man heute überwiegend Silizium als Ausgangsmaterial.

Hochleistungsdioden werden als dreischichtige Anordnungen aufgebaut. Zwischen einer hochdotierten p^+-Zone und einer ebenfalls hochdotierten n^+-Zone befindet sich ein schwach dotiertes *p*- oder *n*-leitendes oder ein eigenleitendes Gebiet. Dioden mit dieser Zonenfolge bezeichnet man als *psn*-Dioden (*s* von engl.: soft concentration) bzw. als *pin*-Dioden (*i* von engl.: intrinsic semiconduction). Die hochdotierten Bahngebiete haben eine hohe Leitfähigkeit, d. h. kleine Bahnwiderstände. Bei großen Durchlaßströmen tritt daher nur eine relativ geringe Verlustleistung auf. Das mittlere Gebiet wird im Durchlaßbetrieb von Ladungsträgern aus den hochdotierten Zonen überschwemmt und ist damit praktisch ohne Einfluß. Andererseits bedeutet hohe Dotierung wegen der geringen Sperrschichtweite und der damit verbundenen hohen Feldstärke in der Sperrschicht die Gefahr des Durchbruchs bereits bei relativ geringen Sperrspannungen (s. 4.3.6). Bei diesen Dioden dagegen verteilt sich die Sperrspannung auf die beiden Übergänge zwischen den hochdotierten Bahngebieten und der schwach dotierten oder eigenleitenden Mittelzone. Bei Hochleistungsdioden erreicht man aufgrund dieser Konstruktion Durchlaßströme bis 1 kA und Sperrspannungen von einigen Kilovolt.

Spitzendioden stellen die am längsten bekannte Bauform der Halbleiterdiode dar (Kristalldetektor von K. F. Braun, 1874). Die Herstellungstechnologie ist bedeutend einfacher als die von Flächendioden. Auf die Oberfläche eines *n*-Halbleiters wird eine Hartmetall- oder Golddrahtspitze aufgesetzt und durch einen Formierungsstromstoß verschweißt. Dabei bildet sich in der Umgebung der Drahtspitze ein *pn*-Übergang aus, der wegen seiner geringen Ausdehnung sehr kleine Kapazitäten aufweist. Spitzendioden sind daher besonders als Gleichrichter für sehr hohe Frequenzen (bis $f \approx 10\,\text{GHz}$) und für schnelle Schalteranwendungen geeignet. Andererseits zeigen

Tabelle 12
Einige charakteristische Kennwerte und Grenzwerte von Halbleitergleichrichtern (Richtwerte)

Größe	Si	Ge	Se	Cu_2O
Schleusenspannung U_s/V	0,7	0,3	0,5	0,2
Verhältnis Sperr-/Durchlaßwiderstand	10^9	10^6	10^3	10^3
Maximale Betriebstemperatur ϑ_{max}/°C	175	90	100	50
Maximale Sperrspannung $U_{R\,max}$/V	$\gg 1000$	200	60	10
Maximale Durchlaßstromdichte $i_{F\,max}$/A cm^{-2}	200	100	0,2	0,1

Spitzendioden sehr starke Exemplarstreuungen, und ihre Kennlinie weist in Sperrrichtung kein ausgeprägtes Sättigungsverhalten auf. Sie sind deshalb nahezu vollständig von Si-Flächendioden abgelöst worden, die nach einer Planartechnologie hergestellt werden.

In Tab. 12 sind einige charakteristische Kennwerte und Grenzdaten von Halbleitergleichrichtern zusammengestellt. Man erkennt die Überlegenheit von Silizium als Ausgangsmaterial. Heute verdrängen Si-Dioden immer mehr die anderen Halbleiterdioden.

4.4.2 Z-Dioden

Z-Dioden sind Si-Dioden, die im Bereich des reversiblen Durchbruchs betrieben werden. Aufgrund ihrer Kennlinie können sie in Schaltungen zur Stabilisation und Begrenzung von Spannungen eingesetzt werden. Das Schaltsymbol einer Z-Diode zeigt Abb. 4.37.

Bei Z-Dioden mit einer Durchbruchspannung $\bar{U}_z \leqq 6$ V bestimmt der Zener-Effekt das Durchbruchverhalten. Der Temperaturkoeffizient der Durchbruchspannung

$$\alpha_z = \frac{1}{\bar{U}_z} \frac{\partial \bar{U}_z}{\partial \vartheta} \tag{4.48}$$

Abb. 4.37. Schaltsymbol einer Z-Diode

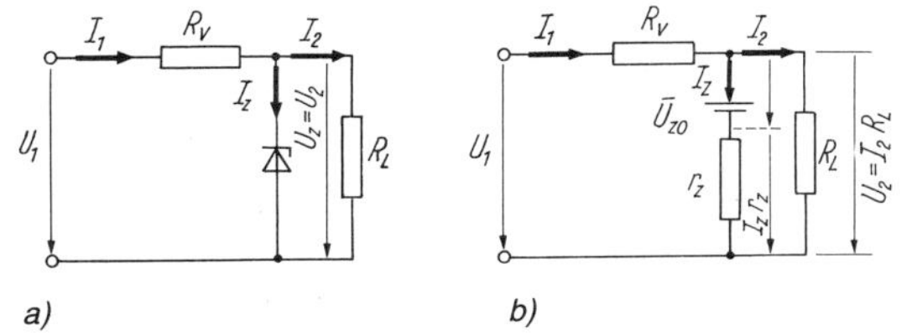

Abb. 4.38. Z-Diodenparallelstabilisation
a) Schaltbild; b) Ersatzschaltung

ist beim Zener-Effekt negativ ($-\alpha_z \approx 10^{-4} \ldots 10^{-3}\,\mathrm{K}^{-1}$), d. h., mit steigender Temperatur nimmt die Durchbruchspannung ab, und relativ stark stromabhängig.

Bei Z-Dioden mit einer Durchbruchspannung $\bar{U}_z > 8\,\mathrm{V}$ bestimmt vorwiegend der Lawineneffekt das Durchbruchverhalten. Diesem wirkt die thermische Gitterbewegung entgegen. Der Temperaturkoeffizient der Durchbruchspannung ist in diesem Fall positiv ($\alpha_z \approx 10^{-3}\,\mathrm{K}^{-1}$), d. h., mit steigender Temperatur wird die Durchbruchspannung größer.

Z-Dioden werden mit Durchbruchspannungen zwischen etwa 2,5 V und 200 V hergestellt (Z-Dioden mit einer Arbeitsspannung von $\bar{U}_z \approx 0{,}7 \ldots 0{,}8\,\mathrm{V}$ werden in Durchlaßrichtung betrieben und nutzen den steilen Anstieg der Kennlinien von Si-Dioden oberhalb der Schleusenspannung aus; s. Abb. 4.22). Bei Durchbruchspannungen im Bereich um $\bar{U}_z \approx 6\,\mathrm{V}$ überlagern sich Zener- und Lawineneffekt; solche Z-Dioden weisen daher besonders geringe Temperaturkoeffizienten auf ($\alpha_z \leqq 10^{-5}\,\mathrm{K}^{-1}$) und werden vorzugsweise als Referenzelemente eingesetzt. Der maximal zulässige Betriebsstrom einer Z-Diode richtet sich nach der Durchbruchspannung und der maximal zulässigen Verlustleistung.

Eine einfache Z-Diodenparallelstabilisierung mit ihrer Ersatzschaltung zeigt Abb. 4.38. Die Z-Diode kann durch ihren differentiellen Widerstand r_z und eine Konstantspannungsquelle $\bar{U}_{z0}$ ersetzt werden.

Sieht man von Schwankungen innerhalb einer Stabilisierungsschaltung ab, gilt allgemein, daß ihre Ausgangsspannung U_2 eine Funktion der Eingangsspannung U_1 und des Ausgangsstromes I_2 ist. Änderungen der Ausgangsspannung ergeben sich damit als totales Differential dieser Funktion $U_2 = U_2(U_1, I_2)$:

$$\mathrm{d}U_2 = \frac{\partial U_2}{\partial U_1}\,\mathrm{d}U_1 + \frac{\partial U_2}{\partial I_2}\,\mathrm{d}I_2 = G \cdot \mathrm{d}U_1 - r_i \cdot \mathrm{d}I_2\,. \tag{4.49}$$

Die darin auftretenden partiellen Ableitungen definiert man als für die Stabilisierungsschaltung charakteristische Größen und bezeichnet G als Stabilisierungsfaktor und r_i als Innenwiderstand. Aus der Ersatzschaltung in Abb. 4.38b) liest man nach der Maschenregel für die Ausgangsspannung

$$U_2 = U_z = \bar{U}_{z0} + I_z r_z$$

bzw.

$$U_2 = U_1 - I_1 R_v = U_1 - (I_z + I_2)\,R_v$$

ab. Eliminiert man aus diesen beiden Gleichungen den Strom I_z, ergibt sich

$$U_2 = U_2(U_1, I_2) = r_z\,\frac{U_1 - I_2 R_v}{r_z + R_v} + \bar{U}_{z0}\,\frac{R_v}{r_z + R_v}\,. \tag{4.50}$$

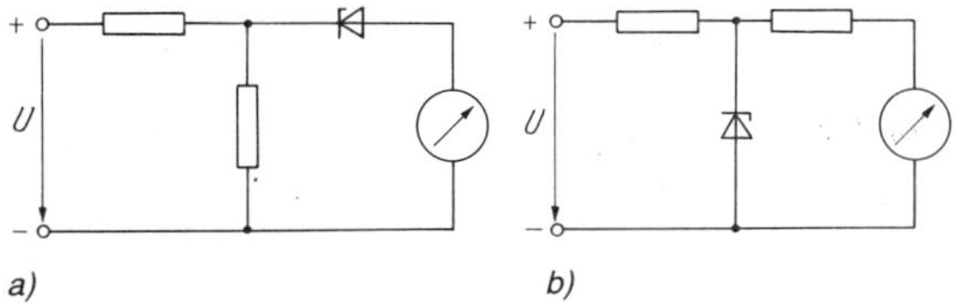

Abb. 4.39. Anwendungen von Z-Dioden (schematisch)
a) Nullpunktunterdrückung
b) Überlastschutz (Begrenzer)

Daraus erhält man für den Innenwiderstand

$$r_i = -\left.\frac{\partial U_2}{\partial I_2}\right|_{\mathrm{d}U_1=0} = \frac{R_v r_z}{r_z + R_v} \approx r_z \tag{4.51}$$

und für den Stabilisierungsfaktor

$$G = \left.\frac{\partial U_2}{\partial U_1}\right|_{\mathrm{d}I_2=0} = \frac{r_z}{r_z + R_v} \approx \frac{r_z}{R_v} \tag{4.52}$$

(die angegebenen Näherungen gelten für $r_z \ll R_v$; zu R_v muß ggf. noch der Innenwiderstand der Eingangsspannungsquelle hinzugerechnet werden). Aus (4.52) folgt, daß die Stabilisierungseigenschaften der Schaltung um so besser sind, je größer R_v gewählt wird. Damit steigt allerdings die an R_v umgesetzte Verlustleistung. Auch kann R_v nicht beliebig gewählt werden, denn einerseits muß bei minimaler Eingangsspannung $U_1 - \Delta U_1$ und maximalem Ausgangsstrom $I_{2\,\max}$ durch die Z-Diode noch ein bestimmter minimaler Strom $I_{z\,\min}$ fließen, andererseits darf der durch die maximale Verlustleistung bestimmte maximale Zener-Strom $I_{z\,\max}$ bei minimalem Ausgangsstrom $I_{2\,\min}$ und maximaler Eingangsspannung $U_1 + \Delta U_1$ nicht überschritten werden (betrachtet werden die ungünstigen Betriebsbedingungen; engl. worst case). Daraus folgt näherungsweise (nämlich für $U_2 \approx \bar{U}_{z0} = \mathrm{const}$) für R_v

$$\frac{U_1 + \Delta U_1 - U_2}{I_{z\,\max} + I_{2\,\min}} \leqq R_v \leqq \frac{U_1 - \Delta U_1 - U_2}{I_{z\,\min} + I_{2\,\max}}. \tag{4.53}$$

Weitere Anwendungsmöglichkeiten von Z-Dioden, z. B. zur Unterdrückung des Nullpunktes oder als Überlastungsschutz bei Instrumenten, zeigen die Prinzipschaltungen in Abb. 4.39.

4.4.3 Kapazitätsdioden

Die Abhängigkeit der Sperrschichtkapazität von der Sperrspannung nutzt man aus zur Realisierung spannungsabhängiger Kapazitäten. Man verwendet Si-Dioden mit großflächigem *pn*-Übergang, die in Sperrichtung betrieben werden. Derartige Bauelemente heißen Kapazitätsdioden (auch Varicap oder Varactordiode).

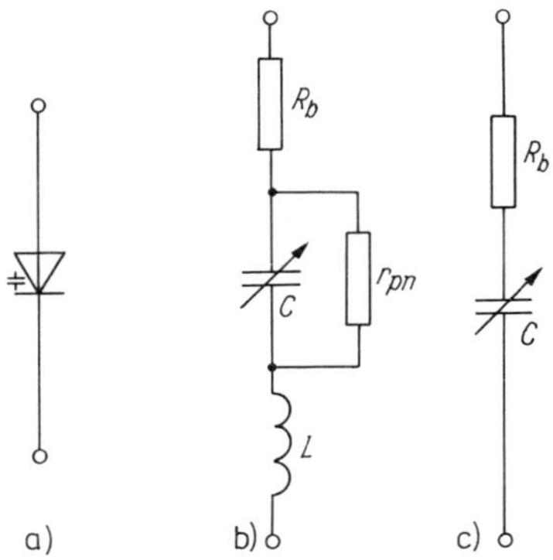

Abb. 4.40. Kapazitätsdiode
a) Schaltzeichen,
b) Ersatzschaltung,
c) vereinfachte Ersatzschaltung

Bezeichnet man mit C_{j0} die Sperrschichtkapazität der Diode bei $\bar{U}_R = 0$, so gilt für die Spannungsabhängigkeit der Sperrschichtkapazität (s. (4.40))

$$C_j = C_{j0}\left(1 + \frac{\bar{U}_R}{U_D}\right)^{-n}. \tag{4.54}$$

Für den Exponenten n ergibt sich aus der Schottky-Näherung der Wert $n = 0{,}5$ (s. 4.3.3). Praktisch ist n abhängig von den Herstellungsbedingungen und kann durch die Erzeugung bestimmter Störstellenprofile am pn-Übergang im Bereich $n = 0{,}33$ bis 0,7 eingestellt werden.

Das gebräuchliche Schaltsymbol einer Kapazitätsdiode zeigt Abb. 4.40a). Das Ersatzschaltbild einer Kapazitätsdiode ergibt sich unmittelbar aus dem allgemeinen Ersatzschaltbild einer Halbleiterdiode und ist in Abb. 4.40b) dargestellt. Meist kann man bis zu Frequenzen im UHF-Bereich die Serieninduktivität L und den differentiellen Widerstand r_{pn} der Sperrschicht vernachlässigen und das vereinfachte Ersatzschaltbild der Abb. 4.40c) verwenden. Der Serienwiderstand R_b berücksichtigt im wesentlichen die Bahnwiderstände und bestimmt die Güte

$$Q = \frac{1}{\omega C R_b} \tag{4.55}$$

der Kapazitätsdiode. In die variable Kapazität C geht außer der eigentlichen Sperrschichtkapazität die Kapazität der gesamten Anordnung ein.

Kapazitätsdioden werden als regelbare Kapazität zur Abstimmung von Oszillatorschaltungen, als Stellglied zur automatischen Frequenzregelung von Empfängern (AFC, von engl.: automatic frequency control), in Modulations- und Demodulationsschaltungen sowie als aktives Element in parametrischen Verstärkern verwendet.

Für die Anwendung von Kapazitätsdioden in Oszillatorschaltungen ist es wichtig, daß die Amplitude der Wechselspannung klein ist gegenüber der Sperrspannung $\bar{U}_R$ im Arbeitspunkt, da es sonst wegen der stark nichtlinearen Charakteristik zu Signalverzerrungen kommt. Eine einfache Schwingkreisschaltung mit Diodenabstimmung zeigt Abb. 4.41. Durch C_p wird die von der Schaltung und der Induktivität

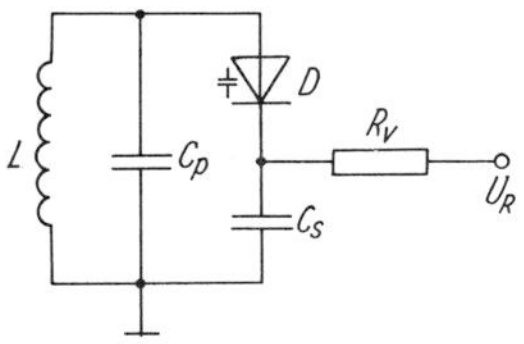

Abb. 4.41. Schwingkreis mit Diodenabstimmung

herrührende Parallelkapazität dargestellt. Der Widerstand R_v entkoppelt die Gleichspannungsquelle vom Schwingkreis, die Serienkapazität C_s trennt die Gleichspannung vom Schwingkreis ab und schließt gleichzeitig den Wechselstromkreis. Wählt man C_s hinreichend groß gegenüber der Diodenkapazität, hat sie praktisch keinen Einfluß auf die Eigenfrequenz des Schwingkreises. Die gleiche Prinzipschaltung kann zur Erzeugung einer Frequenzmodulation benutzt werden, indem man der konstanten Vorspannung $\bar{U}_R$ die Signalwechselspannung überlagert.

4.4.4 Tunneldioden

Macht man die Dotierung des *p*- und des *n*-Gebietes einer Diode sehr hoch ($n_A \approx n_D \approx 10^{25}\ \mathrm{m}^{-3}$), erhält man Dioden mit vom normalen Verlauf stark abweichenden Kennlinien (s. Abb. 4.42). Beim Betrieb in Durchlaßrichtung steigt der Strom zunächst stark an und erreicht bei einer Spannung $\bar{U}_h \approx 50$ mV ein Maximum (Höckerstrom $\bar{I}_h$). Danach fällt er ab und durchläuft bei einer Spannung $\bar{U}_t \approx 300$ bis 500 mV ein Minimum (Talstrom $\bar{I}_t$), d. h., zwischen $\bar{U}_h$ und $\bar{U}_t$ durchläuft die Kennlinie einen Bereich mit negativem differentiellen Widerstand. Anschließend mündet die Kennlinie in den exponentiellen Anstieg des Durchlaßzweiges einer normalen Halbleiterdiodenkennlinie ein. Diese Dioden zeigen kein Sperrverhalten.

Ursache für dieses 1957 von Esaki entdeckte Verhalten ist der quantenmechanische Tunneleffekt; Bauelemente dieser Art heißen daher Tunneldioden. Durch die starke Dotierung ist die Bandverschiebung eU_D am *pn*-Übergang größer als der Bandabstand ΔW (Abb. 4.43). Die Fermi-Kante liegt im *n*-Gebiet im unteren Teil des Leitungsbandes und im *p*-Gebiet im oberen Teil des Valenzbandes. Für die Leitungselektronen des

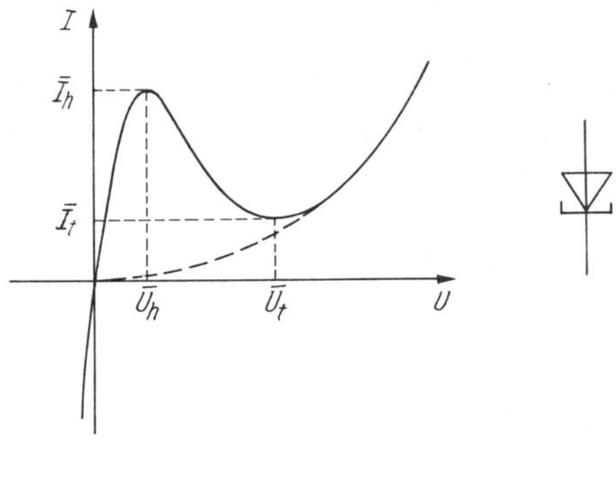

Abb. 4.42. Kennlinie und Schaltzeichen einer Tunneldiode

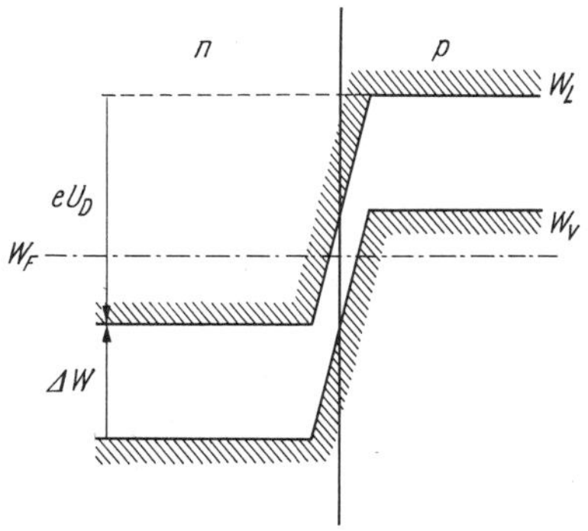

Abb. 4.43. Bändermodell zur Erläuterung des Tunneleffektes am *pn*-Übergang

n-Gebietes existieren also durch die Bandüberlappung energetisch gleichwertige Niveaus im Valenzband des *p*-Gebietes. Da die Sperrschicht wegen der hohen Dotierung sehr schmal ist (s. (4.28)), besteht quantenmechanisch eine hohe Wahrscheinlichkeit dafür, daß Elektronen diesen Potentialwall „durchtunneln".

Beim Betrieb eines solchen *pn*-Überganges in Sperrichtung fließt ein Elektronen-Tunnelstrom vom *p*- ins *n*-Gebiet, der mit wachsender Spannung stark ansteigt; das entspricht dem bereits in 4.3.6 besprochenen Zener-Strom. In Durchlaßrichtung fließt ein Elektronen-Tunnelstrom aus dem *n*- ins *p*-Gebiet (Esaki-Strom), der zunächst ebenfalls mit wachsender Spannung stark ansteigt, aber mit zunehmender Besetzung des Valenzbandes ins *p*-Gebiet und abnehmender Bandüberlappung wieder absinkt, bis sich schließlich das normale Durchlaßverhalten des *pn*-Überganges einstellt. Da das Durchtunneln der Potentialbarriere sehr schnell abläuft (die Elektronen bewegen sich dabei nahezu mit Lichtgeschwindigkeit), gilt der durch den Tunneleffekt bestimmte Verlauf der Kennlinie bis zu sehr hohen Frequenzen (bis ca. 10 GHz).

Da in der praktischen Schaltungstechnik Tunneldioden inzwischen weitgehend durch andere Bauelemente und Schaltungsprinzipien verdrängt worden sind, soll auf ihre möglichen Anwendungen nur kurz eingegangen werden. Tunneldioden können als schnelle Schalter oder zur Entdämpfung von Schwingkreisen eingesetzt werden. Im ersten Fall wählt man den Arbeitswiderstand so, daß sich mehrere Schnittpunkte mit der Kennlinie, d. h. mehrere Arbeitspunkte ergeben, zwischen denen je nach Größe der Eingangsspannung umgeschaltet wird. Damit kann man Schwellwertschalter aufbauen, die Schaltzeiten im Nanosekundenbereich aufweisen.

Bei der Anwendung der Tunneldiode zur Entdämpfung von Schwingkreisen legt man den Arbeitspunkt in den fallenden Kennlinienzweig, wobei der Arbeitswiderstand so gewählt wird, daß sich nur ein Schnittpunkt zwischen Kennlinie und Widerstandsgerade ergibt. In diesem Arbeitspunkt hat die Tunneldiode einen negativen differentiellen Widerstand (s. dazu 2.1). Schaltet man die Diode in einen Parallelschwingkreis (Abb. 4.44), gilt für den resultierenden Parallelwiderstand

$$R_{\text{ges}} = \frac{R_p r_D}{R_p + r_D} \begin{cases} > 0 & \text{für } |r_D| > R_p\,, \\ \to \infty & \text{für } |r_D| \to R_p\,, \\ < 0 & \text{für } |r_D| < R_p\,. \end{cases}$$

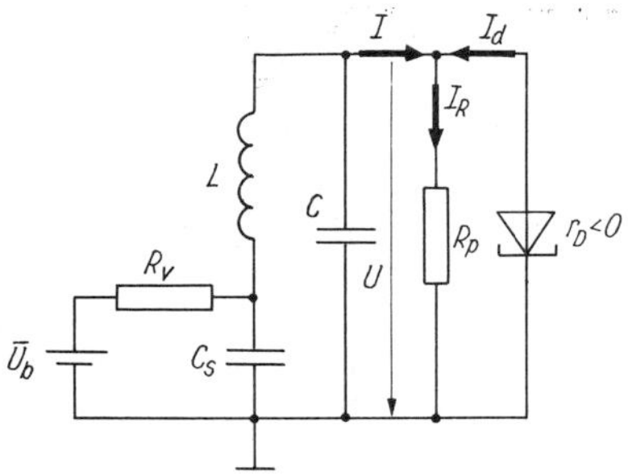

Abb. 4.44. Anwendung der Tunneldiode zur Entdämpfung eines Parallelschwingkreises

Bei entsprechender Dimensionierung und Wahl des Arbeitspunktes kann der Schwingkreis bis zur Selbsterregung entdämpft werden. Mit Tunneldioden lassen sich Verstärker und Oszillatoren für Frequenzen bis zu 10 GHz aufbauen.

Bei etwas geringerer Dotierung erhält man Tunneldioden, die in Durchlaßrichtung praktisch keinen Höckerstrom aufweisen, sondern die Kennlinie verläuft zwischen $\bar{U}_h$ und $\bar{U}_t$ nahezu parallel zur U-Achse (Abb. 4.45). Derartige Dioden eignen sich besonders zur Gleichrichtung sehr kleiner Wechselspannungen hoher Frequenz, wenn man dazu den sehr steilen Anstieg der Kennlinie beim Betrieb in Rückwärtsrichtung ausnutzt. Deshalb bezeichnet man diese Bauelemente auch als Backwarddioden.

4.4.5 Fotodioden

Im Gegensatz zum Fotowiderstand, bei dem der innere lichtelektrische Effekt zu einer Veränderung der Leitfähigkeit im Volumen führt, werden bei der Fotodiode die Eigenschaften der Sperrschicht verändert. Da die Bahngebiete ohnehin eine hohe Ladungsträgerkonzentration aufweisen, spielt die optische Paarbildung hinsichtlich ihrer Leitfähigkeit keine wesentliche Rolle. Dagegen führt sie in der Sperrschicht zu einem Anstieg des Sperrsättigungsstromes (s. (4.36)). Bei der in Sperrichtung betriebenen Diode kann also der Sperrstrom durch einen Lichtstrom gesteuert werden.

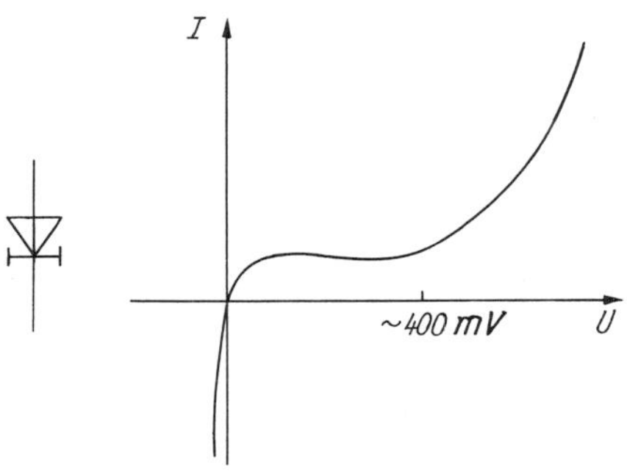

Abb. 4.45. Schaltzeichen und Kennlinie einer Backwarddiode

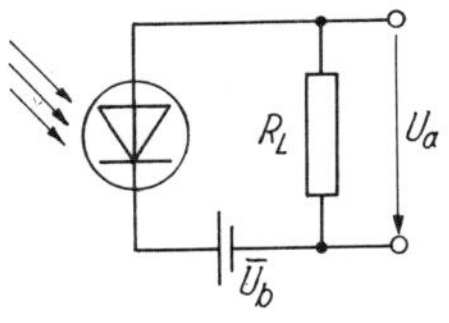

Abb. 4.46. Grundschaltung einer Fotodiode

In dieser Betriebsart wirkt die Fotodiode als steuerbarer Widerstand (Abb. 4.46). Ihr Arbeitspunkt liegt im dritten Quadranten des Kennlinienfeldes auf der durch $\bar{U}_b$ und R_L festgelegten Widerstandsgeraden (Abb. 4.47; als Parameter ist die Beleuchtungsstärke E angegeben). Gegenüber dem Fotowiderstand zeigt sie einen geringeren Dunkelstrom und eine bedeutend höhere Grenzfrequenz beim Betrieb mit Wechsellicht.

Die Fotodiode läßt sich auch als aktives Element zur Umwandlung von Strahlungsenergie in elektrische benutzen (Fotoelement). Die bei Belichtung in der Raumladungszone gebildeten Ladungsträgerpaare werden im Raumladungsfeld getrennt; die Elektronen fließen ins n-Gebiet und die Löcher ins p-Gebiet. Dadurch kommt es zur Verringerung der Raumladung und als Folge zur Verringerung der Diffusionsspannung. Diese Änderung der Diffusionsspannung kann als äußere Spannung gemessen werden. Der Arbeitspunkt bei der Anwendung als Fotoelement liegt im vierten Quadranten des Kennlinienfeldes (Abb. 4.47). Die Leerlaufspannung ist nur bei geringen Beleuchtungsstärken von dieser abhängig und wird vor allem durch die Wellenlänge bestimmt, während der Kurzschlußstrom der Beleuchtungsstärke proportional ist (Anwendung als Belichtungsmesser). Si-Fotoelemente werden zur Energieumwandlung eingesetzt (Solarzelle). Man erreicht Wirkungsgrade bis zu 20% und Ausgangsleistungsdichten von etwa 60 W/m^2.

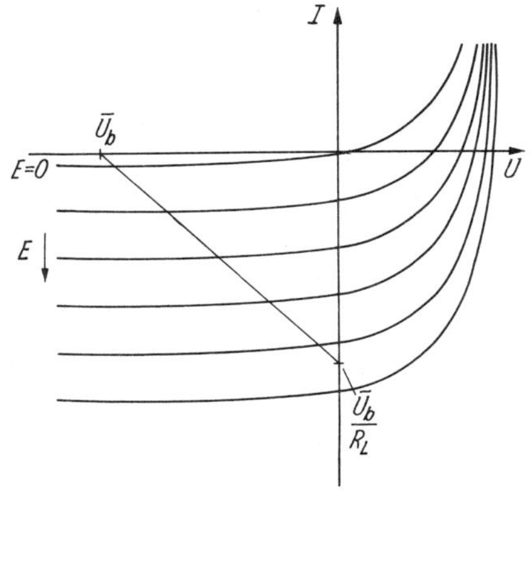

Abb. 4.47. Kennlinien einer Fotodiode (schematisch)

4.4.6 Lumineszenzdioden

Betreibt man einen *pn*-Übergang in Flußrichtung, werden in beide Bahngebiete Minoritätsträger injiziert. Dadurch steigt die Rekombinationsrate bedeutend an. Die bei der Rekombination frei werdende Energie wird entweder als Wärme an das Kristallgitter abgegeben oder als elektromagnetische Strahlung emittiert. Die Strahlungsemission (Elektrolumineszenz) stellt den zum inneren lichtelektrischen Effekt reziproken Prozeß dar. Wird dabei in einem Schritt die gesamte Rekombinationsenergie abgegeben, gilt für die Wellenlänge der emittierten Strahlung analog zu (4.8)

$$\lambda = \frac{hc_0}{\Delta W}.$$

Durch den Einbau zusätzlicher Störstellen im Kristall kann man erreichen, daß der Rekombinationsprozeß in mehreren Schritten abläuft; dann wird nur noch ein Teil der Energie als Strahlung frei (s. Tab. 13).

Lumineszenzdioden (LED, von engl.: light emitting diode) werden als optische Anzeigeelemente (Signal- und Ziffernanzeige) vor allem aus Galliumverbindungen hergestellt. Ihre Vorteile gegenüber Miniaturglühlampen sind das Fehlen des Einschaltstromstoßes, die geringe Betriebsspannung, eine höhere Lebensdauer und geringere Schaltzeiten. Die Strahlungsintensität kann moduliert werden, wobei aufgrund der geringen Schaltzeiten Modulationsfrequenzen bis über 100 MHz erreicht werden können.

Ein besonderes Bauelement – ein sogenannter Optokoppler – entsteht durch die optische Ankopplung einer Lumineszenzdiode an einen Halbleiterfotoempfänger

Tabelle 13
Elektrolumineszenz in Halbleitern (Bandabstand und Wellenlänge der emittierten Strahlung für einige gebräuchliche Halbleiter)

Material	Bandabstand	emittierte Wellenlänge	
	ΔW/eV	λ/µm	Farbe
InSb (dot.)	0,18	7,8	infrarot
InAs	0,36	3,4	infrarot
Si	1,12	1,13	infrarot
InP	1,3	0,95	infrarot
GaAs	1,43	0,9	infrarot
GaP	2,24	0,73 ... 0,56	rot ... grün
$GaAs_xP_{1-x}$			rot ... gelb
ZnSe	2,6	0,48	blau
SiC	3,1	0,40	blau
ZnS	3,7	0,34	ultraviolett

(Fotodiode, Fototransistor). Optokoppler ermöglichen eine Signalübertragung zwischen Baugruppen bei vollständiger elektrischer Entkopplung.

Verbindet man eine Lumineszenzdiode mit einem optischen Resonator, kann es durch das Lichtfeld im Resonator zur stimulierten Emission kommen. Ein solches Bauelement, bei dem der Halbleiterkristall selbst aufgrund seiner Geometrie den optischen Resonator darstellt, nennt man Laserdiode (von engl.: light amplification by stimulated emission of radiation). Im Gegensatz zur einfachen Lumineszenzdiode, bei der die Rekombination und damit die Strahlungsemission spontan erfolgt, liefert eine Laserdiode kohärentes Licht. Die spektrale Breite der emittierten Strahlung ist bedeutend geringer, und man erreicht wesentlich größere Wirkungsgrade (bis 50%) und Ausgangsleistungen (bis etwa 30 W im Impulsbetrieb). Laserdioden lassen sich mit Frequenzen bis in den GHz-Bereich modulieren. Sie werden vor allem als Signalquelle zur optischen Signalübertragung (in Verbindung mit Lichtleitkabeln und Halbleiterfotoempfängern) eingesetzt.

4.4.7 Metall-Halbleiter-Übergang

Eine sehr wesentliche Bedeutung in der Physik und Technik der Halbleiterbauelemente kommt dem Metall-Halbleiter-Übergang zu. Insbesondere lassen sich auf seiner Grundlage auch spezielle Bauelemente entwickeln. Die Eigenschaften eines Metall-Halbleiter-Kontaktes kann man mit Hilfe eines einfachen Bändermodells anschaulich machen (Abb. 4.48). Wir wollen das Beispiel eines Überganges Metall-*n*-Halbleiter betrachten. Dazu wird zunächst der Begriff der Austrittsarbeit eingeführt, unter der man die Energie versteht, die einem Elektron zugeführt werden muß, damit es das Kristallgitter gerade mit der Geschwindigkeit Null verlassen kann. Die Austrittsarbeit wird gegen das Fermi-Niveau gemessen. Bei Metallen liegt

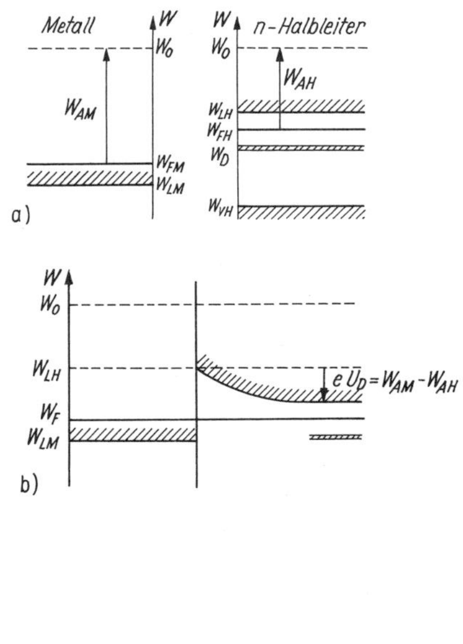

Abb. 4.48. Bändermodell des Metall-Halbleiter-Kontaktes für $W_{AM} > W_{AH}$
a) Vor dem Kontakt,
b) Kontakt im thermischen Gleichgewicht

das Fermi-Niveau im Leitungsband (s. 4.1.1). Die Austrittsarbeit ist also

$$W_{AM} = W_0 - W_{FM}, \qquad (4.56.1)$$

wenn man mit W_0 das Energieniveau des freien Elektrons bezeichnet (s. Abb. 4.48a)). Bei einem n-Halbleiter liegt das Fermi-Niveau wenig unterhalb des Leitungsbandes. Die Austrittsarbeit W_{AH} wird ebenfalls auf das Fermi-Niveau bezogen und ist

$$W_{AH} = W_0 - W_{FH}. \qquad (4.56.2)$$

In Abb. 4.48 ist das dargestellt für den Fall, daß die Austrittsarbeit W_{AH} des Halbleiters kleiner ist als die Austrittsarbeit W_{AM} des Metalls. Nach dem Kontakt ergibt sich im thermodynamischen Gleichgewicht ein durchgehendes Fermi-Niveau. Aufgrund der geringeren Austrittsarbeit diffundieren Elektronen anfangs überwiegend aus dem Halbleiter in das Metall. Die zurückbleibenden ortsfesten Donatoren bilden eine positive Raumladung, während die eindiffundierten Elektronen auf dem Metall eine Oberflächenladung erzeugen. Es entsteht ähnlich wie beim pn-Übergang eine Raumladungsschicht, deren Breite von der Donatorkonzentration und der Diffusionsspannung

$$U_D = \frac{W_{AM} - W_{AH}}{e} \qquad (4.57)$$

abhängt. Im stationären Zustand ist der Elektronenstrom aus dem Halbleiter in das Metall schließlich genau so groß wie der aus dem Metall in den Halbleiter.

Legt man an diesen Metall-Halbleiter-Kontakt eine äußere Spannung $\bar{U}$, wobei der positive Pol der Spannungsquelle mit dem Metall verbunden wird, werden im Halbleiter alle Energieniveaus um den Betrag $e\bar{U}$ nach oben verschoben (aufgrund der negativen Ladung der Elektronen). Das Diffusionspotential wird dadurch um die äußere Spannung $\bar{U}$ verringert, und der Elektronenstrom aus dem Halbleiter in das

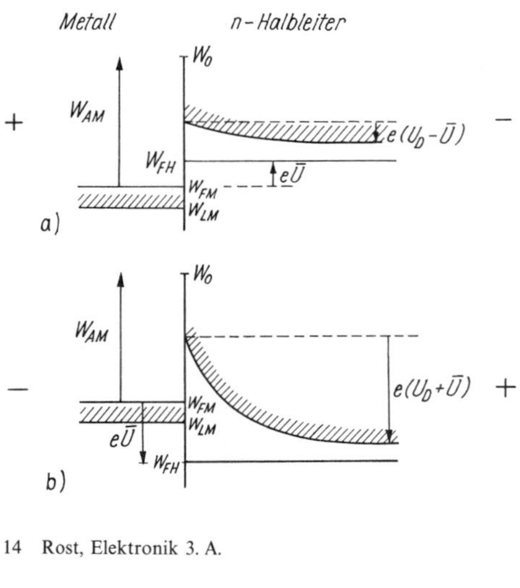

Abb. 4.49. Bändermodell eines Metall-Halbleiter-Kontaktes mit äußerer Spannung
a) Durchlaßrichtung, b) Sperrichtung

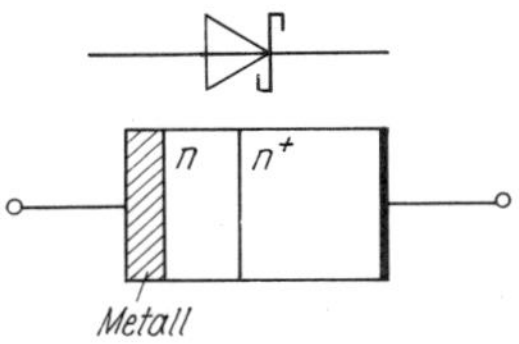

Abb. 4.50. Schaltzeichen und prinzipieller Aufbau einer Schottky-Diode

Metall überwiegt; der Kontakt ist in Durchlaßrichtung geschaltet. Umgekehrt ergibt ein Umpolen der Spannung eine Vergrößerung des Randschichtpotentials und bewirkt daher eine Verbreiterung der Verarmungsrandschicht im Halbleiter; der Kontakt sperrt (s. Abb. 4.49).

Bauelemente mit einem Metall-Halbleiter-Kontakt, an dem sich eine Verarmungsrandschicht herausbildet, nennt man Schottky-Dioden (W. Schottky entwickelte 1938 die Randschichttheorie). Da der Ladungstransport praktisch nur durch Majoritätsträger erfolgt, haben Schottky-Dioden sehr kurze Schalt- und Speicherzeiten ($\leqq$ 100 ps); sie sind daher besonders als schnelle Schaltdioden und HF-Gleichrichter geeignet. Zur Verbesserung der Sperreigenschaften und Verringerung der Sperrschichtkapazität bei gleichzeitig geringem Bahnwiderstand dient der in Abb. 4.50 schematisch dargestellte Aufbau einer Schottky-Diode.

An einem Übergang Metall-*n*-Halbleiter, bei dem $W_{AM} < W_{AH}$ ist, entsteht eine Anreicherungsrandschicht. Diese hat als nichtsperrender (ohmscher) Kontakt große Bedeutung bei der Konstruktion von Halbleiter-Bauelementen (s. Hinweise in den vorangegangenen und folgenden Abschnitten). Analoge Überlegungen für einen Übergang Metall-*p*-Halbleiter ergeben, daß bei $W_{AM} < W_{AH}$ ein gleichrichtender und bei $W_{AM} > W_{AH}$ ein ohmscher Kontakt entsteht.

4.4.8 Spezialdioden

In diesem Abschnitt soll kurz auf einige Spezialdioden eingegangen werden, die vor allem im Bereich sehr hoher Frequenzen (Mikrowellengebiet) Anwendung finden.

4.4.8.1 Speicherschaltdiode

Speicherschaltdioden (Step-Recovery-Dioden) sind *pn*-Dioden, die aufgrund ihrer Strukturparameter eine extrem kurze Abfallzeit t_f (s. 4.3.8) aufweisen. Beim Betrieb mit Wechselspannung treten daher charakteristische Verzerrungen mit sehr steilen Flanken auf (s. Abb. 4.51), die man wegen des hohen Oberwellengehaltes zur Frequenzvervielfachung und in Mikrowellengeneratorschaltungen bis zu Frequenzen von einigen Gigahertz ausnutzt.

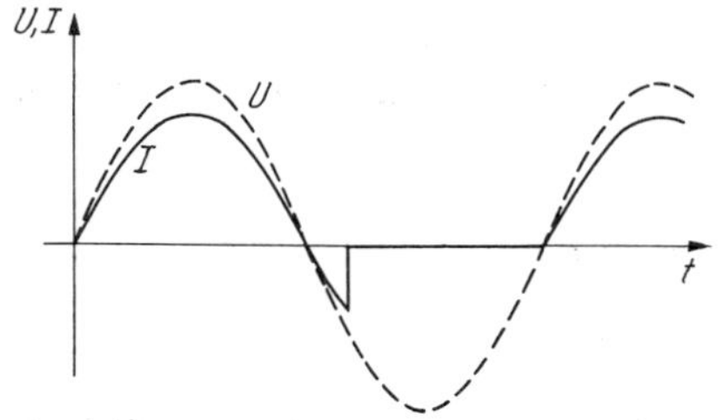

Abb. 4.51. Zeitlicher Verlauf von Spannung und Strom an einer Step-Recovery-Diode

4.4.8.2 Lawinenlaufzeitdiode

In Abb. 4.52 ist schematisch die Zonenfolge einer Lawinenlaufzeitdiode (Impatt-Diode, von engl.: *imp*act ionization by *a*valanche and *t*ransit *t*ime diode) dargestellt. Wird die Diode in Sperrichtung vorgespannt, treten am n^+p-Übergang sehr hohe Feldstärken auf, die nach Überschreiten eines kritischen Wertes zum Avalanche-Durchbruch führen. Die dadurch erzeugte Defektelektronenlawine muß durch das p- und das i-Gebiet laufen und kommt aufgrund ihrer Laufzeit zeitlich verzögert gegenüber dem auslösenden Maximalwert der Feldstärke am Ende der Driftstrecke an. Bei richtiger Wahl der Länge der Driftstrecke beträgt die Phasenverschiebung etwa 180°, d. h., der Diode kann Leistung entnommen werden, die zur Anregung eines angekoppelten Mikrowellenresonators bis zu Frequenzen von einigen 100 GHz verwendet werden kann.

4.4.8.3 *pin*-Diode

pin-Strukturen hatten wir bereits als Hochleistungs-NF-Gleichrichter kennengelernt (s. 4.4.1.5). Diese Dioden lassen sich aber auch als regelbare Hochfrequenzwiderstände einsetzen.

Beim Betrieb in Durchlaßrichtung wird die Intrinsic-Zone von Ladungsträgern aus den Bahngebieten überschwemmt, die nach einer gewissen mittleren Lebensdauer τ miteinander rekombinieren. Überlagert man der Durchlaßgleichspannung eine kleine Wechselspannung niedriger Frequenz, stellt sich die Ladungsträgerkonzentration zu jedem Zeitpunkt entsprechend dem Momentanwert der Gesamtspannung ein, und der Durchlaßstrom schwankt im Takt der Wechselspannung. Hat aber die überlagerte Wechselspannung eine hinreichend hohe Frequenz ($\omega > 1/\tau$), kann sich die Ladungsträgerkonzentration der i-Zone und damit der Flußstrom nicht mehr

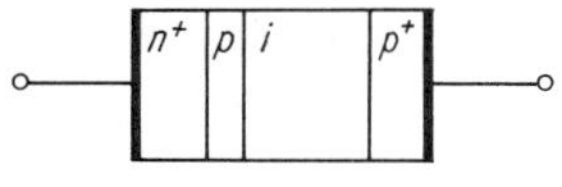

Abb. 4.52. Zonenfolge in einer Impatt-Diode (nach Read)

schnell genug ändern. Oberhalb einer bestimmten Grenzfrequenz wird daher der Durchlaßwiderstand einer *pin*-Diode frequenzunabhängig und allein durch den Durchlaßgleichstrom bestimmt.

4.5 Bipolartransistor

Als Transistor bezeichnet man ein Halbleiter-Bauelement, das aus drei unterschiedlich dotierten Zonen mit der Zonenfolge *n-p-n* bzw. *p-n-p* aufgebaut ist; ein Transistor enthält also zwei *pn*-Übergänge. Beim normalen Betrieb weisen Transistoren in der Schaltung eine Verstärkerwirkung auf; man bezeichnet sie deshalb als aktive Bauelemente. Man spricht vom Bipolartransistor, da im Unterschied zu den später zu besprechenden Feldeffekttransistoren (s. Abschn. 4.6) stets Elektronen und Löcher am Ladungstransport beteiligt sind. Die Entwicklung des Transistors geht auf Arbeiten von J. Bardeen und W.H. Brattain (1948) und von W. Shockley (1949) zurück.

Je nach der Zonenfolge spricht man von einem *npn*- oder einem *pnp*-Transistor. Die mittlere Zone wird als Basis (B), die äußeren werden als Emitter (E) und Kollektor (C) bezeichnet. Im normalen Betrieb ist die Emitter-Basisdiode in Durchlaßrichtung und die Kollektor-Basisdiode in Sperrichtung gepolt. Die üblichen Zählpfeile für Spannungen und Ströme sowie die Schaltzeichen zeigt Abb. 4.53. Für die Spannungen gilt

$$\bar{U}_{CE} = \bar{U}_{CB} + \bar{U}_{BE}\,. \tag{4.58}$$

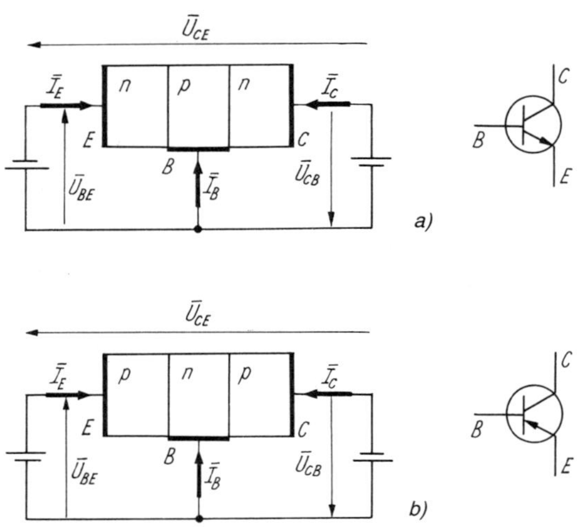

Abb. 4.53. Polung der Betriebsspannungen, Zählpfeile der Ströme und Spannungen und Schaltzeichen für Transistoren

a) *npn*-Transistor, b) *pnp*-Transistor

4.5.1 Wirkungsweise des Transistors

Die grundsätzliche Wirkungsweise soll qualitativ am Beispiel des *npn*-Transistors diskutiert werden. Wir gehen dazu von den in Abb. 4.53 dargestellten Betriebsverhältnissen aus.

Die Kollektor-Basisdiode ist durch die Spannung $\bar{U}_{CB}$ in Sperrichtung gepolt, d. h., über diesen *pn*-Übergang fließt ein Sperrstrom $\bar{I}_{CB0}$, der von den Minoritätsträgerkonzentrationen an den Sperrschichträndern abhängig ist (s. (4.34)). Wenn der Kollektorstrom beeinflußt werden soll, kann das also über eine Änderung der Minoritätsträgerkonzentration $n_{p,B}$ in der Basiszone geschehen (Transistoreffekt). Dazu wird die Basis-Emitterdiode mit der Spannung $\bar{U}_{BE}$ in Durchlaßrichtung betrieben. Durch eine gegenüber der Emitterzone niedrige Dotierung der Basiszone ($n_{A,B} \ll n_{D,E}$) erreicht man, daß der Durchlaßstrom nahezu ein reiner Elektronenstrom ist, d. h., daß die Emitterergiebigkeit $\gamma_E = \bar{I}_E/\bar{I}_{En} \approx 1$ ist. Wenn außerdem die Basisdicke l_B klein gegenüber der Diffusionslänge L_n der Elektronen in der Basiszone ist, gelangt der vom Emitter injizierte Elektronenstrom fast ohne Verluste bis in die Raumladungszone der Kollektor-Basisdiode und fließt als Kollektorstrom $A\bar{I}_{En}$ ab. Der sehr viel kleinere Basisstrom $(1 - A)\,\bar{I}_{En}$ setzt sich aus einem Rekombinationsanteil $\bar{I}_{\mathrm{rek}}$ und dem in den Emitter injizierten Löcherstrom $\bar{I}_{Ep}$ zusammen. Damit ergibt sich die in Abb. 4.54 schematisch dargestellte Verteilung der Teilchenströme, wobei für die Strombilanz des Transistors

$$-\bar{I}_E = \bar{I}_C + \bar{I}_B \tag{4.59}$$

gilt.

Die Verstärkerwirkung des Transistors ergibt sich aus einer Abschätzung der Leistungen im Eingangs- und Ausgangskreis. Zwar ist nach (4.59) $|\bar{I}_E| > \bar{I}_C$, aber da die Sperrspannung an der Kollektor-Basisdiode bedeutend größer ist als die Spannung an der in Durchlaßrichtung betriebenen Emitter-Basisdiode ($\bar{U}_{BE}$ ist etwa gleich der Schleusenspannung U_s), ist auch die gesteuerte Leistung im Ausgangskreis größer als die Steuerleistung im Eingangskreis; der Transistor bewirkt eine Leistungsverstärkung.

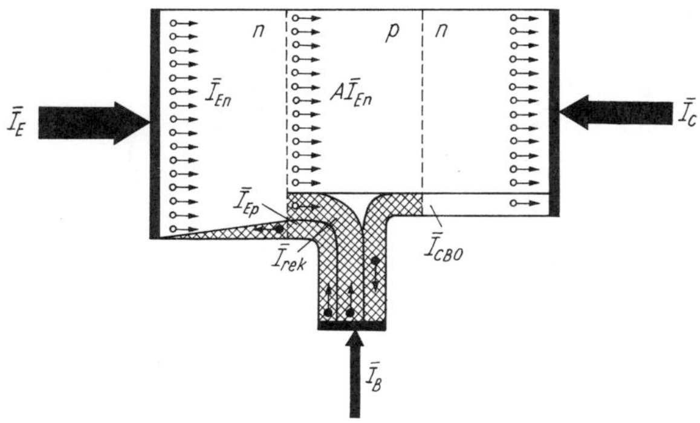

Abb. 4.54 Teilchenströme im *npn*-Transistor (schematisch)

4.5.2 Transistorgrundschaltungen und ihre Gleichstromkenngrößen

Obwohl der Transistor nur drei Anschlüsse hat, wird er zur Beschreibung seiner Übertragungseigenschaften als Vierpol behandelt. Das bedeutet, daß Eingangs- und Ausgangskreis einen Transistoranschluß gemeinsam haben. Daraus ergeben sich die in Abb. 4.55 dargestellten drei Grundschaltungen eines Transistors: Emitterschaltung, Basisschaltung und Kollektorschaltung.[1] Die Bezeichnung erfolgt nach dem in Eingangs- und Ausgangskreis gemeinsamen Transistoranschluß, der für die Signalspannungen das Bezugspotential darstellt.

Zur Beschreibung des Transistoreffekts waren wir von der Basisschaltung ausgegangen (s. Abb. 4.53). Im normalen Betriebsfall ist $A\bar{I}_{En} \gg \bar{I}_{CB0}$, d. h., für die Gleichstromverstärkung gilt in sehr guter Näherung

$$\frac{|\bar{I}_C|}{|\bar{I}_E|} = A < 1 \,. \tag{4.60}$$

Die Basisschaltung wird also durch eine Stromverstärkung $A < 1$ charakterisiert. Da andererseits bei der Transistorherstellung dafür Sorge getragen wird, daß die Rekombinationsverluste in der Basis und der Löcherstrom aus der Basis in den Emitter sehr gering sind, weicht die Stromverstärkung A nur sehr wenig von Eins ab ($A > 0{,}97$).

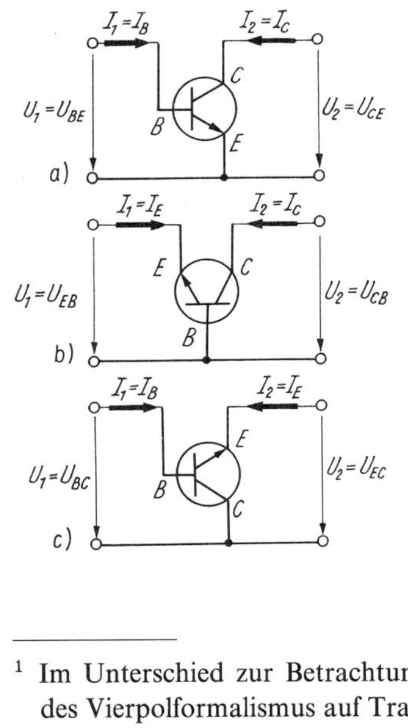

Abb. 4.55. Transistor als Vierpol in seinen drei Grundschaltungen (mit Zählpfeilen)
a) Emitterschaltung,
b) Basisschaltung,
c) Kollektorschaltung

[1] Im Unterschied zur Betrachtungsweise der Vierpoltheorie in 2.3 wird bei der Anwendung des Vierpolformalismus auf Transistoren i. allg. das symmetrische Zählpfeilsystem verwendet (s. auch Abb. 4.53 und 4.54).

Für die Emitterschaltung definiert man eine Gleichstromverstärkung B, für die nach (4.59) und (4.60)

$$B = \frac{|\bar{I}_C|}{|\bar{I}_B|} = \frac{A}{1 - A} \gg 1 \qquad (4.61)$$

gilt, d. h., die Emitterschaltung weist eine echte Stromverstärkung auf. Analog findet man als Stromverstärkung der Kollektorschaltung

$$B_C = \frac{|\bar{I}_E|}{|\bar{I}_B|} = \frac{1}{1 - A} \approx B\,, \qquad (4.62)$$

d. h., auch die Kollektorschaltung zeigt eine echte Stromverstärkung, die praktisch gleich der der Emitterschaltung ist.

Neben den Stromverstärkungsfaktoren dienen die sogenannten Restströme zur Kennzeichnung des Gleichstromverhaltens von Transistoren. Da sie von der Eigenleitungsdichte n_i abhängen und daher eine starke Temperaturabhängigkeit zeigen (s. 4.3.5), muß man sie in vielen Fällen bei der Dimensionierung von Schaltungen berücksichtigen.

Aus Abb. 4.54 liest man ab, daß bei offenem Emitter ($\bar{I}_E = 0$) nur der Kollektorsperrstrom $\bar{I}_{CB0}$ fließt, der dem Sperrsättigungsstrom der Kollektor-Basisdiode entspricht. Bei $\bar{U}_{BE} = 0$ (Basis- und Emitteranschluß kurzgeschlossen) fließt ein etwas größerer Sperrstrom $\bar{I}_{CES}$, da jetzt der Kollektor-Basisdiode noch Ladungsträger aus dem Emitter zugeführt werden. Bei einem bestimmten Emitterstrom muß der Basisstrom gerade verschwinden ($\bar{I}_B = 0$: offene Basis); dieser Emitterstrom fließt dann als Kollektorreststrom $\bar{I}_{CE0}$ in voller Höhe zum Kollektor.

4.5.3 Beschreibung der Kleinsignaleigenschaften

Bisher haben wir uns mit dem Gleichstromverhalten des Transistors befaßt. Wir wollen nun seine Übertragungseigenschaften für Signale untersuchen. Dazu geht man z. B. davon aus, daß der Betriebsspannung $\bar{U}_{BE}$ der Emitter-Basisdiode eine Signalspannung U_{BE} überlagert wird, und fragt nach dem daraus resultierenden Kollektorstrom. Dabei muß man berücksichtigen, daß der Transistor ein nichtlineares Bauelement ist. Wenn man also auf die Beschreibung der Übertragungseigenschaften der Transistorgrundschaltungen den Vierpolformalismus anwenden will, muß man sich auf einen hinreichend kleinen Arbeitsbereich in der Umgebung des Arbeitspunktes beschränken (s. auch 2.3.1). Praktisch bedeutet das, daß die Amplituden der Wechselgrößen stets klein gegenüber den entsprechenden Gleichstromwerten sein müssen. Unter dieser Voraussetzung spricht man vom Transistor als Kleinsignalverstärker.

Zur Beschreibung der Übertragungseigenschaften des Transistors geht man von den oben besprochenen Grundschaltungen aus, wobei es für jede dieser Grundschaltungen drei Möglichkeiten gibt, die Transistoreigenschaften darzustellen. Die erste Möglichkeit bieten die Transistorkennlinien, die den Zusammenhang zwischen den Strömen und Spannungen für den stationären Betriebsfall im gesamten zulässigen Arbeitsbereich grafisch wiedergeben. Eine weitere ist die formale Anwendung der Vierpolgleichungen. Der Transistor wird dabei durch eine äquivalente Ersatzschaltung dargestellt, deren Parameter vom Arbeitspunkt abhängig sind. Die dritte Möglichkeit ist die Ableitung einer Ersatzschaltung auf Grund der physikalischen Vorgänge im Transistor. Wir wollen uns im folgenden mit allen drei Möglichkeiten der Beschreibung der Übertragungseigenschaften befassen und dabei besonders auf die Zusammenhänge zwischen ihnen hinweisen.

4.5.3.1 Beschreibung des Transistors durch Vierpolparameter

In der Schaltung wird der Transistor als Vierpol behandelt, indem man einen Anschluß sowohl im Eingangs- als auch im Ausgangskreis benutzt. Seine Übertragungseigenschaften lassen sich daher ganz formal durch die Vierpolgleichungen beschreiben.

Am häufigsten verwendet man die Vierpolgleichungen in der Hybridform (Gl. (2.104)), da man zwischen den h-Parametern und den gebräuchlichen Kennlinienfeldern einen unmittelbaren Zusammenhang herstellen kann. Die h-Parameter sind daher reell und können nur zur Beschreibung der Übertragungseigenschaften im NF-Bereich verwendet werden. Das Vierpolgleichungssystem lautet in Matrixform (s. 2.3)[1]

$$\begin{pmatrix} \Delta U_1 \\ \Delta I_2 \end{pmatrix} = \begin{pmatrix} h_{11} & h_{12} \\ h_{21} & h_{22} \end{pmatrix} \begin{pmatrix} \Delta I_1 \\ \Delta U_2 \end{pmatrix}. \tag{4.63}$$

Dabei werden die h-Parameter als Differenzenquotienten definiert und haben folgende Bedeutung:

$$h_{11} = \left.\frac{\Delta U_1}{\Delta I_1}\right|_{U_2=\text{const}} \quad \text{Kurzschlußeingangswiderstand,} \tag{4.64.1}$$

$$h_{12} = \left.\frac{\Delta U_1}{\Delta U_2}\right|_{I_1=\text{const}} \quad \text{Leerlaufspannungsrückwirkung,} \tag{4.64.2}$$

$$h_{21} = \left.\frac{\Delta I_2}{\Delta I_1}\right|_{U_2=\text{const}} \quad \text{Kurzschlußstromverstärkung,} \tag{4.64.3}$$

$$h_{22} = \left.\frac{\Delta I_2}{\Delta U_2}\right|_{I_1=\text{const}} \quad \text{Leerlaufausgangsleitwert.} \tag{4.64.4}$$

---

[1] Da der Transistor ein nichtlinearer Vierpol ist, müssen die Vierpolgleichungen als Differenzengleichungen geschrieben werden (s. (4.63)). Bei Kleinsignalaussteuerung wird jedoch vorausgesetzt, daß sich der Transistor im Aussteuerbereich linear verhält. Im folgenden wird daher, wie allgemein üblich, statt mit den Differenzen mit den Amplituden der Wechselspannungen und -ströme oder mit diesen selbst gerechnet.

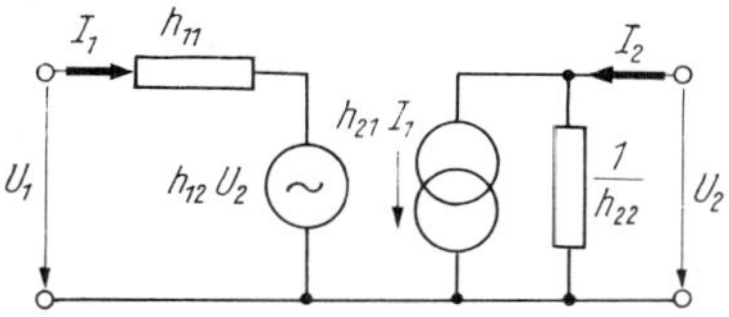

Abb. 4.56. h-Parameter-Ersatzschaltung eines Transistors

Mit diesen Bedeutungen der h-Parameter leitet sich aus dem Gleichungssystem (4.63) die entsprechende Ersatzschaltung ab (Abb. 4.56), wobei die erste Zeile den Eingangskreis und die zweite Zeile den Ausgangskreis beschreibt. Die Vierpolgleichungen mit ihrer Ersatzschaltung gelten formal für alle drei Grundschaltungen des Transistors, wobei die Werte der h-Parameter allerdings von der Grundschaltung abhängen. Die Spannungen und Ströme am Transistor sind jedoch über die Gleichungen (4.58) und (4.59) miteinander verknüpft (s. auch Abb. 4.55). Damit kann man die Vierpolgleichungen der drei Grundschaltungen ineinander überführen. Durch Koeffizientenvergleich findet man die in Tab. 14 angegebenen Umrechnungsbeziehungen zwischen den h-Parametern für die Emitter-, Basis- und Kollektorschaltung. Ihre Kennzeichnung erfolgt durch einen entsprechenden Index. Von Transistorherstellern werden i. allg. die h_e-Parameter der Emitterschaltung angegeben; der Anwender kann daraus nach Tab. 14 leicht die h-Parameter der anderen Grundschaltungen berechnen.

Tabelle 14
Umrechnung der h-Parameter von Basis-, Emitter- und Kollektorschaltung (es bedeuten: $\Delta h = h_{11}h_{22} - h_{12}h_{21}$, $\Sigma h = 1 + \Delta h + h_{21} - h_{12}$)

	h_b		h_e		h_c	
h_b	h_{11b}	h_{12b}	$\frac{h_{11e}}{\Sigma h_e}$	$\frac{\Delta h_e - h_{12e}}{\Sigma h_e}$	$\frac{h_{11c}}{\Delta h_c}$	$\frac{h_{21c} + \Delta h_c}{\Delta h_c}$
	h_{21b}	h_{22b}	$-\frac{\Delta h_e + h_{21e}}{\Sigma h_e}$	$\frac{h_{22e}}{\Sigma h_e}$	$\frac{h_{12c} - \Delta h_c}{\Delta h_c}$	$\frac{h_{22c}}{\Delta h_c}$
h_e	$\frac{h_{11b}}{\Sigma h_b}$	$\frac{\Delta h_b - h_{12b}}{\Sigma h_b}$	h_{11e}	h_{12e}	h_{11c}	$1 - h_{12c}$
	$-\frac{\Delta h_b + h_{21b}}{\Sigma h_b}$	$\frac{h_{22b}}{\Sigma h_b}$	h_{21e}	h_{22e}	$-(1 + h_{21c})$	h_{22c}
h_c	$\frac{h_{11b}}{\Sigma h_b}$	$\frac{1 + h_{21b}}{\Sigma h_b}$	h_{11e}	$1 - h_{12e}$	h_{11c}	h_{12c}
	$\frac{h_{12b} - 1}{\Sigma h_b}$	$\frac{h_{22b}}{\Sigma h_b}$	$-(1 + h_{21e})$	h_{22e}	h_{21c}	h_{22c}

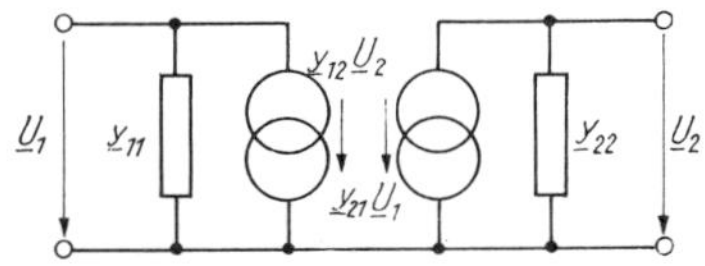

Abb. 4.57. y-Parameter-Ersatzschaltung eines Transistors

Hochfrequenztransistoren werden vorzugsweise durch die Leitwertparameter (y-Parameter) beschrieben. Die entsprechenden Vierpolgleichungen lauten in Matrixform (s. (2.102))

$$\begin{pmatrix} \underline{I}_1 \\ \underline{I}_2 \end{pmatrix} = \begin{pmatrix} \underline{y}_{11} & \underline{y}_{12} \\ \underline{y}_{21} & \underline{y}_{22} \end{pmatrix} \begin{pmatrix} \underline{U}_1 \\ \underline{U}_2 \end{pmatrix} \tag{4.65}$$

(alle Größen in dieser Gleichung werden komplex angenommen), wobei sich die Bedeutung der y-Parameter unmittelbar aus ihrer Definition als differentielle Größen ergibt (analog zu den Gleichungen (4.64)). Den Vierpolgleichungen in Leitwertform entspricht das in Abb. 4.57 wiedergegebene Ersatzschaltbild. Formal ergibt sich nach Tab. 7 ein Zusammenhang zwischen h- und y-Parametern, wobei allerdings zu berücksichtigen ist, daß die h-Parameter beim Transistor reell angenommen wurden.

Beispiel 4.7. Berechnung der h-Parameter der Grundschaltungen aus den h_e-Parametern eines Transistors. Gegeben sind

$$h_{11e} = 780\,\Omega,$$
$$h_{12e} = 5 \cdot 10^{-5},$$
$$h_{21e} = 150,$$
$$h_{22e} = 12\,\mu\text{S}.$$

Mit $\Delta h_e = 1{,}86 \cdot 10^{-3}$ und $\Sigma h_e = 151$ ergibt sich nach Tab. 14 für die Basisschaltung

$$h_{11b} = 5{,}17\,\Omega,$$
$$h_{12b} = 1{,}20 \cdot 10^{-5},$$
$$h_{21b} = -0{,}993,$$
$$h_{22b} = 79{,}5 \cdot 10^{-9}\,\text{S}$$

und für die Kollektorschaltung

$$h_{11c} = 780\,\Omega,$$
$$h_{12c} \approx 1,$$
$$h_{21c} = -151,$$
$$h_{22c} = 12\,\mu\text{S}.$$

4.5.3.2 Transistorkennlinien

Die anschaulichste Form der Beschreibung der Übertragungseigenschaften bieten die Transistorkennlinien. Sie stellen den Zusammenhang zwischen den Spannungen und

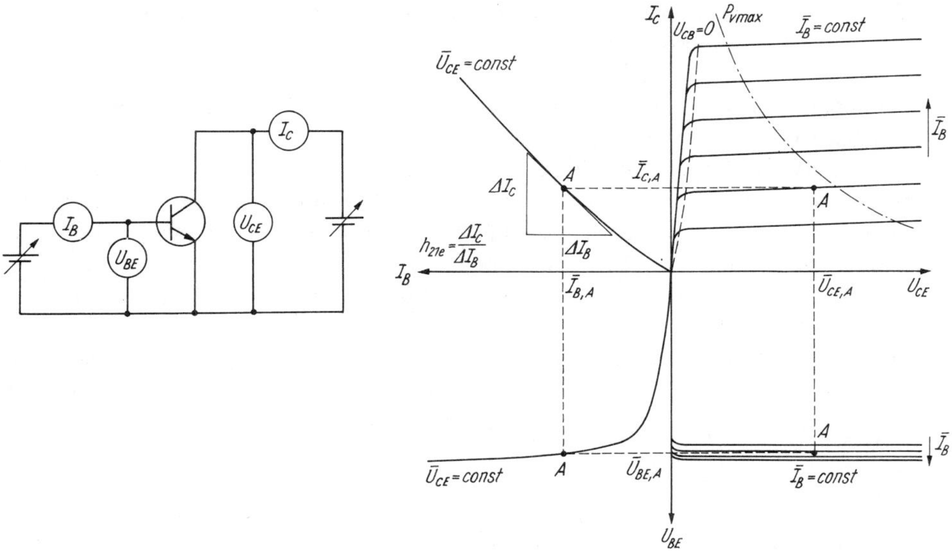

Abb. 4.58. Meßschaltung zur Kennlinienaufnahme und Kennlinien eines Transistors in Emitterschaltung

Strömen am Transistor im stationären Betriebszustand grafisch dar. Entsprechend den vier Variablen des Transistorvierpols (s. Abb. 4.55) ergeben sich für jede Grundschaltung vier Kennlinienscharen: Die beiden abhängigen Variablen werden als Funktion einer unabhängigen Variablen mit der zweiten als Parameter dargestellt. Als meßtechnisch und für die Anwendung besonders zweckmäßig erweisen sich die der Hybridform entsprechenden Kennlinien, die den Transistor als stromgesteuertes Bauelement beschreiben:

$$U_1 = f(I_1) \quad \text{und} \quad I_2 = f(I_1) \quad \text{mit} \quad U_2 \text{ als Parameter,}$$

$$U_1 = f(U_2) \quad \text{und} \quad I_2 = f(U_2) \quad \text{mit} \quad I_1 \text{ als Parameter.}$$

Für die in der Praxis am meisten angewendete Emitterschaltung ergibt sich daraus die in Abb. 4.58 angegebene Meßschaltung, die auf das schematisch dargestellte Kennlinienfeld führt. Nach ihrer Definition (s. (4.64)) entsprechen die h-Parameter den Anstiegen der Kennlinien im Arbeitspunkt A, der durch die Gleichstromwerte $\bar{U}_{CE,A}$, $\bar{I}_{C,A}$, $\bar{I}_{B,A}$ und $\bar{U}_{BE,A}$ festgelegt ist. Während jedoch die h-Parameter nur zur Beschreibung des Kleinsignalverhaltens verwendet werden können, läßt sich aus den Kennlinien das stationäre Betriebsverhalten des Transistors im gesamten zulässigen Arbeitsbereich ableiten (s. dazu 5.2).

4.5.3.3 Physikalische Ersatzschaltung des Transistors in Emitterschaltung für tiefe Frequenzen

Kennlinien oder Vierpolparameter werden am Transistor für einen ganz bestimmten Betriebszustand gemessen. Sie gestatten die Beschreibung des Übertragungsverhaltens im stationären Betrieb und bilden damit eine wichtige Grundlage der Schaltungsberechnung, können aber nicht ohne weiteres benutzt werden, um allgemeine Aussagen über das dynamische Verhalten des Transistors zu gewinnen. Vielmehr ist es dazu notwendig, eine Ersatzschaltung auf der Grundlage der physikalischen Vorgänge im Transistor abzuleiten. Im folgenden soll das am Beispiel der Emitterschaltung durchgeführt werden.

Für die in Durchlaßrichtung betriebene Emitter-Basisdiode gilt die exponentielle Kennlinie eines *pn*-Überganges (4.35). Daraus folgt für $U_{BE} \gg U_\vartheta$, da der Basisstrom dem Emitterstrom proportional ist, näherungsweise

$$I_B = I_{Bs}\, e^{U_{BE}/U_\vartheta}\,. \tag{4.66}$$

Zwischen Eingangsspannung U_{BE} und Eingangsstrom I_B besteht also ein nichtlinearer Zusammenhang (s. auch Abb. 4.58). Die Emitter-Basisdiode hat für eine kleine, der Gleichspannung $\bar{U}_{BE,A}$ im Arbeitspunkt überlagerte Wechselspannung U_{BE} einen differentiellen Widerstand

$$r_{BE} = \frac{1}{dI_B/dU_{BE}} = \frac{U_\vartheta}{\bar{I}_{B,A}}, \tag{4.67}$$

der stets kleiner ist als ihr Gleichstromwiderstand und vom Basisstrom, d. h. vom Arbeitspunkt, abhängt. Wie bei der Diode muß auch beim Transistor der Bahnwiderstand des Halbleitermaterials berücksichtigt werden. Aufgrund des Dotierungsprofils spielt vor allem der Bahnwiderstand R_{Bb} der Basis eine Rolle. Damit gilt für den Eingangskreis des Transistors die in Abb. 4.59 wiedergegebene Ersatzschaltung. Den Punkt B' bezeichnet man als inneren Basispunkt, die Spannung U'_{BE} als innere Steuerspannung.

Wesentliches Merkmal des Transistors ist die Steuerbarkeit des Kollektorstromes. Aus (4.66) ergibt sich mit (4.61)

$$I_C = BI_B = BI_{Bs}\, e^{U_{BE}/U_\vartheta}\,. \tag{4.68}$$

Je nach der Betrachtung des Transistors als strom- oder als spannungsgesteuertes Bauelement ergibt sich also eine nahezu lineare oder eine stark nichtlineare Übertragungskennlinie (s. auch Abb. 4.58).

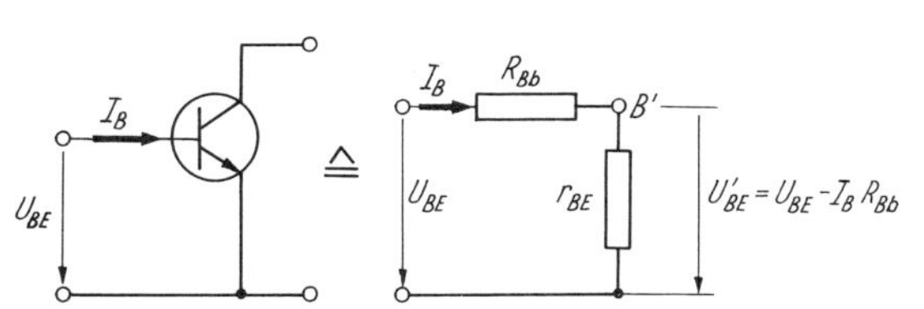

Abb. 4.59. Ersatzschaltung des Eingangskreises eines Transistors in Emitterschaltung

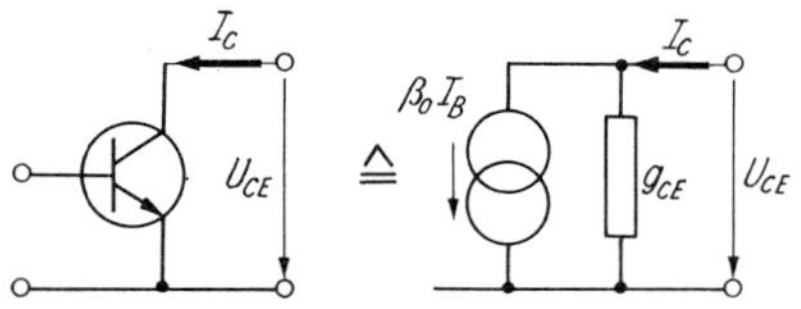

Abb. 4.60. Ersatzschaltung des Ausgangskreises eines Transistors in Emitterschaltung

Bei Kleinsignalaussteuerung beschreibt man den Transistoreffekt durch eine Stromquelle im Ausgangskreis mit dem Kurzschlußstrom

$$I_{CK} = \beta_0 I_B = S U'_{BE} \,. \tag{4.69}$$

Die Größe β_0 heißt Kurzschlußstromverstärkung in Emitterschaltung für tiefe Frequenzen. Sie ist als differentielle Größe

$$\beta_0 = \left.\frac{\partial \bar{I}_C}{\partial \bar{I}_B}\right|_{\bar{U}_{CE}=\text{const}} = \left.\frac{I_C}{I_B}\right|_{U_{CE}=0} = h_{21e} \tag{4.70}$$

definiert und i. allg. relativ wenig vom Arbeitspunkt abhängig (s. auch Abb. 4.58). Im typischen Anwendungsgebiet eines Transistors unterscheidet sie sich nur wenig von der Gleichstromverstärkung B. Die Größe S heißt innere Steilheit des Transistors. Aus Abb. 4.59 liest man mit (4.69) ab:

$$S = \beta_0 \frac{I_B}{U'_{BE}} = \frac{\beta_0}{r_{BE}} = \beta_0 \frac{\bar{I}_{B,A}}{U_\vartheta} , \tag{4.71}$$

d. h., die innere Steilheit hängt vom Arbeitspunkt ab.

Der Ausgangsstrom des Transistors ist außerdem eine Funktion der Kollektor-Emitterspannung. In der Ersatzschaltung drückt sich das durch einen Leitwert

$$g_{CE} = \left.\frac{\partial \bar{I}_C}{\partial \bar{U}_{CE}}\right|_{\bar{I}_B=\text{const}} = \left.\frac{I_C}{U_{CE}}\right|_{I_B=0} = h_{22e} \tag{4.72}$$

aus, der der Stromquelle parallelgeschaltet ist. Damit erhält man für den Ausgangskreis des Transistors die in Abb. 4.60 dargestellte Ersatzschaltung, die der Ersatzschaltung der h-Parameterdarstellung entspricht (s. Abb. 4.56).

Bei diesen Überlegungen wurde die Abhängigkeit der Eingangsspannung von der Ausgangsspannung – die Spannungsrückwirkung – vernachlässigt. Da diese jedoch meist sehr kleine Werte annimmt ($< 10^{-4}$; s. Beispiel 4.7), ist diese Vernachlässigung zulässig und in der Praxis üblich.

4.5.3.4 Transistorkapazitäten – die vollständige Ersatzschaltung

Wird die Laufzeit der aus dem Emitter in die Basis injizierten Ladungsträger vergleichbar mit der Periodendauer der steuernden Wechselspannung, tritt zwischen Steuerspannung U_{BE} und Kollektorstrom I_C eine Phasenverschiebung auf. Das läßt

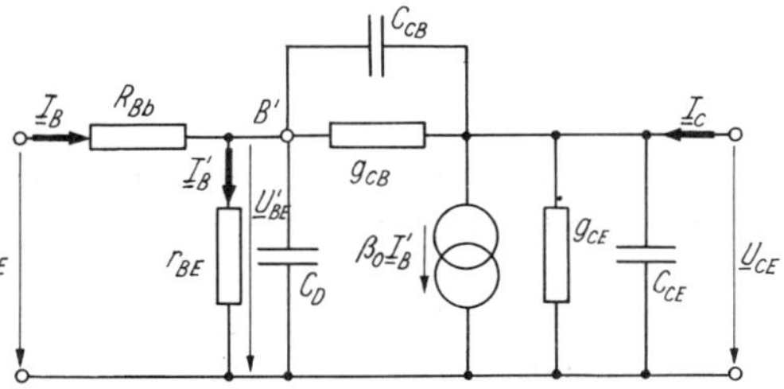

Abb. 4.61. Vollständige Ersatzschaltung eines Transistors in Emitterschaltung

sich durch eine Diffusionskapazität C_D beschreiben, die dem differentiellen Widerstand der Emitter-Basisdiode parallelgeschaltet ist und als Eingangskapazität des Transistors wirkt. Je nach Transistortyp beträgt C_D etwa 50 ... 5000 pF.

Über die Sperrschichtkapazität und die Änderung der Sperrschichtweite wirkt eine Änderung der Kollektorspannung auf die Basis zurück. Im Ersatzschaltbild wird das durch eine Rückwirkungskapazität C_{CB} dargestellt, die zwischen Kollektor und innerem Basispunkt liegt und je nach Transistortyp etwa 1 ... 50 pF beträgt. Dieser Rückwirkungskapazität liegt ein Rückwirkungsleitwert g_{CB} parallel, für den sich aus der Transistortheorie näherungsweise

$$g_{CB} \approx \frac{g_{CE}}{\beta_0} \tag{4.73}$$

ergibt.

Schließlich weist der Kollektor eine statische Kapazität gegen den Emitter auf, die dem Ausgangsleitwert parallel liegt. Sie beträgt allerdings nur wenige Pikofarad und kann daher in vielen Fällen vernachlässigt werden. Damit erhält man das in Abb. 4.61 wiedergegebene vollständige Ersatzschaltbild des Transistors in Emitterschaltung, das sowohl für tiefe als auch für hohe Frequenzen gilt und im Gegensatz zu den oben hergeleiteten formalen Vierpolersatzschaltungen (Abb. 4.56 und 4.57) die physikalischen Vorgänge im Transistor beschreibt. Es gestattet allgemeine Aussagen über das dynamische Verhalten des Transitors, ist jedoch ungeeignet als Grundlage für die Dimensionierung von Tranistorschaltungen.

4.5.3.5 Frequenzabhängigkeit der Stromverstärkung

Nach dem vollständigen Ersatzschaltbild setzt sich die Eingangsimpedanz des inneren Transistors bei kurzgeschlossenem Ausgang aus der Parallelschaltung des differentiellen Widerstandes r_{BE} der Basis-Emitterdiode, der Diffusionskapazität C_D und dem Rückwirkungsleitwert $g_{CB} + j\omega C_{CB}$ zusammen. Entsprechend teilt sich der Basisstrom $\underline{I}_B$ im inneren Basispunkt B' in drei Teilströme auf. Der Ausgangs-Kurzschlußstrom $\underline{I}_{CK}$ wird jedoch allein von dem Strom $\underline{I}'_B$ über r_{BE} bestimmt, für den man aus Abb. 4.61 mittels der Stromteilerregel

$$\underline{I}'_B = \frac{\underline{I}_B}{1 + r_{BE}g_{CB} + j\omega r_{BE}(C_D + C_{CB})} \tag{4.74}$$

abliest. Vernachlässigt man den Rückwirkungsleitwert (im normalen Betriebsbereich gilt i. allg. $g_{CB} r_{BE} \ll 1$) und die Rückwirkungskapazität ($C_{CB} \ll C_D$), erhält man als gute Näherung für die frequenzabhängige Stromverstärkung in Emitterschaltung

$$\underline{\beta} = \frac{\underline{I}_{CK}}{\underline{I}_B} = \frac{\beta_0 \underline{I}'_B}{\underline{I}_B} = \frac{\beta_0}{1 + j\omega r_{BE} C_D}. \tag{4.75}$$

Als Stormverstärkung im eigentlichen Sinn definiert man den Betrag der durch (4.75) beschriebenen komplexen Größe:

$$\beta = \frac{\beta_0}{\sqrt{1 + (f/f_\beta)^2}} \tag{4.76}$$

mit $f_\beta = 1/(2\pi r_{BE} C_D)$ als Grenzfrequenz der Stromverstärkung. Diese nimmt mit wachsender Frequenz ab, wobei sich die Frequenzabhängigkeit durch ein einziges RC-Glied beschreiben läßt (vgl. 2.2.1.3). Als charakteristischer Wert wird meist die Transitfrequenz

$$f_T = f_\beta \sqrt{\beta_0^2 - 1} \approx \beta_0 f_\beta \tag{4.77}$$

angegeben, bei der die Stromverstärkung auf den Wert Eins abgefallen ist.

Um eine Aussage über die Frequenzabhängigkeit der Stromverstärkung der Basisschaltung machen zu können, müssen wir zunächst deren Ersatzschaltung entwickeln. Den Eingangskreis kann man durch die Parallelschaltung des differentiellen Widerstandes r_{EB} der Emitter-Basisdiode mit der Diffusionskapazität C_D beschreiben, wobei die sinngemäße Anwendung von (4.59) auf die Wechselströme $I_E = (1 + \beta_0) I_B$ liefert. Daraus folgt

$$r_{EB} = \frac{r_{BE}}{1 + \beta_0}. \tag{4.78}$$

Bahnwiderstände können für diese Betrachtung unberücksichtigt bleiben. Der Ausgangskreis wird wieder durch eine gesteuerte Stromquelle mit dem Kurzschlußstrom I_{CK} beschrieben, der die Kapazität C_{CB} parallel liegt. Der Leitwert g_{CB} wird vernachlässigt. Da die zwischen Kollektor (Ausgang) und Emitter (Eingang) liegende Basis signalmäßig auf Massepotential liegt, kann der Transistor rückwirkungsfrei angenommen werden. Damit erhält man das in Abb. 4.62 angegebene vereinfachte

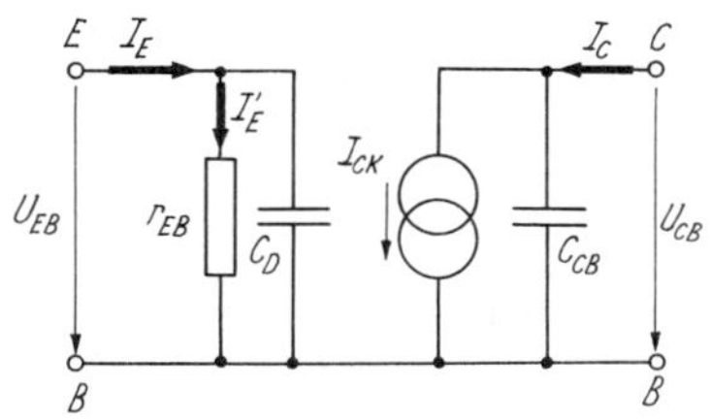

Abb. 4.62. Vereinfachte Ersatzschaltung eines Transistors in Basisschaltung

Ersatzschaltbild. Der Ausgangs-Kurzschlußstrom $\underline{I}_{CK}$ wird allein durch den Strom $\underline{I}'_E$ über r_{EB} bestimmt. Berücksichtigt man (4.78), erhält man aus Abb. 4.62

$$\underline{\alpha} = \frac{\underline{I}_{CK}}{\underline{I}_E} = \frac{\alpha_0 \underline{I}'_E}{\underline{I}_E} = \alpha_0 \frac{1 + \beta_0}{1 + \beta_0 + j\omega r_{BE} C_D} \tag{4.79}$$

und damit für die Stromverstärkung der Basisschaltung

$$\alpha = \frac{\alpha_0}{\sqrt{1 + \left(\frac{\omega r_{BE} C_D}{1 + \beta_0}\right)^2}} = \frac{\alpha_0}{\sqrt{1 + (f/f_\alpha)^2}} \,. \tag{4.80}$$

Der Transistor weist also in Basisschaltung eine um den Faktor $(1 + \beta_0)$ höhere Grenzfrequenz der Stromverstärkung auf; die Basisschaltung findet deshalb besonders in der Hochfrequenztechnik Anwendung.

4.5.4 Der Transistor als Verstärker – die allgemeinen Kleinsignalbetriebseigenschaften

Bereits die einfachen Überlegungen in 4.5.1 hatten gezeigt, daß der Transistor eine Leistungsverstärkung bewirkt. Man kann ihn daher als aktives Bauelement zum Aufbau von Verstärkerschaltungen benutzen. Zur Herleitung der allgemeinen Betriebseigenschaften fassen wir den Transistor als linearen Vierpol[1] auf, dessen Ausgang mit dem Arbeitswiderstand R_a abgeschlossen ist. Je nachdem man den Transistor als spannungs- oder stromgesteuertes Bauelement betrachtet, wird an den Eingang des Transistors eine Spannungsquelle oder eine Stromquelle mit dem Innenwiderstand R_i angeschlossen. Beschränkt man sich auf den Bereich niedriger Frequenzen, kann man den Transistor durch seine h-Parameter bzw. durch das entsprechende Ersatzschaltbild (Abb. 4.56) darstellen; anderenfalls müßte man von einer anderen Transistorersatzschaltung ausgehen. Damit erhält man das in Abb. 4.63 wiedergegebene Schalt-

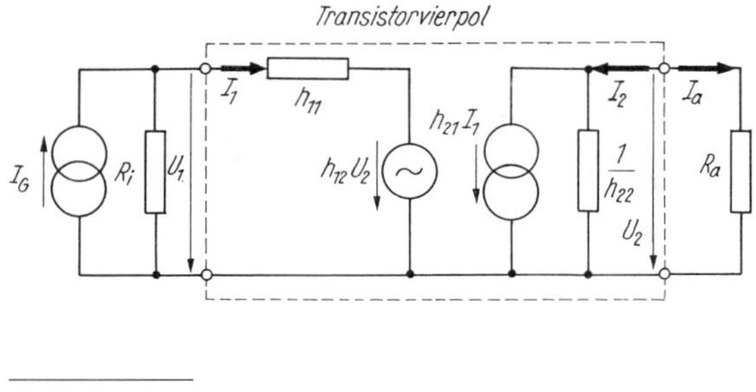

Abb. 4.63. Ersatzschaltung zur Berechnung der allgemeinen Betriebseigenschaften

[1] Es gelten also im folgenden wieder die oben für den Kleinsignalbetrieb gemachten Voraussetzungen, d. h., die Amplituden der Wechselgrößen sind hinreichend klein gegenüber den entsprechenden Gleichstromwerten im Arbeitspunkt.

bild. Die allgemeinen Betriebseigenschaften des Transistors werden durch die Übertragungsfunktionen und den Eingangs- und Ausgangswiderstand unter den angegebenen Betriebsbedingungen gekennzeichnet (s. auch 2.3.3). Dabei gelten die so ermittelten Betriebseigenschaften ebenso wie die Vierpolersatzschaltung für alle drei Grundschaltungen des Transistors, wobei allerdings die konkreten Werte über die h-Parameter von der jeweiligen Schaltung abhängen.

Über die praktische Realisierung der Verstärkerschaltungen, insbesondere im Zusammenhang mit der Einstellung des Arbeitspunktes, werden hier noch keine Aussagen getroffen. Wie wir später sehen werden, hat gerade die zur Einstellung und Stabilisierung des Arbeitspunktes erforderliche zusätzliche Beschaltung des Transistors wesentlichen Einfluß auf die Betriebseigenschaften der Schaltung.

4.5.4.1 Betriebsstromverstärkung

Als Betriebsstromverstärkung v_i bezeichnet man den Quotienten aus Ausgangs- und Eingangsstrom. Aus der Schaltung in Abb. 4.63 liest man für die zweite Zeile der Vierpolgleichung (4.63) mit $U_2 = -R_a I_2$ ab:

$$I_2 = h_{21} I_1 - h_{22} R_a I_2 \, .$$

Daraus folgt für die Betriebsstromverstärkung

$$v_i = \frac{I_2}{I_1} = \frac{h_{21}}{1 + h_{22} R_a} \, . \tag{4.81}$$

Die Stromverstärkung nimmt also im Kurzschlußfall ($R_a = 0$) ihren Maximalwert $v_{i\,\max} = h_{21}$ an und sinkt mit steigendem Arbeitswiderstand bis auf Null für R_a gegen unendlich.

4.5.4.2 Betriebsspannungsverstärkung

Der Ausgangswechselstrom I_2 hat am Arbeitswiderstand einen Spannungsabfall U_2 zur Folge. Als Betriebsspannungsverstärkung v_u bezeichnet man den Quotienten aus Ausgangs- und Eingangsspannung. Mit (4.81) und $U_2 = -I_2 R_a$ ergibt sich für die erste Zeile der Vierpolgleichung (4.63)

$$U_1 = -h_{11} \frac{1 + h_{22} R_a}{h_{21}} \frac{U_2}{R_a} + h_{12} U_2 = -\frac{h_{11} + \Delta h \cdot R_a}{h_{21} R_a} U_2 \, .$$

Daraus ergibt sich für die Betriebsspannungsverstärkung

$$v_u = \frac{U_2}{U_1} = -\frac{h_{21} R_a}{h_{11} + \Delta h \cdot R_a} \, . \tag{4.82}$$

Die Spannungsverstärkung ist also Null im Kurzschlußfall ($R_a = 0$) und steigt mit wachsendem Arbeitswiderstand bis auf den Grenzwert $v_{u\max} = -h_{21}/\Delta h$ im Leerlauffall ($R_a = \infty$).

Als Betriebsleistungsverstärkung wird der Quotient aus der an R_a abgegebenen Leistung $P_2 = -U_2 I_2$ und der Steuerleistung $P_1 = U_1 I_1$ definiert. Sie ergibt sich also als Produkt aus Strom- und Spannungsverstärkung:

$$v_p = -\frac{U_2 I_2}{U_1 I_1} = -v_u v_i = \frac{h_{21}^2 R_a}{(1 + h_{22} R_a)(h_{11} + \Delta h \cdot R_a)}. \tag{4.83}$$

4.5.4.3 Betriebseingangswiderstand

Als Betriebseingangswiderstand eines Vierpols bezeichnet man den Quotienten aus Eingangsspannung und Eingangsstrom, wenn der Vierpol mit einem Arbeitswiderstand R_a abgeschlossen ist. Mit $U_1 = U_2/v_u$ aus (4.82) und $I_1 = I_2/v_i$ aus (4.81) erhält man, da $U_2 = -I_2 R_a$ ist,

$$W_1 = \frac{U_1}{I_1} = \frac{h_{11} + \Delta h \cdot R_a}{1 + h_{22} R_a}. \tag{4.84}$$

Im Kurzschlußfall ($R_a = 0$) ist $W_1 = h_{11}$.

4.5.4.4 Betriebsausgangswiderstand

Der Betriebsausgangswiderstand eines Vierpols bestimmt sich aus dem Strom I_2, der in die Ausgangsklemmen fließt, wenn man an sie eine Spannung U_2 anlegt, wobei die Eingangsklemmen mit dem Widerstand R_i abgeschlossen bleiben, aber in sie kein Strom eingespeist wird (s. 2.3.3). Dann gilt für den Eingangskreis in Abb. 4.63

$$(h_{11} + R_i) I_1 + h_{12} U_2 = 0,$$

und damit liefert die zweite Zeile der Vierpolgleichungen (4.63)

$$I_2 = \frac{\Delta h + h_{22} R_i}{h_{11} + R_i} U_2.$$

Für den Betriebsausgangswiderstand erhält man daraus

$$W_2 = \frac{U_2}{I_2} = \frac{h_{11} + R_i}{\Delta h + h_{22} R_i}. \tag{4.85}$$

Im Leerlauffall ($R_i = \infty$) wird $W_2 = 1/h_{22}$.

Tabelle 15
Allgemeine Betriebseigenschaften der Transistorgrundschaltungen (qualitativer Überblick)

Schaltung	v_i	v_u	W_1	W_2
Emitter-schaltung	groß 10 ... 300	groß bis 5000	mittel 0,1 ... 10 kΩ	groß ∼ 100 kΩ
Basisschaltung	< 1	groß bis 5000	klein 5 ... 100 Ω	sehr groß ∼ 1 MΩ
Kollektor-schaltung	groß 10 ... 300	< 1	groß 0,1 ... 1 MΩ	klein ∼ 10 Ω

Beispiel 4.8. Berechnung der allgemeinen Betriebseigenschaften der drei Grundschaltungen eines Transistorverstärkers für $R_a = 2\,\text{k}\Omega$, $R_i = 50\,\Omega$ mit den in Beispiel 4.7 gegebenen h-Parametern.

Emitterschaltung: Mit den gegebenen h_e-Parametern folgt aus den Gleichungen (4.81) bis (4.85)

$$v_i = 146{,}5\,, \quad v_u = -382{,}8\,, \quad v_p = 5{,}61 \cdot 10^4\,,$$
$$W_1 = 765{,}4\,\Omega\,, \quad W_2 = 337{,}4\,\text{k}\Omega\,.$$

Basisschaltung: Aus den in Beispiel 4.7 berechneten h_b-Parametern ergibt sich $\Delta h_b = 1{,}23 \cdot 10^{-5}$, und damit findet man

$$v_i = -0{,}993\,, \quad v_u = 382{,}3\,, \quad v_p = 379{,}6\,,$$
$$W_1 = 5{,}19\,\Omega\,, \quad W_2 = 3{,}39\,\text{M}\Omega\,.$$

Kollektorschaltung: Aus den in Beispiel 4.7 berechneten h_c-Parametern berechnet man $\Delta h_c = 151$, und damit ergibt sich

$$v_i = -147{,}5\,, \quad v_u = 0{,}997\,, \quad v_p = 147{,}1\,,$$
$$W_1 = 295{,}7\,\text{k}\Omega\,, \quad W_2 = 5{,}5\,\Omega\,.$$

Dieses Zahlenbeispiel gestattet, die drei Grundschaltungen hinsichtlich ihrer Betriebseigenschaften zumindest qualitativ miteinander zu vergleichen. Allgemeinere Aussagen gewinnt man, wenn man zur Berechnung der Betriebsgrößen der Basis- bzw. der Kollektorschaltung von den nach Tab. 14 durch die h_e-Parameter der Emitterschaltung ausgedrückten h-Parametern ausgeht. Das Ergebnis dieser Überlegungen zeigt Tab. 15.

4.5.5 Übergangsverhalten

Aufgrund der endlichen Beweglichkeiten der Ladungsträger kann eine sprunghafte Änderung der Steuerspannung oder des Steuerstromes nicht unmittelbar eine sprunghafte Änderung des Ausgangsstromes des Transistors zur Folge haben. Ähnlich wie der pn-Übergang (s. 4.3.8) zeigt daher auch der Transistor ein charakteristisches

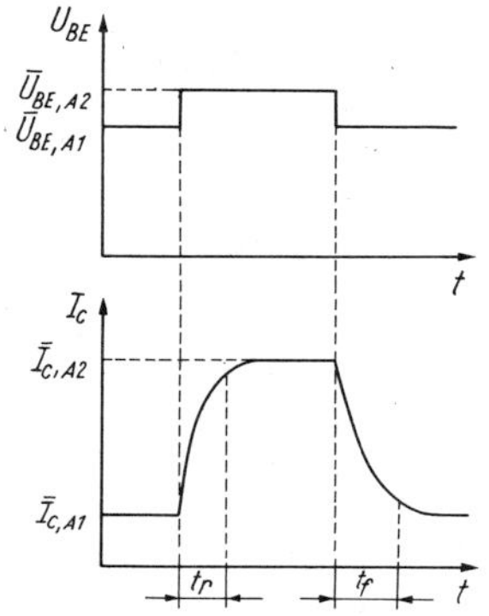

Abb. 4.64. Übergangsverhalten des Transistors im Verstärkerbetrieb

Übergangsverhalten, das sich qualitativ aus dem Ersatzschaltbild in Abb. 4.61 ableiten läßt. Dazu wollen wir zunächst annehmen, daß der Transistor aus einer Spannungsquelle mit dem Innenwiderstand $R_i = 0$ (Spannungseinspeisung) angesteuert und sprunghaft zwischen zwei Arbeitspunkten umgeschaltet wird, die beide im normalen Arbeitsbereich liegen (Transistor als Impulsverstärker; die Arbeitspunkte liegen im aktiven Bereich, d. h., die Kollektor-Basisdiode ist immer gesperrt: $U_{CB} > 0$, s. Abb. 4.58). Für den Kollektorstrom ergibt sich dann der in Abb. 4.64 schematisch dargestellte Verlauf. Der Eingangskreis des Transistors zeigt Tiefpaßverhalten und bestimmt die Zeitkonstante

$$\tau_u = (r_{BE} \parallel R_{Bb})\, C_D \approx R_{Bb} C_D \tag{4.86}$$

und damit die Anstiegszeit t_r und die Abfallzeit t_f des Kollektorstromes. Die Näherung in (4.86) ist zulässig, da i. allg. $r_{BE} \gg R_{Bb}$ ist. Steuert man den Transistor über einen sehr großen Vorwiderstand R_v an (Stromeinspeisung), erhält man als Zeitkonstante

$$\tau_u = [r_{BE} \parallel (R_{Bb} + R_v)]\, C_D \approx r_{BE} C_D\,, \tag{4.87}$$

also einen größeren Wert als bei Spannungseinspeisung. Da die die Zeitkonstanten bestimmenden Größen abhängig sind vom Arbeitspunkt (s. z. B. (4.67)), ist $t_r < t_f$.

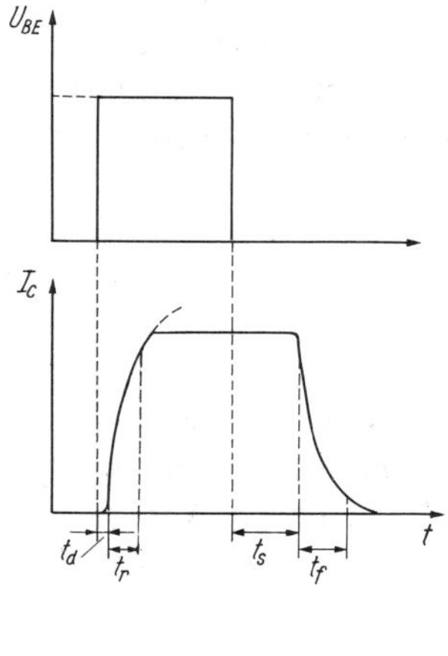

Abb. 4.65. Übergangsverhalten des Transistors im Schalterbetrieb

Eine ganz andere Betriebsart liegt vor, wenn der Transistor als Schalter eingesetzt wird. Dann wird der Transistor aus dem gesperrten Zustand ($U_{BE} = 0$) bis in den Sättigungszustand ($U_{CB} \leqq 0$) gesteuert. Der Kollektorstrom zeigt dann den in Abb. 4.65 wiedergegebenen Verlauf. Der Abbau der Emitter-Basis-Raumladungsschicht kann als Umladung der Sperrschichtkapazität beschrieben werden und bewirkt eine Verzögerungszeit t_d (von engl.: delay time). Im leitenden Zustand kommt es durch die Übersteuerung ($U_{BE} > U_{CE}$) zu einem Ladungsträgerstau in der Basis. Wird die Emitter-Basisdiode erneut gesperrt, müssen die in der Basiszone gespeicherten Ladungsträger erst zum Kollektor abfließen, ehe der Kollektorstrom absinkt; dadurch tritt eine Speicherzeit t_s auf, die bei starker Übersteuerung wesentlich größer als die anderen Schaltzeiten werden kann. Für die Abfallzeit t_f gelten die gleichen Überlegungen wie beim Transistor als linearer Impulsverstärker, aber die Anstiegszeit t_r wird durch die Übersteuerung verkürzt.

Schaltzeiten werden als charakteristische Daten von Transistoren für Schalteranwendungen vom Hersteller angegeben. Da die Schaltzeiten von den Meßbedingungen abhängen, werden Meßschaltung und Sättigungsgrad mit aufgeführt.

4.5.6 Temperaturabhängigkeit des Transistors

Die Transistorströme können als Funktion der Basis-Emitterspannung U_{BE} durch eine ähnliche Exponentialfunktion beschrieben werden wie der Durchlaßstrom eines *pn*-Überganges (s. (4.66) und (4.68)). Man muß daher auch die gleiche Temperaturabhängigkeit erwarten: Mit steigender Temperatur nehmen die Ströme annähernd exponentiell zu (s. Beispiel 4.6).

Zur Darstellung der Temperaturabhängigkeit ist es üblich, die Wirkung einer Temperaturerhöhung z. B. auf den Kollektorstrom mit der Änderung ΔU_{BE} der Basis-Emitterspannung zu vergleichen, die die gleiche Stromänderung ΔI_C hervorrufen würde. Ausgedrückt wird das durch den Temperaturdurchgriff

$$D_\vartheta = \frac{\Delta U_{BE}}{\Delta \vartheta}. \tag{4.88}$$

Für Kleinsignaltransistoren hat der Temperaturdurchgriff Werte im Bereich $D_\vartheta \approx 1{,}8$ bis 2,5 mV/K. Das ist ein sehr großer Wert, wenn man bedenkt, daß wegen des exponentiellen Zusammenhanges bereits eine Änderung von U_{BE} um etwa 18 mV eine Verdopplung der Ströme nach sich zieht.

Für die Temperaturabhängigkeit der Restströme gilt annähernd die gleiche Aussage, die Beispiel 4.6 für den Sperrsättigungsstrom des *pn*-Übergangs geliefert hat. Si-Transistoren zeigen also eine stärkere Temperaturabhängigkeit der Restströme als Ge-Transistoren, bei gleicher Temperatur sind jedoch ihre Restströme um zwei bis drei Größenordnungen geringer.

Die Erhöhung der Transistortemperatur kann ihre Ursache in der Erhöhung der Umgebungstemperatur ϑ_u und in der im Transistor umgesetzten Verlustleistung P_v haben. Wie bei der Diode darf auch beim Transistor die Sperrschichttemperatur ϑ_j

bestimmte Grenzwerte nicht überschreiten (s. 4.3.6.). Daraus ergibt sich für die maximal zulässige Verlustleistung nach (2.5)

$$P_{v\max} = \frac{\vartheta_j - \vartheta_u}{R_{\text{th}}} . \tag{4.89}$$

Die im Transistor umgesetzte Verlustleistung ist praktisch gleich der Kollektorverlustleistung:

$$P_v = \bar{U}_{CE}\bar{I}_C . \tag{4.90}$$

Der Wärmewiderstand R_{th} beschreibt den Wärmeübergang zwischen den Sperrschichten und der Umgebung; er kann durch zusätzliche Kühlmaßnahmen herabgesetzt werden. Besonders für Leistungstransistoren werden vom Hersteller neben dem Wärmewiderstand bei normaler Montage Lastminderungskurven für verschiedene Kühlbedingungen angegeben.

4.5.7 Grenzwerte

Um einen zerstörungsfreien Betrieb sicherzustellen, müssen jederzeit bestimmte thermische und elektrische Grenzwerte eingehalten werden. So darf im zeitlichen Mittel die Verlustleistung einen bestimmten Maximalwert $P_{v\max}$ nicht überschreiten (Gl. (4.89)). Die Hyperbel $P_{v\max} = \bar{U}_{CE}\bar{I}_C$ wird in das Ausgangskennlinienfeld eingetragen (s. Abb. 4.58) und begrenzt den im normalen Betrieb zulässigen Arbeitsbereich.[1] Die Grenzwerte der Ströme (bei niedrigen Betriebsspannungen) ergeben sich aus den maximal zulässigen Stromdichten im Halbleiterkristall oder in den inneren Zuleitungen des Transistors zwischen Kristall und äußeren Anschlüssen.

Die maximal zulässigen Spannungen folgen aus den maximal zulässigen Sperrspannungen (s. auch 4.3.6). Betreibt man die Emitter-Basisdiode in Sperrichtung, kommt es wegen der hohen Dotierung des Emitters bereits bei relativ niedrigen Spannungen zum Zener-Durchbruch. Angegeben wird als Grenzwert die maximal zulässige Emitter-Basissperrspannung $\bar{U}_{EBO}$ bei offenem Kollektor, die etwa 5 ... 8 V beträgt. Die maximal zulässige Sperrspannung der Kollektor-Basisdiode ist wegen der geringeren Dotierung des Kollektors bedeutend größer und wird durch den Lawinendurchbruch begrenzt. Angegeben wird die Kollektor-Basissperrspannung $\bar{U}_{CBO}$ bei offenem Emitter, die bei speziellen Transistoren bis zu einigen Kilovolt betragen kann. Der Lawinendurchbruch der Kollektor-Basisdiode ist reversibel, wenn die zulässige Verlustleistung und der zulässige maximale Strom nicht überschritten werden (Durchbruch 1. Art; s. dazu das Schaltungsbeispiel in Abb. 3.9). Speziell für diesen Betrieb im Durchbruchbereich konstruierte Transistoren werden als Avalanche-Transistoren bezeichnet.

---

[1] Abweichungen davon, die im Schalterbetrieb zulässig sind, werden in 5.2.2 behandelt.

Eine weitere Grenze stellt der Kollektor-Emitterdurchbruch dar, der dann auftritt, wenn die Raumladungszone der Kollektor-Basisdiode bis an den Emitter-Basisübergang heranreicht. Als Grenzwert wird die Kollektor-Emitterspannung $\bar{U}_{CEO}$ bei offener Basis angegeben, die meist kleiner als $\bar{U}_{CBO}$ ist.

Durch ungleichmäßige Stromverteilung kann es bei großen Verlustleistungen zur lokalen Überhitzung und dadurch zur thermischen Zerstörung des Halbleiterkristalls kommen (Durchbruch 2. Art; s. auch 4.3.6). Im praktischen Betrieb kommt es meist zum Durchbruch 2. Art als Folge eines Durchbruchs 1. Art, wenn nicht für eine entsprechende Strombegrenzung gesorgt wird.

4.6 Feldeffekttransistoren (FET)

Die Arbeitsweise von Feldeffekttransistoren beruht auf der Steuerung des Widerstandes eines Stromkanals in einem Halbleiterkristall durch ein senkrecht zur Stromrichtung wirkendes elektrisches Feld. Ein wesentlicher Unterschied zu den bisher besprochenen Bipolartransistoren besteht darin, daß der Strom durch den FET praktisch allein aus Majoritätsträgern besteht; man bezeichnet Feldeffekttransistoren deshalb auch als Unipolartransistoren. Das Prinzip des Feldeffekttransistors wurde bereits 1928 von Lilienfeld und 1935 von Heil angegeben, konnte aber erst auf der Basis einer hochentwickelten Halbleitertechnologie realisiert werden.

4.6.1 Übersicht über die FET-Typen

Man unterscheidet nach dem Steuerungsprinzip und nach der Art der Majoritätsträger des Kanals sechs verschiedene Arten von FET. Einen Überblick über die verschiedenen FET-Typen einschließlich ihrer Schaltsymbole vermittelt Abb. 4.66.

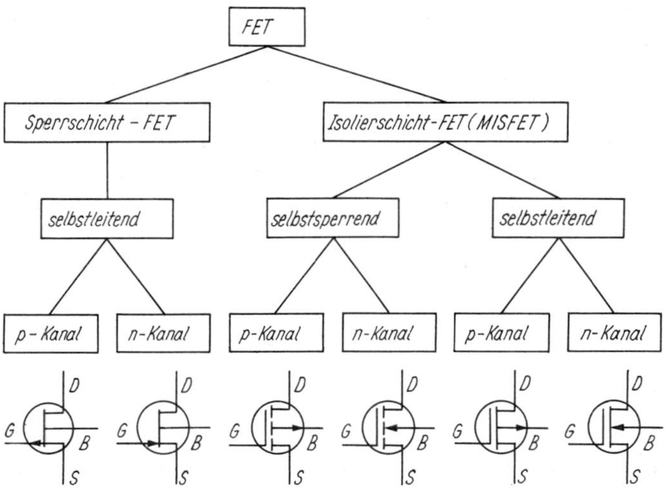

Abb. 4.66. Übersicht über die FET-Typen

Die Steuerelektrode (Tor) wird mit G (von engl.: gate) bezeichnet, die Kanalanschlüsse mit Quelle S (von engl.: source) und Senke D (von engl.: drain). Der Stromkanal wird auf einem Halbleiterkristall (Substrat B, von engl.: bulk) erzeugt. Häufig erhält das Substrat einen zusätzlichen Anschluß, der aber meist nicht herausgeführt, sondern im Transistor mit der Quelle verbunden wird. Alle Anschlüsse werden sperrschichtfrei an den Halbleiterkristall herangeführt.

Als Substrat wird fast ausschließlich Silizium verwendet. Die Drain-Sourcespannung $\bar{U}_{DS}$ wird im normalen Betrieb so gepolt, daß die Majoritätsträger im Kanal von der Quelle zur Senke fließen, obwohl bei den meisten FET auch ein inverser Betrieb möglich ist.

4.6.2 Sperrschicht-FET

4.6.2.1 Aufbau und Wirkungsweise

Wir wollen Aufbau und Wirkungsweise am Beispiel eines n-Kanal-Sperrschicht-FET (JFET, von engl.: junction) besprechen, der in Abb. 4.67 schematisch dargestellt ist. Ein n-leitender Halbleiterkristall ist mit zwei sperrschichtfreien Anschlüssen S und D versehen. Er verhält sich wie ein ohmscher Widerstand, d. h., der Kanalstrom ist der Spannung U_{DS} bei beliebiger Polarität proportional. Auf diesem n-leitenden Kanal werden zwei einander gegenüberliegende p-leitende Inseln erzeugt, die ebenfalls mit sperrschichtfreien Anschlüssen versehen sind und die Torelektrode bilden. Zwischen Tor und Kanal entsteht eine Sperrschicht.

Zur Erläuterung der Wirkungsweise gehen wir davon aus, daß Gate und Source zunächst miteinander verbunden sind (Eingang kurzgeschlossen) und am Kanal eine positive Drain-Sourcespannung $\bar{U}_{DS}$ liegt. Bei geringen Spannungen $\bar{U}_{DS}$ verhält sich der Kanal nach wie vor annähernd wie ein ohmscher Widerstand, d. h., der Drainstrom $\bar{I}_D$ ist $\bar{U}_{DS}$ proportional (ohmscher Bereich). Durch den Spannungsabfall am Kanal liegt jedoch am pn-Übergang zwischen Gate und Kanal eine zur Drainelektrode hin ansteigende Sperrspannung. Infolgedessen weitet sich die Sperrschicht aus, und der wirksame Kanalquerschnitt nimmt zur Drainelektrode hin ab, und zwar um so mehr,

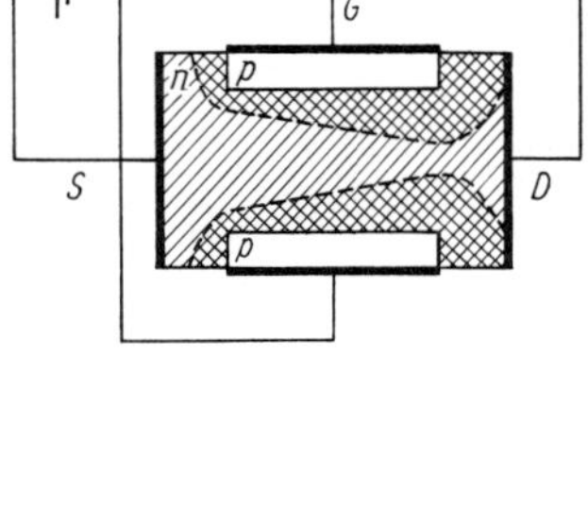

Abb. 4.67. Prinzip eines n-Kanal-JFET (nicht schraffiert: p-leitende Inseln; schraffiert: n-Kanal; doppelt schraffiert: Verarmungszone im Kanal)

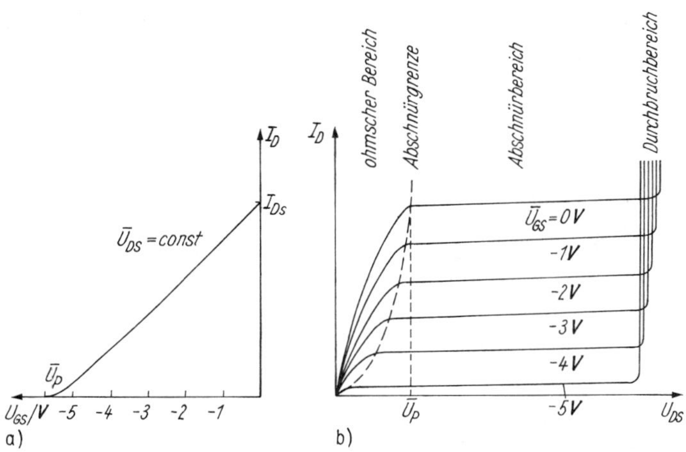

Abb. 4.68. a) Steuerkennlinie bei $\bar{U}_{DS}$ = const und b) Ausgangskennlinienfeld mit $\bar{U}_{GS}$ als Parameter für einen *n*-Kanal-JFET (schematisch)

je höher die Spannung $\bar{U}_{DS}$ wird. Dieser Abschnüreffekt (engl. pinch-off) hat zur Folge, daß der Drainstrom $\bar{I}_D$ oberhalb einer Spannung $\bar{U}_{DS} = \bar{U}_K$ (Kniespannung) schließlich unabhängig von der Drain-Sourcespannung wird (Abschnürbereich). Legt man nun zusätzlich eine gegen Source in Sperrichtung gepolte Gatespannung $\bar{U}_{GS}$ an, tritt der Abschnüreffekt bereits bei einer geringeren Drain-Sourcespannung auf, und im Abschnürbereich ergibt sich ein geringerer Drainstrom. Die Durchbruchspannung des *pn*-Überganges zwischen Gate und Kanal bestimmt die maximal zulässige Drain-Sourcespannung.

4.6.2.2 Kennlinien

Aus der Beschreibung der Wirkungsweise ergibt sich das in Abb. 4.68 b) dargestellte Ausgangskennlinienfeld eines JFET, das den Drainstrom I_D als Funktion der Drain-Sourcespannung U_{DS} für verschiedene konstante Gate-Sourcespannungen $\bar{U}_{GS}$ wiedergibt. Auch im aktiven Bereich hängt der Drainstrom noch gering von der Drain-Sourcespannung ab (der FET hat einen bestimmten, von Null verschiedenen Ausgangsleitwert). Der maximale Drainstrom fließt bei $\bar{U}_{GS} = 0$ V. Positive Gate-Sourcespannungen sind nicht zulässig (der *pn*-Übergang würde in Durchlaßrichtung betrieben).

Die in Abb. 4.68 a) wiedergegebene Steuerkennlinie $I_D = f(U_{GS})$ kann man für $\bar{U}_{DS}$ = const unmittelbar aus dem Ausgangskennlinienfeld entnehmen. Mit negativ werdender Steuerspannung U_{GS} sinkt der Drainstrom und wird bei der Schwellenspannung $\bar{U}_P$ nahezu Null. Für nicht zu große Spannungen $\bar{U}_{DS}$ kann man die Steuerkennlinie durch die Gleichung

$$I_D = I_{Ds}\left(1 - \frac{U_{GS}}{\bar{U}_P}\right)^2 \tag{4.91}$$

ausdrücken. Die Steuerwirkung eines FET beschreibt man durch seine Steilheit S, die als Anstieg der Steuerkennlinie definiert ist:

$$S = \left.\frac{\partial I_D}{\partial U_{GS}}\right|_{\bar{U}_{DS} = \text{const}} . \tag{4.92}$$

Mit (4.91) ergibt sich für die Steilheit

$$S = -2\,\frac{I_{Ds}}{\bar{U}_P}\left(1 - \frac{U_{GS}}{\bar{U}_P}\right) = \frac{2}{|\bar{U}_P|}\sqrt{I_{DS} I_D}\,. \tag{4.93}$$

Sie nimmt für $U_{GS} = 0$ V ihren maximalen Wert

$$S_{max} = \frac{2I_{Ds}}{|\bar{U}_P|} \tag{4.94}$$

an. Zwischen der Kniespannung $\bar{U}_K$ der Ausgangskennlinien und der Schwellenspannung $\bar{U}_P$ der Steuerkennlinie besteht annähernd der Zusammenhang

$$\bar{U}_K \approx U_{GS} - \bar{U}_P\,, \tag{4.95}$$

d. h., für $U_{GS} = 0$ V wird $\bar{U}_K \approx |\bar{U}_P|$.

Da der *pn*-Übergang zwischen Gate und Kanal nur in Sperrichtung betrieben wird, ist der Eingangswiderstand des JFET sehr groß ($10^{10} \ldots 10^{11}\ \Omega$). Daher werden auch keine Eingangskennlinien angegeben. Die Steuerung des JFET erfolgt praktisch leistungslos (reine Spannungssteuerung).

4.6.3 Isolierschicht-FET

Beim Isolierschicht-FET (MISFET, von engl.: metal insulator semiconductor FET) ist die Gateelektrode vom Halbleiterkristall und damit vom Kanal galvanisch getrennt. Dadurch erreicht man bei diesem Transistortyp noch höhere Eingangswiderstände ($10^{14} \ldots 10^{15}\ \Omega$). Die Steuerung des Kanalwiderstandes erfolgt durch Influenz. Verwendet man Siliziumdioxid (SiO_2) als Isolator, bezeichnet man den Transistor als MOSFET (von engl.: metal oxide semiconductor FET).

Durch den extrem hohen Eingangswiderstand kann es leicht zur elektrostatischen Aufladung des Gate und in der Folge zum Durchschlag des Gatedielektrikums und damit zur Zerstörung des Transistors kommen. Wegen der geringen Kapazität und der geringen Schichtdicke des Dielektrikums genügen dazu bereits sehr kleine Ladungsmengen. Während des Versands und des Einbaus werden deshalb alle Anschlüsse durch eine Metallbrücke kurzgeschlossen, die erst nach dem Einbau des Transistors in die Schaltung entfernt wird. Bei manchen Typen wird das Gate durch integrierte Z-Dioden geschützt; allerdings wird dadurch auch der Eingangswiderstand herabgesetzt.

4.6.3.1 Aufbau und Wirkungsweise

Die Abb. 4.69 zeigt schematisch den Aufbau unterschiedlicher MISFET-Typen, wobei in allen Fällen p-Silizium als Basismaterial angenommen wurde. In dem p-leitenden Substrat werden zwei n-leitende Inseln als Source und Drain erzeugt und mit sperrschichtfreien Anschlüssen versehen. Die Gateelektrode ist durch eine SiO_2-Schicht vom Substrat isoliert und bildet mit diesem einen Plattenkondensator.

Betrachten wir zunächst den in Abb. 4.69 a) dargestellten Transistortyp, so erkennt man, daß ohne Gatespannung bei beliebiger Polarität der Drain-Sourcespannung U_{DS} kein Drainstrom I_D fließen kann, da stets einer der pn-Übergänge zwischen Drain bzw. Source und Substrat in Sperrichtung betrieben wird. Legt man an die Gateelektrode eine positive Spannung, wird unterhalb im Substrat eine negative Raumladung influenziert. In der Nähe der Substratoberfläche bildet sich eine Inversionsschicht, d. h., das ursprünglich p-leitende Material wird n-leitend. Source und Drain werden durch einen n-leitenden Kanal miteinander verbunden, der zur Drainelektrode hin enger wird. Durch diesen Kanal fließt ein Drainstrom I_D, der durch die Gatespannung U_{GS} gesteuert werden kann. Diesen Transistortyp bezeichnet man als selbstsperrenden oder Anreicherungstyp (engl. normally off, enhancement type).

Durch den Einbau ortsfester positiver Ladungsträger in der Isolierschicht kann man erreichen, daß bereits ohne Gatespannung eine Inversionsschicht, d. h. ein

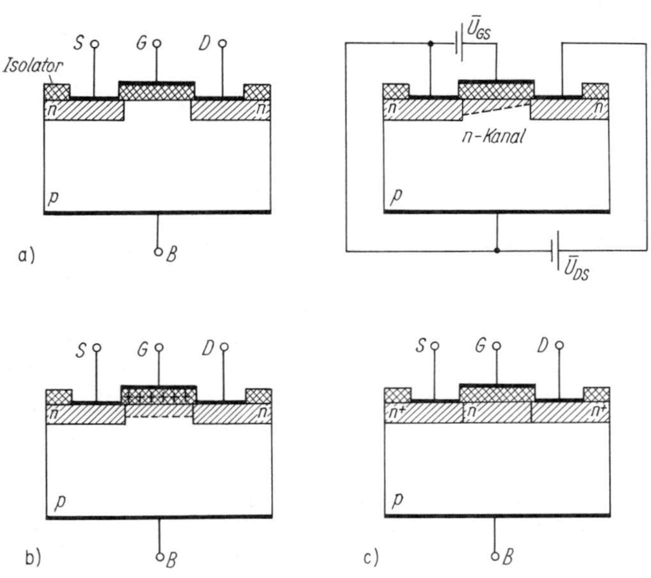

Abb. 4.69. Aufbau und Wirkungsweise von MISFET

a) Inversionsgesteuerter Anreicherungs-FET (n-Kanal) ohne und mit äußeren Spannungen,

b) inversionsgesteuerter n-Kanal-Verarmungs-FET,

c) leitfähigkeitsgesteuerter n-Kanal-Verarmungs-FET

leitender Kanal auftritt (Abb. 4.69 b)). Durch eine positive Gatespannung kann die Kanalleitfähigkeit weiter erhöht, durch eine negative Gatespannung kann sie verringert werden. Diesen Transistortyp bezeichnet man als selbstleitenden oder Verarmungstyp (engl. normally on, depletion type). Da in beiden Fällen der Kanal als Inversionsschicht im Substrat gebildet wird, nennt man diese Transistoren inversionsgesteuert.

Einen selbstleitenden MISFET kann man auch dadurch aufbauen, daß man die stark dotierten Zonen von Source und Drain durch einen schwach dotierten Kanal des gleichen Leitungstyps verbindet (Abb. 4.69 c)). Die Leitfähigkeit dieses Kanals kann wie die eines inversionsgesteuerten MISFET durch die Gatespannung U_{GS} gesteuert werden.

Selbstleitende MISFET können sowohl im Anreicherungsbereich als auch im Verarmungsbereich gesteuert werden. Im Vergleich dazu ist der JFET ein selbstleitender FET, der nur im Verarmungsbereich betrieben werden kann. Alle beschriebenen MISFET-Typen kann man auch komplementär, d. h. mit entgegengesetztem Leitungstyp der einzelnen Zonen aufbauen (s. Abb. 4.66). Alle Spannungen müssen dann umgepolt werden.

Bei Anreicherungstypen hat die Gatespannung die gleiche Polarität wie die Drainspannung. Das vereinfacht die Hintereinanderschaltung mehrerer Transistorstufen. Anreicherungstypen werden deshalb bevorzugt beim Entwurf integrierter Schaltungen eingesetzt. Schwierigkeiten bei der Herstellung von *n*-Kanal-Anreicherungstransistoren, bei denen Kontaktpotentiale und positive Zwischenschichtladungen oft bereits ohne Gatespannung zur Ausbildung eines Kanals führen, werden heute technologisch beherrscht.

4.6.3.2 Kennlinien

Ähnlich wie beim JFET wird die Ausbildung des Kanals durch die Drain-Sourcespannung U_{DS} beeinflußt; oberhalb eines Wertes $U_{DS} = \bar{U}_K$ kommt es zur Abschnürung des Kanals. Die Kennlinien der MISFET haben daher nahezu den gleichen Verlauf wie die des JFET, unterscheiden sich jedoch in der Größe der Schwellenspannung $\bar{U}_P$ und damit im Aussteuerbereich. Beim selbstsperrenden MISFET entsteht der Kanal erst, wenn U_{GS} größer wird als die Schwellenspannung $\bar{U}_P$, d. h., die Kennlinien existieren nur im Anreicherungsbereich $\bar{U}_{GS} \geqq \bar{U}_P$ (Abb. 4.70 a)). Dagegen kann ein selbstleitender MISFET sowohl im Anreicherungsbereich ($\bar{U}_{GS} \geqq 0$) bis zu einem maximalen Drainstrom $I_{D\max}$ als auch im Verarmungsbereich ($U_{GS} < 0$) bis zur Schwellenspannung $\bar{U}_P$, bei der der Kanal abgeschnürt wird, betrieben werden (Abb. 4.70 b)). Zum Vergleich zeigt Abb. 4.70 c) die Kennlinien eines JFET, der nur im Verarmungsbereich $\bar{U}_P \leqq \bar{U}_{GS} \leqq 0$ betrieben werden kann. Der ausnutzbare Teil des aktiven Bereiches im Ausgangskennlinienfeld wird durch die Verlustleistungshyperbel $\bar{U}_{DS}\bar{I}_D = P_{v\max}$ und die Maximalwerte von $\bar{U}_{DS}$ und $\bar{I}_D$ begrenzt.

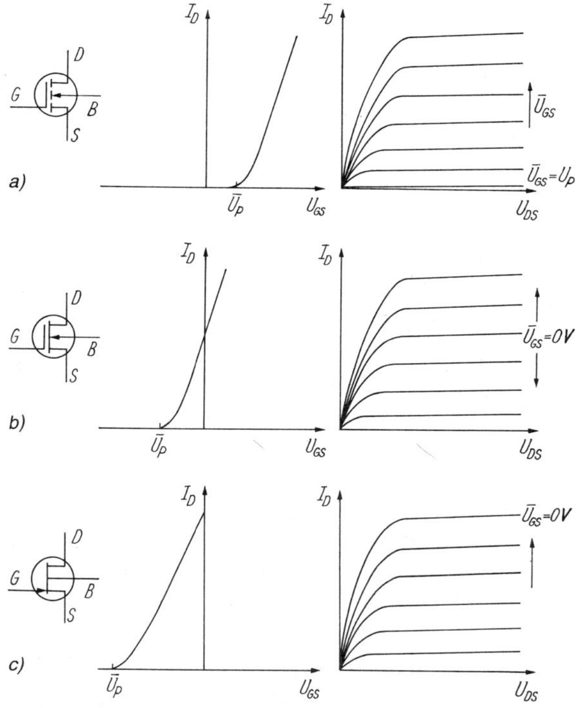

Abb. 4.70. Vergleich der Kennlinien von *n*-Kanal-FET
a) MISFET, selbstsperrend,
b) MISFET, selbstleitend,
c) JFET

4.6.4 Ersatzschaltung und Vierpoldarstellung der FET

Zur Beschreibung des Kleinsignalverhaltens von FET bis zu höheren Frequenzen erweist sich die Darstellung der Vierpoleigenschaften in Leitwertform als besonders günstig. Unter Berücksichtigung ihrer Eigenschaften erhält man daraus die vereinfachte Ersatzschaltung in Abb. 4.71. Der Eingangsleitwert $\underline{y}_{11}$ wird bereits bei relativ niedrigen Frequenzen praktisch rein kapazitiv und kann daher allein durch die Eingangskapazität C_{11} beschrieben werden, die etwa der Kapazität der Gateelektrode entspricht. Im Ausgangskreis liegt die spannungsgesteuerte Stromquelle SU_{GS} ($S = \underline{y}_{21}$), die den Parallelleitwert $\underline{y}_{22}$ hat, dessen Realteil g_{22} dem Anstieg der Ausgangskennlinien im aktiven Bereich entspricht. Die Ausgangskapazität C_{22} entsteht als Sperrschichtkapazität zwischen Drain und Substrat. Der Rückwirkungsleitwert kann meist vernachlässigt werden; er ist rein kapazitiv ($C_{12} \approx 0{,}1 \dots 1$ pF) und entsteht durch die Überlappung von Gateelektrode und Drainzone.

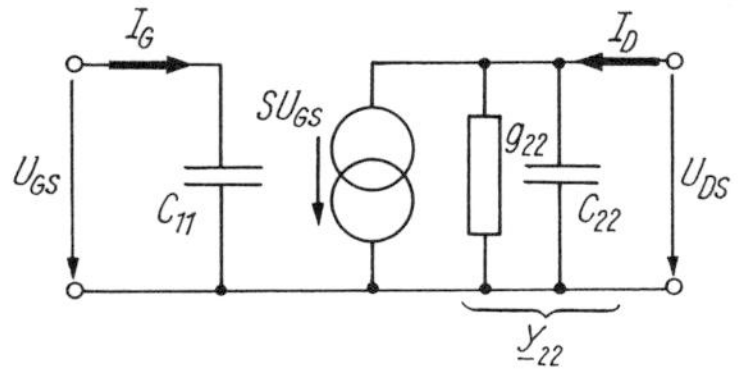

Abb. 4.71. Vereinfachte Vierpolersatzschaltung eines FET (Leitwertform)

Diese Ersatzschaltung hat den Vorteil, daß sie im wesentlichen der eines Bipolartransistors entspricht (s. Abb. 4.61), so daß man bei dem Entwurf und der Berechnung von Schaltungen in vielen Fällen die gleichen Ansätze benutzen kann.

4.6.5 MISFET-Tetrode

Insbesondere für Anwendungen im Hochfrequenzbereich strebt man einen möglichst geringen Rückwirkungsleitwert an. Das erreicht man durch Einfügen eines zweiten Gate G_2 zwischen Drain und Source (Abb. 4.72), das wechselspannungsmäßig geerdet wird. Die Rückwirkungskapazität kann dadurch auf etwa 0,01 bis 0,05 pF reduziert werden.

Gate G_2 kann zusätzlich zur Steuerung des Drainstromes I_D benutzt werden. Dabei werden die Steuerwirkungen der beiden Gates G_1 und G_2 multiplikativ miteinander verknüpft. MISFET-Tetroden eignen sich daher besonders für Anwendungen in Mischstufen und Modulatoren.

4.7 Bipolare Stromschalter

In diesem Abschnitt sollen einige Halbleiterbauelemente beschrieben werden, die vor allem in der Leistungselektronik Anwendung finden. Ihre charakteristischen Eigenschaften beruhen auf der Wechselwirkung mehrerer in Reihe geschalteter *pn*-Übergänge.

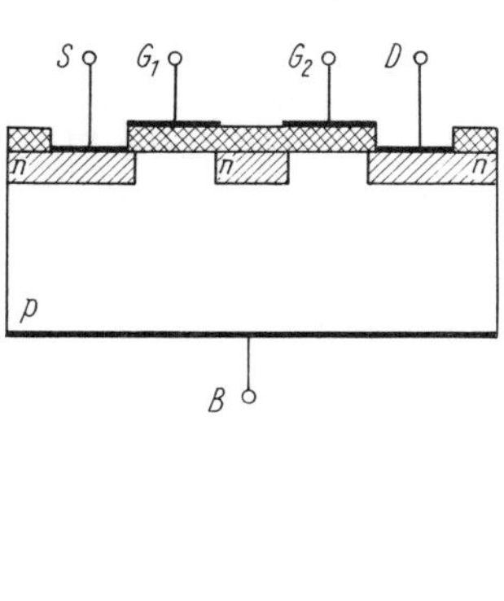

Abb. 4.72. Aufbau einer MISFET-Tetrode (schematisch)

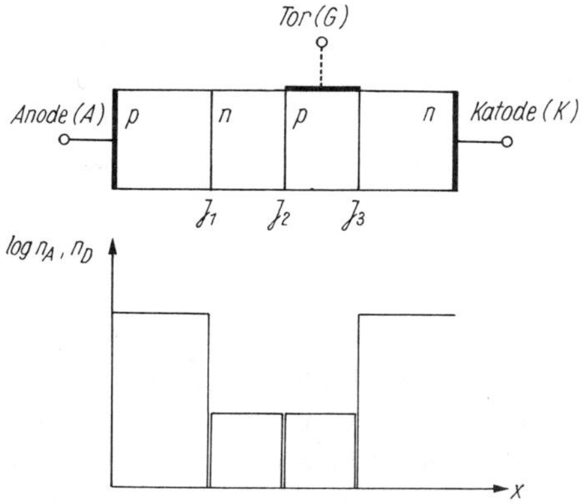

Abb. 4.73. Zonenfolge und Dotierungsprofil einer Vierschichtdiode (schematisch; Gateanschluß eines Thyristors gestrichelt gezeichnet)

4.7.1 Vierschichtdiode und Thyristor

Aufbau und Dotierungsprofil einer Vierschichtdiode zeigt schematisch Abb. 4.73. Das Bauelement besitzt zwei sperrschichtfreie Anschlüsse, die als Anode (p-Emitter) und Katode (n-Emitter) bezeichnet werden. Zur Beschreibung der Wirkungsweise betrachtet man zunächst den Betrieb in Rückwärtsrichtung. Dazu verbindet man die Anode mit dem negativen und die Katode mit dem positiven Pol einer Spannungsquelle. Dann sperren die beiden pn-Übergänge J_1 und J_3, und es fließt nur ein sehr geringer Sperrstrom. Erst wenn es an beiden pn-Übergängen zum Durchbruch kommt (Durchbruch 1. Art), steigt der Strom steil an. Die Kennlinie in Rückwärtsrichtung ähnelt also der Sperrkennlinie einer normalen Si-Diode (Abb. 4.74). Verbindet man dagegen die Anode mit dem positiven und die Katode mit dem negativen Pol der Spannungsquelle (Betrieb in Vorwärtsrichtung), sperrt der pn-Übergang J_2, während J_1 und J_3 in Durchlaßrichtung gepolt sind. Es fließt ebenfalls nur ein geringer Sperrstrom $\bar{I}_s$. Dieser bewirkt eine Injektion von Majoritätsträgern aus den hochdo-

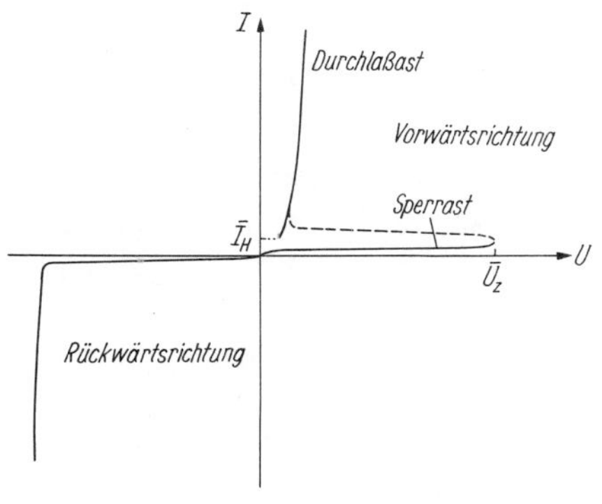

Abb. 4.74. Kennlinie einer Vierschichtdiode

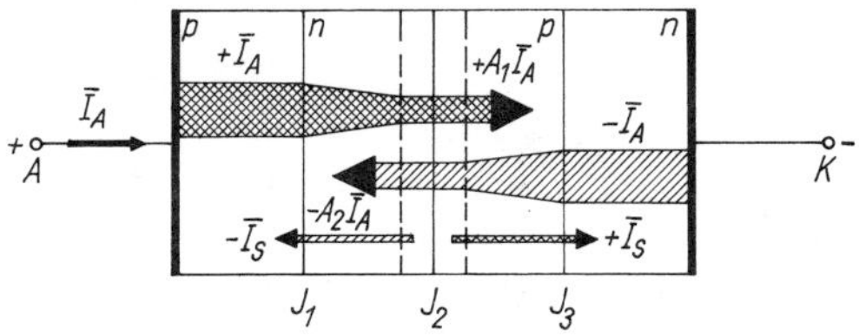

Abb. 4.75. Zur Strombilanz in der Vierschichtdiode

tierten Emittergebieten in die Basiszonen. Ist die Lebensdauer dieser Ladungsträger in den Basiszonen hinreichend groß, können sie bis in die Raumladungsschicht des *pn*-Übergangs J_2 gelangen. Sie erhöhen die Minoritätsträgerkonzentration in der Sperrschicht und liefern einen zusätzlichen Beitrag zum Sperrstrom. Es kommt zu einer Stromrückkopplung. Der Gesamtstrom am *pn*-Übergang J_2 ist (s. Abb. 4.75)

$$\bar{I}_A = \bar{I}_s + A_1\bar{I}_A + A_2\bar{I}_A = \frac{\bar{I}_s}{1 - (A_1 + A_2)}, \tag{4.96}$$

wobei $A_1\bar{I}_A$ den Löcherstrom beschreibt, der aus dem *p*-Emitter bis in den *pn*-Übergang J_2 fließt, und $A_2\bar{I}_A$ den entsprechenden Elektronenstrom aus dem *n*-Emitter. Der Zustand in der Vierschichtdiode bleibt so lange stabil, wie $(A_1 + A_2) < 1$ ist; es fließt nur ein kleiner Strom, der wenig spannungsabhängig ist (Abb. 4.74: Sperrast der Vorwärtsrichtung). Mit wachsender Spannung steigen aber sowohl die Stromverstärkungsfaktoren A_1 und A_2 als auch der Sperrstrom $\bar{I}_s$ an. Bei einer bestimmten Spannung $\bar{U}_z$ (Zündspannung) wird $(A_1 + A_2) > 1$ und damit der Zustand in der Vierschichtdiode instabil (s. (4.96)): In die Raumladungszone von J_2 werden mehr Ladungsträger injiziert, als durch Rekombination vernichtet werden können, d. h., der *pn*-Übergang J_2 wird leitfähig. Nach einem schnellen Durchlaufen eines instabilen, fallenden Kennlinienastes stellt sich ein stabiler Arbeitspunkt auf dem Durchlaßast bei einer Anodenspannung ein, die viel kleiner als die Zündspannung ist (s. Abb. 4.74). Die Vierschichtdiode verhält sich jetzt wie eine in Durchlaßrichtung betriebene *psn*-Diode (vgl. 4.4.1.5). Beim Absenken des Anodenstromes bleibt sie eingeschaltet (d. h. im leitenden Zustand), solange die Ladungsträgerinjektion aus den Emittern die Rekombination in den Basiszonen übersteigt. Beim Verringern der Anodenspannung geht die Vierschichtdiode erst unterhalb des Haltestromes $\bar{I}_H$ wieder in einen Arbeitspunkt auf dem Sperrast über.

Dieses Verhalten der Vierschichtdiode macht die Ersatzschaltung in Abb. 4.76 besonders anschaulich. Bei Anlegen einer Spannung in Vorwärtsrichtung fließen über beide Transistoren zunächst geringe Restströme. Diese wachsen mit steigender Anodenspannung an, bis mindestens einer der Transistoren in den steuerbaren Zustand gelangt. Dadurch wird die Schaltung instabil und kippt in einen Zustand, in dem beide Transistoren leitend sind.

Der Thyristor ähnelt in seinem Aufbau der Vierschichtdiode, verfügt aber über einen zusätzlichen Anschluß an der *p*-Basis (Zündelelektrode, Gate; s. Abb. 4.73). In der Ersatzschaltung Abb. 4.76 bedeutet das, daß der Basisanschluß des Transistors T_2 nach außen geführt wird (gestrichelt gezeichnet). Mittels eines zusätzlichen Steuer-

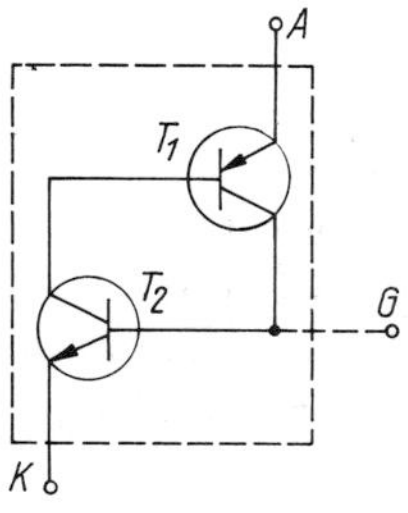

Abb. 4.76. Ersatzschaltung einer Vierschichtdiode (gestrichelt: Gateanschluß eines Thyristors)

stromes $\bar{I}_G$ kann T_2 in den leitfähigen Zustand gebracht werden, wodurch auch T_1 leitend wird. Der Zündeinsatz kann also über das Gate gesteuert werden. Fließt ein positiver Gatestrom $\bar{I}_G'$, erhält man für den Anodenstrom anstelle (4.96)

$$\bar{I}_A = \frac{\bar{I}_s + A_2 \bar{I}_G}{1 - (A_1 + A_2)} . \tag{4.97}$$

Dadurch kommt es bereits bei einer geringeren Anodenspannung als der Zündspannung U_{z0} zur starken Rückkopplung $((A_1 + A_2) > 1)$ und damit zum Einschalten des Thyristors (Abb. 4.77). Das Ausschalten erfolgt wie bei der Vierschichtdiode, wenn der Haltestrom unterschritten wird, der jedoch ebenfalls vom Gatestrom abhängt:

$$I_H = I_{H0} - I_G \tag{4.98}$$

(I_{H0} Haltestrom bei offenem Gate; der Betrieb mit offenem Gate ist allerdings bei den meisten Thyristoren nicht erlaubt). Thyristoren kleiner Leistung können entsprechend (4.98) auch beim Betrieb in Vorwärtsrichtung mit einem negativen Gatestrom ausgeschaltet werden.

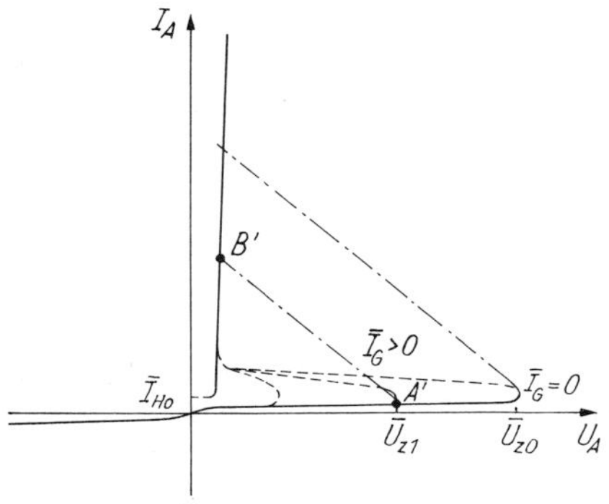

Abb. 4.77. Kennlinien eines Thyristors mit Widerstandsgerade (schematisch)

4.7.2 Dynamische Eigenschaften

Der Thyristor wird als Stromschalter benutzt. Für seine Anwendung sind daher neben der statischen Kennlinie vor allem dynamische Kenngrößen, die das Umschaltverhalten während des Zündens und Löschens charakterisieren, von Bedeutung. Aus den bisher entwickelten Vorstellungen über die Funktionsweise des Thyristors können wir zumindest qualitativ einige Aussagen über seine dynamischen Eigenschaften ableiten.

Zunächst betrachten wir die Vorgänge im Thyristor, wenn eine mit der Zeit ansteigende Spannung in Vorwärtsrichtung angelegt wird. Mit ansteigender Spannung wird am *pn*-Übergang J_2 eine Raumladungsschicht aufgebaut. Dieser Vorgang ist mit einem Verschiebungsstrom

$$I_v = C_{j2} \frac{dU_A}{dt} \tag{4.99}$$

verbunden, der von der Sperrschichtkapazität C_{j2} des *pn*-Überganges und der zeitlichen Änderung der Anodenspannung, der sogenannten Spannungsanstiegsgeschwindigkeit dU_A/dt abhängt. Da C_{j2} mit wachsender Anodenspannung abnimmt (s. 4.3.7), ist der Verschiebungsstrom unmittelbar nach dem Anlegen der Spannung am größten. Dieser Verschiebungsstrom fließt als Leitungsstrom über die in Durchlaßrichtung gepolten *pn*-Übergänge J_1 und J_3 und ruft eine Ladungsträgerinjektion aus den Emittergebieten in die Raumladungszone von J_2 hervor. Er wirkt also wie ein Steuerstrom und kann bereits weit unterhalb der stationären Zündspannung zum Einschalten des Thyristors führen. Beim Einschalten der Anodenspannung darf daher eine kritische Spannungsanstiegsgeschwindigkeit $(dU_A/dt)_k$ nicht überschritten werden, wenn das vorzeitige Einschalten verhindert werden soll ($(dU_A/dt)_k \approx 0{,}1 \ldots 2$ kV pro µs).

Die Ladungsträgerkonzentration am *pn*-Übergang J_2 ist zu Beginn des Einschaltvorganges noch gering und wächst erst im Verlauf des Einschaltens an. Der Arbeitspunkt des Thyristors verschiebt sich dabei längs der durch den Arbeitswiderstand bestimmten Widerstandsgeraden vom Punkt *A'* zum Punkt *B'* (s. Abb 4.77). Während des Einschaltens tritt daher eine erhöhte Verlustleistung auf. Hinzu kommt, daß sich aufgrund der geometrischen Anordnung der Zonen im Halbleiterkristall (s. Abb. 4.78) zunächst eine stark inhomogene Stromverteilung ergibt, da das Einschalten in den der Gateelektrode benachbarten Bereichen des *n*-Emitters beginnt. In diesem

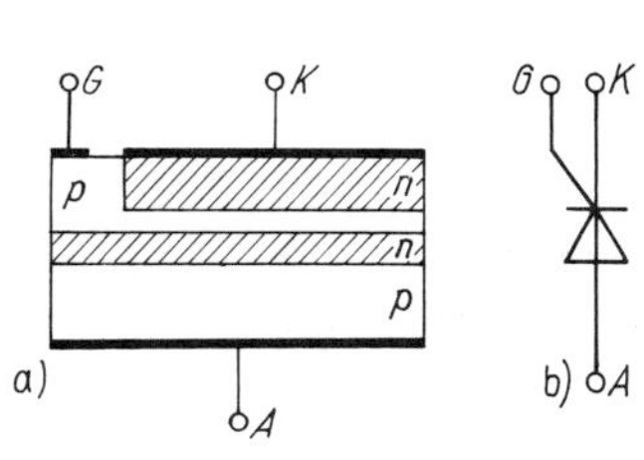

Abb. 4.78. a) Prinzipieller Aufbau eines Thyristors, b) Schaltzeichen

Bereich treten daher kurzzeitig besonders hohe Stromdichten auf, die zur thermischen Zerstörung des Bauelementes führen können. Beim Einschalten darf deshalb eine kritische Stromanstiegsgeschwindigkeit $(\mathrm{d}I_A/\mathrm{d}t)_k$ nicht überschritten werden. Diese liegt bei Leistungsthyristoren bei etwa 200 A/µs.

Andererseits folgt aus den vorangegangenen Überlegungen, daß der Thyristor bei Impulszündung über das Gate eine gewisse Zeit benötigt, um in den Arbeitspunkt auf dem Durchlaßast der Kennlinie überzugehen. Dieses Verhalten beschreibt man durch eine Zündzeit t_{gt}, die durch den Abfall der Anodenspannung auf 10% ihres Anfangswertes nach Anlegen eines Zündimpulses an das Gate definiert ist. Daraus ergibt sich, daß der Zündimpuls eine Mindestdauer $t_{p\min} \geqq t_{\mathrm{gt}}$ haben muß, damit er den Thyristor stabil zündet. Die Zündzeit hat eine Größenordnung von 1 bis 10 µs.

Schließlich muß man berücksichtigen, daß es nach dem Ausschalten des Thyristors durch Abschalten der Anodenspannung eine gewisse Zeit dauert, bis sich wieder die für den Sperrzustand charakteristische Gleichgewichtsverteilung der Ladungsträger eingestellt hat. Die überschüssigen Minoritätsträger in der Raumladungszone von J_2 können praktisch nur durch Rekombination und nur in sehr geringem Umfang durch Anlegen einer Spannung ausgeräumt werden (durch eine negative Anodenspannung werden J_1 und J_3 in Sperrichtung gepolt, d. h., nahezu die gesamte Spannung fällt an diesen beiden *pn*-Übergängen ab). Erst nach einer Freiwerdezeit t_q, die vor allem von der Rekombinationsrate in den Basiszonen abhängt, erlangt der Thyristor wieder seine volle Sperrfähigkeit in Vorwärtsrichtung, d. h., erst nach der Freiwerdezeit t_q darf wieder eine positive Anodenspannung angelegt werden, ohne daß der Thyristor vorzeitig zündet. Bei Leistungsthyristoren hat diese Freiwerdezeit die Größenordnung von 10 bis 100 µs.

4.7.3 Thyristoranwendungen

Thyristoren werden vor allem in der Leistungselektronik eingesetzt. Als besonders wichtige und die Vorzüge dieses Bauelements deutlich machende Anwendungen wollen wir den Thyristor als kontaktlosen Schalter für große Ströme (Gleichstromrelais) und als steuerbaren Gleichrichter besprechen.

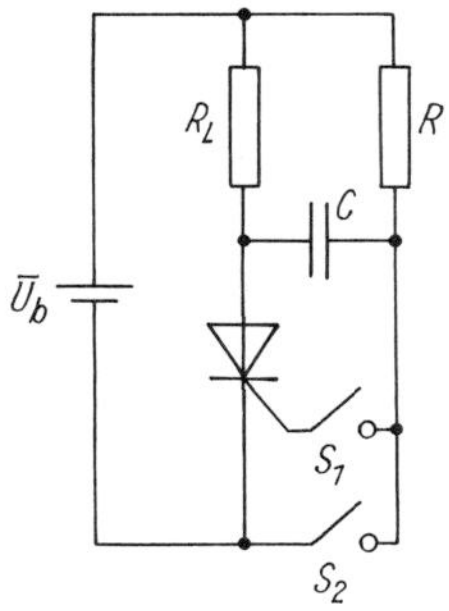

Abb. 4.79. Thyristor als Gleichstromrelais (Prinzipschaltung)

Die Prinzipschaltung eines Gleichstromrelais zum Schalten großer Leistungen zeigt Abb. 4.79. Ist $\bar{U}_b < \bar{U}_{z0}$, sperrt der Thyristor. Durch Schließen der Taste S_1 fließt ein positiver Gatestrom, der den Thyristor einschaltet. Damit wird der Laststromkreis geschlossen und der Verbraucher R_L an die Betriebsspannung geschaltet. Durch Schließen der Taste S_2 wird der Kondensator entladen. An der Anode entsteht ein negativer Impuls, der den Thyristor ausschaltet.

Das Funktionsprinzip eines gesteuerten Gleichrichters zeigt Abb. 4.80. Die Gleichrichterwirkung des Thyristors ergibt sich aus der statischen Kennlinie. Durch die negative Halbwelle der Wechselspannung wird der Thyristor in Rückwärtsrichtung betrieben; der Laststrom ist praktisch Null. Wenn $\hat{U}_e < \bar{U}_{z0}$ ist ($\hat{U}_e$ Amplitude der Wechselspannung), wird der Thyristor auch während der positiven Halbwelle nicht durch die Wechselspannung gezündet. Er kann aber durch einen Steuerimpuls gezündet werden. Dieser Zündimpuls entsteht, wenn der Kondensator C auf die Zündspannung der Glimmlampe La aufgeladen ist und sich über diese auf deren Brennspannung entlädt. Die Diode D schützt das Gate vor zu hohen negativen Spannungen. Macht man den Ladewiderstand R_v sehr klein, ist die Spannung am Kondensator praktisch in Phase mit der Netzspannung und der Thyristor wird nach deren positivem Nulldurchgang gezündet, wenn die Zündspannung der Glimmlampe erreicht ist. Vergrößert man R_v, dann lädt sich C langsamer auf und die Zündung erfolgt später. Man kann R_v so groß wählen, daß der Thyrisator erst kurz vor dem negativen Nulldurchgang der Betriebsspannung zündet, d. h., man kann den zeitlichen Mittelwert des Laststromes über R_L zwischen einem Maximalwert und annähernd Null regeln, wobei allerdings durch die große Zündspannung der Glimmlampe der maximale Stromflußwinkel stets $< \pi$ ist. Diese Art der Beeinflussung eines Laststromes bezeichnet man als Phasenanschnittsteuerung.

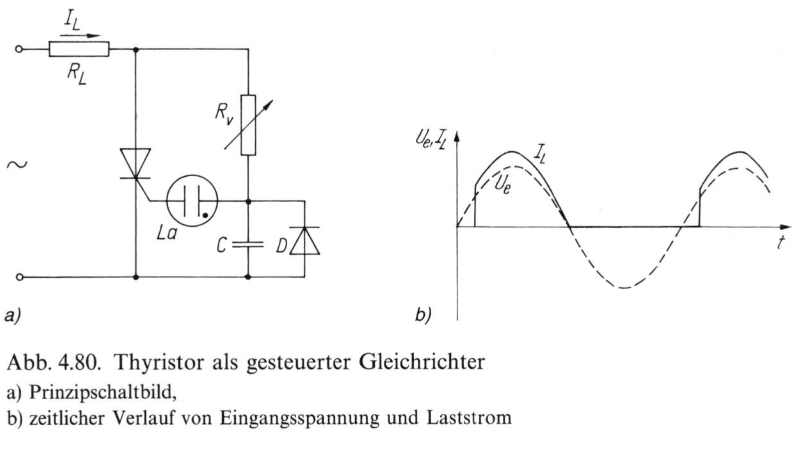

Abb. 4.80. Thyristor als gesteuerter Gleichrichter
a) Prinzipschaltbild,
b) zeitlicher Verlauf von Eingangsspannung und Laststrom

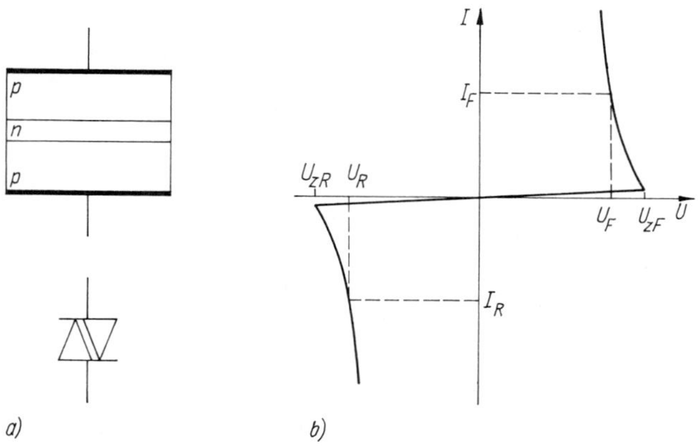

Abb. 4.81. Zweiweg-Triggerdiode (DIAC)
a) Prinzipieller Aufbau und Schaltzeichen,
b) Kennlinie

4.7.4 Triggerdiode

Bei dem Schaltungsbeispiel in Abb. 4.80 wurde der Zündimpuls mittels einer *RC*-Schaltung und einer Glimmlampe erzeugt. Glimmlampen haben aber den Nachteil verhältnismäßig großer Zünd- und Brennspannungen ($\geqq$ 50 V) und liefern nur kleine Ströme. Deshalb wurden geeignete Halbleiterbauelemente entwickelt, die ein ähnliches Zündverhalten aufweisen, aber diese Nachteile nicht besitzen.

Als besonders geeignet erweist sich die symmetrisch aufgebaute Zweiweg-Triggerdiode (DIAC, von engl.: diode alternating current switch). Es handelt sich um eine Dreischichtanordnung mit der Zonenfolge *pnp* oder *npn*, bei der die äußeren Zonen kontaktiert sind. Bei Anlegen einer Spannung beliebiger Polarität sperrt das Bauelement zunächst, da ein *pn*-Übergang in jedem Fall in Sperrichtung betrieben wird. Bei einer bestimmten Spannung kommt es zum Lawinendurchbruch. Macht man die mittlere Schicht sehr dünn, so erfolgt durch diese hindurch eine zusätzliche Ladungsträgerinjektion in die Sperrschicht, so daß der Spannungsabfall an dieser nach dem Zünden auf einen kleineren Spannungswert zurückgeht. Damit ergibt sich die in Abb. 4.81 dargestellte Kennlinie.

4.7.5 Zweiwegthyristor

Ein Thyristor läßt nur einen Stromfluß in Vorwärtsrichtung zu. Für eine Vollwegleistungsregelung benötigt man deshalb zwei Thyristoren und auch zwei Ansteuerschaltungen. Dieser Schaltungsaufwand läßt sich beträchtlich verringern, wenn man statt dessen einen Zweiwegthyristor verwendet.

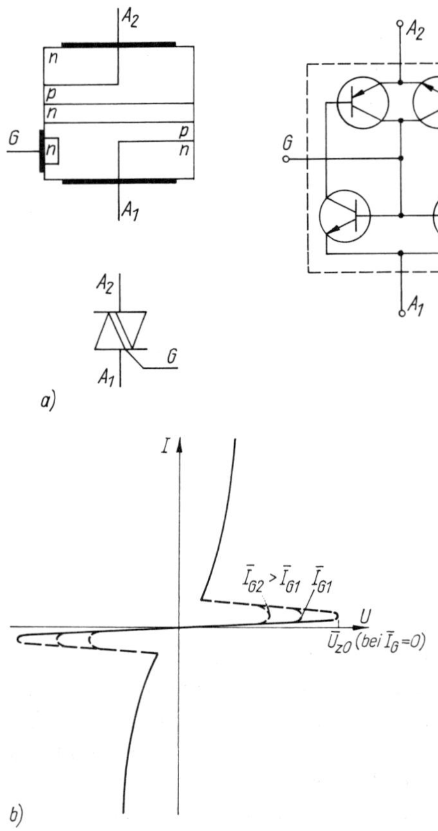

Abb. 4.82. Zweiwegthyristor (TRIAC)
a) Prinzipieller Aufbau, Schaltzeichen und Ersatzschaltung,
b) Kennlinien

Ein Zweiwegthyristor (TRIAC, von engl.: triode alternating current switch) entspricht in seiner Struktur und Funktionsweise zwei antiparallel geschalteten Thyristoren (s. Abb. 4.82), d. h., er läßt sich sowohl für eine positive als auch für eine negative Anodenspannung zünden, wobei seine Kennlinie weitgehend symmetrisch ist (Abb. 4.82b)). Man unterscheidet deshalb die Anschlüsse auch nicht mehr in Anode und Katode, sondern bezeichnet sie mit Anode 1 und Anode 2. Über die Zündempfindlichkeit werden vom Bauelemente-Hersteller genaue Angaben gemacht; zweckmäßig sollte aber die Polarität im Zündstromkreis stets mit der im Laststromkreis übereinstimmen. Mit einem TRIAC als Leistungsschalter und einem DIAC als Zündelement läßt sich prinzipiell ein sehr einfacher Vollwegleistungssteller aufbauen (Abb. 4.83). Tatsächlich zeigt diese Schaltung jedoch eine oft störende Hysterese, zu deren Beseitigung ein zusätzlicher Aufwand erforderlich ist.

Bei den in den letzten Abschnitten beschriebenen Phasenanschnittsteuerungen entstehen Stromsprünge mit sehr kurzen Anstiegszeiten. Die Ströme enthalten daher

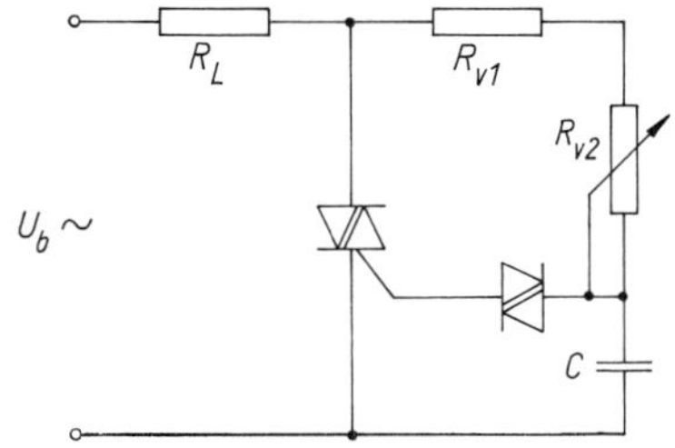

Abb. 4.83. Prinzipschaltbild eines Vollwegleistungsstellers mit DIAC und TRIAC

in ihrem Spektrum viele höhere Harmonische (vgl. 1.3.), die beträchtliche Funkstörungen verursachen können. Derartige Schaltungen müssen daher sehr sorgfältig aufgebaut werden und zusätzliche Filter enthalten, damit verhindert wird, daß diese Oberwellen über den Versorgungsanschluß in das Netz gelangen oder abgestrahlt werden können.

5 Analogschaltungen

Bei einer Analogschaltung können Eingangs- und Ausgangsgrößen (Stromstärke, Spannung, Leistung) innerhalb eines zulässigen Bereichs jeden beliebigen Wert annehmen. Sie werden einander durch eine stetige Übertragungsfunktion eindeutig zugeordnet. Im Gegensatz dazu nehmen sie bei einer Digitialschaltung nur diskrete, deutlich voneinander unterscheidbare Werte an, die zwar in der Praxis einen gewissen Toleranzbereich aufweisen, aber durch nicht zulässige Wertebereiche voneinander getrennt sind.

Die analoge Schaltungstechnik umfaßt ein sehr weites Gebiet: Sie reicht von der einfachen Verstärkerschaltung mit einem einzigen Transistor bis zu integrierten Schaltkreisen für ganz spezielle Anwendungen. Wir wollen uns in diesem Kapitel zunächst mit den Grundlagen der Schaltungstechnik des Transistorverstärkers befassen. Dabei werden wir neben den wichtigsten Grundschaltungen vor allem die Anwendung von Ersatzschaltungen kennenlernen. Als wichtiges allgemeines Schaltungsprinzip wird anschließend die Rückkopplung behandelt. Rückkopplungen ermöglichen die Stabilisierung der Betriebswerte und die Beeinflussung des Frequenzganges von Verstärkerschaltungen und bilden die Grundlage zum Aufbau von Generatorschaltungen. Schließlich wird auf die Schaltungstechnik mit Feldeffekttransistoren eingegangen.

Die Anwendung integrierter Analogschaltungen gewinnnt eine immer größere Bedeutung. Wir beschränken uns im Rahmen dieser Darstellung auf die allgemeine Behandlung von Universalschaltkreisen und ihre Anwendung an zwei Beispielen, dem Operationsverstärker und dem Multiplizierer. Als Beispiel für Spezialschaltkreise lernen wir abschließend integrierte Spannungsregler kennen.

5.1 Transistor-Kleinsignalverstärker

5.1.1 Emitterschaltung

Die am häufigsten angewendete Verstärkerschaltung ist die Emitterschaltung, deren allgemeine Betriebseigenschaften bereits in 4.4.5 besprochen wurden. In der Praxis enthält diese Schaltung jedoch mehr Bauelemente, als bei der Berechnung der allgemeinen Betriebseigenschaften berücksichtigt worden sind. Deshalb soll nun die vollständige Emitterschaltung entwickelt werden. Daraus wird eine Ersatzschaltung zur Berechnung der Betriebseigenschaften abgeleitet. Für die Praxis ist es i. allg. ausreichend, wenn man sich auf eine vereinfachte Ersatzschaltung beschränkt.

5.1.1.1 Ausgangskennlinien und Arbeitsgerade

Abb. 5.1 zeigt das Ausgangskennlinienfeld eines Transistors in Emitterschaltung, das den Zusammenhang zwischen dem Kollektorstrom I_C und der Kollektor-Emitterspannung U_{CE} mit dem Basisstrom $\bar{I}_B$ als Parameter wiedergibt. Der tatsächlich ausnutzbare Teil des Kennlinienfeldes wird durch die Reststromkennlinie ($\bar{I}_B = 0$), die Verlustleistungshyperbel ($P_{C\max} = \bar{I}_C \bar{U}_{CE}$), die Sättigungsgrenze ($\bar{U}_{CB} = 0$) und die Maximalwerte von I_C und U_{CE} begrenzt. Betreibt man den Transistor mit einem Arbeitswiderstand (d. h. im Falle der Emitterschaltung mit einem Kollektorwiderstand R_C), hängt die wirksame Kollektor-Emitterspannung vom Kollektorstrom ab. Diesen Zusammenhang vermittelt die Arbeitsgerade

$$\bar{U}_{CE,A} = f(\bar{I}_C) = \bar{U}_b - \bar{I}_C R_C \,. \tag{5.1}$$

Bei vorgegebener Betriebsspannung $\bar{U}_b$ und einem bestimmten Arbeitswiderstand definiert sie alle möglichen Arbeitspunkte des Transistors.

Die Steuerung des Transistors über den Basisstrom bewirkt eine Verschiebung des momentanen Arbeitspunktes auf der Arbeitsgeraden und damit eine Änderung der Kollektor-Emitterspannung, die als Ausgangssignal zur Verfügung steht. Diese Wirkungsweise eines Transistors veranschaulicht Abb. 5.2. Der Transistor hat den Gleichstrom-Arbeitspunkt A. Der Basisspannung $\bar{U}_{BE,A}$ wird eine Steuerspannung U_1 überlagert, die einen Steuerstrom I_1 bewirkt. Dieser ruft einen Kollektorwechselstrom I_2 hervor, der am Kollektorwiderstand einen Spannungsabfall U_2 erzeugt. Man erkennt, daß wegen der starken Nichtlinearität der Eingangskennlinie der lineare Aussteuerbereich bei Spannungssteuerung bedeutend kleiner ist als bei Stromsteuerung.

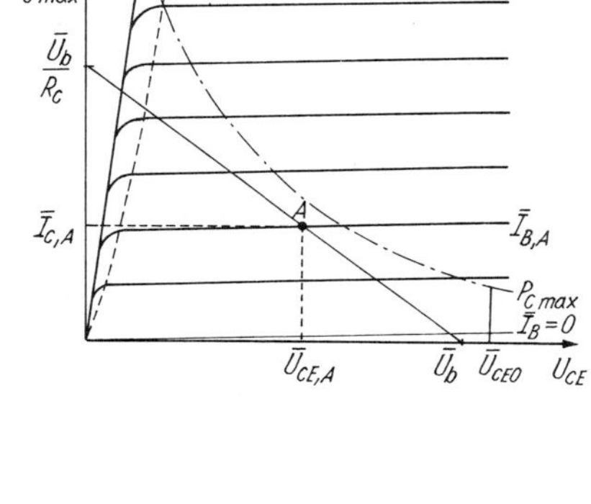

Abb. 5.1. Ausgangskennlinienfeld eines Transistors in Emitterschaltung mit Arbeitsgerade

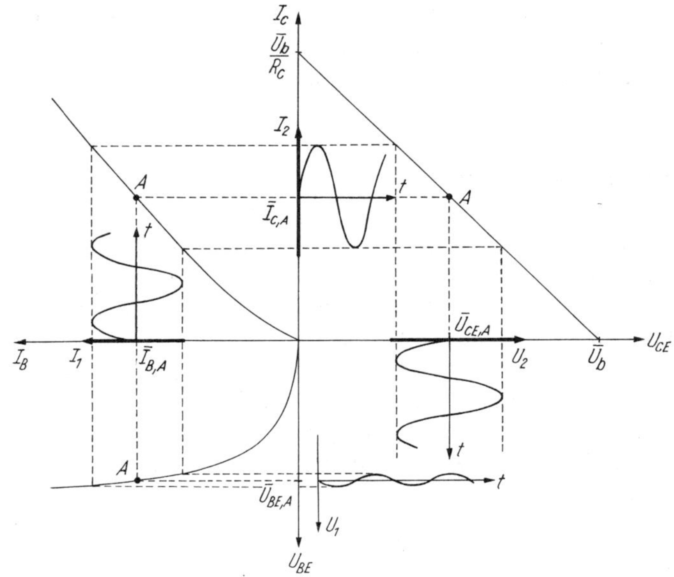

Abb. 5.2. Transistor als Spannungsverstärker in Emitterschaltung (Darstellung der Wirkungsweise im Kennlinienfeld)

5.1.1.2 Einstellung des Arbeitspunktes

Die Wahl des Arbeitspunktes im Kennlinienfeld erfolgt entsprechend den Transistordaten durch die Betriebsspannungen und den Arbeitswiderstand. Seine Festlegung erfolgt jedoch in der Regel nicht mittels einer getrennten Spannungsquelle im Basiskreis, sondern die Basisspannung $\bar{U}_{BE,A}$ oder der Basisstrom $\bar{I}_{B,A}$ werden aus der Kollektorbetriebsspannung $\bar{U}_b$ abgeleitet. Das hat den Vorteil, daß man zum Betrieb der Schaltung nur eine einzige Spannungsquelle benötigt.

Die einfachste Möglichkeit bietet die Einstellung des Basisstromes $\bar{I}_{B,A}$ über einen Vorwiderstand R_B aus der Betriebsspannung $\bar{U}_b$ (Abb. 5.3a)). Da R_B relativ große Werte annimmt, liegt im Basiskreis annähernd Stromeinspeisung vor: Der Basisstrom ist weitgehend unabhängig vom Transistor.

Eine Einstellung der Basis-Emitterspannung $\bar{U}_{BE,A}$ kann mittels eines Spannungsteilers aus $\bar{U}_b$ erfolgen (Abb. 5.3b)). Um $\bar{U}_{BE,A}$ möglichst unabhängig vom Basisstrom zu machen, wählt man den Teilerstrom hinreichend groß (praktisch: $\bar{I}_1 = 5 \dots 10$ $\bar{I}_{B,A}$). Im Basiskreis liegt dann annähernd Spannungseinspeisung vor.

Die Eigenschaften des Basis-Emitter-*pn*-Überganges sind temperaturabhängig (vgl. 4.5.6): Mit steigender Temperatur wachsen Reststrom $\bar{I}_{CEO}$ und Stromverstärkung B, der Eingangswiderstand $R_{BE} = \bar{U}_{BE,A}/\bar{I}_{B,A}$ nimmt ab. Da für den Kollektorstrom

$$\bar{I}_C = \bar{I}_{CEO} + B\bar{I}_B \tag{5.2}$$

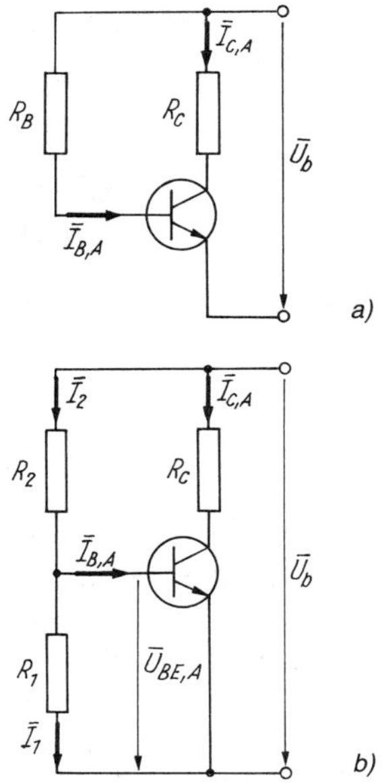

Abb. 5.3. Emitterschaltung: Einstellung des Arbeitspunktes
a) mittels Basisvorwiderstand, b) mittels Basisspannungsteiler

gilt, steigt $\bar{I}_C$ mit wachsender Temperatur stark an, und der Arbeitspunkt verschiebt sich längs der Arbeitsgeraden zu kleineren Werten von $\bar{U}_{CE}$. Die Temperaturstabilität der Schaltung ist bei Spannungseinspeisung im Basiskreis noch schlechter als bei Stromeinspeisung, da die Verringerung von R_{BE} zu einer Basisstromänderung $\Delta \bar{I}_B$ führt, die einen zusätzlichen Beitrag $B \cdot \Delta \bar{I}_B$ zur Arbeitspunktverschiebung liefert. Wegen ihrer ungenügenden Stabilität – der Arbeitspunkt kann sich bis in den Sättigungsbereich verschieben – werden beide Schaltungen praktisch kaum angewendet.

Zur Stabilisierung des Arbeitspunktes müssen zusätzliche Schaltungsmaßnahmen ergriffen werden. Am gebräuchlichsten ist das Einschalten eines Widerstandes R_E in die Emitterzuleitung (Abb. 5.4). Der Emitterwiderstand wird meist so gewählt, daß

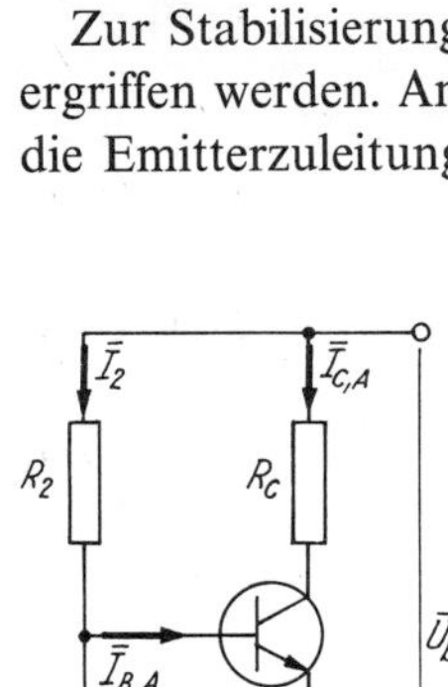

Abb. 5.4. Emitterschaltung: Einstellung und Stabilisierung des Arbeitspunktes mittels Basisspannungsteiler und Emitterwiderstand

an ihm ein Spannungsabfall von 0,1 ... 0,2 · $\bar{U}_b$ auftritt. Nach wie vor soll der Strom über den Basisspannungsteiler $\gg \bar{I}_{B,A}$ sein, d. h., die Spannung $\bar{I}_1 R_1$ ist annähernd konstant. Aus Abb. 5.4 liest man ab:

$$\bar{U}_b = \bar{I}_2 R_2 + \bar{U}_{BE,A} - \bar{I}_{E,A} R_E \,, \tag{5.3}$$

$$0 = \bar{I}_1 R_1 + \bar{I}_{E,A} R_E - \bar{U}_{BE,A} \,. \tag{5.4}$$

R_1 kann aus (5.4) berechnet werden. Für R_2 folgt dann aus (5.3) und (5.4) mit $\bar{I}_2 = \bar{I}_1 + \bar{I}_{B,A}$

$$R_2 = R_1 \frac{\bar{U}_b - \bar{U}_{BE,A} + \bar{I}_{E,A} R_R}{\bar{U}_{BE,A} + \bar{I}_{B,A} R_1 - \bar{I}_{E,A} R_E} \tag{5.5}$$

(mit ausreichender Genauigkeit kann man hier $-\bar{I}_{E,A} = \bar{I}_{C,A}$ setzen). Zur Erläuterung der Arbeitspunktstabilisierung durch R_E diskutieren wir die Wirkung einer Temperaturerhöhung auf die Schaltung. Sie verursacht eine Verschiebung des Arbeitspunktes zu größeren Werten von $\bar{I}_C$. Das hat einen erhöhten Spannungsabfall an R_E und damit (s. Abb. 5.4) eine Abnahme der Basis-Emitterspannung zur Folge, die der Vergrößerung des Kollektorstromes gerade entgegenwirkt. Praktisch verbleibt eine geringe Temperaturabhängigkeit, die um so kleiner ist, je besser die Bedingung $|\bar{I}_{E,A} R_E| \gg \bar{U}_{BE,A}$, d. h. $BR_E \gg \bar{U}_{BE,A}/\bar{I}_{B,A} = R_{BE}$ erfüllt ist.

Die Stabilisierung des Arbeitspunktes kann weiter verbessert werden, wenn man im Basisspannungsteiler temperaturabhängige Widerstände einsetzt. So kann z. B. R_1 aus einem Festwiderstand und einem Heißleiter zusammengesetzt werden. Mit steigender Temperatur nimmt dann der Gesamtwiderstand und damit der Spannungsabfall an R_1 ab. Das bedeutet eine Verkleinerung von $\bar{U}_{BE,A}$ und wirkt dem Anstieg des Kollektorstromes entgegen.

Die Stabilisierung des Arbeitspunktes durch einen Emitterwiderstand bewirkt auch, daß die Eigenschaften der Verstärkerschaltung weitgehend unabhängig von den Eigenschaften des Transistors werden. Mit $\bar{U}_{BE,A} = \bar{I}_{B,A} R_{BE}$ und $-\bar{I}_{E,A} R_E \approx B\bar{I}_{B,A} R_E$ folgt aus (5.4) für eine Schaltung mit guter Stabilisierung

$$\bar{I}_{B,A} \approx \frac{\bar{I}_1 R_1}{R_{BE} + BR_E} \approx \frac{\bar{I}_1 R_1}{BR_E} \,. \tag{5.6}$$

Weiter folgt aus der Voraussetzung für den Spannungsteilerstrom ($\bar{I}_1 \approx \bar{I}_2 \gg \bar{I}_{B,A}$)

$$\bar{I}_1 R_1 \approx \frac{R_1}{R_1 + R_2} \bar{U}_b \,. \tag{5.7}$$

Damit ergibt sich näherungsweise für den Kollektorstrom

$$\bar{I}_{C,A} = B\bar{I}_{B,A} \approx \frac{R_1}{R_1 + R_2} \frac{1}{R_E} \bar{U}_b \,, \tag{5.8}$$

d. h., der Kollektorstrom hängt praktisch nur von der äußeren Beschaltung ab und nicht von den Eigenschaften des Transistors.

5.1.1.3 Vollständige Emitterschaltung und ihre Ersatzschaltung für niedrige Frequenzen

Häufig soll ein Verstärker Wechselspannungen oder -ströme innerhalb eines bestimmten Frequenzbereiches verstärken. Die Schaltung wird dann so aufgebaut, daß die Einstellung des Gleichstromarbeitspunktes unabhängig von den Wechselstromeigenschaften der Schaltung vorgenommen werden kann. Dazu werden Eingang und Ausgang kapazitiv von der vorangehenden bzw. nachfolgenden Schaltung getrennt. Außerdem wird der Emitterwiderstand R_E für den Wechselstrom I_E kapazitiv kurzgeschlossen. Damit erhält man das in Abb. 5.5a) wiedergegebene vollständige Schaltbild eines Verstärkers in Emitterschaltung.

Zur Herleitung einer äquivalenten Ersatzschaltung beschränken wir uns auf einen Frequenzbereich, in dem einerseits der Transistor durch die h-Parameter beschrieben werden kann, andererseits aber die Kondensatoren C_{k1}, C_{k2} und C_E als Kurzschlüsse angesehen werden können. Die Betriebsspannungsquelle stellt wechselspannungsmäßig einen Kurzschluß dar. Am Eingang des Transistors wirkt daher die Parallelschaltung $R_1 \parallel R_2 = R_B$ der beiden Widerstände des Basisspannungsteilers; im Ausgangskreis liegt der Kollektorwiderstand R_C parallel zum Ausgangsleitwert des Transistors und dem äußeren Lastwiderstand R_a. Damit erhält man die in Abb. 5.5b) dargestellte Wechselstrom-Ersatzschaltung für niedrige Frequenzen.

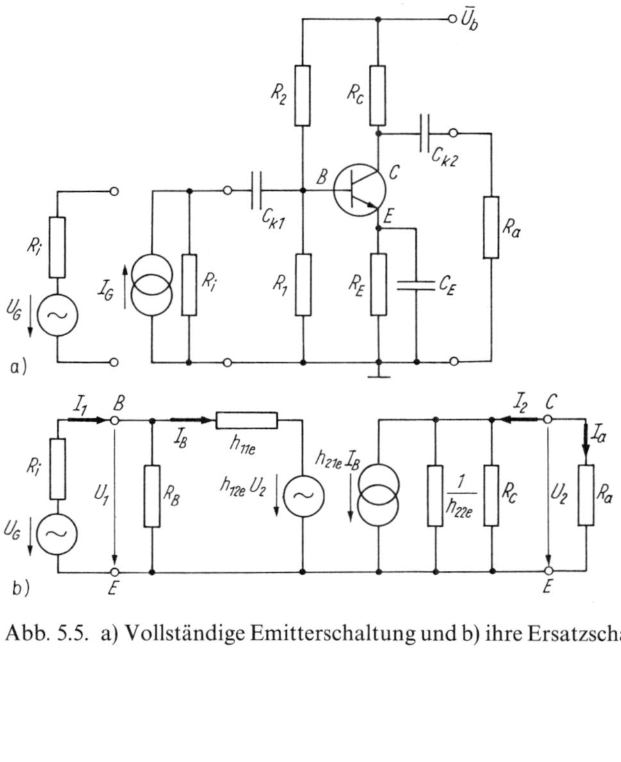

Abb. 5.5. a) Vollständige Emitterschaltung und b) ihre Ersatzschaltung für niedrige Frequenzen

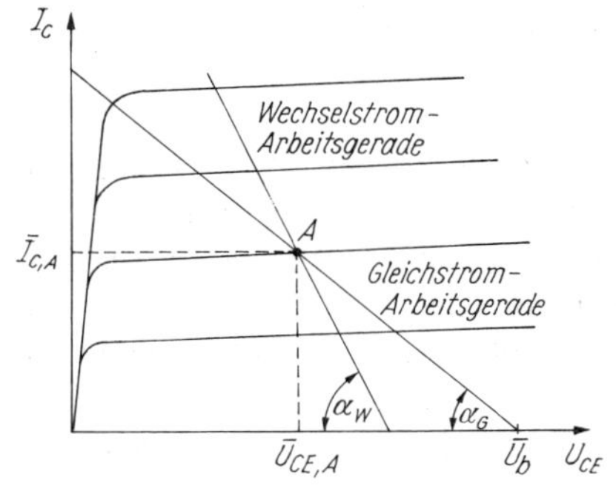

Abb. 5.6. Arbeitsgerade für Gleich- und Wechselstrom

Bei Ansteuerung des Transistors mit einem Steuerstrom I_1 verschiebt sich der momentane Arbeitspunkt längs der Arbeitsgeraden. Aus der Ersatzschaltung erkennt man, daß sich für Wechselstrom eine andere Arbeitsgerade ergibt, als wir sie zur Beschreibung des Gleichstromverhaltens ermittelt hatten. Die Gleichstromarbeitsgerade wird durch die Widerstände R_C und R_E bestimmt und geht durch die Punkte $\bar{U}_{CE} = \bar{U}_b$, $\bar{I}_C = 0$ und $\bar{U}_{CE} = 0$, $\bar{I}_C = \bar{U}_b/(R_E + R_C)$ des Ausgangskennlinienfeldes (s. Abb. 5.6). Für Wechselstrom wirkt im Ausgangskreis die Parallelschaltung von R_C und R_a, während R_E kurzgeschlossen ist. Die Wechselstromarbeitsgerade geht ebenfalls durch den Arbeitspunkt A, hat aber einen größeren Anstieg.

5.1.1.4 Die Betriebsgrößen der Emitterschaltung

Zur Berechnung der Betriebseigenschaften wird die allgemeine Wechselstrom-Ersatzschaltung durch folgende, in der Praxis meist zulässige Vernachlässigungen vereinfacht:

1. Der Transistor ist rückwirkungsfrei: $h_{12e} \approx 0$.
2. Der Kurzschlußausgangsleitwert h_{22e} ist vernachlässigbar gegenüber den anderen Leitwerten im Ausgangskreis: $h_{22e} \approx 0$.

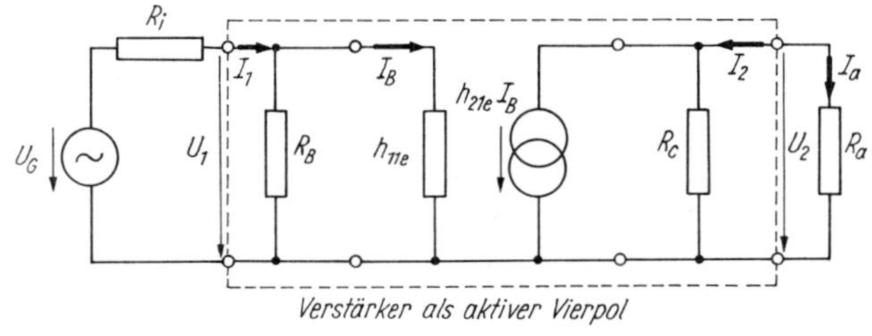

Abb. 5.7. Emitterschaltung: vereinfachte Ersatzschaltung

Damit erhält man die in Abb. 5.7 wiedergegebene vereinfachte Ersatzschaltung der Emitterschaltung, aus der man unmittelbar für den Eingangswiderstand

$$W_{1e} = h_{11e} \parallel R_B = \frac{h_{11e} R_B}{h_{11e} + R_B} \tag{5.9}$$

und für den Ausgangswiderstand

$$W_{2e} = R_C \tag{5.10}$$

abliest. Weiter folgt mit der Stromteilerregel

$$I_2 = -I_a = \frac{R_C}{R_a + R_C} h_{21e} \frac{R_B}{h_{11e} + R_B} I_1 ,$$

und daraus ergibt sich mit (5.9) für die Stromverstärkung der Schaltung[1]

$$v_{ie} = \frac{I_2}{I_1} = \frac{h_{21e}}{h_{11e}} \frac{R_C}{R_a + R_C} W_{1e} . \tag{5.11}$$

Man sieht, daß die Stromverstärkung ihren Maximalwert h_{21e} annimmt, wenn der äußere Lastwiderstand Null ist ($R_a = 0$: Kurzschluß) und der gesamte Steuerstrom I_1 in die Basis fließt ($R_B \gg h_{11e}$). Um eine hohe Stromverstärkung zu erzielen, muß also der Basisspannungsteiler möglichst hochohmig sein.

Schließlich liest man aus Abb. 5.7 ab, daß $U_1 = I_1 W_{1e}$ und $U_2 = -I_2 R_a$ ist. Mit (5.9) und (5.11) folgt daraus für die Spannungsverstärkung

$$v_{ue} = \frac{U_2}{U_1} = -v_{ie} \frac{R_a}{W_{1e}} = -\frac{h_{21e}}{h_{11e}} \frac{R_a R_C}{R_a + R_C} . \tag{5.12}$$

Die Spannungsverstärkung nimmt ihren Maximalwert an, wenn der äußere Lastwiderstand unendlich groß wird (leerlaufender Verstärker). Den Quotienten h_{21e}/h_{11e} bezeichnet man als Steilheit S des Transistors (s. 4.5.3.3).

Beispiel 5.1. Gegeben ist ein Transistor, der im Arbeitspunkt $U_{CE,A} = 5$ V, $I_{C,A} = 5$ mA, $U_{BE,A} = 0{,}65$ V die Parameter $h_{11e} = 780\ \Omega$ und $h_{21e} = 150$ hat. Für eine geforderte Leerlaufspannungsverstärkung $|v_{ueL}| \approx 200$ soll die Schaltung entsprechend Abb. 5.6 dimensioniert und ihre Betriebseigenschaften berechnet werden (Widerstandswerte nach der $E12$-Reihe angegeben). (5.12) liefert

$$R_C = |v_{ueL}| \frac{h_{11e}}{h_{21e}} = 1{,}04\ \text{k}\Omega .$$

---

[1] Andere Autoren beziehen bei der Berechnung der Betriebswerte der Verstärkungen den Ausgangsstrom auf den Kurzschlußstrom I_G bzw. die Ausgangsspannung auf die Leerlaufspannung U_G der steuernden Quelle. Die Verstärkung hängt dann zusätzlich vom Innenwiderstand R_i der Steuerquelle ab. Hier wird der Verstärker als Vierpol aufgefaßt; die Betriebswerte der Verstärkungen werden genau wie die in 2.3.3 definierten Übertragungsfunktionen berechnet. Dieses Vorgehen entspricht auch dem in der Meßtechnik i. allg. angewendeten.

Mit $-\bar{I}_{E,A}R_E = 0{,}1\bar{U}_b$ ergibt sich aus Abb. 5.4

$$\bar{U}_b = \frac{\bar{I}_{C,A}R_C + \bar{U}_{CE,A}}{0{,}9} = 11{,}3\text{ V} \approx 11\text{ V},$$

und aus der Festlegung über den Spannungsabfall an R_E folgt $R_E = 220\,\Omega$. Für den Strom über den Spannungsteiler gelte $\bar{I}_2 = 10\bar{I}_{B,A}$. Dann ist

$$\bar{I}_2 = 10\frac{\bar{I}_{C,A}}{B} \approx 10\frac{\bar{I}_{C,A}}{h_{21e}} = 0{,}33\text{ mA},$$

$$\bar{I}_1 = \bar{I}_2 - \frac{\bar{I}_{C,A}}{B} \approx \bar{I}_2 - \frac{\bar{I}_{C,A}}{h_{21e}} = 0{,}3\text{ mA}.$$

Damit folgt aus (5.4)

$$R_1 = \frac{\bar{U}_{BE,A} - \bar{I}_{E,A}R_E}{\bar{I}_1} = 5{,}83\text{ k}\Omega$$

und aus (5.5) schließlich $R_2 = 27{,}7\text{ k}\Omega$. Mit den Werten der $E12$-Reihe ergibt sich folgende Dimensionierung:

$$R_1 = 5{,}6\text{ k}\Omega, \qquad R_2 = 27\text{ k}\Omega, \qquad R_C = 1\text{ k}\Omega, \qquad R_E = 220\,\Omega.$$

Damit ergeben sich folgende Betriebswerte der Schaltung:

Eingangswiderstand $W_{1e} = 668\,\Omega$,
Ausgangswiderstand $W_{2e} = 1\text{ k}\Omega$,
Leerlaufspannungsverstärkung $|v_{ueL}| = 192{,}3$,
Kurzschlußstromverstärkung $v_{ieK} = 128{,}4$.

Betreibt man den Verstärker mit einem äußeren Lastwiderstand $R_a = 1\text{ k}\Omega$ ($R_a = R_C$), liest man aus (5.11) und (5.12) ab, daß die Betriebswerte der Strom- bzw. Spannungsverstärkung gegenüber dem Kurzschluß- bzw. Leerlauffall auf die Hälfte absinken. Dieses Verhalten, das sich qualitativ bereits aus Abb. 5.6 ablesen läßt, ist bei der Berechnung mehrstufiger Verstärkerschaltungen zu berücksichtigen.

5.1.1.5 Emitterschaltung bei sehr tiefen Frequenzen

Bei sehr tiefen Frequenzen kann man die in der Schaltung enthaltenen Kapazitäten bei der Entwicklung der Ersatzschaltung nicht mehr vernachlässigen. Wir wollen den Einfluß dieser Kapazitäten auf die Betriebseigenschaften der Schaltung, insbesondere auf die Spannungsverstärkung, untersuchen, indem wir voraussetzen, daß entweder die Koppelkondensatoren oder der Emitterkondensator hinreichend groß bemessen sind und daher weiterhin vernachlässigt werden können.

5.1.1.5.1 Einfluß des Emitterkondensators

Beim Aufstellen der Ersatzschaltung muß die *RC*-Kombination im Emitterkreis berücksichtigt werden. Macht man im übrigen die gleichen Vernachlässigungen wie bei der Ableitung der Ersatzschaltung in Abb. 5.7, erhält man die in Abb. 5.8 wiedergegebene Schaltung. Aus dieser Schaltung liest man ab:

$$\underline{U}_2 = \underline{I}_a R_a = -h_{21e} \frac{R_a R_C}{R_a + R_C} \underline{I}_B ,$$

$$\underline{U}_1 = \left[h_{11e} + (h_{21e} + 1) \frac{R_E}{1 + j\omega R_E C_E} \right] \underline{I}_B .$$

Verwendet man weiter die Näherung $(h_{21e} + 1) \approx h_{21e}$, ergibt sich für die Spannungsverstärkung

$$\underline{v}_{ve} = \frac{\underline{U}_2}{\underline{U}_1} = -\frac{h_{21e}}{h_{11e}} \frac{R_a R_C}{R_a + R_C} \frac{1 + j\omega R_E C_E}{1 + \dfrac{h_{21e}}{h_{11e}} R_E + j\omega R_E C_E}$$

$$= v_{ue0} \frac{1 - j(\omega_1/\omega)}{1 - j(\omega_2/\omega)} .$$

Darin bedeutet v_{ue0} den durch Gl. (5.12) gegebenen frequenzunabhängigen Wert der Spannungsverstärkung und

$$\omega_1 = \frac{1}{R_E C_E}, \qquad \omega_2 = \frac{1}{C_E\left(R_E \parallel \dfrac{h_{11e}}{h_{21e}}\right)} . \tag{5.13}$$

Im allgemeinen ist $R_E \gg h_{11e}/h_{21e}$ und damit $\omega_2 \gg \omega_1$, d. h., $f_{uE} = \omega_2/2\pi$ ist die wirksame untere Grenzfrequenz: Oberhalb f_{uE} hat die Verstärkung den frequenzunabhängigen Wert v_{ue0} und fällt dann mit 20 dB pro Frequenzdekade ab.

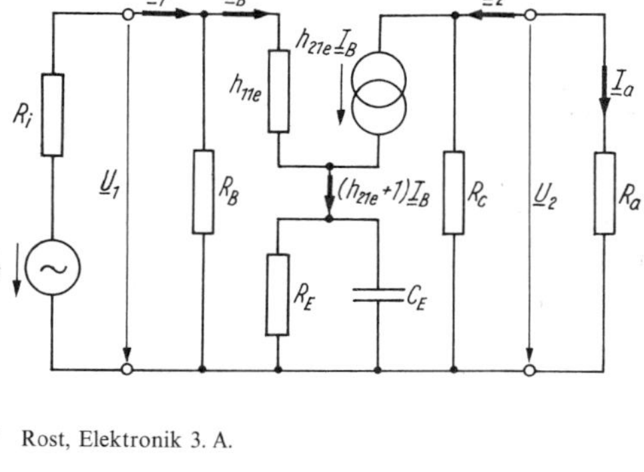

Abb. 5.8. Emitterschaltung: Ersatzschaltung zur Berechnung des Einflusses von R_E und C_E

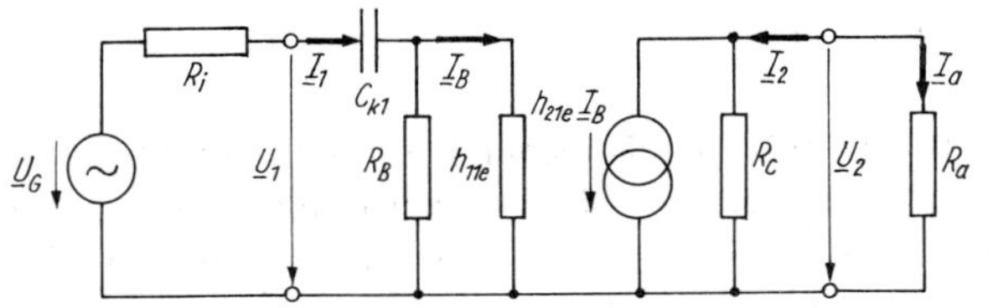

Abb. 5.9. Emitterschaltung: Ersatzschaltung zur Berechnung des Einflusses von C_{k1}

5.1.1.5.2 Einfluß der Koppelkondensatoren

Koppelkondensatoren dienen der Abtrennung eines Gleichspannungsanteils, d. h., sie bewirken in jedem Fall eine untere Grenzfrequenz. Zunächst untersuchen wir den Einfluß des Koppelkondensators C_{k1} im Eingangskreis unter der Annahme, daß C_E und C_{k2} ohne Einfluß sind. Das führt auf das in Abb. 5.9 wiedergegebene Ersatzschaltbild, aus dem man abliest, daß der Koppelkondensator C_{k1} mit dem Eingangswiderstand W_{1e} einen Hochpaß mit der unteren Grenzfrequenz

$$f_{uk1} = \frac{1}{2\pi C_{k1}(R_B \parallel h_{11e})} \tag{5.14}$$

bildet. Der Koppelkondensator C_{k1} bewirkt also eine frequenzabhängige Spannungsverstärkung

$$\underline{v}_{ue} = v_{ue0} \frac{j\dfrac{\omega}{\omega_{uk1}}}{1 + j\dfrac{\omega}{\omega_{uk1}}} \tag{5.15}$$

(vgl. 2.2.1.1). Berücksichtigt man allein den Koppelkondensator C_{k2} im Ausgangskreis, erhält man die Ersatzschaltung Abb. 5.10, aus der man abliest, daß C_{k2} zusammen mit dem Kollektorwiderstand R_C und dem Lastwiderstand R_a einen Hochpaß in π-Schaltung mit der unteren Grenzfrequenz

$$f_{uk2} = \frac{1}{2\pi C_{k2}(R_C + R_a)} \tag{5.16}$$

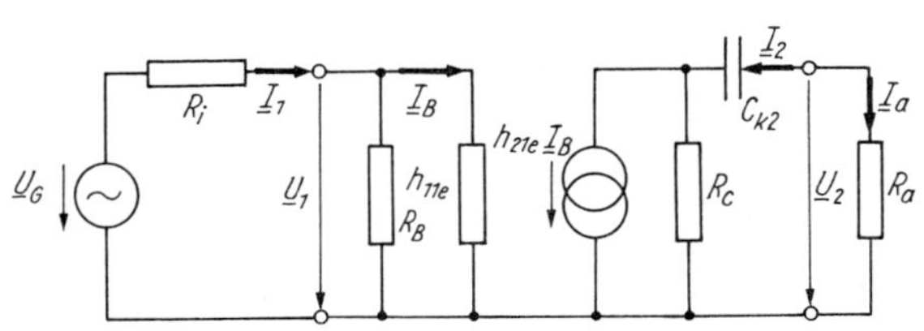

Abb. 5.10. Emitterschaltung: Ersatzschaltung zur Berechnung des Einflusses von C_{k2}

bildet. Auch C_{k2} bewirkt also eine Frequenzabhängigkeit der Ausgangsspannung. Diese letzte Betrachtung läßt sich übrigens ganz allgemein auf den Fall anwenden, daß eine Wechselspannungsquelle mit dem Innenwiderstand R_i über einen Koppelkondensator C_k mit einem Verbraucher R_a verbunden ist.

5.1.1.5.3 Dimensionierung der vollständigen Emitterschaltung

Im allgemeinen muß der Einfluß aller drei Kapazitäten auf den Frequenzgang der Verstärkung berücksichtigt werden. Ein Vergleich der durch (5.13), (5.14) und (5.16) angegebenen unteren Grenzfrequenzen ergibt jedoch, daß bei annähernd gleich großen Kapazitätswerten die durch die RC-Kombination im Emitterkreis bestimmte Grenzfrequenz f_{uE} meist den größten Wert hat. Daher legt man zweckmäßig mittels C_E die untere Grenzfrequenz der Verstärkerschaltung fest, da man so den kleinstmöglichen Kapazitätswert für C_E erhält. Die Koppelkondensatoren werden dann so berechnet, daß die sich durch sie ergebenden Grenzfrequenzen wenigstens um eine Größenordnung unter der durch $R_E C_E$ festgelegten liegen.

Beispiel 5.2. Berechnung des Emitterkondensators und der Koppelkondensatoren für die in Beispiel 5.1 behandelte Emitterschaltung für $f_u = 75$ Hz (die Kapazitätswerte sind nach der $E12$-Reihe anzugeben).

Nach (5.13) folgt mit den Zahlenwerten aus Beispiel 5.1

$$C_E = \frac{1}{2\pi f_u} \frac{h_{21e} R_E + h_{11e}}{h_{11e} R_E} = 417{,}7\ \mu\text{F}\,.$$

Die Koppelkondensatoren werden so berechnet, daß die durch sie bestimmte Grenzfrequenz mindestens eine Größenordnung niedriger liegt. Aus (5.14) folgt, wenn $R_i \ll W_{1e}$ ist,

$$C_{k1} = \frac{10}{2\pi f_u W_{1e}} = 31{,}8\ \mu\text{F}$$

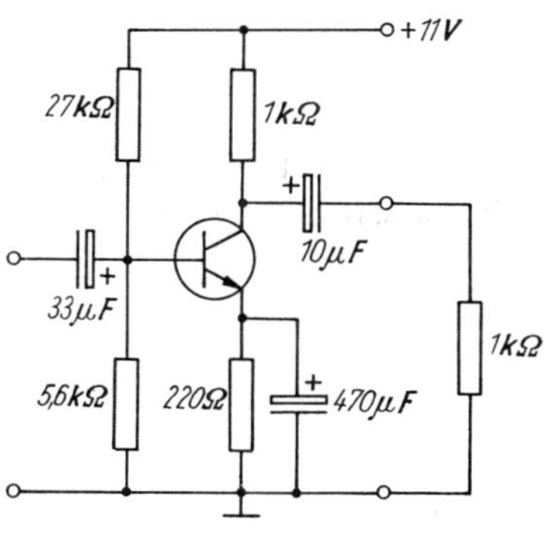

Abb. 5.11. Vollständige Emitterschaltung (zu Beispiel 5.1 und 5.2)

und aus (5.16) mit $R_a = R_C$

$$C_{k2} = \frac{10}{2\pi f_u (R_a + R_C)} = 10{,}6\,\mu\text{F}\,.$$

Damit ergibt sich folgende Dimensionierung:

$$C_E = 470\,\mu\text{F}\,,$$
$$C_{k1} = 33\,\mu\text{F}\,,$$
$$C_{k2} = 10\,\mu\text{F}\,.$$

Die vollständig dimensionierte Emitterschaltung gibt Abb. 5.11 wieder.

5.1.1.6 Emitterschaltung bei hohen Frequenzen

Bei der Berechnung der Frequenzabhängigkeit der Kurzschlußstromverstärkung β eines Transistors in Emitterschaltung war die Rückwirkungskapazität C_{CB}, die im wesentlichen der Kollektor-Basis-Sperrschichtkapazität entspricht, gegenüber der Diffusionskapazität C_D der Basis-Emitterdiode vernachlässigt worden (s. 4.5.3.4 und 4.5.3.5). Die vollständige Emitterschaltung weist nun gemäß (5.12) eine Spannungsverstärkung v_{ue} auf. Die Rückwirkungskapazität C_{CB} wird daher vom Ausgang her mit einer um den Faktor v_{ue} größeren Spannung aufgeladen als vom Eingang. Da beide Platten eines Kondensators stets gleiche Ladungen tragen, muß vom Eingang ein entsprechend größerer Ladestrom auf C_{CB} fließen: Die Kapazität C_{CB} erscheint vom Eingang her gesehen vergrößert. Im Eingangskreis wirkt die Miller-Kapazität

$$C_M = (1 + v_{ue})\, C_{CB}\,, \tag{5.17}$$

die vergleichbar ist mit der Diffusionskapazität C_D und dieser parallelgeschaltet ist. Unter Vernachlässigung des Basisbahnwiderstandes erhält man die in Abb. 5.12 wiedergegebene vereinfachte Ersatzschaltung. Im Eingangskreis wirkt demnach ein frequenzabhängiger Stromteiler mit Tiefpaßcharakter, der eine obere Grenzfrequenz

$$f_o = \frac{1}{2\pi (C_D + C_M)\,(R_B \parallel h_{11e})} \tag{5.18}$$

aufweist, die beträchtlich unter der Grenzfrequenz f_β der Kurzschlußstromverstärkung (s. 4.5.3.5) liegen kann. Damit ergibt sich für die Betriebsstromverstärkung der Schaltung (vgl. 2.2.1.2)

$$\underline{v}_{ie} = v_{ie0}\,\frac{1}{1 + \dfrac{j\omega}{\omega_0}}\,, \tag{5.19}$$

wobei v_{ie0} der durch (5.11) definierte frequenzunabhängige Wert ist.

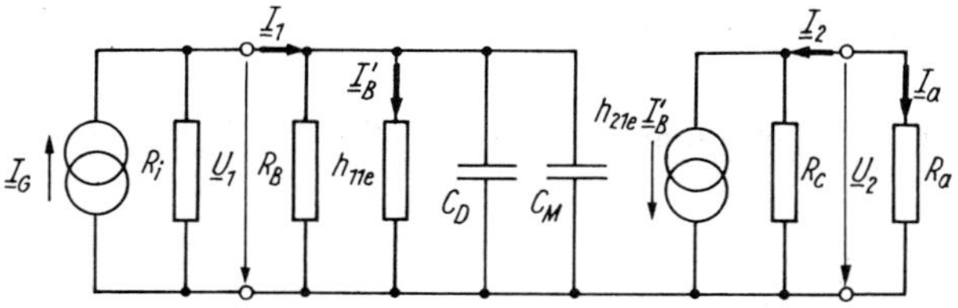

Abb. 5.12. Emitterschaltung: vereinfachte Ersatzschaltung für hohe Frequenzen

5.1.2 Basisschaltung

5.1.2.1 Vollständige Basisschaltung und ihre Ersatzschaltung

Die Festlegung des Arbeitspunktes erfolgt genau wie bei der Emitterschaltung mittels eines Emitterwiderstandes und eines Basisspannungsteilers. Die Basis wird wechselspannungsmäßig durch einen Kondensator C_B auf Masse gelegt. Damit erhält man die in Abb. 5.13a) wiedergegebene vollständige Basisschaltung, die bei Vernachlässigung der Rückwirkung ($h_{12b} \ll 1$) und des Ausgangsleitwertes ($R_C \ll 1/h_{22b}$) auf das in Abb. 5.13b) dargestellte vereinfachte Ersatzschaltbild führt, das die Eigenschaften der Basisschaltung für niedrige Frequenzen in guter Näherung beschreibt.

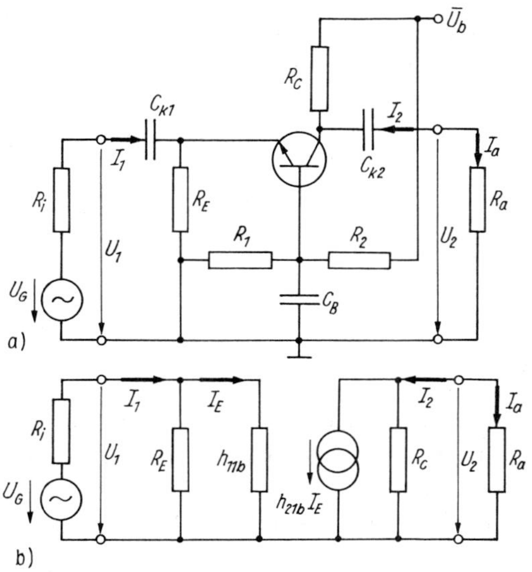

Abb. 5.13. Basisschaltung
a) Vollständiges Schaltbild,
b) vereinfachte Ersatzschaltung für niedrige Frequenzen

5.1.2.2 Die Betriebsgrößen der Basisschaltung

Aus der Ersatzschaltung in Abb. 5.13b) liest man unmittelbar für den Eingangswiderstand

$$W_{1b} = R_E \parallel h_{11b} = \frac{R_E h_{11b}}{R_E + h_{11b}} \tag{5.20}$$

und für den Ausgangswiderstand

$$W_{2b} = R_C \tag{5.21}$$

ab. Weiter ergibt sich für die Stromverstärkung

$$v_{ib} = \frac{I_a}{I_1} = -\frac{h_{21b}}{h_{11b}} \frac{R_C}{R_a + R_C} W_{1b} \tag{5.22}$$

und für die Spannungsverstärkung

$$v_{ub} = \frac{U_2}{U_1} = \frac{I_a R_a}{I_1 W_{1b}} = -\frac{h_{21b}}{h_{11b}} \frac{R_a R_C}{R_a + R_C}. \tag{5.23}$$

Man findet also formal die gleichen Beziehungen wie für die Emitterschaltung (vgl. 5.1.1.4). Um die Betriebseigenschaften dieser beiden Schaltungen miteinander vergleichen zu können, rechnet man die h_b-Parameter in die h_e-Parameter um. Mit $\Sigma h_e = 1 + \Delta h_e + h_{21e} - h_{12e} \approx 1 + h_{21e}$ (wegen Δh_e, $h_{12e} \ll 1$) folgt in guter Näherung aus Tab. 14

$$h_{11b} \approx \frac{h_{11e}}{1 + h_{21\varepsilon}} \ll h_{11e}, \qquad h_{12b} \approx \frac{\Delta h_e - h_{12e}}{1 + h_{21e}} \ll 1,$$

$$h_{21b} \approx \frac{h_{21e}}{1 + h_{21e}} \approx 1, \qquad h_{22b} \approx \frac{h_{22e}}{1 + h_{21e}} \ll h_{22e}.$$

Damit erhält man für die Betriebswerte der Basisschaltung im Vergleich zur Emitterschaltung:

- Spannungsverstärkung und Ausgangswiderstand weisen den gleichen Wert auf;
- Die Stromverstärkung ist < 1;
- Der Eingangswiderstand ist bedeutend geringer.

Der wesentliche Unterschied liegt im Hochfrequenzverhalten. Wegen der sehr geringen Rückwirkungskapazität (die Basis liegt auf Masse und wirkt wie eine Abschirmung zwischen Kollektor und Emitter) und der höheren Grenzfrequenz der Stromverstärkung (s. 4.5.3.5) weist die Basisschaltung eine bedeutend höhere Grenzfrequenz auf.

5.1.3 Kollektorschaltung

5.1.3.1 Vollständige Kollektorschaltung und ihre Ersatzschaltung

Bei der Kollektorschaltung ist der Kollektor unmittelbar mit der Betriebsspannung verbunden und liegt daher wechselspannungsmäßig auf Masse. Der Emitterwiderstand wirkt als Arbeitswiderstand. Damit erhält man das in Abb. 5.14a) dargestellte Schaltbild, aus dem man die in Abb. 5.14b) wiedergegebene vereinfachte Ersatzschaltung ableitet, die die Betriebseigenschaften der Kollektorschaltung für niedrige Frequenzen hinreichend genau beschreibt.

5.1.3.2 Die Betriebsgrößen der Kollektorschaltung

Der vom Transistor im Kollektor-Emitterkreis gelieferte Strom $(h_{21e} + 1)\, I_B$ teilt sich auf den Emitterwiderstand R_E und den Belastungswiderstand R_a auf. Für die Ausgangsspannung gilt daher

$$U_2 = (h_{21e} + 1)\, I_B \frac{R_a R_E}{R_a + R_E}.$$

Aus der Ersatzschaltung Abb. 5.14b) liest man für die Eingangsspannung

$$U_1 = \left[h_{11e} + (h_{21e} + 1) \frac{R_a R_E}{R_a + R_E} \right] I_B$$

ab, d. h., für den Eingangswiderstand der Schaltung gilt

$$W_{1c} = R_B \parallel \left[h_{11e} + (h_{21e} + 1) \frac{R_a R_E}{R_a + R_E} \right] \tag{5.24}$$

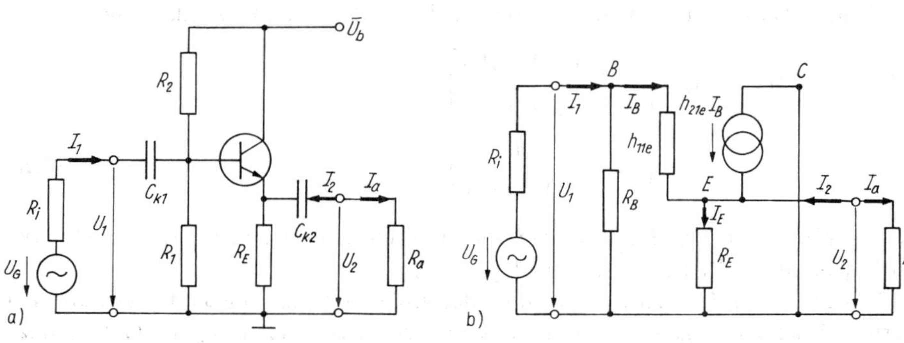

Abb. 5.14 Kollektorschaltung

a) Vollständiges Schaltbild, b) vereinfachte Ersatzschaltung für niedrige Frequenzen und für die Spannungsverstärkung

$$v_{uc} = \frac{(h_{21e} + 1)\,(R_a \parallel R_E)}{h_{11e} + (h_{21e} + 1)\,(R_a \parallel R_E)} < 1\,. \tag{5.25}$$

Weiter liest man aus der Ersatzschaltung für den Ausgangsstrom

$$I_a = \frac{U_2}{R_a} = (h_{21e} + 1)\,\frac{R_E}{R_a + R_E}\,I_B$$

und für den Basisstrom

$$I_B = \frac{R_B}{R_B + h_{11e} + (h_{21e} + 1)\,\dfrac{R_a R_E}{R_a + R_E}}\,I_1$$

ab und erhält daraus für die Stromverstärkung

$$v_{ic} = \frac{I_a}{I_1} = (h_{21e} + 1)\,\frac{R_E}{R_a + R_E}\,\frac{R_B}{R_B + h_{11e} + (h_{21e} + 1)\,\dfrac{R_a R_E}{R_a + R_E}}\,. \tag{5.26}$$

Im Kurzschluß ($R_a = 0$) nimmt die Betriebsstromverstärkung der Kollektorschaltung ihren Maximalwert

$$v_{icK} = (h_{21e} + 1)\,\frac{R_B}{R_B + h_{11e}} \tag{5.27}$$

an, der praktisch gleich dem der Emitterschaltung ist (s. (5.11)).

Zur Berechnung des Ausgangswiderstandes muß man berücksichtigen, daß im Basiskreis ein um $1/(h_{21e} + 1)$ kleinerer Strom als im Emitterkreis fließt. Vom Emitter her gesehen erscheinen daher alle Widerstände im Basiskreis um eben diesen Faktor verkleinert. Damit erhält man aus Abb. 5.17b) für den Ausgangswiderstand

$$W_{2c} = R_E \parallel \left[\frac{h_{11e} + (R_i \parallel R_B)}{h_{21e} + 1}\right] \approx R_E \parallel \left(h_{11b} + \frac{R_i}{h_{21e} + 1}\right). \tag{5.28}$$

Ein Vergleich mit den Betriebswerten der Emitterschaltung liefert $W_{1c} \gg W_{1e}$ (W_{1c} wird meist durch R_B bestimmt) und $W_{2c} \ll W_{2e}$.

Die besonderen Betriebseigenschaften der Kollektorschaltung sind eine Folge der starken Rückwirkung, die man bereits aus der Ersatzschaltung erkennt(s. dazu auch 5.3.1.4). Daraus folgt die starke Abhängigkeit des Eingangswiderstandes vom Ausgangskreis (s. (5.24)) und des Ausgangswiderstandes vom Eingangskreis (s. 5.28)).

Die Kollektorschaltung (auch als Emitterfolger bezeichnet, da die Emitterspannung unmittelbar der Basisspannung folgt) wird wegen ihres großen Eingangs- und geringen Ausgangswiderstandes als Impedanzwandler zur Anpassung einer niederohmigen Last an eine hochohmige Quelle eingesetzt. Die Spannungsverstärkung ist nahezu Eins, Eingangs- und Ausgangsspannung sind in Phase.

5.1.3.3 Bootstrapschaltung

Wie (5.24) zeigt, wird der Eingangswiderstand der Kollektorschaltung wesentlich mit durch den Widerstand R_B des Basisspannungsteilers bestimmt, so daß die infolge der Rückwirkung erzielte Vergrößerung des Eingangswiderstandes des Transistors in der Schaltung nicht voll zur Wirkung kommt. Das kann man vermeiden, indem man den Fußpunkt des Eingangswiderstandes wechselspannungsmäßig mit einem Schaltungspunkt verbindet, der eine der Eingangsspannung annähernd gleiche Wechselspannung führt. Einen mit dieser sogenannten Bootstrapschaltung erweiterten Emitterfolger zeigt Abb. 5.15. Der Spannungsabfall über R_3 ist

$$U_1 - U_2 = (1 - v_{uc})\, U_1\,,$$

d. h., er nimmt wegen $v_{uc} \approx 1$ einen sehr kleinen Wert an. Der Steuergenerator wird daher durch den Basisspannungsteiler praktisch nicht mehr belastet, sondern dieser ist wechselspannungsmäßig dem Emitterwiderstand parallelgeschaltet. Die Schaltung hat den Eingangswiderstand

$$W_1 = \frac{U_1}{I_1} = (R_3 \parallel h_{11e})\,\frac{1}{1 - v_{uc}}\,, \tag{5.29}$$

der bei entsprechender Dimensionierung Werte bis zu einigen Megaohm annehmen kann.

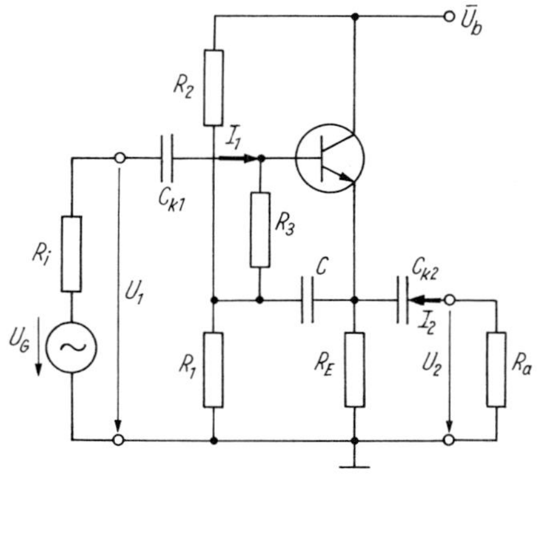

Abb. 5.15. Emitterfolger mit Bootstrapschaltung zur dynamischen Vergrößerung des Eingangswiderstandes

5.1.4 Transistor als Konstantstromquelle

Eine ideale Stromquelle liefert einen vom Lastwiderstand R_a unabhängigen Strom (s. 1.1.2). Näherungsweise kann man das erreichen, wenn man zu einer Spannungsquelle $\bar{U}_L$ einen Widerstand in Reihe schaltet, der groß gegen R_a ist. Will man dieser Schaltung nennenswerte Ströme entnehmen, muß allerdings $\bar{U}_L$ sehr große Werte annehmen. Das läßt sich vermeiden, wenn man nur für einen bestimmten Ausgangsspannungsbereich einen großen differentiellen Innenwiderstand fordert, wobei der statische Innenwiderstand bedeutend kleinere Werte annehmen kann.

Diesen Anforderungen genügt bereits weitgehend ein Transistor in Emitterschaltung (vgl. 4.5.4.4). Während der statische Innenwiderstand $\bar{U}_{CE}/\bar{I}_C$ nur wenige Kiloohm beträgt, erreicht der differentielle Innenwiderstand $\mathrm{d}\bar{U}_{CE}/\mathrm{d}\bar{I}_C = 1/h_{22e}$ im aktiven Bereich Werte der Größenordnung $10^5\,\Omega$, die sich durch Einfügen eines Emitterwiderstandes noch beträchtlich vergrößern lassen. Die Schaltung einer einfachen Konstantstromquelle zeigt Abb. 5.16a). Der wesentliche Unterschied zur einfachen Emitterschaltung besteht darin, daß der Verbraucher R_a in Serie zum Transistor geschaltet ist. Aus der Ersatzschaltung in Abb. 5.16b) liest man für den Eingangskreis

$$U_{BE} = h_{11e} I_B = -R_B I_B + R_E I_E$$

ab. Mit $I_E = -I_C - I_B$ ergibt sich daraus für den Basisstrom

$$I_B = -\frac{R_E I_C}{h_{11e} + R_B + R_E}. \tag{5.30}$$

Setzt man das in die Vierpolgleichung für den Ausgangsstrom I_C ein, erhält man

$$I_C = \frac{h_{22e} U_{CE}}{1 + \dfrac{h_{21e} R_E}{h_{11e} + R_B + R_E}}. \tag{5.31}$$

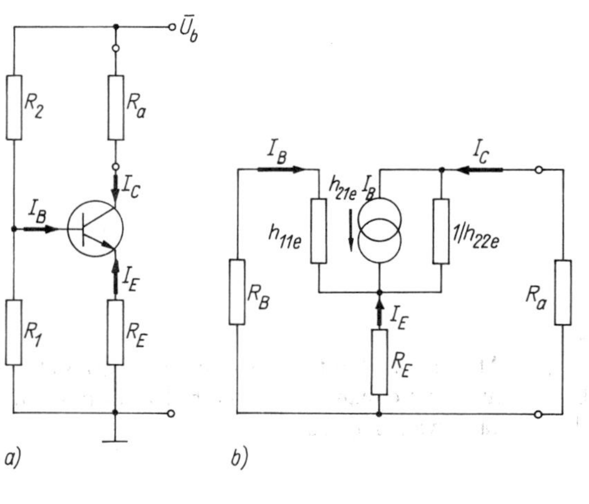

Abb. 5.16. Transistor als Konstantstromquelle
a) Schaltbild, b) Ersatzschaltung

Da der Kollektorstrom annähernd konstant ist, kann man die Spannungsänderung $R_E I_E$ gegenüber U_{CE} vernachlässigen. Dann folgt aus (5.31) für den dynamischen Innenwiderstand der Schaltung

$$r_i = \frac{U_{CE}}{I_C} = \frac{1}{h_{22e}}\left(1 + \frac{h_{21e}R_E}{h_{11e} + R_B + R_E}\right). \tag{5.32}$$

Mit dieser einfachen Schaltung erreicht man dynamische Innenwiderstände in der Größenordnung von $10^6\ \Omega$.

Wie man aus (5.32) abliest, beeinflußt der Widerstand R_B des Basisspannungsteilers den dynamischen Innenwiderstand nachteilig. Die Schaltung läßt sich erheblich verbessern, wenn man R_1 durch eine Z-Diode ersetzt; statt des großen Widerstandes R_B steht dann in (5.32) der viel kleinere differentielle Widerstand r_z der Z-Diode.

5.1.5 Mehrstufige Verstärkerschaltungen

Häufig sollen Ströme, Spannungen oder Leistungen so hoch verstärkt werden, daß dazu eine einzige Verstärkerstufe nicht ausreicht. Dann schaltet man mehrere Verstärkerstufen hintereinander. Die aufeinander folgenden Verstärkerstufen können entweder galvanisch miteinander verbunden werden – man spricht dann von einem Gleichspannungsverstärker –, oder die Kopplung wirkt nur für Wechselströme. Bei Wechselspannungsverstärkern erfolgt die Arbeitspunkteinstellung in jeder Stufe getrennt. Dagegen wird bei Gleichspannungsverstärkern der Arbeitspunkt einer Stufe mit bestimmt durch das Potential am Ausgang der vorhergehenden. Schwankungen des Arbeitspunktes einer Stufe (z. B. infolge von Temperaturänderungen) wirken sich daher mit der Stufenverstärkung multipliziert in der nächsten Stufe aus. Eine einfache galvanische Kopplung mehrerer Verstärkerstufen wird deshalb praktisch nicht verwendet.

Die einfachste Art der Kopplung im Wechselspannungsverstärker ist die Kondensatorkopplung. Die Koppelkondensatoren bilden zusammen mit den Eingangs- und Ausgangswiderständen der einzelnen Stufen *RC*-Glieder, die die Frequenzabhängigkeit des Übertragungsverhaltens bestimmen; man spricht deshalb vom *RC*-Verstärker (s. 5.1.1.5.2). Eine andere Möglichkeit ist die Transformatorkopplung. Da diese jedoch in der Fertigung sehr aufwendig ist und Nachteile im Frequenzverhalten aufweist, wird sie nur in Ausnahmefällen angewendet. Ein Vorteil der Transformatorkopplung ist, daß man gleichzeitig eine Anpassung vornehmen kann.

In einem mehrstufigen Verstärker brauchen nicht alle Stufen gleich aufgebaut zu sein. So verwendet man oft Kollektorschaltungen als Eingangs- bzw. Ausgangsstufe, um den Verstärker an hochohmige Spannungsquellen bzw. niederohmige Verbraucher anzupassen.

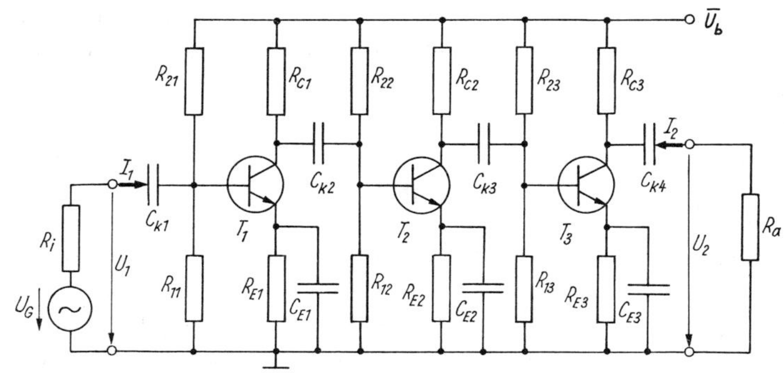

Abb. 5.17. Dreistufiger *RC*-Verstärker in Kettenschaltung

5.1.5.1 *RC*-Verstärker in Kettenschaltung

Abb. 5.17 zeigt einen aus drei Emitterschaltungen aufgebauten *RC*-Verstärker. Die Ausgangsklemmen einer Stufe sind mit den Eingangsklemmen der folgenden verbunden, d. h., es handelt sich um eine Kettenschaltung. Daraus folgt, daß Eingangsspannung bzw. Eingangsstrom einer Stufe gleich Ausgangsspannung bzw. Ausgangsstrom der vorangehenden Stufe sind. Berücksichtigt man den Betriebseingangswiderstand der jeweils folgenden Stufe als Lastwiderstand bei der Berechnung der Betriebseigenschaften der einzelnen Stufen, ergeben sich die Betriebsverstärkungen der Gesamtschaltung als Produkt der Betriebsverstärkungen der einzelnen Stufen. Da die Transistoren rückwirkungsfrei angenommen wurden, ist der Eingangswiderstand des Gesamtverstärkers gleich dem Eingangswiderstand der ersten Stufe und sein Ausgangswiderstand gleich dem der letzten.

Für die Dimensionierung gelten die bereits oben gemachten Angaben (s. 5.1.1). Da sich die Gesamtverstärkung multiplikativ aus den Stufenverstärkungen zusammmensetzt, ergibt sich allerdings ein verändertes Verhalten an den Frequenzgrenzen des Übertragungsbereiches. Gegenüber einer einzelnen Stufe wird die obere Grenzfrequenz des Gesamtverstärkers erniedrigt und die untere erhöht.

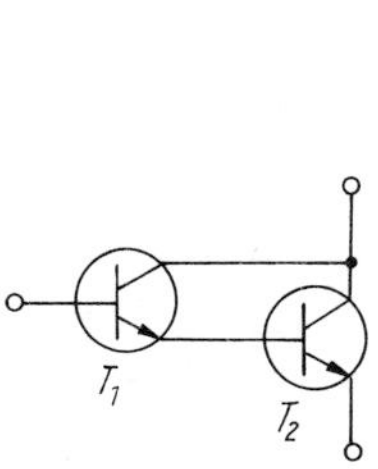

Abb. 5.18. Darlington-Schaltung

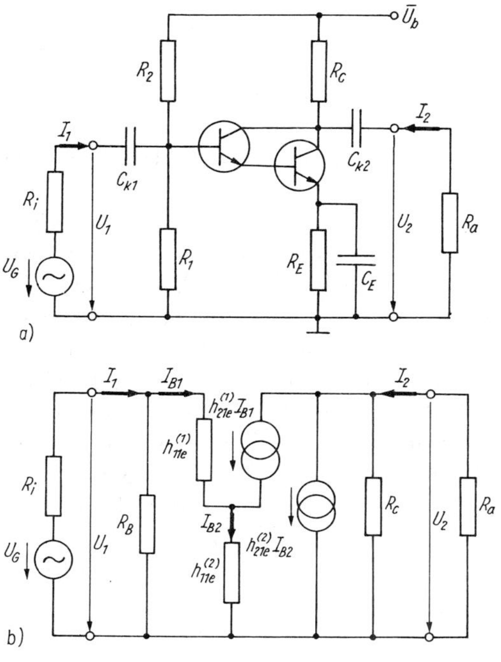

Abb. 5.19. Emitterschaltung mit Darlington-Transistor
a) Vollständiges Schaltbild,
b) vereinfachte Ersatzschaltung für niedrige Frequenzen

5.1.5.2 Darlington-Schaltung

In vielen Anwendungsfällen besonders der Leistungsverstärkung reicht die Stromverstärkung eines Transistors nicht aus. Dann verwendet man die in Abb. 5.18 wiedergegebene Darlington-Schaltung. Da die beiden Kollektoren miteinander verbunden sind und der Emitterstrom des Transistors T_1 gleich dem Basistrom des Transistors T_2 ist, hat diese Schaltung nur drei äußere Anschlüsse und kann wie ein einziger Transistor behandelt werden.

Die Betriebseigenschaften einer Darlington-Schaltung sollen am Beispiel einer Emitterschaltung untersucht werden, in die ein Darlington-Transistor eingesetzt ist (Abb. 5.19a)). Die Dimensionierung dieser Schaltung erfolgt nach den gleichen Gesichtspunkten wie bei einer einfachen Emitterschaltung. Berücksichtigt man, daß $I_{B2} = (h_{21e}^{(1)} + 1)\, I_{B1}$ ist, entnimmt man aus der vereinfachten Ersatzschaltung in Abb. 5.19b), daß sich ein Darlington-Transistor wie ein Transistor mit den h-Parametern

$$h_{11d} = h_{11e}^{(1)} + (h_{21e}^{(1)} + 1)\, h_{11e}^{(2)}, \tag{5.33}$$

$$h_{21d} = (h_{21e}^{(1)} + 1)\, h_{21e}^{(2)} \tag{5.34}$$

verhält. Die Betriebseigenschaften der Schaltung lassen sich damit analog zur einfachen Emitterschaltung berechnen.

5.1.6 Differenzverstärker

Bei allen bisher behandelten Schaltungen hängen die Betriebseigenschaften wesentlich von den Transistorparametern ab. Daraus resultieren die starke Temperatur- und Alterungsabhängigkeit der Schaltungseigenschaften, die vor allem bei gleichstromgekoppelten Verstärkern die Stabilität der Schaltung beeinträchtigen. Diese Nachteile kann man ausschließen, wenn man Differenzverstärker anwendet. Das Schaltungsprinzip eines Differenzverstärkers zeigt Abb. 5.20a). Die beiden in Emitterschaltung betriebenen Transistoren, die in ihren Parametern möglichst genau übereinstimmen, haben gleich große Kollektorwiderstände und sind durch den gemeinsamen Emitterwiderstand R_E miteinander gekoppelt. Jedem Transistor kann ein Eingangssignal zugeführt werden (bei einem Gleichspannungsverstärker entfallen die Koppelkondensatoren und die Basisspannungsteiler; die Basisruheströme $\bar{I}_{B,A}$ werden aus den Signalquellen geliefert). Die Ausgangsspannung kann entweder zwischen den beiden Kollektoren (massefrei) oder zwischen einem Kollektor und Masse abgenommen werden. Der Differenzverstärker kann auch zur Verstärkung nur eines einzigen Eingangssignals benutzt werden; der andere Eingang liegt dann signalmäßig an Masse.

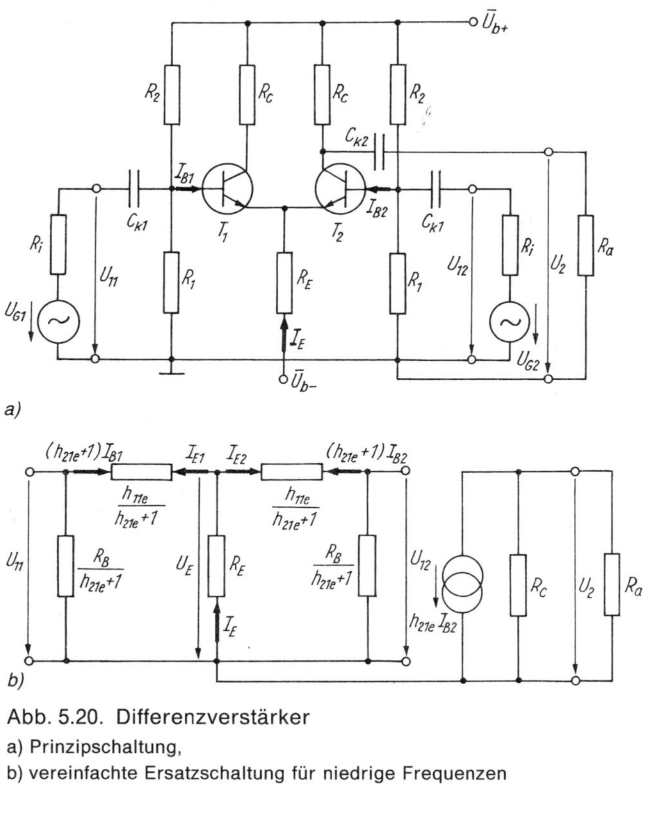

Abb. 5.20. Differenzverstärker

a) Prinzipschaltung,

b) vereinfachte Ersatzschaltung für niedrige Frequenzen

Für die weiteren Betrachtungen wird eine völlig symmetrische Schaltung vorausgesetzt, d. h., alle Widerstände und Transistorparameter stimmen überein. Zur Untersuchung der Wirkungsweise der Schaltung nehmen wir an, daß an der Basis von T_1 eine kleine positive Spannungsänderung wirkt. Dann steigt der Strom über T_1 und damit der Spannungsabfall an R_E an. Das hat aber eine Verringerung der Basis-Emitterspannung von T_2 zur Folge: Der Kollektorstrom von T_2 nimmt ab, und die Kollektorspannung steigt an. Es entsteht ein positives Ausgangssignal; man nennt den Basisanschluß von T_1 deshalb nichtinvertierenden Eingang. Umgekehrt bewirkt eine positive Spannungsänderung an der Basis von T_2 ein Ansteigen des Kollektorstromes und damit ein Absinken der Kollektorspannung von T_2; die Basis von T_2 wird deshalb als invertierender Eingang bezeichnet. Man kann den Ausgang auch am Kollektor von T_1 anschließen, dann tauschen die Eingänge ihre Funktion. Die Kopplung zwischen den Transistoren ist um so besser, je größer R_E ist. Im Grenzfall $R_E \to \infty$ gleichen sich die Emitterstromänderungen gerade aus, so daß der Gesamtstrom über R_E konstant bleibt.

5.1.6.1 Ersatzschaltung und Betriebseigenschaften

Zur Herleitung der Betriebseigenschaften stellen wir eine Ersatzschaltung auf, indem wir die Basiskreise in den Emitterkreis übersetzen und uns auf niedrige Frequenzen beschränken. Das führt auf die in Abb. 5.20b) dargestellte Ersatzschaltung. Beim Betrieb eines Differenzverstärkers muß man zwischen den beiden Fällen unterscheiden, daß die beiden Steuersignale die gleiche oder die entgegengesetzte Polarität haben. Im ersten Fall spricht man von Gleichtaktansteuerung und schreibt für die Gleichtaktsteuerspannung

$$U_G = \frac{U_{11} + U_{12}}{2}. \tag{5.35}$$

Im zweiten Fall spricht man von Differenzansteuerung und schreibt für die Differenzsteuerspannung

$$U_\mathrm{D} = U_{12} - U_{11}. \tag{5.36}$$

Zur Berechnung der Betriebswerte der Verstärkungen setzt man entweder reine Differenzansteuerung (d. h. $U_G = 0$) oder reine Gleichtaktansteuerung (d. h. $U_D = 0$) voraus. Mit $U_{12} = -U_{11} = U_D/2$ liest man aus Abb. 5.20 für die Differenzspannungsverstärkung

$$v_{uD} = \frac{U_2}{U_D} = \frac{I_a R_a}{2I_{E2}\dfrac{h_{11e}}{1 + h_{21e}}}$$

ab, da bei vollständiger Symmetrie der Schaltung $I_{E1} = -I_{E2}$, d. h. $I_E = 0$ und damit auch $U_E = I_E R_E = 0$ ist. Daraus folgt mit $I_{E2} = (h_{21e} + 1)\, I_{B2}$ und $I_a = -I_{B2} h_{21e} R_C/(R_a + R_C)$

$$v_{uD} = -\frac{h_{21e}}{2h_{11e}} \frac{R_a R_C}{R_a + R_C}. \tag{5.37}$$

Entsprechend findet man für die Gleichtaktspannungsverstärkung, da $I_{E1} = I_{E2}$, d. h. $I_E = 2I_{E2}$ und damit $U_E = 2I_{E2}R_E$ ist,

$$v_{uG} = -\frac{h_{21e}}{h_{11e} + 2(h_{21e} + 1)\, R_E} \frac{R_a R_C}{R_a + R_C}. \tag{5.38}$$

Man erkennt, daß $v_{uG} \ll v_{uD}$ ist, und zwar um so mehr, je größer R_E ist. Ein Maß für die Güte eines Differenzverstärkers ist die Gleichtaktunterdrückung, die als Quotient aus den beiden Verstärkungen definiert ist:

$$\frac{v_{uD}}{v_{uG}} = \frac{h_{11e} + 2(h_{21e} + 1)\, R_E}{2h_{11e}}. \tag{5.39}$$

Da sie in der Praxis sehr große Werte annimmt, wird der Logarithmus des Verstärkungsverhältnisses (in dB) angegeben:

$$20 \lg \frac{v_{uD}}{v_{uG}} = \text{CMR} \tag{5.40}$$

(von engl.: common mode rejection). Mit $U_{11} = -U_{12} = -U_D/2$ erhält man aus Abb. 5.20 für den Differenzeingangswiderstand

$$W_{1D} = 2(R_B \parallel h_{11e}). \tag{5.41}$$

Für den Gleichtakteingangswiderstand liest man mit $U_{11} = U_{12} = U_G$ aus Abb. 5.20

$$W_{1G} = R_B \parallel [h_{11e} + (h_{21e} + 1)\, R_E] \tag{5.42}$$

ab, d. h., daß $W_{1G} \gg W_{1D}$ ist. Bei der Entwicklung der Ersatzschaltung war $1/h_{22e}$ gegenüber R_C vernachlässigt worden; daher erhält man als Ausgangswiderstand

$$W_2 = R_C. \tag{5.43}$$

5.1.6.2 Differenzverstärker mit Konstantstromquelle im Emitterkreis

Es hat sich gezeigt, daß die Gleichtaktverstärkung bedeutend geringer ist als die Differenzverstärkung. Das ist die Ursache für die besonderen thermischen Eigenschaften des Differenzverstärkers. Wenn man vollständige Symmetrie der Schaltung voraussetzt und dafür sorgt, daß beide Transistoren stets die gleiche Temperatur

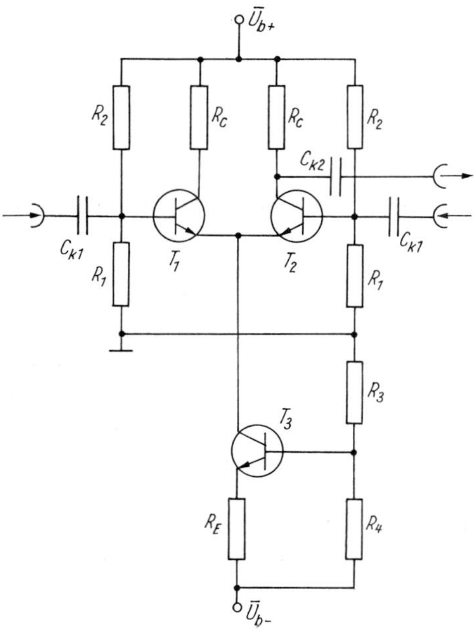

Abb. 5.21. Differenzverstärker mit Transistor als Konstantstromquelle im Emitterkreis

haben,[1] kann man die durch eine Temperaturänderung bewirkte Änderung der Transistoreigenschaften als reine Gleichtaktansteuerung auffassen. Im Vergleich zur einfachen Emitterschaltung wirkt sich daher beim Differenzverstärker eine Temperaturänderung um die Gleichtaktunterdrückung vermindert auf die Eigenschaften der Schaltung aus. Deshalb ist man bestrebt, möglichst große Werte für die Gleichtaktunterdrückung zu erreichen. Allerdings sind der Vergrößerung von R_E praktische Grenzen gesetzt, da mit größer werdendem R_E auch die negative Betriebsspannung $\bar{U}_{b-}$ vergrößert werden muß. Günstiger ist es daher, R_E durch eine Konstantstromquelle zu ersetzen. Eine entsprechende Schaltung zeigt Abb. 5.21 (vgl. 5.1.4.). Mit integrierten Transistoren lassen sich Gleichtaktunterdrückungen von 80 bis 100 dB erreichen.

5.1.6.3 Offsetverhalten

Bisher hatten wir vollständige Symmetrie der Schaltung vorausgesetzt. Tatsächlich ist das nicht der Fall, da die Kollektorwiderstände nicht exakt übereinstimmen und auch die Parameter der Transistoren voneinander abweichen. Das wirkt sich vor allem auf die Verwendung des Differenzverstärkers als Gleichspannungsverstärker aus. Damit die beiden Kollektorpotentiale übereinstimmen, d. h., damit die Differenz-

[1] Es gibt integrierte Doppeltransistoren, die mit einem gemeinsamen Emitter auf einem Halbleiterkristall hergestellt werden, so daß diese Forderung sehr gut erfüllt werden kann.

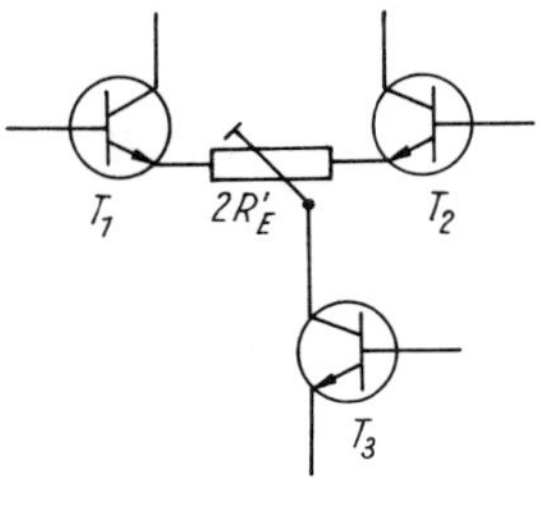

Abb. 5.22. Offsetspannungskompensation durch Widerstandsabgleich im Emitterkreis

ausgangsspannung verschwindet, muß eine bestimmte Differenzeingangsspannung angelegt werden, die man als Eingangsoffsetspannung $\bar{U}_{IO}$ bezeichnet. Eine Möglichkeit zur Kompensation des Einflusses der Offsetspannung zeigt der in Abb. 5.22 wiedergegebene Schaltungsausschnitt. Die beiden Transistoren T_1 und T_2 erhalten Emitterwiderstände R'_E, die abgleichbar sind. Da diese nichtüberbrückten Emitterwiderstände die Verstärkung herabsetzen, macht man sie möglichst klein ($2R'_E \approx 100\,\Omega$).

Zur Einstellung eines bestimmten Arbeitspunktes der Transistoren T_1 und T_2 ist ein bestimmter Basisstrom $\bar{I}_{B,A}$ erforderlich. Als Eingangsruhestrom $\bar{I}_I$ des Differenzverstärkers bezeichnet man den arithmetischen Mittelwert

$$\bar{I}_I = \frac{\bar{I}_{B1,A} + \bar{I}_{B2,A}}{2} \tag{5.44}$$

der beiden Basisströme im Arbeitspunkt. Im allgemeinen werden diese beiden Basisströme unterschiedlich sein. Ihre Differenz

$$\bar{I}_{IO} = \bar{I}_{B2,A} - \bar{I}_{B1,A} \tag{5.45}$$

(bei verschwindender Differenzausgangsspannung) heißt Eingangsoffsetstrom. Beim Gleichstromverstärker müssen die Basisruheströme von den steuernden Quellen geliefert werden. Bei unterschiedlichen Innenwiderständen der Steuerquellen erzeugt der Eingangsruhestrom unterschiedliche Spannungsabfälle, die als Differenzspannung wirksam werden. Diese Differenzspannung ergibt zusammen mit der Eingangsoffsetspannung die Betriebsoffsetspannung. Der Eingangsoffsetstrom liefert einen weiteren Beitrag zur Betriebsoffsetspannung. Um den Einfluß des Eingangsruhestromes klein zu halten, macht man die Quellenwiderstände für beide Eingänge des Differenzverstärkers möglichst gleich groß (s. auch 5.5.1.4.6).

Die Eingangsoffsetgrößen sind ein Ausdruck dafür, daß die Parameter der beiden Transistoren T_1 und T_2 nicht vollständig übereinstimmen. Das hat aber auch eine stärkere Temperaturabhängigkeit der Schaltung zur Folge. Insbesondere zeigen die Eingangsoffsetgrößen eine starke Temperaturabhängigkeit.

5.2 Transistor-Großsignalverstärker

Beim Großsignalverstärker werden die Kennlinien in einem so großen Bereich ausgesteuert, daß man den Transistor nicht mehr als linearen Vierpol auffassen kann.

Wenn trotzdem Schaltungen mit linearen Übertragungseigenschaften aufgebaut werden sollen, müssen dazu besondere Maßnahmen ergriffen werden. Bei der Dimensionierung der Schaltung spielt die Einhaltung der Grenzdaten eine wesentliche Rolle. Schaltungen mit Großsignal-Aussteuerung kann man in zwei Gruppen einteilen: Leistungsverstärker und Schalter. Beim Leistungsverstärker fordert man eine weitgehend lineare Übertragungskennlinie. Der Transistorschalter zeigt dagegen eine nichtlineare Charakteristik; er bildet die Grundlage der digitalen Schaltungstechnik.

5.2.1 Leistungsverstärker

Ein Leistungsverstärker hat die Aufgabe, die für einen Lastwiderstand erforderliche Leistung möglichst wirtschaftlich zur Verfügung zu stellen. Eine wesentliche Kenngröße stellt daher der Wirkungsgrad dar, der als Quotient der vom Verstärker abgegebenen Leistung P_a und der aus der Betriebsspannungsquelle aufgenommenen Leistung P_b definiert ist:

$$\eta = \frac{P_a}{P_b}. \tag{5.46}$$

Nach dem Laststromwinkel α_L teilt man die Leistungsverstärker in vier Klassen ein (Abb. 5.23):

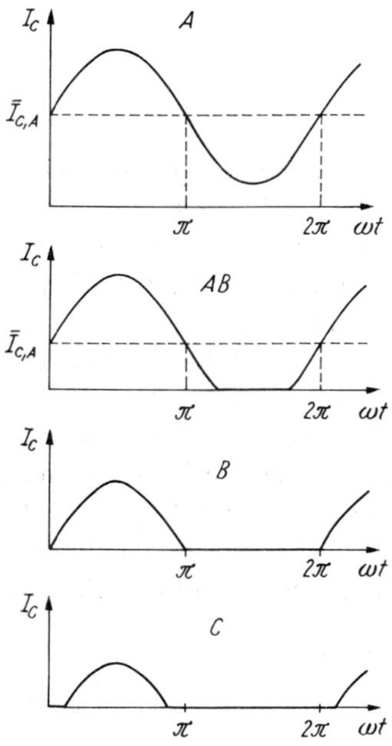

Abb. 5.23. Zur Einteilung der Leistungsverstärker

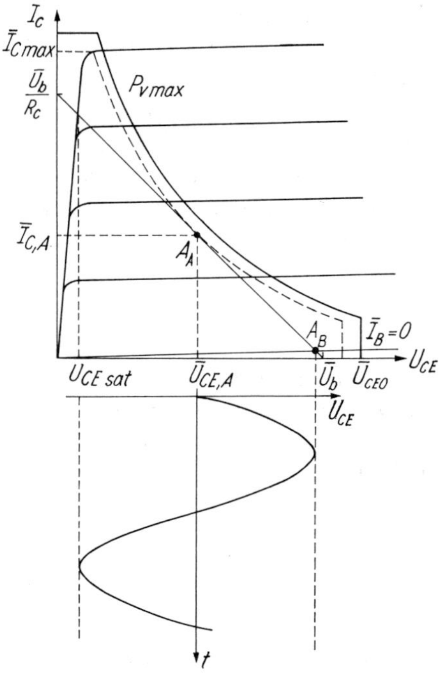

Abb. 5.24. A-Verstärker: Lage des Arbeitspunktes im Ausgangskennlinienfeld

A-Verstärker: $\alpha_L = 2\pi$;
AB-Verstärker: $\pi < \alpha_L < 2\pi$;
B-Verstärker: $\alpha_L = \pi$;
C-Verstärker: $\alpha_L < \pi$.

Durch das Gegentaktprinzip läßt sich auch beim AB- und beim B-Verstärker eine weitgehend lineare Übertragungskennlinie erreichen. Dagegen können C-Verstärker nur zur Übertragung von Signalen mit geringer relativer Bandbreite benutzt werden. Als Arbeitswiderstand wird ein Resonanzkreis eingesetzt, der die ursprüngliche Form des Signals wiederherstellt (Anwendung vor allem in der Funktechnik).

Beim A-Verstärker wird der Arbeitspunkt so festgelegt, daß der Transistor maximal ausgesteuert werden kann, ohne daß er sperrt oder in die Sättigung kommt. In Abb. 5.24 ist das für eine Emitterschaltung mit dem Arbeitspunkt A_A dargestellt. Die Arbeitsgerade muß vollständig im zulässigen Bereich liegen (meist rechnet man mit einem Sicherheitsfaktor von 0,7 ... 0,9 zu den Grenzwerten; in Abb. 5.24 gestrichelt gezeichnet). Damit gilt annähernd $\bar{U}_{CE,A} = \bar{U}_b/2$ und $\bar{I}_{C,A} = \bar{U}_b/2R_C$. Unabhängig von der Aussteuerung nimmt der Verstärker aus der Betriebsspannungsquelle die Leistung

$$P_{b\max} = \bar{U}_b \cdot \bar{I}_{C,A} \approx \frac{\bar{U}_b^2}{2R_C} \tag{5.47}$$

auf. Die vom Verstärker abgegebene Leistung beträgt maximal

$$P_{a\max} = \frac{1}{T}\int_0^T I_C^2 R_C \,\mathrm{d}t = \frac{R_C}{T}\hat{I}_C^2 \int_0^T \sin^2 \omega t \,\mathrm{d}t$$

$$= \frac{R_C \hat{I}_C^2}{2} \approx \frac{\bar{U}_b^2}{8R_C}, \tag{5.48}$$

d. h., man erreicht einen maximalen Wirkungsgrad von 25%. Die Differenz zwischen der aufgenommenen Gleichstromleistung und der Ausgangsleistung wird im Verstärker als Verlustleistung in Wärme umgesetzt. Die Kollektorverlustleistung ist abhängig von der Aussteuerung und nimmt ihren Maximalwert

$$P_{C\max} = \bar{U}_{CE,A} \cdot \bar{I}_{C,A} \approx \frac{\bar{U}_b^2}{4R_C} \approx 2P_{a\max} \tag{5.49}$$

bei fehlender Aussteuerung an; nach diesem Wert muß man den Transistor auswählen.

Zur Erzielung größerer Ausgangsleistungen geht man zum *AB*- oder *B*-Betrieb über, indem man den Arbeitspunkt zu größeren Werten von $\bar{U}_{CE}$ verschiebt (s. Abb. 5.24, Arbeitspunkt A_B). Da die Aussteuerung nur noch in einer Richtung erfolgen kann, benötigt man zur Verstärkung beider Halbwellen eines Signals zwei im Gegentakt arbeitende Transistoren. Schaltungstechnisch besonders einfache Lösungen ergeben sich bei der Verwendung von Komplementär-Transistorpaaren (so bezeichnet man zwei Transistoren mit entgegengesetzter Zonenfolge, aber weitgehend übereinstimmenden Parametern) in Kollektorschaltung. In Abb. 5.25 ist die Prinzipschaltung eines gleichstromgekoppelten *B*-Verstärkers wiedergegeben. Da bei der Steuerspannung, die kleiner als die Schleusenspannungen ist, beide Transistoren sperren, treten Übernahmeverzerrungen auf. Diese lassen sich durch Gegenkopplung (s. 5.3.1 und 5.5.1.3) oder durch den Übergang zum *AB*-Betrieb verringern. Die vom *B*-Verstärker aufgenommene Gleichstromleistung hängt von der Aussteuerung ab und geht bei fehlender Aussteuerung gegen Null. Gegenüber dem

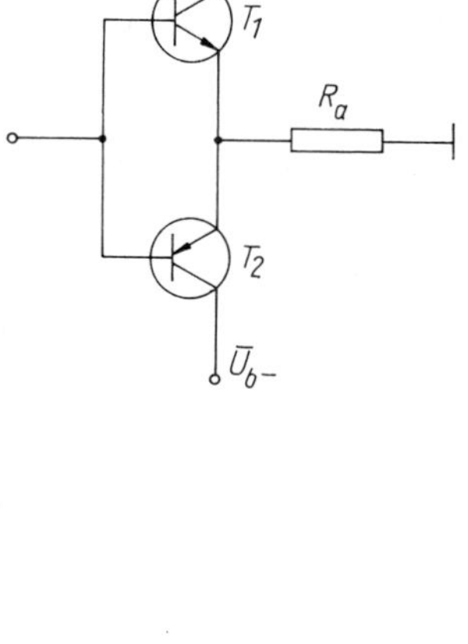

Abb. 5.25. Gegentakt-*B*-Verstärker mit komplementären Transistoren

A-Verstärker weist der B-Verstärker ein etwa um den Faktor Zehn besseres Verhältnis $P_{a\max}/P_{C\max}$ auf. B-Verstärker für kleine bis mittlere Leistungen werden heute als integrierte Schaltungen angeboten.

5.2.2 Transistor als Schalter

Ein Schalter soll im geschlossenen Zustand einen möglichst geringen und im geöffneten Zustand einen möglichst großen Widerstand darstellen und in möglichst kurzer Zeit aus einem dieser beiden Zustände in den anderen umgeschaltet werden können. Unter bestimmten Betriebsbedingungen werden diese Forderungen von einem Transistor sehr gut erfüllt.

Wir wollen den Schalterbetrieb am Beispiel der Emitterschaltung eines Bipolartransistors näher untersuchen. In Abb. 5.26 ist die Schaltung und das Ausgangskennlinienfeld mit der Arbeitsgeraden dargestellt. Charakteristisch für den Schalterbetrieb ist das Auftreten von zwei unterschiedlichen Arbeitspunkten:

Arbeitspunkt B: Der Transistor befindet sich im Sperr- oder Auszustand, der durch $\bar{I}_B = 0$, $\bar{I}_C = \bar{I}_{CE0}$ charakterisiert wird. Ideal wäre $\bar{I}_C = 0$; der Sperrzustand kann bis auf $\bar{I}_E = 0$ verbessert werden, wenn $\bar{U}_{BE} < 0$ gemacht wird (s. dazu 4.5.2).

Arbeitspunkt A: Der Transistor befindet sich im Durchlaß- oder Einzustand. Die Kollektor-Emitterspannung erreicht ihren minimalen Wert $\bar{U}_{CE\,\text{sat}}$ (Rest- oder Sättigungsspannung), wenn der Transistor bis in den Sättigungsbereich ausgesteuert wird ($\bar{U}_{CB} < 0$); unabhängig vom Basisstrom bleibt der Kollektorstrom auf den Sättigungswert $\bar{I}_{C\,\text{sat}}$ beschränkt.

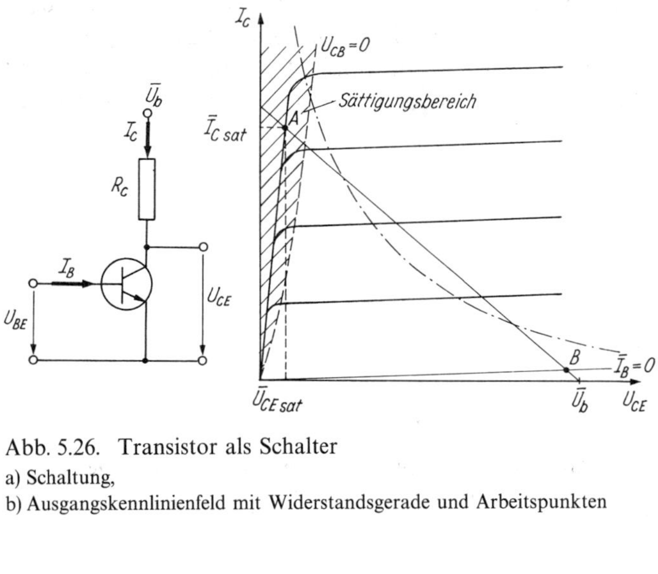

Abb. 5.26. Transistor als Schalter
a) Schaltung,
b) Ausgangskennlinienfeld mit Widerstandsgerade und Arbeitspunkten

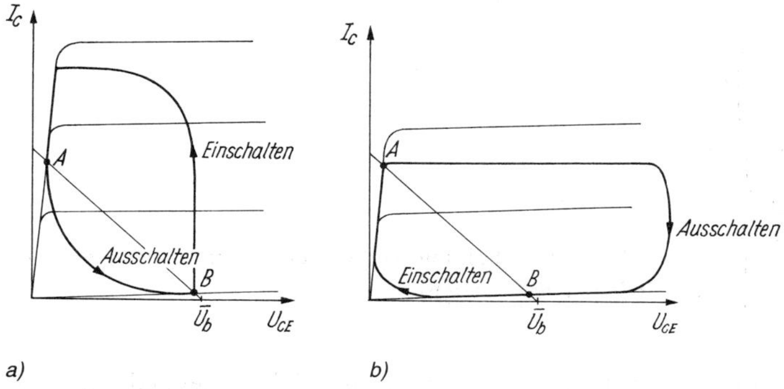

Abb. 5.27. Zum Schaltverhalten des Transistors mit komplexem Lastwiderstand
a) Lastwiderstand kapazitiv,
b) Lastwiderstand induktiv

In diesen stabilen Arbeitspunkten ist die im Transistor umgesetzte Verlustleistung wegen der kleinen Werte von $\bar{I}_{CE0}$ und $\bar{U}_{CE\mathrm{sat}}$ gering. Maßgeblich für die gesamte Verlustleistung und damit für die Auswahl des Transistors und die Festlegung der Arbeitspunkte ist das Übergangsverhalten (s. 4.5.5.). Beim Aufstellen der Leistungsbilanz muß das Verhältnis der Verweilzeit in den stabilen Arbeitspunkten zur Übergangszeit berücksichtigt werden. Die Arbeitsgerade darf teilweise oberhalb der Verlustleistungshyperbel liegen, wenn der zeitliche Mittelwert der Verlustleistung den zulässigen Maximalwert nicht überschreitet.

Ungünstiger liegen die Verhältnisse, wenn der Transistor auf einen komplexen Lastwiderstand arbeitet. Die stabilen Arbeitspunkte werden nach wie vor durch den reellen Anteil des Lastwiderstandes festgelegt. Ist dem Kollektorwiderstand eine Kapazität parallelgeschaltet, treten beim Einschalten (Übergang vom gesperrten in den leitenden Zustand) hohe Spitzenströme auf, verursacht durch die Entladung der Kapazität (Abb. 5.27a)). Um den Transistor vor Zerstörung zu schützen, kann es erforderlich sein, diesen Spitzenstrom zu begrenzen (z. B. durch einen Serienwiderstand oder durch verzögertes Einschalten). Bei einem induktiven Lastwiderstand treten beim Ausschalten hohe Spannungsspitzen auf (Abb. 5.27b)), die zum Durchbruch des Transistors führen können. Auch hier muß der Transistor durch entsprechende Schaltungsmaßnahmen (z. B. durch eine Begrenzerdiode) geschützt werden.

Für viele Anwendungen spielt die Geschwindigkeit, mit der man einen Transistorschalter aus einem stabilen Arbeitspunkt in den anderen umschalten kann, eine wesentliche Rolle. Diese Umschaltgeschwindigkeit hängt vom Übergangsverhalten des Transistors und von der äußeren Beschaltung ab. Abb. 5.28 zeigt zwei Möglichkeiten, das Übergangsverhalten des Transistors durch die äußere Beschaltung zu beeinflussen. Wenn die Eingangsspannung von Null auf einen positiven Wert springt (Einschalten), liefert der Ladestrom der Kapazität C einen zusätzlichen Beitrag zum Basisstrom. Dadurch schaltet der Transistor schneller in den Einzustand; die Versteilerungskapazität bewirkt eine Verringerung der Verzögerungszeit t_d und der Anstiegszeit t_r. Im eingeschalteten Zustand verhindert die Klammerdiode D eine

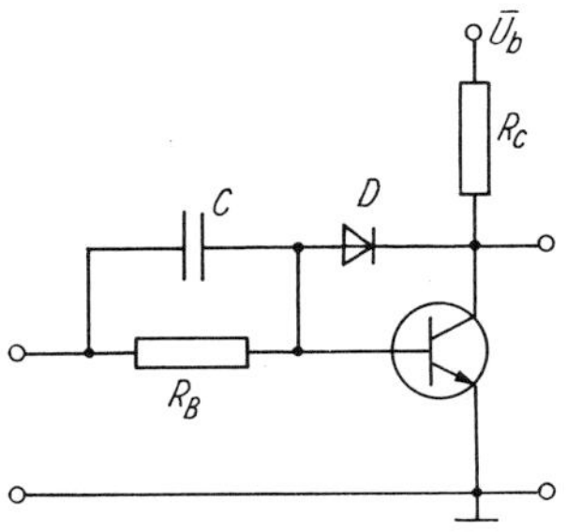

Abb. 5.28. Schaltungsmöglichkeiten zur Verbesserung des Übergangsverhaltens

Übersättigung des Transistors: Bei $U_{CB} < 0$ wird die Diode leitend, und der überschüssige Basisstrom fließt über die Diode ab. Dadurch wird die Speicherzeit t_s beim Ausschalten herabgesetzt. Als Klammerdioden verwendet man Typen mit möglichst niedriger Flußspannung, die selbst eine geringe Speicherzeit haben (z. B. Schottky-Dioden).

Liegt dem Arbeitswiderstand R_C eine Lastkapazität C_a parallel, muß diese beim Umschalten umgeladen werden. Lastkapazitäten treten in jeder Schaltung als parasitäre Kapazitäten auf und beeinflussen signifikant das Umschaltverhalten. Wir hatten bereits gezeigt, daß sich diese Kapazität beim Übergang der Schaltung in den Einzustand über den Transistor entlädt und dadurch hohe Kollektorspitzenströme bewirkt. Beim Umschalten in den Auszustand muß C_a über R_C aufgeladen werden. Die Zeitkonstante $R_C C_a$ ist häufig bedeutend größer als die Abfallzeit t_f des Transistors und bestimmt dann die Ausschaltzeit der Schaltung. Dagegen wird die Einschaltzeit durch C_a meist nicht wesentlich beeinflußt, da die Entladung über den aufgesteuerten Transistor sehr schnell erfolgt. Eine wesentliche Verbesserung der Umschalteigenschaften erreicht man, indem man den passiven Lastwiderstand R_C durch einen Transistor ersetzt. Davon wird vor allem in der digitalen Schaltungstechnik Gebrauch gemacht (s. Kap. 6).

5.3 Rückkopplung

Unter Rückkopplung versteht man die Rückführung eines Teils des Ausgangssignals eines Vierpols auf seinen Eingang. Die Rückkopplung wird durch einen Rückkopplungsvierpol realisiert, der in der geforderten Weise Ausgang und Eingang des ursprünglichen Vierpols miteinander verknüpft. In Abb. 5.29 ist das als vereinfachtes Schema dargestellt. Bezeichnet man mit $\underline{g}_1$ und $\underline{g}_2$ die (i. allg. komplexen) Übertragungsfunktionen der Vierpole und mit $\underline{s}$ die Signalgrößen, liest man aus Abb. 5.29 ab:

$$\underline{s}_a = \underline{g}_1 \cdot \underline{s}'_e = \underline{g}_1(\underline{s}_e + \underline{s}_r),$$

$$\underline{s}_r = \underline{g}_2 \cdot \underline{s}_2,$$

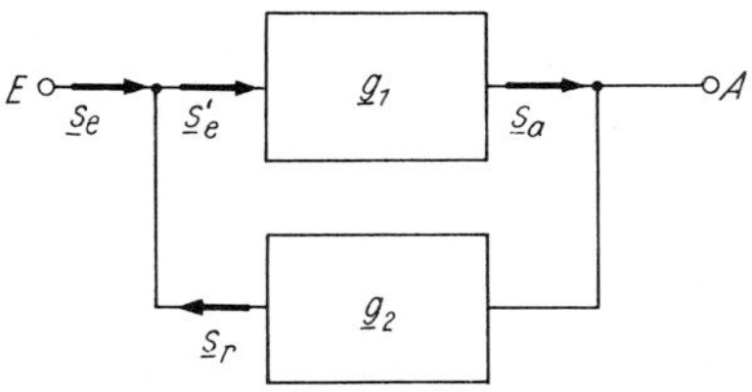

Abb. 5.29. Rückkopplung (schematische Darstellung)

und man erhält daraus

$$\underline{s}_a = \frac{\underline{g}_1}{1 - \underline{g}_1 \cdot \underline{g}_2} \underline{s}_e = \underline{g}_r \cdot \underline{s}_e \,. \tag{5.50}$$

Wie (5.50) zeigt, hängt die Übertragungsfunktion $\underline{g}_r$ des rückgekoppelten Systems sehr wesentlich von dem Produkt $\underline{g}_1 \cdot \underline{g}_2$ der Übertragungsfunkionen der beiden Einzelvierpole ab. Wir wollen das am Beispiel eines rückgekoppelten Spannungsverstärkers veranschaulichen. Dabei setzen wir voraus, daß der nicht rückgekoppelte Verstärker einen unendlich großen Eingangswiderstand und einen verschwindend kleinen Ausgangswiderstand aufweist. Als Übertragungsfunktion $\underline{g}_1$ betrachten wir die Spannungsverstärkung v_u des nicht rückgekoppelten Verstärkers, die man als innere Verstärkung bezeichnet. Der Rückkopplungsvierpol ist ein Netzwerk, dessen Spannungsübertragungsfunktion als Rückkopplungsfaktor k bezeichnet wird (der Einfachheit halber werden Frequenzabhängigkeiten vernachlässigt, so daß alle Größen reell angenommen werden können). Ersetzt man schließlich noch die

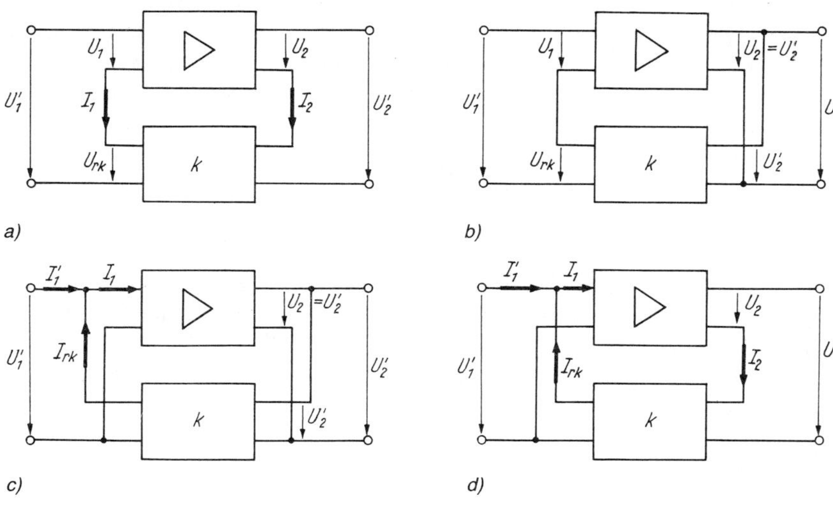

Abb. 5.30. Grundschaltungen der Rückkopplung

a) Strom-Serien-Rückkopplung (Serien-Serien- bzw. Strom-Spannungs-Rückkopplung),
b) Spannungs-Parallel-Rückkopplung (Parallel-Parallel- bzw. Spannungs-Strom-Rückkopplung),
c) Spannungs-Serien-Rückkopplung (Parallel-Serien- bzw. Spannungs-Spannungs-Rückkopplung),
d) Strom-Parallel-Rückkopplung (Serien-Parallel- bzw. Strom-Strom-Rückkopplung)

allgemeinen Signalgrößen $\underline{s}_a$ und $\underline{s}_e$ durch die Ausgangsspannung U_2 und die Eingangsspannung U_1, geht (5.50) über in

$$v'_u = \frac{U_2}{U_1} = \frac{v_u}{1 - kv_u}. \tag{5.51}$$

Man nennt v'_u die äußere Verstärkung des rückgekoppelten Systems und $kv_u = v_s$ seine Schleifenverstärkung. Aus (5.51) liest man zwei für die Schaltungstechnik besonders wichtige Fälle ab:

1. $v_s > 0$: Mitkopplung. Das rückgekoppelte Signal ist gleichphasig zum Eingangssignal; für die Verstärkung gilt $v'_u > v_u$. Die Angabe der äußeren Verstärkung ist allerdings nur sinnvoll für $0 < v_s < 1$, da das System für $v_s \geqq 1$ instabil ist.
2. $v_s < 0$: Gegenkopplung. Das rückgekoppelte Signal ist gegenphasig zum Eingangssignal; für die Verstärkung gilt $v'_u < v_u$. Der Betrag der Schleifenverstärkung kann beliebige Werte annehmen; meist ist $|v_s| \gg 1$.

Entsprechend den verschiedenen Möglichkeiten des Zusammenschaltens von Vierpolen (s. 2.3.2.) gibt es vier Grundschaltungen der Rückkopplung, die in Abb. 5.30 dargestellt sind.

5.3.1 Gegenkopplung

Die Gegenkopplung stellt ein wichtiges schaltungstechnisches Mittel zur Verbesserung der Stabilität, zur Vergrößerung der Bandbreite sowie zur Verbesserung der Linearität der Übertragungskennlinie einer Verstärkerschaltung dar. Die Gegenkopplung kann über eine Verstärkerstufe, aber auch über einen mehrstufigen Verstärker wirken.

5.3.1.1 Stabilisierung der Betriebsgrößen

Die stabilisierende Wirkung der Gegenkopplung läßt sich allgemein an ihrem Einfluß auf die Verstärkung untersuchen. Nach (5.51) hängt die äußere Verstärkung v' eines gegengekoppelten Verstärkers von der inneren Verstärkung v und vom Rückkopplungsfaktor k ab. Daraus folgt, daß eine Änderung $\Delta v'$ der äußeren Verstärkung durch eine Änderung Δv der inneren Verstärkung oder durch eine Änderung Δk des Rückkopplungsfaktors verursacht werden kann. Es ist demnach

$$\Delta v' = \left|\frac{\partial v'}{\partial v}\right| \Delta v + \left|\frac{\partial v'}{\partial k}\right| \Delta k\,. \tag{5.52}$$

Bildet man die partiellen Ableitungen aus (5.51), erhält man aus (5.52)

$$\frac{\Delta v'}{v'} = \frac{1}{1 + v_s}\,\frac{\Delta v}{v} + \frac{v}{1 + v_s}\,\Delta k \tag{5.53}$$

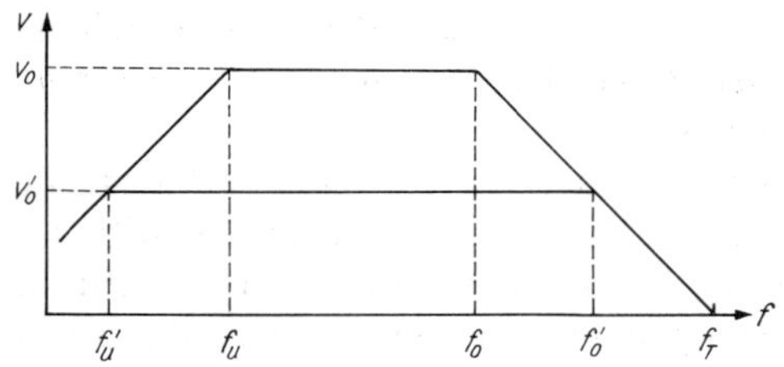

Abb. 5.31. Vergrößerung der Bandbreite durch Gegenkopplung (schematische Darstellung im Bode-Diagramm)

und daraus als gute Näherung für starke Gegenkopplung ($v_s \gg 1$)

$$\frac{\Delta v'}{v'} \approx \frac{1}{k \cdot v} \frac{\Delta v}{v} + \frac{\Delta k}{k}. \tag{5.54}$$

Bei starker Gegenkopplung wirkt sich zwar eine Änderung des Rückkopplungsfaktors voll auf die äußere Verstärkung aus, aber Änderungen der inneren Verstärkung werden um den Faktor $1/v_s$ verringert. Änderungen der inneren Verstärkung können ihre Ursache in Exemplarstreuungen der aktiven Bauelemente, in Toleranzen der Widerstände, in Temperatur- und Alterungseinflüssen oder in Änderungen der Betriebsspannung haben. Eine Gegenkopplung eignet sich also insbesondere auch zur Stabilisierung des Arbeitspunktes (vgl. 5.1.1.2).

5.3.1.2 Vergrößerung der Bandbreite

Wenn wir annehmen, daß die untere und obere Grenzfrequenz eines Verstärkers durch je ein einziges *RC*-Glied beschrieben werden können, läßt sich der Frequenzgang der Verstärkung durch ein einfaches Bode-Diagramm in asymptotischer Näherung darstellen, bei dem die Verstärkung oberhalb f_o bzw. unterhalb f_u mit 20 dB pro Dekade abfällt (Abb. 5.31). Da eine Gegenkopplung eine Verringerung der Verstärkung bewirkt, liest man aus dem Bode-Diagramm unmittelbar eine Verschiebung der Eckfrequenzen ab: Die untere Grenzfrequenz wird vermindert, die obere erhöht.[1] Man erkennt leicht, daß eine Mitkopplung gerade die entgegengesetzte Wirkung hat. Allgemein gilt für die Eckfrequenzen eines rückgekoppelten Verstärkers (unter der oben gemachten Voraussetzung)

$$f'_u = \frac{f_u}{1 - v_s}, \tag{5.55}$$

$$f'_o = f_0(1 - v_s). \tag{5.56}$$

[1] Hinsichtlich der unteren Grenzfrequenz muß man beachten, daß zur Erzeugung der Gegenkopplung häufig gerade das *RC*-Glied entfernt wird, das f_u bestimmt (s. 5.3.1.3), oder daß das frequenzbestimmende *RC*-Glied nicht innerhalb der Rückkopplungsschleife liegt. Beim Verstärkungsabfall bei hohen Frequenzen muß man berücksichtigen, daß dieser i. allg. durch mehrere *RC*-Glieder beschrieben werden muß. Diese einfachen Betrachtungen gelten daher nur näherungsweise für einstufige Verstärker.

Die Gegenkopplung stellt also ein wirksames Mittel dar, die meist durch die β-Grenzfrequenz des Transistors bzw. den Millereffekt bestimmte obere Grenzfrequenz eines Verstärkers bedeutend zu erhöhen.

Außerhalb der Eckfrequenzen ändert sich nicht nur der Betrag der Verstärkung, sondern auch ihr Phasenwinkel. Dadurch kann die Gegenkopplung in eine Mitkopplung übergehen; der Verstärker wird instabil. Diese Möglichkeit muß vor allem in Betracht gezogen werden, wenn die Rückkopplung über mehrere Verstärkerstufen wirkt und dadurch die Grenzfrequenzen durch mehrere *RC*-Glieder bestimmt werden.

5.3.1.3 Die gegengekoppelte Emitterschaltung

In diesem Abschnitt wollen wir den Einfluß einer Gegenkopplung auf die Betriebseigenschaften der am häufigsten angewendeten Verstärkerschaltung, der Emitterschaltung, untersuchen. In der praktischen Schaltungstechnik werden vor allem zwei Arten der Gegenkopplung benutzt: die Strom-Seriengegenkopplung durch einen nicht kapazitiv überbrückten Emitterwiderstand und die Spannungs-Parallelgegenkopplung über einen Widerstand zwischen Kollektor und Basis. Dabei muß man allerdings berücksichtigen, daß die Eigenschaften der Schaltung durch den Eingangs- und Ausgangswiderstand des Transistors zusätzlich beeinflußt werden.

Abb. 5.32a) zeigt in üblicher Darstellung einen Transistor in Emitterschaltung mit einem nicht überbrückten Emitterwiderstand. In Abb. 5.32b) ist dieselbe Schaltung in einer der Darstellung von Abb. 5.30a) entsprechenden Form wiedergegeben, die unmittelbar erkennen läßt, daß es sich um eine Strom-Seriengegenkopplung handelt.

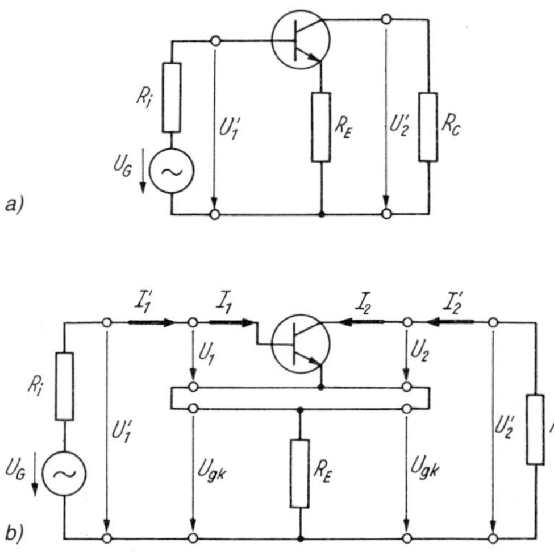

Abb. 5.32. Transistor in Emitterschaltung mit Stromgegenkopplung
a) Normale Darstellung der Schaltung,
b) Vierpoldarstellung

Aus Abb. 5.32b) liest man folgende Beziehungen zwischen den Strömen und Spannungen ab:

$$I_1 = I'_1\,, \qquad U_1 = U'_1 - U_{gk}\,,$$
$$I_2 = I'_2\,, \qquad U_2 = U'_2 - U_{gk}\,,$$
$$U_{gk} = (I'_1 + I'_2)\,R_E\,.$$

Beschränkt man sich auf niedrige Frequenzen, kann man für die weiteren Betrachtungen die Hybridform der Vierpolgleichungen des Transistors zugrunde legen. Setzt man in diese die oben aus Abb. 5.32b) abgelesenen Beziehungen ein, erhält man nach einigen Umformungen mit

$$\begin{aligned} U'_1 &= \left[h_{11e} + (1 - h_{12e})\,R_E\left(1 + \frac{h_{21e} - h_{22e}R_E}{1 + h_{22e}R_E}\right)\right] I'_1 + \\ &\quad + \left[h_{12e} + (1 - h_{12e})\,\frac{h_{22e}R_E}{1 + h_{22e}R_E}\right] U'_2\,, \\ I_2 &= \frac{h_{21e} - h_{22e}R_E}{1 + h_{22e}R_E}\,I'_1 + \frac{h_{22e}}{1 + h_{22e}R_E}\,U'_2 \end{aligned} \tag{5.57}$$

die Vierpolgleichungen des gegengekoppelten Transistors. Im Vergleich zum nicht gegengekoppelten Transistor wird der in der stromgegengekoppelten Emitterschaltung betriebene Transistor durch folgende h_i-Parameter beschrieben[1]:

$$\begin{aligned} h_{11i} &= h_{11e} + (1 - h_{12e})\,R_E\left(1 + \frac{h_{21e} - h_{22e}R_E}{1 + h_{22e}R_E}\right) \\ &\approx h_{11e} + (1 + h_{21e})\,R_E \gg h_{11e}\,, \\ h_{12i} &= h_{12e} + (1 - h_{12e})\,\frac{h_{22e}R_E}{1 + h_{22e}R_E} \\ &\approx h_{12e} + h_{22e}R_E > h_{12e}\,, \\ h_{21i} &= \frac{h_{21e} - h_{22e}R_E}{1 + h_{22e}R_E} \approx h_{21e}\,, \\ h_{22i} &= \frac{h_{22e}}{1 + h_{22e}R_E} \approx h_{22e}\,, \\ \Delta h_i &\approx \Delta h_e + h_{22e}R_E > \Delta h_e\,. \end{aligned}$$

Demnach wirkt sich die Strom-Seriengegenkopplung vor allem auf den Kurzschlußeingangswiderstand des Gesamtvierpols aus, während die anderen h-Parameter nur

[1] Der Index i zeigt an, daß es sich um eine Stromgegenkopplung handelt. Die angegebenen Näherungen gelten unter den praktisch stets erfüllten Annahmen, daß $h_{12e} \ll 1$, $h_{22e}R_E \ll 1$ und $h_{21e} \gg 1$ ist.

unwesentlich verändert werden. Für die Betriebseigenschaften des gegengekoppelten Transistors folgt daher im Vergleich zur einfachen Emitterschaltung (s. 4.5.4)

$$v_u' = -\frac{h_{21i}R_C}{h_{11i} + \Delta h_i\, R_C}$$

$$\approx -\frac{h_{21e}R_C}{h_{11e} + \Delta h_e \cdot R_C} \frac{1}{1 + \dfrac{h_{21e}R_C}{h_{11e} + \Delta h_e \cdot R_C}\dfrac{R_E}{R_C}} = \frac{v_u}{1 + |kv_u|} \tag{5.58}$$

und

$$W_1' = \frac{h_{11i} + \Delta h_i R_C}{1 + h_{22i}R_C} \approx W_{1e} + (1 + h_{21e})\, R_E\,, \tag{5.59}$$

wobei $k = R_E/R_C$ der Rückkopplungsfaktor ist und v_u die innere Verstärkung (der nicht gegengekoppelten Emitterschaltung). Die Strom-Seriengegenkopplung bewirkt also eine Abnahme der Spannungsverstärkung und eine Zunahme des Eingangswiderstands, während Stromverstärkung und Ausgangswiderstand annähernd konstant bleiben. Wird der Widerstand R_E durch einen Kondensator wechselspannungsmäßig kurzgeschlossen, bleibt die Gegenkopplung für Gleichstrom weiterhin bestehen und wirkt stabilisierend für den Arbeitspunkt (s. 5.1.1.2).

In Abb. 5.33a) ist in üblicher Darstellung ein Transistor in Emitterschaltung wiedergegeben, bei dem über den Widerstand R_{gk} ein Teil der Ausgangsspannung auf die Basis rückgekoppelt wird. Die Vierpoldarstellung in Abb. 5.33b) macht deutlich, daß es sich um eine Spannungs-Parallelgegenkopplung handelt, und man liest aus dieser Schaltung folgende Zusammenhänge zwischen den Spannungen und

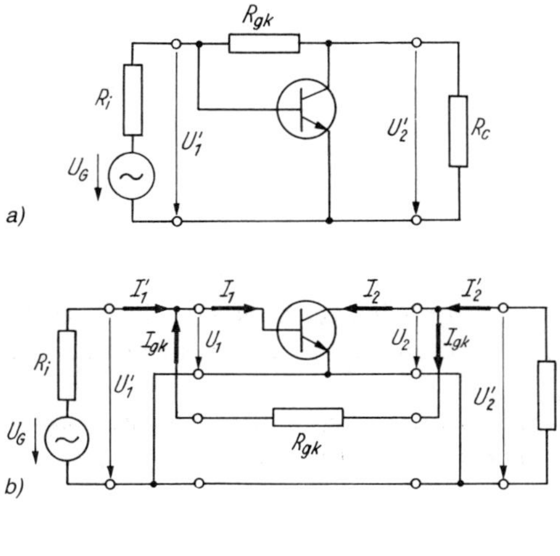

Abb. 5.33. Transistor in Emitterschaltung mit Spannungsgegenkopplung
a) Normale Darstellung der Schaltung,
b) Vierpoldarstellung

Strömen ab:

$$U_1 = U'_1\,, \qquad I_1 = I'_1 + I_{gk}\,,$$
$$U_2 = U'_2\,, \qquad I_2 = I'_2 - I_{gk}\,,$$
$$I_{gk} = \frac{U'_2 - U'_1}{R_{gk}}\,.$$

Ausgehend von den Vierpolgleichungen des Transistors, wieder aufgestellt mit den h_e-Parametern der Emitterschaltung, erhält man damit die Vierpolgleichungen des gegengekoppelten Transistors:

$$U'_1 = \frac{h_{11e}}{1 + \frac{h_{11e}}{R_{gk}}} I'_1 + \frac{h_{12e} + \frac{h_{11e}}{R_{gk}}}{1 + \frac{h_{11e}}{R_{gk}}} U'_2\,,$$

$$I'_2 = \frac{h_{21e} - \frac{h_{11e}}{R_{gk}}}{1 + \frac{h_{11e}}{R_{gk}}} I'_2 + \left[h_{22e} + \frac{(1 + h_{21e})(1 - h_{12e})}{R_{gk}\left(1 + \frac{h_{11e}}{R_{gk}}\right)} \right] U'_2\,. \tag{5.60}$$

Daraus liest man für die h_u-Parameter der spannungsgegengekoppelten Emitterschaltung ab[1]:

$$h_{11u} = \frac{h_{11e}}{1 + \frac{h_{11e}}{R_{gk}}} \approx h_{11e}\,,$$

$$h_{12u} = \frac{h_{12e} + \frac{h_{11e}}{R_{gk}}}{1 + \frac{h_{11e}}{R_{gk}}} \approx h_{12e} + \frac{h_{11e}}{R_{gk}} \gg h_{12e}\,,$$

$$h_{21u} = \frac{h_{21e} - \frac{h_{11e}}{R_{gk}}}{1 + \frac{h_{11e}}{R_{gk}}} \approx h_{21e}\,,$$

$$h_{22u} = h_{22e} + \frac{(1 + h_{21e})(1 - h_{12e})}{R_{gk}\left(1 + \frac{h_{11e}}{R_{gk}}\right)} \approx h_{22e} + \frac{h_{21e}}{R_{gk}} \gg h_{22e}\,,$$

$$\Delta h_u \approx \Delta h_e\,.$$

[1] Der Index u deutet an, daß es sich um eine Spannungsgegenkopplung handelt. Die angegebenen Näherungen gelten unter folgenden, praktisch meist erfüllten Annahmen: $h_{11e}/R_{gk} \ll 1$, $h_{12e} \ll 1$, $h_{21e} \gg 1$.

Tabelle 16
Eigenschaften und Betriebsbedingungen der Gegenkopplungsgrundschaltungen (vgl. dazu Abb. 5.30)

Gegenkopplung	v'_u	v'_i	W'_1	W'_2	stabilisierte Ausgangsgröße	eingeprägte Eingangsgröße
Strom-Serien-GK	$< v_u$	$= v_i$	$> W_1$	$> W_2$	I_2	U_1
Spannungs-Parallel-GK	$= v_u$	$< v_i$	$< W_1$	$< W_2$	U_2	I_1
Spannungs-Serien-GK	$< v_u$	$= v_i$	$> W_1$	$< W_2$	U_2	U_1
Strom-Parallel-GK	$= v_u$	$< v_i$	$< W_1$	$> W_2$	I_2	I_1

Berechnet man mit diesen h_u-Parametern die Stromverstärkung des gegengekoppelten Transistors, findet man

$$v'_i = \frac{h_{21u}}{1 + h_{22u}R_C}$$

$$\approx \frac{h_{21e}}{1 + h_{22e}R_C} \cdot \frac{1}{1 + \dfrac{h_{21e}}{1 + h_{22e}R_C}\,\dfrac{R_C}{R_{gk}}} = \frac{v_i}{1 + |kv_i|} \tag{5.61}$$

mit dem Rückkopplungsfaktor $k = R_C/R_{gk}$. Die Spannungs-Parallelgegenkopplung bewirkt also vor allem eine Verminderung der Stromverstärkung gemäß der allgemeinen Rückkopplungsgleichung. Außerdem nehmen Eingangs- und Ausgangswiderstand ab, während die Spannungsverstärkung nahezu konstant bleibt.

Die Wirksamkeit einer Gegenkopplung wird wesentlich vom Eingangs- und Ausgangswiderstand des aktiven Vierpols beeinflußt. Eine Gleichung der Form (5.51) läßt sich nur dann aufstellen, wenn z. B. bei einer Seriengegenkopplung die Eingangsspannung bzw. bei einer Parallelgegenkopplung der Eingangsstrom eingespeist wird, d. h., im ersten Fall muß der Eingangswiderstand des Verstärkers möglichst groß, im zweiten Fall möglichst klein gegenüber den Innenwiderständen von Signalquelle und Rückkopplungsvierpol sein. Ähnliche Bedingungen gelten für den Ausgang des aktiven Vierpols. Tab. 16 gibt einen Überblick über die Eigenschaften der vier Gegenkopplungsgrundschaltungen.

Beispiel 5.3. Es sollen die Betriebseigenschaften der in den Beispielen 5.1 und 5.2 berechneten Ermitterschaltung und die h_i-Parameter des Transistors berechnet werden für den Fall, daß C_E weggelassen wird.

Die h_e-Parameter des verwendeten Transistors waren in Beispiel 4.7 angegeben worden:

$$h_{11e} = 780\,\Omega\,, \qquad h_{12e} = 5 \cdot 10^{-5}\,,$$

$$h_{21e} = 150\,, \qquad h_{22e} = 12\,\mu\text{S}\,,$$

$$\Delta h_e = 1{,}86 \cdot 10^{-3}\,.$$

Damit ergeben sich als praktisch ausreichende Näherungswerte für die h_i-Parameter des stromgegengekoppelten Transistors

$$h_{11i} = h_{11e} + (1 + h_{21e})\,R_E = 34{,}0\ \text{k}\Omega\,,$$

$$h_{12i} = h_{12e} + h_{22e}R_E = 2{,}69 \cdot 10^{-3}\,,$$

$$h_{21i} = h_{21e} = 150\,,$$

$$h_{22i} = h_{22e} = 12\ \mu\text{S}\,,$$

$$\Delta h_i = 4{,}5 \cdot 10^{-3}\,.$$

Für die Leerlaufspannungsverstärkung der Schaltung (d. h. für $R_a \to \infty$) folgt aus (5.58) bzw. (4.82) mit dem in Beispiel 5.1 berechneten Wert $|v_u| = 192{,}3$

$$|v'_u| = 4{,}4\,.$$

Weiter ergibt sich aus (5.59) bzw. (4.84) und (4.85) für den Eingangs- und Ausgangswiderstand des gegengekoppelten Transistors

$$W'_1 = 33{,}9\ \text{k}\Omega\,,$$

$$W'_2 = 7{,}56\ \text{M}\Omega\,.$$

Daraus erhält man für den Eingangs- und Ausgangswiderstand der Schaltung

$$W'_{1e} = W'_1 \parallel R_B = 4{,}1\ \text{k}\Omega\,,$$

$$W'_{2e} = W'_2 \parallel R_C = 1\ \text{k}\Omega\,.$$

Da der Emitterkondensator entfernt worden ist, wird die untere Grenzfrequenz durch die Koppelkondensatoren bestimmt. Da sich die frequenzbestimmenden RC-Glieder außerhalb der Gegenkopplungsschleife befinden, wird die untere Grenzfrequenz auch nicht durch die Gegenkopplung beeinflußt. Aus (5.14) erhält man mit $C_{k1} = 33\ \mu\text{F}$

$$f_{uk1} = 1{,}2\ \text{Hz}\,.$$

Wird der Verstärker wie in Beispiel 5.2 über einen Kondensator $C_{k2} = 10\ \mu\text{F}$ mit einem Widerstand $R_a = 1\ \text{k}\Omega$ belastet, sinken im normalen Betriebsbereich sowohl v_u als auch v'_u auf die Hälfte des Leerlaufwertes (s. dazu (5.60)). Die durch C_{k2} bewirkte Grenzfrequenz ist nach (5.16)

$$f_{uk2} = 8\ \text{Hz}\,;$$

sie bestimmt die untere Grenzfrequenz der Schaltung.

5.3.1.4 Die Kollektorschaltung als gegengekoppelte Schaltung

Die Leerlaufspannungsverstärkung einer Kollektorschaltung beträgt nach (5.26)

$$v_{ucL} = \frac{h_{21e}R_E}{h_{11e} + h_{21e}R_E}\,.$$

Diese Gleichung läßt sich auf die Form

$$v_{ucL} = \frac{\dfrac{h_{21e}}{h_{11e}} R_E}{1 + \dfrac{h_{21e}}{h_{11e}} R_E} = \frac{v_u}{1 + |kv_u|} \tag{5.62}$$

bringen mit $v_u = R_E h_{21e}/h_{11e}$ als Verstärkung der entsprechenden Emitterschaltung (s. (4.82)) und $k = 1$. Die Kollektorschaltung läßt sich also als Emitterschaltung mit vollständiger Spannungs-Seriengegenkopplung beschreiben. Damit liest man aus Tab. 16 qualitativ die Eigenschaften der Kollektorschaltung ab, die wir in 5.1.3 ermittelt hatten.

5.3.2 Mitkopplung

Bei Mitkopplung ist die Schleifenverstärkung positiv, d. h., das rückgekoppelte Signal ist gleichphasig zum Eingangssignal. Geht man von (5.51) aus, ist

$$\underline{v}'_u = \frac{\underline{v}_u}{1 - \underline{k}\underline{v}_u} > \underline{v}_u ,$$

da $\underline{k} \cdot \underline{v}_u > 0$ ist, wobei berücksichtigt worden ist, daß i. allg. sowohl der Rückkopplungsfaktor $\underline{k}$ als auch die innere Verstärkung $\underline{v}_u$ komplexe Größen sind. Für genaue Aussagen über das Verhalten der Schaltung müssen daher Betrag und Phasenwinkel der Schleifenverstärkung betrachtet werden. Allgemein kann man in Analogie zur Gegenkopplung sagen, eine Mitkopplung bewirkt

- eine Erhöhung der äußeren Verstärkung;
- eine Verringerung der Stabilität der Schaltung gegenüber Parameteränderungen, hervorgerufen z. B. durch Änderung der Temperatur oder Alterung;
- eine Vergrößerung der nichtlinearen Verzerrungen;
- eine Verringerung der Transistorgrenzfrequenzen und damit der Bandbreite.

Die Grundschaltungen der Mitkopplung entsprechen den in Abb. 5.30 angegebenen Schaltungen.

5.3.2.1 Die Selbsterregungsbedingung

Das Prinzip der Selbsterregung beruht auf dem mitgekoppelten Verstärker und wird zur Erzeugung ungedämpfter elektrischer Schwingungen benutzt. Die Mitkopplung bewirkt, daß eine Schwankung z. B. der Eingangsspannung nach Durchlaufen der Verstärkerrückkopplungsschleife gleichsinnig auf den Eingang zurückgeführt wird und dadurch in gleicher Weise wie die ursprüngliche Spannungsänderung wirkt. Bei einer bestimmten Größe der Schleifenverstärkung wird das System instabil – es schwingt. Zur Anregung der Schwingungen genügen bereits kleinste Schwankungen, wie sie z. B. durch das Rauschen verursacht werden. Je nachdem ob die Selbsterregungsbedingung nur für eine bestimmte Frequenz oder für ein breiteres Frequenzband erfüllt ist, entstehen harmonische Schwingungen oder sogenannte Kippschwingungen.

Aus (5.51) folgt

$$\underline{v}' = \frac{\underline{v}}{1 - \underline{k} \cdot \underline{v}} \to \infty \quad \text{für} \quad \underline{k} \cdot \underline{v} = 1\,,$$

d. h., es tritt Selbsterregung ein, wenn die Schleifenverstärkung reell und gleich Eins ist. Daraus folgt mit

$$\underline{v} = v\,\mathrm{e}^{j\varphi_v} \quad \text{und} \quad \underline{k} = k\,\mathrm{e}^{j\varphi_k}$$

als Selbsterregungsbedingung

$$k \cdot v = 1\,, \qquad \varphi_k = -\varphi_v\,. \tag{5.63}$$

In der Praxis wählt man die Schleifenverstärkung größer als Eins, um ein sicheres Anschwingen der Schaltung zu gewährleisten. Die Begrenzung der Amplitude erfolgt entweder durch die nichtlineare Übertragungskennlinie des Verstärkers (mit wachsender Amplitude nimmt die Verstärkung ab) oder besser durch zusätzliche Regelschaltungen.

5.3.2.2 Harmonische Oszillatoren

Bei einem harmonischen Oszillator darf die Selbsterregungsbedingung nur für eine einzige Frequenz (praktisch bedeutet das: nur für ein schmales Frequenzband) erfüllt sein. Das erreicht man, indem man entweder $\underline{v}_u$ oder $\underline{k}$ oder beide Größen frequenzabhängig macht.

Die Verstärkung ist frequenzabhängig, wenn man einen frequenzabhängigen Arbeitswiderstand benutzt. Das kann z. B. ein Parallelschwingkreis sein, dessen Impedanz $\underline{Z}_p$ bei der Resonanzfrequenz reell wird und ein Maximum annimmt. Die Spannungsverstärkung einer Emitterschaltung ist dann (für niedrige Frequenzen, so daß der Transistor durch die h-Parameter beschrieben werden kann)

$$\underline{v}_u = -\frac{h_{21e}}{h_{11e}}\,\underline{Z}_p = -\frac{h_{21e}}{h_{11e}}\,Z_p\,\mathrm{e}^{j\varphi_p} \tag{5.64}$$

(vgl. dazu 2.2.3.2), d. h., im Resonanzfall beträgt sie

$$v_u = -\frac{h_{21e}}{h_{11e}}\,Z_p\,,$$

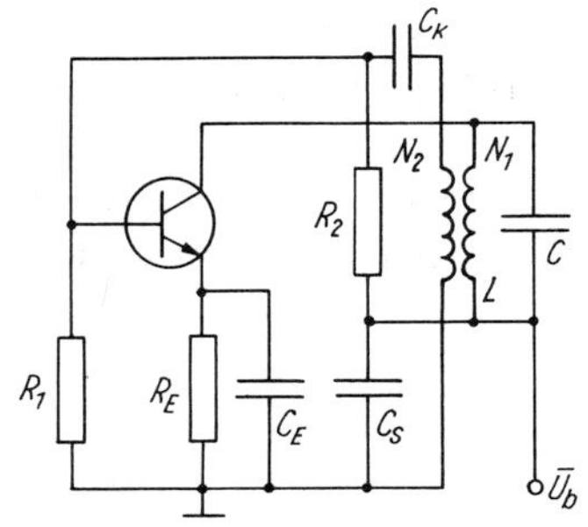

Abb. 5.34. Meissner-Oszillator

und es tritt keine zusätzliche Phasenverschiebung auf. Stellt man die Rückkopplung so ein, daß $k = 1/v_u$ und rein reell ist, erfolgt Selbsterregung genau bei der Resonanzfrequenz ω_0 des Schwingkreises. Die dazu erforderliche frequenzunabhängige Rückkopplung kann man mittels eines Transformators (Meissner-Oszillator) oder über einen induktiven (Hartley-Oszillator) bzw. kapazitiven Spannungsteiler (Colpitts-Oszillator) einstellen.

Die Prinzipschaltung eines Meissner-Oszillators zeigt Abb. 5.34. Nimmt man einen idealen unbelasteten Transformator an, ist der Rückkopplungsfaktor gleich dem Übersetzungsverhältnis:

$$k = \frac{1}{\ddot{u}} = \frac{N_2}{N_1}.$$

Tatsächlich treten im Transformator Verluste auf, und durch die Belastung des Verstärkerausgangs durch den Transistoreingang sinkt die Verstärkung. Es tritt eine zusätzliche Phasenverschiebung auf, so daß die Selbsterregung nicht genau bei ω_0, sondern etwas oberhalb erfolgt. Aus dieser Überlegung ergibt sich auch, daß die Oszillatorfrequenz von der äußeren Belastung abhängt. Diese Abweichungen von der Resonanzfrequenz des Schwingkreises werden um so geringer, je höher die Kreisgüte ist.

Eine frequenzabhängige Rückkopplung läßt sich recht einfach durch entsprechende RC-Schaltungen im Rückkopplungszweig realisieren. Im Idealfall ist die Verstärkung dann frequenzunabhängig. Praktisch muß allerdings berücksichtigt werden, daß die frequenzabhängige Eingangsimpedanz des Rückkopplungsvierpols als Belastung des Verstärkers wirkt und die Verstärkung beeinflußt. Man verwendet deshalb häufig Verstärkerschaltungen mit besonders niedrigem Ausgangswiderstand, z. B., indem man mit einer zusätzlichen Kollektorschaltung eine Impedanztransformation vornimmt.

Abb. 5.35 zeigt die Prinzipschaltung eines einfachen RC-Generators, bei dem eine dreigliedrige RC-Hochpaßkette als Rückkopplungsvierpol verwendet wird. Diese weist bei

$$\omega_0 = \sqrt{\frac{1}{6R^2C^2}} \tag{5.65}$$

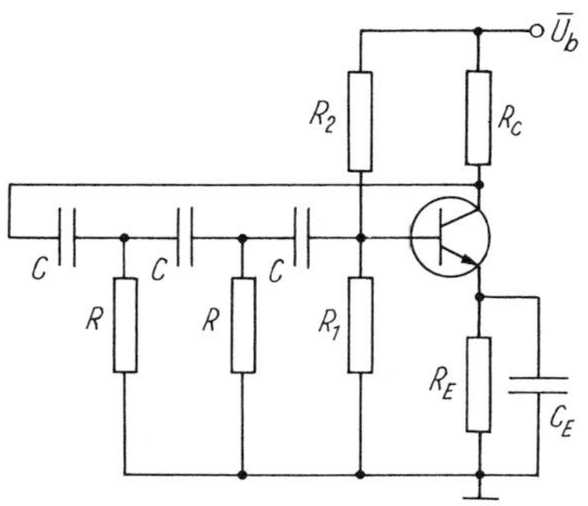

Abb. 5.35. *RC*-Generator mit Phasenschieberkette

einen reellen Spannungsübertragungsfaktor von $-1/29$ auf (s. Beispiel 2.5). Bei der Dimensionierung wählt man möglichst R gleich dem Eingangswiderstand der Emitterschaltung (s. (5.9)). Der Rückkopplungsfaktor hat dann also den Betrag $k = 1/29$ und den Phasenwinkel $\varphi_k = \pi$, d. h., für $v_u = 29$ tritt bei ω_0 Selbsterregung ein. Allerdings muß man berücksichtigen, daß der Verstärker durch die Eingangsimpedanz des Rückkopplungsvierpols und durch einen äußeren Lastwiderstand belastet wird. Die Spannungsverstärkung des Transistors muß daher größer gewählt werden, und es tritt eine Frequenzverschiebung auf.

5.3.2.3 Kippgeneratoren

Enthält die gesamte Rückkopplungschleife kein frequenzselektives Element, d. h., ist die Selbsterregung für ein sehr breites Frequenzband erfüllt, können sogenannte Kippschwingungen auftreten. Der Verstärker wird dabei zwischen den beiden Aussteuerungsgrenzen hin und her geschaltet, wobei das Umschaltverhalten der Schaltung durch das Übergangsverhalten der Transistoren und die in der Schaltung enthaltenen Zeitkonstanten bestimmt wird.

Ein wichtiger Vertreter dieser Gruppe von Schaltungen ist der astabile Multivibrator. Abb. 5.36a) zeigt die Prinzipschaltung in der üblichen Darstellungsweise; in Abb. 5.36b) ist die gleiche Schaltung in einer Form wiedergegeben, aus der sofort ersichtlich ist, daß es sich um einen zweistufigen Verstärker mit positiver Rückkopplung handelt, dessen Rückkopplungsfaktor Eins ist. Die in Abb. 5.36c) dargestellten Zeitverläufe der Spannungen an einem Transistor verdeutlichen die Wirkungsweise der Schaltung.

Zur Erläuterung der Funktionsweise gehen wir davon aus, daß sich nach dem Einschalten der Betriebsspannung ein beliebiger Zustand eingestellt hat, in dem beide Transistoren leiten. Tritt nun z. B. in Transistor T_1 eine zufällige kleine Erhöhung des Kollektorstromes auf, sinkt die Kollektorspannung ab. Diese Spannungsänderung wird auf die Basis von T_2 übertragen und bewirkt eine Abnahme des Kollektorstromes und damit ein Ansteigen der Kollektorspannung. Diese Spannungsänderung wirkt wieder auf T_1 zurück und unterstützt die ursprüngliche Kollektorstromänderung. Aufgrund der starken Mitkopplung kippt die Schaltung sehr schnell in einen Zustand

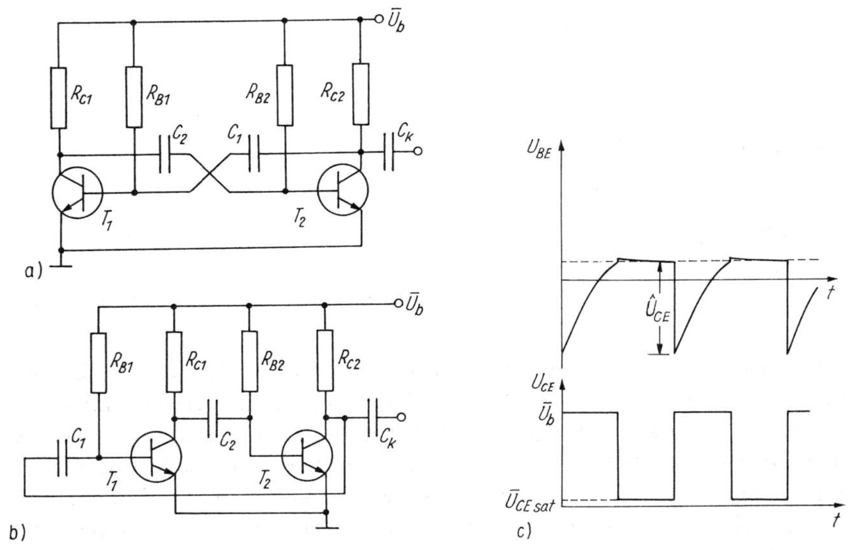

Abb. 5.36. Astabiler Multivibrator

a) Prinzipschaltung,

b) Darstellung der Schaltung als zweistufiger mitgekoppelter Verstärker,

c) Zeitverläufe der Spannungen an einem Transistor (schematisch)

um, in dem T_1 bis in die Sättigung aufgesteuert ist und T_2 sperrt (Zeit $t = 0$ im Diagramm Abb. 5.36c). Anschließend fließt über R_{B2} eine positive Ladung auf den Kondensator C_2, bis die Schwellenspannung der Basis-Emitterdiode von T_2 erreicht ist und T_2 zu leiten beginnt. Dadurch wird ein neuer Kippvorgang eingeleitet, der die Schaltung in den anderen Zustand überführt, in dem T_2 leitet und T_1 gesperrt ist.

Der astabile Multivibrator wird als Rechteckspannungsgenerator verwendet. Bei einer symmetrischen Schaltung ($R_{C1} = R_{C2} = R_C$, $R_{B1} = R_{B2} = R_B$, $C_1 = C_2 = C$) entsteht eine Ausgangsspannung mit dem Tastverhältnis $v_p = 0{,}5$. Ist $\bar{U}_b$ groß gegenüber der Schwellenspannung der Basis-Emitterdiode (praktisch meist erfüllt), gilt für die Periodendauer näherungsweise

$$T = 2 \cdot t_H = 2\tau \cdot \ln 2\,,$$

wobei $\tau = R_B C$ die bestimmende Zeitkonstante ist, d. h, die Frequenz ist etwa

$$f = \frac{1}{1{,}4 R_B \cdot C}\,. \tag{5.66}$$

5.4 Schaltungen mit Feldeffekttransistoren

Trotz des unterschiedlichen Wirkungsmechanismus zeigen Bipolar- und Feldeffekttransistoren bei der Darstellung ihrer Eigenschaften durch Vierpolersatzschaltungen eine weitgehende Analogie (vgl. dazu 4.6.4 und die vereinfachten Ersatzschaltungen

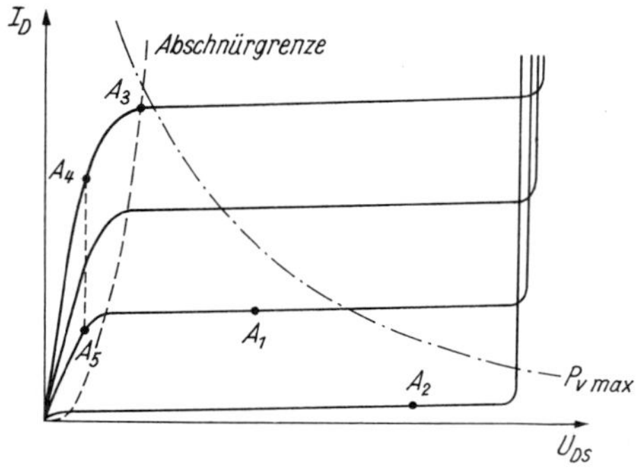

Abb. 5.37. Zur Festlegung des Arbeitspunktes beim FET

in Abb. 4.62 und 4.71). Viele der Grundlagen der Schaltungstechnik des Bipolartransistors aus den vorangegangenen Abschnitten lassen sich daher auf die Schaltungstechnik der FET übertragen.

Die Wahl eines geeigneten Arbeitspunktes läßt sich anschaulich im Ausgangskennlinienfeld darstellen (Abb. 5.37). Beim Betrieb als Verstärker liegt der Arbeitspunkt im Abschnürbereich. Beim Kleinsignalbetrieb wählt man den Arbeitspunkt ähnlich wie beim Bipolartransistor bei etwa der halben Betriebsspannung (Arbeitspunkt A_1). Auch beim Großsignalbetrieb gelten ähnliche Überlegungen wie beim Bipolartransistor. So ist im Arbeitspunkt A_1 A-Betrieb, im Arbeitspunkt A_2 B-Betrieb möglich, wobei die Arbeitsgerade vollständig im zulässigen Bereich liegen muß. Beim Schalterbetrieb wird der FET zwischen den beiden Arbeitspunkten A_2 und A_3 umgeschaltet.

Dabei haben FET den Vorteil, daß keine Speicherzeit auftritt (vgl. 4.5.5 und 5.2.2). Allerdings ist der Kanalwiderstand im durchgesteuerten Zustand (Arbeitspunkt A_3) verhältnismäßig groß, so daß auch der Arbeitswiderstand groß sein muß. Das führt schon bei geringen kapazitiven Belastungen zur Vergrößerung der Schaltzeiten. Auch hier setzt man statt passiver Widerstände vorteilhaft Transistoren als aktive Last ein (s. Kap. 6).

FET lassen sich als steuerbare Widerstände einsetzen. Sie werden dazu bei konstanter Drain-Sourcespannung $\bar{U}_{DS}$ im ohmschen Bereich betrieben (Arbeitspunkte A_4 und A_5). Der Kanalwiderstand wird durch die Gate-Sourcespannung U_{GS} gesteuert. Darüber hinaus können sie ähnlich wie Bipolartransistoren in Stromquellenschaltungen verwendet werden (vgl. 5.1.4).

5.4.1 Einstellung des Arbeitspunktes

Bei vorgegebener Betriebsspannung $\bar{U}_b$ und einem bestimmten Arbeitswiderstand wird der Arbeitspunkt des FET durch die Gate-Sourcespannung $\bar{U}_{GS}$ eingestellt. Meist verwendet man dazu Schaltungen, die ohne zusätzliche Spannungsquelle auskommen. Die wichtigsten Möglichkeiten sollen am Beispiel eines n-Kanal-Verarmungs-MOSFET erläutert werden.

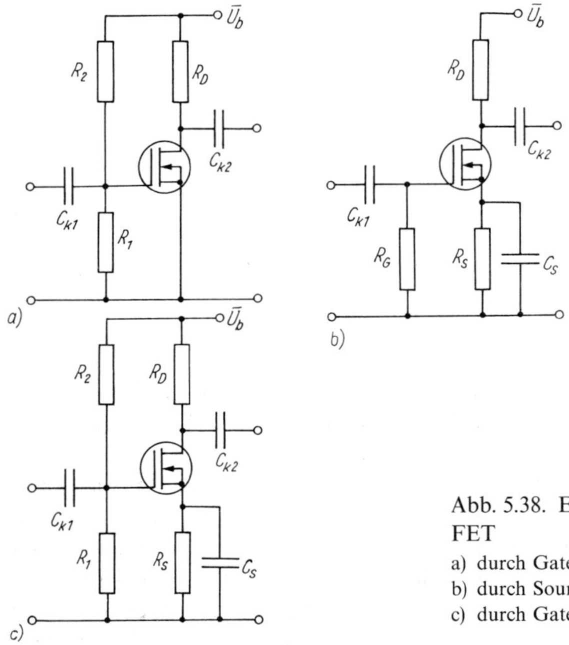

Abb. 5.38. Einstellung des Arbeitspunktes beim FET

a) durch Gate-Spannungsteiler aus $\bar{U}_b$,
b) durch Sourcewiderstand R_S,
c) durch Gatespannungsteiler und Sourcewiderstand

Die Erzeugung der Gatespannung mittels eines Spannungsteilers (Abb. 5.38a)) hat genau wie die durch eine zusätzliche Spannungsquelle den Nachteil, daß sich Exemplarstreuungen, Temperatur- und Alterungseinflüsse voll auf den Arbeitspunkt auswirken. Außerdem ist zur Erzeugung einer negativen Gatespannung in jedem Fall eine zusätzliche negative Betriebsspannung erforderlich. Wegen des hohen Eingangswiderstandes fließt praktisch kein Gatestrom, d. h., man kann mit einem unbelasteten Spannungsteiler rechnen und R_1 und R_2 sehr groß wählen.

Bei der automatischen Gatespannungserzeugung (Abb. 5.38b)) liefert der Spannungsabfall $\bar{I}_D R_s$ des Drainstromes am Sourcewiderstand eine positive Sourcespannung, während das Gate über R_G auf Nullpotential liegt (R_G kann wegen $\bar{I}_G \approx 0$ ebenfalls sehr groß gewählt werden). Die durch R_S bewirkte Gleichstromgegenkopplung stabilisiert den Arbeitspunkt. Allerdings können in dieser Schaltung nur Arbeitspunkte mit negativer Gate-Sourcespannung $\bar{U}_{GS}$ eingestellt werden. Diese Schaltung läßt sich jedoch vorteilhaft zum Aufbau von Gleichspannungsverstärkern verwenden, da die Festlegung des Arbeitspunktes bei vorgegebenem Gatepotential allein durch den Sourcewiderstand R_S erfolgen kann.

Beliebige Arbeitspunkte lassen sich einstellen, wenn man beide Schaltungen miteinander kombiniert (Abb. 5.38c)); diese universelle Schaltung wird daher in Wechselspannungsverstärkern am häufigsten zur Arbeitspunkteinstellung verwendet. Hinsichtlich der Dimensionierung des Kondensators C_S gelten ähnliche Überlegungen wie für den Emitterkondensator C_E beim Bipolartransistor (s. 5.1.1.5.1).

5.4.2 FET-Grundschaltungen

Da der FET wie der Bipolartransistor drei Anschlüsse aufweist, lassen sich ebenfalls drei verschiedene Grundschaltungen mit unterschiedlichen Eigenschaften aufbauen. Im folgenden sollen die beiden wichtigsten, die Sourceschaltung und die Drainschaltung, behandelt werden. Auch hierbei wird sich die Analogie zu den entsprechenden Schaltungen mit Bipolartransistoren erweisen. Zur Ableitung der Betriebseigenschaften beschreiben wir den FET durch seine y-Parameter, die vom Hersteller i. allg. angegeben werden, und legen das vereinfachte Ersatzschaltbild aus 4.6.4 zugrunde, das für niedrige Frequenzen hinreichend genau ist.

5.4.2.1 Sourceschaltung

Die Sourceschaltung stellt das Analogon zur Emitterschaltung dar. Die vollständige Sourceschaltung mit ihrer vereinfachten Wechselstromersatzschaltung für niedrige Frequenzen zeigt Abb. 5.39. Die Aufstellung der Ersatzschaltung erfolgte dabei nach den gleichen Gesichtspunkten wie bei den Schaltungen mit Bipolartransistoren; allerdings kann man die Eingangskapazität C_{11} des FET wegen seines hohen

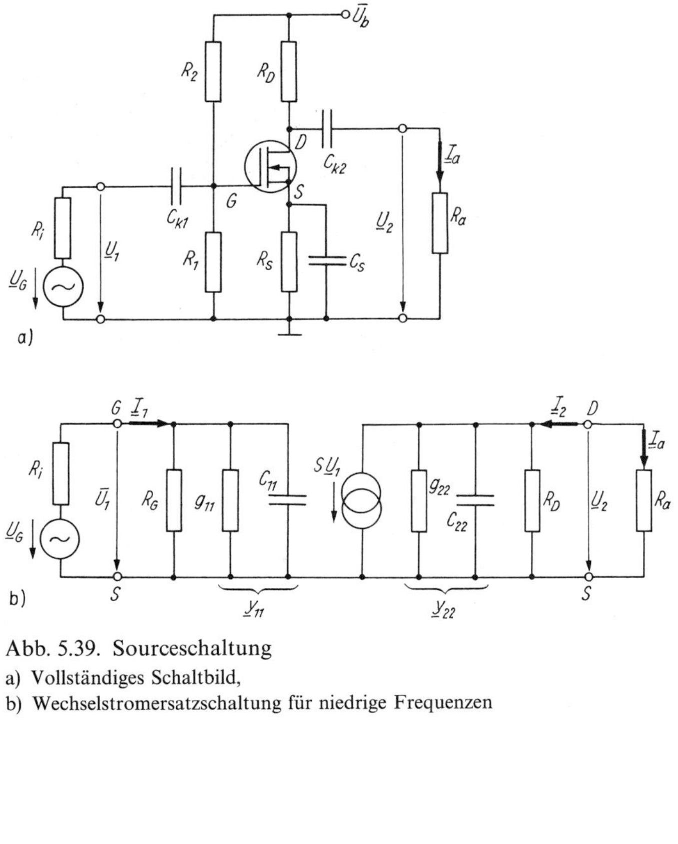

Abb. 5.39. Sourceschaltung
a) Vollständiges Schaltbild,
b) Wechselstromersatzschaltung für niedrige Frequenzen

Eingangswiderstandes nicht von vornherein vernachlässigen. Schreibt man zur Vereinfachung $R_G = R_1 \parallel R_2$ und $R_L = R_D \parallel R_a$, liest man aus der Ersatzschaltung unmittelbar folgende Betriebseigenschaften ab:

Spannungsverstärkung

$$\underline{v}_{uS} = -S \frac{R_L}{1 + \underline{y}_{22}R_L} \approx -SR_L, \tag{5.67}$$

Eingangswiderstand

$$\underline{W}_{1S} = \frac{R_G}{1 + \underline{y}_{11}R_G} \approx R_G, \tag{5.68}$$

Ausgangswiderstand

$$\underline{W}_{2S} = \frac{R_D}{1 + \underline{y}_{22}R_D} \approx R_D. \tag{5.69}$$

Die angegebenen Näherungen gelten dabei in vielen praktischen Fällen.

5.4.2.2 Drainschaltung

Die Drainschaltung, deren vollständiges Schaltbild Abb. 5.40 zeigt, stellt das Analogon zur Kollektorschaltung dar. Wie bei dieser lassen sich ihre Betriebseigenschaften einfach ermitteln, wenn man die vollständige Spannungs-Seriengegenkopplung dieser Schaltung berücksichtigt (vgl. 5.3.1.4). Für die Spannungsverstärkung ergibt sich dann mit (5.67)

$$\underline{v}_{uD} = -\frac{\underline{v}_{uS}}{1 + \underline{v}_{uS}} = \frac{SR_L}{1 + \underline{y}_{22}R_L + SR_L} \tag{5.70}$$

(mit $R_L = R_S \parallel R_a$), also genau wie bei der Kollektorschaltung ein Wert kleiner Eins. Die Eingangsimpedanz erhält man unmittelbar aus Abb. 5.40 zu

$$\underline{W}_{1D} = \frac{U_1}{U_1 - U_2} \underline{W}_{1S} = (1 + \underline{v}_{uS})\, \underline{W}_{1S}, \tag{5.71}$$

und für die Ausgangsimpedanz ergibt sich unter Berücksichtigung der großen Eingangsimpedanz eines MOSFET

$$\underline{W}_{2D} = \frac{R_S}{1 + \underline{y}_{22}R_S + SR_S} = \frac{\underline{W}_{2S}}{1 + \underline{v}_{uS}}. \tag{5.72}$$

Da i. allg. $|(1 + \underline{y}_{22}R_S)| \ll SR_S$ ist, gilt näherungsweise $W_{2D} = 1/S$.

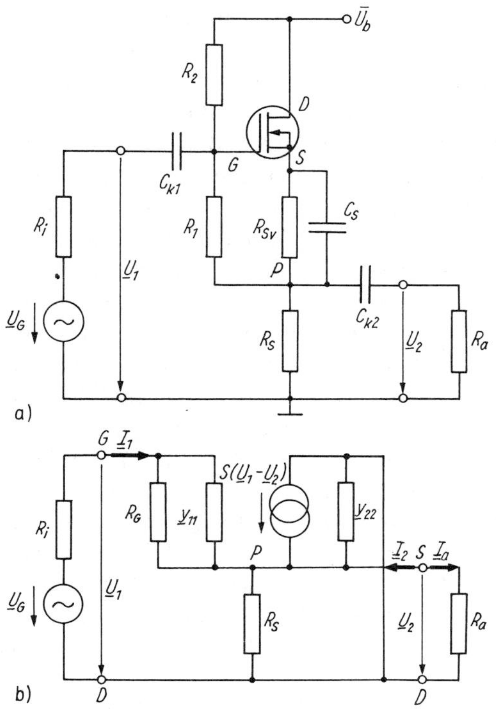

Abb. 5.40. Drainschaltung
a) Vollständige Schaltung,
b) Wechselstromersatzschaltung für niedrige Frequenzen

Die Drainschaltung wird vor allem als Impedanzwandler eingesetzt, wobei besonders die verkleinerte Eingangskapazität von praktischer Bedeutung ist; deshalb kann diese Schaltung als Eingangsstufe bis zu relativ hohen Frequenzen benutzt werden.

5.5 Integrierte Analogschaltungen

In ständig zunehmendem Maße werden heute Schaltungen aus diskreten Bauelementen durch sogenannte integrierte Schaltungen verdrängt, die Bauelemente und Schaltungen zu einem einzigen untrennbaren Baustein vereinen. Die Ursache liegt in den bedeutenden Vorteilen dieser Technik. Am meisten ins Auge fällt die ungleich höhere Packungsdichte (Anzahl der Bauelemente pro Volumeneinheit) einer integrierten Schaltung gegenüber einer herkömmlichen aus diskreten Bauelementen. Während die diskrete Schaltungstechnik höchstens Packungsdichten von einigen Bauelementen pro cm^3 gestattet, erreicht man bei integrierten Analogschaltungen Packungsdichten von $10^3/cm^3$ und bei Schaltkreisen mit den höchsten Integrationsgraden (sogenannte ULSI-Schaltkreise, von engl.: ultra large scale integration), wie sie in der Digitaltechnik realisiert werden, heute bereits die Größenordnung von $10^6/cm^3$. Ein weiterer entscheidender Vorteil ist die bedeutend höhere Zuverlässigkeit und Systemlebensdauer, die ihre Ursache vor allem in dem Fortfall externer Verbindungen zwischen einzelnen Bauelementen und der bei der Montage und Verschaltung auftretenden zusätzlichen Belastungen hat. Außerdem ist die von einer integrierten Schaltung aufgenommene Verlustleistung um einige Größenordnungen geringer als die einer vergleichbaren Schaltung aus diskreten Bauelementen. Und schließlich gestattet die integrierte Technik schaltungstechnische Lösungen, die mit diskreten Baulementen nicht oder nur näherungsweise realisiert werden können.

Man unterscheidet zwei Gruppen von integrierten Schaltungen: Hybridschaltungen und monolithische Halbleiterschaltungen. Eine Hybridschaltung besteht aus einer passiven Grundschaltung, die in Filmtechnik auf einem geeigneten Trägermaterial (Keramik, Glas) erzeugt und mit diskreten aktiven, z. T. auch mit speziellen passiven Bauelementen komplettiert wird. Als Filmtechniken kommen Siebdruck, Bedampfungs- und Zerstäubungsverfahren zur Anwendung. Im Gegensatz zur monolithischen Integration ermöglicht die Hybridtechnik auch bei geringeren Stückzahlen eine rationelle Fertigung bei vertretbaren Kosten. In den letzten Jahren ist ihr allerdings mit der SMD-Technik (von engl.: surface mounted device; vgl. 2.1.1.1) eine echte Konkurrenz erwachsen, die die Herstellung gleichwertiger Schaltungen bei geringeren Kosten gestattet. Monolithische Halbleiterschaltungen werden in Siliziumplanartechnik hergestellt. Dabei wird die komplette Schaltung aus passiven (Widerstände, Kondensatoren) und aktiven Bauelementen (Dioden, Bipolar- und Unipolartransistoren) einschließlich der Verbindungsleitungen auf einem Halbleiterkristall (Chip) erzeugt.

Die monolithische Technik hat die größte praktische Bedeutung; mit ihr erreicht man die höchste Packungsdichte und Zuverlässigkeit. Wegen des hohen technologischen und Entwicklungsaufwandes wird diese Technik allerdings erst bei der Produktion großer Stückzahlen rentabel. Die Palette monolithisch integrierter Schaltungen umfaßt daher einerseits universelle Schaltkreise mit einem breiten Anwendungsbereich, andererseits hochspezialisierte Schaltkreise, die in Produkten Verwendung finden, die in großer Stückzahl hergestellt werden. Dagegen ist die Hybridtechnik als Verbindung unterschiedlicher Technologien bereits bei kleineren Stückzahlen rentabel. Es können auch Bauelemente integriert werden, die in monolithischer Technik schwierig oder nicht herstellbar sind, und es können hohe Leistungsdichten erreicht werden, da die spezielle Führung von Verbindungsleitungen die Realisierung kleiner Wärmewiderstände ermöglicht.

Die integrierten Analogschaltkreise[1] kann man in drei Gruppen einteilen. Die erste Gruppe umfaßt Universalschaltkreise, die für die verschiedensten Aufgaben in der kommerziellen Elektronik (Meß-, Steuer- und Regelungstechnik, analoge Datenverarbeitung), im gewissen Umfang auch in der Konsumgütertechnik eingesetzt werden. Ein wichtiger Vertreter dieser Gruppe ist der Operationsverstärker. Die zweite Gruppe

---

[1] Im folgenden werden immer monolithisch integrierte Schaltkreise gemeint, wenn von integrierten Schaltungen gesprochen wird.

umfaßt Spezialschaltkreise zur Stabilisierung von Versorgungsspannungen; diese finden als Universal- und Festspannungsregler in der gesamten elektronischen Gerätetechnik Anwendung. Zur dritten Gruppe schließlich gehören Spezialschaltkreise zur Realisierung ganz bestimmter Funktionen in Konsumgütern (z. B. Belichtungsautomatik in Kameras, Schaltkreise für die Unterhaltungselektronik), in der Steuer- und Regelungstechnik (z. B. Schwellwertschalter) und in der Militärtechnik.

5.5.1 Operationsverstärker (OV)

Operationsverstärker sind mehrstufige hochverstärkende Gleichspannungsverstärker mit einem Differenzeingang. Die Bezeichnung rührt von der ursprünglichen Verwendung in der Analogrechentechnik her. Heute finden sie insbesondere als integrierte Bausteine universelle Verwendung in der gesamten Elektronik. Ihr besonderer Vorteil besteht darin, daß sich Schaltungen aufbauen lassen, deren Eigenschaften praktisch nur von den äußeren Bauelementen bestimmt werden und nicht von dem OV abhängen.

Abb. 5.41 zeigt das Symbol eines OV. Durch die symmetrische Betriebsspannung kann der Ausgang sowohl in positiver als auch in negativer Richtung (gegen Masse) ausgesteuert werden. Verstärkt wird die zwischen den beiden Eingängen wirkende Spannungsdifferenz. Bei $U_e = U_{E2} - U_{E1} > 0$ ist $U_O > 0$, und bei $U_e = U_{E2} - U_{E1} < 0$ ist $U_O < 0$; man nennt daher $E2$ den nichtinvertierenden und $E1$ den invertierenden Einang des OV.

5.5.1.1 Eigenschaften des idealen OV

Die Anwendungsmöglichkeiten eines OV lassen sich besonders einfach und übersichtlich darstellen, wenn man einen sogenannten idealen OV zugrunde legt, der folgende charakteristische Eigenschaften aufweist:

- Leerlaufverstärkung $v_u = \infty$. Als Leerlaufverstärkung bezeichnet man die Differenzspannungsverstärkung bei unbelastetem Ausgang.
- Eingangsimpedanz $Z_e = \infty$. Als Eingangsimpedanz bezeichnet man den differentiellen Widerstand zwischen den beiden Eingängen $E1$ und $E2$. Aus $Z_e = \infty$ folgt $I_e = 0$, d. h., der ideale OV nimmt keinen Eingangsstrom auf.

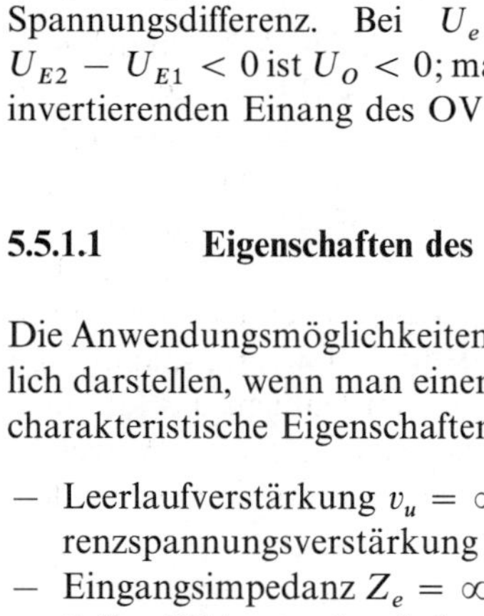

Abb. 5.41. Symbol eines OV

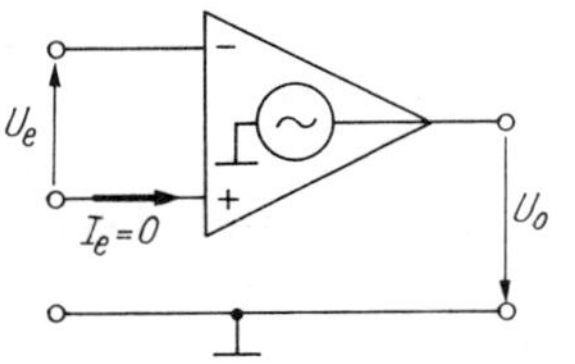

Abb. 5.42. Ersatzschaltung des idealen OV

- Ableitungsimpedanz $Z_{E1} = Z_{E2} = \infty$. Als Ableitungsimpedanz bezeichnet man die Impedanz zwischen einem Eingang und Masse.
- Ausgangsimpedanz $Z_O = 0$. Als Ausgangsimpedanz definiert man den dynamischen Innenwiderstand des Ausgangs.
- Gleichtaktunterdrückung (*c*ommon *m*ode *r*ejection) CMR $= \infty$.

Außerdem sind im Gegensatz zum realen Differenzverstärker (und auch zum realen OV) Offsetstrom und Offsetspannung Null. Diese Eigenschaften führen auf das in Abb. 5.42. dargestellte Ersatzschaltbild.

5.5.1.2 Der ideale OV als Spannungsverstärker

Die Ausgangsspannung eines OV kann keinen beliebig großen Wert annehmen, sondern ist auf einen bestimmten Maximalwert (Sättigungswert) begrenzt, der von der Betriebsspannung abhängt. Da wir eine unendlich große Leerlaufverstärkung angenommen hatten, wird der OV bereits durch eine beliebig kleine Eingangsspannung bis in die Sättigung durchgesteuert. Auch der reale OV zeigt ein ganz ähnliches Verhalten (übliche Werte der Leerlaufverstärkung sind $v_u = 10^4 \ldots 10^6$, übliche Betriebsspannungen und damit auch Sättigungsspannungen liegen zwischen 10 V und 30 V). Das bedeutet aber, daß ein OV bereits durch Eingangsspannungen $U_e \leqq 1$ mV bis in die Sättigung gesteuert wird. Abb. 5.43 verdeutlicht das für einen OV mit endlicher Leerlaufverstärkung (ausgezogen) und einen idealen OV (gestrichelt). Der unbeschaltete OV läßt sich daher nicht als linearer Verstärker verwenden,

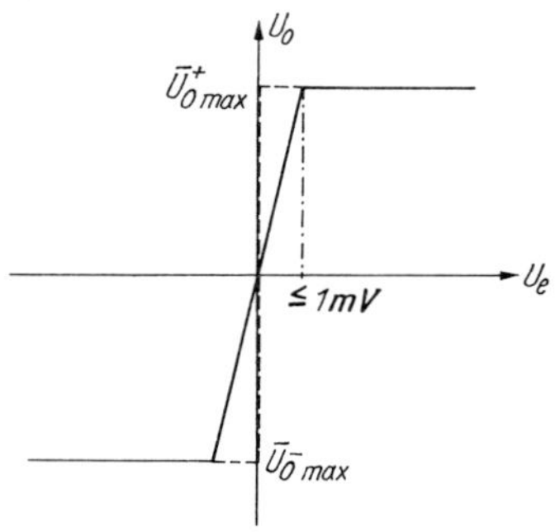

Abb. 5.43. Übertragungskennlinie eines OV (gestrichelt: idealer OV)

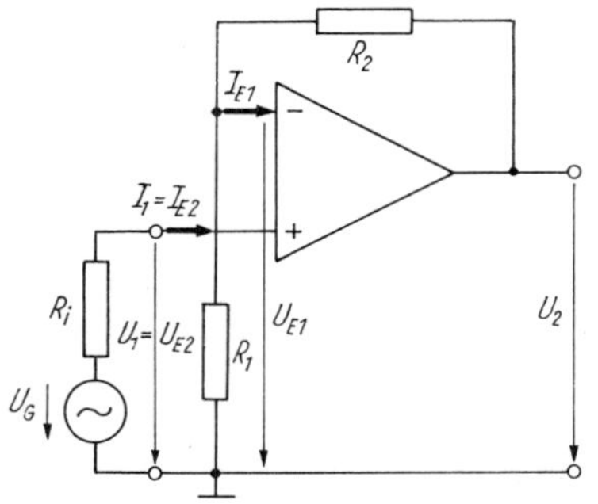

Abb. 5.44. OV als nichtinvertierender Verstärker

sondern nur zwischen den beiden Sättigungszuständen umschalten. Er wird erst durch eine Gegenkopplung zum linearen Verstärker.

Die Gegenkopplung wird durch eine Rückkopplung auf den invertierenden Eingang realisiert. Wegen der beiden Eingänge des OV gibt es zwei Grundschaltungen für den Verstärkerbetrieb. In der Schaltung der Abb. 5.44 wird die zu verstärkende Spannung dem nichtinvertierenden Eingang $E2$ zugeführt. Die Ausgangsspannung hat daher die gleiche Phasenlage wie die Eingangsspannung; man bezeichnet diese Schaltung als nichtinvertierenden Verstärker. Allgemein gilt für die Ausgangsspannung eines OV

$$U_O = U_2 = (U_{E2} - U_{E1})\, v_u\,. \tag{5.73}$$

Beim idealen OV ist $I_{E1} = 0$, und damit gilt für die rückgekoppelte Spannung

$$U_{E1} = kU_2 = \frac{R_1}{R_1 + R_2}\, U_2\,. \tag{5.74}$$

Andererseits ist $v_u = \infty$, d. h., die Ausgangsspannung stellt sich so ein, daß die Differenzeingangsspannung $U_e = U_{E2} - U_{E1}$ verschwindet. Mit (5.74) ergibt sich daher aus Abb. 5.44

$$U_e = U_1 - \frac{R_1}{R_1 + R_2}\, U_2 = 0\,,$$

und daraus erhält man die Verstärkung des nichtinvertierenden Verstärkers zu

$$v_u' = \frac{U_2}{U_1} = \frac{R_1 + R_2}{R_1}\,. \tag{5.75}$$

Die Verstärkung hängt nicht vom OV ab, sondern wird allein durch die äußeren Schaltelemente R_1 und R_2 bestimmt. Als Eingangsimpedanz der Schaltung wirkt die Ableitungsimpedanz Z_{E2}, die beim idealen OV unendlich ist.

Führt man die zu verstärkende Spannung dem invertierenden Eingang zu, ist die Ausgangsspannung gegenphasig zur Eingangsspannung; man spricht vom invertie-

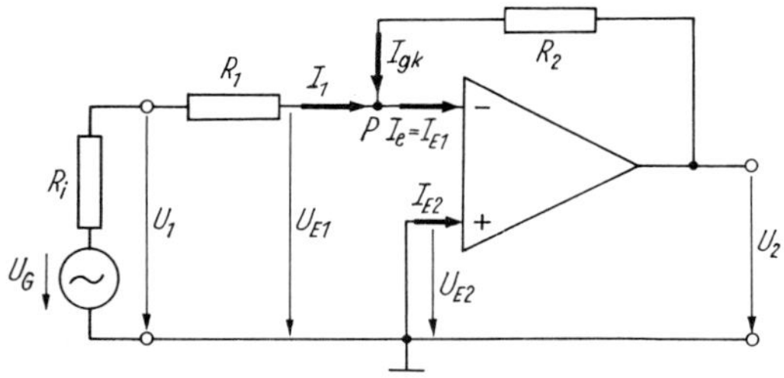

Abb. 5.45. OV als invertierender Verstärker

renden Verstärker. Aus Abb. 5.45 liest man für die Ströme über R_1 und R_2 ab:

$$I_1 = \frac{U_1 - U_{E1}}{R_1}, \tag{5.76}$$

$$I_{gk} = \frac{U_2 - U_{E1}}{R_2}. \tag{5.77}$$

Da beim idealen OV $I_{E1} = 0$ ist, gilt im Knoten P (s. Abb. 5.45) $I_1 + I_{gk} = 0$. Auch in dieser Schaltung stellt sich U_2 so ein, daß $U_e = U_{E2} - U_{E1} = 0$ ist. Da $E2$ auf Massepotential liegt, muß demnach auch $U_{E1} = 0$ sein, d. h., P ist ein virtueller Massepunkt, und man erhält im Knoten P

$$\frac{U_1}{R_1} + \frac{U_2}{R_2} = 0$$

und daraus für die Verstärkung des invertierenden Verstärkers

$$v_u' = -\frac{U_2}{U_1} = \frac{R_2}{R_1}, \tag{5.78}$$

d. h. ebenfalls einen Wert, der allein durch die äußeren Schaltelemente R_1 und R_2 bestimmt wird. Der Strom I_1 belastet die Spannungsquelle. Da der Knoten P ein virtueller Massepunkt ist, hängt I_1 nur vom Widerstand R_1 ab: R_1 bildet den Eingangswiderstand des invertierenden Verstärkers. Im Gegensatz zum nichtinvertierenden Verstärker hat also der mit einem idealen OV aufgebaute invertierende Verstärker einen endlichen Eingangswiderstand.

5.5.1.3 Kenngrößen und Grenzwerte realer OV

Als Beispiel für einen realen OV wollen wir den Standardschaltkreis μA 741 betrachten, der wegen seiner guten Eigenschaften und universellen Anwendbarkeit sehr weite Verbreitung gefunden hat. Tab. 17 gibt einen Überblick über die wichtigsten Kennwerte des μA 741. Dabei sind die Offsetgrößen und der Eingangsruhestrom wie beim Differenzverstärker definiert (s. 5.1.5.3.). Als Ausgangsspitzen-

Tabelle 17
Kenn- und Grenzwerte des integrierten OV µA 741

Kennwert	Minimal	Typisch	Maximal	Meß-bedingungen ($\bar{U}_b = \pm 15$ V)
Betriebsspannung $\bar{U}_{b+}$	3 V	15 V	22 V	
$\bar{U}_{b-}$	−22 V	−15 V	−3 V	
Betriebsstrom $\bar{I}_{b+} = \bar{I}_{b-}$		1,3 mA	2,8 mA	
Verlustleistung P_v			500 mW	
Eingangsruhestrom $\bar{I}_I$		80 nA	500 nA	
Eingangsoffsetspannung $\bar{U}_{IO}$		1,5 mV	5 mV	
Eingangsoffsetstrom $\bar{I}_{IO}$		10 nA	200 nA	
Differenzeingangsspannung $\bar{U}_{ID}$	−30 V		30 V	
Gleichtakteingangsspannung $\bar{U}_{IG}$	−15 V		15 V	
Eingangswiderstand R_I	0,3 MΩ	3 MΩ		
Ausgangskurzschlußstrom I_{OS}			25 mA	
Ausgangswiderstand R_O		60 Ω		$f = 1$ kHz
Leerlaufverstärkung v_u	$5 \cdot 10^4$	$15 \cdot 10^4$		$R_L \geqq 2$ kΩ $U_O = \pm 10$ V
Gleichtaktunterdrückung CMR	90 dB			
Ausgangsspitzenspannung $\bar{U}_{O\max}$	13 V			$R_L = 2$ kΩ
Spannungsanstiegsgeschwindigkeit SR	0,5 V/µs			$R_L = 2$ kΩ $v'_u = 1$
Anstiegszeit t_r			0,35 µs	$R_L = 2$ kΩ $C_L \leqq 100$ pF $v'_u = 1$

spannung $U_{O\max}$ bezeichnet man den Grenzwert (Sättigungswert) der Ausgangsspannung bei Übersteuerung des OV. Der Eingangswiderstand R_I ist als differentieller Eingangswiderstand für eine zwischen den beiden Eingängen $E1$ und $E2$ angelegte Wechselspannung definiert. Er hängt von den Eingangstransistoren des Differenzverstärkers ab und kann bei Verwendung von FET bis zu 10^{11} Ω betragen. Der Ausgangswiderstand R_O beschreibt die Abhängigkeit der Ausgangsspannung von der Belastung und ist ebenfalls als differentieller Widerstand definiert. Der Gleichtakteingangswiderstand R_{eg} ist der differentielle Widerstand, der bei parallelgeschalteten Eingängen zwischen diesen und Masse wirksam ist; er ist i. allg. zwei bis drei Größenordnungen größer als der Differenzeingangswiderstand. Die Betriebsspannungsunterdrückung SVR (von engl.: supply voltage rejection) beschreibt den Einfluß einer Betriebsspannungsänderung auf die Ausgangsspannung. Die Spannungsanstiegsgeschwindigkeit SR (von engl.: slew rate) ist eine dynamische Kenngröße und

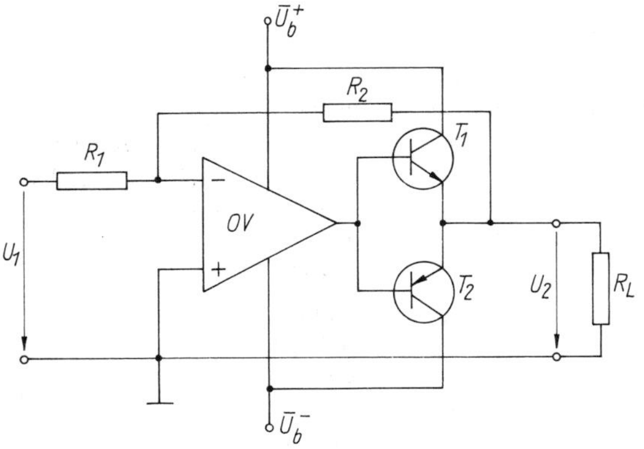

Abb. 5.46. Leistungs-Operationsverstärker

beschreibt die Anstiegszeit der Ausgangsspannung beim Übergang von $\bar{U}_{O\max}^-$ nach $\bar{U}_{O\max}^+$ oder umgekehrt.

Als Grenzwerte werden vor allem die maximal zulässige Betriebsspannung, die maximal zulässigen Eingangsspannungen sowie der zulässige Bereich der Umgebungstemperatur angegeben. Häufig werden noch Angaben über die Belastbarkeit des Ausgangs und den Maximalwert der aufgenommenen Leistung gemacht (wichtig für die Dimensionierung der Stromversorgung).

OV für universelle Anwendungen können wegen ihrer geringen maximalen Verlustleistung nur kleine Ausgangsströme (im Bereich weniger Milliampere) liefern. Für spezielle Anwendungen sind deshalb Leistungs-OV entwickelt worden, die bei maximalen Verlustleistungen von einigen zehn Watt Ausgangsströme bis zu einigen Ampere zulassen. Eine einfache Leistungs-OV-Schaltung erhält man, wenn man einem Universal-OV einen Gegentakt-*B*-Verstärker (s. 5.2.1.) nachschaltet. Dabei werden Übernahmeverzerrungen praktisch vollständig unterdrückt, wenn der *B*-Verstärker mit in die Gegenkopplung einbezogen wird (s. Abb. 5.46).

Wie bei jedem realen Verstärker ist die Verstärkung auch beim realen OV frequenzabhängig. Als Gleichspannungsverstärker zeigen OV Tiefpaßverhalten, d. h., die Verstärkung fällt mit zunehmender Frequenz ab. Da OV mehrstufig aufgebaut sind, wird die Frequenzabhängigkeit der Verstärkung durch mehrere Zeitkonstanten bestimmt (s. Abb. 5.47). Nach (2.58) läßt sich die frequenzabhängige Verstärkung darstellen als Produkt aus dem frequenzunabhängigen Wert v_{u0} und den Übertragungsfunktionen der in der Schaltung wirksamen Tiefpässe, die nach (2.52) durch ihre Grenzfrequenzen beschrieben werden können. Demnach gilt für den in Abb. 5.47 angenommenen Fall

$$\underline{v}_u(\omega) = v_{u0} \frac{1}{1 + j\dfrac{\omega}{\omega_{g1}}} \cdot \frac{1}{1 + j\dfrac{\omega}{\omega_{g2}}} \cdot \frac{1}{1 + j\dfrac{\omega}{\omega_{g3}}}. \tag{5.79}$$

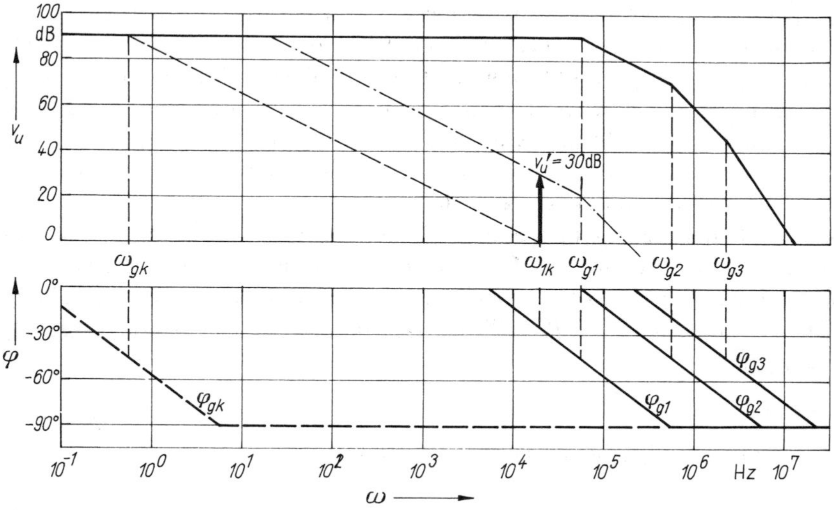

Abb. 5.47. Bode-Diagramm eines dreistufigen OV

Das Bode-Diagramm in Abb. 5.47 macht deutlich, daß durch den Einfluß mehrerer Zeitkonstanten die Verstärkung stärker als um 20 dB pro Dekade abfällt und die Phasendrehung größer wird als $\pi/2$ (die gesamte Phasenverschiebung ist gleich der Summe der Phasenverschiebungen der einzelnen Tiefpässe; vgl. (2.59)). Das bedeutet, daß beim gegengekoppelten Verstärker bei einer Frequenz $\omega_p > \omega_{g2}$, bei der die Phasendrehung gerade $\varphi = -\pi$ beträgt, aus der Gegenkopplung eine Mitkopplung wird. Wenn die Schleifenverstärkung $|\underline{kv}_u(\omega_p)| > 1$ ist, d. h., wenn für diese Frequenz die Selbsterregungsbedingung erfüllt ist, wird die Schaltung instabil.

Will man mit OV stabile gegengekoppelte Schaltungen aufbauen, muß gewährleistet sein, daß der Phasenwinkel der Verstärkung stets kleiner als 180° ist, solange die Schleifenverstärkung $\geqq 1$ ist. Das erreicht man durch Einbau eines zusätzlichen Tiefpasses R_kC_k, dessen Grenzfrequenz $\omega_{gk} = 1/(R_kC_k)$ so tief liegt, daß sie praktisch allein den Frequenzgang der Verstärkung bestimmt. Für das Übergangsverhalten (vgl. 1.3.4) einer gegengekoppelten Schaltung erweist sich der genaue Wert der Phasenverschiebung als wichtig, der sich bei der Frequenz ergibt, bei der die Schleifenverstärkung auf Eins abgefallen ist. Als Maß gibt man die Differenz α zur höchstzulässigen Phasenverschiebung von 180° an und bezeichnet diesen Winkel als Phasenreserve. Bei einer Phasenreserve von $\alpha \geqq 90°$ zeigt die Schaltung asymptotisches Verhalten, bei kleineren Phasenreserven tritt als Sprungantwort eine gedämpfte Schwingung auf. Bei $\alpha \approx 65°$ nimmt die Übergangszeit ein Minimum an; genau dieser Fall wird bei Verstärkerschaltungen i. allg. angestrebt (vgl. Abb. 5.47). Die richtige Dimensionierung des Tiefpasses R_kC_k hängt von der gewünschten äußeren Verstärkung und der geforderten Phasenreserve ab. Soll die Schaltung bis zu einer äußeren Verstärkung $v_u' = 1$ (= 0 dB) stabil arbeiten, muß die Frequenzgangkompensation so gewählt werden, daß bereits bei einer Frequenz ω_{1k}, bei der die Phasenverschiebung des unkompensierten OV noch $< 90°$ ist, die Verstärkung auf $v_u = 0$ dB abgefallen ist (in Abb. 5.45 für $\alpha = 65°$ gestrichelt gezeichnet). Ein so frequenzgangkompensierter OV zeigt oberhalb ω_{gk} einen Verstärkungsabfall von 20 dB/Dekade und ab $\omega = 10\,\omega_{gk}$ bis $0{,}1\omega_{g1}$ eine konstante Phasenverschiebung von 90°. Soll dagegen z. B. eine äußere Verstärkung von $v_u' = 30$ dB eingestellt werden, kann der Tiefpaß R_kC_k bei gleicher Phasenreserve so dimensioniert werden, daß die Verstärkung bei ω_{1k} noch 30 dB beträgt (in Abb. 5.47 strichpunktiert gezeichnet).

Es gibt intern frequenzgangkompensierte OV, bei denen das erforderliche RC-Glied bereits integriert ist. Die meisten OV müssen durch Beschalten spezieller Anschlußpunkte kompensiert werden, wobei vom Hersteller Angaben zur Beschaltung und zur Dimensionierung der RC-Glieder für unterschiedliche Anwendungsfälle gemacht werden.

5.5.1.4 Einfluß der Eigenschaften eines realen OV

(5.75) und (5.78) gelten für den idealen OV. Wir wollen nun untersuchen, welchen Einfluß die Eigenschaften des realen OV auf die Schaltungen haben. Als Beispiel betrachten wir den invertierenden Verstärker, berücksichtigen aber der Übersichtlichkeit halber jeweils nur den Einfluß einer realen Kenngröße auf die Eigenschaften der Schaltung.

5.5.1.4.1 Einfluß der endlichen Leerlaufverstärkung

Nach Abb. 5.45 gilt, wenn $I_{E1} = 0$ ist,

$$U_{E1} = U_1 - \frac{R_1}{R_1 + R_2}(U_1 - U_2) = -\frac{U_2}{v_u},$$

und daraus erhält man

$$U_1 = -U_2\left[\frac{1}{v_u} + \frac{R_1}{R_2}\left(1 + \frac{1}{v_u}\right)\right]. \tag{5.80}$$

Da auch beim realen OV stets $1/v_u \ll 1$ ist, gilt als sehr gute Näherung

$$\frac{1}{v_u'} = -\frac{U_1}{U_2} = \frac{1}{v_u} + \frac{R_1}{R_2}. \tag{5.81}$$

Für $v_u \gg R_2/R_1$ erhält man wieder (5.78). Führt man den Rückkopplungsfaktor $k = R_1/R_2$ ein, kann man (5.81) umformen in die allgemeine Gleichung

$$v_u' = \frac{v_u}{1 + k \cdot v_u}$$

eines gegengekoppelten Verstärkers.

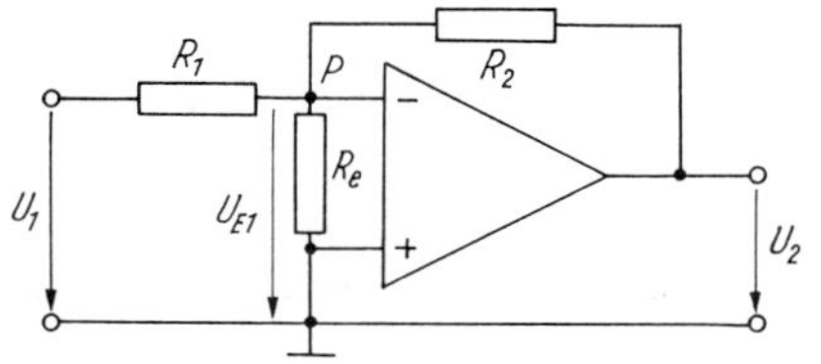

Abb. 5.48. Zum Einfluß des Eingangswiderstandes

5.5.1.4.2 Einfluß des endlichen Eingangswiderstandes

Der endliche Eingangswiderstand R_e liegt zwischen den beiden Eingängen $E1$ und $E2$ des OV. Er bleibt bei einem OV mit unendlicher Leerlaufverstärkung ohne Einfluß, da die Differenzeingangsspannung Null ist. Bei endlicher Leerlaufverstärkung gilt im Knotenpunkt P (s. Abb. 5.48)

$$\frac{U_1 - U_{E1}}{R_1} - \frac{U_{E1}}{R_e} + \frac{U_2 - U_{E1}}{R_2} = 0\,,$$

und daraus erhält man mit $U_{E1} = -U_2/v_u$ und nach einigen Umformungen

$$\frac{1}{v'_u} = \frac{1}{v_u} + \frac{R_1}{R_2}\left(1 + \frac{1}{v_u}\right) + \frac{R_1}{R_e} \cdot \frac{1}{v_u}. \tag{5.82}$$

Berücksichtigt man wieder, daß $1/v_u \ll 1$ ist, erhält man schließlich

$$\frac{1}{v'_u} = \frac{1}{v_u} + R_1\left(\frac{1}{R_2} + \frac{1}{v_u R_e}\right) = \frac{1}{v_u} + \frac{R_1}{R_2 \parallel v_u R_e}, \tag{5.83}$$

d. h., ein endlicher Eingangswiderstand R_e wirkt wie die Parallelschaltung eines Widerstandes $v_u R_e$ zu R_2. Unter der Voraussetzung, daß $R_2 \ll v_u R_e$ ist, erhält man wieder (5.81).

5.5.1.4.3 Einfluß des Ausgangswiderstandes

Den Einfluß des Ausgangswiderstandes R_O kann man berechnen, wenn man R_O in den Ausgang eines idealen OV legt (Abb. 5.49). Für die Ausgangsspannung des OV

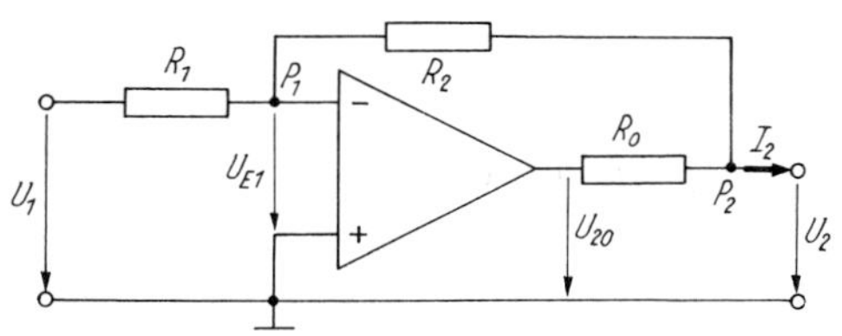

Abb. 5.49. Zum Einfluß des Ausgangswiderstandes

gilt dann (s. (5.81))

$$-\frac{U_1}{U_{2O}} = \frac{1}{v_u} + \frac{R_1}{R_2 + R_O}. \tag{5.84}$$

Da der Knoten P_1 auch beim realen OV als virtueller Massepunkt angesehen werden kann, erhält man die Ausgangsspannung U_2 der Schaltung aus

$$U_2 = \frac{R_2}{R_2 + R_O} U_{2O},$$

und damit ergibt sich

$$\frac{1}{v'_u} = -\frac{U_1}{U_2} = \frac{1}{v_u} + \frac{R_1 + \dfrac{R_O}{v_u}}{R_2}, \tag{5.85}$$

d. h., der Ausgangswiderstand R_O wirkt wie ein Serienwiderstand R_O/v_u zu R_1. Für $R_1 \gg R_O/v_u$ geht (5.85) wieder in (5.81) über.

5.5.1.4.4 Eingangs- und Ausgangswiderstand der Schaltung

Da der Knoten P_1 weiterhin als virtueller Massepunkt angesehen werden kann, ergibt sich der Eingangswiderstand des invertierenden Verstärkers unmittelbar aus (5.85) zu

$$W_1 = R_1 + \frac{R_O}{v_u} \approx R_1 . \tag{5.86}$$

Zur Berechnung des Ausgangswiderstandes des invertierenden Verstärkers gehen wir von der Schaltung in Abb. 5.49 aus, d. h., der endliche Eingangswiderstand des OV bleibt unberücksichtigt. Im Knoten P_1 gilt dann wieder

$$\frac{U_1 - U_{E1}}{R_1} + \frac{U_2 - U_{E1}}{R_2} = 0 .$$

Mit $U_{E1} = -U_{2O}/v_u$ erhält man daraus

$$U_{2O} = -\frac{R_2 U_1 + R_1 U_2}{R_1 + R_2} v_u . \tag{5.87}$$

Für den Knoten P_2 liest man aus Abb. 5.49 ab:

$$\frac{U_{2O} - U_2}{R_O} - \frac{U_2 - U_{E1}}{R_2} - I_2 = 0 .$$

Daraus erhält man mit (5.87) für die Ausgangsspannung der Schaltung

$$U_2 = -\frac{(R_2 v_u - R_O)\, U_1 + R_O(R_1 + R_2)\, I_2}{R_O + (1 + v_u)\, R_1 + R_2}. \tag{5.88}$$

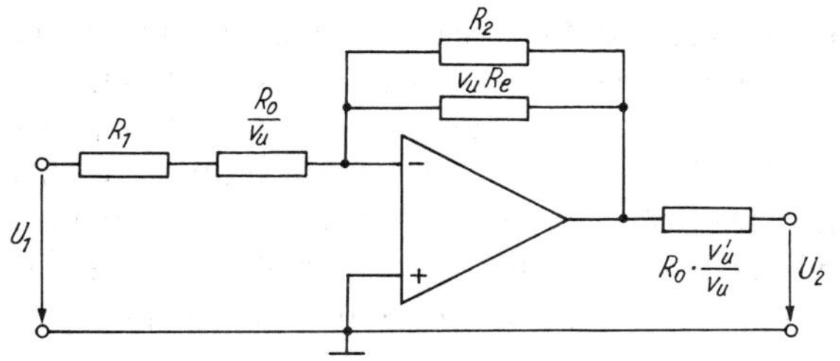

Abb. 5.50. Ersatzschaltung des realen invertierenden Verstärkers

Der Ausgangswiderstand der Schaltung beschreibt die Abhängigkeit der Ausgangsspannung U_2 vom Ausgangsstrom I_2 entsprechend

$$W_2 = -\left.\frac{\partial U_2}{\partial I_2}\right|_{U_1 = \mathrm{const}} . \tag{5.89}$$

Wendet man diese Definition auf (5.88) an und berücksichtigt, daß $v_u \gg 1$ und $R_O \ll v_u R_1$ ist, erhält man als gute Näherung

$$W_2 = R_O \frac{k + 1}{k v_u + 1} \tag{5.90}$$

mit $k = R_1/R_2$. Für $k \ll 1$ erhält man schließlich

$$W_2 = R_O \frac{v_u'}{v_u} . \tag{5.91}$$

Die Gegenkopplung bewirkt also eine Verringerung des Ausgangswiderstandes um den Faktor v_u'/v_u, d. h., der Ausgangswiderstand wird um so geringer, je größer die Leerlaufverstärkung des OV ist.

Faßt man die Ergebnisse der letzten Abschnitte zusammen, kann man den invertierenden Verstärker mit dem realen OV durch die in Abb. 5.50 wiedergegebene Ersatzschaltung beschreiben. Für die Verstärkung gilt

$$\frac{1}{v_u'} = \frac{1}{v_u} + \frac{R_1 + \dfrac{R_O}{v_u}}{R_2 \parallel v_u R_e} . \tag{5.92}$$

5.5.1.4.5 Der reale nichtinvertierende Verstärker

Berücksichtigt man beim nichtinvertierenden Verstärker die endliche Leerlaufverstärkung des OV, erhält man anstelle von (5.75)

$$\frac{1}{v_u'} = \frac{U_1}{U_2} = \frac{1}{v_u} + \frac{R_1}{R_1 + R_2} . \tag{5.93}$$

Beim nichtinvertierenden Verstärker liegt die Eingangsspannung U_1 direkt am nichtinvertierenden Eingang $E2$ (s. Abb. 5.44). Die Ausgangsspannung stellt sich stets so ein, daß die Differenzspannung $U_e = U_{E2} - U_{E1}$ nahezu verschwindet, d. h., im normalen Aussteuerbereich erfährt der OV praktisch eine Gleichtaktaussteuerung. Nimmt man an, daß bei Gleichtaktsteuerung die beiden Eingangsströme I_{E1} und I_{E2} gleich groß sind, muß die steuernde Spannungsquelle etwa den halben Gleichtaktsteuerstrom aufbringen. Für den wirksamen Eingangswiderstand des nichtinvertierenden Verstärkers gilt daher näherungsweise

$$W_1 = 2R_{eg}, \tag{5.94}$$

wobei R_{eg} der sehr große Gleichtakteingangswiderstand ist (s. 5.5.1.3). Wegen seines sehr großen Eingangswiderstandes bezeichnet man den nichtinvertierenden Verstärker auch als Elektrometerverstärker. Für den Ausgangswiderstand erhält man als Näherung wieder (5.91), d. h., der nichtinvertierende Verstärker läßt sich sehr gut als Impedanzwandler einsetzen.

5.5.1.4.6 Kompensation der Offsetgrößen

Der reale OV weist einen Eingangsoffsetstrom $\bar{I}_{IO} = \bar{I}_{E2} - \bar{I}_{E1}$ und eine Eingangsoffsetspannung $\bar{U}_{IO}$ auf. Beide Eingangsoffsetgrößen ergeben zusammen mit der äußeren Beschaltung die Betriebsoffsetspannung $\bar{U}_{BO}$, die bei beliebigen Eingangsspannungen eine konstante Abweichung der Ausgangsspannung zur Folge hat. Der Eingangsruhestrom $\bar{I}_I = (\bar{I}_{E1} + \bar{I}_{E2})/2$ bewirkt eine weitere Differenzeingangsspannung, wenn die Eingangsströme über unterschiedliche Widerstände eingespeist werden.

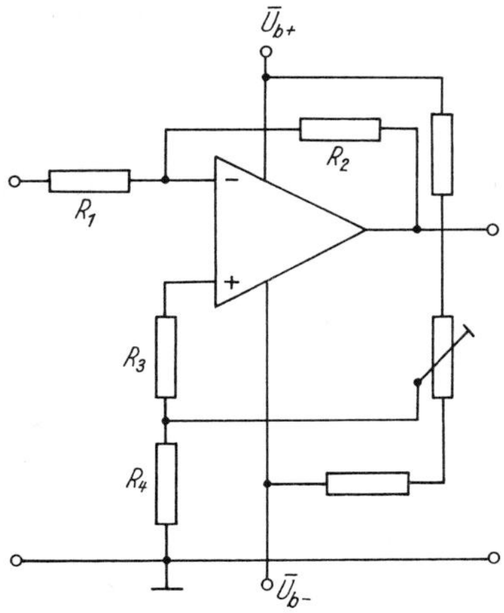

Abb. 5.51. Invertierender Verstärker mit Offsetkompensation

Die Kompensation des Einflusses des Eingangsruhestromes erfordert gleiche Widerstände vor den Eingängen des OV. Der Einfluß der Betriebsoffsetspannung kann durch Einspeisen einer zusätzlichen Gleichspannung kompensiert werden. Dazu wird, wenn dafür kein besonderer Anschluß vorgesehen ist, in der Regel der freie, d. h. nicht mit der Eingangsspannung beschaltete Eingang benutzt. In Abb. 5.51 ist die vollständige Schaltung eines invertierenden Verstärkers mit Offsetkompensation wiedergegeben. Zur Kompensation des Einflusses des Eingangsruhestromes wählt man $R_3 = R_1 \parallel R_2$. Die Betriebsoffsetspannung gewinnt man über einen Spannungsteiler aus der Betriebsspannung und führt sie über den Widerstand R_4 dem nichtinvertierenden Eingang zu, wobei $R_4 \ll R_3$ ist. Allerdings muß man berücksichtigen, daß Ruhestrom und Offsetgrößen temperatur- und zeitabhängig sind, so daß eine Kompensation nur bis zu einem gewissen Grade erfolgen kann. Typische Werte der Temperaturabhängigkeit und Langzeitkonstanz der Offsetspannung sind 25 µV/K bzw. 50 µV/Tag.

Beispiel 5.4. Mit einem µA 741 soll ein invertierender Verstärker mit einer äußeren Verstärkung $v'_u = 50$ aufgebaut werden. Welchen Einfluß haben die Eigenschaften des OV auf die Kenndaten der Schaltung?

Der Einfluß des endlichen Eingangswiderstandes des OV soll vernachlässigbar sein; mit den ungünstigsten Werten aus Tab. 17 folgt daher aus (5.83)

$$R_2 \ll v_u R_e < 5 \cdot 10^4 \cdot 3 \cdot 10^5\,\Omega = 15 \cdot 10^9\,\Omega\,.$$

Da beim idealen OV nach (5.78) $R_1 = R_2/v'_u$ und nach (5.86) $W_1 = R_1$ ist, wählt man R_2 möglichst groß:

$$R_2 = 10\,\mathrm{M\Omega}: \quad \text{daraus folgt } R_1 = 200\,\mathrm{k\Omega}\,.$$

Mit den Werten aus Tab. 17 ist

$$\frac{R_O}{v_u} = \frac{60\,\Omega}{5 \cdot 10^4} = 1{,}2\,\mathrm{m\Omega}\,,$$

d. h., der Einfluß des Ausgangswiderstandes auf R_{ein} ist vernachlässigbar. Aus (5.92) folgt $v'_u = 49{,}92$; die durch die unvermeidlichen Toleranzen der Bauelemente verursachte Abweichung der Verstärkung vom Sollwert ist sicher größer als die durch die realen Eigenschaften des OV bedingte. Nach (5.91) ist

$$W_2 = \frac{50}{5 \cdot 10^4} \cdot 60\,\Omega = 60\,\mathrm{m\Omega}\,.$$

Für den gegengekoppelten invertierenden Verstärker gilt allgemein

$$v'_u = \frac{v}{1 + k \cdot v_u}\,.$$

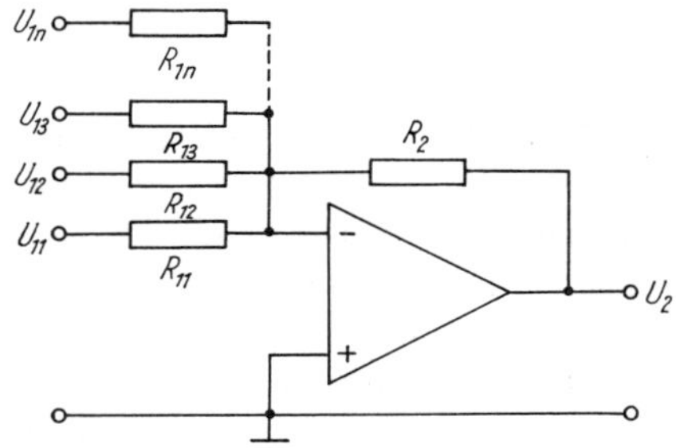

Abb. 5.52. Addierer

Nach (5.54) wirken sich Schwankungen der Leerlaufverstärkung v_u nur noch um den Faktor $1/kv_u$ vermindert aus:

$$v_s = kv_u = \frac{R_1}{R_2} v_u = \frac{v_u}{v'_u} = 1000\,;$$

eine Schwankung der Leerlaufverstärkung um $\Delta v_u = 30\%$ bewirkt also nur eine Änderung der äußeren Verstärkung um $\Delta v'_u = 0{,}03\%$. Dieses Zahlenbeispiel zeigt, daß unter bestimmten Voraussetzungen die Eigenschaften der Schaltung tatsächlich praktisch allein von den äußeren Widerständen R_1 und R_2 bestimmt werden.

5.5.1.5 Anwendungsbeispiele

In diesem Abschnitt sollen einige in der Praxis besonders häufig angewandte Schaltungen mit OV vorgestellt werden. Dabei wird i. allg. ein idealer OV zugrunde gelegt.

5.5.1.5.1 Analoge Rechenschaltungen

In Abb. 5.52 ist die Grundschaltung eines Addierers dargestellt. Da der Knoten P ein virtueller Massepunkt ist, gilt

$$\frac{U_{11}}{R_{11}} + \frac{U_{12}}{R_{12}} + \frac{U_{13}}{R_{13}} + \ldots + \frac{U_{1n}}{R_{1n}} + \frac{U_2}{R_2} = 0\,.$$

Für $R_{11} = R_{12} = R_{13} = \ldots = R_{1n} = R_1$ erhält man daraus

$$U_2 = -\frac{R_2}{R_1}(U_{11} + U_{12} + U_{13} + \ldots + U_{1n})\,. \qquad (5.95)$$

Gleichzeitig mit der Addition kann durch entsprechende Wahl des Widerstandsverhältnisses R_2/R_1 die Multiplikation mit einer Konstanten erfolgen.

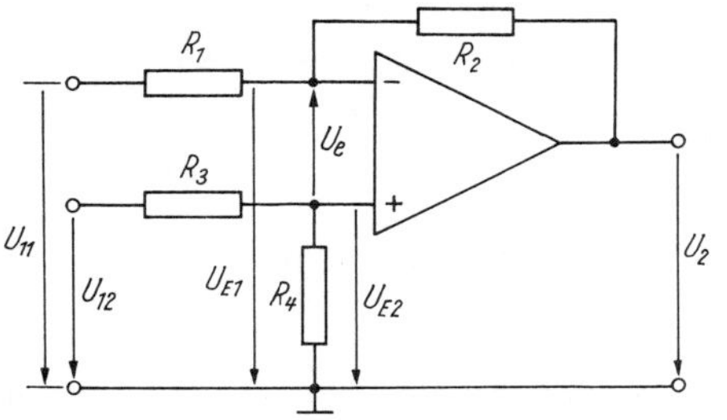

Abb. 5.53. Subtrahierer (Differenzverstärker)

Die Grundschaltung eines Subtrahierers ist in Abb. 5.53 wiedergegeben. Aus der Schaltung liest man ab:

$$U_{E1} = U_{11} - \frac{R_1}{R_1 + R_2}(U_{11} - U_2),$$

$$U_{E2} = \frac{R_4}{R_3 + R_4} U_{12}.$$

Da beim idealen OV $U_e = U_{E2} - U_{E1} = 0$ ist, erhält man

$$\frac{R_4}{R_3 + R_4} U_{12} - \frac{R_2}{R_1 - R_2} U_{11} - \frac{R_1}{R_1 + R_2} U_2 = 0$$

und daraus

$$U_2 = \frac{R_1 + R_2}{R_3 + R_4} \cdot \frac{R_4}{R_1} U_{12} - \frac{R_2}{R_1} U_{11}. \tag{5.96}$$

Wählt man $R_1 = R_3$ und $R_2 = R_4$, gilt

$$U_2 = \frac{R_2}{R_1}(U_{12} - U_{11}). \tag{5.97}$$

Abb. 5.54 zeigt die Grundschaltung eines Logarithmierers. Für einen Transistor in Basisschaltung gilt entsprechend (4.68)

$$I_C = A \cdot I_{Es} \, e^{U_{BE}/U_\vartheta}, \tag{5.98}$$

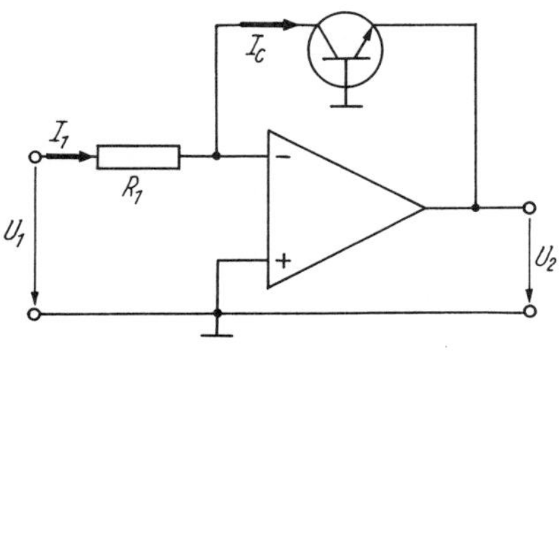

Abb. 5.54. Logarithmierer

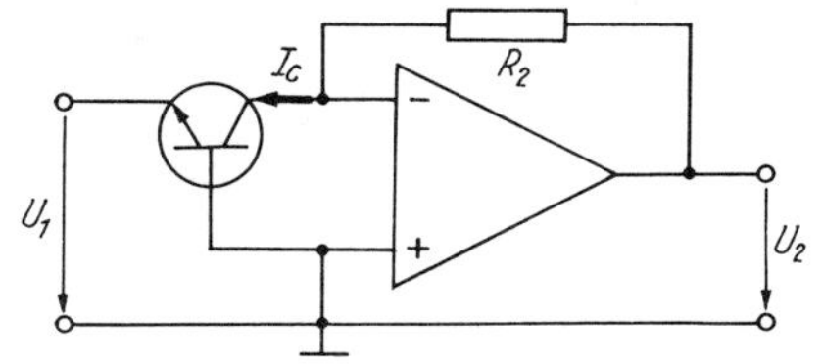

Abb. 5.55. Exponentialverstärker

wenn man $U_{BE} \gg U_\vartheta$ voraussetzt. Logarithmiert man (5.98) und berücksichtigt, daß $A \approx 1$ und $I_1 = I_C$ (wegen $I_{E1} = 0$) ist, erhält man

$$U_2 = -U_{BE} = -U_\vartheta \ln \frac{U_1}{I_{\mathrm{Es}} R_1}. \tag{5.99}$$

Die Ausgangsspannung ist also dem Logarithmus der Eingangsspannung proportional. Allerdings sind U_ϑ und I_{Es} stark temperaturabhängig. Zur thermischen Stabilisierung sind daher besondere Schaltungsmaßnahmen erforderlich. Bei Einsatz hochwertiger Siliziumplanartransistoren und entsprechender thermischer Stabilität gilt die logarithmische Übertragungskennlinie über 5 ... 6 Dekaden der Eingangsspannung.

Durch Vertauschen des Transistors mit dem Widerstand im Rückkopplungszweig erhält man die Umkehrfunktion, den Exponentialverstärker (Abb. 5.55). Analog zu (5.98) gilt

$$U_1 = -U_{BE} = -U_\vartheta \ln \frac{I_C}{I_{Es}}, \tag{5.100}$$

und daraus folgt mit $I_C = U_2/R_2$

$$U_2 = R_2 I_{Es}\, \mathrm{e}^{-U_1/U_\vartheta}. \tag{5.101}$$

Abb. 5.56 zeigt die Schaltung eines Integrierers. Da Knoten P ein virtueller Massepunkt ist, gilt für die Ladung des Kondensators

$$Q_C = C_2 U_2 .$$

Der Ladestrom wird durch den Widerstand R_1 bestimmt:

$$\mathrm{d}Q_c = -I_1\, \mathrm{d}t = -\frac{U_1}{R_1}\, \mathrm{d}t .$$

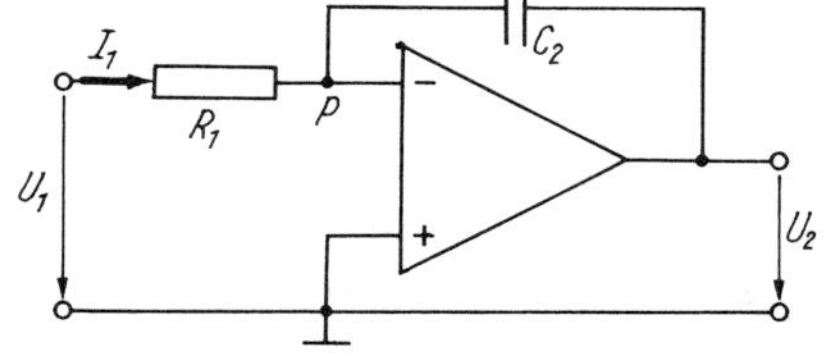

Abb. 5.56. Integrierer

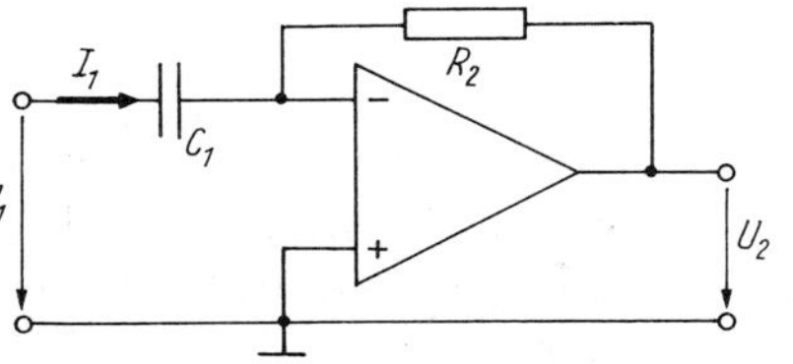

Abb. 5.57. Differenzierer

Damit erhält man

$$U_2 = -\frac{1}{R_1 C_2} \int U_1 \, \mathrm{d}t + \bar{U}_2(0) \, ; \tag{5.102}$$

die Ausgangsspannung ist bis auf einen konstanten Wert $\bar{U}_2(0)$ dem Integral der Eingangsspannung proportional. Man kann $\bar{U}_2(0)$ zu Null machen, wenn man vor dem Anlegen der Eingangsspannung den Kondensator entlädt. Ist $U_1 = \bar{U}_1 = \mathrm{const}$, ergibt sich eine linear mit der Zeit veränderliche Ausgangsspannung. Für $U_1 = \hat{U}_1 \sin \omega t$ erhält man

$$U_2 = \frac{\hat{U}_1}{\omega R_1 C_2} \cos \omega t \, ,$$

d. h., die Ausgangsspannung ist gegenüber der Eingangsspannung um $\pi/2$ phasenverschoben, und ihre Amplitude fällt proportional zur Frequenz: Der Integrierer zeigt Tiefpaßverhalten; die Einsfrequenz, bei der Ausgangs- und Eingangsspannung die gleiche Amplitude aufweisen, ist $\omega_T = 1/(R_1 C_2)$.

Durch Vertauschen von Widerstand und Kondensator im Rückkopplungszweig erhält man die Grundschaltung des Differenzierers. Aus Abb. 5.57 liest man ab, daß

$$I_1 = C_1 \frac{\mathrm{d}U_1}{\mathrm{d}t} = -\frac{U_2}{R_2}$$

ist, und daraus folgt

$$U_2 = -R_2 C_1 \frac{\mathrm{d}U_1}{\mathrm{d}t} \, . \tag{5.103}$$

Für eine sinusförmige Eingangsspannung erhält man

$$U_2 = -\omega R_2 C_1 \hat{U}_1 \cos \omega t \, ;$$

der Differenzierer zeigt Hochpaßverhalten. Das hat zur Folge, daß hochfrequente Rauschanteile der Eingangsspannung hoch verstärkt am Ausgang auftreten und die Schaltung zur Instabilität neigt. In der Praxis legt man deshalb einen Widerstand R_1 in Serie zu C_1 und einen Kondensator C_2 parallel zu R_2, so daß ein Tiefpaß entsteht, der oberhalb der Grenzfrequenz $\omega_g = 1/(R_1 C_2)$ die Verstärkung absenkt (s. a. 5.5.3.2). Eine exakte Differentiation ist dann allerdings nur für $\omega \ll \omega_g$ möglich.

5.5.1.5.2 Mittelwertbildner

Mit einem modifizierten Integrierer (Abb. 5.58) kann man den zeitlichen Mittelwert einer Wechselspannung bilden. Zur Erläuterung der Wirkungsweise der Schaltung gehen wir davon aus, daß am Eingang eine periodische Folge unipolarer Rechteckimpulse anliegt mit $t_p > R_1 C_2$ und $T \ll R_2 C_2$. Während der Impulsdauer t_p fließt auf den Kondensator C_2 die Ladung

$$\Delta Q_1 = \int_0^{t_p} I_C \,\mathrm{d}t = -\int_0^{t_p} (I_1 + I_R)\,\mathrm{d}t = -\frac{1}{R_1}\int_0^T U_1\,\mathrm{d}t - \frac{\bar{U}_2}{R_2}\,t_p$$

($\bar{U}_2$ ist der zeitliche Mittelwert der Ausgangsspannung). Während der Impulspause entlädt sich der Kondensator C_2 teilweise über R_2. Die abfließende Ladung ist (da $I_1 = 0$)

$$\Delta Q_2 = \int_{t_p}^T I_R\,\mathrm{d}t = \frac{\bar{U}_2}{R_2}(T - t_p)\,.$$

Im stationären Zustand ist $\Delta Q_1 = \Delta Q_2$, und man erhält

$$\bar{U}_2 = -\frac{R_2}{R_1}\cdot\frac{1}{T}\int_0^T U_1\,\mathrm{d}t \tag{5.104}$$

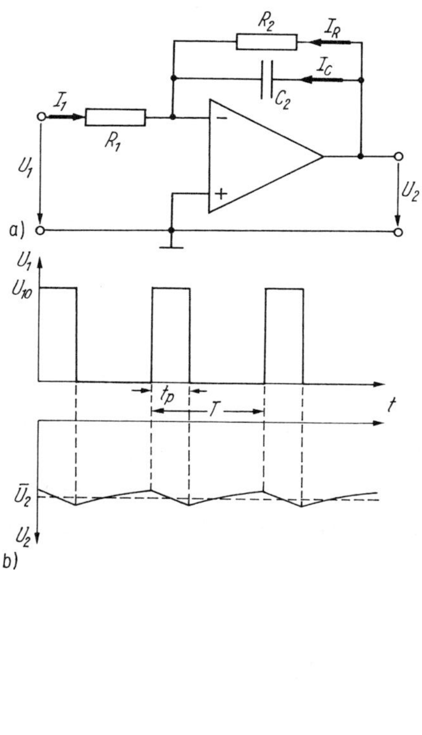

Abb. 5.58. Modifizierter Integrierer zur Mittelwertbildung
a) Schaltung,
b) Zeitverlauf der Spannungen im stationären Zustand (schematisch)

(die Integration kann über die Periodendauer T erstreckt werden, da $U_1 = 0$ für $t_p < t < T$ ist). (5.104) gilt für beliebige Eingangsspannungen. Die Welligkeit der Ausgangsspannung wird durch die Zeitkonstante R_2C_2 bestimmt. Betreibt man die Schaltung mit unipolaren Impulsen konstanter Amplitude $\hat{U}_{10}$ und Dauer t_p, erhält man aus (5.104)

$$\bar{U}_2 = -\frac{R_2}{R_1}\hat{U}_{10}\frac{t_p}{T} = -\frac{R_2\hat{U}_{10}t_p}{R_1}f, \tag{5.105}$$

d. h., die Schaltung kann zur analogen Frequenzmessung verwendet werden. Beliebige Eingangsspannungen werden dazu erst in eine unipolare Impulsfolge umgewandelt.

5.5.1.5.3 Impedanzwandler

Bei der Grundschaltung des invertierenden Verstärkers soll $R_2 \ll v_u R_e$ sein. Wenn eine bestimmte äußere Verstärkung $v_u' = R_2/R_1$ vorgesehen ist, kann daher R_1 und damit der Eingangswiderstand der Schaltung nicht beliebig groß gemacht werden (s. Beispiel 5.4). Abb. 5.59 zeigt eine Schaltung, in der die Verstärkung unabhängig von den Widerständen R_1 und R_2 eingestellt werden kann, indem man die Gegenkopplungsspannung über einen Spannungsteiler gewinnt. Für $R_2 \gg R_3 \parallel R_4$ ist

$$v_u' = -\frac{U_2}{U_1} = \frac{R_2}{R_1}\left(1 + \frac{R_3}{R_4}\right). \tag{5.106}$$

Für Eingangs- und Ausgangswiderstand gelten nach wie vor die oben hergeleiteten Beziehungen.

Eine besondere Form des nichtinvertierenden Verstärkers zeigt Abb. 5.60. Da $k = 1$ ist, gilt

$$v_u' = \frac{U_2}{U_1} = \frac{v_u}{1 + v_u} \approx 1, \tag{5.107}$$

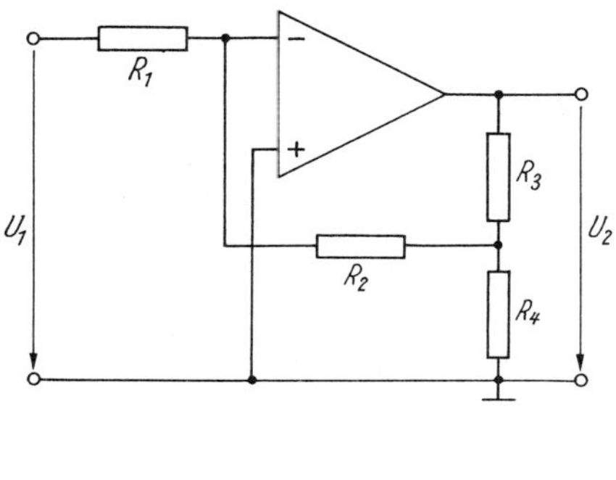

Abb. 5.59. Invertierender Verstärker als Impedanzwandler

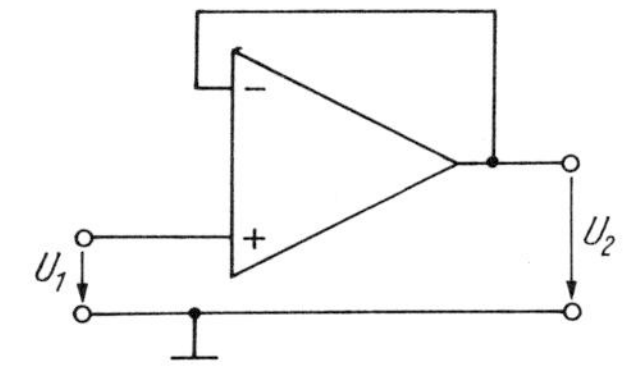

Abb. 5.60. Spannungsfolger

d. h., die Ausgangsspannung ist praktisch gleich der Eingangsspannung; man nennt diese Schaltung daher Spannungsfolger. Für den Eingangswiderstand gilt nach wie vor (5.94), der Ausgangswiderstand ist nach (5.91)

$$W_2 = \frac{R_0}{v_u}. \tag{5.108}$$

Während man zur Spannungsmessung Schaltungen mit möglichst großem Eingangswiderstand benötigt, braucht man zur Strommessung Schaltungen mit kleinem Eingangswiderstand. Abb. 5.61 zeigt eine entsprechende Schaltung. Ihre Übertragungsfunktion lautet $U_2 = - I_1 \cdot R$; damit erhält man für den Eingangswiderstand

$$W_1 = \frac{U_1}{I_1} = - \frac{U_1}{U_2} R$$
$$= \frac{R}{v'_u}. \tag{5.109}$$

Da $k = R_1/R_2 = 0$ ist, folgt aus der allgemeinen Gleichung des gegengekoppelten Verstärkers $v'_u = v_u$ und damit aus (5.109)

$$W_1 = \frac{R}{v_u}. \tag{5.110}$$

Bei kleinen Meßströmen stört der Eingangsstrom des OV. Man verwendet daher für Strom-Spannungswandler vorzugsweise OV mit großem Eingangswiderstand (FET-Eingangsstufen).

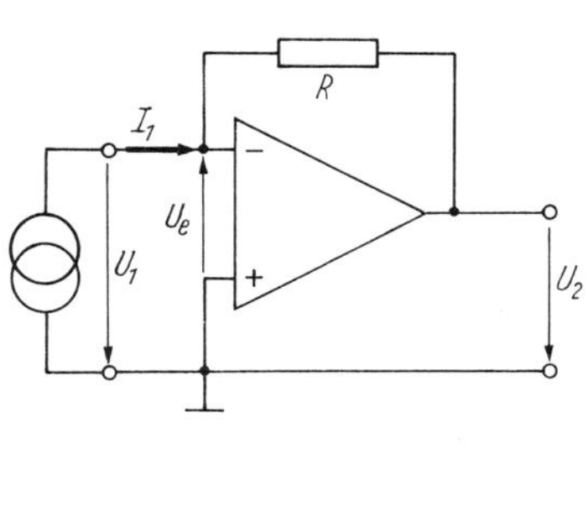

Abb. 5.61. Strom-Spannungswandler

5.5.1.5.4 Gleichrichter

Unter Verwendung von OV lassen sich Gleichrichterschaltungen aufbauen, die weitgehend unabhängig sind von der Nichtlinearität der Gleichrichterkennlinien und als sogenannte AC-DC-Wandler (AC von engl.: alternating current; DC von engl.: direct current) in der Meßtechnik verwendet werden. Ein Beispiel ist der in Abb. 5.62 wiedergegebene Präzisionsgleichrichter. Bei $U_1 > 0$ ist $U_2' < 0$. Da P virtuell auf Masse liegt, sperrt Diode D_1, und Diode D_2 leitet. Die Schaltung arbeitet wie ein invertierender Verstärker und liefert eine Ausgangsspannung

$$U_2 = -\frac{R_2}{R_1} U_1 .$$

Der nichtlineare Widerstand der Diode D_2 wirkt, um den Faktor $1/v_u$ vermindert, als Serienwiderstand zu R_1 (s. 5.5.1.4.3), kann also für hinreichend große Werte von R_1 und v_u vernachlässigt werden. Bei $U_1 < 0$ ist $U_2' > 0$, und die Diode D_1 leitet. Da Diode D_2 sperrt, liegt der Ausgang über R_2 am virtuellen Massepunkt P, d. h., die Ausgangsspannung ist Null. Für Ausgangsspannungen, die dem Betrage nach kleiner als die Schleusenspannung U_s der verwendeten Dioden sind, ist der OV praktisch nicht gegengekoppelt. Damit wird die volle Leerlaufverstärkung wirksam, so daß dieser Übertragungsbereich bereits mit Eingangsspannungen $U_e \leqq U_s/v_u$ durchlaufen wird. Die Schaltung verhält sich also wie ein idealer Gleichrichter (s. 4.4.1).

Mit einem zusätzlichen Steuereingang versehen, kann die Schaltung aus Abb. 5.62 als analoger Schalter oder als Fensterverstärker verwendet werden. Legt man an den Steuereingang eine negative Gleichspannung $-\bar{U}_{st}$, liefert die Schaltung nur für $U_1 - \bar{U}_{st} > 0$ eine Ausgangsspannung

$$U_2 = -\frac{R_2}{R_1} (U_1 - \bar{U}_{st}) . \tag{5.111}$$

Für $U_1 - \bar{U}_{st} \leqq 0$ liefert die Schaltung kein Ausgangssignal. Legt man dagegen an den Steuereingang eine positive Steuerspannung $U_{st} > \hat{U}_1$, erscheint am Ausgang die verstärkte Eingangsspannung.

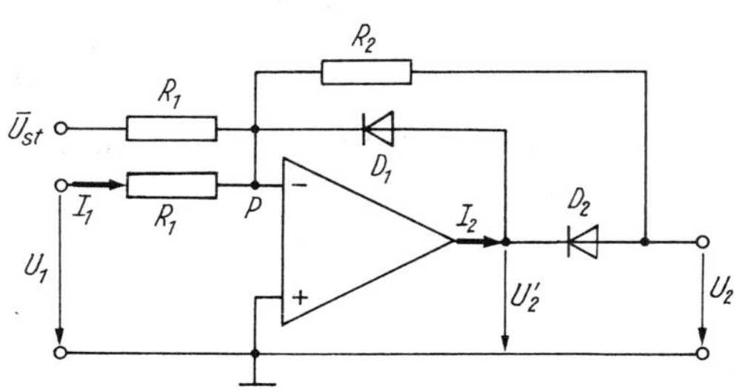

Abb. 5.62. Präzisionsgleichrichter

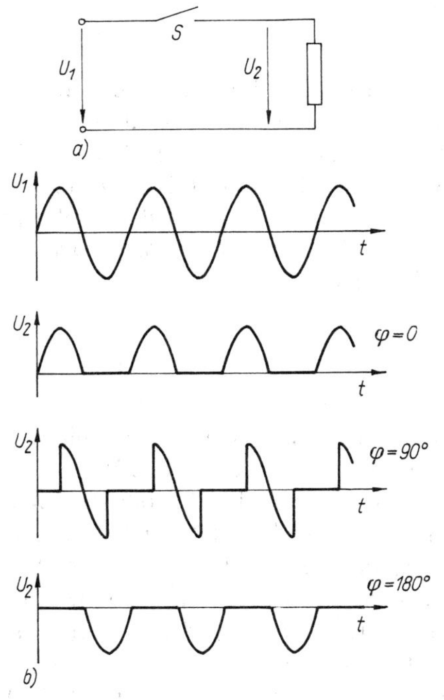

Abb. 5.63. Zum Wirkprinzip des Synchrongleichrichters
a) Prinzipschaltung,
b) zeitlicher Verlauf der Ausgangsspannung bei unterschiedlicher Phasenverschiebung

Besonders zum Nachweis stark verrauschter periodischer Signale geeignet ist der Synchrongleichrichter. Das Grundprinzip veranschaulicht Abb. 5.63. Wird der Schalter S periodisch im Takt der Signalspannung geschlossen und geöffnet, entsteht ein Ausgangssignal, dessen zeitlicher Verlauf von der Phasenverschiebung φ zwischen der Steuerfunktion $F_{st}(t)$ und dem Eingangssignal $U_1(t)$ abhängt. Für den Momentanwert $U_2(t)$ der Ausgangsspannung gilt

$$U_2(t) = U_1(t)\,F_{st}(t)\,, \tag{5.112}$$

wobei die Steuerfunktion periodisch die Werte Null und Eins annimmt. Entwickelt man $F_{st}(t)$ in eine Fourier-Reihe (s. 1.3.1) und nimmt für die Frequenz ω_1 der Eingangsspannung ein Vielfaches $m\omega_{st}$ der Frequenz der Steuerfunktion an, erhält man für die Ausgangsspannung

$$U_2(t) = \hat{U}_1 \cos\,(m\omega_{st}t + \varphi)\left[\frac{1}{2} + \sum_{n=0}^{\infty} \frac{2}{(2n+1)} \cos\,(2n+1)\,\omega_{st}t\right]. \tag{5.113}$$

Mit einem Tiefpaß kann man davon den zeitlichen Mittelwert $\bar{U}_2$ bilden, für den man aus (5.113)

$$\bar{U}_2 = \begin{cases} \dfrac{\hat{U}_1}{m\pi}\cos\varphi & \text{für} \quad m = 2n+1 \\ 0 & \text{für} \quad m \neq 2n+1 \end{cases}$$

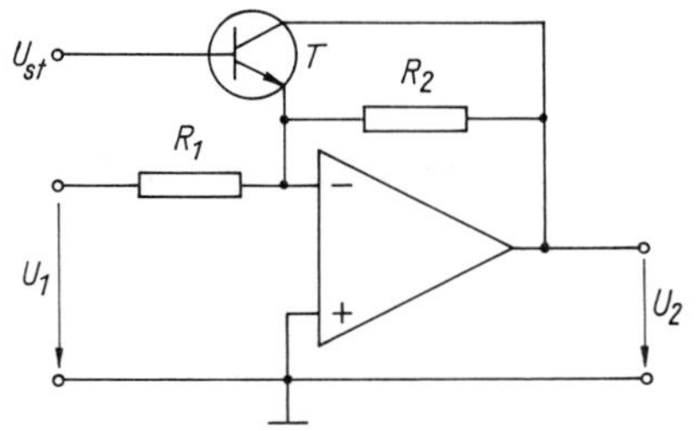

Abb. 5.64. Synchron-Vollweggleichrichter

berechnet. Zu $\bar{U}_2$ tragen also nur solche Eingangsspannungen bei, deren Frequenz gleich der der Steuerfunktion oder einem ungeradzahligen Vielfachen davon ist, wobei die Bandbreite umgekehrt proportional zur Zeitkonstanten des Tiefpasses ist. Da $\bar{U}_2$ von der Phasenverschiebung φ zwischen Eingangsspannung und Steuerfunktion abhängt, spricht man auch von einem phasenempfindlichen Gleichrichter.

Eine einfache Schaltung zeigt Abb. 5.64. Bei gesperrtem Transistor $T(U_{BE} \leqq 0)$ arbeitet die Schaltung als invertierender Verstärker, d. h., es ist $U_2 = -U_1 \cdot R_2/R_1$. Allerdings muß dabei $U_{CE} = U_2 < U_{CB}$ sein; zweckmäßig ist es daher, den Transistor durch ein negatives Signal zu sperren. Wird der Transistor in die Sättigung gesteuert, verbindet er den Ausgang des OV niederohmig mit dem invertierenden Eingang, und damit wird $U_2 = 0$. Als Tiefpaß kann ein Integrierer eingesetzt werden (s. Abb. 5.56). Der unerwünschte Beitrag der ungeradzahligen Harmonischen zum Ausgangssignal entfällt, wenn man einen Analogmultiplizierer als Synchrongleichrichter verwendet und dabei eine sinusförmige Steuerfunktion benutzt.

5.5.1.5.5 Komparator

Ein Spannungskomparator zeigt an, ob der Momentanwert einer Spannung größer oder kleiner als eine Referenzspannung ist. Die Ausgangsspannung nimmt dabei nur

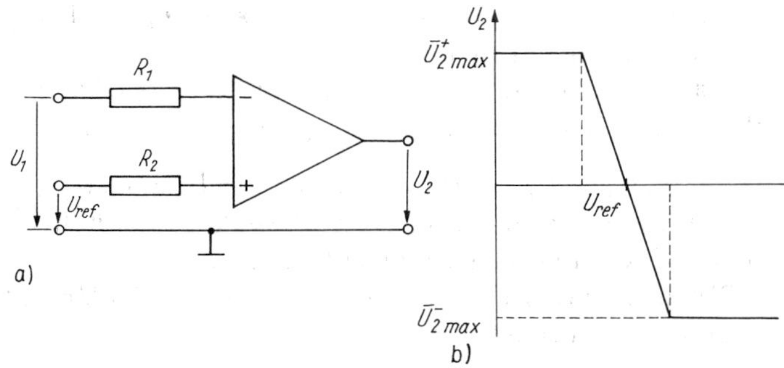

Abb. 5.65. Spannungskomparator
a) Schaltung, b) Übertragungsfunktion

Tabelle 18
Kenndaten des integrierten Spannungskomparators A 110

Meßbedingungen: $\vartheta_U = 25\,°C$; $\bar{U}_{b+} = 12\,V$; $\bar{U}_{b-} = -6\,V$; $R_b = 100\,\Omega$	
Eingangsoffsetspannung $\bar{U}_{IO}$	$<7{,}5$ mV
Eingangsoffsetstrom $\bar{I}_{IO}$	<15 µA
Eingangsruhestrom $\bar{I}_I$	<100 µA
Leerlaufverstärkung v_u	>750
log. 1-Ausgangsspannung U_{OH} ($\triangleq \bar{U}^+_{2\,max}$)*	$>2{,}5$ V
log. 0-Ausgangsspannung U_{OL} ($\triangleq \bar{U}^-_{2\,max}$)*	<0 V
Einschaltzeit t_{DLH}	38 ns
Ausschaltzeit t_{DHL}	50 ns
Gleichtaktunterdrückung CMR	>70 dB

* mit H bezeichnet man den hohen, mit L den niedrigen Pegel einer zweiwertigen digitalen Größe

zwei Werte an, d. h., die Aussage über den Momentanwert der analogen Eingangsgröße wird in digitaler Form gemacht. Komparatoren stellen daher eine wichtige Grundschaltung zur analog-digitalen Signalumwandlung dar. Spannungskomparatoren lassen sich mit einem OV realisieren (Abb. 5.65a)). Die in Abb. 5.65b) wiedergegebene Übertragungsfunktion kann man in der Form

$$U_2 = \begin{cases} \bar{U}^+_{2\,max} & \text{für} \quad U_1 \leqq U_{ref} - \dfrac{\bar{U}^+_{2\,max}}{v_u}, \\ \bar{U}^-_{2\,max} & \text{für} \quad U_1 \geqq U_{ref} - \dfrac{\bar{U}^-_{2\,max}}{v_u} \end{cases}$$

darstellen. Da man bei Spannungskomparatoren einerseits die große Leerlaufverstärkung eines OV nicht unbedingt benötigt, andererseits im Interesse eines schnellen Umschaltens zwischen den beiden stabilen Ausgangszuständen eine hohe Grenzfrequenz fordert, hat man für diesen Anwendungsfall spezielle Schaltkreise entwickelt. Gleichzeitig wählt man dabei die Pegel $\bar{U}^+_{2\,max}$ und $\bar{U}^-_{2\,max}$ der beiden Ausgangszustände so, daß sie zu den Pegeln digitaler Schaltkreise kompatibel sind (Beispiel: Spannungskomparator A 110; s. Tab. 18).

Die in Abb. 5.65 angegebene Komparatorschaltung hat, bedingt durch den direkten Zusammenhang zwischen Eingangs- und Ausgangsspannung, zwei Nachteile:

- Im Bereich $U_{ref} - \bar{U}^+_{2\,max}/v_u < U_1 < U_{ref} - \bar{U}^-_{2\,max}/v_u$ ändert sich U_2 nur langsam, wenn U_1 langsam veränderlich ist, d. h., die Umschaltgeschwindigkeit wird durch die Änderungsgeschwindigkeit der Eingangsspannung bestimmt.
- Im gleichen Eingangsspannungsbereich ist das Umschalten unsicher, wenn der Eingangsspannung ein Störsignal überlagert ist.

Diese Nachteile vermeidet man durch Mitkopplung des OV (Abb. 5.66). Die Mitkopplung bewirkt ein schnelles Umschalten des Komparators nach Überschreiten einer

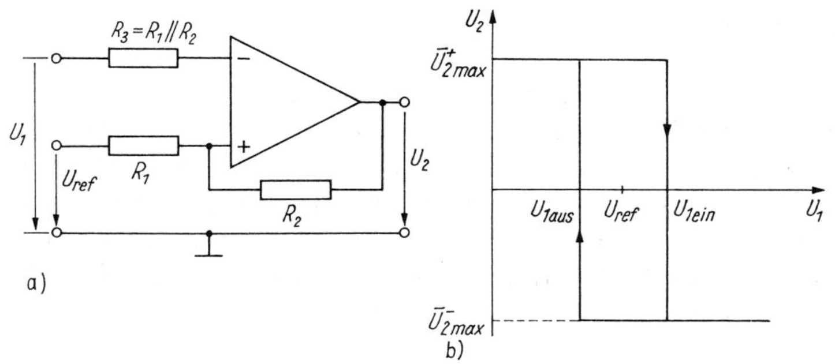

Abb. 5.66. Spannungskomparator mit Hysterese (Schmitt-Trigger)
a) Schaltung, b) Übertragungsfunktion

bestimmten Eingangsspannung[1] und das Auftreten einer Umschalthysterese $\bar{U}_H = U_{1\,\mathrm{ein}} - U_{1\,\mathrm{aus}}$ bezüglich der Eingangsspannung (s. Abb. 5.66b)). Man bezeichnet diese Schaltung auch als Schmitt-Trigger.

Beim idealen OV gilt für die Einschaltspannung

$$U_{1\,\mathrm{ein}} = U_{\mathrm{ref}} - \frac{R_1}{R_1 + R_2}(U_{\mathrm{ref}} - \bar{U}^+_{2\,\mathrm{max}}) \tag{5.114}$$

und für die Ausschaltspannung

$$U_{1\,\mathrm{aus}} = U_{\mathrm{ref}} - \frac{R_1}{R_1 + R_2}(U_{\mathrm{ref}} - \bar{U}^-_{2\,\mathrm{max}})\,. \tag{5.115}$$

Daraus erhält man für die Spannungshysterese

$$\bar{U}_H = U_{1\,\mathrm{ein}} - U_{1\,\mathrm{aus}} = \frac{R_1}{R_1 + R_2}(\bar{U}^+_{2\,\mathrm{max}} - \bar{U}^-_{2\,\mathrm{max}})\,. \tag{5.116}$$

Die Spannungshysterese und damit die Sicherheit des Schmitt-Triggers gegenüber Störspannungen, die der Eingangsspannung überlagert sind, kann also mittels der Widerstände R_1 und R_2 im Mitkopplungszweig eingestellt werden, wobei allerdings beim realen OV die Mitkopplungsbedingung

$$v_s = v_u \frac{R_1}{R_1 + R_2} > 1 \tag{5.117}$$

erfüllt sein muß. Anderenfalls würde der Komparator eine Übertragungsfunktion ohne Hysterese entsprechend Abb. 5.65 zeigen.

[1] Die Umschaltgeschwindigkeit wird durch die Eigenschaften des Schaltkreises bestimmt. Zur Kompensation des Einflusses der Eingangskapazität wird R_2 ein Kondensator parallelgeschaltet (kapazitiv kompensierter Spannungsteiler; s. Beispiel 1.10).

5.5.1.5.6 Signalgeneratoren

Ein einfacher Signalgenerator zur Erzeugung von Dreieck- und Rechteckspannungen läßt sich aus einem Integrierer und einem Komparator aufbauen (Abb. 5.67). Die Funktionsweise der Schaltung überblickt man, wenn man von einem bestimmten Ausgangszustand des Komparators ausgeht. Es sei z. B. $U_{22} = \bar{U}^+_{2\,\max}$. Diese Spannung liegt am Eingang des Integrierers und liefert eine zeitlinear abfallende Ausgangsspannung U_{21}. Der Komparator schaltet um, wenn $U_P = \bar{U}_{\text{ref}} = 0$ ist. Aus Abb. 5.67 liest man ab, daß in diesem Moment die Ausgangsspannung des Integrierers den Wert

$$U_{21} = \bar{U}_{1\,\text{aus}} = -\frac{R_3}{R_4}\,\bar{U}^+_{2\,\max} \tag{5.118}$$

erreicht hat. Die Ausgangsspannung des Komparators springt auf den Wert $U_{22} = \bar{U}^-_{2\,\max}$, und dadurch entsteht am Integriererausgang eine zeitlinear ansteigende Spannung, bis bei

$$U_{21} = \bar{U}_{1\,\text{ein}} = -\frac{R_3}{R_4}\,\bar{U}^-_{2\,\max} \tag{5.119}$$

der Komparator erneut umschaltet. Der Komparator liefert also eine Rechteckspannung mit den Spitzenwerten $\bar{U}^+_{2\,\max}$ und $\bar{U}^-_{2\,\max}$, der Integrierer eine Dreieckspannung mit den Spitzenwerten $\bar{U}_{1\,\text{ein}}$ und $\bar{U}_{1\,\text{aus}}$. Die Periodendauer erhält man, wenn man die Spitzenwerte der Dreieckspannung durch die Grundgleichung des Integrierers (5.102) ausdrückt:

$$\bar{U}_{1\,\text{aus}} = \bar{U}_{1\,\text{ein}} - \frac{1}{R_1C_1}\int_0^{T_1} \bar{U}^+_{2\,\max}\,\mathrm{d}t\,,$$

$$\bar{U}_{1\,\text{ein}} = \bar{U}_{1\,\text{aus}} - \frac{1}{R_1C_1}\int_0^{T_2} \bar{U}^-_{2\,\max}\,\mathrm{d}t\,.$$

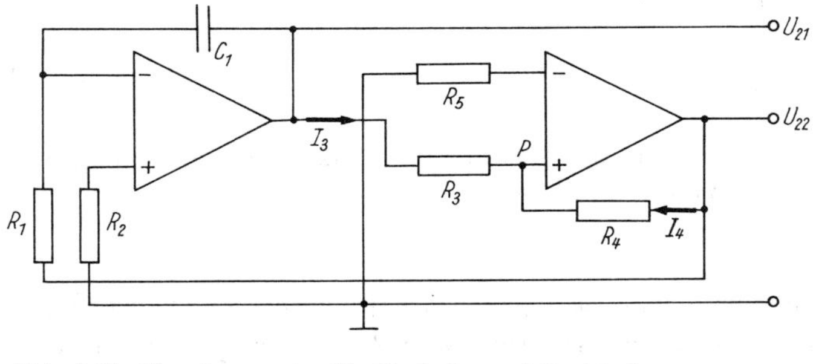

Abb. 5.67. Signalgenerator für Dreieck- und Rechteckspannungen

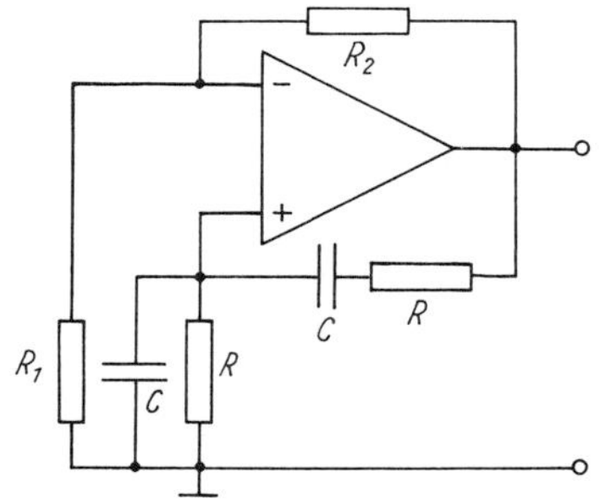

Abb. 5.68. Wien-Brückengenerator

Die Periodendauer T ist dann gleich der Summe der beiden Integrationszeiten T_1 und T_2:

$$T = R_1 C_1 \frac{R_3}{R_4} \left(\frac{\bar{U}^+_{2\max} - \bar{U}^-_{2\max}}{\bar{U}^+_{2\max}} + \frac{\bar{U}^-_{2\max} - \bar{U}^+_{2\max}}{\bar{U}^-_{2\max}} \right). \tag{5.120}$$

Verwendet man einen OV als Komparator, ist $\bar{U}^+_{2\max} = -\bar{U}^-_{2\max}$. Dann gilt für die Periodendauer

$$T = 4 R_1 C_1 \frac{R_3}{R_4}. \tag{5.121}$$

Durch eine zusätzliche frequenzabhängige Mitkopplung kann man aus einem nichtinvertierenden Verstärker einen Generator zur Erzeugung von Sinusspannungen aufbauen. Abb. 5.68 zeigt ein Schaltungsbeispiel, in dem diese Mitkopplung mittels einer Wien-Brücke realisiert wird. Die Übertragungsfunktion der symmetrischen Wien-Brücke wird für $\omega_0 = 1/RC$ reell und hat den Betrag $g = 1/3$ (s. 2.2.1.5), d. h., für $v'_u = 3$ ist die Selbsterregungsbedingung erfüllt, und die Schaltung schwingt. Die erforderliche Verstärkung wird durch die Widerstände R_1 und R_2 eingestellt. Allerdings sind besondere Maßnahmen zur Amplitudenbegrenzung erforderlich. Die einfachste Möglichkeit besteht in der Verwendung temperaturabhängiger Widerstände im Gegenkopplungszweig. Indem man entweder für R_1 einen Kaltleiter oder für R_2 einen Heißleiter verwendet, erreicht man, daß die Verstärkung mit wachsender Amplitude der Ausgangsspannung abnimmt, bis sich ein stabiler Zustand eingestellt hat. Im Moment des Einschaltens hat die Schaltung eine hohe Verstärkung und schwingt gut an. Wegen der i. allg. sehr starken Gegenkopplung des OV zeichnet sich die Schaltung durch eine hohe Frequenzstabilität und einen geringen Klirrfaktor aus.

5.5.1.5.7 Abtast-Halte-Schaltung

Eine Abtast-Halte-Schaltung (engl.: sample and hold circuit) mißt zu einem definierten Zeitpunkt den Momentanwert einer Wechselspannung und speichert ihn, bis ein

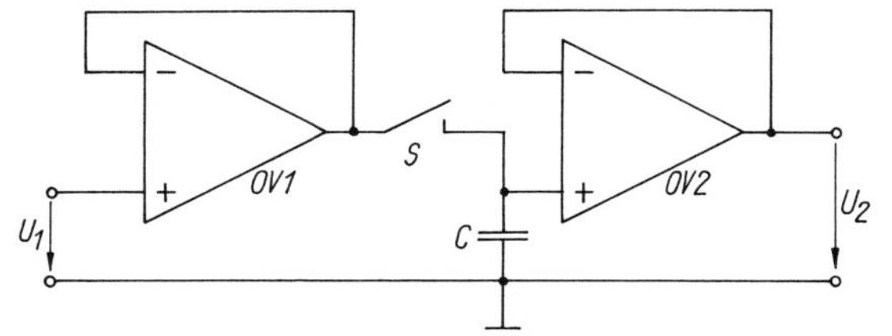

Abb. 5.69. Prinzip einer Abtast-Halte-Schaltung

neuer Meßwert aufgenommen wird. Solche Schaltungen werden z. B. verwendet zum Abtasten zeitlich veränderlicher Signale (vgl. 1.3.5) oder zur Messung der Amplitude kurzer Impulse.

Das Funktionsprinzip einer Abtast-Halte-Schaltung verdeutlicht Abb. 5.69. Bei geschlossenem Schalter S entspricht die Spannung am Kondensator C und damit die Ausgangsspannung U_2 jederzeit dem Momentanwert von U_1. Wird der Schalter zur Zeit t_0 geöffnet, bleibt der Momentanwert $U_1(t_0)$ gespeichert, bis der Schalter erneut geschlossen wird. Der geringe Ausgangswiderstand des Spannungsfolgers OV 1 sorgt für einen hinreichend großen Ladestrom bei geschlossenem Schalter, der hohe Eingangswiderstand des Spannungsfolgers OV 2 gewährleistet eine große Speicherzeit.

In praktischen Schaltungen werden Feldeffekttransistoren als Schalter eingesetzt (Anwendung als Transmissionsgatter; s. 6.2.6). Die durch die Offsetspannung der Operationsverstärker und des Schalters hervorgerufenen Meßfehler können mittels einer Gegenkopplung über die Gesamtschaltung eliminiert werden. Damit kommt man auf die in Abb. 5.70 wiedergegebene Schaltung, in der sich die Ausgangsspannung des Verstärkers OV 1 stets so einstellt, daß $U_2 = U_1$ ist. Die Dioden D_1, D_2 verhindern zusammen mit dem Widerstand R_2 die Übersteuerung des Operationsverstärkers OV 1, wenn der FET gesperrt ist.

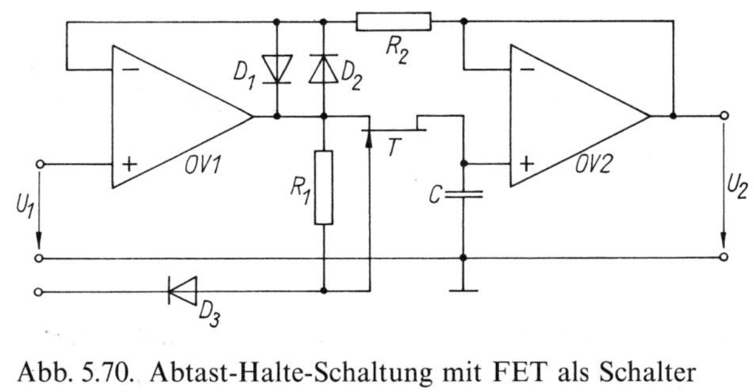

Abb. 5.70. Abtast-Halte-Schaltung mit FET als Schalter

5.5.1.5.8 Gesteuerte Quellen

Der Ausgang des idealen OV wurde als ideale Spannungsquelle beschrieben, deren Spannung U_O allein durch die Differenzeingangsspannung $U_{E2} - U_{E1}$ bestimmt wird (s. 5.5.1.1 und 5.5.1.2, Gl. (5.73)). Der reale OV weist zwar einen endlichen Ausgangswiderstand R_O auf (vgl. Tab. 17), aber der läßt sich durch eine Gegenkopplung um den Faktor v_u'/v_u verkleinern (s. (5.91)). Der Ausgang hinreichend stark gegengekoppelter Verstärkerschaltungen kann also als spannungsgesteuerte Spannungsquelle aufgefaßt werden, während der in 5.5.1.5.3 beschriebene Strom-Spannungswandler (s. Abb. 5.61) ein Beispiel für eine stromgesteuerte Spannungsquelle ist.

Sowohl beim invertierenden (s. Abb. 5.45) als auch beim nichtinvertierenden Verstärker (s. Abb. 5.44) fließt durch den Widerstand R_2 ein Strom U_1/R_1, der von dem Spannungsabfall über R_2 unabhängig ist; beide Schaltungen lassen sich demnach als spannungsgesteuerte Stromquellen mit dem vom Lastwiderstand R_a unabhängigen Ausgangsstrom $I_2 = U_1/R$ betreiben (s. Abb. 5.71). Mit Schaltungen dieser Art erreicht man dynamische Innenwiderstände im Bereich von $10^8\ \Omega$.

Für manche Anwendungen benötigt man Stromquellen, die den Anschluß einseitig geerdeter Verbraucher gestatten. In Abb. 5.72 ist eine entsprechende Schaltung dargestellt. Die Anwendung des Knotenpunktsatzes auf die beiden Eingänge und den

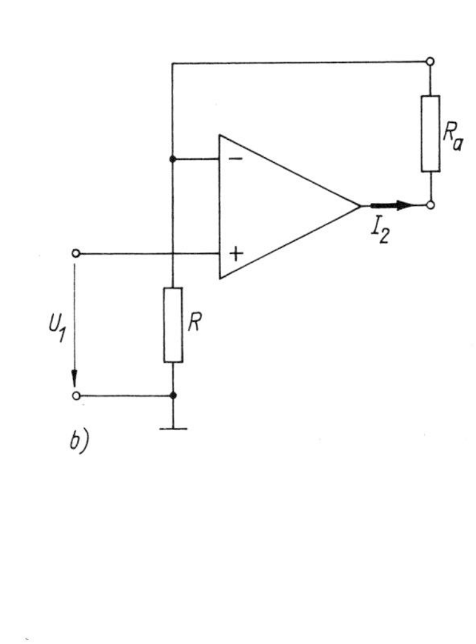

Abb. 5.71. OV als spannungsgesteuerte Stromquelle
a) in invertierender Schaltung
b) in nichtinvertierender Schaltung

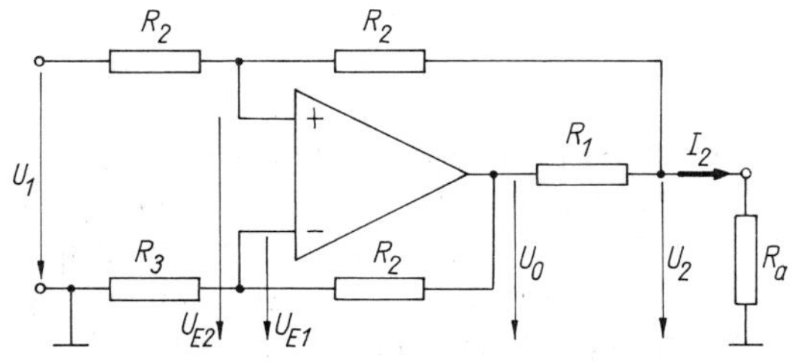

Abb. 5.72. Stromquelle für einseitig geerdete Verbraucher

Ausgang des OV liefert das Gleichungssystem

$$\frac{U_O - U_{E1}}{R_2} - \frac{U_{E1}}{R_3} = 0\,, \tag{5.122.1}$$

$$\frac{U_1 - U_{E2}}{R_2} + \frac{U_2 - U_{E2}}{R_2} = 0\,, \tag{5.122.2}$$

$$\frac{U_O - U_2}{R_1} + \frac{U_{E2} - U_2}{R_2} - I_2 = 0\,. \tag{5.122.3}$$

Da beim idealen OV $U_{E1} = U_{E2}$ ist, erhält man daraus für den Ausgangsstrom

$$I_2 = \left(\frac{1}{2R_2} + \frac{R_2 + R_3}{2R_1R_3}\right) U_1 + \left(\frac{R_2 + R_3}{2R_1R_3} - \frac{R_1 + 2R_2}{2R_1R_2}\right) U_2\,. \tag{5.123}$$

Für einen bestimmten Wert von R_3 wird I_2 unabhängig von U_2; dieser Wert ergibt sich durch Nullsetzen des zweiten Klammerausdruckes in (5.123) zu

$$R_3 = \frac{R_2^2}{R_1 + R_2}\,. \tag{5.124}$$

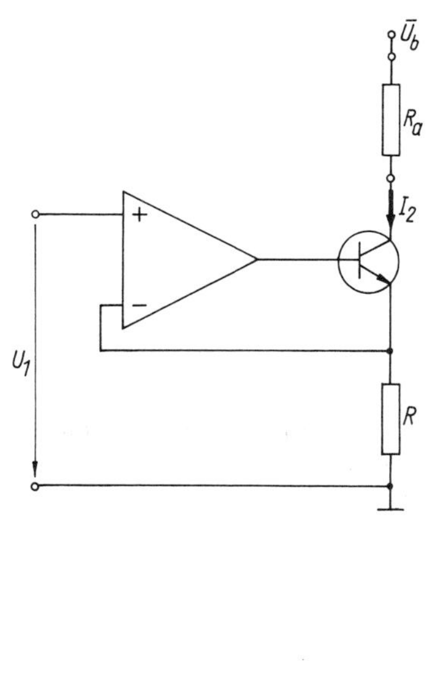

Abb. 5.73. Präzisionsstromquelle

Praktisch wählt man R_1 so, daß der Spannungsabfall an diesem Widerstand gering bleibt (einige Volt), und $R_2 \gg R_1$. Dann ist annähernd $R_3 = R_2$ und $I_2 = U_1/R_1$.

Mittels eines OV lassen sich auch die in 5.1.4 beschriebenen einfachen Transistorstromquellen bedeutend verbessern. Ein Schaltungsbeispiel zeigt Abb. 5.73. Die Ausgangsspannung des OV stellt sich so ein, daß der Spannungsabfall über R gleich der Eingangsspannung U_1 ist, d. h., für den Ausgangsstrom I_2 gilt

$$I_2 = \frac{U_1}{R}\left(1 - \frac{1}{B}\right) \tag{5.125}$$

(B Großsignal-Stromverstärkung des Transistors). Noch günstiger werden die Verhältnisse bei Verwendung eines Feldeffekttransistors. Da dann praktisch kein Steuerstrom fließt, gilt $I_2 = U_1/R$, und man erreicht dynamische Innenwiderstände der Größenordnung $10^{10}\,\Omega$. Allerdings führt die Frequenzabhängigkeit der Leerlaufverstärkung des OV bei allen diesen Schaltungen zu einer starken Verringerung des dynamischen Innenwiderstandes oberhalb der Grenzfrequenz.

5.5.2 Multiplizierer

Als weitere wichtige Funktionseinheit mit sehr vielseitigen Anwendungsmöglichkeiten wollen wir den Multiplizierer kennenlernen. Ein Analogmultiplizierer liefert ein Ausgangssignal, das dem Produkt aus zwei Eingangssignalen proportional ist. Je nachdem ob beide oder nur eine der Eingangsgrößen sowohl positive als auch negative Werte annehmen dürfen oder ob nur unipolare Eingangsgrößen verarbeitet werden können, spricht man von einem Vier-, Zwei- oder Einquadrantenmultiplizierer. Durch entsprechende Nullpunktverschiebung (künstlicher Offset) kann man jeden Multiplizierer als Vierquadrantenmultiplizierer einsetzen. In Abb. 5.74 ist das allgemeine Schaltsymbol eines Analogmultiplizierers wiedergegeben.

5.5.2.1 Logarithmier-Delogarithmier-Multiplizierer

Aus den im vorangegangenen Abschnitt beschriebenen analogen Rechenschaltungen kann man einen Multiplizierer aufbauen, dessen Funktionsweise auf den Regeln der Logarithmenrechnung beruht (Abb. 5.75). Die beiden Eingangsspannungen werden logarithmiert und einem Addierer zugeführt. Dessen Ausgangsspannung ist

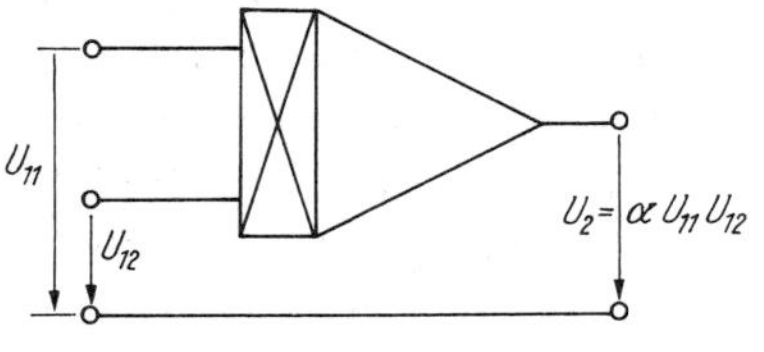

Abb. 5.74. Schaltsymbol eines Analogmultiplizierers

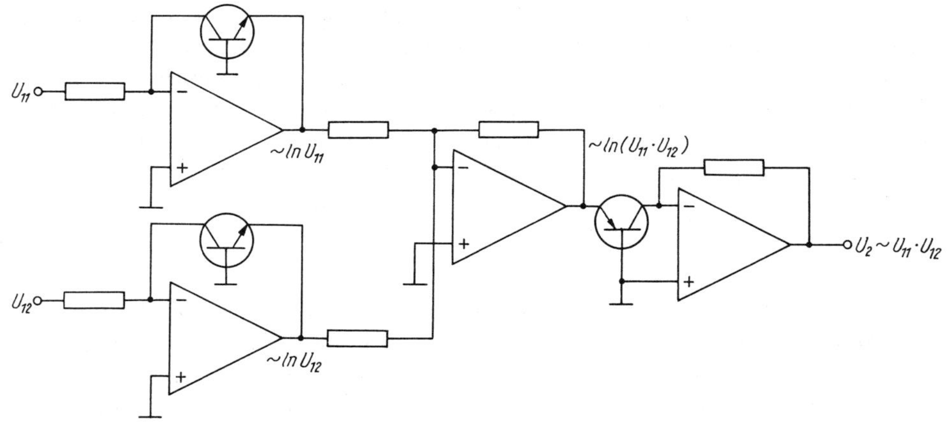

Abb. 5.75. Logarithmier-Delogarithmier-Multiplizierer (Prinzipschaltung)

proportional ($\ln U_{11} + \ln U_{12}) = \ln (U_{11} \cdot U_{12})$ und steuert einen Exponentialverstärker, der eine zu $U_{11} \cdot U_{12}$ proportionale Ausgangsspannung liefert. Diese Schaltung stellt einen Einquadrantenmultiplizierer dar und erfordert einen relativ hohen schaltungstechnischen Aufwand, insbesondere wegen der Temperaturabhängigkeit der Logarithmierer und des Exponentialverstärkers.

5.5.2.2 Multiplizierer mit veränderlicher Steilheit

Ein anderes Schaltungskonzept, das sich besonders für die monolithische Integration eignet, geht von einem modifizierten Differenzverstärker aus. Nach (5.37) kann man für die Differenzausgangsspannung eines Differenzverstärkers im linearen Aussteuerbereich (d. h. für hinreichend kleine Eingangsspannungen)

$$\Delta U_2 = \frac{h_{21e}}{h_{11e}} R_C(U_{E2} - U_{E1}) \qquad (5.126)$$

schreiben. Ersetzt man den Quotienten h_{21e}/h_{11e} durch die Steilheit S des Transistors, was für kleine Kollektorströme zulässig ist (s. 4.5.3.3), erhält man mit (4.70) und (4.71)

$$\Delta U_2 = \frac{\bar{I}_C}{U_\vartheta} R_C(U_{E2} - U_{E1}), \qquad (5.127)$$

d. h., die Differenzausgangsspannung kann durch den Kollektorruhestrom $\bar{I}_C$ gesteuert werden. Verwendet man statt der Konstantstromquelle im Emitterkreis des Differenzverstärkers eine Stromquelle, deren Strom einer weiteren Steuerspannung proportional ist, dann ist die Ausgangsspannung ΔU_2 proportional dem Produkt aus dieser Steuerspannung und der Differenzeingangsspannung. Die eigentliche Ausgangsspannung wird dann mittels eines Differenzverstärkers gebildet. Da die

Polarität der Differenzeingangsspannung beliebig sein kann, der Kollektorstrom jedoch nur positive Werte annehmen kann, stellt diese Schaltung einen Zweiquadrantenmultiplizierer dar.

5.5.2.3 Anwendungsbeispiele

5.5.2.3.1 Analoge Rechenschaltungen

Mit einem Analogmultiplizierer lassen sich weitere analoge Rechenschaltungen aufbauen. Einen analogen Quadrierer erhält man, indem man die beiden Eingänge des Multiplizierers parallelschaltet. Da $U_{11} = U_{12} = U_1$ ist, gilt für die Ausgangsspannung

$$U_2 = \alpha U_1^2 \,. \tag{5.128}$$

Für eine harmonische Wechselspannung führt das zu einer Frequenzverdopplung:

$$U_2 = \alpha(\hat{U}_1 \cos \omega t)^2 = \alpha \hat{U}_1^2(1 + \cos 2\omega t) \tag{5.129}$$

(s. 1.3.2).

Abb. 5.76 zeigt die Prinzipschaltung eines Dividierers, der aus einem Multiplizierer und einem OV aufgebaut ist. Beim idealen OV ist $U_{E1} = U_{E2}$. Aus Abb. 5.76 liest man $U_{E1} = \alpha U_{11} U_2$ und $U_{E2} = U_{12}$ ab, und daraus erhält man

$$U_2 = \frac{1}{\alpha} \frac{U_{12}}{U_{11}} \,. \tag{5.130}$$

Auf ganz ähnliche Weise erhält man für den in Abb. 5.77 dargestellten Radizierer mit $U_{E1} = \alpha U_2^2$ und $U_{E2} = U_1$

$$U_2 = \sqrt{\frac{U_1}{\alpha}} \,. \tag{5.131}$$

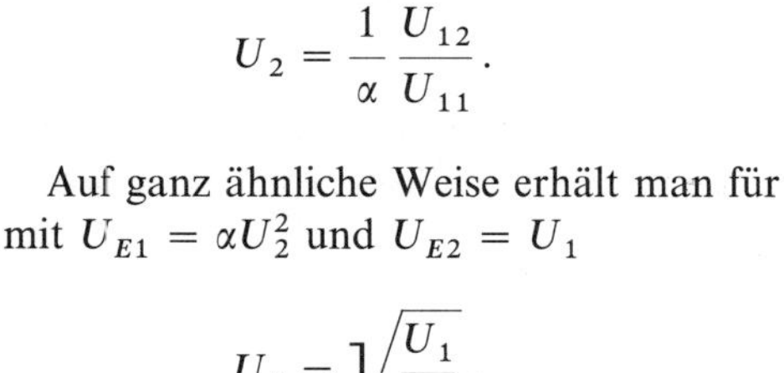

Abb. 5.76. Dividierer

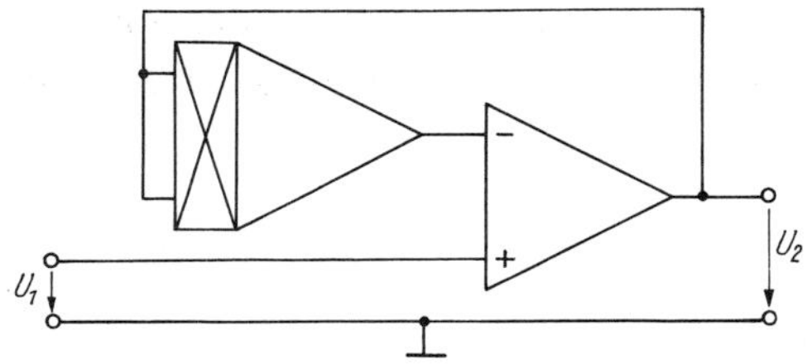

Abb. 5.77. Radizierer

5.5.2.3.2 Regelbarer Verstärker

Faßt man eine Eingangsspannung als Regelspannung $\bar{U}_{st}$ auf, kann man die Ausgangsspannung des Multiplizierers in der Form

$$U_2 = \alpha \bar{U}_{st} \cdot U_{11}(t)$$
$$= v(\bar{U}_{st}) \cdot U_{11}(t) \tag{5.132}$$

schreiben, d. h., man deutet $\alpha \bar{U}_{st} = v(\bar{U}_{st})$ als regelbare Verstärkung. Für $\bar{U}_{st} = 0$ ist auch $U_2 = 0$; der regelbare Verstärker kann als analoge Torschaltung verwendet werden, deren Zustand durch eine unipolare Schaltspannung am Steuereingang bestimmt wird.

Weitere Anwendungen des Multiplizierers ergeben sich aus der Verwendung als multiplikative Mischstufe in Modulations- und Demodulationsschaltungen.

5.5.2.3.3 Effektivwertmesser

Der Effektivwert einer Wechselspannung entspricht der Gleichspannung, die an einem ohmschen Widerstand die gleiche Leistung umsetzt. Für eine beliebige Wechselspannung ist er definiert als

$$\tilde{U} = \sqrt{\overline{U^2(t)}} = \sqrt{\frac{1}{T}\int_0^T U^2(t)\,\mathrm{d}t}\,. \tag{5.133}$$

Diese Operation läßt sich in drei Schritten mittels bereits besprochener Schaltungen ausführen (Abb. 5.78):

1. Ein Quadrierer bildet das Quadrat der Wechselspannung $U(t)$;
2. ein Mittelwertbildner liefert den zeitlichen Mittelwert der quadrierten Spannung;
3. dieses Signal wird einem Radizierer zugeführt, der als Ausgangssignal den Effektivwert liefert.

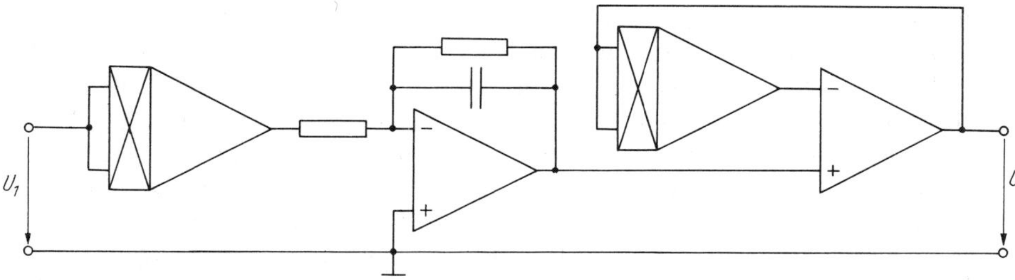

Abb. 5.78. Schaltung zur Messung von Effektivwerten

5.5.3 Elektronische Regler

5.5.3.1 Steuern und Regeln

Eine Aufgabe der Automatisierungstechnik ist es, bestimmte physikalische oder technologische Parameter von Systemen oder Prozessen in Abhängigkeit von anderen Parametern gezielt zu beeinflussen. Diese Aufgabe kann mittels Steuerungen oder Regelungen gelöst werden. Der Unterschied zwischen diesen beiden Lösungen soll am Beispiel einer von der Außentemperatur abhängigen Raumheizung erläutert werden. Die dem Raum (Strecke) zugeführte Wärmemenge kann über ein Stellglied beeinflußt werden. Bei einer Steuerung liefert der Steuerungsgeber entsprechend einem definierten Zusammenhang eine aus der Außentemperatur (Führungsgröße) abgeleitete Stellgröße. Dadurch wird dem Raum eine bestimmte Wärmemenge pro Zeiteinheit zugeführt. Informationen über veränderte thermische Eigenschaften des Raumes, hervorgerufen durch eine Störgröße, z. B. durch das Öffnen eines Fensters,

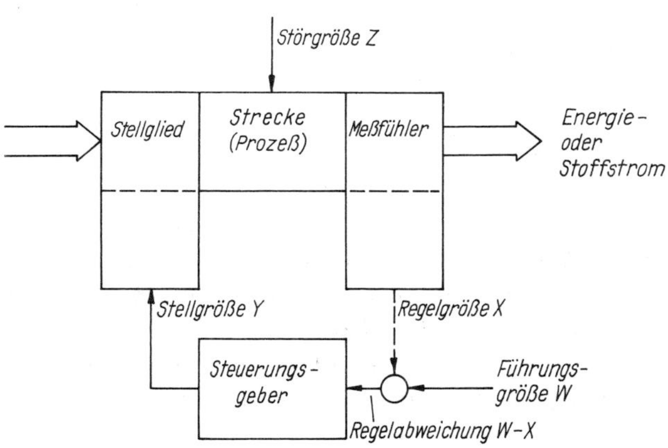

Abb. 5.79. Offener Wirkungskreis einer Steuerung (durch die gestrichelt gezeichnete Rückführung wird daraus eine Regelung)

werden nicht berücksichtigt, denn eine Steuerung weist einen offenen Wirkungskreis auf (Abb. 5.79). Bei einer Regelung dagegen wird zusätzlich eine Information über die Raumtemperatur als Regelgröße (in Abb. 5.79 gestrichelt gezeichnet) mit der Führungsgröße (z. B. einem Sollwert) zur Regelabweichung verrechnet, aus der der Regler die Stellgröße ableitet. Eine Regelung hat also einen geschlossenen Wirkungskreis (Abb. 5.79). Das hat vor allem den Vorteil, daß neben der Änderung der Führungsgröße zusätzliche Einflüsse von Störgrößen berücksichtigt werden.

Je nachdem ob die Stellgröße innerhalb eines zulässigen Bereiches jeden beliebigen oder nur diskrete Werte annehmen kann, spricht man von einer stetigen oder nichtstetigen Steuerung oder Regelung. Eine besonders einfache Form nichtstetiger Anordnungen sind die Zweipunktsteuerungen bzw. -regelungen, bei der die Stellgröße nur zwei Werte und entsprechend das Stellglied nur zwei Zustände annehmen kann.

Weitere Einteilungen der Steuerungen ergeben sich aus der Ansteuerung und der Übertragungsfunktion des Steuerungsgebers. So spricht man von einer Führungssteuerung, wenn die gesteuerte Größe eindeutig durch die Führungsgröße bestimmt wird (Beispiel: Steuerung der Belichtungszeit einer Kamera). Bei einer Zeitplansteuerung wird die Zielgröße nach einem bestimmten Zeitplan mittels eines Zeitplan-Sollwertgebers gesteuert (Beispiel: Ofensteuerung bei Sinterprozessen). Erfolgt die Steuerung entsprechend dem Ablauf des Prozesses nach einem festen Programm, spricht man von einer Ablaufsteuerung (Beispiel: Verkehrsampel).

Eine ähnliche Einteilung kann man auch bei Regelungen vornehmen. Wird die interessierende Größe lediglich auf einen konstanten Wert geregelt, spricht man von einer Störgrößen- oder Festwertregelung (Beispiel: stabilisierte Spannungsquelle). Soll dagegen auf einen Wert nachgeregelt werden, der durch eine sich ändernde Führungsgröße bestimmt wird, spricht man von einer Führungsgrößen- oder Folgeregelung (Beispiel: Positioniereinrichtung zum Abrastern einer Fläche). Heute werden für regelungstechnische Aufgaben zunehmend digitale Regler eingesetzt, bei denen ein Digitalrechner aus der Regelabweichung die erforderliche Stellgröße berechnet. Wegen der Programmierbarkeit können diese Regler auch bei sich verändernden Bedingungen optimal an den Prozeß angepaßt werden.

5.5.3.2 Lineare elektronische Regler

Einfache Regler werden für viele Aufgaben in Labor und Industrie benötigt. Handelt es sich bei den zu regelnden Größen um elektrische oder können sie in solche umgeformt werden, kann der Regler als elektronische Baugruppe aufgebaut werden, wodurch sich besonders einfache und effektive Lösungen ergeben.

Nimmt man an, daß sowohl die Übertragungsfunktion G_S der Strecke als auch die Übertragungsfunktion G_R des Reglers linear ist, gilt (s. Abb. 5.80)

$$Y = G_R(W - X)\,, \tag{5.134}$$

$$X = G_S(Y + Z) = G_S G_R(W - X) + G_S Z\,, \tag{5.135}$$

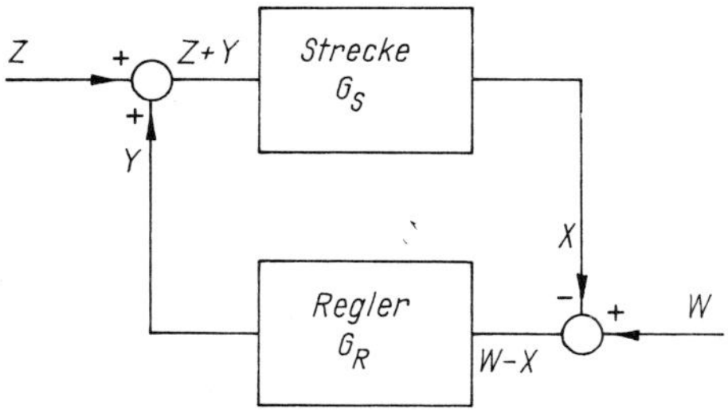

Abb. 5.80. Vereinfachtes Schema eines linearen Regelkreises

und daraus folgt für die Regelgröße X in Abhängigkeit von der Führungsgröße W und der Störgröße Z

$$X = \frac{G_S G_R}{1 + G_S G_R} W + \frac{G_S}{1 + G_S G_R} Z \,. \tag{5.136}$$

Wenn die geregelte Größe der Führungsgröße möglichst gut folgen soll, muß

$$\frac{\partial X}{\partial W} = \frac{G_S G_R}{1 + G_S G_R} \approx 1$$

sein, d. h., für die Schleifenverstärkung muß $G_S G_R \gg 1$ gelten. Soll dagegen der Einfluß einer Störgröße möglichst gering sein, muß

$$\frac{\partial X}{\partial Z} = \frac{G_S}{1 + G_S G_R} \approx 0$$

sein, d. h., für die Regelverstärkung muß $G_R \gg 1$ gelten.

Im einfachsten Fall wird man einen Regler verwenden, der eine der Regelabweichung proportionale Stellgröße liefert (P-Regler). In der elektronischen Realisierung ist das ein linearer Verstärker mit der Verstärkung v_p, der sich einfach mittels eines OV aufbauen läßt (Abb. 5.81). Der Regler kann durch die Gleichung

$$Y = v_P(W - X) \tag{5.137}$$

beschrieben werden. Dabei wird im stationären Zustand die Regelabweichung um so kleiner, je größer man die Regelverstärkung wählt.

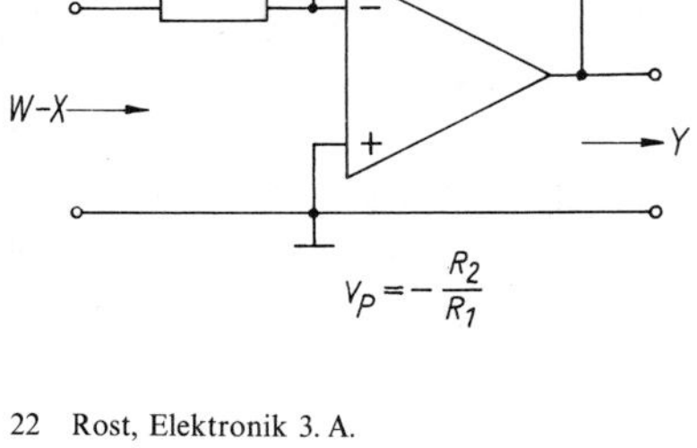

Abb. 5.81. P-Regler

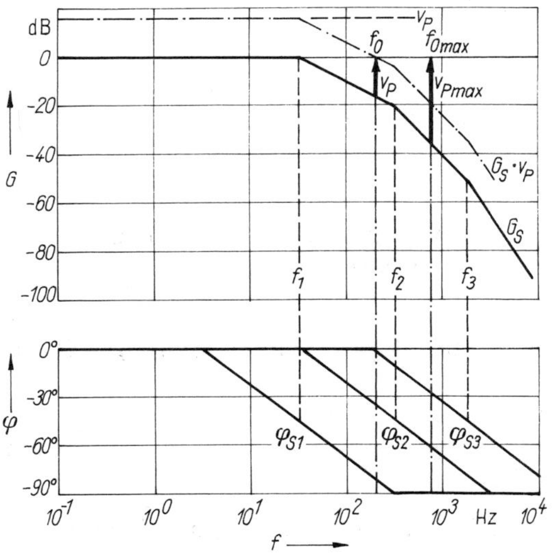

Abb. 5.82. Bode-Diagramm zur Dimensionierung eines Reglers

Reale Strecken können sich nicht sprunghaft auf einen neuen Zustand einstellen, sondern benötigen dazu eine bestimmte Einstellzeit. Im einfachsten Fall kann man sagen, daß eine reale Strecke Tiefpaßcharakter hat, wobei ihre konkreten Eigenschaften durch mehrere Zeitkonstanten beschrieben werden müssen. Als Beispiel zeigt Abb. 5.82 das Bode-Diagramm einer Strecke mit drei Zeitkonstanten. Die Schleifenverstärkung kann in diesem Fall nicht mehr beliebig groß gemacht werden, weil dann das System instabil wird. Die maximal zulässige Verstärkung $v_{P\max}$ eines P-Reglers ergibt sich unmittelbar aus dem Bode-Diagramm der Strecke, wenn man die Frequenz $f_{0\max}$ aufsucht, bei der $G_S v_P = 1$ und die Phasenverschiebung 180° wird (s. Abb. 5.82). Das günstigste dynamische Verhalten zeigt der Regelkreis allerdings bei einer Phasenreserve $\alpha = 65°$, d. h. bei einer Regelverstärkung $v_P < v_{P\max}$ (s. Abb. 5.82; vgl. 5.5.1.3).

Da die Regelverstärkung des P-Reglers und damit die Schleifenverstärkung des Systems begrenzt ist, weist die Strecke im stationären Zustand stets eine Regelabweichung auf. Dieses Verhalten läßt sich verbessern, wenn der Regler zusätzlich einen vom Zeitintegral der Regelabweichung abhängigen Anteil zur Stellgröße liefert (PI-Regler). Der Regler wird dann durch die Gleichung

$$Y = [v_P(W - X) + 2\pi f_I \int (W - X)\,\mathrm{d}t] \tag{5.138}$$

beschrieben, wobei v_P wie beim Proportionalverstärker bestimmt wird und $f_I = f_0/10$ ist (f_0 ist die Frequenz, für die $G_S v_P = 1$ wird; s. Abb. 5.82). Eine entsprechende Schaltung mit einem OV zeigt Abb. 5.83.

Beim PI-Regler ist die Regelabweichung im stationären Zustand Null, aber das dynamische Verhalten ist ähnlich wie beim einfachen P-Regler. Das kann man verbessern, wenn der Regler auch noch einen von der zeitlichen Änderung der

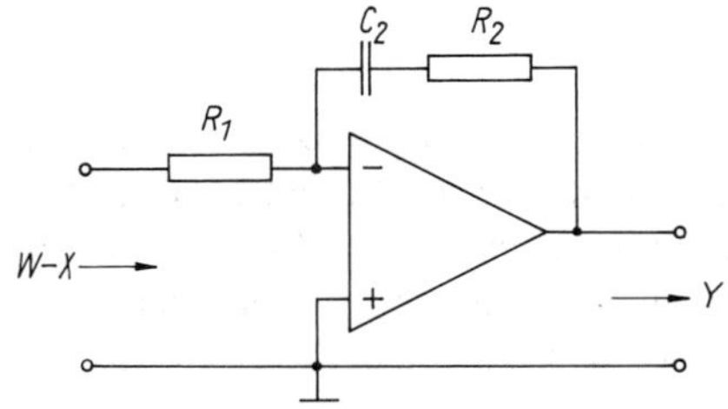

$v_P = -\frac{R_2}{R_1}$, $f_I = \frac{1}{2\pi R_2 C_2}$

Abb. 5.83. PI-Regler

Regelabweichung abhängigen Beitrag zur Stellgröße liefert (PID-Regler). Die Reglergleichung lautet dann

$$Y = \left[v'_P(W - X) + 2\pi f_I \int (W - X)\,\mathrm{d}t + \frac{1}{2\pi f_D} \frac{\mathrm{d}(W - X)}{\mathrm{d}t} \right]. \tag{5.139}$$

Durch die positive Phasenverschiebung, die der differentielle Anteil des Reglers bei hohen Frequenzen bewirkt, kann eine Regelverstärkung $v'_P > v_P$ eingestellt werden. Eine entsprechende Schaltung zeigt Abb. 5.84. Die Dimensionierung erfolgt in zwei Schritten:

1. Der PI-Regler wird für eine Phasenreserve $\alpha = 20°$ berechnet. Damit ergeben sich die Werte $v'_P > v_P$ und $f'_I = f'_0/10 > f_I$.
2. Für den differentiellen Anteil wird $f_D = f'_0$ gewählt; damit ergibt sich für die Gesamtschaltung wieder eine Phasenreserve $\alpha = 65°$.

Einen experimentell sehr gut handhabbaren PID-Regler erhält man, wenn man einen invertierenden Verstärker, einen Integrierer und einen Differenzierer parallelschaltet, indem man ihre Ausgangsspannungen über einen Addierer zusammenfaßt. In dieser Schaltung kann man v_P, f_I und f_D unabhängig voneinander einstellen.

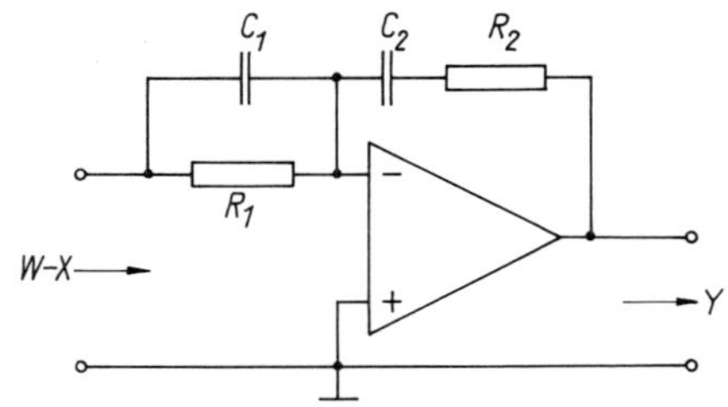

$v_P = -\frac{R_2}{R_1}$, $f_I = \frac{1}{2\pi R_2 C_2}$, $f_D = \frac{1}{2\pi R_1 C_1}$

Abb. 5.84. PID-Regler

5.5.3.3 Nichtlineare Regler

Bisher war lineares Übertragungsverhalten der Strecke vorausgesetzt worden. Tatsächlich muß man aber in vielen Fällen von einem nichtlinearen Verhalten ausgehen. Lassen sich die Eigenschaften der Strecke eindeutig durch eine nichtlineare Übertragungskennlinie der Form $X = G_{S,\mathrm{nl}}(Y)$ beschreiben, kann man vor allem zwei Lösungsmöglichkeiten angeben, die weiterhin den Einsatz eines linearen Reglers gestatten:

1. Man beschränkt sich auf kleine Änderungen der Stellgröße, so daß man die nichtlineare Kennlinie durch eine lineare Näherung ersetzen kann.
2. Man linearisiert die Strecke, indem man ihr ein Netzwerk vorschaltet mit einer zu $G_{S,\mathrm{nl}}$ inversen Übertragungsfunktion.

Das Problem wird aber oft durch zusätzliche dynamische Nichtlinearitäten (z. B. Beschränkung der Änderungsgeschwindigkeit der Strecke, Auftreten einer Totzeit nach einer sprunghaften Einwirkung auf die Strecke) kompliziert. Hinsichtlich der Behandlung solcher Aufgaben der Regelungstechnik muß jedoch auf spezielle Literatur verwiesen werden.

5.5.3.4 Spannungsstabilisation

Als spezielles Beispiel elektronischer Regelkreise sollen Schaltungen zur Spannungsstabilisation betrachtet werden. Sie finden zur Stabilisierung von Betriebsspannungen in der gesamten Elektronik Verwendung. In Abb. 5.85 ist eine einfache Schaltung dargestellt, die als Serienstabilisator nach dem Prinzip der stetigen Regelung arbeitet. Die Darlington-Schaltung aus T_2 und T_3 bildet das Stellglied und zusammen mit dem Lastwiderstand R_L die Strecke. Die Z-Diode D_z liefert als Führungsgröße eine Referenzspannung, und über den Spannungsteiler R_1R_2 wird durch eine Istwertmessung die Regelabweichung bestimmt. Den eigentlichen Regler bildet der Transistorverstärker mit T_1 in Emitterschaltung (P-Regler; der Kondensator C bewirkt eine Begrenzung der Anstiegsgeschwindigkeit und verbessert damit die Stabilität der

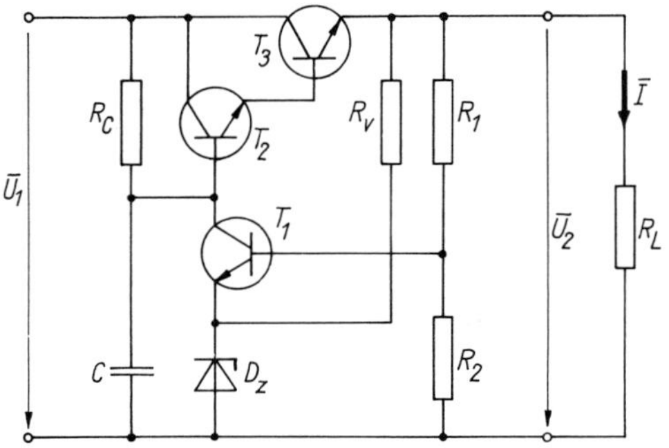

Abb. 5.85. Schaltung eines stetigen Serienreglers zur Spannungsstabilisation

Schaltung). Vernachlässigt man Parameteränderungen der Bauelemente, hängt die stabilisierte Ausgangsspannung U_2 nur von der Belastung und der Eingangsspannung ab. Für die Änderung $\mathrm{d}U_2$ gilt daher (vgl. 4.4.2, (4.49))

$$\mathrm{d}U_2 = G\,\mathrm{d}U_1 - r_i\,\mathrm{d}I_2\,. \tag{5.140}$$

Stabilisierungsfaktor G und Innenwiderstand r_i charakterisieren also die Regeleigenschaften solcher Schaltungen im stationären Fall.

Das Prinzip der stetigen Regelung in Form eines Serienstabilisators findet auch bei integrierten Spannungsreglern Anwendung, weil der Schaltungsaufbau relativ einfach ist und gute Regeleigenschaften erreicht werden. Am Stellglied tritt jedoch eine beträchtliche Verlustleistung auf, die den Wirkungsgrad der Schaltung auf etwa 40 bis 60% beschränkt. Für große Ausgangsleistungen wendet man daher häufig andere Schaltungsprinzipien an (Zweipunktregler, Schaltnetzteile).

Integrierte Spannungsregler können in zwei Gruppen eingeteilt werden: Festspannungsregler und programmierbare Spannungsregler, deren Ausgangsspannung durch die äußere Beschaltung in weiten Grenzen variiert werden kann. Durch die Entwicklung von Typenreihen für höhere Leistungen verdrängen letztere zunehmend die Festspannungsregler.

In Abb. 5.86 ist die Blockschaltung eines universellen Spannungsreglers dargestellt (z. B. Typ MAA 723 – Tesla). Die Referenzspannungsquelle besteht aus einer Z-Diode, die aus einer Konstantstromquelle gespeist wird und durch einen Verstärker von der übrigen Schaltung entkoppelt ist, so daß sich Belastungsänderungen nicht auf die Referenzspannung auswirken. Ein Differenzverstärker vergleicht den Istwert mit der Referenzspannung und steuert den Stelltransistor T_1. Der Transistor T_2 dient der automatischen Begrenzung des Ausgangsstromes. In Tab. 19 sind die wichtigsten Kenndaten des universellen Stabilisatorschaltkreises MAA 723 zusammengefaßt. Abb. 5.87 zeigt die Grundschaltungen eines solchen Stabilisators für den Fall, daß die Ausgangsspannung $\bar{U}_2$ kleiner bzw. größer als die Referenzspannung $\bar{U}_{\mathrm{ref}}$ ist. Die Dimensionierung der Spannungsteilerwiderstände R_1 und R_2 ist vom Schaltkreishersteller vorgeschrieben. Der Serienwiderstand R_s im Ausgang dient der Gewinnung des Steuersignals für den Strombegrenzungstransistor T_2. Diese Steuerspannung ist dem Laststrom $\bar{I}_2$ proportional; übersteigt sie den Schwellwert der Basis-Emitterspan-

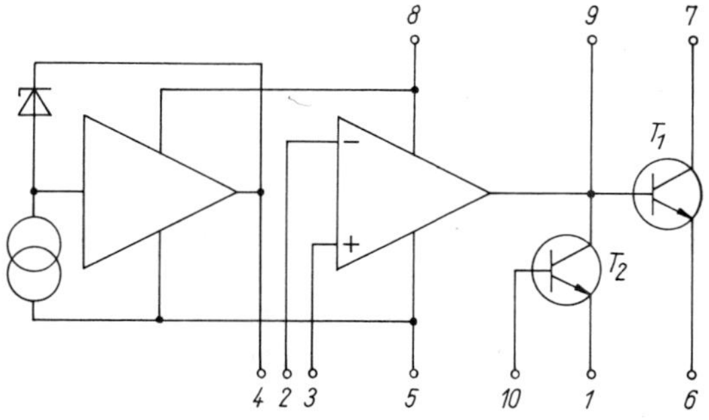

Abb. 5.86. Blockschaltbild eines universellen Serienstabilisators (MAA 723)

Tabelle 19
Einige Kennwerte und Grenzdaten des integrierten Spannungsreglers MAA 723

Eingangsspannung $\bar{U}_1$	9,5 ... 40 V
Referenzspannung $\bar{U}_{ref}$	7,15 V (6,8 ... 7,5 V)
Maximalstrom der Referenzspannungsquelle $\bar{I}_{ref\,max}$	15 mA
max. Ausgangsstrom $\bar{I}_{2\,max}$	150 mA
max. Verlustleistung $P_{v\,max}$	700 mW
max. Differenzspannung $\lvert\bar{U}_2 - \bar{U}_1\rvert$	40 V

nung von T_2, öffnet dieser Transistor, und T_1 wird zugesteuert, so daß der Ausgangsstrom auf einen konstanten Wert begrenzt wird. Der Kondensator C dient der Korrektur des Frequenzganges des Differenzverstärkers und damit der Unterdrükkung einer möglichen Selbsterregung; allerdings setzt er die Regelgeschwindigkeit herab. Höhere Ausgangsleistungen kann man erzielen, indem man einen zusätzlichen Leistungstransistor als Stellglied verwendet. Der Stelltransistor T_1 der integrierten Schaltung braucht dann nur noch den Basisstrom des externen Stelltransistors aufzubringen.

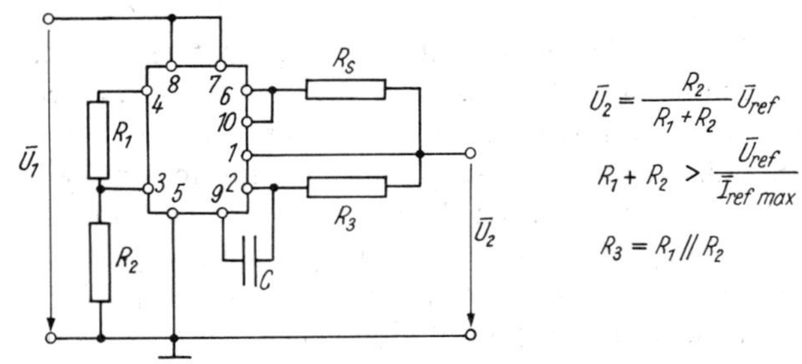

a)

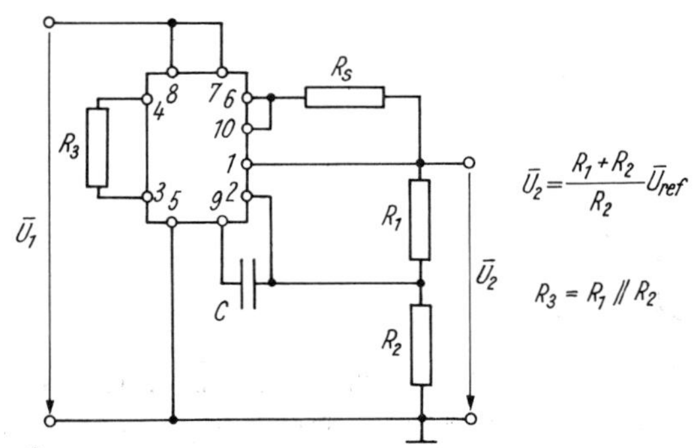

b)

Abb. 5.87. Grundschaltungen des integrierten Spannungsstabilisators MAA 723
a) für $\bar{U}_2 = +2 \ldots +7$ V,
b) für $\bar{U}_2 = +7 \ldots +37$ V

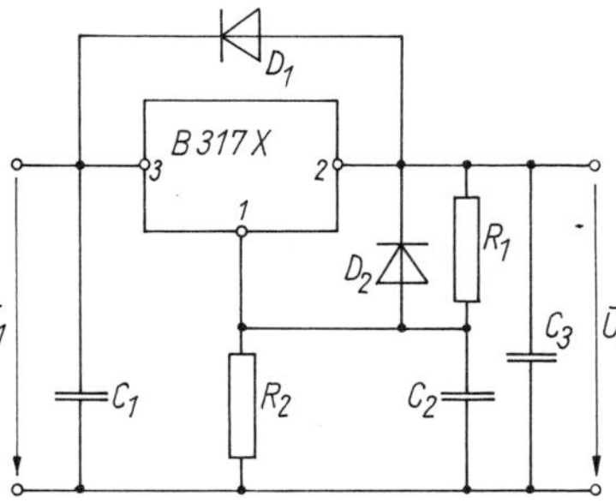

Abb. 5.88. Grundschaltung eines Positivreglers LM 317

Mit den programmierbaren Spannungsreglern LM 317 (Positivregler) und LM 337 (Negativregler) stehen Spannungsregler für einen Spannungsbereich von -50 V ... $+60$ V mit einem maximalen Ausgangsstrom von 1,5 A zur Verfügung. Die äußere Beschaltung zeigt Abb. 5.88 am Beispiel des Positivreglers. Der Widerstand R_1 garantiert über einen Mindestausgangsstrom $I_{2\,\mathrm{min}} \geqq 10$ mA die richtige Funktion auch bei leerlaufendem Regler und wird typisch $R_1 = 120\,\Omega$ (max. 240 Ω) gewählt. Die Ausgangsspannung wird mit R_2 festgelegt, wobei $U_{\mathrm{ref}} \approx 1{,}25$ V (meßbar zwischen Ausgang und Programmieranschluß) und $I_{\mathrm{adj}} \approx 50 \ldots 100\,\mu$A betragen. Da das Bezugspotential des Reglers nicht notwendig Massepotential sein muß, lassen sich auch Spannungen stabilisieren, die über der zulässigen Differenzspannung $\bar{U}_2 - \bar{U}_1$ liegen. Die Kondensatoren dienen der Unterdrückung einer eventuell auftretenden Schwingneigung (C_1, C_2) und der Verbesserung der Brummspannungsunterdrückung (C_3), während die Dioden den Schaltkreis bei Kurzschlüssen vor den Entladeströmen der Kondensatoren schützen. Genaue Dimensionierungshinweise entnimmt man den Angaben des Herstellers.

Übliche Festspannungsregler (z. B. die Typenreihe MA 78XX – Tesla) arbeiten nach dem gleichen Regelprinzip, enthalten aber weitere Schutzschaltungen. Außerdem sind der Serienwiderstand für den Überstromschutz und der Spannungsteiler zur Einstellung der Ausgangsspannung mit integriert. Festspannungsregler werden im Normalfall ohne zusätzliche äußere Beschaltung betrieben. Lediglich bei stark kapazitiver oder induktiver Last sind zusätzliche Schutzdioden erforderlich.

6 Digitalschaltungen

In ständig zunehmendem Maße werden analog arbeitende Geräte und Systeme zur Erfassung, Verarbeitung und Ausgabe von Informationen durch sogenannte digitale Geräte und Systeme ersetzt. Das hat seine Ursache in einer Reihe entscheidender Vorteile der digitalen Informationsübertragung und -verarbeitung:

- Man erreicht prinzipiell eine beliebige Genauigkeit. Während bei analogen Systemen die Genauigkeit auf physikalische Grenzen stößt, kann sie bei digitalen Systemen einfach durch Erweiterung der Stellenzahl erhöht werden.
- Da die diskreten Signalwerte eines digitalen Signals durch nichtzulässige Wertebereiche voneinander getrennt sind, erreicht man eine hohe Störsicherheit.
- Für die Speicherung digitaler Signale ergeben sich technisch einfachere und ökonomisch günstigere Verfahren, die sich zudem durch niedrige Zugriffszeiten auszeichnen.
- Oft bestehen umfangreiche und komplizierte Digitalschaltungen aus wenigen einfachen, sich immer wiederholenden Grundschaltungen. Dadurch kann man bei der Schaltkreisherstellung wesentlich höhere Integrationsgrade als in der analogen Schaltungstechnik erreichen.

Die technischen Möglichkeiten eines digitalen Systems werden prinzipiell nur durch den Aufwand begrenzt.

6.1 Grundlagen und logische Grundgesetze

6.1.1 Digitale und analoge Signale

Als Information bezeichnet man eine zum Zeitpunkt der Erfassung zutreffende Aussage über ein Objekt; sie ordnet diesem ein oder mehrere Merkmale aus einem bestimmten Intervall zu. Ein Signal ist die physikalische Darstellung einer Information: Es ist eine meßbare Größe, die eine auf sie abgebildete Information trägt. Diese Abbildung erfolgt nach einem bestimmten Zuordnungsschema, das z. B. in Form eines analytischen Ausdrucks (analytische Funktion) oder eines geometrischen Zusammenhanges (Eichkurve) angegeben wird. Häufig verwendete technische Signalgrößen sind Amplitude, Phase oder Frequenz einer Spannung oder eines Stromes (s.

auch 1.3). Die Abbildung der Information (z. B. einer zu messenden physikalischen Größe) erfolgt im Meßwandler.

Betrachten wir als Beispiel die Temperaturmessung mittels eines Thermoelementes. Das Thermoelement wandelt die Temperaturdifferenz $\Delta\vartheta$ zwischen der Meßstelle und einer Vergleichsstelle (festgelegt durch einen Vergleichsstellenthermostat) in eine elektrische Spannung $\bar{U}$ um. Für geringe Ansprüche an die Meßgenauigkeit ist es ausreichend, $\bar{U} \sim \Delta\vartheta$ anzunehmen; sonst verwendet man eine Eichkurve oder eine Eichtabelle.

Ein analoges Signal verfügt über einen unendlichen Wertevorrat. Es entsteht durch die analoge Abbildung einer Information mit ebenfalls unendlichem Wertevorrat auf die Signalgröße. Im Gegensatz dazu besitzt ein digitales Signal nur einen endlichen Wertevorrat. Es entsteht z. B. während der Messung durch die diskrete Auswahl (Abtastung) und Quantisierung eines ursprünglich analogen Signals. Die Übergänge zwischen den diskreten Signalwerten erfolgen sprunghaft; die erlaubten Signalzustände sind durch verbotene Wertebereiche voneinander getrennt. Da einerseits Signale in der Regel innerhalb eines zulässigen Bereiches einen unendlichen Wertevorrat aufweisen (insbesondere trifft das auf alle makroskopischen Meßgrößen zu), andererseits auch häufig wieder analoge Ausgangssignale gefordert werden, kommt der Signalumsetzung analog/digital bzw. digital/analog (A/D- bzw. D/A-Umsetzung) besondere Bedeutung zu (s. 6.3.4).

Die Digitalisierung (A/D-Umsetzung) einer Größe erfordert drei Verfahrensschritte:

1. Das analoge Signal wird unter Beachtung des Abtasttheorems (vgl. 1.3.5.3) zu äquidistanten Zeitpunkten abgetastet; man erhält eine Folge zeitdiskreter Signale.
2. Die zeitdiskret gemessenen Signalwerte werden auf wertdiskrete Niveaus quantisiert; dieser Schritt wird durch eine Quantisierungskennlinie beschrieben (Abb. 6.1).
3. Danach erfolgt eine Zuordnung (Codierung) der diskreten Signalwerte zu bestimmten, für die weitere Verarbeitung besonders geeigneten Signalworten.

Die D/A-Umsetzung erfolgt in der umgekehrten Reihenfolge: Zunächst wird durch die Decodierung des Signalwortes eine quantisierte Größe gewonnen, anschließend erfolgt eine Glättung durch geeignete Filter. Wenn die Auflösung bei der nachfolgen-

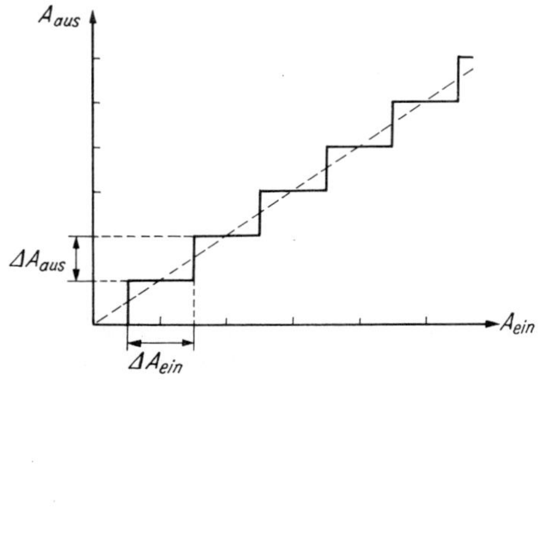

Abb. 6.1. Lineare Quantisierungskennlinie

den analogen Signalverarbeitung vergleichbar oder kleiner als der Kehrwert $1/\Delta A$ des Quantisierungsschrittes ist, kann auf eine Glättung verzichtet werden.

Grundsätzlich ist eine quantisierte Größe mit einem systematischen Quantisierungsfehler behaftet. Bei einer linearen Quantisierungskennlinie (s. Abb. 6.1) ist dieser Fehler unabhängig von der Größe des Signals und beträgt einen halben Quantisierungsschritt.

6.1.2 Zahlensysteme

Digitale Signale werden als Wort (Zahl) mit n Buchstaben (Zeichen, Ziffern) des verwendeten Alphabets (Zahlensystems) dargestellt. Hat das Alphabet l unterschiedliche Zeichen, lassen sich $N = l^n$ verschiedene Signalwerte als mögliche Buchstabenkombinationen (Worte, Zahlen) darstellen. Verwendet man zur Wortbildung das von der Zahlenwertdarstellung bekannte Stellenwertkonzept (polyadisches Zahlensystem), ist (mit $n > m \geqq 0$)

$$w = a_{n-m-1}l^{n-m-1} + a_{n-m-2}l^{n-m-2} + \ldots + a_1 l^1 + a_0 l^0 + a_{-1}l^{-1} + \ldots + a_{-m}l^{-m}, \tag{6.1}$$

wobei die a_i entsprechend der Anzahl der Zeichen des Zahlensystems die Werte

$$0, 1, 2, \ldots, l - 1$$

annehmen können. Die Zahl l nennt man Basis oder Wurzel des Zahlensystems. Das Wort (die Zahl) wird nur aus den a_i gebildet, wobei die Stelle mit der höchsten Wertigkeit links steht; Stellen mit einer kleineren Wertigkeit als Eins, d. h. mit negativem Exponenten der Basis, werden durch ein Komma abgetrennt (gebrochene Zahlen).

Häufig verwendete Zahlensysteme sind das Dezimalsystem ($l = 10$), das Dualsystem ($l = 2$) und das Sedezimalsystem ($l = 16$). Das Dualsystem benötigt nur zwei unterscheidbare Zeichen. Das bedeutet, daß jede Stelle des Signalwortes nur zwei Werte annehmen kann, die Werte „binär 0" und „binär 1", die durch eine Entscheidungsschwelle voneinander getrennt sind. Dafür lassen sich technisch realisierbare Lösungen angeben. Den Informationsinhalt einer solchen Binärstelle bezeichnet man als 1 Bit (von engl.: binary digit). Im Sedezimalsystem (umgangssprachlich: Hexadezimalsystem) benötigt man sechzehn unterschiedliche Zeichen; außer den Ziffern 0 bis 9 verwendet man noch die ersten sechs Buchstaben des Alphabets (A bis F). Gebräuchlich ist das Sedezimalsystem vor allem zur verkürzten und damit übersichtlicheren Darstellung von binären Worten (s. 6.1.3).

6.1.3 Codierung

Digitale Informationsverarbeitungssysteme arbeiten praktisch ausschließlich mit binären Zahlensystemen. Dagegen werden periphere Zahlenangaben üblicherweise im Dezimalsystem gemacht. Außerdem wird häufig eine ganze Anzahl anderer Worte und Zeichen zur Kennzeichnung von Größen und Maßeinheiten oder zur Angabe von Befehlen benötigt. Man muß also eine Umwandlung dezimaler Zahlen und anderer Zeichen und Worte in binäre Signale und umgekehrt vornehmen.

Wir wollen zunächst die Codierung von Zahlen betrachten. Die einfachste Form der Codierung ist die Angabe einer Dezimalzahl durch die entsprechende Dualzahl gemäß dem Stellenwertkonzept. Die Umwandlung kann aber auch mittels eines bestimmten Codes erfolgen. Ein häufig verwendeter Code, der hier als Beispiel etwas näher betrachtet werden soll, ist der BCD-Code (von engl.: binary coded decimals), bei dem jede Dezimalstelle einzeln binär verschlüsselt wird. Zur Verschlüsselung einer Dezimalstelle sind mindestens vier Binärstellen (4 Bit) erforderlich; eine solche Zifferngruppe bezeichnet man als Tetrade. Am häufigsten benutzt man eine einfache duale Codierung der Dezimalziffern (s. Tab. 20; wegen der den dualen Stellen D bis A zugeordneten Wertigkeiten spricht man vom 8-4-2-1-Code). Es werden aber auch andere Codes benutzt. Als weiteres Beispiel zeigt Tab. 20 den Exceß-3-Code, der einige Vorteile bei der Arithmetik mit BCD-Zahlen bietet. Die Tetraden dieses Codes entstehen durch die Addition von 0011(2) zur entsprechenden 8-4-2-1-Tetrade; sein besonderes Kennzeichen ist, daß die zwei Tetraden, deren Summe 9(10) ergibt, komplementär zueinander sind[1].

Bei den bisher betrachteten Beispielen handelt es sich um mehrschrittige Codes, bei denen sich beim Übergang von einer Tetrade zur folgenden mehrere Bits verändern können. Dabei können kurzzeitig Fehlerworte entstehen, wenn sich nicht alle Bits

Tabelle 20
Codierung von Dezimalzahlen

Dezimal-ziffer	Dualcode D 8	C 4	B 2	A 1	(Stelle) (Wertigkeit)	Exceß-3-Code	Gray-Code
0	0	0	0	0		0 0 1 1	0 0 0 0
1	0	0	0	1		0 1 0 0	0 0 0 1
2	0	0	1	0		0 1 0 1	0 0 1 1
3	0	0	1	1		0 1 1 0	0 0 1 0
4	0	1	0	0		0 1 1 1	0 1 1 0
5	0	1	0	1		1 0 0 0	0 1 1 1
6	0	1	1	0		1 0 0 1	0 1 0 1
7	0	1	1	1		1 0 1 0	0 1 0 0
8	1	0	0	0		1 0 1 1	1 1 0 0
9	1	0	0	1		1 1 0 0	1 1 0 1

[1] Die Angabe in Klammern hinter einer Zahl kennzeichnet, wenn erforderlich, die Basis des verwendeten Zahlensystems.

gleichzeitig ändern. So können z. B. im 8-4-2-1-Code beim Übergang von 0011 auf 0100 sechs Fehlerworte auftreten (0000, 0001, 0010, 0101, 0110, 0111). Diesen Nachteil vermeiden einschrittige Codes wie der in Tab. 20 angegebene Gray-Code.

Häufig sollen nicht nur Ziffern, sondern auch Buchstaben und Sonderzeichen binär codiert werden. Am gebräuchlichsten dafür ist der ASCII-Code (von: american standard code for information interchange), der neben allen alphanumerischen Zeichen (Groß- und Kleinbuchstaben, Ziffern) eine Anzahl Sonderzeichen (z. B. +, –, <, >) und 32 Steuerzeichen als siebenstellige Binärworte darstellt (s. Tab. 21). Die Steuerzeichen (z. B. Wagenrücklauf, Blockende) werden vor allem bei der Textverarbeitung und Datenübertragung benötigt.

Lange Binärworte sind unübersichtlich. Zur Verbesserung der Lesbarkeit werden sie deshalb häufig hexadezimal dargestellt. Die Umwandlung erfolgt, indem man, von hinten beginnend, das Binärwort in Tetraden einteilt, die man formal nach dem Stellenwertkonzept als Dualzahl auffaßt und durch die entsprechende Hexadezimalzahl ersetzt. So kann man z. B. für jedes ASCII-Codewort ein zweistelliges Hexadezimalwort angeben (s. Tab. 21).

Tabelle 21
ASCII-Zeichensatz (ohne Steuerzeichen)
(SP: Leerzeichen von engl.: space; DEL: Löschen, von engl.: delete)

Bits 1 bis 4	Hex-code	2	3	4	5	6	7	Hexcode
		0 1 0	0 1 1	1 0 0	1 0 1	1 1 0	1 1 1	Bits 5 bis 7
0 0 0 0	0	SP	0	@	P	‘	p	
0 0 0 1	1	!	1	A	Q	a	q	
0 0 1 0	2	″	2	B	R	b	r	
0 0 1 1	3	#	3	C	S	c	s	
0 1 0 0	4	$	4	D	T	d	t	
0 1 0 1	5	%	5	E	U	e	u	
0 1 1 0	6	&	6	F	V	f	v	
0 1 1 1	7	’	7	G	W	g	w	
1 0 0 0	8	(	8	H	X	h	x	
1 0 0 1	9	)	9	I	Y	i	y	
1 0 1 0	A	*	:	J	Z	j	z	
1 0 1 1	B	+	;	K	[	k	{	
1 1 0 0	C	,	<	L	\	l	¦	
1 1 0 1	D	–	=	M	]	m	}	
1 1 1 0	E	.	>	N	∧	n	~	
1 1 1 1	F	/	?	O	–	o	DEL	

Ein Code kann mehr mögliche Zeichenkombinationen enthalten, als zur Darstellung aller auftretenden Worte erforderlich sind. So werden z. B. von den sechzehn möglichen Zeichenkombinationen einer Tetrade beim BCD-Code nur zehn benötigt, die übrigen sogenannten Pseudotetraden werden nicht benutzt. Die Anzahl der nicht benötigten Zeichenkombinationen bestimmt die Redundanz der codierten Information. Die absolute Redundanz R ist ein Maß für die Sicherheit eines Codes gegenüber wortverfälschenden Fehlern und ist definiert als

$$R = \log_2 \frac{\text{Anzahl der möglichen Bitkombinationen}}{\text{Anzahl der benötigten Bitkombinationen}} .$$

Der BCD-Code hat demnach die absolute Redundaz $R = \log_2 \frac{16}{10} = 0{,}68$. Dagegen tritt bei der Darstellung von Dezimalzahlen durch entsprechende Dualzahlen überhaupt keine Redundanz auf, denn jeder Zeichenfehler ergibt eine falsche, aber dennoch gültige Dualzahl. Eine besonders große Redundanz weist die menschliche Sprache auf, da nur in seltenen Fällen durch Vertauschen eines Buchstaben in einem Wort ein neues gültiges Wort entsteht.

Die Verwendung von Codes mit hoher Redundanz und zusätzlichen Möglichkeiten zur Fehlererkennung hat große praktische Bedeutung. So kann z. B. durch die Einführung eines Prüfbits ein Code zusätzlich gegen Fehler geschützt werden. Der Wert des Prüfbits wird so gewählt, daß das gesamte Wort eine ungerade (oder gerade) Anzahl von Einserbits enthält. Damit hat der Code unabhängig von der Wortlänge die absolute Redundanz $R = 1$, und es ist möglich, einfache Fehler zu erkennen. Davon macht man auch häufig beim ASCII-Code Gebrauch, indem man ihn auf acht Bit erweitert. Spezielle Codes mit hoher Redundanz und sicherer Fehlererkennbarkeit gestatten unmittelbar eine automatische Fehlerkorrektur.

6.1.4 Boolesche Algebra

Die Boolesche Algebra (Georg Boole, 1815–1864) ist eine Ereignisalgebra, die auf einer zweiwertigen Aussagenlogik beruht. Sie stellt eine Methode dar, Zusammenhänge zwischen zweiwertigen Ereignissen mathematisch zu formulieren. Damit liefert sie die mathematischen Hilfsmittel zur Darstellung der Vorgänge in binären Digitalschaltungen. In diesem Zusammenhang bezeichnet man sie als Schaltalgebra.

Die durch die Boolesche Algebra darstellbaren funktionalen Zusammenhänge lassen sich wegen der Zweiwertigkeit der Variablen stets in Tabellenform angeben. Diese Tabellen heißen Funktionstabellen (Wahrheitstabellen) und enthalten nur zwei Zeichen, denen eine logische Aussage zugeordnet ist. Wir verwenden die Zeichen 1 und 0 mit folgender Aussagezuordnung[1]:

$1 \triangleq$ wahr (erfüllt),
$0 \triangleq$ nicht wahr (nicht erfüllt).

[1] Häufig werden zur besseren Unterscheidung von den Ziffern 0 und 1 auch andere Zeichen verwendet, z. B. $\emptyset$ und L.

6.1.4.1 Logische Operationen

Zur Einführung der logischen Verknüpfungen der Booleschen Algebra soll von einem technischen Beispiel ausgegangen werden: von der doppelten Sicherung eines Tresors. Der Tresor läßt sich nur öffnen, wenn der richtige Schlüssel verwendet wird und die richtige Ziffernkombination eingestellt worden ist. Zur Beschreibung wählen wir folgende Variablen und logische Aussagen:

$T = 1$: Tresor kann geöffnet werden;
$S = 1$: richtiger Schlüssel wird verwendet;
$Z = 1$: richtige Ziffernkombination ist eingestellt.

Der funktionale Zusammenhang der doppelten Sicherung kann dann zum Ausdruck gebracht werden, indem man sagt:

$T = 1$, wenn $S = 1$ und $Z = 1$.

Diese logische Verknüpfung der beiden Variablen S und Z heißt Konjunktion (logisches Und, Boolesches Produkt) und wird durch die Gleichung

$$T = S \cdot Z \tag{6.2}$$

oder die Funktionstabelle Tab. 22 dargestellt.[1] Meist wird zur Vereinfachung der Schreibweise das Verknüpfungssymbol weggelassen:

$$T = SZ .$$

Ist eine logische Aussage nicht erfüllt, nimmt die betreffende Variable den Wert „logisch 0“ an. Man schreibt also z. B., wenn die Aussage „Tresor kann geöffnet werden“ nicht erfüllt ist: $T = 0$. Für eine solche nicht erfüllte logische Aussage führt man eine neue Variable ein. Diese Boolesche Operation bezeichnet man als Negation (Komplement, logisches Nicht) und stellt sie durch einen Querstrich über der

Tabelle 22
Funktionstabelle der Konjunktion von zwei Variablen

S	Z	T
0	0	0
0	1	0
1	0	0
1	1	1

[1] Die Konjunktion wird auch durch das Verknüpfungssymbol $\wedge$ beschrieben.

ursprünglichen Variablen dar. Angewendet auf die Variablen unseres Beispiels folgt damit:

$\bar{T} = 1$: Tresor kann nicht geöffnet werden;
$\bar{S} = 1$: richtiger Schlüssel wird nicht verwendet;[1]
$\bar{Z} = 1$: richtige Ziffernkombination ist nicht eingestellt

Mit diesen neuen Variablen (d. h. mit den Komplementen der ursprünglichen Variablen) kann der funktionale Zusammenhang der doppelten Sicherung durch folgende Aussage beschrieben werden:

$$\bar{T} = 1, \quad \text{wenn} \quad \bar{S} = 1 \quad \text{oder} \quad \bar{Z} = 1\,.$$

Diese Verknüpfung heißt Disjunktion (logisches Oder, Boolesche Summe) und wird durch die Gleichung

$$\bar{T} = \bar{S} + \bar{Z} \tag{6.3}$$

oder die Funktionstabelle Tab. 23 dargestellt.[2] Man beachte, daß das umgangssprachlich verwendete „Oder“ eine andere Bedeutung hat als das hier definierte: Während das Boolesche Oder die Möglichkeit einschließt, daß beide Eingangsvariablen Eins sind (inklusives Oder), wird das beim umgangssprachlichen ausgeschlossen (exklusives Oder; s. a. 6.1.5.2).

In der Form solcher Funktionstabellen läßt sich jeder beliebige, durch die hier definierten Booleschen Operationen darstellbare Zusammenhang beschreiben; umgekehrt kann für jede Funktionstabelle eine Boolesche Funktion angegeben werden.

Beispiel 6.1. Ableitung der Funktionstabelle aus einer gegebenen Booleschen Funktion. Gegeben ist die Funktion

$$f = A\bar{B}C + \bar{A}C + AB\bar{C}\,.$$

Tabelle 23
Funktionstabelle der Disjunktion von zwei Variablen

$\bar{S}$	$\bar{Z}$	$\bar{T}$
0	0	0
0	1	1
1	0	1
1	1	1

[1] Man beachte, daß „nicht richtiger Schlüssel wird verwendet“ nicht die logische Negation der ursprünglichen Aussage ist, denn darin wäre die Möglichkeit „kein Schlüssel“ nicht enthalten.

[2] Für die Disjunktion wird auch das Verknüpfungssystem $\vee$ verwendet.

Tabelle 24
Funktionstabelle zu Beispiel 6.1

A	B	C	f
0	0	0	0
0	0	1	1
0	1	0	0
0	1	1	1
1	0	0	0
1	0	1	1
1	1	0	1
1	1	1	0

Diese Funktion liest man als

$$\begin{array}{llllllll} f = 1, & \text{wenn} & A = 1 & \text{und} & B = 0 & \text{und} & C = 1 \\ & \text{oder} & A = 0 & \text{und} & & & C = 1 \\ & \text{oder} & A = 1 & \text{und} & B = 1 & \text{und} & C = 0\,, \end{array}$$

$f = 0$ für alle anderen Verknüpfungen der Variablen.

Daraus folgt unmittelbar die Funktionstabelle der Tab. 24. Man erkennt, daß die Variablen einer Zeile konjunktiv und die Zeilen untereinander disjunktiv verknüpft sind.

Beispiel 6.2. Ableitung der Booleschen Funktion aus einer gegebenen Funktionstabelle (Tab. 25).

Nach Beispiel 6.1 benötigt man zur Darstellung der Funktionstabelle die Zeilen, für die $f = 1$ ist. Aus Tab. 25 liest man ab:

$$f = 1, \quad \text{wenn} \begin{cases} \bar{A} = 1 \text{ und } \bar{B} = 1 \text{ und } \bar{C} = 1\,, \\ \bar{A} = 1 \text{ und } B = 1 \text{ und } C = 1\,, \\ A = 1 \text{ und } \bar{B} = 1 \text{ und } \bar{C} = 1\,, \\ A = 1 \text{ und } B = 1 \text{ und } \bar{C} = 1\,, \\ A = 1 \text{ und } B = 1 \text{ und } C = 1\,. \end{cases}$$

Tabelle 25
Funktionstabelle zu Beispiel 6.2

A	B	C	f
0	0	0	1
0	0	1	0
0	1	0	0
0	1	1	1
1	0	0	1
1	0	1	0
1	1	0	1
1	1	1	1

Daraus erhält man

$$f = \bar{A}\bar{B}\bar{C} + \bar{A}BC + A\bar{B}\bar{C} + AB\bar{C} + ABC\,.$$

6.1.4.2 Rechenregeln

Für eine Boolesche Algebra gelten zusammen mit den oben eingeführten Verknüpfungen folgende Axiome:

1. Für Summe und Produkt gelten
   – das kommutative Gesetz:

$$A \cdot B = B \cdot A\,, \tag{6.4}$$

$$A + B = B + A\,; \tag{6.5}$$

   – das distributive Gesetz[1]:

$$A \cdot (B + C) = (A \cdot B) + (A \cdot C)\,, \tag{6.6}$$

$$A + (B \cdot C) = (A + B) \cdot (A + C)\,. \tag{6.7}$$

2. Es existiert ein Element 0, mit dem gilt

$$A + 0 = A\,. \tag{6.8}$$

3. Es existiert ein Element 1, mit dem gilt

$$A \cdot 1 = A\,. \tag{6.9}$$

4. Wenn die Elemente 0 und 1 eindeutig definiert sind, gilt

$$A \cdot \bar{A} = 0\,, \tag{6.10}$$

$$A + \bar{A} = 1\,. \tag{6.11}$$

Aus diesen Axiomen lassen sich weitere Rechenregeln ableiten:

– das assoziative Gesetz:

$$A \cdot (B \cdot C) = (A \cdot B) \cdot C\,, \tag{6.12}$$

$$A + (B + C) = (A + B) + C\,; \tag{6.13}$$

– die Tautologiegesetze:

$$A \cdot A = A\,, \tag{6.14}$$

$$A + A = A; \tag{6.15}$$

[1] Im Gegensatz zur gewöhnlichen Algebra mit ihrer Hierarchie der Grundrechenarten (Punktrechnung vor Strichrechnung) gilt in der Booleschen Algebra das distributive Gesetz auch für die Addition in Bezug auf die Multiplikation.

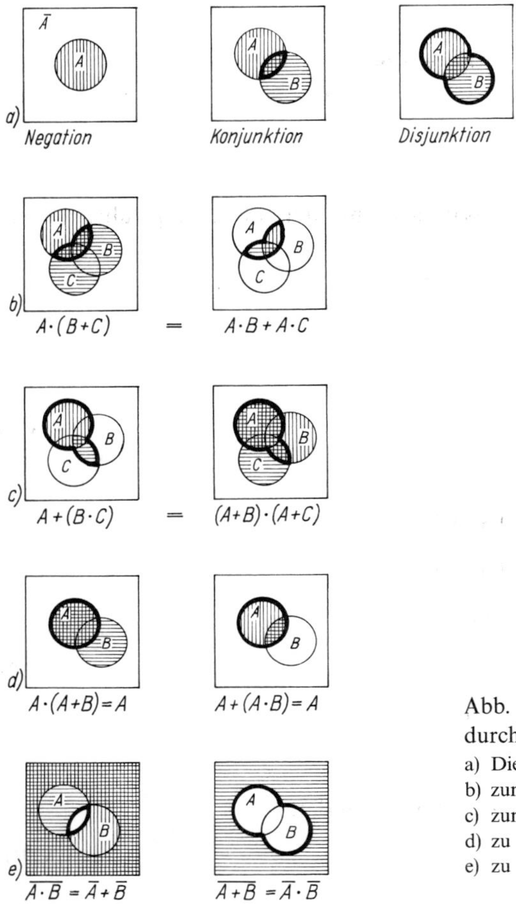

Abb. 6.2. Darstellung Boolescher Funktionen durch Venn-Diagramme
a) Die Booleschen Operationen,
b) zum distributiven Gesetz (6.6),
c) zum distributiven Gesetz (6.7),
d) zu den Absorptionsgesetzen (6.16) und (6.17),
e) zu den de-Morganschen Gesetzen (6.18) und (6.19)

– die Absorptionsgesetze:

$$A \cdot (A + B) = A\,, \tag{6.16}$$

$$A + (A \cdot B) = A\,; \tag{6.17}$$

– die Gesetze von de Morgan:

$$\overline{A \cdot B} = \bar{A} + \bar{B}\,, \tag{6.18}$$

$$\overline{A + B} = \bar{A} \cdot \bar{B}\,; \tag{6.19}$$

– Operationen mit den Elementen 0 und 1:

$$0 \cdot A = 0\,, \tag{6.20}$$

$$\bar{0} = 1\,, \tag{6.21}$$

$$1 + A = 1\,, \tag{6.22}$$

$$\bar{1} = 0\,; \tag{6.23}$$

– Gesetz der doppelten Negation:

$$\bar{\bar{A}} = A\,. \tag{6.24}$$

Eine anschauliche Darstellung der Booleschen Rechengesetze ist mit Hilfe der Venn-Diagramme der Mengenlehre möglich. Dafür zeigt Abb. 6.2 einige Beispiele. Danach entspricht das Boolesche Produkt dem Durchschnitt der beiden Teilmengen A und B einer gegebenen Gesamtmenge, hier dargestellt durch die Fläche eines Quadrats, und die Boolesche Summe ihrer Vereinigung (Abb. 6.2a)). Definiert man 1 und 0 gemäß den Axiomen (6.8) und (6.9), ergeben sich aus dieser Darstellung der Verknüpfungen durch Venn-Diagramme auch unmittelbar die Rechenregeln über die Operationen mit 0 und 1 und die Tautologiegesetze.

Beispiel 6.3. Vereinfachung der in Beispiel 6.2 abgeleiteten Funktion mit Hilfe der Rechenregeln.

$$f = \bar{A}\bar{B}\bar{C} + A\bar{B}\bar{C} + \bar{A}BC + AB\bar{C} + ABC\,.$$

Daraus folgt mit Hilfe des distributiven Gesetzes (6.6)

$$f = (\bar{A} + A)\,\bar{B}\bar{C} + (\bar{A} + A)\,BC + AB\bar{C}$$

und daraus mit den Rechengesetzen (6.11) und (6.9)

$$f = 1\bar{B}\bar{C} + 1BC + AB\bar{C}$$
$$= \bar{B}\bar{C} + BC + AB\bar{C}\,.$$

Diese Funktion führt ebenfalls wieder auf die Wahrheitstabelle Tab. 30. Aber das ist nicht die einzige mögliche Vereinfachung; durch anderes Zusammenfassen erhält man z. B.

$$f = \bar{B}\bar{C} + \bar{A}BC + AB\,.$$

Eine weitere Möglichkeit der Umformung Boolescher Funktionen liefert das Dualitätsprinzip, das sich aus den Rechengesetzen ableiten läßt:

Vertauscht man in einer Booleschen Funktion die beiden Verknüpfungen + und · und die beiden Elemente 0 und 1 und ersetzt man alle Variablen durch ihr Komplement, bleibt der funktionale Zusammenhang gültig.

Ein einfaches Beispiel für das Dualitätsprinzip liefern die beiden Grundverknüpfungen selbst mit ihren Funktionstabellen (s. (6.2) und (6.3) und Tab. 22 und 23) sowie die Gesetze von de Morgan (s. (6.18) und (6.19)).

Beispiel 6.4. Anwendung des Dualitätsprinzips auf eine gegebene Funktion.
Gegeben ist die Funktion

$$f = ABC + \bar{A}B\bar{C} + A\bar{B}C\,.$$

Nach dem Dualitätsprinzip folgt daraus unmittelbar

$$\bar{f} = (\bar{A} + \bar{B} + \bar{C})\,(A + \bar{B} + C)\,(\bar{A} + B + \bar{C})\,.$$

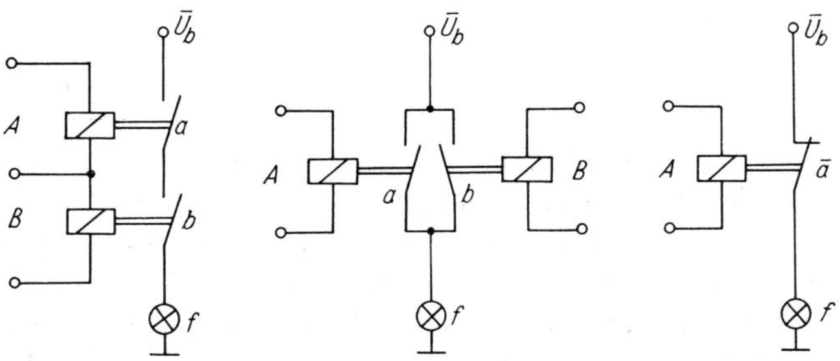

Abb. 6.3. Darstellung Boolescher Verknüpfungen durch Relaisschaltungen
a) $f = A \cdot B$, b) $f = A + B$, c) $f = \bar{A}$

Bildet man das Komplement der gegebenen Funktion und wendet darauf die de-Morganschen Gesetze an, erhält man

$$\begin{aligned}\bar{f} &= \overline{ABC + \bar{A}B\bar{C} + A\bar{B}C}\\ &= \overline{ABC} \cdot \overline{\bar{A}B\bar{C}} \cdot \overline{A\bar{B}C}\\ &= (\bar{A} + \bar{B} + \bar{C})(\bar{\bar{A}} + \bar{B} + \bar{\bar{C}})(\bar{A} + \bar{\bar{B}} + \bar{C})\end{aligned}$$

und daraus mit (6.24)

$$\bar{f} = (\bar{A} + \bar{B} + \bar{C})(A + \bar{B} + C)(\bar{A} + B + \bar{C}),$$

also das gleiche Ergebnis wie oben.

Häufig wird gefordert, eine gegebene Boolesche Funktion in einer bestimmten Form darzustellen. Von besonderer Bedeutung sind die disjunktive und die konjunktive Normalform. Bei der disjunktiven Normalform wird die Funktion als Summe von Produkten, die jede Variable (oder ihr Komplement) genau einmal enthalten (Minterme), dargestellt. Die konjunktive Normalform besteht aus einem Produkt von Summen, die ebenfalls jede Variable genau einmal enthalten (Maxterme). Man erkennt, daß in Beispiel 6.4 die ursprüngliche Funktion f in ihrer disjunktiven Normalform angegeben wurde, während man $\bar{f}$ als konjunktive Normalform erhält. Es kann gezeigt werden, daß für jede Funktion genau eine disjunktive und eine konjunktive Normalform existiert (Basissatz).

6.1.4.3 Schaltalgebra

Als Schaltalgebra bezeichnet man die Anwendung der Booleschen Algebra auf Schaltungen mit bistabilen Schaltelementen. Das anschaulich einfachste bistabile Schaltelement ist das Relais. Man unterscheidet

– Arbeitskontakte, bei denen in der Ruhestellung (d. h. bei abgefallenem Relais) der Schalter offen ($a = 0$) und in der Arbeitsstellung (d. h. bei angezogenem Relais) der Schalter geschlossen ($a = 1$) ist;

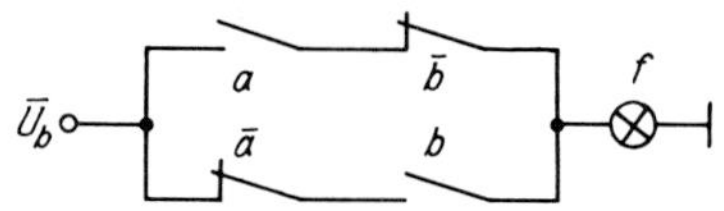

Abb. 6.4. Wechselschaltung

– Ruhekontakte, bei denen in der Ruhestellung der Schalter geschlossen ($\bar{a} = 1$) und in der Arbeitsstellung der Schalter offen ($\bar{a} = 0$) ist.

Die Booleschen Verknüpfungen lassen sich durch einfache Relaisschaltungen realisieren. Aus Abb. 6.3a) liest man ab, daß die Lampe brennt ($f = 1$), wenn beide Relais angezogen haben, d. h., wenn beide Schalter geschlossen sind: Das Boolesche Produkt entspricht einer Serienschaltung. Entsprechend zeigt Abb. 6.3b), daß sich die Boolesche Summe durch eine Parallelschaltung realisieren läßt, während ein Ruhekontakt eine Negation darstellt (Abb. 6.3c)). Anstelle der mechanischen Schalter können auch andere geeignete Bauelemente verwendet werden, z. B. Dioden oder Transistoren. Benutzt man den Transistor als Schalter in der üblichen Emitterschaltung (s. 5.2.2), so realisiert er gleichzeitig eine Negation.

Beliebige Boolesche Funktionen können durch Serien-Parallelschaltungen realisiert werden. Umgekehrt entspricht jeder Serien-Parallelschaltung eine Boolesche Funktion. Dagegen können Nicht-Serien-Parallelschaltungen nicht direkt durch eine Boolesche Funktion beschrieben werden, sondern müssen zunächst in Serien-Parallelschaltungen transformiert werden. Ein bekanntes Beispiel für eine Serien-Parallelschaltung ist die Wechselschaltung. Aus Abb. 6.4 liest man ab, daß dieser Schaltung die Funktion

$$f = a\bar{b} + \bar{a}b$$

entspricht.

6.1.4.4 Minimierung

Für die praktische Anwendung ist es von großer Bedeutung, vor der schaltungstechnischen Realisierung diejenige Form einer gegebenen Booleschen Funktion zu finden, die den geringsten Aufwand an Schaltelementen erfordert. Eine Möglichkeit zur Lösung dieser Aufgabe bietet die Anwendung der Rechenregeln der Booleschen Algebra (s. Beispiel 6.3), wobei häufig jedoch nicht ohne weiteres zu sehen ist, auf welchem Wege man die gesuchte Minimalform findet. Als weiteres Minimierungsver-

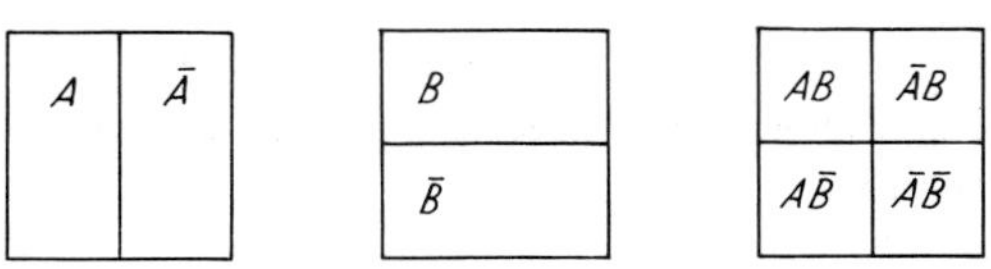

Abb. 6.5. Entwicklung des Karnaugh-Veitch-Diagramms für zwei Variable

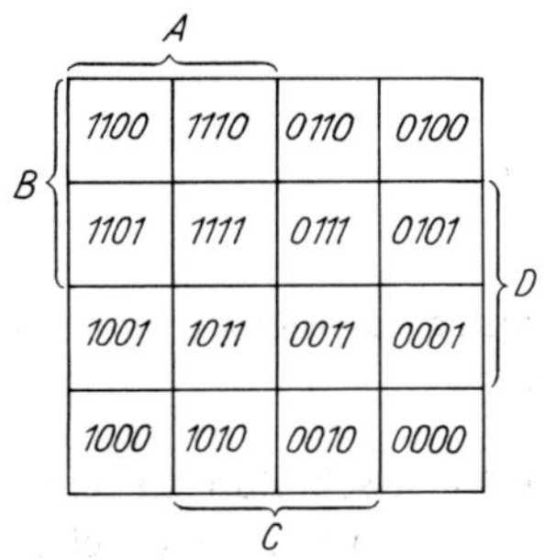

Abb. 6.6 Karnaugh-Veitch-Diagramm für vier Variable

fahren wollen wir eine grafische Methode – die Anwendung des Karnaugh-Veitch-Diagramms – kennenlernen.

Das Karnaugh-Veitch-Diagramm stellt eine spezielle Form des Venn-Diagramms dar und ermöglicht, alle Bedingungen einer Funktionstabelle wiederzugeben. Abb. 6.5 zeigt die Entwicklung des Karnaugh-Veitch-Diagramms für zwei Variablen aus den Diagrammen für je eine Variable. Da eine Variable zwei Zustände einnehmen kann, wird das gesamte Diagramm in zwei gleiche Zellen eingeteilt, die diese Zustände repräsentieren. Durch Überlagerung der beiden Diagramme für je eine Variable entsteht das Diagramm für zwei Variable, das aus vier gleichen Zellen besteht. Jede Zelle repräsentiert den Durchschnitt (Konjunktion) der beiden Variablen in ihren möglichen Zuständen. Es ist üblich, in die Zellen des Karnaugh-Veitch-Diagramms nicht unmittelbar die Booleschen Produkte der Variablen (die Minterme) einzutragen, sondern ihre Entsprechung als Dualzahl.

Die besondere Eigenschaft des Karnaugh-Veitch-Diagramms besteht darin, daß man sogenannte Nachbarschaftsbeziehungen zwischen den Mintermen, die schließlich eine Vereinfachung der Funktion ermöglichen, unmittelbar ablesen kann. Von benachbarten Zellen (Mintermen) spricht man, wenn sich die entsprechenden Dualzahlen nur um 1 Bit unterscheiden. In diesem Sinne sind alle aneinandergrenzenden Zellen benachbart, aber auch die Zellen am oberen und am unteren bzw. am rechten und am linken Rand des Karnaugh-Veitch-Diagramms (s. Abb. 6.6). Ausgehend von einer Booleschen Funktion in disjunktiver Normalform trägt man in alle Zellen des Karnaugh-Veitch-Diagramms, deren entsprechende Minterme in der Funktion auftreten, eine 1 ein und in alle übrigen Zellen eine 0. Weist die Funktion sogenannte benachbarte Minterme auf, werden diese durch benachbarte Zellen dargestellt, die

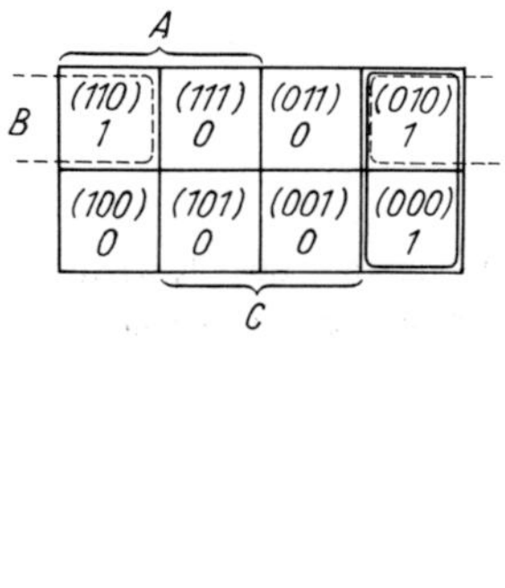

Abb. 6.7. Entwicklung der Minimalform aus dem Karnaugh-Veitch-Diagramm

sich zusammenfassen lassen. Bei räumlicher Darstellung lassen sich auch Karnaugh-Veitch-Diagramme für fünf und sechs Variable entwickeln. Das in Abb. 6.7 wiedergegebene Karnaugh-Veitch-Diagramm entspricht der Funktion

$$f = AB\bar{C} + \bar{A}B\bar{C} + \bar{A}\bar{B}\bar{C} . \tag{6.25}$$

Im Diagramm treten am rechten Rand zwei benachbarte Zellen auf (ausgezogen gekennzeichnet), die sich durch die vereinfachte Funktion

$$\bar{A}\bar{C} = \bar{A}B\bar{C} + \bar{A}\bar{B}\bar{C}$$

darstellen lassen. Außerdem sind die äußeren Zellen der oberen Zeile benachbart (gestrichelt gekennzeichnet) und durch

$$B\bar{C} = AB\bar{C} + \bar{A}B\bar{C}$$

darstellbar. Das Karnaugh-Veitch-Diagramm liefert also anstelle der Funktion (6.25) unmittelbar

$$f = \bar{A}\bar{C} + B\bar{C} \tag{6.26}$$

als sogenannte disjunktive Minimalform. Dieselbe Form erhält man, wenn man zur ursprünglichen Form entsprechend dem Rechengesetz (6.15) den Minterm $\bar{A}B\bar{C}$ hinzufügt und dann nach (6.6) und (6.11) zusammenfaßt:

$$\begin{aligned} f &= AB\bar{C} + \bar{A}B\bar{C} + \bar{A}B\bar{C} + \bar{A}\bar{B}\bar{C} \\ &= (A + \bar{A})\, B\bar{C} + (B + \bar{B})\, \bar{A}\bar{C} \\ &= B\bar{C} + \bar{A}\bar{C} . \end{aligned}$$

Beispiel 6.5. Aufstellung des Karnaugh-Veitch-Diagramms aus einer Funktionstabelle und Herleitung der disjunktiven Minimalform.

Die durch Tab. 26 gegebene Funktionstabelle führt auf die disjunktive Normalform

$$\begin{aligned} f = {} & \bar{A}\bar{B}\bar{C}\bar{D} + \bar{A}B\bar{C}\bar{D} + \bar{A}\bar{B}C\bar{D} + \bar{A}BC\bar{D} + \bar{A}\bar{B}\bar{C}D + A\bar{B}\bar{C}D \\ & + \bar{A}B\bar{C}D + AB\bar{C}D + \bar{A}\bar{B}CD + \bar{A}BCD . \end{aligned}$$

Nach (6.6) und (6.11) erhält man daraus

$$\begin{aligned} f &= \bar{A}\bar{B}\bar{C} + \bar{A}B\bar{C} + A\bar{C}D + \bar{A}C\bar{D} + \bar{A}CD \\ &= \bar{A}\bar{C} + \bar{A}C + A\bar{C}D \\ &= \bar{A} + A\bar{C}D . \end{aligned}$$

Erweitert man diesen Ausdruck nach (6.17) und wendet dann noch einmal (6.6) und (6.11) an, erhält man

$$\begin{aligned} f &= \bar{A} + \bar{A}\bar{C}D + A\bar{C}D \\ &= \bar{A} + \bar{C}D . \end{aligned}$$

Dabei kann man durchaus auch in anderer Weise zusammenfassen und erhält erst nach einer weit umständlicheren Rechnung die angegebene Minimalform.

Tabelle 26
Funktionstabelle zu Beispiel 6.5

D	C	B	A	f	Minterm
0	0	0	0	1	$\bar{A}\bar{B}\bar{C}\bar{D}$
0	0	0	1	0	–
0	0	1	0	1	$\bar{A}B\bar{C}\bar{D}$
0	0	1	1	0	–
0	1	0	0	1	$\bar{A}\bar{B}C\bar{D}$
0	1	0	1	0	–
0	1	1	0	1	$\bar{A}BC\bar{D}$
0	1	1	1	0	–
1	0	0	0	1	$\bar{A}\bar{B}\bar{C}D$
1	0	0	1	1	$A\bar{B}\bar{C}D$
1	0	1	0	1	$\bar{A}B\bar{C}D$
1	0	1	1	1	$AB\bar{C}D$
1	1	0	0	1	$\bar{A}\bar{B}CD$
1	1	0	1	0	–
1	1	1	0	1	$\bar{A}BCD$
1	1	1	1	0	–

Abb. 6.8 zeigt das der Funktionstabelle in Tab. 26 entsprechende Karnaugh-Veitch-Diagramm. Entsprechend den Nachbarschaftsbeziehungen kann man die Zellen in zwei Gruppen zusammenfassen, die durch die Ausdrücke $\bar{A}$ (ausgezogen) und $\bar{C} \cdot D$ (gestrichelt) beschrieben werden. Das führt unmittelbar auf die gesuchte disjunktive Minimalform. Man erkennt, daß die Ausdrücke um so einfacher werden, je mehr Zellen sich zusammenfassen lassen.

6.1.5 Logische Grundfunktionen

Die Aufgabe eines datenverarbeitenden Systems besteht darin, jeder beliebigen Kombination von n binären Eingangsvariablen $x_1, \ldots, x_n$ eine bestimmte Kombination von m Ausgangsvariablen $y_1, \ldots, y_m$ zuzuordnen. Beliebige Strukturen eines

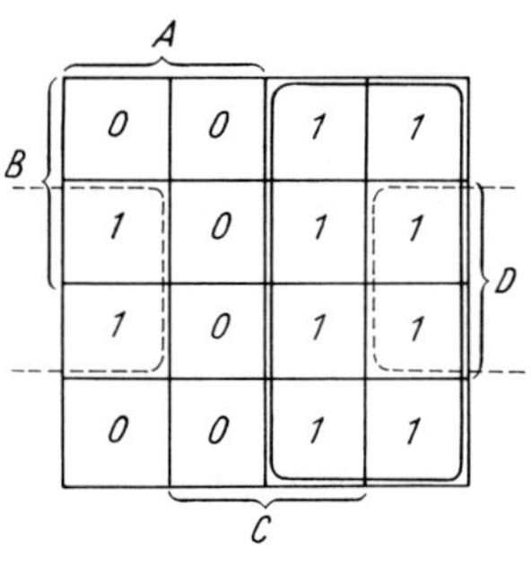

Abb. 6.8. Karnaugh-Veitch-Diagramm zu Beispiel 6.5

Tabelle 27
Zuordnung zwischen logischen Aussagen und binären Signalgrößen

wahr (1)	nicht wahr (0)
Schalter geschlossen	Schalter offen
hohes Potential (H)	niedriges Potential (L)
magnetisch	unmagnetisch
Strom	kein Strom

solchen datenverarbeitenden Systems lassen sich auf 4 einstellige und 16 zweistellige logische Grundfunktionen zurückführen.

Die technische Realisierung eines solchen Datenverarbeitungssystems bedingt zunächst eine eindeutige Zuordnung der binären Signalgrößen zu den logischen Aussagen „wahr“ und „nicht wahr“. Dafür gibt Tab. 27 einige Beispiele an. So wird die Aussage „wahr“ (logisch 1) z. B. dem geschlossenen Arbeitskontakt eines Relais oder einem hohen Potential oder dem magnetisierten Zustand eines Ferritkerns oder einem Strom zugeordnet. Damit wird die Umsetzung bestimmter logischer Verknüpfungen in elektrotechnische Schaltungen möglich. Es ist üblich, die Signalpegel in einer Schaltung, in der als Signalgröße eine Spannungsamplitude verwendet wird, mit den Symbolen H (von engl.: high) und L (von engl.: low) zu verzeichnen, wobei H das höhere (positivere) und L das niedrigere (weniger positive oder negativere)

Tabelle 28
Die Grundfunktionen in positiver und negativer Logik

	Wahrheitstabelle			Pegeltabelle					
				positive Logik			negative Logik		
Und	x	y	$x \cdot y$	x	y	$x \cdot y$	x	y	$x \cdot y$
	0	0	0	L	L	L	H	H	H
	0	1	0	L	H	L	H	L	H
	1	0	0	H	L	L	L	H	H
	1	1	1	H	H	H	L	L	L
Oder	x	y	$x + y$	x	y	$x + y$	x	y	$x + y$
	0	0	0	L	L	L	H	H	H
	0	1	1	L	H	H	H	L	L
	1	0	1	H	L	H	L	H	L
	1	1	1	H	H	H	L	L	L

Tabelle 29
Die einstelligen logischen Grundfunktionen

x	0	1	Boolesche Funktion
y_1	0	0	$y_1 = 0$
y_2	0	1	$y_2 = x$ Position
y_3	1	0	$y_3 = \bar{x}$ Negation (Not)
y_4	1	1	$y_4 = 1$

Potential bezeichnet. Je nach der Zuordnung dieser Signalpegel zu den logischen Aussagen spricht man von einer positiven Logik, wenn H = 1 und L = 0 bedeutet, oder von einer negativen Logik, wenn H = 0 und L = 1 bedeutet. Diese Zuordnung ist unbedingt zu treffen, bevor man Aussagen über die logische Funktion einer Schaltung macht, denn nach dem Dualitätsprinzip zieht ein Übergang von der positiven zur negativen Logik oder umgekehrt ein Vertauschen der Grundverknüpfungen Und und Oder nach sich, wenn man sich bei der Beschreibung, wie in der Praxis üblich, auf die Pegel bezieht (s. Tab. 28).

6.1.5.1 Einstellige Grundfunktionen

Die einstelligen logischen Grundfunktionen verknüpfen eine Ausgangsvariable y mit einer Eingangsvariablen x. Entsprechend der Zweiwertigkeit der Variablen gibt es dafür die in Tab. 29 angegebenen vier Möglichkeiten. Dabei stellen y_1 und y_4 praktisch Fehlschaltungen dar, y_2 beschreibt die logische Funktion eines Verstärkers, und y_3 ist eine der Grundverknüpfungen der Booleschen Algebra. Abb. 6.9 zeigt die Realisierung dieser Funktionen durch Relaiskontakte.

6.1.5.2 Zweistellige Grundfunktionen

Die zweistelligen Grundfunktionen verknüpfen eine Ausgangsvariable y mit zwei Eingangsvariablen x_1 und x_2. Entsprechend der Zweiwertigkeit der Variablen erhält man die in Tab. 30 angegebenen 16 Möglichkeiten. In Tab. 31 sind die wichtigsten

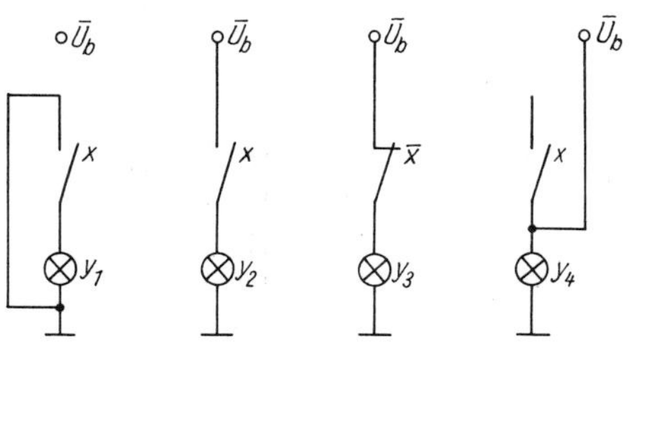

Abb. 6.9. Realisierung der einstelligen logischen Grundfunktionen durch Relaiskontakte

Tabelle 30
Die zweistelligen logischen Grundfunktionen

x_1 x_2	0 0	0 1	1 0	1 1	Boolesche Funktion	Bezeichnung
y_1	0	0	0	0	$y_1 = 0$	
y_2	0	0	0	1	$y_2 = x_1 x_2$	Konjunktion (Und)
y_3	0	0	1	0	$y_3 = x_1 \bar{x}_2$	
y_4	0	0	1	1	$y_4 = x_1$	
y_5	0	1	0	0	$y_5 = \bar{x}_1 x_2$	
y_6	0	1	0	1	$y_6 = x_2$	
y_7	0	1	1	0	$y_7 = \bar{x}_1 x_2 + x_1 \bar{x}_2$	Antivalenz
y_8	0	1	1	1	$y_8 = x_1 + x_2$	Disjunktion (Oder)
y_9	1	0	0	0	$y_9 = \overline{x_1 + x_2}$	Nor (Nicht-Oder)
y_{10}	1	0	0	1	$y_{10} = x_1 x_2 + \bar{x}_1 \bar{x}_2$	Äquivalenz
y_{11}	1	0	1	0	$y_{11} = \bar{x}_2$	
y_{12}	1	0	1	1	$y_{12} = x_1 + \bar{x}_2$	
y_{13}	1	1	0	0	$y_{13} = \bar{x}_1$	
y_{14}	1	1	0	1	$y_{14} = \bar{x}_1 + x^2$	
y_{15}	1	1	1	0	$y_{15} = \overline{x_1 x_2}$	Nand (Nicht-Und)
y_{16}	1	1	1	1	$y_{16} = 1$	

zweistelligen Grundfunktionen mit ihren Funktionstabellen und Schaltzeichen dargestellt. Aus den Tab. 29 und 30 ist ersichtlich, daß sich alle logischen Grundfunktionen mittels der drei Booleschen Verknüpfungen Negation, Konjunktion und Disjunktion ausdrücken lassen. Man sagt deshalb, daß diese drei Operationen ein vollständiges

Tabelle 31
Tafel der wichtigsten logischen Grundfunktionen mit ihren Funktionstabellen und Schaltzeichen

Bezeichnung Boolesche Funktion	Funktionstabelle	Schaltzeichen neu	 alt
Negation $y = \bar{x}$	x y 0 1 1 0	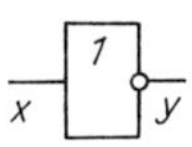	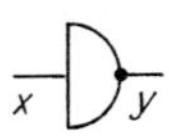
Konjunktion $y = x_1 x_2$	x_2 x_1 y 0 0 0 0 1 0 1 0 0 1 1 1	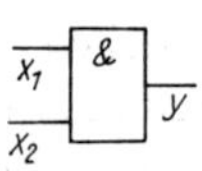	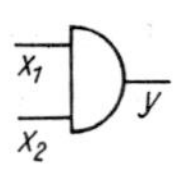

Tabelle 31 (Fortsetzung)

Bezeichnung Boolesche Funktion	Funktionstabelle x_2	 x_1	 y	Schaltzeichen neu	 alt
Disjunktion $y = x_1 + x_2$	0	0	0	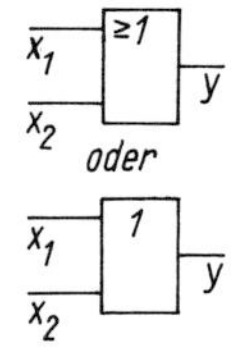	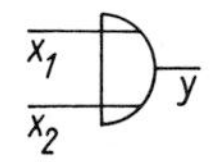
	0	1	1		
	1	0	1		
	1	1	1		
Nand $y = \overline{x_1 x_2}$ $= \bar{x}_1 + \bar{x}_2$	0	0	1	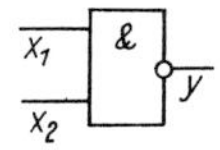	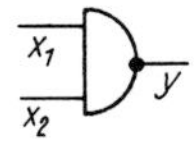
	0	1	1		
	1	0	1		
	1	1	0		
Nor $y = \overline{x_1 + x_2}$ $= \bar{x}_1 \bar{x}_2$	0	0	1	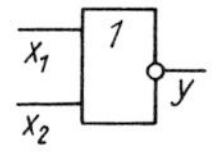	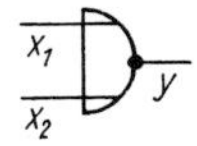
	0	1	0		
	1	0	0		
	1	1	0		
Äquivalenz $y = x_1 \equiv x_2$ $= \bar{x}_1 \bar{x}_2 + x_1 x_2$	0	0	1	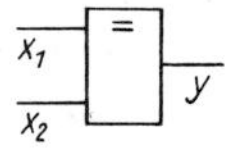	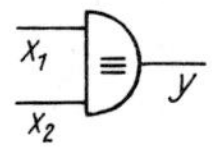
	0	1	0		
	1	0	0		
	1	1	1		
Antivalenz (Exklusiv-Oder) $y = x_1 \not\equiv x_2 = \overline{x_1 \equiv x_2}$ $= x_1 \bar{x}_2 + \bar{x}_1 x_2$	0	0	0	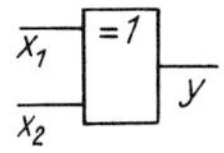	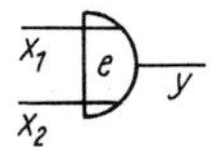
	0	1	1		
	1	0	1		
	1	1	0		

logisches System darstellen. Es kann gezeigt werden, daß sich alle logischen Grundfunktionen auch durch die Funktionen Nand oder Nor ausdrücken lassen, d. h., auch jede dieser Funktionen stellt für sich ein vollständiges logisches System dar. Praktisch bedeutet das, daß jede beliebige Verknüpfung auf der Grundlage einer einzigen logischen Grundfunktion realisiert werden kann, was bei der schaltungstechnischen Realisierung sehr vorteilhaft ist.

Tabelle 32
Zu Beispiel 6.6

Bezeichnung	Umrechnung der Funktion nach der Booleschen Algebra	Logische Schaltung
Negation	$y = \bar{x}$ $= \bar{x} + \bar{x} = \overline{x \cdot x}$	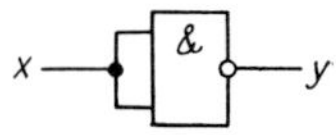
Disjunktion	$y = x_1 + x_2$ $= \bar{\bar{x}}_1 + \bar{\bar{x}}_2 = \overline{\bar{x}_1\bar{x}_2}$	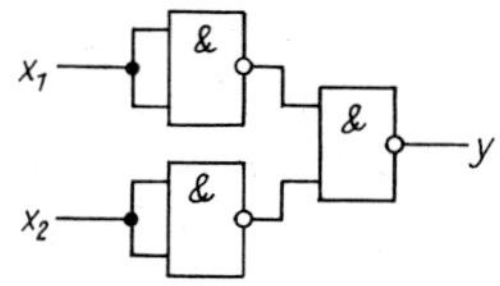
Konjunktion	$y = x_1x_2$ $= \overline{\overline{x_1x_2}}$	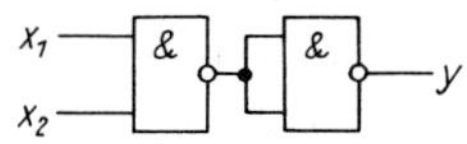
Nor	$y = \overline{x_1 + x_2}$ $= \bar{x}_1\bar{x}_2 = \overline{\overline{\bar{x}_1\bar{x}_2}}$	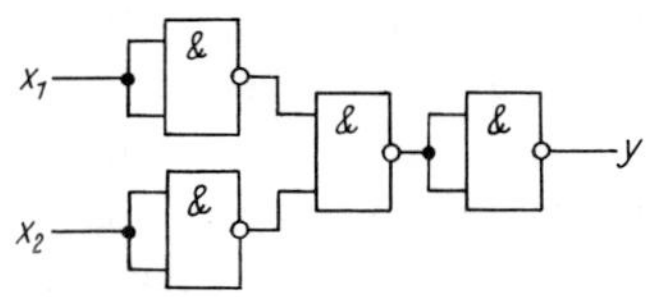
Antivalenz	$y = \bar{x}_1x_2 + x_1\bar{x}_2$ $= \bar{x}_1x_2 + \bar{x}_1x_1 + x_1\bar{x}_2 + x_2\bar{x}_2$ $= x_1(\bar{x}_1 + \bar{x}_2) + x_2(\bar{x}_1 + \bar{x}_2)$ $= x_1\overline{x_1x_2} + x_2\overline{x_1x_2}$ $= \overline{\overline{x_1\overline{x_1x_2} + x_2\overline{x_1x_2}}}$ $= \overline{\overline{x_1\overline{x_1x_2}} \cdot \overline{x_2\overline{x_1x_2}}}$	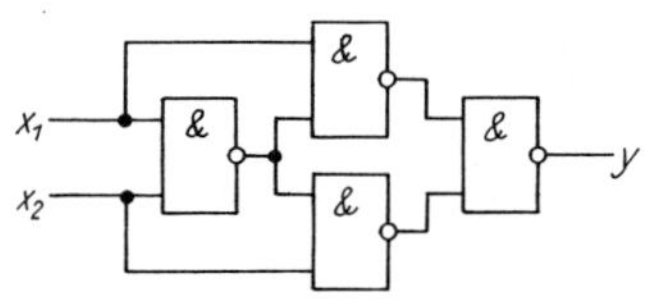
Äquivalenz	$y = x_1x_2 + \bar{x}_1\bar{x}_2$ entspricht der Negation der Antivalenz (vgl. Funktionstabellen in Tab. 31) $y = \overline{\overline{\overline{x_1\overline{x_1x_2}} \cdot \overline{x_2\overline{x_1x_2}}}}$	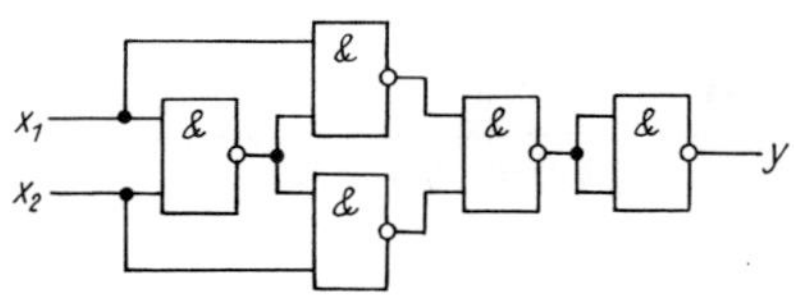

Beispiel 6.6. Darstellung und schaltungstechnische Realisierung der in Tab. 31 angegebenen logischen Grundfunktionen durch die Nand-Funktion.

Die Ergebnisse sind in Tab. 32 zusammengefaßt.

6.2 Schaltkreissysteme

6.2.1 Charakteristische Kenngrößen

Die logischen Grundfunktionen lassen sich mittels sehr unterschiedlicher elektronischer Schaltungen verwirklichen. Die Eigenschaften der verschiedenen technischen Realisierungen der logischen Funktionen (Logikfamilien), die die Grundlage der verschiedenen Schaltkreissysteme bilden, kann man durch eine Anzahl statischer und dynamischer Kenngrößen (z. B. Spannungen, Ströme, Schaltzeiten) beschreiben und miteinander vergleichen.

Für jede Logikfamilie ist die Betriebsspannung $\bar{U}_b$ in gewissen Grenzen vorgegeben; aus ihr und dem typischen mittleren Betriebsstrom $\bar{I}_b$ ergibt sich eine typische Verlustleistung P_v. Den Zusammenhang zwischen Ausgangs- und Eingangsspannung gibt die Übertragungskennlinie wieder. In Abb. 6.10 ist als Beispiel die eines invertierenden Gatters[1] (Not, Nand, Nor) dargestellt. Aus ihr liest man die folgenden typischen Spannungen ab:

U_U Umschaltspannung (stellt sich ein, wenn Eingang und Ausgang miteinander verbunden werden);
U_{ILA} maximale Eingangsspannung, die als „logisch 0“ (L) erkannt wird;
U_{IHB} minimale Eingangsspannung, die als „logisch 1“ (H) erkannt wird;
U_{OLA} maximale Ausgangsspannung, die als „logisch 0“ erkannt wird;
U_{OHB} minimale Ausgangsspannung, die als „logisch 1“ erkannt wird.

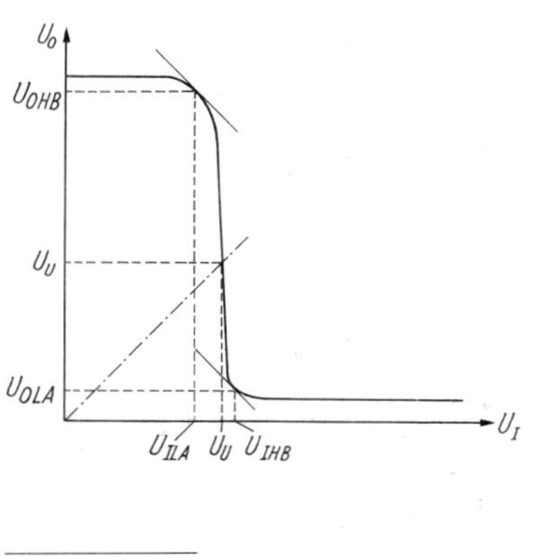

Abb. 6.10. Übertragungskennlinie eines invertierenden Gatters (schematisch)

[1] Als Gatter bezeichnet man eine Schaltung, die eine Anzahl Eingangsvariabler x_i durch eine logische Grundfunktion zu einer Ausgangsvariablen y verknüpft.

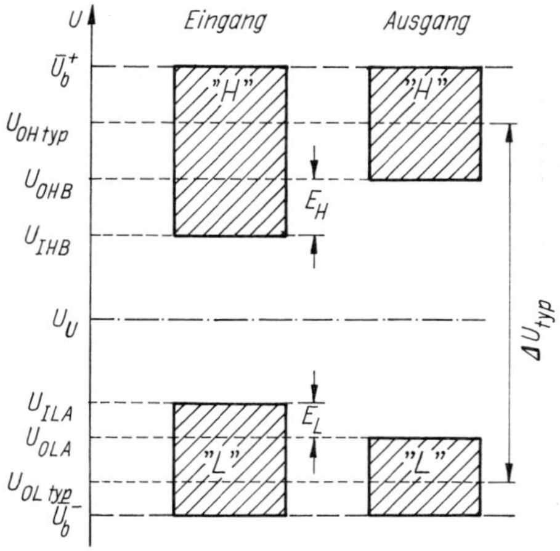

Abb. 6.11. Zur Definition von Pegeln, Störspannungsabständen und Signalhub

Durch die Definition dieser Spannungen aus den Kennlinienpunkten mit dem Anstieg minus Eins wird gewährleistet, daß eine der Eingangsspannung überlagerte Störspannung ΔU_I am Ausgang vermindert auftritt: Im zulässigen Bereich ist $\Delta U_0 < \Delta U_I$. Tatsächlich ist die Übertragungskennlinie abhängig von der Betriebsspannung, der Temperatur, der Belastung des Ausgangs und von Fertigungstoleranzen; angegeben wird deshalb eine typische Kennlinie. Und die Grenzen der zulässigen Bereiche von H- und L-Pegel werden so festgelegt, daß sich auch im ungünstigsten Betriebsfall (engl.: worst case) ein logisch eindeutiger und elektrisch stabiler Zusammenhang zwischen Ausgangs- und Eingangssignal ergibt (s. Abb. 6.11). Ein Eingangssignal wird danach dann als H erkannt, wenn

$$U_{IHB} \leqq U_{IH} \leqq \bar{U}_b^+$$

ist, und als L, wenn

$$\bar{U}_b^- \leqq U_{iL} \leqq U_{ILA}$$

ist. Die Pegelbereiche am Ausgang werden so definiert, daß sie auch unter ungünstigsten Betriebsverhältnissen von einem nachfolgenden Eingang sicher erkannt werden (s. Abb. 6.11). Die sich daraus ergebenden statistischen Störspannungsabstände[1] sind ein Maß für die maximalen Störspannungen, die im ungünstigsten Betriebsfall auf den Verbindungsleitungen zwischen zwei Gattern auftreten dürfen, ohne daß die logische Information verloren geht, d. h., das nachfolgende Gatter muß den Zustand des vorangehenden noch richtig erkennen. Aus Abb. 6.11 liest man verschiedene Werte des Störspannungsabstandes[2] ab, je nachdem ob der Ausgang

[1] Mit statisch werden hier Spannungsänderungen bezeichnet, die im Vergleich zu den Schaltzeiten sehr langsam ablaufen.

[2] Die hier definierten Werte kennzeichnen wieder den worst case; i. allg. wird im Betrieb $U_{OH} > U_{OHB}$ bzw. $U_{IL} < U_{ILA}$ sein, so daß sich dann größere Werte für den Störspannungsabstand ergeben.

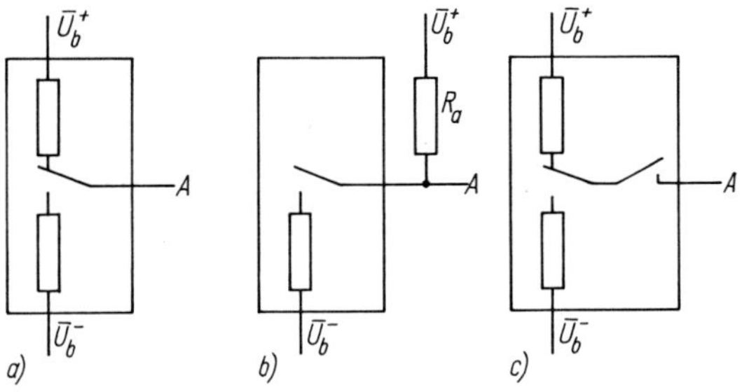

Abb. 6.12. Gatterausgänge (schematisch)
a) Standardausgang,
b) Open-collector-Ausgang,
c) Tri-state-Ausgang

eines Gatters H oder L zeigt:

$$E_H = U_{OHB} - U_{IHB}, \qquad E_L = U_{ILA} - U_{OLA}. \tag{6.27}$$

Als minimaler Störspannungsabstand $E_{\min}$ wird das Minimum dieser beiden Werte angegeben:

$$E_{\min} = \text{Min}\,(E_L, E_H). \tag{6.28}$$

Die im Betrieb an einem Gatterausgang auftretenden Spannungen sind belastungsabhängig, wobei in den beiden definierten Schaltzuständen sehr unterschiedliche Verhältnisse vorliegen. Dabei wird zunächst der normale Betriebsfall betrachtet, daß an einem Gatterausgang ein oder mehrere Gattereingänge angeschlossen sind. Zeigt der Ausgang H-Pegel, so muß das treibende Gatter den Strom aufbringen, der in die folgenden Eingänge fließt: Das treibende Gatter wirkt als Quelle; es liefert einen Strom I_{OH}, der einen Maximalwert I_{OHA} nicht überschreiten darf, wobei für die Klemmenspannung $U_{OH} \geqq U_{OHB}$ garantiert sein muß. Zeigt dagegen der Ausgang L-Pegel, so muß das treibende Gatter den Strom aufnehmen, den die angeschlossenen Eingänge liefern: Das treibende Gatter wirkt als Senke; es nimmt einen Strom I_{OL} auf, der einen Maximalwert I_{OLA} nicht überschreiten darf, wobei für die Klemmenspannung $U_{OL} \leqq U_{OLA}$ gilt. Dabei übersteigt der Ausgangsstrom häufig bereits seinen zulässigen Maximalwert, bevor die Ausgangsspannung den zulässigen H- bzw. L-Bereich verläßt; eine weitere Erhöhung der Belastung führt dann zur Zerstörung der Ausgangsstufe des Gatters.

Aus diesen Maximalströmen definiert man den maximalen Ausgangslastfaktor (Ausgangsfächer) N_{OA} als Anzahl der Standardeingänge, die höchstens angeschlossen werden dürfen, durch

$$N_{OA} = \text{Min}\left(\frac{I_{OLA}}{I_{ILA}}, \frac{I_{OHA}}{I_{IHA}}\right). \tag{6.29}$$

Da nicht alle Schaltungseingänge gleiche Eigenschaften aufweisen, definiert man außerdem einen Eingangslastfaktor (Eingangsfächer) N_I, der für einen Standardeingang gleich Eins ist.

Eine weitere Belastungssituation entsteht beim Parallelschalten von Gatterausgängen. Im Verbindungspunkt tritt nur dann ein H-Pegel auf, wenn alle Ausgänge H-Pegel ausweisen, d. h., die Parallelschaltung wirkt bei positiver Logik gleichzeitig als Und-Verknüpfung (verdrahtetes Und; engl: wired and). In der Regel ist das Parallelschalten von Standardausgängen allerdings nicht statthaft, weil unzulässig hohe Ströme auftreten, wenn die Ausgänge unterschiedliche Zustände annehmen (s. Abb. 6.12 a)). Da aber in der Schaltungspraxis sowohl zur einfachen Realisierung von Verknüpfungen als auch zur Datenübertragung über Sammelleitungen oft eine Parallelschaltung erforderlich ist, konstruiert man speziell dafür geeignete Ausgangsschaltungen. Die einfachste Möglichkeit ist die sogenannte Open-collector-Schaltung (Abb. 6.12b)). Die Gatterschaltung enthält im Ausgang nur einen Schalter (z. B. einen Transistor), der Arbeitswiderstand R_a wird für alle Ausgänge gemeinsam direkt im Verbindungspunkt angeschlossen. Seine Größe ergibt sich aus Art und Anzahl der Ausgänge und der Höhe der Betriebsspannung $\bar{U}_b$. Diese Schaltungsversion ist zwar einfach, zeigt aber ungünstige dynamische Eigenschaften und eignet sich nur zur Verknüpfung weniger Ausgänge. Sollen viele Ausgänge auf eine Sammelleitung geschaltet werden (z. B. zum Zweck des Datenaustauschs zwischen mehreren Bausteinen oder Geräten), so verwendet man heute eine Dreizustandslogik (engl.: tri-state logic; s. Abb. 6.12c)). Der Zustand auf der Sammelleitung wird nur von einem Ausgang (Sprecher; engl.: talker) bestimmt, der H oder L führen kann, während alle anderen über ein zusätzliches Steuersignal in einen hochohmigen Zustand geschaltet werden und damit praktisch von der Sammelleitung getrennt sind (vgl. 6.2.3). Gleichzeitig können mehrere Eingänge an die Sammelleitung angeschaltet werden und die dort vorliegenden Daten aufnehmen (Hörer; engl.: listener).

Eine wichtige Charakterisierung liefert weiterhin die Angabe der Schaltzeiten. Zur Untersuchung der Umschalteigenschaften wählt man als Eingangssignal einen Impuls (H → L → H), dessen Anstiegs- und Abfallzeit annähernd die gleiche Größe haben wie die des Ausgangssignals (systemeigene Flanken). Dann ergibt sich der in Abb. 6.13 schematisch dargestellte zeitliche Verlauf der Eingangs- und Ausgangsspannung. Anstiegszeit t_{TLH} und Abfallzeit t_{THL} werden dem Diagramm der Ausgangsspannung

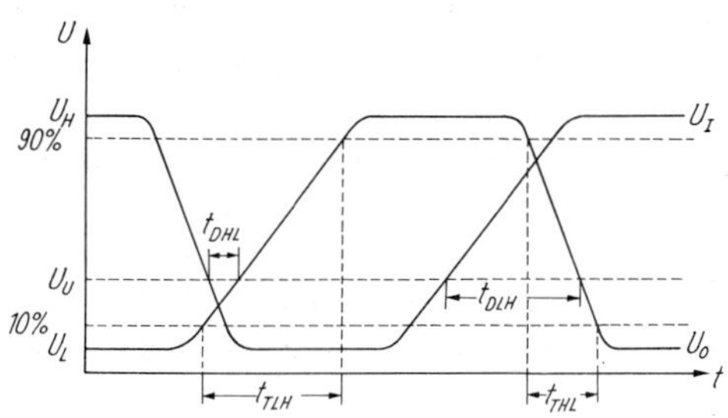

Abb. 6.13. Zur Definition der Schaltzeiten

nach der üblichen Definition (s. 2.2.1.4) entnommen. Das Umschalten der Ausgangsspannung erfolgt mit einer bestimmten Verzögerung gegenüber der Eingangsspannung. Als mittlere Signalverzögerungszeit t_D definiert man das arithmetische Mittel aus der Einschaltverzögerung t_{DHL} und der Ausschaltverzögerung t_{DLH}[1]:

$$t_D = \frac{t_{DHL} + t_{DLH}}{2}. \tag{6.30}$$

Die Umschalteigenschaften einer Transistorschaltung hängen wesentlich von der Zeitkonstanten ab, die sich aus den Widerständen der Ausgangsstufe und der am Ausgang wirksamen kapazitiven Belastung ergeben. Eine Verringerung der Schaltzeiten kann durch Verkleinern dieser Widerstände erreicht werden, was allerdings eine Vergrößerung der Ströme im leitenden Zustand nach sich zieht. Von vielen Schaltkreissystemen gibt es mehrere Versionen, die sich hinsichtlich Verlustleistung und Schaltgeschwindigkeit unterscheiden. Bei Schaltungen mit aktiver Last steigt die Verlustleistung im dynamischen Betrieb mit wachsender Schaltfrequenz an. Als weitere Kenngröße wird daher häufig das Geschwindigkeits-Leistungsprodukt angegeben, das sich aus dem Kehrwert der maximal möglichen Schaltfrequenz und der bei dieser Schaltfrequenz typischen Verlustleistung ergibt.

6.2.2 Dioden-Transistor-Logik (DTL)

Die einfachste Realisierung logischer Grundfunktionen mittels elektronischer Schaltungen ist mit Dioden möglich (Abb. 6.14; die Zuordnung gilt für eine positive Logik). Liegt an einem der beiden Eingänge des Und-Gatters L ($U_I = 0$), erscheint am Ausgang die Flußspannung der Dioden, also ebenfalls L. Nur wenn an beiden Eingängen H ($U_I = \bar{U}_b$) anliegt, d. h., wenn beide Dioden sperren, erscheint am Ausgang H. Die Schaltung erfüllt also die Funktionstabelle der Konjunktion (s. Tab. 22). In ähnlicher Weise kann man sich die Funktionsweise des Oder-Gatters (Abb. 6.14b)) deutlich machen.

Praktisch ist es nicht möglich, mehrere solcher einfachen Diodengatter in Reihe zu schalten, da i. allg. bereits nach dem zweiten Gatter die Ausgangsspannungen durch die sich summierenden Flußspannungen der Dioden nicht mehr im zulässigen Bereich liegen. Zu funktionsfähigen Schaltungen kommt man, wenn man diese DRL-Gatter mit einer als Negator wirkenden Transistorstufe verbindet; man spricht dann von einer Dioden-Transistor-Logik (DTL). Je nachdem, von welchem Diodengatter man ausgeht, erhält man als DTL-Grundschaltung ein Nand (Abb. 6.15) oder ein Nor, wobei jede für sich ein vollständiges logisches System bildet. Die Spannungsverschiebedioden D_3 und D_4 dienen zum Einstellen der Schaltschwelle des Transistors

[1] Der Bezugspegel zur Messung der Schaltverzögerung zwischen den Flanken der Eingangs- und Ausgangsspannung wird nicht immer einheitlich gewählt; hier wurde als charakteristischer Pegel die Umschaltspannung U_U benutzt.

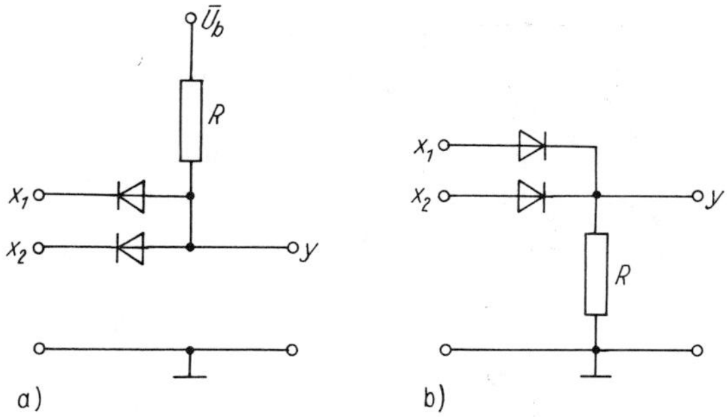

Abb. 6.14. Dioden-Widerstandsgatter (DRL)
a) Konjunktion, b) Disjunktion

und gewährleisten damit einen ausreichenden Störspannungsabstand (der Basisstrom ist Null, d. h., der Transistor ist sicher gesperrt, wenn die Spannung im Knoten P kleiner als die Summe der Flußspannungen der Dioden D_3 und D_4 und der Schwellenspannung der Basis-Emitterdiode ist).

Ersetzt man die Spannungsverschiebedioden durch eine Z-Diode und erhöht gleichzeitig die Betriebsspannung, erhält man einen bedeutend größeren Störspannungsabstand. Allerdings muß auch R_C vergrößert werden, damit die Verlustleistung keinen zu großen Wert annimmt. Diese spezielle Bauform, die vor allem für industrielle Anwendungen entwickelt wurde, bezeichnet man als langsame, störsichere Logik (LSL).

6.2.3 Transistor-Transistor-Logik (TTL)

Die TTL-Technik stellt eine entscheidende Weiterentwicklung der DTL-Technik dar. Das Grundgatter der TTL-Technik ist das Nand (Abb. 6.16a)). Anstelle der Dioden-Verknüpfungsschaltung des DTL-Nand tritt ein Multiemittertransistor. Die Kollektor-Basisdiode dieses Transistors bewirkt eine Erhöhung der Schaltschwelle und ersetzt damit die Spannungsverschiebedioden. Liegt an einem der Emitter L, fließt ein Basisstrom und steuert den Transistor in die Sättigung, d. h., auch der Kollektor

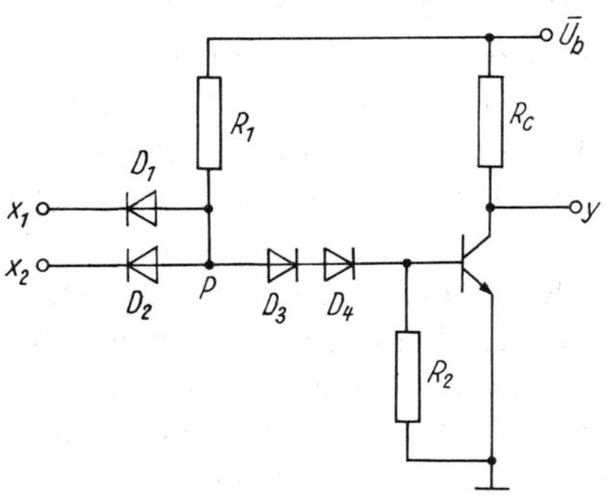

Abb. 6.15. DTL-Nand

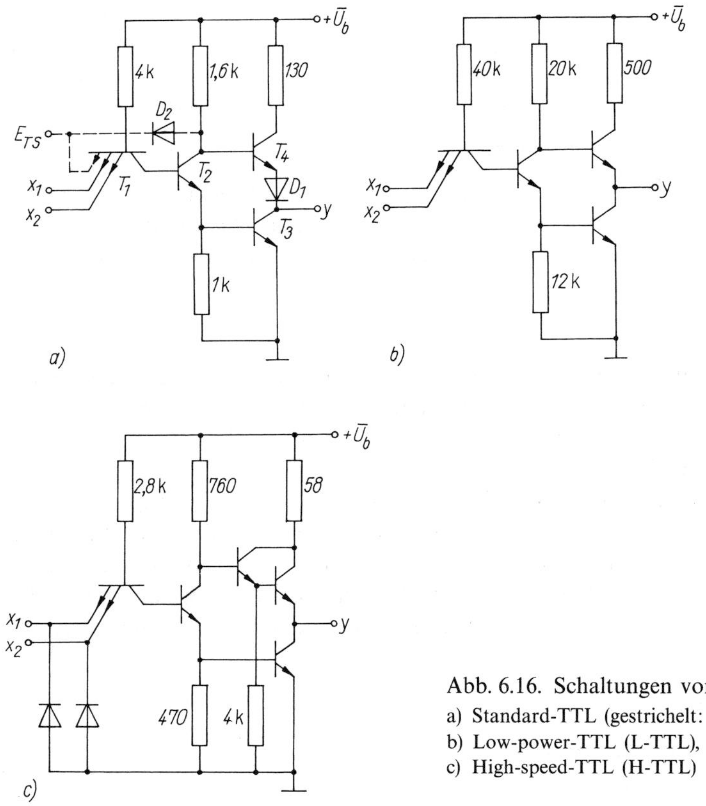

Abb. 6.16. Schaltungen von TTL-Nands
a) Standard-TTL (gestrichelt: Tri-state-Steuerung),
b) Low-power-TTL (L-TTL),
c) High-speed-TTL (H-TTL)

liegt auf L. Nur wenn alle Eingänge auf H liegen, sperrt der Multiemittertransistor und liefert am Kollektor H. Am Kollektor des Multiemittertransistors entsteht also die Konjunktion der Eingangsvariablen.

Diese Verknüpfungsschaltung wird durch eine leistungsfähige Ausgangsstufe ergänzt, die aus dem Transistor T_3 mit dem Transistor T_4 als aktive Last besteht. Transistor T_2 wirkt als Phasenumkehrstufe und steuert T_3 und T_4 mit komplementären Signalen an. Liegt der Kollektor von T_1 auf L, sperrt T_2, und dadurch wird T_3 gesperrt und T_4 geöffnet: Am Ausgang erscheint H. Liegt dagegen der Kollektor von T_1 auf H, wird T_2 aufgesteuert und dadurch T_3 geöffnet und T_4 gesperrt: Am Ausgang erscheint L. Durch diese Ausgangsstufe erreicht man einen höheren Ausgangslastfaktor und annähernd symmetrische Umschaltzeiten sowie eine zusätzliche Erhöhung der Umschaltschwelle.

Am Beispiel des Standard-TTL-Gatters wird die Schaltung einer Endstufe mit Dreizustandslogik gezeigt (in Abb. 6.16a): zusätzliche Steuerschaltung gestrichelt gezeichnet). Führt der Steuereingang H-Pegel, sperrt D_2, und die Schaltung arbeitet normal als Nand (s. o.). Liegt E_{TS} dagegen auf L-Pegel, sperren T_2, T_3 und T_4 unabhängig vom Zustand der Signaleingänge, und der Ausgang ist praktisch abgeschaltet.

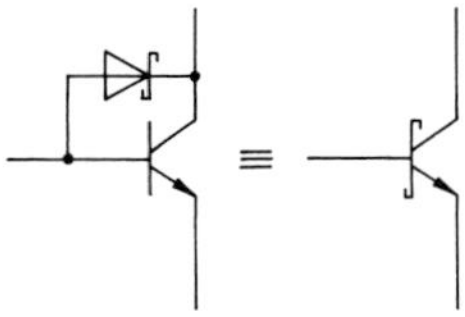

Abb. 6.17. Schaltung und Symbol eines Transistors mit Schottky-Klemmdiode

Außer durch das Übergangsverhalten der Transistoren werden die Schaltzeiten vor allem durch die Lastkapazität am Ausgang bestimmt. Um ihre Umladung zu beschleunigen, müssen die Widerstände in der Schaltung verkleinert werden, was allerdings mit einer höheren Leistungsaufnahme durch das Gatter verbunden ist. Je nach der Dimensionierung unterscheidet man zwischen Standard-TTL ($P_v = 10$ mW/Gatter; $t_D = 15$ ns), leistungsarmer TTL ($P_v = 1$ mW/Gatter; $t_D = 33$ ns) und schneller TTL ($P_v = 2{,}5$ mW/Gatter; $t_D = 6$ ns; s. Abb. 6.16; die Dioden im Eingang schützen die Schaltungen vor zu hohen negativen Spannungen).

Eine wirksame Möglichkeit zur Verringerung der Schaltzeiten von Transistoren besteht darin, daß man die Sättigung verhindert (s. 5.2.2). Dazu werden den Kollektor-Basisübergängen Schottky-Dioden parallel geschaltet (Abb. 6.17). Die typische Schaltgeschwindigkeit wird wieder durch die Dimensionierung der Widerstände der Ausgangsstufe bestimmt, so daß auch von dieser sogenannten Schottky-TTL (S-TTL) mehrere Versionen hergestellt werden (s. Abb. 6.18). Da die angebotenen Schaltkreise weitgehend kompatibel sind zu den herkömmlichen TTL-Schaltkreisen,

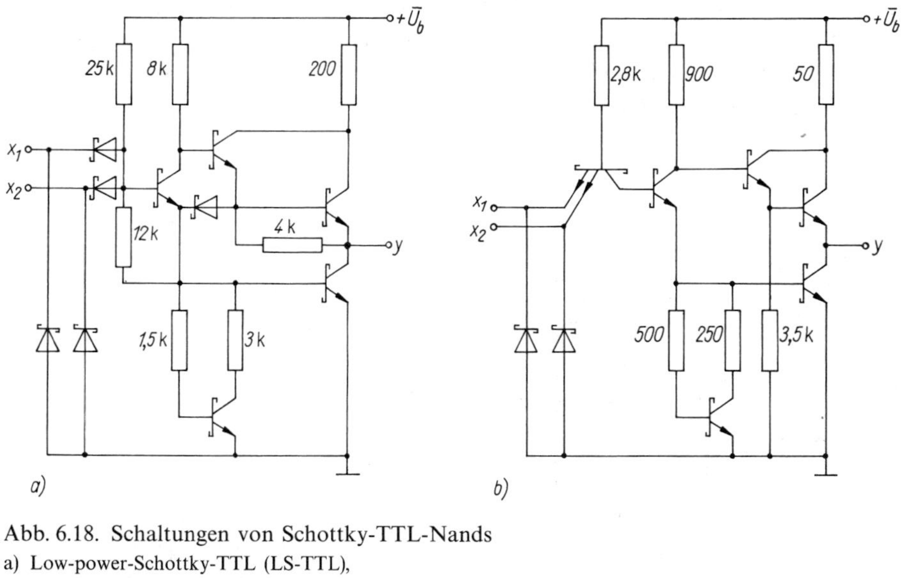

Abb. 6.18. Schaltungen von Schottky-TTL-Nands
a) Low-power-Schottky-TTL (LS-TTL),
b) Standard-Schottky-TTL (S-TTL)

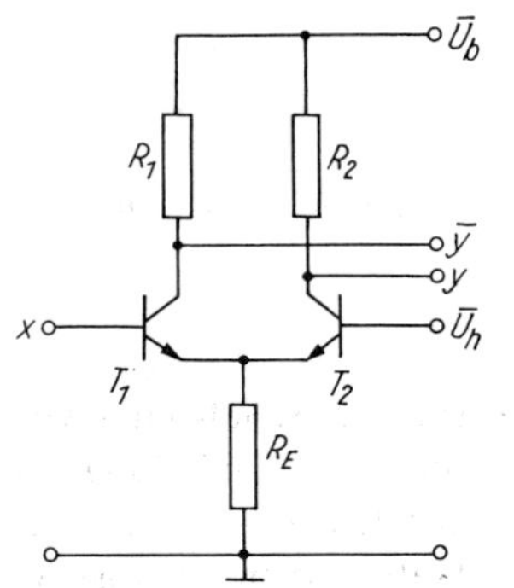

Abb. 6.19. ECL-Grundelement

werden letztere zunehmend durch S-TTL-Schaltkreise verdrängt. Moderne S-TTL-Schaltkreise können hinsichtlich der Schaltzeit bereits mit ECL-Schaltungen (s. 6.2.4) konkurrieren (advanced S-TTL: $t_D = 1{,}5$ ns).

6.2.4 Emittergekoppelte Logik (ECL)

Schnellere Logikschaltungen lassen sich aufbauen, wenn man Schaltungen verwendet, in denen die Transistoren nicht bis in die Sättigung ausgesteuert werden. Das Grundelement einer solchen Schaltungstechnik stellt der emittergekoppelte Differenzverstärker (bipolarer Stromschalter) dar (Abb. 6.19). Die Basis von Transistor T_2 erhält eine Hilfsspannung $\bar{U}_h$, die zwischen den Logikpegeln H und L liegt. Durch die Kopplung über R_E wird verhindert, daß einer der Transistoren bis in die Sättigung ausgesteuert werden kann. An den beiden Kollektoren stehen komplementäre Ausgangssignale zur Verfügung.

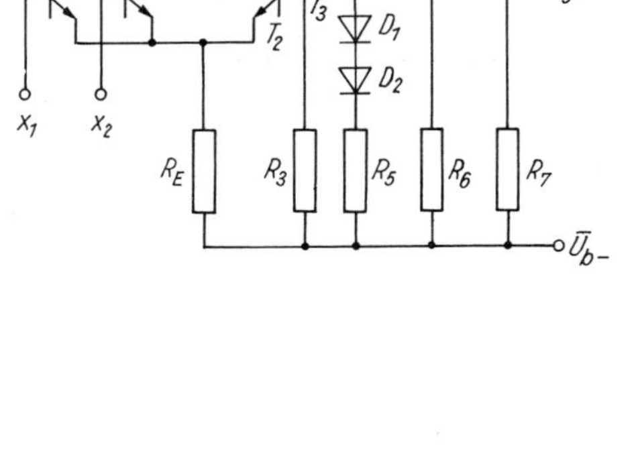

Abb. 6.20. ECL-Nor/Oder-Gatter

Diese Grundschaltung läßt sich zur logischen Verknüpfungsschaltung erweitern, indem für T_1 mehrere parallelgeschaltete Transistoren eingesetzt werden. Abb. 6.20 zeigt die schaltungstechnische Realisierung eines ECL-Nor/Oder-Gatters. Üblich ist die Verwendung einer negativen Betriebsspannung (an die Stabilität und den Innenwiderstand der Betriebsspannungsquelle müssen dann geringere Anforderungen gestellt werden), wobei die Schaltung jedoch mit einer positiven Logik arbeitet ($U_H \approx -0{,}75\ \text{V} \mathrel{\hat{=}} 1$; $U_L \approx -1{,}55\ \text{V} \mathrel{\hat{=}} 0$). Die Hilfsspannung für den Transistor T_2 wird mit dem Transistor T_3 und dem zugehörigen Basisspannungsteiler eingestellt; die beiden Dioden D_1 und D_2 dienen der Temperaturkompensation. Zur Vergrößerung des Ausgangslastfaktors verwendet man Kollektorstufen mit den Transistoren T_4 und T_5, an denen wahlweise entweder das Ausgangssignal $y = x_1 + x_2$ oder dessen Komplement $\bar{y} = \overline{x_1 + x_2}$ abgegriffen werden kann. Außerdem bewirken diese Stufen eine Pegelverschiebung, so daß Eingangs- und Ausgangspegel der beiden logischen Zustände übereinstimmen. ECL-Schaltungen haben typische Schaltzeiten von weniger als 2,5 ns; nachteilig ist ihre hohe Leistungsaufnahme (P_v = 50 mW/Gatter) und ihr geringer Störspannungsabstand (s. 6.2.7).

6.2.5 Integrierte Injektionslogik (I^2L)

Die I^2L-Technik (engl. integrated injection logic) stellt eine Weiterentwicklung der bisher beschriebenen Bipolartechniken dar, legt jedoch neue Wirkprinzipien zugrunde. Das I^2L-Grundgatter zeigt Abb. 6.21. Der *pnp*-Transistor T_1 wird invers betrieben und dient als spannungsabhängige Stromquelle (nach Anlegen der Betriebsspannung wird ein Strom injiziert), wobei der *p*-Kollektor dieses Transistors gleichzeitig die *p*-Basis des *npn*-Transistors T_2 ist. Ist der Eingang x offen (x = H), fließt der gesamte Injektionsstrom von T_1 in die Basis des Inverters T_2 und hält diesen Transistor in der Sättigung, d. h., die Kollektoren von T_2 sind niederohmig mit Masse verbunden (y_i = L). Wird dagegen der Eingang niederohmig mit Masse verbunden (x = L), fließt der gesamte Injektionsstrom über den Eingang ab, und T_2 sperrt; die Ausgänge sind offen (y_i = H). Das I^2L-Grundgatter wirkt also als Negator mit mehreren Ausgängen. Logische Verknüpfungen lassen sich einfach realisieren, indem man mehrere Variable an einen Eingang legt bzw. die Ausgänge mehrerer Gatter parallelschaltet, was in beiden Fällen einem „wired and“ entspricht (s. 6.2.1). Zusammen mit der Negation des Grundgatters ergeben sich daher Nor- bzw. Nand-

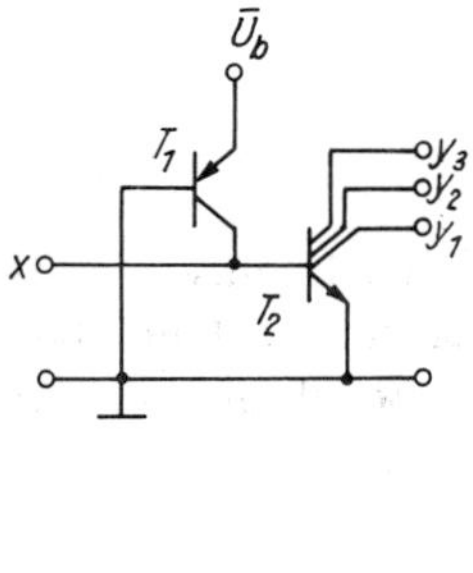

Abb. 6.21. I^2L-Grundgatter

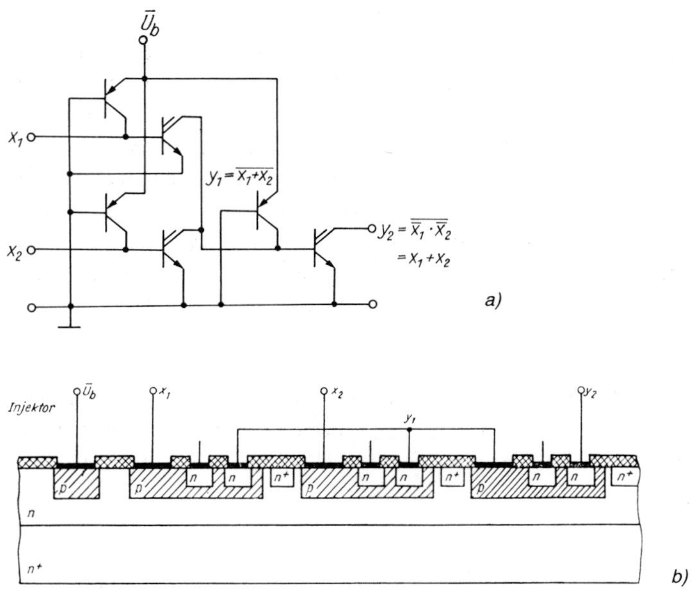

Abb. 6.22. Verknüpfungsschaltung aus I^2L-Grundgattern
a) vollständiges Schaltbild,
b) integrierte Schaltung (Querschnitt, schematisch)

Verknüpfungen (s. Abb. 6.22). Dabei dient der *pnp*-Transistor jeweils als aktive Last der vorangehenden *npn*-Transistoren, d. h., für die Verknüpfungsschaltungen sind keine Widerstände erforderlich. Daraus und aus der konstruktiven Verbindung der beiden Transistoren des Grundgatters miteinander (*p*-Kollektor von $T_1 \mathrel{\hat{=}} p$-Basis von T_2; *n*-Basis von $T_1 \mathrel{\hat{=}} n$-Emitter von T_2), die es ermöglicht, sehr viele (bis zu einigen zehn) Inverter mit einem einzigen Injektor zu betreiben, ergibt sich ein sehr geringer Platzbedarf beim Schaltungsentwurf (s. Abb. 6.22b)). Die I^2L-Technik ermöglicht daher extrem hohe Packungsdichten (100 ... 300 Gatter/mm^2; zum Vergleich: TTL: 25 Gatter/mm^2) und ist besonders für hochintegrierte Schaltkreise geeignet. Dabei werden i. allg. Anpassungsschaltungen mit integriert, die die Schaltkreise in ihren Anschlußdaten (Betriebsspannung, Pegel) TTL-kompatibel machen. Ein weiterer Vorteil ist das sehr geringe Geschwindigkeits-Leistungsprodukt. Neuere Entwicklungen führten, ähnlich wie bei TTL, durch den Einbau von Schottky-Dioden zu einer deutlichen Verringerung der Schaltzeiten ($t_D \leqq 5$ ns).

6.2.6 MOS-Logikschaltungen

Die Anwendung von Feldeffekttransistoren zum Aufbau integrierter Logikschaltungen bietet vor allem technologische Vorteile. Da die Grundgatter nur aus Unipolartransistoren aufgebaut sind und einen geringen Platzbedarf beim Schaltungsentwurf

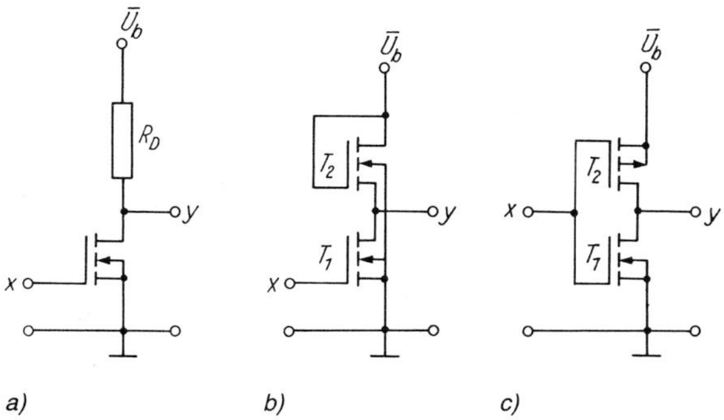

Abb. 6.23. MOS-Inverter
a) n-Kanal-MOSFET mit passivem Lastwiderstand R_D,
b) n-Kanal-MOSFET (T_1) mit MOSFET als Lastwiderstand (T_2),
c) CMOS-Inverter

aufweisen, ist diese Technik besonders zur Herstellung hochintegrierter Schaltkreise geeignet. Standard-MOS-Logikschaltungen enthalten nur einen MOSFET-Typ. Je nach dem Leitungstyp des Kanals unterscheidet man daher zwischen p-Kanal- und n-Kanal-MOS-Technologie (s. 4.6.). Die n-Kanal-Technologie ist aufwendiger und schwieriger zu beherrschen (vgl. 4.6.3.1.); aufgrund der höheren Beweglichkeit der Ladungsträger weisen n-Kanal-MOS-Schaltungen jedoch kürzere Schaltzeiten auf.

Die Grundschaltung zum Aufbau logischer Schaltungen in MOS-Technik ist der Inverter (Abb. 6.23). Der MOSFET arbeitet als spannungsgesteuerter Schalter. Da der Kanalwiderstand auch im leitenden Zustand relativ groß ist, muß der Drainwiderstand R_D hinreichend groß gewählt werden ($R_D = 10^5 \dots 10^6\ \Omega$), damit man einen ausreichenden Spannungshub erreicht. Als günstiger erweist sich daher die Verwendung eines zweiten MOSFET als Lastwiderstand (Abb. 6.23b)), der praktisch stets im Abschnürbereich betrieben wird, d. h., er wirkt nicht als aktive Last, sondern als Widerstand konstanter Größe. Die Herstellung dieses Transistors erfolgt mit den gleichen technologischen Schritten wie die des eigentlichen Schalttransistors, und der Platzbedarf ist wesentlich geringer als der für einen entsprechenden ohmschen Widerstand.

Eine weitere Möglichkeit zum Aufbau eines Inverters bietet die Verwendung komplementärer Transistoren (MOSFET mit unterschiedlichem Kanaltyp), als CMOS-Technologie (von engl.: complementary MOS) bezeichnet. Das Grundgatter zeigt Abb. 6.23c). Transistor T_2 wird im Gegentakt zu Transistor T_1 gesteuert und wirkt als aktive Last. Dadurch ergibt sich gegenüber der Standard-p-MOS-Technik eine Verringerung der Schaltzeiten. Da stets einer der beiden Transistoren gesperrt ist und nur im Moment des Umschaltens ein geringer Strom fließt, ist die Leistungsaufnahme einer solchen Schaltung extrem gering.

Eine weitere MOS-Grundschaltung ist das Transmissionsgatter (Abb. 6.24). Das ist eine Schaltung, die in Abhängigkeit von einem Steuersignal Signale übertragen oder sperren kann. Von dieser Möglichkeit wird sowohl in der digitalen Schaltungstechnik (vor allem beim Entwurf von Speicherschaltungen) als auch in der Analog-

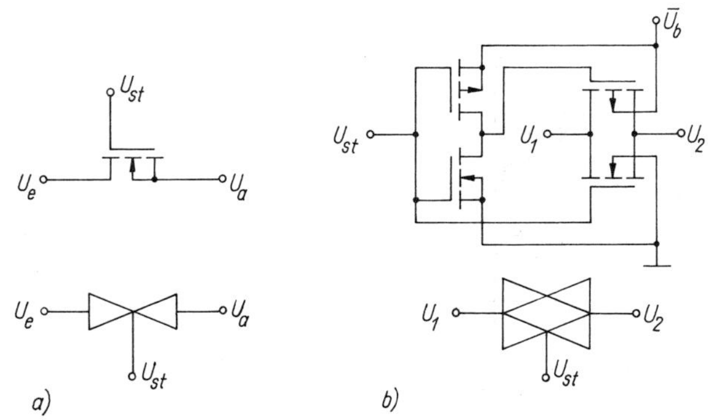

Abb. 6.24. Schaltung und Symbol von Transmissionsgattern
a) *n*-Kanal-Transmissionsgatter,
b) CMOS-Transmissionsgatter

technik (z. B. als Analog-Multiplexer zur Meßstellenumschaltung) Gebrauch gemacht. Mit komplementären Transistoren lassen sich Transmissionsgatter aufbauen, die eine Signalübertragung in beiden Richtungen zulassen, wobei die komplementären Transistoren zueinander komplementäre Steuersignale benötigen (Abb. 6.24b)).

Die MOS-Inverter lassen sich in einfacher Weise zu logischen Verknüpfungsschaltungen erweitern. In Standard-MOS-Technik werden dazu lediglich mehrere Schalttransistoren T_{1i} parallel (Abb. 6.25a): Nor) oder in Serie (Abb. 6.25b): Nand) geschaltet, die auf einen gemeinsamen Lasttransistor arbeiten. Dagegen sind bei den CMOS-Verknüpfungsschaltungen (s. Abb. 6.26) auch mehrere Lasttransistoren erforderlich.

MOS-Transistoren sind für Schalteranwendungen sehr gut geeignet, weil sie keine Speicherzeit aufweisen. Andererseits ist im durchgesteuerten Zustand der Kanalwiderstand verhältnismäßig groß, d. h., Streu- und Schaltkapazitäten bewirken eine erhebliche Vergrößerung der Schaltzeiten. Hinreichend kleine Kanalwiderstände lassen sich nur erreichen, wenn man die Ausgangstransistoren beim Schaltungsentwurf

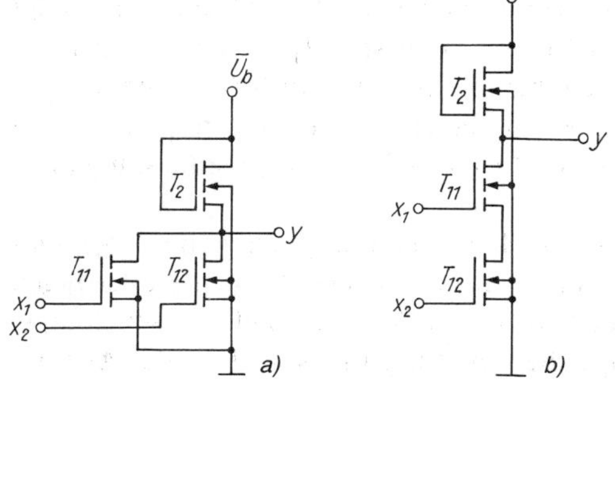

Abb. 6.25. a) Nor und b) Nand in Standard-MOS-Technik (*n*-Kanal)

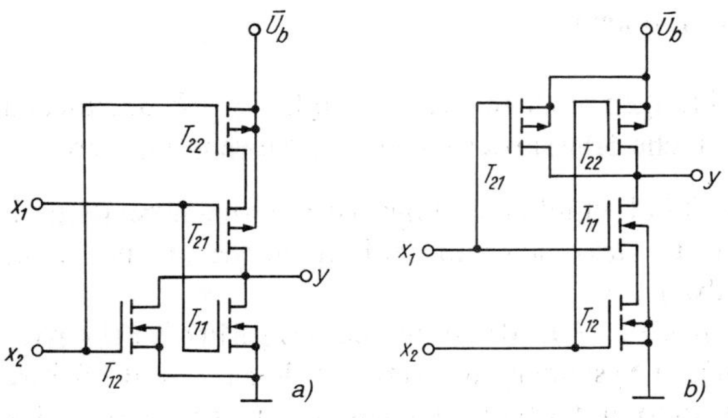

Abb. 6.26. a) Nor und b) Nand in CMOS-Technik

hinreichend großflächig ausführt. Die MOS-Technik eignet sich deshalb vor allem für höherintegrierte Schaltungen mit wenigen Ausgängen.

Bei CMOS-Gattern dieser einfachen Bauform (s. Abb. 6.26) ist die Rückwirkung der Ausgangstransistoren auf die Eingänge nicht vernachlässigbar; die Folge ist, daß Ausgangswiderstand, Störspannungsabstand und Schaltzeit vom logischen Zustand der Eingänge abhängen. Deshalb werden heute CMOS-Schaltungen mit einem zusätzlichen Ausgangspuffer ausgerüstet, der aus zwei in Reihe geschalteten CMOS-Invertern besteht. Damit erreicht man eine vollständige Entkopplung zwischen Ausgang und Eingang, eine nahezu rechteckförmige Übertragungskennlinie (d. h. maximalen Störspannungsabstand), kürzere Schaltzeiten und eine für beide Schaltsprünge gleiche Ausgangsimpedanz.

Der hohe Eingangswiderstand erschwert die Handhabung von MOS-Schaltkreisen vor und während dem Einbau in eine Schaltung: Statische Aufladungen können leicht zum Durchbruch der Gate-Isolation und damit zur Zerstörung des Schaltkreises führen. In moderne CMOS-Schaltkreise werden deshalb Diodenschutzschaltungen integriert, die den hohen Eingangswiderstand nur im Eingangsspannungsbereich $0 \leqq U_I \leqq \bar{U}_b$ wirksam werden lassen (s. Abb. 6.27).

Im Gegensatz zu bipolaren Schaltungen sollen MOS-Schaltungen nicht mit offenen Eingängen betrieben werden. Während nämlich bei bipolaren Schaltungen ein offener Eingang stets einem definierten elektrischen Zustand entspricht (z. B. ist bei DTL-, TTL- und I^2L-Schaltungen ein offener Eingang gleichbedeutend mit H-Potential) und daher im Betrieb durchaus zulässig ist, führt ein offener MOS-Eingang i. allg. zur statischen Aufladung des Gates bis zur Schwellenspannung. Das hat einen unbestimmten Zustand zur Folge (z. B. leiten bei CMOS-Schaltungen gleichzeitig beide Ausgangstransistoren), der eine erhöhte Verlustleistung bewirkt und zur thermischen Zerstörung des Schaltkreises führen kann.

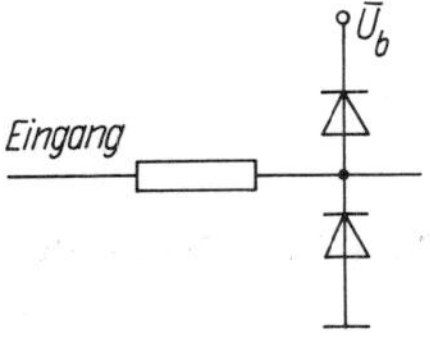

Abb. 6.27. Eingangs-Schutzschaltung

6.2.7 Vergleich der Schaltkreissysteme

Aus den vorangegangenen Betrachtungen ergeben sich für die heute gebräuchlichen Schaltkreissysteme folgende wesentliche Klassifizierungen und Anwendungsgebiete:

- Am weitesten verbreitet ist die TTL-Technik; allerdings wird sie zunehmend durch Schottky-TTL-Technik ersetzt, die elektrisch und *pin*-kompatibel ist und insgesamt bessere Eigenschaften aufweist.
- ECL-Technik wird wegen der großen Verlustleistung und des geringen Störspannungsabstandes nur in stationären Systemen eingesetzt, in denen es auf höchste Verarbeitungsgeschwindigkeit ankommt (Zentraleinheiten von Rechnern). Moderne Schottky-Technologien stellen eine echte Alternative dar, da nahezu die gleiche Schaltzeit bei geringerer Verlustleistung und höherem Störspannungsabstand erreicht wird.
- MOS-Logikschaltungen haben einen sehr geringen Leistungsbedarf und einen hohen Störspannungsabstand. Sie eignen sich vor allem für transportable Geräte und industrielle Anwendungen. Mit den TTL-kompatiblen high-speed-CMOS-Schaltkreisen stehen Digitalschaltungen zur Verfügung, die die Vorteile der TTL-Technik mit denen der CMOS-Technik verbinden; sie werden auch aufgrund technologischer Vorteile die TTL-Technik in zunehmendem Maße verdrängen.
- Technologien wie I^2L oder CCD (s. 6.3.3.4) werden wegen ihrer Vorteile (einfache Technologie, hohe Packungsdichte) in Zukunft an Bedeutung gewinnen, aber in der Anwendung doch auf spezielle hochintegrierte Schaltkreise beschränkt bleiben.

6.3 Grundelemente und Schaltungen der Digitaltechnik

In den folgenden Abschnitten werden wichtige Grundelemente der Digitaltechnik in ihrem logischen Aufbau und ihrer Funktionsweise beschrieben. Das erfolgt auf der Basis logischer Grundfunktionen unabhängig davon, ob die konkrete Schaltung auch als integrierter Baustein verfügbar ist. Wir beschränken uns auf in der Schaltungspraxis besonders wichtige Beispiele, wobei vor allem auf deren systematische Entwicklung Wert gelegt wird. Der Leser soll damit in die Lage versetzt werden, selbständig auch umfangreichere Schaltungen und Systeme in ihrem Aufbau und Zusammenwirken zu verstehen.

Digitale Grundschaltungen lassen sich in kombinatorische Schaltungen (statische Zuordner, Schaltnetze) und sequentielle Schaltungen (Schaltwerke) einteilen. Bei kombinatorischen Schaltungen sind m Ausgangsvariable $y_1, \ldots, y_m$ ausschließlich bestimmt durch den momentanen Zustand von n Eingangsvariablen $x_1, \ldots, x_n$, d. h., für jede Ausgangsvariable gilt eine Gleichung der Form

$$y_i = f_i(x_1, \ldots, x_n) \,. \qquad (6.31)$$

Eine mathematische Beschreibung solcher Schaltungen ist nach den Regeln der klassischen Schaltalgebra möglich.

Sequentielle Schaltungen enthalten Speicher, d. h., ihre Ausgangsvariablen hängen außer vom momentanen Wert der Eingangsvariablen auch von den durch die Vorgeschichte der Schaltung bestimmten momentanen Zuständen $S_1, \ldots, S_k$ dieser k Speicher ab. Für die Ausgangsvariablen gelten jetzt Gleichungen der Form

$$y_i = f_i(x_1, \ldots, x_n, S_1, \ldots, S_k). \tag{6.32}$$

Im allgemeinen Fall kann eine sequentielle Schaltung außer statischen auch temporäre Speicher (Zeitglieder) enthalten und wird dadurch zusätzlich zeitabhängig. Auf die systematische Entwicklung sequentieller Schaltungen wird nicht eingegangen; dazu muß auf spezielle Literatur verwiesen werden.

Eine besondere Bedeutung kommt der Umsetzung analoger Signale in digitale und umgekehrt zu (s. 6.1.1). A/D- und D/A-Umsetzer sind bereits komplexere Schaltungen und enthalten sowohl analoge als auch digitale Schaltungsteile. Wegen ihrer großen praktischen Bedeutung sowohl für die Meßtechnik als auch für die Datenverarbeitung wird ihre grundsätzliche Wirkungsweise an einigen charakteristischen Beispielen, die sich aus bereits bekannten analogen und digitalen Grundschaltungen aufbauen lassen, am Ende dieses Abschnitts behandelt.

6.3.1 Kombinatorische Schaltungen

Kombinatorische Schaltungen können durch Wahrheitstabellen oder logische Gleichungen beschrieben werden. Daraus folgen zwei sehr unterschiedliche schaltungstechnische Realisierungen:

1. Die Wahrheitstabelle kann in einen Speicher geschrieben werden. Die Eingangsvariablen haben die Bedeutung von Adressen und gestatten das Auslesen des zugehörigen Wertes der Ausgangsvariablen (programmierbare Logik; s. a. 6.3.3.1.).
2. Die logischen Gleichungen werden in eine äquivalente Schaltung umgesetzt (verdrahtete Logik).

Wir interessieren uns zunächst vor allem für die zweite Möglichkeit; auf die erste werden wir im Zusammenhang mit den Halbleiterspeichern noch einmal zurückkommen. Ausgangspunkt ist eine geforderte Zuordnung zwischen Ausgangs- und Eingangsvariablen, die man zunächst als Wahrheitstabelle (Bedingungstabelle) formuliert. Daraus entwickelt man eine logische Gleichung für jede Ausgangsvariable (für diesen Schritt gibt es mehrere Möglichkeiten, die auf verschiedene Darstellungen der logischen Funktion führen), die dann minimiert und an eine bestimmte schaltungstechnische Realisierung angepaßt wird.

6.3.1.1 Komparator

Eine häufig in der Digitaltechnik vorkommende Aufgabe ist der Vergleich zwischen zwei Bitfolgen. Der Komparator soll entweder anzeigen, ob zwei Bitfolgen A und B

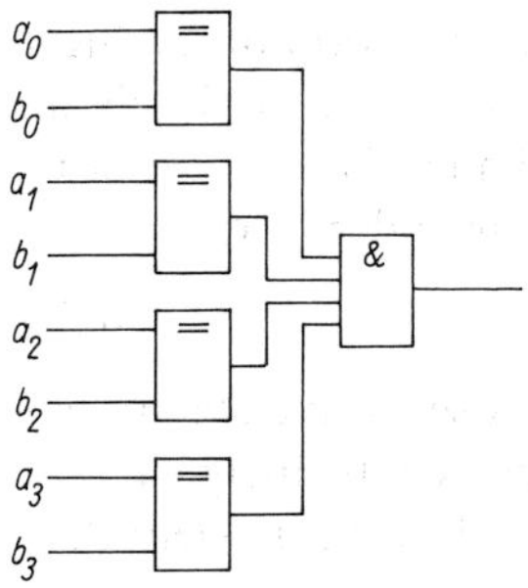

Abb. 6.28. Vierstelliger Gleichheitskomparator

übereinstimmen oder nicht oder – bei Interpretation der Bitfolgen als Zahlen – ob der Wert einer Zahl A größer ist als der einer Zahl B.

Betrachten wir zuerst den Test auf Gleichheit. Zwei Worte sind genau dann gleich, wenn sie in jeder Bitstelle übereinstimmen. Der Vergleich muß also stellenweise entsprechend der in Tab. 33 angegebenen Wahrheitstabelle durchgeführt werden, die der einer Äquivalenz entspricht (vgl. Tab. 31). Die Reihenfolge des Vergleichs ist beliebig. Zwei Worte stimmen dann überein, wenn alle f_i gleich Eins sind; daraus folgt unmittelbar die in Abb. 6.28 wiedergegebene Schaltung eines vierstelligen Komparators.

Beim Größer-Kleiner-Vergleich setzt man die gleiche Stellenbewertung für beide Zahlen voraus. Der Test beginnt in den höchstwertigen Stellen (höchstwertiges Bit; MSB, von engl: most significant bit); wenn diese übereinstimmen, d. h., wenn für sie $a_i \equiv b_i$ ist, muß er in der nächstniederen fortgesetzt werden. Die Wahrheitstabelle für diesen Vergleich zeigt Tab. 34. Aus ihr liest man für die beiden Ausgangsvariablen

$$g_i = a_i\bar{b}_i \qquad (\text{wenn } a_i > b_i)\,,$$

$$k_i = \bar{a}_i b_i \qquad (\text{wenn } a_i < b_i)$$

ab. Das führt auf die in Abb. 6.29 wiedergegebene Schaltung.

Das Entwicklungsprinzip eines mehrstelligen Komparators wird deutlich, wenn man von der Wahrheitstabelle eines zweistelligen Komparators ausgeht (s. Tab. 35). Aus ihr ergeben sich die Gleichungen für die beiden Ausgangsvariablen z. B. in

Tabelle 33
Wahrheitstabelle für den Gleichheitsvergleich einer Binärstelle

a_i	b_i	f_i
0	0	1
0	1	0
1	0	0
1	1	1

Tabelle 34
Wahrheitstabelle für den Größer-Kleiner-Vergleich einer Binärstelle

a_i	b_i	g_i	k_i
0	0	0	0
0	1	0	1
1	0	1	0
1	1	0	0

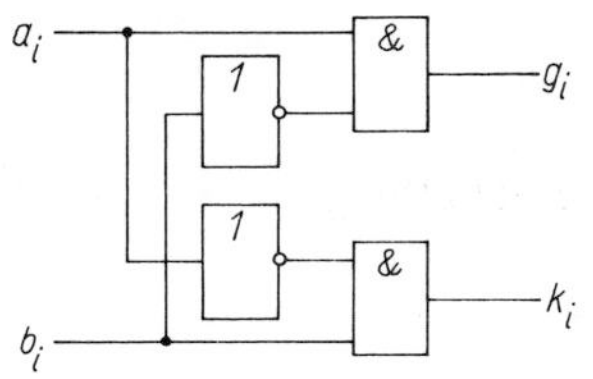

Abb. 6.29. Schaltung für den Größer-Kleiner-Vergleich einer Binärstelle

Tabelle 35
Wahrheitstabelle eines zweistelligen Größer-Kleiner-Komparators

a_1	b_1	a_0	b_0	g	Minterm (g)	k	Minterm (k)
0	0	0	0	0		0	
1	0	0	0	1	$a_1\bar{b}_1\bar{a}_0\bar{b}_0$	0	
0	1	0	0	0		1	$\bar{a}_1b_1\bar{a}_0\bar{b}_0$
1	1	0	0	0		0	
0	0	1	0	1	$\bar{a}_1\bar{b}_1a_0\bar{b}_0$	0	
1	0	1	0	1	$a_1\bar{b}_1a_0\bar{b}_0$	0	
0	1	1	0	0		1	$\bar{a}_1b_1a_0\bar{b}_0$
1	1	1	0	1	$a_1b_1a_0\bar{b}_0$	0	
0	0	0	1	0		1	$\bar{a}_1\bar{b}_1\bar{a}_0b_0$
1	0	0	1	1	$a_1\bar{b}_1\bar{a}_0b_0$	0	
0	1	0	1	0		1	$\bar{a}_1b_1\bar{a}_0b_0$
1	1	0	1	0		1	$a_1b_1\bar{a}_0b_0$
0	0	1	1	0		0	
1	0	1	1	1	$a_1\bar{b}_1a_0b_0$	0	
0	1	1	1	0		1	$\bar{a}_1b_1a_0b_0$
1	1	1	1	0		0	

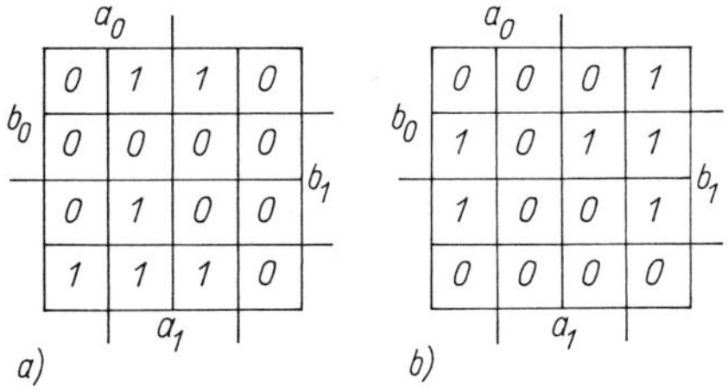

Abb. 6.30. Karnaugh-Veitch-Diagramm der Ausgangsvariablen $g(a)$ und $k(b)$ eines zweistelligen Größer-Kleiner-Komparators

disjunktiver Normalform (in Tab. 35 sind die Minterme der beiden Ausgangsvariablen mit angegeben), die man mit Hilfe von Karnaugh-Veitch-Diagrammen (s. Abb. 6.30) in folgende Form bringen kann:

$$g = a_1\bar{b}_1 + a_0\bar{b}_0 \cdot (a_1 \equiv b_1),$$

$$k = \bar{a}_1 b_1 + \bar{a}_0 b_0 \cdot (a_1 \equiv b_1).$$

Diesen Gleichungen entspricht die in Abb. 6.31 dargestellte Schaltung.

6.3.1.2 Rechenschaltungen

Eine weitere wichtige Anwendung der kombinatorischen Logik stellt die Realisierung arithmetischer Operationen dar. Übliche Datenverarbeitungssysteme arbeiten intern mit binären Zahlen. Die erforderlichen Rechenoperationen müssen also nach einer binären Algebra ablaufen. Wir wollen uns im folgenden auf die vier Grundrechenarten beschränken. Es wird sich zeigen, daß sie sich in einer binären Algebra ähnlich wie in der dezimalen Algebra, aber auf bedeutend einfachere Weise auf die Addition zurückführen lassen. Man kann daher alle vier Grundrechenarten mit einem Addierer ausführen, der durch ein entsprechendes Programm gesteuert wird.

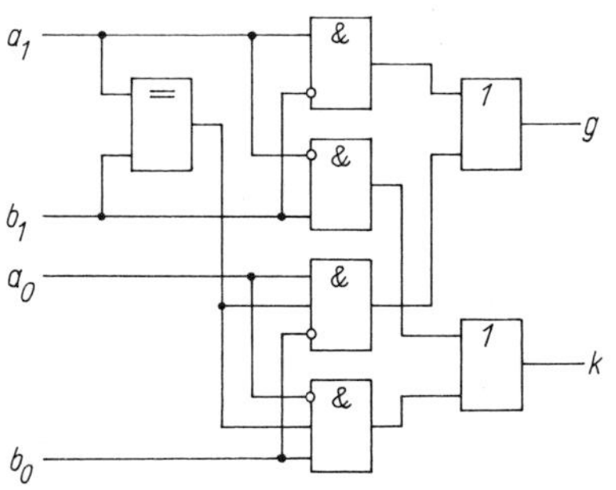

Abb. 6.31. Zweistelliger Größer-Kleiner-Komparator (man beachte die Darstellung negierter Eingänge!)

Tabelle 36
Funktionstabelle für die Addition von 2 Bits

a	b	S	$Ü$
0	0	0	0
0	1	1	0
1	0	1	0
1	1	0	1

6.3.1.2.1 Binäraddition

Die Addition von zwei Ziffern a und b liefert eine Summe S und, wenn $S \geqq l$ ist (l Basis des Zahlensystems), einen Übertrag $Ü$ in die nächsthöhere Stelle. Unabhängig von der Basis des Zahlensystems kann der Übertrag nur die Werte 0 und 1 annehmen. Damit ergibt sich für die Addition von zwei dualen Ziffern (Addition von 2 Bits) die Funktionstabelle Tab. 36. Aus Tab. 36 liest man ab, daß sich die Summe S als Antivalenz und der Übertrag $Ü$ als Konjunktion der beiden Summanden ergibt. Eine Schaltung, die diese logische Verknüpfung realisiert, nennt man Halbaddierer. Nach Tab. 32 erhält man für die Realisierung eines Halbaddierers aus Nands die in Abb. 6.32 wiedergegebene logische Schaltung.

Bei der Addition mehrstelliger binärer Zahlen muß zusätzlich ein Übertragseingang $Ü_e$ aus der vorangegangenen Stelle berücksichtigt werden. Man benötigt also einen Addierer für drei binäre Ziffern a, b und $Ü_e$ (Addition von 3 Bits), den man als Volladdierer bezeichnet. Die logische Schaltung des Volladdierers kann man aus seiner Funktionstabelle ableiten, indem man sie in Teilfunktionstabellen für je zwei Eingangsvariable zerlegt (Tab. 37). Danach kann ein Volladdierer aus zwei Halbaddierern und einer Disjunktion aufgebaut werden (Abb. 6.33).

In einem Rechenschritt werden stets nur zwei Summanden addiert; bei mehr als zwei Summanden wird die Addition in Teilschritte zerlegt. Die Addition mehrstelliger

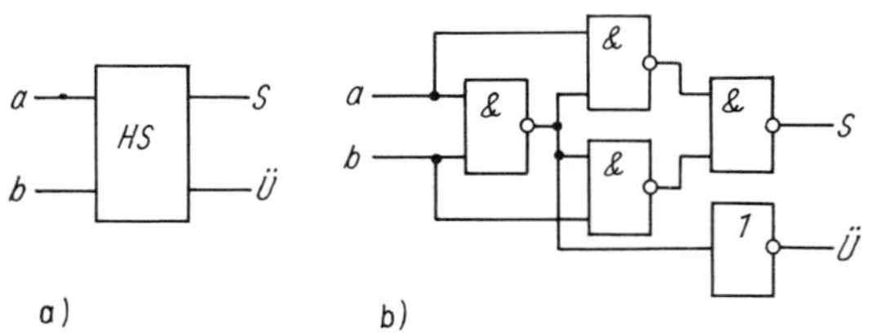

Abb. 6.32. Halbaddierer
a) Symbol, b) logische Schaltung aus Nands

Tabelle 37
Funktionstabelle eines Volladdierers und ihre Darstellung durch Teilfunktionstabellen

a	b	$Ü_e$	S	$Ü$	b	$Ü_e$	S_1	$Ü_1$	S_1	a	S	$Ü_2$	$Ü_1$	$Ü_2$	$Ü$
0	0	0	0	0	0	0	0	0	0	0	0	0	0	0	0
0	0	1	1	0	0	1	1	0	1	0	1	0	0	0	0
0	1	0	1	0	1	0	1	0	1	0	1	0	0	0	0
0	1	1	0	1	1	1	0	1	0	0	0	0	1	0	1
1	0	0	1	0	0	0	0	0	0	1	1	0	0	0	0
1	0	1	0	1	0	1	1	0	1	1	0	1	0	1	1
1	1	0	0	1	1	0	1	0	1	1	0	1	0	1	1
1	1	1	1	1	1	1	0	1	0	1	1	0	1	0	1
Volladdierer					Halbaddierer				Halbaddierer				Disjunktion		

Zahlen kann in allen Stellen gleichzeitig erfolgen; man spricht dann von einer Paralleladdition. Die so erreichbare hohe Rechengeschwindigkeit muß aber durch einen relativ großen schaltungstechnischen Aufwand erkauft werden. Die logische Schaltung eines Paralleladdierers für zwei vierstellige Dualzahlen (4-Bit-Volladdierer) kann man unmittelbar aus dem in Tab. 38 wiedergegebenen Rechenschema ableiten (Abb. 6.34). In dieser einfachen Schaltung wird die Rechengeschwindigkeit jedoch durch die serielle Bildung und Weiterleitung des Übertrages begrenzt. Für schnelle Rechenwerke sind deshalb spezielle Schaltungen zur Übertragsabwicklung (Übertragsvorhersage; engl.: look ahead carry) entwickelt worden, die eine parallele Übertragsermittlung für jede Stufe ermöglichen.

Dagegen spricht man von einem Serienaddierer, wenn die Addition der einzelnen Stellen nacheinander ausgeführt wird. Die Addition beginnt mit der Stelle der geringsten Wertigkeit (niedrigstwertiges Bit; LSB, von engl.: least significant bit) und endet mit der Stelle der höchsten Wertigkeit (MSB). Der Übertrag muß dabei stets für die Dauer eines Operationsschrittes gespeichert werden. Die logische Schaltung eines Serienaddierers zeigt Abb. 6.35.

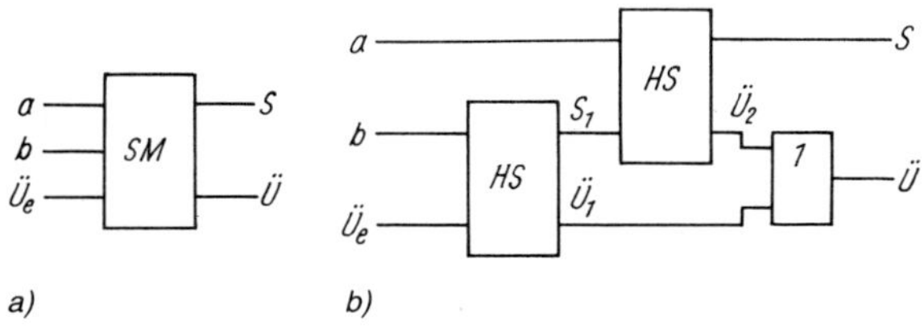

a) b)

Abb. 6.33. Volladdierer
a) Symbol, b) logische Schaltung

Tabelle 38
Additionsschema für zwei mehrstellige Dualzahlen

$$A = 1011 \mathrel{\hat{=}} a_3 \cdot 2^3 + a_2 \cdot 2^2 + a_1 \cdot 2^1 + a_0 \cdot 2^0$$
$$B = 1110 \mathrel{\hat{=}} b_3 \cdot 2^3 + b_2 \cdot 2^2 + b_1 \cdot 2^1 + b_0 \cdot 2^0$$

$$S = 11001 \mathrel{\hat{=}} S_4 \cdot 2^4 + S_3 \cdot 2^3 + S_2 \cdot 2^2 + S_1 \cdot 2^1 + S_0 \cdot 2^0$$

$a_0 = 1$ $b_0 = 0$	$\ddot{U}_0 = 0$	$S_0 = 1$
$a_1 = 1$ $b_1 = 1$	$\ddot{U}_1 = 1$	$S_1 = 0$
$a_2 = 0$ $b_2 = 1$	$\ddot{U}_2 = 1$	$S_2 = 0$
$a_3 = 1$ $b_3 = 1$		$S_3 = 1$ $\ddot{U}_3 = S_4 = 1$

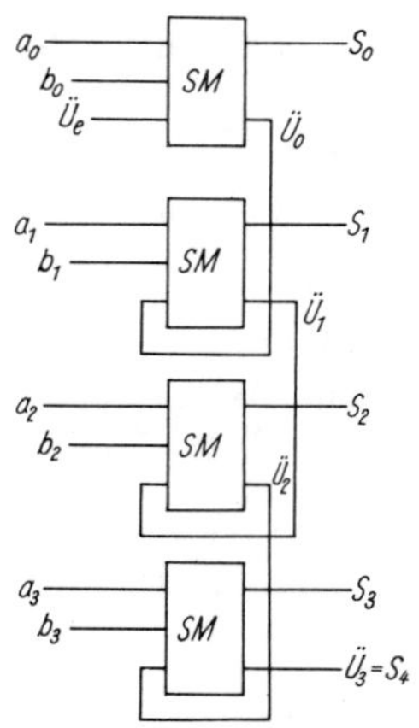

Abb. 6.34. 4-Bit-Volladdierer (Paralleladdierer)

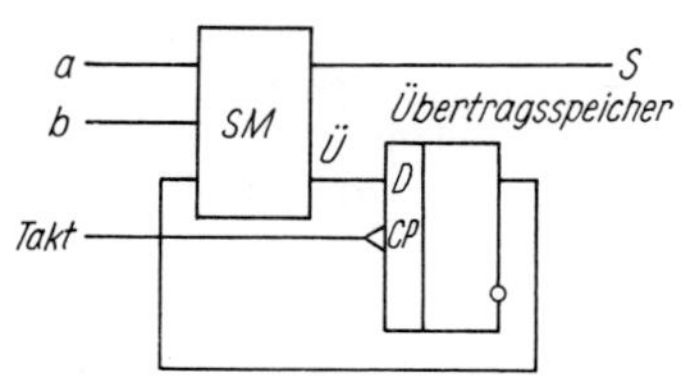

Abb. 6.35. Serienaddierer mit D-Flipflop als Übertragsspeicher

6.3.1.2.2 Binärsubtraktion

Die Substraktion wird ausgeführt, indem man den Subtrahenden in eine negative Zahl umwandelt und zum Minuenden addiert. Diese Addition läßt sich unmittelbar ausführen, wenn man negative Zahlen durch ihr Komplement darstellt. Zur Komplementbildung wird eine Stelle mehr benutzt, als man zur Darstellung der größten vorkommenden Zahl benötigt; diese zusätzliche Stelle bezeichnet man als Bewertungs- oder Vorzeichenstelle.

Je nach Art der Bildung unterscheidet man zwei verschiedene Komplemente. Zur Erläuterung beschränken wir uns zunächst auf n-stellige ganze Dualzahlen. Man spricht vom echten oder Zweierkomplement $\bar{A}^2$ (B-Komplement), wenn es den Betrag der negativen Zahl zu 2^n ergänzt:

$$\bar{A}^2 + |A| = 2^n . \tag{6.33}$$

Und man spricht vom Einserkomplement $\bar{A}^1$ (B-1-Komplement), wenn es den Betrag der negativen Zahl zur größten n-stelligen Zahl (eine Zahl aus n Einsen) ergänzt:

$$\bar{A}^1 + |A| = 2^n - 1 \tag{6.34}$$

(s. Tab. 39). Für die Komplementbildung im Bereich dualer Zahlen – einschließlich gebrochener Dualzahlen – gelten folgende einfache Regeln:

- Das Einserkomplement $\bar{A}^1$ einer Zahl ergibt sich als logisches Komplement ihres Betrages, d. h. durch Inversion aller Stellen einschließlich der Vorzeichenstelle und der Stellen nach dem Komma.
- Das Zweierkomplement $\bar{A}^2$ einer Zahl wird gebildet, indem man 1 zum LSB des Einserkomplements addiert; ein dabei auftretender Übertrag nach der Stelle $n + 1$ wird ignoriert (Einser-Überlauf).

In Abb. 6.36 sind die beiden Komplemente der Zahlen $-000(2)$ bis $-111(2)$ dargestellt. Man erkennt, daß die Verwendung des Zweierkomplements vorteilhaft ist, weil

- im Gegensatz zum Einserkomplement mit 0000 nur eine Darstellung der Null auftritt; beim Einserkomplement ergeben sich nämlich zwei verschiedene Darstel-

Tabelle 39
Zur Komplementbildung

Dezimalwert	Betrag $\|A\|$ als Dualzahl	Einserkomplement $\bar{A}^1 = \|\bar{A}\|$	Zweierkomplement $\bar{A}^2 = \bar{A}^1 + 1$ (LSB)
–13	000 1101	111 0010	111 0011
–38,0	010 0110, 0	101 1001, 1	101 1010, 0
– 9,25	000 1001, 01	111 0110, 10	111 0110, 11
–17,5	001 0001, 1	110 1110, 0	110 1110, 1

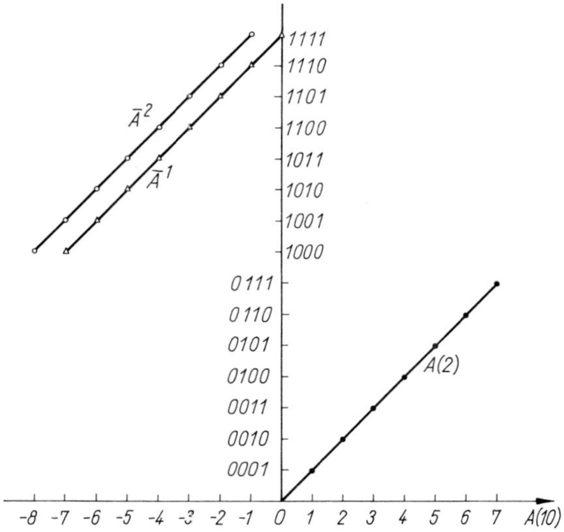

Abb. 6.36. Einer- und Zweierkomplement von Dualzahlen

lungen, je nachdem ob man aus dem positiven oder negativen Zahlenbereich kommt: +0(10) = 0000(2) bzw. −0(10) = 1111(2);

– im Gegensatz zum Einserkomplement der durch die Stellenzahl vorgegebene Darstellungsumfang vollständig ausgenutzt wird (mit vier Stellen kann man 16 verschiedene Zahlenwerte bilden).

Die Subtraktion durch Addition des Zweierkomplements soll an den folgenden einfachen Zahlenbeispielen demonstriert werden.

Beispiel 6.7. Subtraktion durch Addition des Zweierkomplements (s. a. Tab. 39).

38	010	0110
−13	111	0011
25	1 | 001	1001

Im Beispiel entsteht ein Übertrag in die 8. Stelle, der aber ignoriert wird, da nur sieben Stellen berücksichtigt werden (Einser-Überlauf). Bei Verwendung des Einserkomplements müßte dagegen dieser Überlauf zum LSB des Ergebnisses addiert werden (Einser-Rücklauf).

25	001	1001	
−38	101	1010	
−13	111	0011	Ergebnis negativ (s. Tab. 39)
	000	1100	$\bar{K}^1$
		1	
	000	1101	$\bar{K}^2$ = Ergebnisbetrag

Im Beispiel ist das MSB des Ergebnisses 1, d. h., das Ergebnis ist negativ; seinen Betrag erhält man durch erneute Bildung des Zweierkomplements.

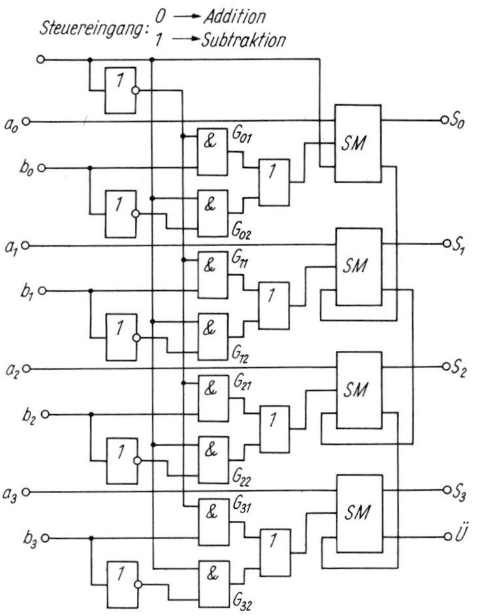

Abb. 6.37. 4-Bit-Parallel-Addier-Subtrahierwerk

Genau wie die Addition kann die Subtraktion parallel oder seriell durchgeführt werden. Die Kapazität des Rechenwerkes muß um 1 Bit größer sein, da die Bewertungsstelle als zusätzliche Stelle benötigt wird. Abb. 6.37 zeigt die logische Schaltung eines 4-Bit-Addier-Subtrahierwerkes auf der Basis eines 4-Bit-Volladdierers. Die Funktionswahl erfolgt über die Steuerleitung. Führt die Steuerleitung 0, werden alle Gatter G_{i2} gesperrt und alle Gatter G_{i1} geöffnet; der Übertragseingang erhält ebenfalls 0 und das Rechenwerk addiert die beiden Zahlen A und B. Führt die Steuerleitung 1, werden die Gatter G_{i1} gesperrt und die Gatter G_{i2} geöffnet. Dem Addierer werden also die invertierten Ziffern $\bar{b}_i$ zugeführt. Der Übertragseingang erhält $\ddot{U}_e = 1$, d. h., zum LSB der Zahl $\bar{B}$ wird 1 addiert. Das Rechenwerk bildet also die Summe aus der Zahl A und dem Zweierkomplement $\bar{B}^2$ der Zahl B. Können als Ergebnis auch negative Zahlen auftreten, muß durch eine entsprechende logische Schaltung erneut das Komplement gebildet werden, wenn die Bewertungsstelle des Ergebnisses 1 ist. Es sei dem Leser zur Übung überlassen, die Schaltung aus Abb. 6.37 entsprechend zu erweitern.

6.3.1.2.3 Binärmultiplikation und Binärdivision

Die Multiplikation läßt sich als Folge von Verschiebungen und Additionen ausführen, wobei der Multiplikand nicht verändert wird, da der Multiplikator nur die Ziffern 0 und 1 enthält. Entsprechend kann die Division auf eine Folge von Verschiebungen und Subtraktionen zurückgeführt werden. Als eigentliches Rechenwerk kann also in beiden Fällen wieder ein Addierer verwendet werden, wobei der Operationsablauf durch entsprechende Programme gesteuert werden muß. Einige Zahlenbeispiele sollen den Ablauf der Rechenoperationen erläutern.

Beispiel 6.8. Multiplikation und Division von Dualzahlen. Für die Multiplikation im Dualsystem gilt:

$$0 \cdot 0 = 0\,; \quad 1 \cdot 0 = 0\,; \quad 0 \cdot 1 = 0\,; \quad 1 \cdot 1 = 1\,.$$

Der Rechenablauf ist der gleiche wie im Dezimalsystem. Der Multiplikand wird mit den Stellenziffern des Multiplikators multipliziert und entsprechend der Wertigkeit der Stellenziffer verschoben. Anschließend werden diese Zwischenergebnisse addiert.

```
   1101 · 1011        13 · 11
----------------      -------
1101                  13
 0000
  1101
----------------      -------
10001111                143
```

Für die Division im Dualsystem gilt:

$$0:1 = 0\,; \quad 1:1 = 1\,; \quad \text{Division durch 0 ist nicht erlaubt}\,.$$

Der Rechenablauf ist der gleiche wie im Dezimalsystem.

```
 101100 : 100 = 1011      (44 : 4 = 11)
-100
----
   11
-   0
-----
   110
-  100
------
    100
-   100
-------
      0
```

```
 101100 : 101 = 1000 Rest 100   (44 : 5 = 8 Rest 4)
-101
------
  0100
```

Natürlich läßt sich in diesem Beispiel die Division auch weiterführen. Man erhält dann gebrochene Zahlen, die vom ganzzahligen Teil durch ein Komma abgetrennt werden; die Wertigkeiten der Stellen rechts vom Komma werden durch negative Exponenten beschrieben (s. 6.1.2).

```
 101100 : 101 = 1000, 1100 ...
-101
--------
  01000
-   101
---------
     110
-    101
----------
      100
```

6.3.1.2.4 Gleitkommazahlen

Gebrochene Zahlen müssen vor der Weiterverarbeitung formatiert werden. Im einfachsten Fall steht das Komma an einer bestimmten Stelle (Festkomma). Nachteilig bei dieser Art der Formatierung ist, daß die relative Genauigkeit einer Zahl mit ihrer Größe abnimmt. Das umgeht man, wenn man die Zahl in der Exponentialform

$$Z = S_z M_z \cdot 2^{E_z} \tag{6.35}$$

schreibt. Das Vorzeichen der Zahl wird durch ein Vorzeichenbit markiert (positiv: $S_z = 0$, negativ: $S_z = 1$). Alle Mantissen M_z werden in einem Format 0, 1 ... (2) geschrieben (d. h., es gilt $0{,}5(10) \leqq M_z < 1(10)$). Der Wertigkeitsexponent wird so formuliert, daß er stets positiv ist, indem man zum tatsächlichen Exponenten eine Zahl w addiert, d. h., man setzt $E_z^* = E_z + w$; der größte negative Exponent ist dann $E_z = -w$, d. h. $E_z^* = 0$. Die Darstellung der Null wird zu $M_z = 0$, $E_z^* = 0$ vereinbart. In Abb. 6.38 ist schematisch eine Möglichkeit einer solchen Gleitkomma-Formatierung dargestellt. Da das höchstwertige Bit der Mantissen stets 1 ist, wird es nicht mit notiert (verstecktes Bit; engl.: hidden bit); diese Stelle kann also noch vom Exponenten belegt werden. Zwei häufig verwendete Standardformate, die sich nur in der Verschiebung w des Exponenten unterscheiden, sind das 4-Byte-SKR-Format (PDP11-Format) mit $w = 80(16)$ und das 4-Byte-IEEE-Format (z. B. als Short-Real-Format beim Arithmetikprozessor 8087 verwendet) mit $w = 7E\ (16)$.

Natürlich sind zur arithmetischen Verknüpfung von Gleitkommazahlen kompliziertere Algorithmen erforderlich; die eigentliche Verknüpfung verwendet aber wieder Festkommazahlen. Andererseits lassen sich Vergleiche leicht durchführen, da die Wertigkeit der Stellen nach rechts monoton abnimmt (vgl. Abb. 6.38).

Als Beispiel soll die Multiplikation von zwei Zahlen X und Y betrachtet werden. Sie erfolgt in drei Schritten[1]:

1. Berechnung des Exponenten e_z durch die Addition $E_x + E_y$.
2. Berechnung von Vorzeichen und Mantisse durch eine Festkomma-Multiplikation mit Vorzeichen: $S_z m_z = (S_x M_x)(S_y M_y)$.
3. Formatierung auf das Standardformat durch Verschiebung der Mantisse m_z (Multiplikation oder Division mit 2(10)) und entsprechendes Erhöhen bzw. Erniedrigen des Exponenten e_z.

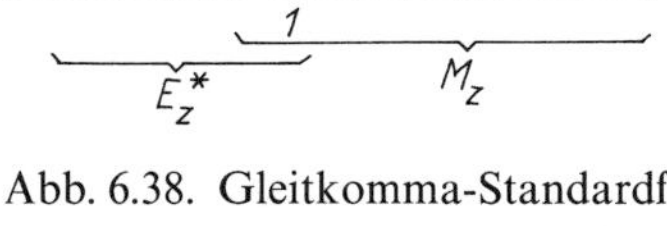

Abb. 6.38. Gleitkomma-Standardformat einer Dualzahl

[1] Die Verwendung kleiner Buchstaben bedeutet, daß die Werte dieser Zahlen noch durch Formatierung verändert werden.

Es sei dem Leser zur Übung überlassen, sich den Algorithmus einer Gleitkomma-Addition zu überlegen und Zahlenbeispiele zur Gleitkomma-Arithmetik zu rechnen.

6.3.1.2.5 BCD-Arithmetik [1]

Wenn viele Dezimalzahlen verarbeitet werden müssen, kann es zweckmäßig sein, die arithmetischen Operationen unmittelbar im Dezimalsystem auszuführen. Auf die Besonderheiten, die die Verwendung der BCD-Codierung nach sich zieht, soll am Beispiel der Addition im 8-4-2-1-Code kurz eingegangen werden.

Unabhängig vom Zahlensystem erfolgt die Addition von zwei Zahlen stellenweise, beginnend mit den niedrigstwertigen Stellen. Im Dezimalsystem tritt ein Übertrag $\ddot{U} = 1$ auf, wenn die Summe $S > 9$ ist. Der Maximalwert der Summe ist Max $(S) = 19$, wenn ein Eingangsübertrag mit berücksichtigt wird (Volladdierer). Bei der Addition der dualen Tetraden des 8-4-2-1-Codes tritt dagegen ein Übertrag $\ddot{U} = 1$ erst dann auf, wenn $S > 1111(2) = 15(10)$ wird. Deshalb ist eine sogenannte BCD-Korrektur erforderlich, wenn $9(10) < S \leqq 19(10)$ ist, d. h., wenn die Addition entweder eine Pseudotetrade oder einen Übertrag in die nächsthöhere Dezimale liefert. Diese Korrektur besteht in der zusätzlichen Addition von $0110(2) = 6(10)$. Die dabei entstehenden Überträge werden in die nächste Dezimalstelle weitergeleitet und müssen dort bei der BCD-Korrektur berücksichtigt werden. Die Subtraktion läßt sich wieder auf die Addition eines Komplements zurückführen, wobei zu beachten ist, daß vor der Komplementbildung bei jeder Tetrade eine BCD-Korrektur durchzuführen ist.

Beispiel 6.9. Addition und Subtraktion von BCD-Zahlen

Die Addition erfolgt zunächst stellenweise. Eine BCD-Korrektur ist auch dann erforderlich, wenn eine Pseudotetrade erst durch einen Eingangsübertrag infolge der Korrektur der vorangehenden Stelle entsteht.

337		0011	0011	0111	
+968		1001	0110	1000	
		1100	1001	1111	
		1	1		
		0110	0110	0110	BCD-Korrektur
1305	0001	0011	0000	0101	

Die Subtraktion erfolgt durch die tetradenweise Addition des Zweierkomplements, wobei vor der Komplementbildung eine BCD-Korrektur erforderlich ist. Die BCD-Zahl wird durch eine Vorzeichentetrade ergänzt (positiv: $0000(2) = 0(10)$; negativ: $1001(2) = 9(10)$).

---

[1] Hier und in den folgenden Abschnitten ist stets der 8-4-2-1-Code gemeint, wenn vom BCD-Code die Rede ist.

Darstellung der Zahl −518 als Zweierkomplement:

+518:	0000	0101	0001	1000	
	0110	0110	0110	0110	BCD-Korrektur
	0110	1011	0111	1110	
	1001	0100	1000	0001	$\bar{K}^1$
				1	
−518:	1001	0100	1000	0010	$\bar{K}^2$
726	0000	0111	0010	0110	
−518	+1001	0100	1000	0010	
	1001	1011	1010	1000	
	1	1			
	0110	0110	0110		BCD-Korrektur
208	1 | 0000	0010	0000	1000	

Wie bei der dualen Subtraktion mittels Zweierkomplement wird der Einser-Überlauf ignoriert. Ist das Ergebnis negativ, ergibt sich sein Betrag durch erneute Komplementbildung.

6.3.1.3 Codeumsetzer

Codeumsetzer werden an Schnittstellen des Datenverarbeitungssystems benötigt, an denen die Signale in unterschiedlichen Zahlensystemen (Codes) vorliegen. Die logische Schaltung von Codeumsetzern kann man aus der Funktionstabelle der Codes ableiten. Als besonders wichtiges Beispiel wollen wir die häufig erforderliche Umwandlung eines BCD-codierten Signals in die entsprechende Dezimalzahl und umgekehrt betrachten. Die Funktionstabelle mit den entsprechenden Mintermen zeigt Tab. 40.

Tabelle 40
Funktionstabelle zur Codeumsetzung BCD/Dezimal

Dezimalzahl	BCD-Code				1-aus-10-Codierung										Minterm	Minimalform
	D	C	B	A	A_0	A_1	A_2	A_3	A_4	A_5	A_6	A_7	A_8	A_9		
0	0	0	0	0	1	0	0	0	0	0	0	0	0	0	$\bar{A}\bar{B}\bar{C}\bar{D}$	$\bar{A}\bar{B}\bar{C}\bar{D}$
1	0	0	0	1	0	1	0	0	0	0	0	0	0	0	$A\bar{B}\bar{C}\bar{D}$	$A\bar{B}\bar{C}\bar{D}$
2	0	0	1	0	0	0	1	0	0	0	0	0	0	0	$\bar{A}B\bar{C}\bar{D}$	$\bar{A}B\bar{C}$
3	0	0	1	1	0	0	0	1	0	0	0	0	0	0	$AB\bar{C}\bar{D}$	$AB\bar{C}$
4	0	1	0	0	0	0	0	0	1	0	0	0	0	0	$\bar{A}\bar{B}C\bar{D}$	$\bar{A}\bar{B}C$
5	0	1	0	1	0	0	0	0	0	1	0	0	0	0	$A\bar{B}C\bar{D}$	$A\bar{B}C$
6	0	1	1	0	0	0	0	0	0	0	1	0	0	0	$\bar{A}BC\bar{D}$	$\bar{A}BC$
7	0	1	1	1	0	0	0	0	0	0	0	1	0	0	$ABC\bar{D}$	ABC
8	1	0	0	0	0	0	0	0	0	0	0	0	1	0	$\bar{A}\bar{B}\bar{C}D$	$\bar{A}D$
9	1	0	0	1	0	0	0	0	0	0	0	0	0	1	$A\bar{B}\bar{C}D$	AD

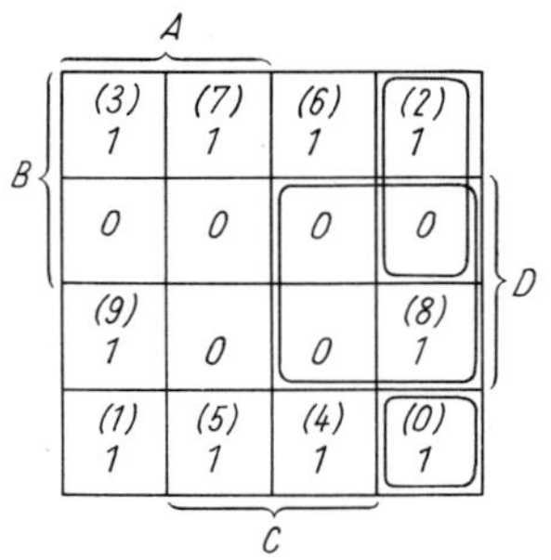

Abb. 6.39. Karnaugh-Veitch-Diagramm zur BCD/Dezimal-Umsetzung

Unter der Voraussetzung, daß die im BCD-Code nicht benötigten Bitkombinationen einer Tetrade nicht auftreten, kann man eine Minimierung durchführen. Dazu werden die auftretenden Minterme in ein Karnaugh-Veitch-Diagramm eingetragen (Abb. 6.39: gekennzeichnet durch 1 und die entsprechende Dezimalziffer). Dann faßt man die Zellen zu Gruppen zusammen, die neben einem möglichen Minterm noch möglichst

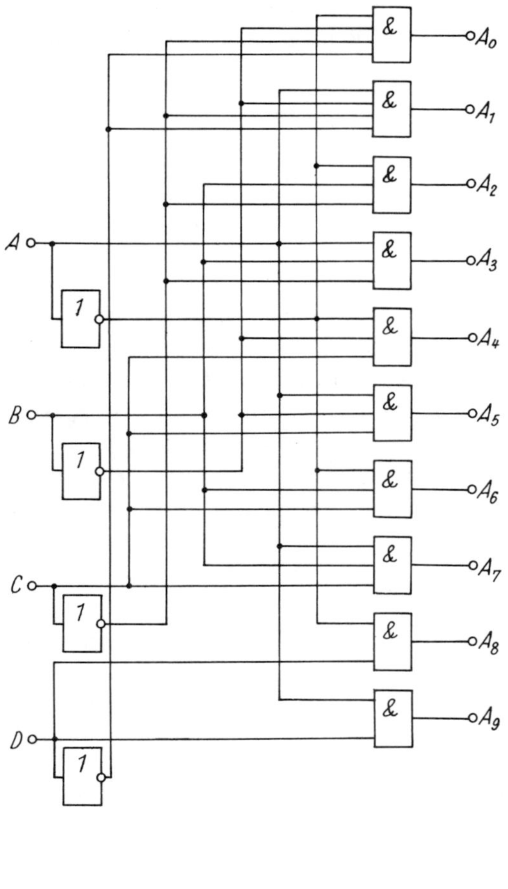

Abb. 6.40. Logische Schaltung eines BCD/Dezimal-Umsetzers

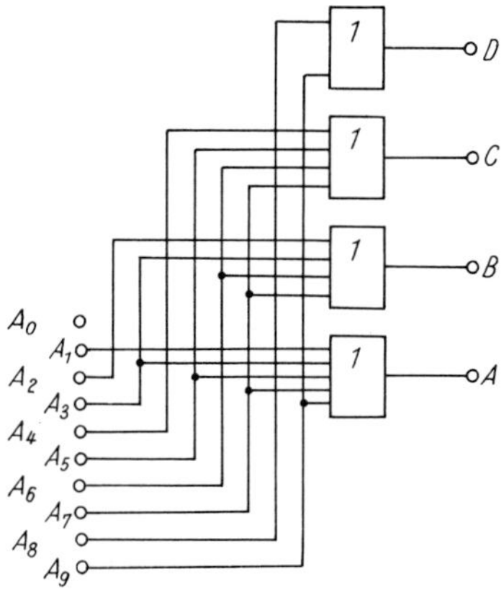

Abb. 6.41. Logische Schaltung eines Dezimal/BCD-Umsetzers

viele nicht belegte Zellen (durch 0 gekennzeichnet) enthalten (s. Beispiele in Abb. 6.39). Das führt auf die in Tab. 40 angegebene Minimalform. Die dieser Minimalform entsprechende logische Schaltung ist in Abb. 6.40 wiedergegeben.

Die logische Funktion eines Dezimal/BCD-Umsetzers kann man ebenfalls aus der Funktionstabelle Tab. 40 ablesen, indem man die Bedingungen aufschreibt, für die die BCD-Stellen den Wert 1 annehmen:

$$A = A_1 + A_3 + A_5 + A_7 + A_9 ,$$

$$B = A_2 + A_3 + A_6 + A_7 ,$$

$$C = A_4 + A_5 + A_6 + A_7 ,$$

$$D = A_8 + A_9 .$$

Daraus ergibt sich die in Abb. 6.41 wiedergegebene logische Schaltung.

Einfache numerische Anzeigen können mit 7-Segment-Anzeigebausteinen realisiert werden (s. Abb. 6.42). Ein weiteres wichtiges Beispiel ist daher die Umsetzung von dual codierten Dezimalziffern in einen zur Ansteuerung einer solchen Anzeige geeigneten Code. Die Wahrheitstabelle für diese Umcodierung zeigt Tab. 41. Aus ihr lassen sich die logischen Funktionen für die Ansteuerung der Segmente (Ansprechbedingung) ableiten. So muß das Segment e angesteuert werden, wenn eine der Ziffern 0, 2, 6 oder 8 dargestellt werden soll. Für eine dual codierte Eingabe folgt also

$$e = \bar{A}\bar{B}\bar{C}\bar{D} + \bar{A}B\bar{C}\bar{D} + \bar{A}BC\bar{D} + \bar{A}\bar{B}\bar{C}D .$$

Häufig ist es einfacher, die logische Bedingung für die Nicht-Ansteuerung eines Segments (Nicht-Ansprechbedingung) aufzuschreiben und zu negieren. Davon wurde bei der Ableitung der in Tab. 41 angegebenen logischen Funktionen für die Segmentansteuerung Gebrauch gemacht. Eine weitere Minimierung kann z. B. mittels Karnaugh-Veitch-Diagramm vorgenommen werden. Darauf und auf die Entwicklung der Schaltung soll hier nicht eingegangen werden. Entsprechende Umcodierer werden

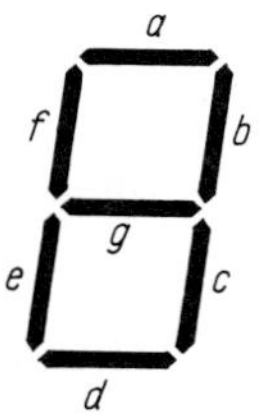

Abb. 6.42. 7-Segment-Anzeigeelement (schematisch)

als integrierte Schaltkreise angeboten, wobei sich die Zifferndarstellung durchaus etwas unterscheiden kann. Dem Leser sei zur Übung empfohlen, die Schaltung zur Ansteuerung einer 7-Segment-Anzeige bei begrenztem Zahlenbereich (z. B. für die Ziffern 0 ... 3) selbst zu entwickeln.

6.3.1.4 Multiplexer

Multiplexer (engl. data selector) haben die Aufgabe, *n* verschiedene Signale, die parallel auf *n* verschiedene Leitungen liegen, zeitlich nacheinander (zeitmultiplex) auf eine Ausgangsleitung zu schalten. Der Zeitmultiplexbetrieb ermöglicht es, Verbindungsleitungen in Datenverarbeitungssystemen, aber auch bestimmte Verknüpfungsschaltungen mehrfach zu nutzen und dadurch zu technisch einfacheren und ökonomisch günstigeren Lösungen zu gelangen. Ein Multiplexer ist also eine Auswahlschaltung mit mehreren Eingängen, die wahlweise über eine entsprechende Ansteuerung über sogenannte Adresseneingänge auf einen Ausgang geschaltet werden können. Meist werden die Adressen als Dualzahlen codiert. Die erforderlichen Verknüpfungen lassen sich durch je eine Konjunktion für jede Eingangsleitung realisieren, die durch eine Disjunktion zu einem gemeinsamen Ausgang zusammengefaßt werden. Abb. 6.43 zeigt die logische Schaltung eines 4-auf-1-Multiplexers mit

Tabelle 41
Wahrheitstabelle und Ansteuerbedingungen der *BCD*/7-Segment-Umcodierung

dezimal	0	1	2	3	4	5	6	7	8	9	Ansteuerbedingung
A	0	1	0	1	0	1	0	1	0	1	
B	0	0	1	1	0	0	1	1	0	0	
C	0	0	0	0	1	1	1	1	0	0	
D	0	0	0	0	0	0	0	0	1	1	
a	1	0	1	1	0	1	1	1	1	1	$\overline{A\bar{B}\bar{C}\bar{D} + \bar{A}\bar{B}C\bar{D}}$
b	1	1	1	1	1	0	0	1	1	1	$\overline{A\bar{B}C\bar{D} + \bar{A}BC\bar{D}}$
c	1	1	0	1	1	1	1	1	1	1	$\overline{\bar{A}B\bar{C}\bar{D}}$
d	1	0	1	1	0	1	1	0	1	0	$\overline{A\bar{B}\bar{C}\bar{D} + \bar{A}\bar{B}C\bar{D} + ABC\bar{D} + A\bar{B}\bar{C}D}$
e	1	0	1	0	0	0	1	0	1	0	$\bar{A}\bar{B}\bar{C}\bar{D} + \bar{A}B\bar{C}\bar{D} + \bar{A}BC\bar{D} + \bar{A}\bar{B}\bar{C}D$
f	1	0	0	0	1	1	1	0	1	1	$\overline{A\bar{B}\bar{C}\bar{D} + \bar{A}B\bar{C}\bar{D} + AB\bar{C}\bar{D} + ABC\bar{D}}$
g	0	0	1	1	1	1	1	0	1	1	$\overline{\bar{A}\bar{B}\bar{C}\bar{D} + A\bar{B}\bar{C}\bar{D} + ABC\bar{D}}$

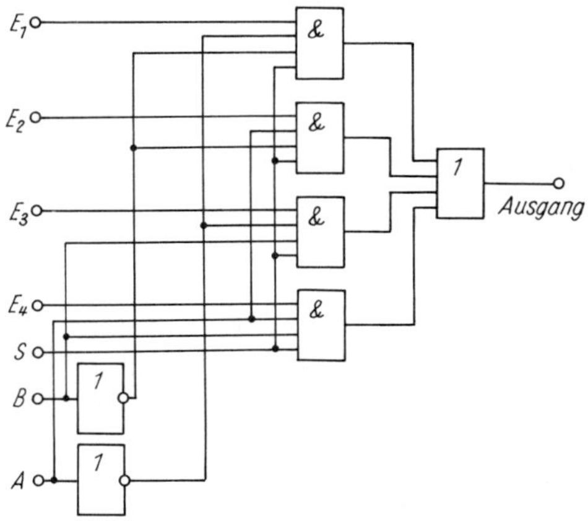

Abb. 6.43. 4-auf-1-Multiplexer mit dual codierter Adressierung

dual codierter Adressierung. Der an alle Konjunktionsgatter geführte zusätzliche Eingang S (Sperreingang; engl.: strobe) dient dazu, den Multiplexer zu sperren: Im Beispiel Abb. 6.43 zeigt der Ausgang unabhängig von den Eingangssignalen für $S = 0$ stets Null.

Die Aufspaltung der auf einer Datensammelleitung (Bus) zeitmultiplex ankommenden Signale auf einzelne Datenleitungen wird in einem Demultiplexer vorgenommen. Abb. 6.44 zeigt die logische Schaltung eines 1-auf-4-Demultiplexers mit dual codierter Adressierung. Zur richtigen Funktion muß die Adressenansteuerung im gleichen Takt wie beim Multiplexer erfolgen.

6.3.2 Sequentielle Schaltungen

In den folgenden Abschnitten sollen wichtige sequentielle Grundschaltungen anhand konkreter Beispiele besprochen werden. Dabei beginnen wir mit elementaren Schal-

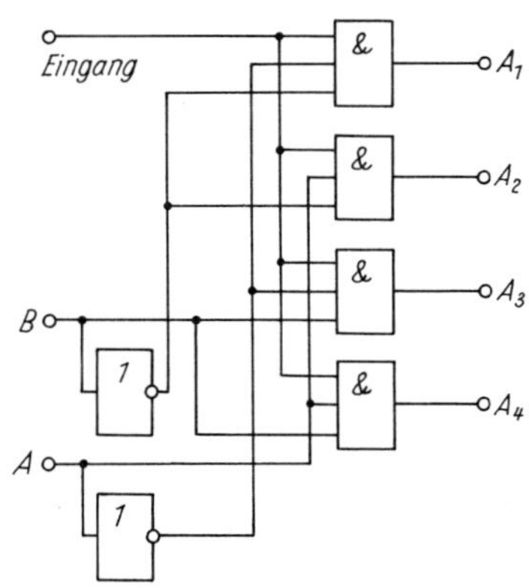

Abb. 6.44. 1-auf-4-Demultiplexer mit dual codierter Adressierung

tungen, die nur wenige Grundgatter und Bauelemente enthalten. Es wird die Verwendung von TTL-Gattern mit positiver Logik vorausgesetzt; die meisten Schaltungen lassen sich aber ohne weiteres auch mit anderen Schaltkreissystemen realisieren.

6.3.2.1 Grundschaltungen mit zwei Zuständen

Eine wichtige Gruppe elementarer Grundschaltungen sind Schaltungen, die zwei Zustände annehmen können. Sie erhalten Rückkopplungen und Zeitglieder, die das Umschaltverhalten bestimmen und festlegen, welche der möglichen Zustände stabil sind, und bilden die Grundbausteine für Impulsgeneratoren, Signalformer und Speicher.

6.3.2.1.1 Astabiler Multivibrator

Größere digitale Schaltungen werden in ihrer Operationsfolge durch einen Taktgenerator gesteuert. Oft möchte man diesen Taktgenerator ebenfalls mittels digitaler Grundbausteine realisieren. Eine sehr einfache Möglichkeit dafür bietet der astabile Multivibrator (vgl. 5.3.2.3). Die Schaltung enthält zwei Zeitglieder und besitzt keinen stabilen Zustand; vielmehr kippt sie nach Ablauf einer charakteristischen Zeit selbständig in den entgegengesetzten Zustand. Die in der diskreten Schaltungstechnik verwendeten Transistorstufen kann man als Negatoren auffassen, die über *RC*-Glieder miteinander gekoppelt sind. Damit erhält man die in Abb. 6.45 wiedergegebene Schaltung. Die Realisierung kann z. B. mit Nands erfolgen, bei denen die nicht benötigten Eingänge auf H-Potential gelegt sind; sie können aber auch für zusätzliche

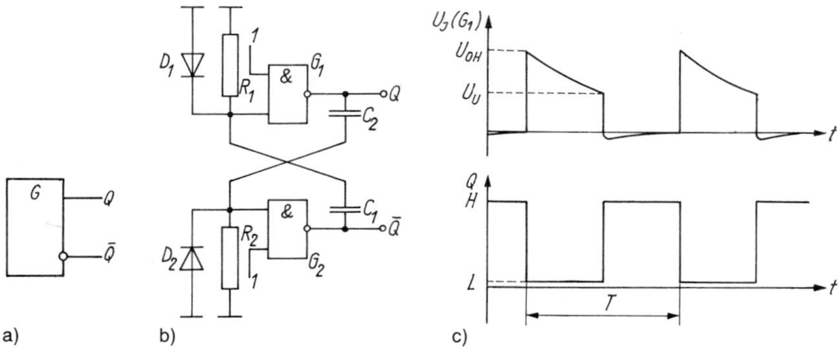

Abb. 6.45. Astabiler Multivibrator
a) Symbol, b) logische Schaltung,
c) zeitlicher Verlauf der Spannungen am Negator G_1

Steuerfunktionen benutzt werden (Triggerung, Blockierung). Die Dioden dienen dem Schutz der Schaltkreise und unterdrücken die sonst beim Umschalten auftretenden negativen Spannungsspitzen.

Zur Verdeutlichung der Funktionsweise der Schaltung zeigt Abb. 6.45c) den zeitlichen Verlauf der Spannungen am Negator G_1. Kippt der Negator G_2 in den Zustand $\bar{Q} = 1$, tritt am Eingang des Negators G_1 ein LH-Sprung auf, der diesen nach $Q = 0$ umkippt und dadurch den Zustand des Negators G_2 stabilisiert. Anschließend sinkt die Spannung am Eingang von G_1 mit der Zeitkonstanten R_1C_1 exponentiell ab, bis beim Erreichen der Umschaltspannung U_U ein neuer Kippvorgang einsetzt: Der Negator G_1 schaltet nach $Q = 1$ und dadurch der Negator G_2 nach $\bar{Q} = 0$. Allerdings dürfen R_1 und R_2 nicht zu groß gewählt werden (näherungsweise: $R_1, R_2 \leqq U_U/I_{ILA}$). Für den zeitlichen Verlauf der Spannung am Eingang von G_1 gilt ($R_1 = R_2 = R$, $C_1 = C_2 = C$ vorausgesetzt)

$$U_U = U_{0H}\,\mathrm{e}^{-T/2RC}\,, \tag{6.36}$$

und daraus folgt für die Frequenz des astabilen Multivibrators

$$f = \frac{1}{2RC}\,\frac{1}{\ln\dfrac{U_{0H}}{U_U}}\,. \tag{6.37}$$

Bei Standard-TTL ist $U_{0H} \approx 4$ V und $U_U \approx 1{,}4$ V. Damit erhält man als recht gute Näherung für die Frequenz des astabilen Multivibrators $f = 1/(2RC)$.

Ungünstig für Stabilität und Abgleich ist, daß die Schaltung zwei RC-Glieder enthält. In der Praxis werden daher andere Schaltungen vorgezogen. Eine für TTL-Gatter geeignete Schaltung zeigt Abb. 6.46 (da die Eingangsspannung von Gatter G_1 im Betrieb zwischen $U_U - U_{0H}$ und $U_U + U_{0H}$ schwankt, ist die Schaltung nicht ohne weiteres auf andere Schaltkreissysteme übertragbar). Die Schaltung liefert eine Rechteckspannung mit dem Tastverhältnis $v_p = 0{,}5$. Der Widerstand ist mit $R = 220\,\Omega$ optimal gewählt. Die Frequenz beträgt annähernd

$$f = \frac{1}{3RC} \tag{6.38}$$

und kann durch die Kapazität C in weiten Grenzen variiert werden. Stellt man höhere Ansprüche an die Frequenzstabilität, verwendet man quarzstabilisierte Schaltungen,

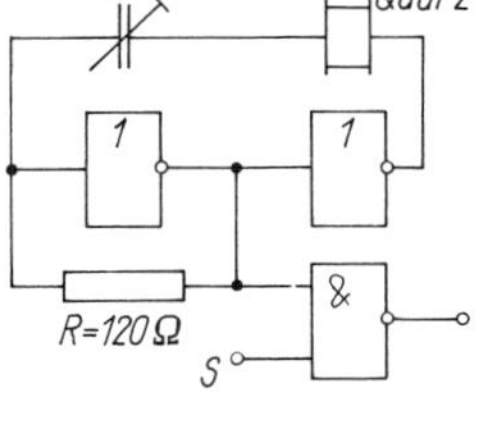

Abb. 6.46. Astabiler Multivibrator mit einem RC-Glied

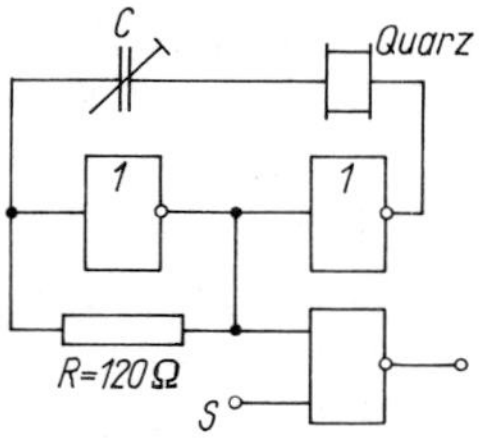

Abb. 6.47. Quarzstabilisierter astabiler Multivibrator

z. B. die in Abb. 6.47. Diese Schaltung kann im Frequenzbereich 0,5 kHz ... 5 MHz benutzt werden. Bereits ohne Thermostat erreicht man damit eine relative Frequenzkonstanz von 10^{-5}. Die regelbare Kapazität dient der Feineinstellung der Frequenz.

6.3.2.1.2 Monostabiler Multivibrator

Ersetzt man in der Schaltung in Abb. 6.45b) ein *RC*-Glied durch eine galvanische Kopplung, erhält man eine Schaltung mit einem stabilen Zustand, beschrieben durch $E = 1$ und $Q = 0$ (s. Abb. 6.48). Durch ein Steuersignal kann sie in den zweiten Zustand gekippt werden, aus dem sie nach einer bestimmten Zeit wieder in den stabilen Zustand zurückkippt. Eine solche Schaltung bezeichnet man als monostabilen Multivibrator oder Univibrator; man benutzt sie als Impulsformer und Verzögerungsglied.

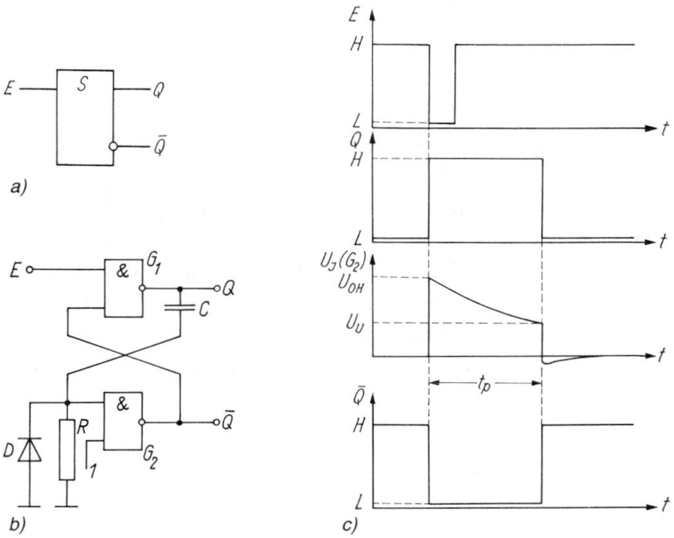

Abb. 6.48. Univibrator
a) Symbol, b) logische Schaltung,
c) zeitlicher Verlauf der Spannungen

Die Funktionsweise macht Abb. 6.48c) deutlich. Im Ruhezustand liegt am Eingang des Univibrators H, und der Eingang des Negators G_2 liegt über den Widerstand R an Masse (L). Damit zeigt der Ausgang des Negators H($\bar{Q} = 1$) und der Ausgang des Nands G_1 L($Q = 0$). Schaltet man den Eingang des Univibrators kurzzeitig auf L, schaltet das Nand um ($Q = 1$). Der LH-Sprung wird auf den Negator gekoppelt, der dadurch ebenfalls umschaltet ($\bar{Q} = 0$) und somit den Zustand des Nands stabilisiert, auch wenn das Eingangssignal auf H zurückschaltet. Anschließend fällt die Spannung am Eingang von G_2, bis der Negator beim Erreichen der Umschaltspannung U_U zurückschaltet ($\bar{Q} = 1$), wodurch auch das Nand G_1 zurückgeschaltet wird und sich wieder der stabile Zustand einstellt. Die Diode D unterdrückt die dabei am Eingang des Negators G_2 auftretende negative Spannungsspitze. Für den Maximalwert des Widerstandes R gilt eine ähnliche Abschätzung wie beim astabilen Multivibrator. Die Schaltung arbeitet nur richtig, wenn der Steuerimpuls kürzer als der Ausgangsimpuls ist. Die Dauer des Ausgangsimpulses ergibt sich aus dem zeitlichen Verlauf der Eingangsspannung von G_2. Aus Abb. 6.48c) liest man ab:

$$U_U = U_{0H}\,e^{-t_p/RC}\,, \tag{6.39}$$

und daraus erhält man für die Dauer des Ausgangsimpulses

$$t_p = RC \ln \frac{U_{0H}}{U_U}\,. \tag{6.40}$$

Bei der Verwendung von Standard-TTL-Schaltkreisen ($U_{0H} \approx 4$ V, $U_U \approx 1{,}4$ V) ergibt sich für die Impulsdauer als gute Näherung $t_p = RC$.

6.3.2.1.3 Bistabiler Multivibrator

Ersetzt man schließlich beide Zeitglieder in der Schaltung Abb. 6.45b) durch galvanische Kopplungen, erhält man eine Schaltung, die über zwei stabile Zustände verfügt (Abb. 6.49a)). Durch entsprechende Eingangssignale kann die Schaltung in den jeweils anderen Zustand gekippt werden, wenn es ihr innerer Zustand zuläßt. Man bezeichnet sie als bistabilen Multivibrator (bistabile Kippstufe, Flipflop). Diese Schaltung stellt ein binäres Speicherelement mit zwei Eingängen und zwei Ausgängen dar; logische Schaltung und Funktionstabelle zeigt Abb. 6.49. Zur Erläuterung der Funktionsweise gehen wir davon aus, daß $Q = 0$ (d. h. $\bar{Q} = 1$) ist und daß an beiden Eingängen 1

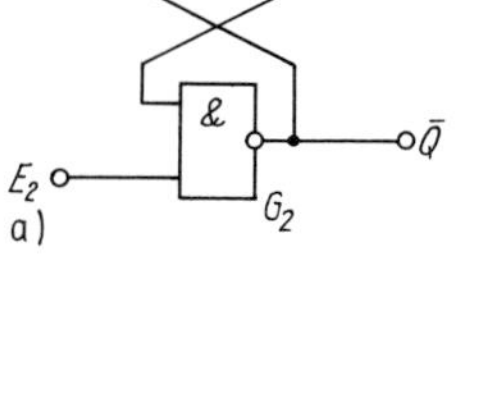

E_1	E_2	Q_{n+1}
1	1	Q_n
1	0	0
0	1	1
0	0	nicht zulässig

b)

Abb. 6.49. Basis-Flipflop aus Nands
a) logische Schaltung,
b) Funktionstabelle

anliegt. Dieser Zustand ist stabil, denn $\bar{Q} = 1$ wird auf das Nand G_1 rückgekoppelt und hält $Q = 0$, und $Q = 0$ wird auf das Nand G_2 rückgekoppelt und hält $\bar{Q} = 1$ (s. dazu Tab. 31: Funktionstabelle des Nand). Wechselt E_1 auf 0, schaltet G_1 nach $Q = 1$ und dadurch G_2 nach $\bar{Q} = 0$; auch das ist ein stabiler Zustand. Wechselt E_1 zurück nach 1, bleibt der Ausgangszustand $Q = 1$, $\bar{Q} = 0$ weiterhin stabil. Wird die Eingangskombination $E_1 = 1, E_2 = 0$ angelegt, schaltet G_2 nach $\bar{Q} = 1$ und dadurch G_1 nach $Q = 0$, wenn dieser Zustand nicht bereits bestand. Führen dagegen beide Eingänge 0, müssen beide Ausgänge 1 zeigen. Da das nicht dem geforderten logischen Zusammenhang zwischen den beiden Ausgängen entspricht und das Umschalten unbestimmt ist, wenn beide Eingänge gleichzeitig wieder nach 1 geschaltet werden, wird der Eingangszustand $E_1 = E_2 = 0$ nicht zugelassen. Dieses sogenannte Basisflipflop ist das Grundelement von Zähl- und Speicherschaltungen; wir werden weiter unten wieder darauf zurückkommen.

6.3.2.1.4 Impulsverkürzer

Oft ist die Dauer von Signalen für ihre Weiterverarbeitung zu groß und muß verringert werden; dazu verwendet man Impulsverkürzer. Ein Beispiel zeigt Abb. 6.50. Die Wirkungsweise dieser Schaltung verdeutlicht die in Abb. 6.50b) dargestellte Zeitabhängigkeit der Spannungen. Die Schaltung besitzt einen stabilen Zustand, der durch $E = 0$ und $Q = 1$ gekennzeichnet ist. Schaltet das Eingangssignal nach $E = 1$,

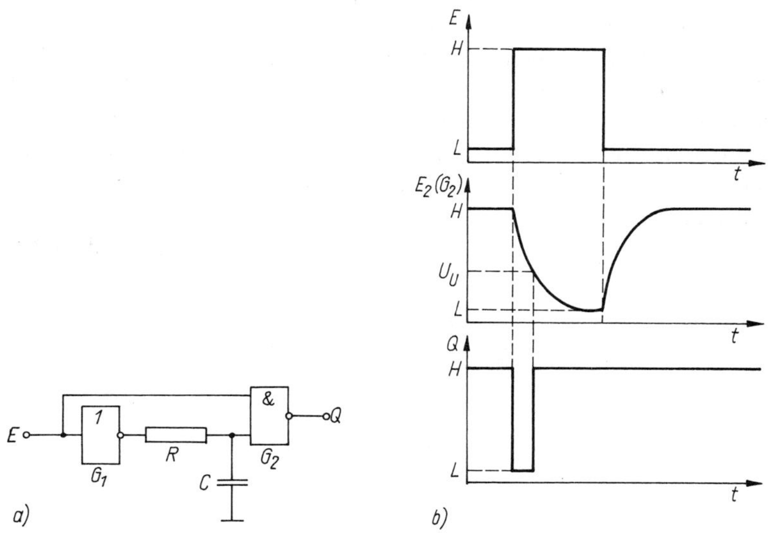

Abb. 6.50. Impulsverkürzer
a) Schaltung,
b) Zeitverlauf der Spannungen

dann schaltet G_1 um. Das Eingangssignal wirkt zwar sofort auf Eingang E_1 von Gatter G_2, aber an E_2 bleibt, bedingt durch das RC-Glied, das 1-Signal noch erhalten. Dadurch schaltet G_2 in den instabilen Zustand $Q = 0$. Im weiteren Verlauf sinkt die Spannung an E_2 exponentiell ab, und G_2 schaltet wieder nach $Q = 1$, wenn sie den Wert U_U erreicht hat. Wie man sich leicht selbst überlegt, liefert der HL-Sprung des Eingangssignals kein Ausgangssignal. Für die Dauer des Ausgangssignals gilt die gleiche Beziehung wie beim Univibrator (Gl. (6.40)). Durch Variation von C kann sie in weiten Grenzen verändert werden; ihre untere Grenze ist durch die Verzögerungszeit von Gatter G_1, ihre obere durch die maximal zulässige Anstiegszeit des Ausgangssignals gegeben.

6.3.2.1.5 Schmitt-Trigger

Schmitt-Trigger sind Schwellwertschalter, d. h., der Ausgangszustand ist abhängig von der Größe der Eingangsspannung: Beim Über- oder Unterschreiten bestimmter Schwellwerte schaltet er aus einem stabilen Zustand in den anderen um, wobei eine Umschalthysterese auftritt. Schmitt-Trigger werden zur Impulsformung und als Spannungsdiskriminator eingesetzt.

In 5.5.1.5.5 hatten wir mit dem OV als Spannungskomparator bereits einen Schmitt-Trigger auf der Basis eines analogen Schaltkreises kennengelernt. Schmitt-Trigger lassen sich aber auch aus logischen Grundschaltungen aufbauen. Ein einfaches Schaltungsbeispiel zeigt Abb. 6.51. Der Schmitt-Trigger besteht aus zwei Negatoren, die über den Spannungsteiler R_1R_2 mitgekoppelt sind. Dieser Spannungsteiler bestimmt die Umschalthysterese: Die Hysterese wird um so größer, je kleiner man R_2/R_1 macht (in R_1 geht der Innenwiderstand R_i der Steuerspannungsquelle mit ein).

Zur Erläuterung der Funktionsweise nehmen wir an, daß $R_i = 0$ ist. Ist $U_1 = 0$ und R_2 hinreichend groß, ergibt sich als stabiler Zustand $U_2 = U_{0L}$. Der Schmitt-Trigger schaltet um, wenn die Spannung U_e am Eingang des Negators G_1 gleich der Umschaltspannung U_U ist. Dann ist $U_2 = U_{0H}$, und durch die Rückkopplung wird $U_e > U_U$, d. h., der neue Zustand ist stabil. Zum erneuten Umschalten muß U_1 so weit abgesenkt werden, daß wieder $U_e = U_U$ ist. Dadurch wird $U_2 = U_{0L}$ und infolge

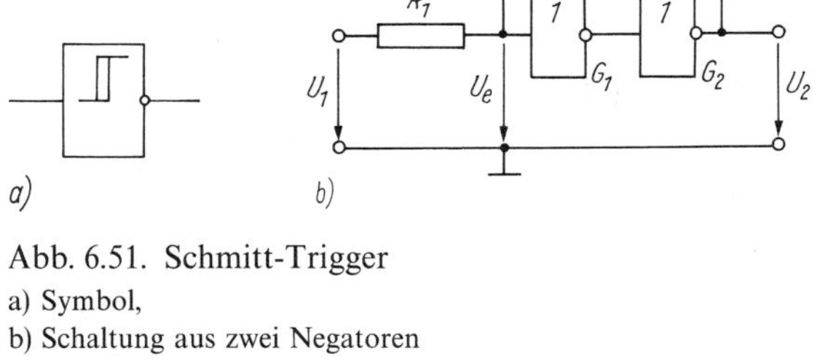

Abb. 6.51. Schmitt-Trigger
a) Symbol,
b) Schaltung aus zwei Negatoren

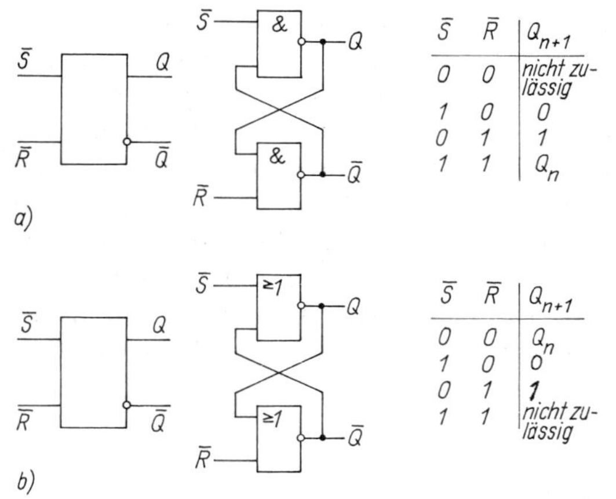

Abb. 6.52. Symbol, Schaltung und Funktionstabelle des Basis-Flipflops
a) aus Nand-Gatter,
b) aus Nor-Gattern

der Rückkopplung $U_e < U_U$, so daß auch dieser Zustand wieder stabil ist. Vernachlässigt man in erster Näherung den Eingangsstrom des Negators G_1 gegenüber den Strömen über die Widerstände R_1 und R_2 (näherungsweise erfüllt bei $R_1 \ll R_2 < 10\,\mathrm{k\Omega}$), gilt für die Spannung U_e

$$U_e = \frac{R_2}{R_1 + R_2} U_1 + \frac{R_1}{R_1 + R_2} U_2 . \tag{6.41}$$

Daraus folgt für die Einschaltschwelle

$$U_{1\,\mathrm{ein}} = \frac{R_1 + R_2}{R_2} U_U - \frac{R_1}{R_2} U_{0L} \tag{6.42}$$

und für die Ausschaltschwelle

$$U_{1\,\mathrm{aus}} = \frac{R_1 + R_2}{R_2} U_U - \frac{R_1}{R_2} U_{0H} . \tag{6.43}$$

Als Umschalthysterese ergibt sich daraus

$$U_H = U_{1\,\mathrm{ein}} - U_{1\,\mathrm{aus}} = \frac{R_1}{R_2} (U_{0H} - U_{0L}) . \tag{6.44}$$

6.3.2.2 Flipflops

Ein Flipflop ist ein bistabiles Speicherelement zum Auffangen einer kurzzeitig auftretenden Information; es bildet das wesentliche Grundelement sequentieller

Schaltungen sowie statischer Halbleiterspeicher. Das Basisflipflop (s. 6.3.2.1.3) kann sowohl aus Nand- als auch aus Norgattern aufgebaut werden (Abb. 6.52); es besteht aus nur einem Speicher und besitzt keinen Takteingang. Die Eingänge werden mit S (Setzen; engl.: set) und R (Rücksetzen; engl.: reset) bezeichnet. Eine Negation dieser Symbole (s. Abb. 6.52a)) deutet an, daß die Steuerung durch ein L-Signal erfolgt; solche Eingänge nennt man low-aktiv. Aus den Funktionstabellen sieht man, daß für eine bestimmte Signalkombination am Eingang der Zustand des Flipflops unverändert bleibt ($Q_{n+1} = Q_n$): Das ist die eigentliche Speicherfunktion. Für eine Signalkombination tritt ein irregulärer Zustand auf: Beide Ausgänge zeigen 1, was ihrer geforderten komplementären Zuordnung widerspricht. Dieses Eingangssignal ist in der Regel nicht zulässig.

6.3.2.2.1 Taktzustandsgesteuerte Flipflops

Das Basisflipflop übernimmt eine am Eingang ankommende Information sofort. In umfangreichen Schaltwerken ist es jedoch zweckmäßig, die einzelnen Elementarschaltungen zu synchronisieren. Dazu verwendet man ein Taktsignal T (engl.: clock pulse CP). Gleichzeitig entsteht dadurch ein Zeitintervall, in dem die im Flipflop gespeicherte Information nicht mehr geändert werden kann, was eine wesentliche Voraussetzung für die Zuverlässigkeit ihrer weiteren Verarbeitung ist.

Ein taktzustandsgesteuertes Flipflop entsteht aus einem Basisflipflop durch Vorschalten eines Steuerteils, das dafür sorgt, daß nur dann noch eine Information

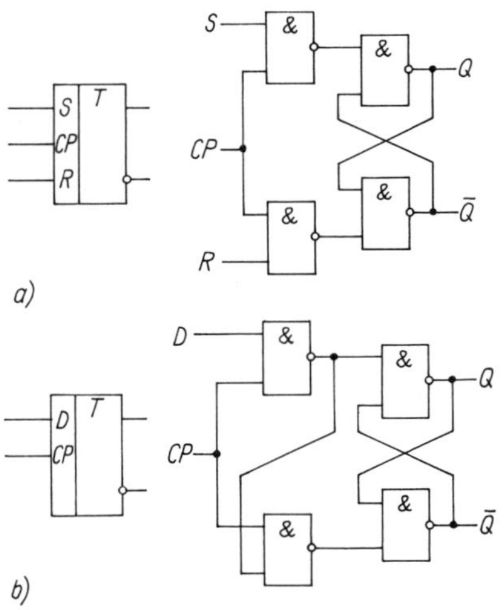

S_n	R_n	Q_{n+1}
0	0	Q_n
1	0	1
0	1	0
1	1	nicht zulässig

$$Q_{n+1} = T_n(S_n + \bar{R}_n Q_n) + Q_n \bar{T}_n$$
bei $S_n R_n = 0$

D_n	Q_{n+1}
0	0
1	1

$$Q_{n+1} = T_n D_n + Q_n \bar{T}_n$$

Abb. 6.53. Symbol, Schaltung, Funktionstabelle und charakteristische Gleichung taktgeteuerter Flipflops
a) RS-Flipflop,
b) D-Flipflop

aufgenommen wird, wenn der Takt Eins ist. Allerdings muß man für die richtige Funktion voraussetzen, daß sich die Eingangsinformation während der Taktphase $T_n = 1$ nicht ändert. Taktzustandsgesteuerte Flipflops lassen sich daher nicht zum Aufbau von Zählern und Schieberegistern verwenden. In der zweiten Taktphase $T_n = 0$ steht die gespeicherte Information am Ausgang stabil zur Verfügung.

Zwei Schaltungsbeispiele zeigt Abb. 6.53. Das taktzustandsgesteuerte RS-Flipflop (Abb. 6.53a)) nimmt bei $S = R = 1$ nach wie vor einen irregulären Zustand ein. Dieser tritt beim D-Flipflop (von engl.: delay) nicht mehr auf, da die beiden Gatter des Steuerteils stets mit komplementären Signalen angesteuert werden (Abb. 6.53b)). Beim D-Flipflop entspricht der neue Zustand Q_{n+1} jeweils dem Eingangssignal D_n vor dem Takt T_n. Dieses Flipflop kann z. B. als Übertragsspeicher bei der seriellen Addition verwendet werden (s. Abb. 6.35).

Die in Abb. 6.53 wiedergegebenen Flipflops können mit zusätzlichen Eingängen zum Voreinstellen (engl.: preset) und Löschen (engl.: clear) ausgestattet werden. Diese wirken direkt auf den Speicher, d. h., sie sind taktunabhängig und haben Vorrang vor den anderen Eingängen.

6.3.2.2.2 Flipflops mit Zwischenspeicher

Durch Zwischenspeicherung der Information lassen sich Flipflops aufbauen, aus denen der Speicherinhalt sicher ausgelesen werden kann, bevor eine neue Information eingeschrieben wird. Die Zwischenspeicherung kann dynamisch (in Kondensatoren) oder statisch (in Flipflops) erfolgen. Wir beschränken uns auf heute überwiegend gebräuchliche Schaltungen mit statischer Zwischenspeicherung. Man erhält dadurch Flipflops, die die Information exakt während einer Taktflanke übernehmen (taktflankengesteuert; engl.: edge triggered).

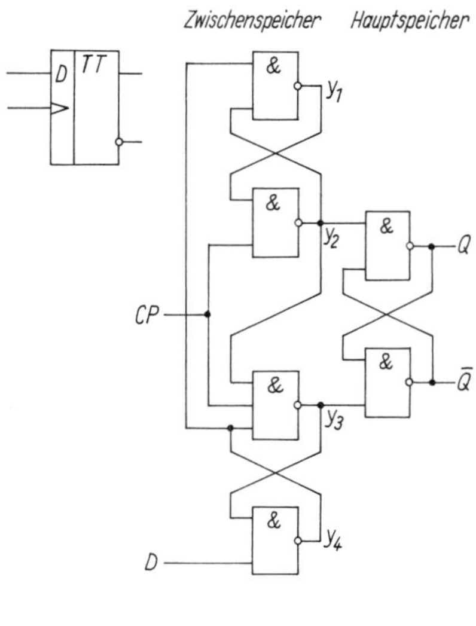

Abb. 6.54. Symbol und Schaltung eines positivtaktflankengesteuerten D-Flipflops

Als erstes Beispiel betrachten wir das positiv-taktflankengesteuerte D-Flipflop (Abb. 6.54). In dieser Schaltung wird der aus zwei Hilfsflipflops bestehende Zwischenspeicher so gesteuert, daß er nur während der LH-Flanke des Taktes die Information vom Eingang D übernehmen kann. Zur Erläuterung der Funktionsweise gehen wir davon aus, daß $CP = 0$ ist. Dann ist $y_2 = y_3 = 1$, d. h. $y_4 = \bar{D}$ und $y_1 = D$. Das bedeutet aber, daß sich ein Hilfsflipflop in dem irregulären Zustand befindet, in dem beide Ausgänge Eins sind. Während der LH-Flanke des Taktes geht es in den regulären Zustand über, wobei für $D_n = 0$ $y_3 = 0$ und damit $Q_{n+1} = 0$ bzw. für $D_n = 1$ $y_2 = 0$ und damit $Q_{n+1} = 1$ folgt, d. h., in jedem Fall wird $Q_{n+1} = D_n$. Gleichzeitig blockieren sich aber beide Hilfsflipflops gegenseitig, so daß keine neue Information mehr aufgenommen werden kann. Spätestens bei $CP = 0$ geht ein Hilfsflipflop wieder in den irregulären Zustand über, so daß bei der nächsten LH-Flanke des Taktes erneut eine Information aufgenommen werden kann.

Ein ganz anderes Funktionsprinzip liegt dem Master-Slave-Flipflop (MS-Flipflop) zugrunde. Die Arbeitsweise soll am Beispiel eines RS-MS-Flipflops untersucht werden, das aus zwei taktzustandsgesteuerten RS-Flipflops aufgebaut ist (Abb. 6.55a)). Das als Zwischenspeicher wirkende Master-Flipflop wird mit dem direkten Takt, das als Hauptspeicher wirkende Slave-Flipflop mit dem negierten Takt angesteuert. Der Zwischenspeicher übernimmt die Eingangsinformation (S_n, R_n), wenn das Taktsignal $T_n = 1$ ist. Während dieser Zeit ist aber das Slave-Flipflop gesperrt, da es mit dem invertierten Taktsignal angesteuert wird. Wenn das Taktsignal auf 0 schaltet, wird das Master-Flipflop gesperrt, d. h., sein Zustand bleibt unabhängig vom Zustand der Bedieneingänge erhalten und wird vom Slave-Flipflop übernommen, da jetzt $\bar{T}_n = 1$

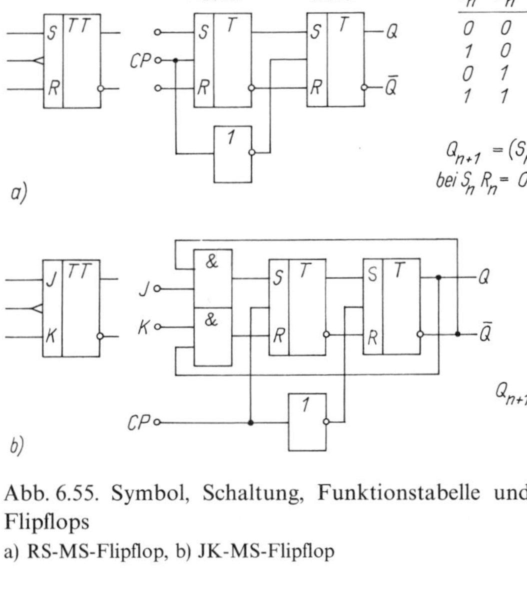

S_n	R_n	Q_{n+1}
0	0	Q_n
1	0	1
0	1	0
1	1	nicht zulässig

$Q_{n+1} = (S_n + \bar{R}_n Q_n)T_n + Q_n\bar{T}_n$ bei $S_n R_n = 0$

J	K	Q_{n+1}
0	0	Q_n
1	0	1
0	1	0
1	1	$\bar{Q}_n$

$Q_{n+1} = (J_n\bar{Q}_n + \bar{K}_n Q_n)T_n + Q_n\bar{T}_n$

Abb. 6.55. Symbol, Schaltung, Funktionstabelle und charakteristische Gleichung von MS-Flipflops
a) RS-MS-Flipflop, b) JK-MS-Flipflop

ist. Die Informationsspeicherung durch das Slave-Flipflop erfolgt genau in dem Moment, wenn es das Taktsignal als 1 erkennt, d. h., wenn $\overline{CP} \geqq U_U$ ist. Das RS-MS-Flipflop wirkt daher taktflankengesteuert mit aktiver HL-Flanke (negativ taktflankengesteuert), vorausgesetzt daß sich die Eingangsinformation während der Taktphase $T_n = 1$ nicht ändert.

Voraussetzung für die richtige Funktionsweise des MS-Flipflops ist, daß die Signallaufzeit zwischen den Takteingängen von Master- und Slave-Flipflop geringer ist als zwischen den Bedieneingängen. Diese Bedingung ist beim Aufbau der Schaltung aus gleichartigen logischen Grundelementen (z. B. aus TTL-Nands) unmittelbar erfüllt (vgl. Abb. 6.53a)), da das Signal in einem RS-Flipflop zwei Nands durchlaufen muß.

Auch beim RS-MS-Flipflop tritt ein irregulärer Zustand auf, wenn $S = R = 1$ ist. Für universelle Anwendungen benutzt man deshalb das JK-MS-Flipflop, das aus einem RS-MS-Flipflop entsteht, wenn man die Ausgangssignale des Hauptspeichers auf das Steuerteil des Zwischenspeichers zurückführt und mit den Eingangssignalen verknüpft (s. Abb. 6.55b)). Dieses Flipflop zeigt keinen irregulären Zustand mehr, sondern arbeitet bei $J = K = 1$ als Binäruntersetzer: Mit jedem Taktimpuls ändert es seinen Zustand (vgl. 6.3.2.4). Je nach Belegung der Eingänge kann man mit diesem Flipflop alle anderen Flipfloptypen realisieren; z. B. arbeitet es bei $K = \bar{J}$ als D-Flipflop. Praktische Schaltungen von JK-MS-Flipflops verfügen meist über mehrere J- und K-Eingänge, die untereinander konjunktiv verknüpft sind.

6.3.2.3 Schieberegister

Als Register bezeichnet man nichtadressierbare Speicherschaltungen, die meist zur kurzzeitigen Speicherung kleinerer Informationsmengen bestimmt sind. Sie sind ganz bestimmten Aufgaben zugeordnet und haben entsprechend festgelegte Funktionen zu erfüllen. Schieberegister bestehen aus einer Kettenschaltung von Speicherzellen und können die eingeschriebene Information im Takt nach rechts oder links verschieben. Ein Schieberegister kann die Information am Eingang seriell aufnehmen. Nach einer bestimmten, von der Registerlänge abhängigen Anzahl von Taktperioden steht die Information am Ausgang wieder seriell zur Verfügung. Die Speicherzeit, gemessen in Vielfachen der Taktperiode, ist also gleich der Registerlänge. Durch Rückkopplung des Ausganges auf den Eingang erhält man einen Speicher mit ständig zirkulierendem Speicherinhalt, dessen Kapazität von der Registerlänge abhängt (Ringzähler).

Zum Aufbau eines Schieberegisters benötigt man ein Speicherelement, das beim Aufnehmen einer neuen Information die vorher gespeicherte über seinen Ausgang abgibt. Dieser Forderung genügt sowohl das positiv-taktflankengesteuerte D-Flipflop als auch ein MS-Flipflop. Abb. 6.56 zeigt ein aus D-Flipflops aufgebautes 4-Bit-Schieberegister. Ein über den Eingang E seriell eingegebenes Wort wird mit jedem Taktimpuls um eine Speicherzelle verschoben und steht nach vier Taktimpulsen am Ausgang wieder seriell zur Verfügung. Es kann aber auch nach vier Taktimpulsen parallel an den Ausgängen $Q_A \dots Q_D$ abgenommen werden, d. h., das Schieberegister

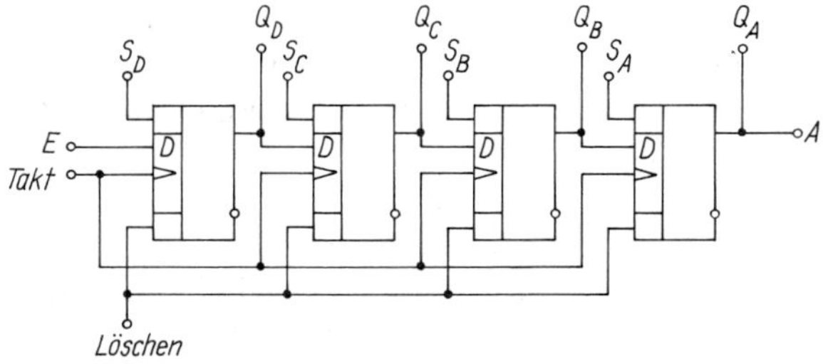

Abb. 6.56. 4-Bit-Schieberegister

kann zur Serien-Parallel-Umsetzung benutzt werden. Verfügen die Flipflops über zusätzliche taktunabhängige Eingänge, kann das Register auch zur Parallel-Serien-Umsetzung verwendet werden. Dazu wird das Wort parallel über die S-Eingänge in die einzelnen Flipflopstufen eingeschrieben und dann durch den Takt zum Ausgang verschoben, wo es seriell abgenommen werden kann. Die statischen Rücksetzeingänge werden zum Löschen des Registers benutzt.

6.3.2.4 Zähler und Frequenzteiler

Zähler sind Schaltungen zum Abzählen von Impulsen. Grundbausteine sind wieder Flipflops, die hintereinander geschaltet werden. Die Ausgangssignale der Flipflops zeigen den Zustand des Zählers an. Nach jedem Eingangsimpuls nimmt der Zähler einen neuen Zustand an, der bis zum Eintreffen des nächsten Impulses gespeichert wird. Durch unterschiedliche Verknüpfungen zwischen den Flipflops kann man die Reihenfolge der Zählerzustände und damit die Codierung der ausgegebenen Zahl festlegen (vgl. 6.1.3). Ein rückgekoppeltes RS-MS-Flipflop oder ein JK-MS-Flipflop, bei dem $J = K = 1$ ist, wirkt wie ein negativ-taktflankengesteuerter Binäruntersetzer und kann zum Aufbau von Zählschaltungen benutzt werden. Die Funktionsweise des rückgekoppelten RS-MS-Flipflops wird unmittelbar aus Abb. 6.57 deutlich. Durch jede HL-Flanke des Taktsignals wird das Slave-Flipflop umgeschaltet, so daß nach zwei Taktimpulsen wieder der Ausgangszustand erreicht ist. Die einfache Serienschaltung derartiger Binäruntersetzer ergibt einen dualen Zähler (Abb. 6.58). Geht man davon aus, daß zu Beginn alle Flipflops auf 0 zurückgesetzt worden sind, so steht bei einer dualen Stellenbewertung die Anzahl der eingegebenen Taktimpulse

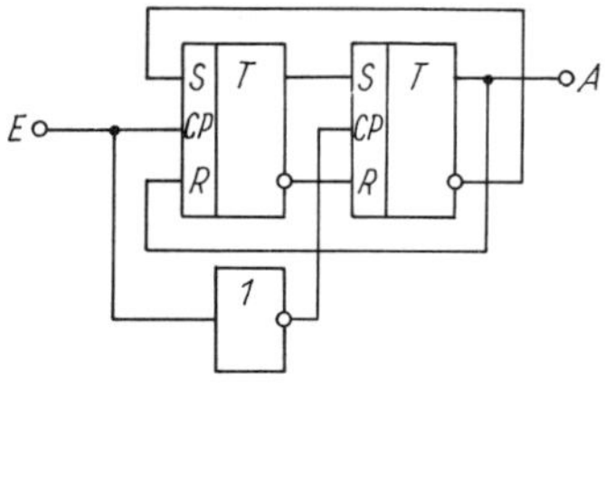

Abb. 6.57. Rückgekoppeltes RS-MS-Flipflop als Binäruntersetzer

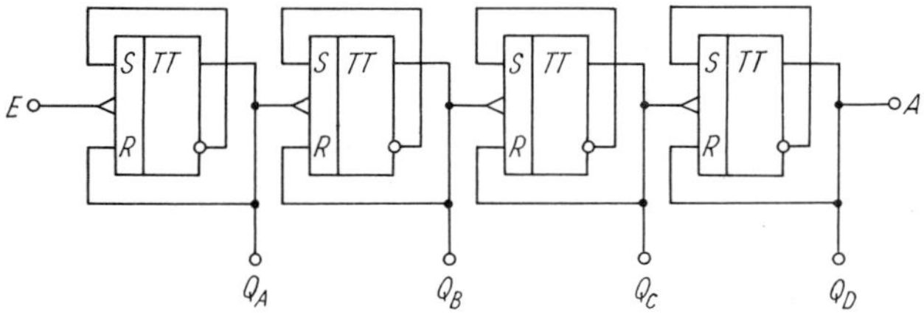

Abb. 6.58. Asynchroner 4-Bit-Dualzähler

an den Ausgängen Q_A ... Q_D parallel zur Verfügung. Nach 2^n Zählschritten hat ein n-stelliger Zähler seinen Ausgangszustand wieder erreicht. Da die Signalverzögerungszeit eine Umschaltverzögerung zwischen den einzelnen Flipflops bewirkt, bezeichnet man diese Schaltung als asynchronen Dualzähler.

Durch entsprechende Verknüpfungen zwischen den einzelnen Flipflopstufen kann man einen vierstufigen Zählbaustein aufbauen, der nicht erst nach $2^4 = 16$, sondern

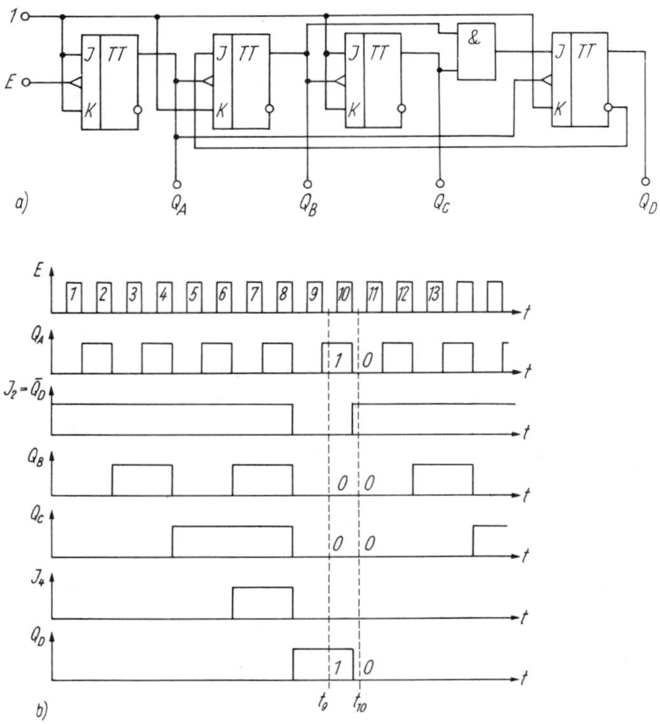

Abb. 6.59. Asynchrone BCD-codierte Zähldekade

a) logische Schaltung, aufgebaut aus JK-MS-Flipflops,

b) Impulsplan

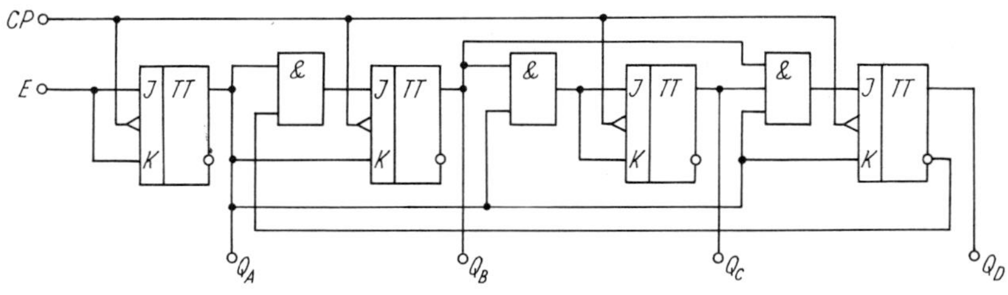

Abb. 6.60. Synchrone BCD-codierte Zähldekade aus JK-MS-Flipflops

bereits nach zehn Zählschritten wieder den Ausgangszustand erreicht. Der Zählerstand kann genau wie beim Dualzähler an den einzelnen Flipflopausgängen $Q_A \dots Q_D$ in einem für den Zähler geltenden Code abgelesen werden. Als Beispiel ist in Abb. 6.59 die Schaltung einer asynchronen BCD-codierten Zähldekade angegeben, die aus JK-MS-Flipflops aufgebaut ist. Die Wirkungsweise läßt sich aus dem Impulsplan ablesen. Ausgehend vom Stand 0000(2) = 0(10) zeigt der Zähler nach neun Impulsen den Stand 1001(2) = 9(10) und springt nach dem zehnten Eingangsimpuls auf 0000 zurück. Zum Aufbau dezimaler Zählschaltungen benötigt man bei dem zehnten Eingangsimpuls einen Übertragsimpuls für die nächste Dezimalstelle. Aus dem Impulsplan liest man ab, daß man diesen Übertrag durch die Funktion $\ddot{U} = E \cdot Q_A \cdot Q_D$ bilden kann; der Übertragsimpuls hat dann die gleiche Länge wie der Eingangsimpuls.

Als weiteres Beispiel zeigt Abb. 5.60 die Schaltung einer synchronen BCD-codierten Zähldekade. Im Unterschied zum asynchronen Zähler werden in dieser Schaltung alle Flipflops direkt vom Takt CP angesteuert.

Die Flipflops, die nicht schalten sollen, werden durch entsprechende Eingangssignale verriegelt, die durch die logische Verknüpfung verschiedener Ausgangssignale entstehen.

Praktische Zählschaltungen werden meist als Vor-Rückwärtszähler aufgebaut. Sie verfügen entweder über zwei Takteingänge für die beiden Zählrichtungen oder über zusätzliche Steuereingänge zum Umschalten der Zählrichtung. In beiden Fällen ist ein erheblicher Aufwand an logischen Verknüpfungen erforderlich, um die zur Steuerung der Flipflops notwendigen Signale zu erzeugen.

Frequenzteiler haben prinzipiell den gleichen Aufbau wie Zähler, verfügen aber meist nur über einen Ausgang, der nach N Taktimpulsen einen Ausgangsimpuls liefert. Die bisher besprochenen Zähler gestatten eine Frequenzteilung im Verhältnis $2^n:1$ bzw. $10^n:1$. Zum Aufbau von Frequenzteilern benötigt man aber häufig Schaltungen mit beliebigen Teilerverhältnissen. Diese lassen sich einfach erzeugen, indem man die Zählweite binärer oder dezimaler Zähler begrenzt. Dazu werden die der gewünschten maximalen Zählweite entsprechenden Ausgangssignale der einzelnen Flipflops zu einem Signal verknüpft, das den Zähler beim Erreichen dieses Standes auf Null setzt und gleichzeitig das erforderliche Ausgangssignal liefert. Der schaltungstechnische Aufwand läßt sich verringern, wenn man spezielle Teilerschaltungen verwendet. In

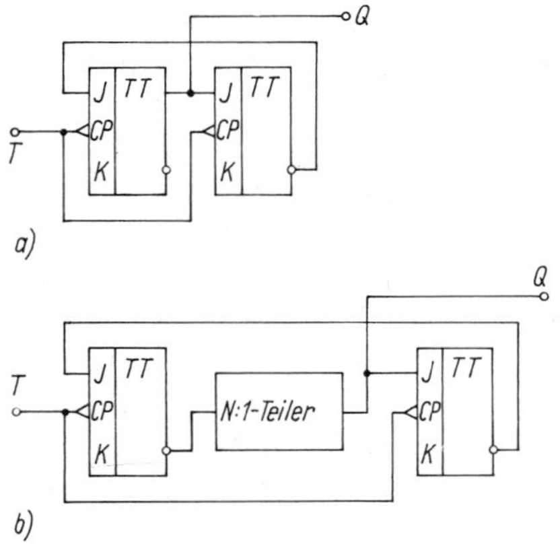

Abb. 6.61. asynchrone Frequenzteiler
a) Teilerverhältnis 3:1,
b) Teilerverhältnis $(2N + 1):1$

Abb. 6.61 sind die Grundschaltungen asynchroner Teilerschaltungen dargestellt, die zusammen mit dem Binärteiler (s. Abb. 6.57) die Erzeugung beliebiger Teilerverhältnisse gestatten. Der Aufbau synchroner Frequenzteiler ist ebenfalls möglich, erfordert aber zusätzliche Rückführungen und logische Verknüpfungen und soll hier nicht weiter betrachtet werden. Darüber hinaus lassen sich auch Ringzähler als Frequenzteiler einsetzen (s. 6.3.2.3).

6.3.3 Halbleiterspeicher

Innerhalb eines Datenverarbeitungssystems werden für viele Aufgaben Speicher benötigt, die Informationen aufnehmen, für eine bestimmte Zeit speichern und auf Abruf wieder zur Verfügung stellen können. Die zu speichernden Informationen können sowohl Daten (z. B. Eingangssignale, Zwischenergebnisse, Ausgangssignale) als auch Befehle sein (s. 6.4). Heute stehen neben anderen Speichermedien vor allem integrierte Halbleiterspeicher für die unterschiedlichsten Anwendungen zur Verfügung.

Speicher kann man in zwei große Gruppen einteilen: In Schreib-Lese-Speicher (RWM, von engl.: read write memory) und Festwert- oder Nur-Lese-Speicher (ROM, von engl.: read only memory). RWM's können im normalen Betrieb innerhalb einer Schaltung jederzeit und beliebig oft Informationen aufnehmen oder abgeben und ganz oder teilweise gelöscht werden. Sie verlieren ihren Informationsinhalt in der Regel beim Abschalten der Betriebsspannung (flüchtige Speicher). RWM's kann man nach dem Zugriff auf die Speicherzellen einteilen in Speicher mit wahlfreiem Zugriff (RAM, von engl.: random access memory) oder mit seriellem Zugriff (SAM, von engl.: serial access memory). RAM's werden vor allem als Arbeitsspeicher in Digitalrechnern verwendet (oft werden daher Schreib-Lese-Speicher generell als RAM bezeichnet), während SAM's z. B. als Register in Verbindung mit arithmetisch-logischen Verknüpfungsschaltungen Anwendung finden. ROM's enthalten dagegen eine feste Information, die unmittelbar während des Herstellungsprozesses mit der Speicherstruktur erzeugt wird und nicht verändert oder gelöscht werden kann (nichtflüchtige Speicher). Sie dienen als Befehls- und Datenspeicher zur Steuerung bestimmter, stets wiederkehrender Operationsfolgen. Man hat dadurch die Möglichkeit, umfangreiche logische Netzwerke durch Festwertspeicher zu ersetzen, wobei an die Stelle der logischen Schaltung die Programmierung tritt (programmierbare Logik; vgl. 6.3.1). Bei bestimmten Bauformen (PROM, von engl.: programmable ROM) kann die Information nachträglich vom Anwender mittels Zusatzgeräten eingeschrieben, bei anderen auch mittels UV-Strahlung (EPROM, von engl.: erasable PROM) bzw. elektrischer Spannungen (EEROM, von engl.: electrically erasable ROM; EAROM, von engl.: electrically alterable ROM) wieder gelöscht und anschließend neu programmiert werden. Während zum Programmieren und Löschen von EPROM's besondere Geräte erforderlich sind, können elektrisch löschbare Speicher unmittelbar in der Anwenderschaltung programmiert und gelöscht werden, wobei das Löschen in der Regel auch bit- bzw. byteweise erfolgen kann. ROM's und RAM's sind matrixartig aufgebaut, d. h., der eigentliche Speicher besteht aus n Zeilen mit m Speicherelementen. Zum Betrieb des Speichers benötigt man neben der Speichermatrix eine Anzahl zusätzlicher Schaltungen. Dabei ist man bestrebt, mit einer möglichst geringen Anzahl von Steuerbefehlen und Anschlußleitungen auszukommen. Eine z. B. bei hochintegrierten Speichern häufig verwendete Form der Speicherorganisation veranschaulicht das Blockschaltbild in Abb. 6.62. Über die Zeilenauswahl werden alle Speicherzellen einer Zeile X_i mit den als Datenleitungen wirkenden Y-Leitungen verbunden. Durch die Spaltenadressierung wird eine bestimmte Datenleitung Y_j ausgewählt, die je nach dem Zustand der Steuerschaltung über den Schreib- oder den Leseverstärker mit dem Eingang oder dem Ausgang verbunden wird. Die Adressen werden als Dualzahl codiert; dadurch kann die Anzahl der erforderlichen Adressenleitungen erheblich reduziert werden (z. B. benötigt man bei $n = 64 = 2^6$ Zeilen 6 Dualstellen für die codierte Zeilenadresse, d. h. sechs Adressen-

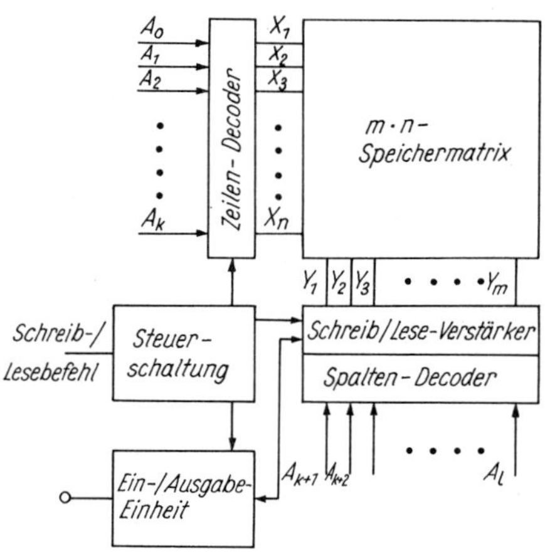

Abb. 6.62. Blockschaltbild eines RAM (Y-Leitungen als Datenleitungen geschaltet)

eingänge). Häufig sind die Speicher nicht bit-, sondern wortweise organisiert, d. h., durch eine Zeilenadresse wird jeweils eine Zeile der Wortlänge *m* angesprochen, und die Daten werden stets wortweise geschrieben oder gelesen; dann kann der Spaltendecoder entfallen. Bei dynamischen Speichern werden zusätzliche Steuerbefehle und Schaltungen zur Durchführung der periodischen Datenauffrischung benötigt; EPROM's und EEROM's enthalten zusätzlich Ansteuerschaltungen und Eingänge für die elektrische Programmierung bzw. zum Löschen.

6.3.3.1 ROM's und PROM's

ROM's behalten ihren Speicherinhalt unabhängig von der Betriebsspannung; es sind nichtflüchtige Speicher. Das Grundprinzip eines ROM verdeutlicht Abb. 6.63. Die Speichermatrix besteht aus *n* adressierbaren Wortleitungen (WL) und *m* Bitleitungen (BL), die über Widerstände an L (log. 0) liegen. Wird eine Wortleitung mit H (log. 1) angesteuert, erscheint auf allen Bitleitungen H, die durch eine Diode mit der Wortleitung verbunden sind: Der Einbau einer Diode bedeutet das Speichern einer „1" auf dem betreffenden Speicherplatz. Die Programmierung kann bereits während der Herstellung erfolgen (Maskenprogrammierung), indem z. B. überall dort, wo keine „1" programmiert werden soll, ein Diodenanschluß weggelassen wird. Bei bestimmten Bauformen kann sie aber auch vom Anwender vorgenommen werden. Dann werden zunächst alle Diodenverbindungen vollständig hergestellt. Beim Programmieren wird überall dort, wo eine „1" durch eine „0" ersetzt werden soll, eine Diodenverbindung durch einen Stromimpuls zerstört (Prinzip der Schmelzsicherung). Das bedeutet natürlich, daß die Programmierung irreversibel ist. Als Dioden werden sowohl *pn*-Übergänge als auch Schottky-Dioden verwendet.

Man kann anstelle der Dioden auch Transistoren einsetzen, was den Vorteil hat, daß beim Lesen eine bedeutend geringere Ansteuerleistung erforderlich ist. Zwei einfache Beispiele für Transistor-Speicherzellen zeigt Abb. 6.64. Die Programmierung

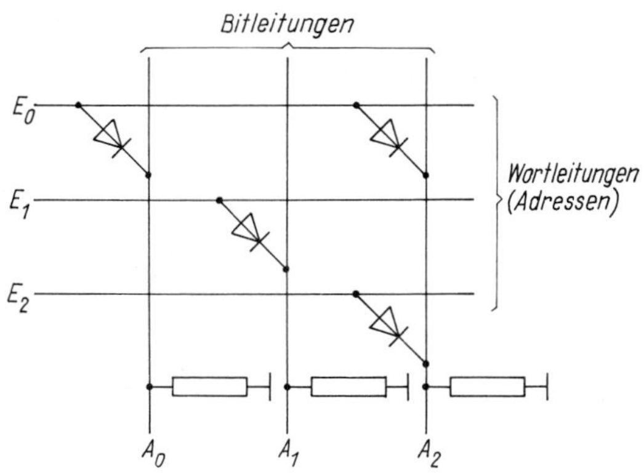

Abb. 6.63. Diodenmatrix als ROM

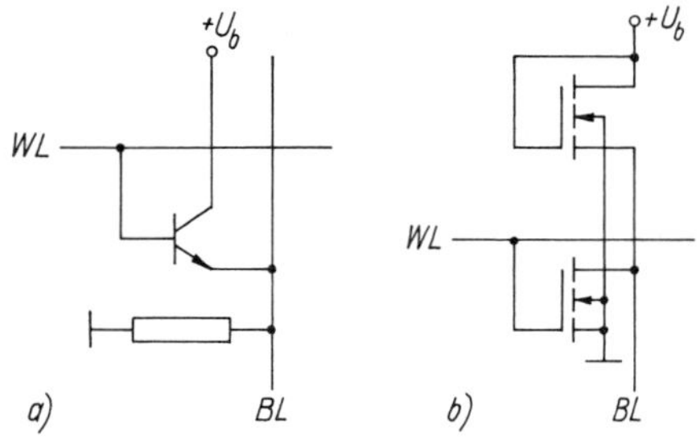

Abb. 6.64. Prinzip einer ROM-Speicherzelle
a) mit Bipolartransistor,
b) mit MOSFET

kann auf die gleiche Weise wie bei der Dioden-Speicherzelle erfolgen. Bei der Maskenprogrammierung von MOSFET-ROM's kann daneben auch ein ganz anderes Prinzip angewendet werden, bei dem die Schwellenspannung eines Anreicherungs-MOSFET je nach Speicherinhalt mittels der Dicke der Gateisolation eingestellt wird. Bei dicker Gateisolation liegt die Schwellenspannung U_p über der Lesespannung U_l; der Transistor bleibt bei Ansteuerung mit U_l gesperrt, und auf der Bitleitung wird „1" ausgelesen. Bei dünner Gateisolation steuert die Lesespannung den Transistor auf, und die Bitleitung führt „0".

Auf die Möglichkeit, eine logische Verknüpfungsschaltung durch eine gespeicherte Wahrheitstabelle zu ersetzen, war oben bereits hingewiesen worden (s. 6.3.1). Für derartige Aufgaben eignen sich besonders masken- oder anwenderprogrammierbare ROM's. Häufig ist es jedoch unzweckmäßig, die vollständige Wahrheitstabelle zu speichern, weil sie entweder zu viele Eingangsvariable aufweist oder sehr viele Nullen enthält. Die geforderte Verknüpfung läßt sich dann besser in zwei Schritten realisieren:

1. Zunächst werden die Minterme der Eingangsvariablen gebildet; die dazu erforderlichen Verbindungen zwischen den Eingangsvariablen bzw. deren Komplementen und den Und-Gattern werden in einer Speichermatrix programmiert.
2. Danach werden die Ausgangsvariablen als Disjunktion von Mintermen (disjunktive Normalform) gebildet. Dazu werden in einer zweiten Speichermatrix die notwendigen Verbindungen zwischen den Und- und den Oder-Gattern programmiert.

Eine solche Anordnung aus PROM und Verknüpfungsschaltungen heißt programmierbares logisches Feld (engl.: programmable logic array, PLA). PLA's werden ähnlich wie PROM's als anwenderprogrammierbare Bausteine hergestellt.

6.3.3.2 EPROM's

EPROM's sind Speicher, die im normalen Betrieb als ROM's angewendet werden. Sie können aber in speziellen Programmieranordnungen mittels UV-Licht gelöscht und neu programmiert werden. Deshalb weist das Gehäuse eines solchen Speicherschaltkreises ein Quarzfenster über dem Chip auf. Natürlich geht dabei stets der gesamte Speicherinhalt verloren. EPROM's zählt man zu den nichtflüchtigen

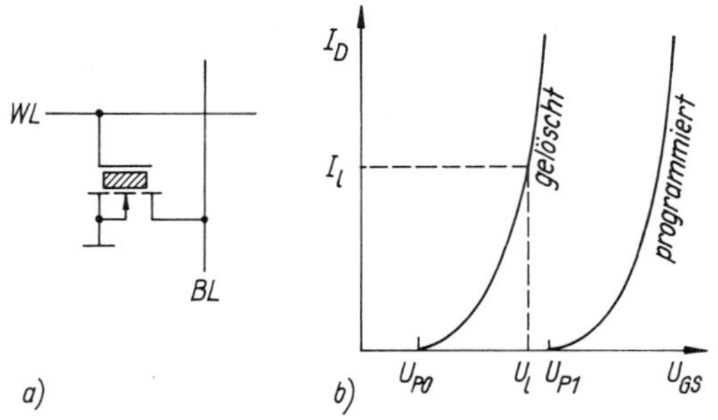

Abb. 6.65. 1-Transistor-SIMOS-Speicherelement in n-MOS-Technik
a) Prinzipschaltung,
b) I_D-U_{GS}-Kennlinien

Speichern; allerdings muß man sie vor unbeabsichtigter Strahlungseinwirkung schützen.

Als Beispiel für eine EPROM-Speicherzelle betrachten wir Aufbau und Wirkungsweise eines 1-Transistor-SIMOS-Speicherelements (von engl.: stacked gate injection MOS) in n-MOS-Technik (Abb. 6.65). Es besteht aus einem Anreicherungstransistor mit einem zusätzlichen, unter dem eigentlichen Steuergate isoliert angeordneten, sogenannten schwebenden Gate, das aus dotiertem, polykristallinem Silizium besteht. Im unprogrammierten Zustand ist die Schwellenspannung U_{P0} des Transistors kleiner als die Lesespannung U_l (s. Abb. 6.65b)), d. h., eine Lesespannung U_l steuert den Transistor auf, und auf der Bitleitung erscheint „0“. Programmiert wird durch Anlegen einer hohen Spannung zwischen Drain und Source bzw. Substrat. Dadurch kommt es zum Avalanchedurchbruch, und es entstehen viele energiereiche Elektronen, von denen ein Teil zum schwebenden Gate tunnelt. Die gespeicherte Ladung verschiebt die Schwellenspannung des Transistors zu einem höheren Wert $U_{P1} > U_l$ (s. Abb. 6.65b)). Beim Lesen bleibt dieser Transistor gesperrt, und die Bitleitung liefert „1“. Beim Löschen wird die Isolation zwischen dem schwebenden Gate und dem Substrat ionisiert, und die gespeicherte Ladung fließt ab; die Kennlinie des Transistors verschiebt sich wieder zu dem ursprünglichen Wert U_{P0} der Schwellenspannung.

Elektrisch löschbare Speicher funktionieren nach einem ganz ähnlichen Prinzip. Allerdings werden die Ladungen nicht in jedem Fall auf einem schwebenden Gate, sondern bei anderen Bauformen auf sogenannten Haftstellen[1] in der Gateisolation gespeichert. Das Löschen erfolgt durch eine hohe positive Sourcespannung, wobei das Steuergate an Masse liegt; die gespeicherten Ladungen fließen dann durch Tunnelemission zur Source ab.

6.3.3.3 RAM's

Nach ihrem Funktionsprinzip teilt man RAM's in statische und dynamische ein. Statische RAM's sind aus statischen Speicherelementen (Flipflops) aufgebaut, die

[1] Haftstellen sind Fehlstellen im Kristallgitter, die Ladungsträger binden können.

über zwei stabile Zustände verfügen. Sie können die Information über eine beliebige Zeit speichern, wenn die Betriebsspannung anliegt. Dynamische Speicher verwenden dagegen Kapazitäten als temporäre Speicher; sie verlieren die gespeicherte Information nach relativ kurzer Zeit, wenn diese nicht periodisch aufgefrischt wird. Dieses Auffrischen (engl.: refresh) besteht im Lesen, Verstärken und erneuten Einschreiben des Speicherinhalts.

6.3.3.3.1 Statische RAM's

Das Grundprinzip eines statischen RAM soll am Beispiel einer aus sechs MOSFET's bestehenden Speicherzelle erläutert werden (Abb. 6.66). Die eigentliche Speicherzelle stellt das Flipflop aus den Schalttransistoren T_1 und T_2 mit den Lasttransistoren T_3 und T_4 dar. Bei Ansteuerung über die Wortleitung werden die Bitleitungen BL und $\overline{BL}$ über die Transmissionsgatter T_5 und T_6 an die Ausgänge Q und $\bar{Q}$ des Flipflops geschaltet und lesen seinen Zustand aus. Leitet z. B. T_1, so ist $Q = 0$, d. h. $BL = 0$ und $\overline{BL} = 1$. Dabei wird der Speicherinhalt nicht verändert. Das Einschreiben erfolgt nach Ansteuerung der Wortleitung über die Bitleitungen. Macht man z. B. $BL = 1$ und $\overline{BL} = 0$, schaltet das Flipflop um in den anderen Zustand, in dem T_2 leitet. Der Signalhub an den Ausgängen des Flipflops läßt sich vergrößern, wenn man die Gates von T_3 und T_4 auf eine höhere Spannung als die Betriebsspannung legt; dadurch steigt der Störspannungsabstand, aber die Schaltgeschwindigkeit sinkt.

Nach ganz ähnlichen Prinzipien lassen sich auch bipolare RAM-Speicherzellen aufbauen. RAM's in TTL-Technik erreichen zwar kürzere Zugriffszeiten als die in MOS-Technik, aber aufgrund der höheren Verlustleistung ist die auf einem Chip erreichbare Speicherkapazität beschränkt. Die kürzesten Zugriffszeiten (< 10 ns) erreicht man bei ECL-Speichern, die aber eine noch größere Verlustleistung aufweisen. Dagegen ermöglicht die I^2L-Technik wegen des geringen Flächenbedarfs und der geringen Verlustleistung hohe Speicherkapazitäten.

Bei neuesten Entwicklungen werden Kapazitäten mit einem ferroelektrischen Dielektrikum als nichtflüchtige Zusatzspeicher verwendet (ferroelektrische RAM's). Der Schaltzustand des Flipflops wird in diesen als unterschiedlicher Polarisationszu-

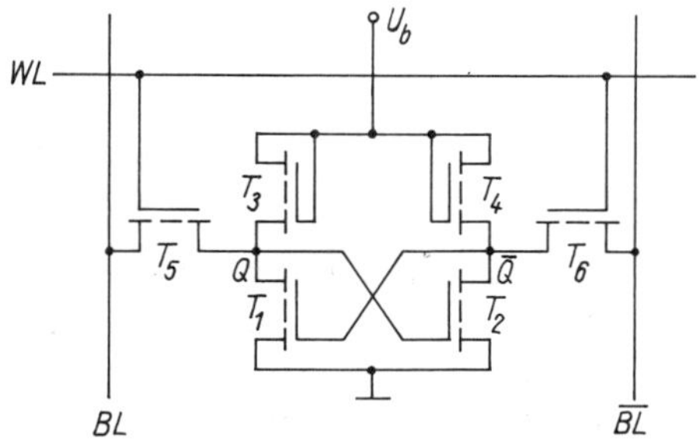

Abb. 6.66. Statisches 6-Transistor-Speicherelement in MOS-Technik

stand des Dielektrikums gespeichert und bleibt so auch nach Ausfall der Betriebsspannung erhalten. Dadurch stellt sich nach dem Einschalten der vorherige Zustand des Flipflops wieder ein.

6.3.3.3.2 Dynamische RAM's

Vom Anwender werden Halbleiterspeicher mit immer größerer Kapazität und Arbeitsgeschwindigkeit gefordert. Deshalb ist es notwendig, die Schaltungstechnik durch Verringerung der Zahl der Bauelemente pro Speicherzelle zu optimieren und gleichzeitig die Herstellungstechnologie zu vereinfachen. Das führt zur Aufgabe des statischen Speicherprinzips.

Das Grundprinzip eines dynamischen RAM soll am Beispiel einer 3-Transistor-Speicherzelle in *p*-MOS-Technik erklärt werden (Abb. 6.67). Die Informationsspeicherung erfolgt in der Gatekapazität C_G des Transistors T_1, deren Ladung den Schaltzustand von T_1 bestimmt. Die Auswahl einer Speicherzelle erfolgt über die Wortleitung: Durch $WL = 1$ werden die Transmissionsgatter T_2 und T_3 leitend. Beim Speichern wird über die Bitleitung „Schreiben" die Ladung von C_G eingestellt, beim Lesen der Zustand von T_1 über die Bitleitung „Lesen" abgefragt. Die Auffrischschaltung ist einmal pro Spalte vorhanden. Das Auffrischen erfolgt zeilenweise etwa alle 2 ms und dauert etwa 0,5 µs pro Zeile. Während dieser Zeit kann nicht auf den Speicher zugegriffen werden.

Eine weitere Verringerung des Flächenbedarfs ist möglich, wenn Aufladen und Abfragen der Speicherkapazität über das gleiche Transmissionsgatter erfolgen. Man benötigt dann nur noch einen Transistor mit einer zusätzlichen Kapazität. Allerdings weist dieses Schaltungskonzept zwei Nachteile auf:

– Der erzielbare Spannungshub ist gering, da die Kapazität der Bitleitung bedeutend größer ist als die Speicherkapazität; das erfordert sehr empfindliche Leseverstärker.

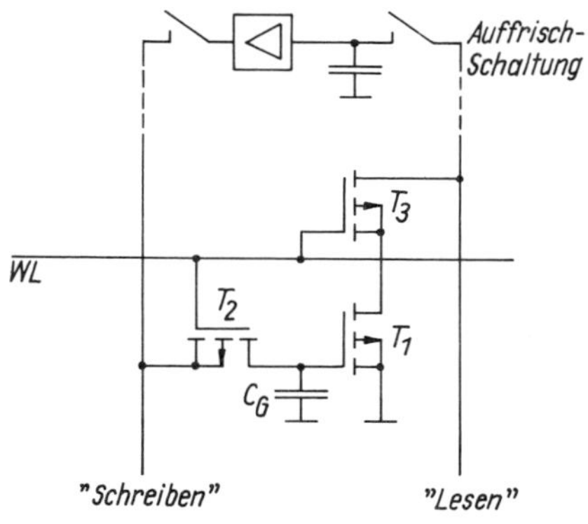

Abb. 6.67. Dynamische 3-Transistor-Speicherzelle in *p*-MOS-Technik

– Beim Lesen wird die Information zerstört, weil die Ladung von der Speicherkapazität abfließt, d. h., nach jedem Lesen muß die Information erneut eingeschrieben werden.

Trotzdem überwiegen die Vorteile – einfache Technologie, hohe Packungsdichte –, so daß man bei hochintegrierten Speicherschaltkreisen dieses Prinzip anwendet.

6.3.3.4 SAM's

Ähnlich wie RAM's lassen sich auch Speicher mit seriellem Zugriff aus statischen oder temporären Speichern aufbauen. Aufbau und Wirkungsweise statischer SAM's hatten wir am Beispiel der Flipflop-Schieberegister bereits kennengelernt (s. 6.3.2.3). Der Übergang zur Mehrphasen-Taktsteuerung gestattet es, auch einfachere Flipflops zu verwenden und damit den Schaltungsaufwand deutlich zu reduzieren.

Wegen des erheblich geringeren Flächenbedarfs werden Schieberegister großer Kapazität mittels dynamischer Speicherprinzipien realisiert. Als Beispiel sollen sogenannte Ladungsverschiebespeicher (CTD, von engl.: charge transfer device) betrachtet werden, die sich durch einen besonders einfachen Aufbau auszeichnen und dadurch zur Höchstintegration geeignet sind. Darüber hinaus gestatten sie nicht nur die Speicherung digitaler Signale, sondern können auch in der analogen Signalverarbeitung vielseitig angewendet werden. Möglich ist das, weil die gespeicherten Ladungen innerhalb eines zulässigen Bereiches jeden Wert annehmen können.

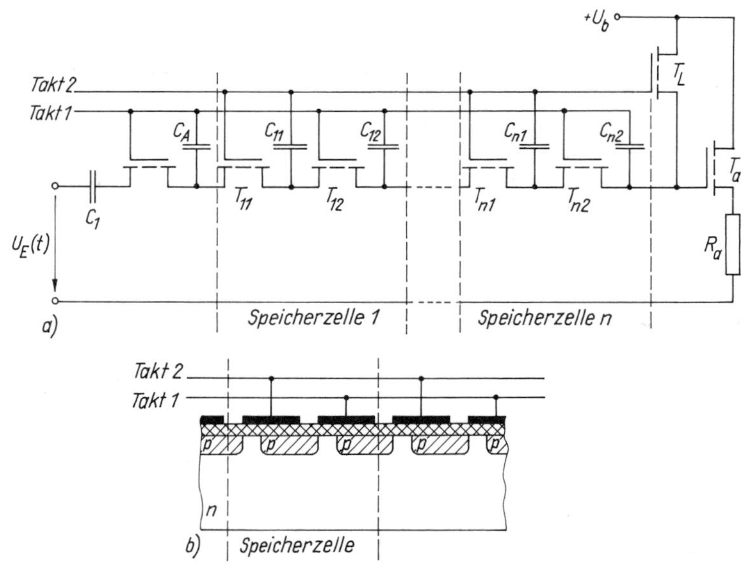

Abb. 6.68. Eimerkettenspeicher in MOS-Technik
a) Prinzipschaltung,
b) Struktur einer Speicherzelle (schematisch)

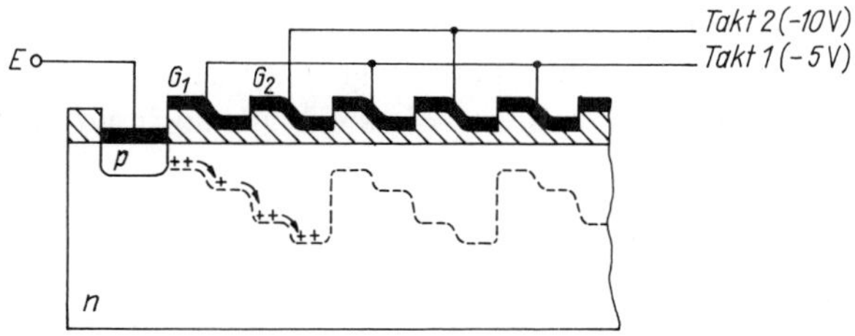

Abb. 6.69. Struktur eines 2-Phasen-CCD-Speichers (schematisch)

In Abb. 6.68 ist das Prinzipschaltbild eines sogenannten Eimerkettenspeichers in MOS-Technik wiedergegeben. Es besteht aus Transmissionsgattern mit zwischengeschalteten Kapazitäten als temporäre Speicher. Sein wesentliches Funktionsmerkmal ist die Verschiebung von Ladungsdifferenzen. Zur Erläuterung seiner Funktion setzen wir voraus, daß zunächst alle Speicherkapazitäten einschließlich der Abtastkapazität C_A auf U_b aufgeladen sind. Durch ein Taktsignal $CP1$ gibt C_A einen vom Momentanwert $U_E(t_0)$ der Eingangsspannung abhängigen Teil seiner Ladung an C_1 ab. Während des Taktes $CP2$ wird C_A wieder aufgeladen, indem C_{11} einen Teil seiner Ladung abgibt. Dabei sperrt T_{11} bereits wieder, wenn C_A voll aufgeladen ist, auch wenn $CP2$ noch anliegt. Mit dem nächsten Takt $CP1$ wird C_{11} aus C_{12} nachgeladen, d. h., die Ladungsdifferenz wird nach C_{12} verschoben; gleichzeitig kann C_A einen neuen Abtastwert aufnehmen. Sind alle Kapazitäten gleich groß, so wird eine konstante Ladungsdifferenz durch den Speicher geschoben, die nach der n-ten Taktphase $CP1$ auf der Kapazität C_{n2} erscheint und den Ausgangstransistor T_a steuert. Die an sich schon einfache Schaltung führt auf noch einfachere Halbleiterstrukturen, da man die Draindiffusion eines Transistors mit der Sourcediffusion des folgenden zusammenfaßt und die Kapazitäten durch großflächige Überlappungen der Gateelektrode mit der Draindiffusion realisiert (Abb. 6.68 b)).

Noch einfachere Strukturen (s. Abb. 6.69) weisen die nach einem ganz anderen Prinzip arbeitenden ladungsgekoppelten Systeme (CCD, von engl.: charge coupled device) auf. Entsprechend der seriellen Dateneingabe werden über den pn-Übergang am Eingang Minoritätsträger in das Substrat injiziert. Die Eingabe kann auch optisch erfolgen, wenn man die Minoritätsträger durch den inneren lichtelektrischen Effekt erzeugt. Ein Speicherelement, eine sogenannte Verzögerungsstufe, besteht aus zwei mit unterschiedlichen Taktsignalen angesteuerten Gateelektroden. Durch die negativen Taktsignale (s. Abb. 6.69) werden die Ladungsträger bis unter die Elektrode G_2 verschoben (Schiebephase 1), wo sie während der folgenden Taktphase gespeichert werden (Speicherphase 1). In der nächsten Taktphase erfolgt die Verschiebung der Ladungsträger in die nächste Verzögerungsstufe, wo sie während der nächsten Taktphase erneut gespeichert werden. Dadurch wird die erste Verzögerungsstufe frei für ein neues Eingangssignal. Eine Taktperiode besteht also aus vier Taktphasen. Am Ausgang steuern die Minoritätsträger den Sperrstrom eines pn-Übergangs und liefern so ein Ausgangssignal.

Die Taktfrequenz von CTD's darf nur in bestimmten Grenzen variieren: Während bei zu niedriger Taktfrequenz Ladungsverluste durch Entladung oder Rekombination während der Speicherphase auftreten, wird bei zu hoher Frequenz nur noch ein Teil der Ladungen transportiert.

6.3.4 Signalumsetzer

Signalumsetzer sind komplexe Baugruppen, die sich aus verschiedenen analogen und digitalen Grundschaltungen zusammensetzen. Im folgenden sollen die wichtigsten Verfahren der D/A- und A/D-Umsetzung auf der Basis von Prinzip- und Blockschaltbildern erläutert werden. Damit soll der Leser in die Lage versetzt werden, sowohl selbständig auf der Grundlage früher behandelter Grundschaltungen praktische Schaltungen einfacher Signalumsetzer zu entwerfen als auch die Vor- und Nachteile verschiedener Schaltungskonzepte miteinander zu vergleichen.

6.3.4.1 D/A-Umsetzer

Häufig werden nach einer digitalen Signalverarbeitung wieder analoge Ausgangssignale gewünscht. Eine D/A-Umsetzung ist auch erforderlich, wenn der funktionale Zusammenhang zwischen zwei digitalen Signalen mittels eines Koordinatenschreibers aufgezeichnet werden soll. Ein weiteres Anwendungsgebiet stellen solche A/D-Umsetzer dar, bei denen die Vergleichsgröße mittels eines D/A-Umsetzers gebildet wird.

Bei der D/A-Umsetzung wird das digitale Signal decodiert und in eine quantisierte Größe umgesetzt. Dazu besitzt ein D/A-Umsetzer eine Anzahl Eingänge, denen entsprechend der Codierung eine bestimmte Wertigkeit zugeordnet wird. Werden mehrere Eingänge gleichzeitig angesteuert, wird ein Ausgangssignal gebildet, dessen Größe der Summe ihrer Wertigkeiten proportional ist. Dieses Grundprinzip veranschaulicht Abb. 6.70. Das Ausgangssignal wird dabei durch die Summation gewichteter Spannungen oder Ströme gebildet. Während im ersten Beispiel (Abb. 6.70a)) davon ausgegangen wird, daß der Digitalwert als BCD-Zahl im 8-4-2-1-Code vorliegt, wird im zweiten (Abb. 6.70b)) eine duale Codierung angenommen. Die Schalter können mittels geeigneter Halbleiterbauelemente realisiert werden; der Summenstrom $\bar{I}_a$ kann durch einen Strom-Spannungswandler (s. 5.5.1.5.3) in eine proportionale Spannung umgesetzt werden.

Nachteilig bei diesen Schaltungen ist, daß zum Aufbau der Bewertungsnetzwerke exakt abgestufte Widerstände aus einem sehr großen Wertebereich erforderlich sind; vor allem bei der Herstellung integrierter Schaltungen bereitet das erhebliche Schwierigkeiten. Aus diesem Grunde bevorzugt man Schaltungen, die ausgehend von einer dualen Codierung die geforderte Wichtung durch fortgesetzte Stromteilung mittels eines R-$2R$-Netzwerkes erzeugen. Nach diesem Prinzip arbeitet die in Abb. 6.71

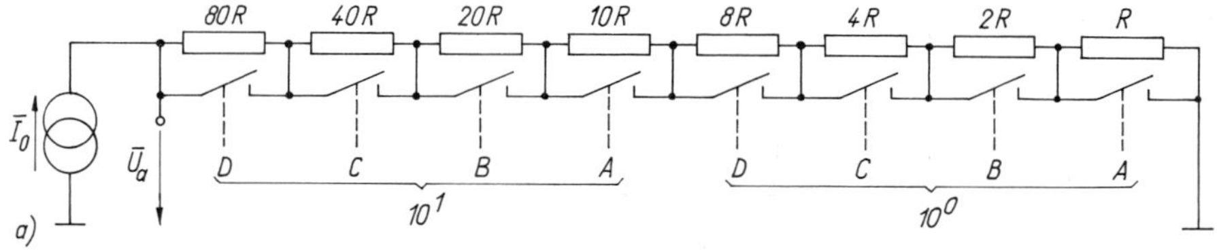

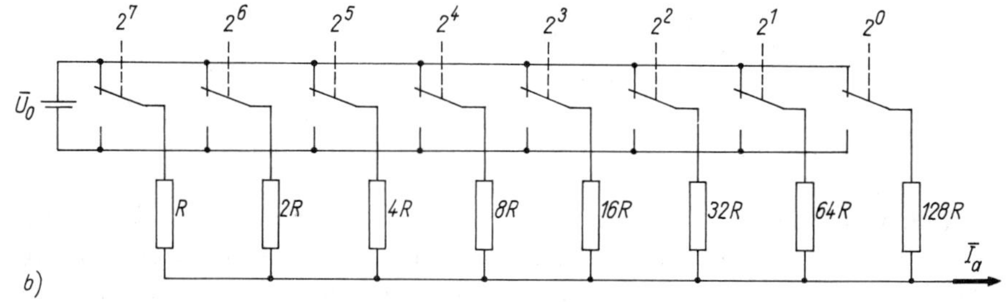

Abb. 6.70. Grundprinzip der D/A-Umsetzung
a) durch Summation gewichteter Spannungen,
b) durch Summation gewichteter Ströme

gezeigte Grundschaltung. Die duale Abstufung der Teilströme wird sofort offensichtlich, wenn man den Gesamtwiderstand des *R*-2*R*-Netzwerkes rechts von einem beliebigen Knoten P_i bestimmt, der sich stets zu 2*R* ergibt. In jedem Knoten erfolgt also eine Aufteilung des von links einfließenden Stromes in zwei gleichgroße Teilströme, von denen einer jeweils dem Schalter zugeführt wird. Bei der Umsetzung einer *n*-stelligen Dualzahl liefert daher die *i*-te Stelle bei Ansteuerung einen Teilstrom

$$\bar{I}_i = \frac{\bar{U}_0}{R} \frac{2^i}{2^{n+1}} . \tag{6.45}$$

Bei allen bisher besprochenen Schaltungen verursacht der Spannungsabfall an den Schaltern erhebliche Fehler, die sich vermeiden lassen, wenn man bei der Erzeugung

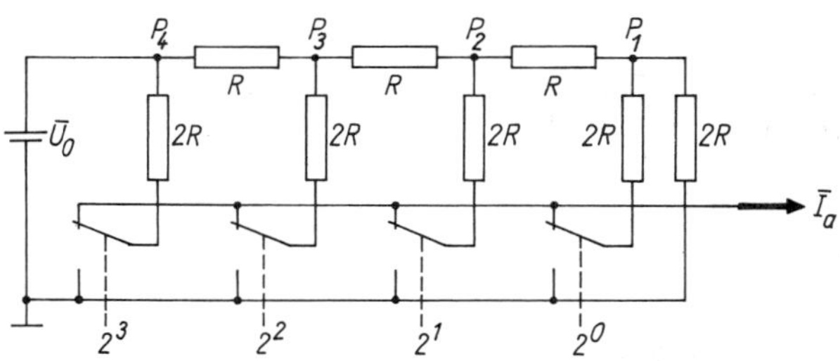

Abb. 6.71. Grundschaltung mit Wichtung durch fortgesetzte Stromteilung mittels eines *R*-2*R*-Netzwerkes

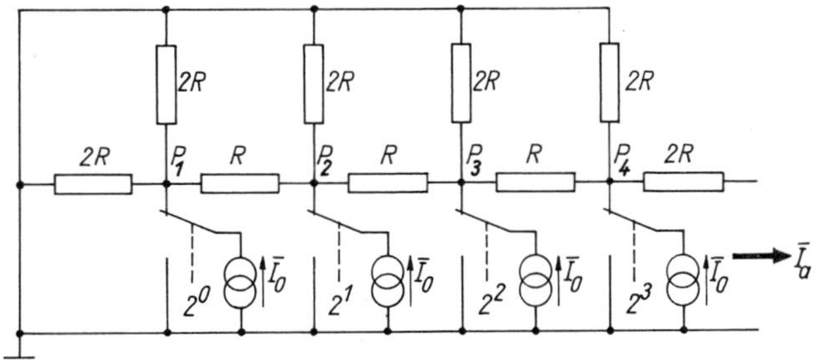

Abb. 6.72. Prinzipschaltung eines D/A-Umsetzers mit Konstantstromquellen

der gestuften Ströme von Konstantstromquellen ausgeht. Ein Beispiel dafür zeigt Abb. 6.72. In jedem Knoten P_i teilt sich der eingespeiste Konstantstrom in drei gleichgroße Teilströme $\bar{I}_0/3$. Der nach rechts zum Summenausgang fließende Teilstrom wird in jedem folgenden Knoten halbiert, so daß sich die in Abb. 6.71 angedeutete Wertigkeit der einzelnen Stellen ergibt. Stromquellen und Schalter lassen sich recht einfach aus Transistoren aufbauen (s. 5.1.4).

6.3.4.2 A/D-Umsetzer

A/D-Umsetzer werden für zwei Aufgaben benötigt: Zur Eingabe analoger Meßgrößen in digitale Datenverarbeitungssysteme und zur digitalen Anzeige analoger Meßgrößen in reinen Meßgeräten. Häufig liegt die analoge Meßgröße unmittelbar als Spannung

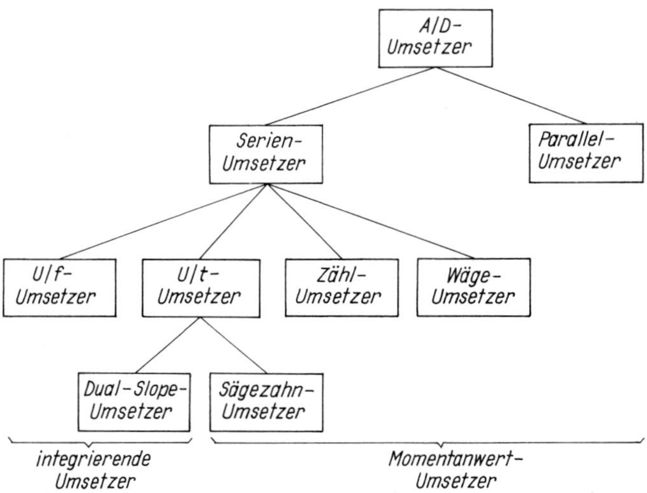

Abb. 6.73. Übersicht über Verfahren zur A/D-Umsetzung

vor oder wird durch einen Meßwandler in eine Spannung umgesetzt. Daher kommt der Umwandlung analoger Spannungen in Digitalsignale, auf die wir uns hier beschränken wollen, besondere Bedeutung zu.

Im Ergebnis liefert ein A/D-Umsetzer eine der Eingangsspannung proportionale Zahl. Dazu wird die Eingangsspannung U_x mit einer Spannung U_v verglichen, deren Digitalwert bekannt ist. Zur Lösung dieser Aufgabe ist eine Vielzahl sehr unterschiedlicher Verfahren entwickelt worden, von denen die wichtigsten in Abb. 6.73 zusammengefaßt sind.

Wenn der Vergleich in einem einzigen Schritt durchgeführt wird, spricht man von einem Parallelumsetzer. Ein Parallelumsetzer enthält n in der geforderten Auflösung abgestufte Referenzspannungsquellen und n Komparatoren und stellt fest, welcher Referenzspannung $U_{n,\mathrm{ref}}$ die zu messende Spannung am nächsten kommt. Der schaltungstechnische Aufwand ist enorm; allerdings erreicht dieses Verfahren die geringste mögliche Umsetzzeit. Eine einfachere Schaltungstechnik erfordern Serienumsetzer, von denen wir im folgenden die wichtigsten kennenlernen wollen.

Besonders einfache Lösungen ergeben sich, wenn die Umsetzung über eine leicht digitalisierbare Zwischengröße wie Frequenz oder Zeit erfolgt.

Abb. 6.74 zeigt als Beispiel eines A/D-Umsetzers mit der Zwischengröße Frequenz das Blockschaltbild eines Spannungs-Frequenz-Umsetzers. Liegt eine Eingangsspannung U_x an, liefert der Integrierer eine zeitlinear ansteigende Ausgangsspannung. Beim Erreichen der Schaltschwelle schaltet der Komparator um und stellt dadurch den Integrierer zurück, so daß ein neuer Integrationsvorgang beginnt (Abb. 6.74b)). Die Ausgangsimpulse des Komparators werden über ein Tor, das für die Meßzeit t_M geöffnet ist, einem Zähler zugeführt. Aus (5.102) erhält man für die mittlere Dauer

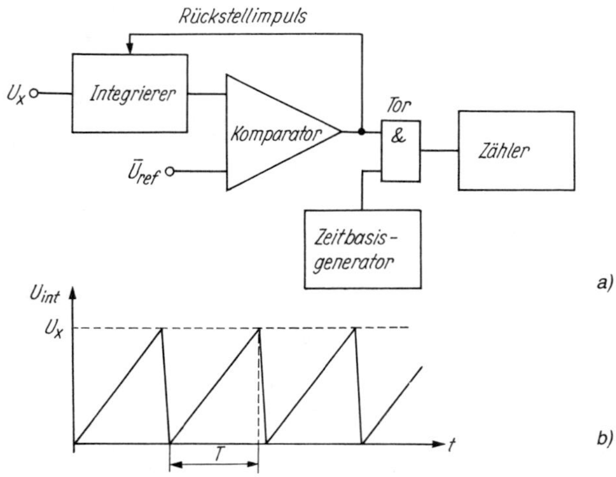

Abb. 6.74. A/D-Umsetzer auf der Basis eines Spannungs-Frequenz-Umsetzers
a) Blockschaltbild,
b) Ausgangsspannung des Integrierers

einer Integrationsperiode

$$T = \tau \cdot U_{\text{ref}} \frac{1}{\bar{U}_x} \tag{6.46}$$

(τ Zeitkonstante des Integrierers, $\bar{U}_x$ zeitlicher Mittelwert der Eingangsspannung während der Meßzeit t_M). Vernachlässigt man die Rückstellzeit des Integrierers, folgt daraus für die Anzeige des Zählers

$$Z = \frac{t_M}{T} = \frac{t_M}{\tau \cdot U_{\text{ref}}} \bar{U}_x \,. \tag{6.47}$$

Der Zählerstand ist dem zeitlichen Mittelwert der Eingangsspannung proportional; Störspannungen haben daher einen geringen Einfluß auf das Ergebnis der Umsetzung (integrierendes Verfahren).

Als Beispiel für ein integrierendes Verfahren mit der Zwischengröße Zeit wollen wir einen nach einem Zweischrittverfahren (engl.: dual slope) arbeitenden A/D-Umsetzer betrachten (Abb. 6.75). Zu Beginn der Messung wird der Integrierer auf Null gesetzt. Während der Meßdauer t_1, die mittels eines Zählers aus der Zeitbasis T abgeleitet wird ($t_1 = n_1 T$), wird die Eingangsspannung U_x integriert und liefert einen Endwert

$$U_{\text{int}} = -\frac{1}{\tau} \int_0^{t_1} U_x \, \mathrm{d}t = -\frac{U_x n_1 T}{\tau} \,. \tag{6.48}$$

Anschließend wird eine Referenzspannung U_{ref} mit zu U_x entgegengesetzter Polarität integriert und die Zeit $t_2 - t_1 = n_2 T$ gemessen, bis der Integrierer wieder Null zeigt. Damit gilt

$$0 = U_{\text{int}} - \frac{1}{\tau} \int_{t_1}^{t_2} U_{\text{ref}} \, \mathrm{d}t = U_{\text{int}} - \frac{U_{\text{ref}} n_2 T}{\tau} \,, \tag{6.49}$$

und man erhält für den als Zählerstand Z angezeigten Digitalwert

$$Z = n_2 = \left| \frac{U_x}{U_{\text{ref}}} \right| n_1 \,. \tag{6.50}$$

Man erkennt, daß das Umsetzergebnis im Gegensatz zu dem vorher beschriebenen Verfahren (vgl. Gl. (6.47)) weder von der Zeitbasis T noch von der Integrationszeitkonstanten τ abhängt, wenn diese während der Umsetzzeit konstant sind. Darauf beruht die hohe Genauigkeit, die mit diesem Verfahren erreicht werden kann. Darüber hinaus können netzsynchrone Störspannungen besonders wirkungsvoll unterdrückt werden, indem man t_1 gleich einem Vielfachen der Periodendauer der Netzspannung macht.

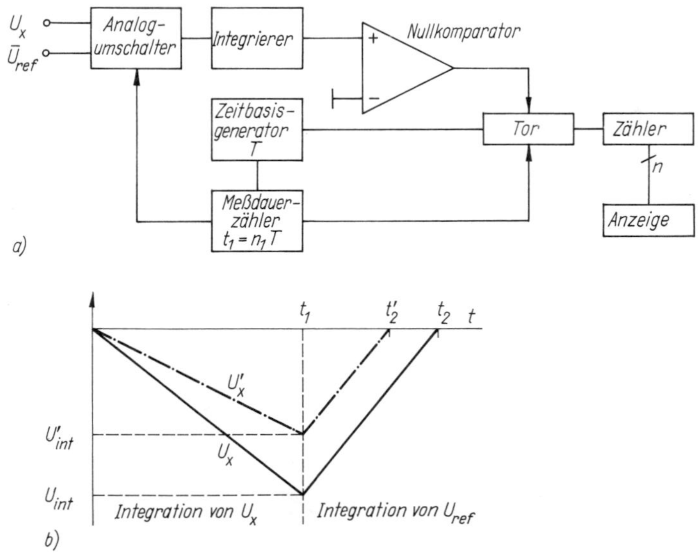

Abb. 6.75. U/t-Umsetzer nach dem Dual-slope-Verfahren
a) Blockschaltbild,
b) Spannungs-Zeit-Diagramm des Integrierers

Auch bei dem nächsten Verfahren, das betrachtet werden soll, erfolgt die Umsetzung über die Zwischengröße Zeit. Bei diesem sogenannten Sägezahn- oder Rampenumsetzer (Abb. 6.76) wird die Meßspannung U_x mit einer Sägezahnspannung verglichen. Beim Nulldurchgang der Sägezahnspannung liefert der Nullkomparator einen Startimpuls. Dadurch wird das Tor geöffnet, und der Zähler zählt die Impulse, die von einem Normalfrequenzgenerator geliefert werden. Erreicht die Sägezahnspannung den Wert U_x der Eingangsspannung, liefert der Meßkomparator einen Stoppimpuls und beendet den Zählvorgang. Bezeichnet man mit c_u die Spannungsanstiegsgeschwindigkeit der Sägezahnspannung, gilt für das Zeitintervall zwischen Start- und Stoppimpuls (s. Abb. 6.76b))

$$t_1 - t_0 = \frac{U_x}{c_u}, \tag{6.51}$$

und damit erhält man für den Zählerstand

$$Z = f_n(t_1 - t_0) = \frac{f_n}{c_u} U_x. \tag{6.52}$$

Der Zählerstand ist dem Momentanwert $U_x(t_1)$ der Eingangsspannung zur Zeit t_1 proportional. Eine der Eingangsspannung U_x zu diesem Zeitpunkt überlagerte Störspannung wirkt sich also voll auf das Ergebnis der Umsetzung aus (Momentanwertverfahren).

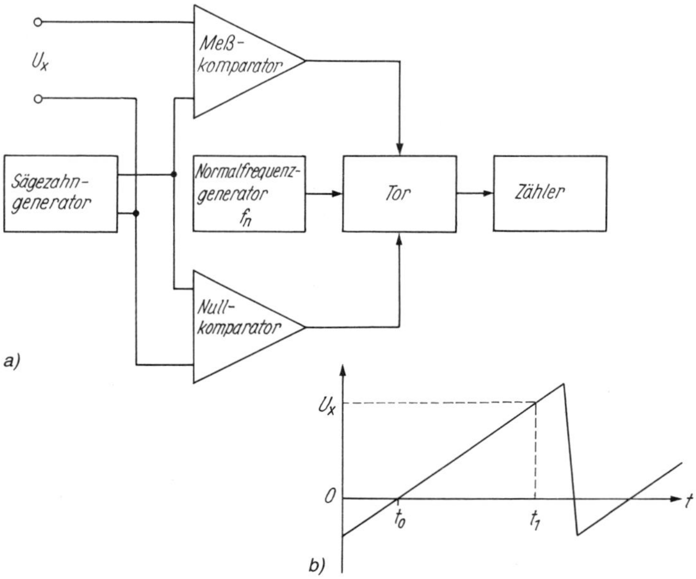

Abb. 6.76. Sägezahnumsetzer
a) Blockschaltbild,
b) zum Arbeitsprinzip

Da das Ergebnis sowohl von der Zeitbasis $T = 1/f_n$ als auch von der Zeitkonstanten des Integrierers abhängt, ist die Genauigkeit dieses Verfahrens deutlich geringer als die des Dual-slope-Verfahrens.

Bei den bisher beschriebenen Serienumsetzern erfolgt die Quantisierung erst mit der Messung der Zwischengröße (indirekte Verfahren), wobei die Periodendauer T des registrierten Signals den Quantisierungsschritt bestimmt (zusammen mit der Spannungsanstiegsgeschwindigkeit der Sägezahnspannung), während der Zähler die Codierung festlegt. Bei den im folgenden dargestellten Verfahren erfolgt dagegen der Vergleich der Eingangsspannung unmittelbar mit einer quantisierten Spannung (direkte Verfahren), deren Digitalwert als codiertes Binärwort zur Verfügung steht.

Beim Zählumsetzer wird durch einen Startimpuls ein Zähler rückgesetzt und danach schrittweise hochgezählt, wobei der Zählerstand über einen D/A-Umsetzer in eine Vergleichsspannung U_v umgesetzt und mit der Eingangsspannung U_x verglichen wird. Im einfachsten Fall wird der Zählvorgang beendet, wenn $U_v > U_x$ ist. Im hier betrachteten Beispiel (Abb. 6.77) schaltet bei $U_v > U_x$ der Komparator um. Dadurch ändert sich die Zählrichtung, so daß der Zähler wieder abwärts zählt. Da bei $U_v < U_x$ der Komparator und damit die Zählrichtung erneut umschalten, pendelt die Zähleranzeige entsprechend der Hysterese des Komparators um den Anzeigewert U_x/U_{LSB} (U_{LSB} entspricht der Quantisierungseinheit), der dem Momentanwert der Eingangsspannung entspricht. Man kann diesen Nachteil beheben, wenn man den Zähler blockiert, solange $|U_x - U_v| < U_{LSB}$ ist. Weil bei einer Änderung der Eingangs-

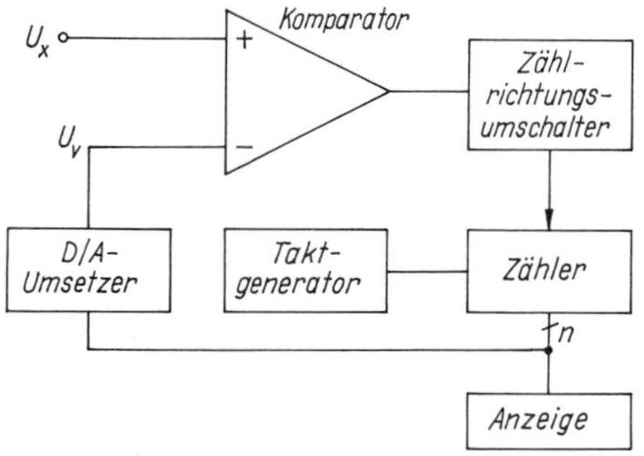

Abb. 6.77. Blockschaltbild eines Zählumsetzers (Nachlaufumsetzer)

spannung die Anzeige dem Momentanwert von U_x folgt, spricht man von einem Nachlaufumsetzer. Da die Vergleichsspannung immer in Schritten von U_{LSB} nachgestellt wird, ist die Umsetzungsgeschwindigkeit gering, wenn sich U_x stark ändert.

Beim Wägeverfahren besorgt eine Steuerlogik das Einstellen der Vergleichsspannung nach einem bestimmten Programm (s. Abb. 6.78). Zu Beginn der Messung wird der Speicher gelöscht. Dann wird das MSB im Speicher gesetzt und über den D/A-Umsetzer als Vergleichsspannung U_v ausgegeben. Das MSB bleibt gesetzt, wenn $U_v \leqq U_x$ ist, anderenfalls wird es gelöscht. Anschließend wird das nächstniedrige Bit im Speicher gesetzt und erneut U_v ausgegeben und mit U_x verglichen (s. Abb. 6.78 b)). Der Abgleich ist beendet, wenn $|U_x - U_v| < U_{LSB}$ ist. Bei einer n-stelligen digitalen Darstellung ist der Abgleich nach n Schritten abgeschlossen und liefert als Speicheranzeige U_x/U_{LSB}. Die Eingangsspannung U_x darf sich während des Abgleichs nicht ändern; ggf. muß ihr Momentanwert mit einer Abtast-Halte-Schaltung (s. 5.5.1.5.7) gespeichert werden. Wägeumsetzer lassen sich vorteilhaft auf der Basis eines Mikrorechners realisieren (vgl. 6.4), der bereits viele der erforderlichen Baugruppen in sich vereint und die Möglichkeit bietet, logische Operationen durchzuführen.

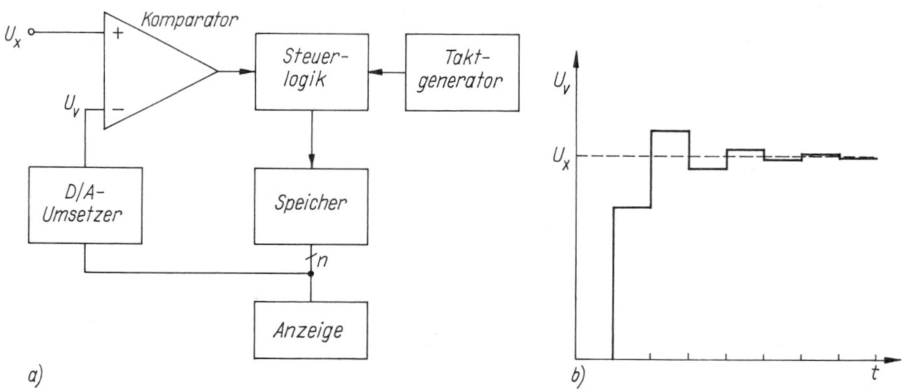

Abb. 6.78. Wägeumsetzer

a) Blockschaltbild,

b) Zeitdiagramm des Abgleichvorganges

6.3.5 Datenübertragung

Wenn man umfangreichere Geräte oder Systeme aufbaut, wird ein Austausch von Informationen (Daten, Befehle, Adressen; vgl. 6.4) auf verschiedenen konstruktiven Ebenen erforderlich, nämlich

- zwischen verschiedenen integrierten Schaltkreisen auf einer Leiterkarte,
- zwischen einzelnen Leiterkarten eines Gerätes oder
- zwischen den Komponenten eines Systems.

Der Austausch muß so realisiert werden, daß Übertragungsfehler weitgehend ausgeschlossen werden. Beim Aufbau eines Übertragungssystems muß daher eine Anzahl von Randbedingungen wie

- Länge der Übertragungsstrecke,
- Signaldauer und Übertragungsrate,
- Art der Übertragung und
- Störungsempfindlichkeit des Systems

berücksichtigt werden. Da diese in einzelnen Fällen sehr unterschiedlich sind, ist es nicht möglich, ein allgemeines, stets einsetzbares Datenübertragungssystem anzugeben.

6.3.5.1 Verbindungsleitungen

Wenn die Laufzeit der Signale auf einer Leitung vergleichbar wird mit ihrer Anstiegszeit, kann der Einfluß der Leitung auf die Signalform nicht mehr vernachlässigt werden (vgl. auch Kap. 3). Da in modernen Digitalschaltungen Anstiegszeiten im Nanosekundenbereich erreicht werden, sind Leitungslängen im Bereich von Dezimetern bereits kritisch. Verbindungsleitungen müssen dann so ausgeführt werden, daß sie einen definierten Wellenwiderstand Z_0 aufweisen, mit dem sie am Empfängereingang abgeschlossen werden, um Reflexionen zu unterbinden.

Längere Verbindungen auf einer Leiterplatte können als Mikrostreifenleiter (s. 3.3.1.3) aufgebaut werden. Bei dem üblichen Leiterplattenmaterial liegt der Wellenwiderstand einer Leiterbahn von 1 mm Breite bei etwa 100 Ω (vgl. Abb. 3.13). Da sich Koaxialleitungen nur schwer über Steckverbinder führen lassen, verwendet man für Verbindungen zwischen Leiterplatten oder Geräten verdrillte Doppelleitungen; ihr Wellenwiderstand liegt im Bereich 100 ... 300 Ω und hängt von der Drahtstärke und der Anzahl der Verdrillungen pro Meter ab.

Die niederohmigen Abschlußwiderstände solcher Verbindungsleitungen erfordern zur Ansteuerung Schaltungen, die einen hinreichend großen Strom liefern können, sogenannte Leitungstreiber. Für den Betrieb einer verdrillten Doppelleitung gibt es zwei Möglichkeiten (Abb. 6.79). Bei der einfacheren unsymmetrischen Übertragung wird ein Draht an Masse gelegt. Als Empfänger kann man Schmitt-Trigger einsetzen,

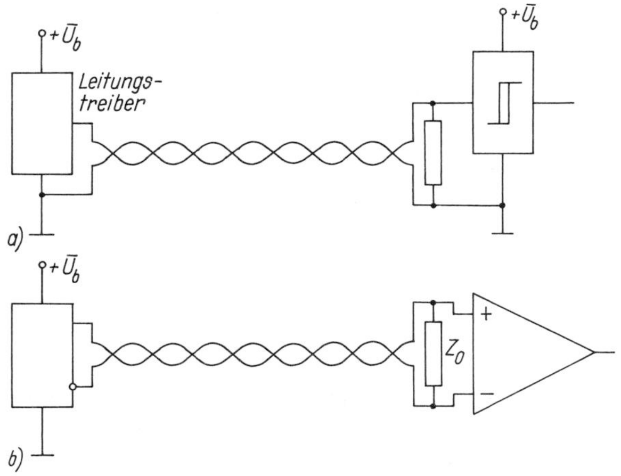

Abb. 6.79. Betrieb einer verdrillten Doppelleitung
a) Unsymmetrische Übertragung,
b) symmetrische Übertragung

um die Signalflanken zu regenerieren. Die symmetrische Übertragung ist unempfindlicher gegen Störungen, besonders bei Verwendung von Komparatoren im Empfängereingang, da Störspannungen ein Gleichtaktsignal erzeugen. Sie erfordert aber spezielle Leitungstreiber mit komplementären Ausgängen. Wenn große Potentialunterschiede zwischen Sender und Empfänger auftreten, müssen die Eingänge mit besonderen Trennstufen ausgerüstet werden, die z. B. aus Optokopplern aufgebaut werden können.

6.3.5.2 Parallele und serielle Datenübertragung

Eine Datenübertragung kann seriell oder parallel erfolgen. Von einer parallelen Übertragung spricht man, wenn alle Bits eines Wortes gleichzeitig übertragen werden. Da Worte nach wie vor nacheinander übertragen werden, bezeichnet man diese Übertragung als bitparallel und byteseriell. Bei einer Wortlänge von n Bit sind dazu n parallele Leitungen erforderlich. Zur Organisation und Synchronisation der Übertragung ist das System außerdem mit m Steuerleitungen ausgestattet.

Die einfachste Organisationsform einer Datenübertragung ist das Quittungsverfahren (engl.: hand-shake) über zwei Leitungen. Dabei zeigt der Sender auf einer Leitung zunächst an, daß an seinem Ausgang gültige Daten anliegen (DAV, von engl.: data valid), die darauf vom Empfänger übernommen werden. Die Datenübernahme wird vom Empfänger auf einer zweiten Leitung bestätigt (DAC, von engl.: data accepted), worauf der Sender DAV und Daten abschaltet. Nach Abschluß der Operation schaltet der Empfänger DAC auf Null, und es kann der Übertragungszyklus für ein neues Wort beginnen.

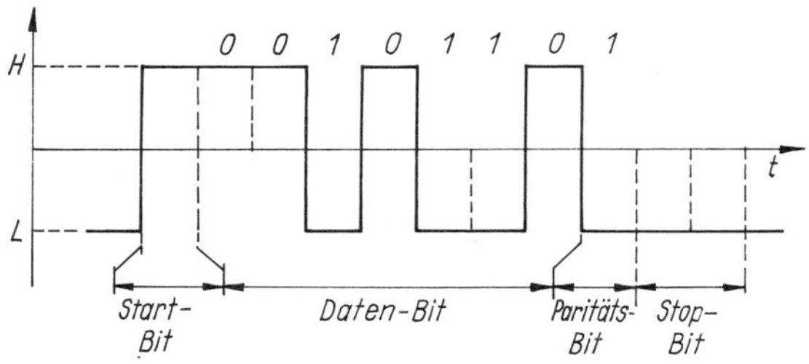

Abb. 6.80. Übertragungsrahmen bei der seriellen asynchronen Datenübertragung (Übertragung einer 4(10) im ASCII-Code)

Bei einer seriellen Übertragung werden auch die Bits eines Datenwortes nacheinander übertragen; zur Übertragung ist also nur noch eine Doppelleitung erforderlich. Dafür muß aber im Sender eine Parallel/Serien-Umsetzung und meist im Empfänger wieder eine Serien/Parallel-Umsetzung vorgenommen werden, was zusätzliche logische Schaltungen erfordert. Darüber hinaus ist eine Synchronisation zwischen Sender und Empfänger notwendig. Man spricht von einer synchronen Datenübertragung, wenn dazu über eine weitere Leitung ein Taktsignal übertragen wird. Bei der asynchronen Übertragung hat jedes Gerät seinen eigenen Taktgeber. Deren Synchronisation wird durch zusätzlich mit den Daten übermittelte Steuer-Bits gewährleistet, die zusammen mit dem zu übermittelnden Wort einen definierten Übertragungsrahmen bilden (s. Abb. 6.80). Bei dem dargestellten Beispiel führt die Leitung im Ruhezustand L-Pegel. Das Start-Bit hat H-Pegel; der Empfänger wird durch die L/H-Flanke des Start-Bits synchronisiert. Anschließend wird das Daten-Byte seriell übertragen; sein Ende wird durch ein Stop-Bit (L-Pegel) angezeigt.

6.3.5.3 Das Buskonzept

Der einfachste Fall einer Datenübertragung liegt vor, wenn Daten nur zwischen zwei Baugruppen oder Geräten ausgetauscht werden sollen. Dabei genügt eine unidirektionale Verbindung, wenn ein Gerät stets als Sender, das andere als Empfänger arbeitet, wie z. B. bei der Datenübertragung zu einem Ausgabegerät. Anderenfalls muß eine bidirektionale Verbindung aufgebaut werden, deren Betrieb weitere Steuerleitungen erfordert.

Oft sollen jedoch mehrere Geräte an dem Datenaustausch teilnehmen. Von den verschiedenen Möglichkeiten, ein dafür geeignetes Übertragungssystem aufzubauen (s. Abb. 6.81), wird vor allem in der Meßtechnik, aber auch beim Aufbau von Digitalrechnern das Buskonzept angewendet. Als Bus bezeichnet man ein Leitungsbündel, das den bidirektionalen Austausch von Daten- und Steuersignalen zwischen mehreren Teilnehmern gestattet. Über den Steuerbus wird der Datenverkehr von einer Steuereinheit geregelt und kontrolliert. So erfolgt z. B. die Festlegung, welche Funktionseinheit als Sender (Sprecher; engl.: talker) arbeitet und welche Funktions-

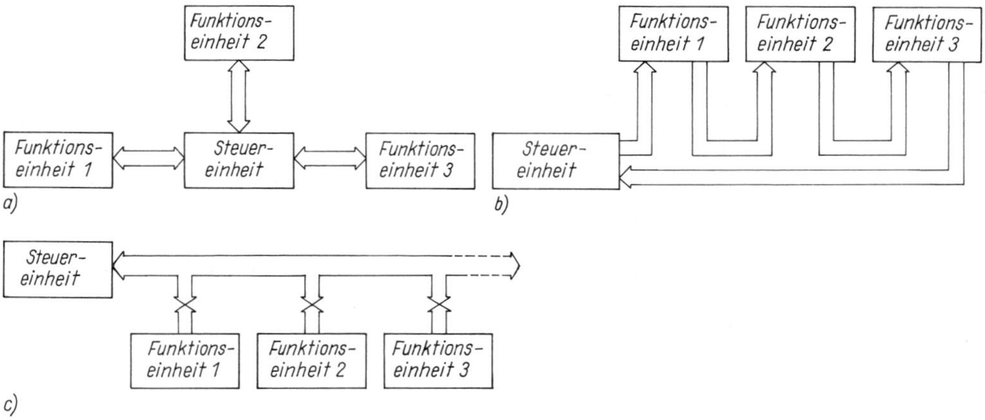

Abb. 6.81. Möglichkeiten zum Aufbau eines Datennetzes
a) Sternschaltung,
b) Ringleitung,
c) Busverbindung

einheiten Daten empfangen sollen (Hörer; engl.: listener) oder abgeschaltet werden, bzw. die Mitteilung, ob das auf dem Datenbus anliegende Wort als Befehl, Datenwort oder Adresse zu interpretieren ist. In vielen Fällen werden Adressen über einen separaten Bus übertragen.

6.3.5.4 Interfaces

Zum Aufbau einer funktionsfähigen Datenübertragung ist es notwendig, die elektrischen, logischen und konstruktiven Bedingungen zur Gestaltung der Schnittstellen der Ein/Ausgabe-Kanäle der Systemteile sowie der zugehörigen Verbindungsleitungen exakt zu definieren. Die Gesamtheit dieser Festlegungen einschließlich ihrer konstruktiven und schaltungstechnischen Realisierung bezeichnet man als Interface. Wir wollen im folgenden zwei Beispiele standardisierter Interfaces betrachten, die aufgrund ihrer Verbreitung eine besondere praktische Bedeutung erlangt haben.

6.3.5.4.1 V.24-Interface

Das V.24-Interface (USA: RS232C) ist eine bidirektionale bitserielle Schnittstelle zur langsamen Datenübertragung zwischen zwei Geräten, die in Datenendeinrichtung (DEE) und Datenübertragungseinrichtung (DÜE) unterschieden werden. Die Länge der Leitungsverbindung ist auf 15 ... 20 m begrenzt. Die DÜE (Modem; von Modulator/Demodulator) ermöglicht die Datenübermittlung zwischen zwei DEE's über größere Entfernungen, z. B. über eine Postfernleitung.

Tabelle 42
Kontaktbelegung der V.24-Schnittstelle (Auswahl)

Kontakt	Leitung/Bezeichnung	Funktion
1	101/PG protective ground	Schutzerde
2	103/TD transmitted data	Daten-Sendeleitung der DEE
3	104/RD received data	Daten-Empfangsleitung der DEE
4	105/RTS request to send	Sendeaufforderung an DÜE
5	106/CTS clear to send	Sendebereitschaft der DÜE
6	107/DSR data set ready	Betriebsbereitschaft der DÜE
7	102/SG signal ground	Signal-Masse
8	109/DCD data carrier detected	Empfangspegel an DÜE
20	108/2/DTR data terminal ready	Betriebsbereitschaft der DEE

Für die V.24-Schnittstelle ist der H-Pegel im Bereich $+3 \ldots +25$ V, der L-Pegel im Bereich $-3 \ldots -25$ V definiert. Die Steuersignale sind H-aktiv, Daten werden in negativer Logik übertragen. Für die Codierung der Daten wird überwiegend der ASCII-Code benutzt, wobei das 8. Bit als Paritätsbit verwendet wird (s. 6.1.3). Die Übertragung kann synchron oder asynchron erfolgen; im zweiten Fall wird die Synchronisation über Start- und Stopp-Bits vorgenommen (vgl. Abb. 6.80).

Empfohlen wird ein 25poliger, international genormter Steckverbinder, aber für viele Anwendungen kommt man mit einigen wenigen der von der Norm vorgesehenen Leitungen aus (s. Tab. 42). In vielen Betriebsfällen ist die Entfernung zwischen zwei DEE's so gering, daß sie direkt miteinander verbunden werden können. Der einfachste Aufbau ergibt sich dafür, wenn man die Leitungen 103 (TD) und 104 (RD) über Kreuz miteinander verbindet und die Datenübertragung per Programm steuert (Software-Protokoll). Die in der Norm festgelegten Steuerleitungen gestatten aber auch die Abwicklung eines Quittungsverfahrens.

Die Übertragungsgeschwindigkeit ist in bestimmten Schritten frei wählbar und muß vor Beginn der Übertragung in beiden Geräten auf den gleichen Wert (Baudrate; 1 Baud $\triangleq$ 1 Bit/s) eingestellt werden; ihr Maximalwert ist auf 20 kBaud begrenzt.

6.3.5.4.2 IEC-625-Interface

Das IEC-625-Interface (USA: IEEE-488) geht auf eine Entwicklung der Fa. Hewlett-Packard zurück und ist heute die international am weitesten verbreitete Schnittstelle zum Aufbau rechnergestützter Meßsysteme. Ihre wichtigsten Merkmale sind:

- Es handelt sich um ein Bus-System; der Bus besteht aus einem Datenbus (8 Leitungen) und einem Steuerbus (8 Leitungen).
- Es können bis zu 15 Geräte angeschlossen werden.

Tabelle 43
Kontaktbelegung des 24poligen Steckverbinders (internationale Norm auf der Basis von IEEE-488)

Kontakt	Bezeichnung	Funktion
1 ... 4	DIO1 ... 4 data input/output	Datenleitungen Bits 1 ... 4
5	EOI end or identify	bei ATN = H: Ende des Datenblocks bei ATN = L: Parallelabfrage
6	DAV data valid	Sender hat gültige Daten
7	NRFD not ready for data	Hörer nicht empfangsbereit
8	NDAC not data accepted	Daten nicht übernommen
9	IFC interface clear	Controller-Signal zum Rücksetzen, z. B. nach Einschalten
10	SRQ service request	Bedienungsanforderung einer Funktionseinheit
11	ATN attention	ATN = H: Daten-Modus ATN = L: Kommando-Modus
12		Abschirmung
13 ... 16	DIO5 ... 8 data input/output	Datenleitungen Bits 5 ... 8
17	REN remote enable	Fernsteuerung über Bus
18 ... 24	GND logic ground	Signal-Masse (paarweise verdrillt mit Leitung 6 ... 11)

- Die maximale Entfernung zwischen zwei Geräten beträgt 4 m, die maximale Buslänge 20 m.
- Die maximale Übertragungsgeschwindigkeit beträgt 500 kByte/s; praktisch wird sie durch den Busaufbau und die angeschlossenen Geräte bestimmt.
- Die Datenübertragung erfolgt bitparallel und byteseriell nach dem ASCII-Code (7 Bits plus Paritätsbit).
- Die Pegel sind TTL-kompatibel, alle Signale sind L-aktiv (negative Logik).

Von den acht Steuerleitungen (s. Tab. 43) dienen fünf der eigentlichen Schnittstellensteuerung und drei der Abwicklung eines Quittungsverfahrens (3-Draht-Handshake). Dabei wird durch die Definition der Signale NRFD und NDAC und ihre Verknüpfung über ein verdrahtetes Oder (bei Verwendung einer negativen Logik) erreicht, daß dem Sprecher erst dann die Empfangsbereitschaft mitgeteilt bzw. Datenübernahme bestätigt wird, wenn alle Hörer das entsprechende Steuersignal aussenden. Über die Steuersignale REN und ATN wird eine Daten- oder Befehlsübertragung vorbereitet. Danach sendet der Sprecher ein Wort aus. Sind alle Hörer zur Übernahme bereit (NRFD = 0), erklärt der Sprecher das Wort für gültig (DAV = 1). Nach Bestätigung der Übernahme durch alle Hörer (NDAC = 0) wird das Wort ungültig (DAV = 0), und es kann ein neuer Übertragungszyklus beginnen. Die über den Bus miteinander verbundenen Geräte lassen sich in vier Gruppen einteilen:

- Steuereinheit (engl.: controller), z. B. ein Computer;
- Sprecher/Hörer (z. B. Meßgeräte) können Daten sowohl senden als auch empfangen;
- Sprecher (z. B. Lochstreifenleser) können Daten nur senden;
- Hörer (z. B. Drucker) können Daten nur empfangen.

Vor Beginn einer Datenübertragung definiert der Controller durch Aussenden der entsprechenden Adressen ein Gerät als Sprecher und eins oder mehrere als Hörer. Die Geräteadressen werden vorher vom Anwender festgelegt (dual vierstellig). Hörer- und Sprecherfunktion werden dann durch Bit 6 bzw. Bit 7 der Adresse eingestellt (betreffendes Bit gleich Eins).

6.4 Mikrorechner

Seit der Erfindung der monolithisch integrierten Halbleiterschaltung im Jahre 1959 hat sich der Integrationsgrad, d. h. die Anzahl der Bauelemente auf einem Chip, zunächst jährlich und ab den 70er Jahren etwa alle achtzehn Monate verdoppelt. Grundsätzlich ist es heute möglich, umfangreiche Schaltungen und ganze Systeme auf einem Chip zu integrieren. Aber eine ökonomische Fertigung integrierter Schaltungen erfordert hohe Stückzahlen, die vor allem mit universell einsetzbaren Schaltkreisen erreicht werden können. Einen ganz entscheidenden Schritt stellte daher die Entwicklung des Mikroprozessors zu Beginn der 70er Jahre dar: Er ermöglicht den Aufbau einer universellen Schaltungskonfiguration (engl.: hardware), die mittels Speicherprogrammierung (engl.: software) an die konkrete Aufgabe angepaßt werden kann.

Der prinzipielle Aufbau der meisten modernen Digitalrechner beruht auf der Idee, eine zentrale Verarbeitungseinheit (ZVE; engl.: central processing unit, CPU) mit einem Speicher zu koppeln, der sowohl eine Folge von Instruktionen – eben das Programm – als auch Daten – Operanden (Konstanten für arithmetische und logische Operationen, Adressen für Steuerbefehle) und Ergebnisse – aufnimmt (Von-Neumann-Rechner; s. Abb. 6.82). Die ZVE besteht aus dem eigentlichen Rechenwerk, das arithmetische und logische Operationen ausführen kann, dem Adreßwerk, das die Speicheradressen liefert und dem Steuerwerk, das die im Speicher abgelegten Instruktionen interpretiert und die richtige Abfolge der Operationen steuert. Die Ein/Ausgabe-Einheit ermöglicht die Kommunikation mit dem Rechner: über sie können Daten ein- oder ausgegeben werden. Die große Bedeutung des Digitalrechners besteht darin, daß er die kompliziertesten Datenmanipulationen auf eine Folge elementarer Operationen zurückführt, die er schnell, zuverlässig und mit hoher Genauigkeit ausführt, und daß die Anpassung an eine neue Aufgabe keine Schaltungsänderung, sondern nur eine Programmänderung erfordert. Darüber hinaus kann er nicht nur lineare Programme abarbeiten, sondern gestattet bedingte und unbedingte Sprünge und damit eine flexible Anwendung von Programmverzweigungen und von Programmunterbrechungen (engl.: interrupt; vgl. 6.4.2) zur Bearbei-

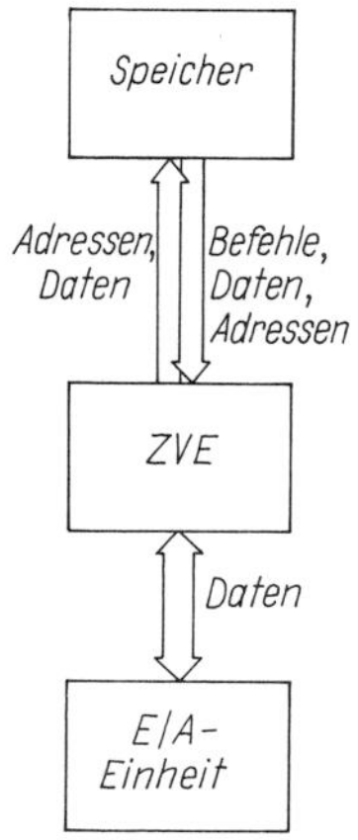

Abb. 6.82. Blockschaltbild eines Digitalrechners vom Von-Neumann-Typ

tung von Anforderungen peripherer Geräte; vor allem letzteres gestattet seinen effektiven Einsatz in der Meß- und Regelungstechnik.

Die Entwicklung des Mikroprozessors, d. h. der ZVE auf einem Chip, machte es in Verbindung mit den integrierten Halbleiterspeichern möglich, voll funktionsfähige Computer aus wenigen hochintegrierten Schaltkreisen aufzubauen, die man als Mikrorechner bezeichnet und denen sich aufgrund des geringen Volumens und der niedrigen Leistungsaufnahme sowie der verhältnismäßig geringen Kosten eine Fülle von Anwendungsmöglichkeiten bieten.

Im folgenden soll ein kurzer Überblick über die wichtigsten Bausteine eines Mikrorechners und deren grundsätzliche Funktionsweise gegeben werden. Dem Leser soll damit der Einstieg in die Spezialliteratur erleichtert werden[1].

6.4.1 Mikroprozessor

Ein wichtiges Kennzeichen eines Mikroprozessors ist seine Verarbeitungsbreite. Die ersten Standardtypen, die international eine breite Anwendung fanden, hatten eine Verarbeitungsbreite von acht Bit. Zum Zeitpunkt ihrer Entwicklung stellte das einen Kompromiß zwischen den Anforderungen an ihre Verarbeitungskapazität und dem technologischen Niveau der Schaltkreisherstellung dar. Inzwischen werden international Mikroprozessoren mit 16 und 32 Bit Verarbeitungsbreite produziert, die gegenüber den 8-Bit-Prozessoren über wesentlich erweiterte Befehlssätze und adressierbare Speicherbereiche verfügen und bedeutend schneller sind. Trotzdem können mit 8-Bit-Prozessoren auch heute noch viele Aufgaben der Datenverarbeitung und der Meß- und Regelungstechnik effektiv gelöst werden.

---

[1] Soweit dabei auf konkrete Schaltkreise Bezug genommen wird, handelt es sich um das Mikroprozessorsystem U880 (Z80).

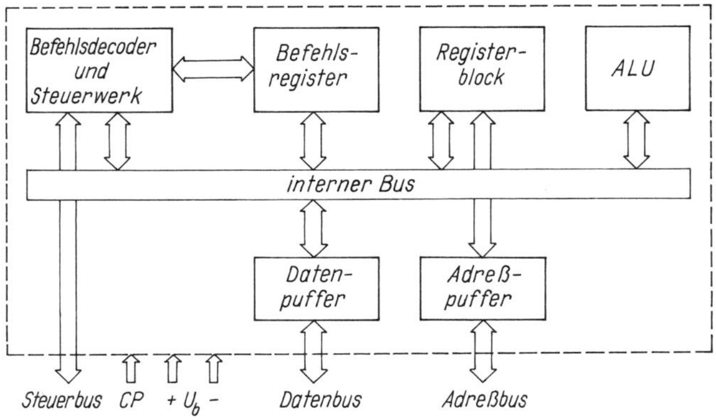

Abb. 6.83. Prinzipielles Blockschaltbild eines Mikroprozessors

Das prinzipielle Blockschaltbild eines Mikroprozessors zeigt Abb. 6.83. Den zentralen Block bildet die arithmetisch-logische Einheit ALU (von engl.: arithmetic logic unit), die eine erweiterte Form des bereits oben besprochenen Addier-Subtrahierwerkes ist (vgl. Abb. 6.37): Außer den arithmetischen Grundoperationen Addition und Subtraktion kann sie eine Anzahl bitweiser logischer Verknüpfungen sowie Vergleichs- und Verschiebeoperationen durchführen. Die ALU arbeitet unmittelbar mit dem Registerblock zusammen, der u. a. die Aufgabe hat, Operanden und Ergebnisse zwischenzuspeichern. Das Befehlsregister speichert den gerade abzuarbeitenden Befehl, der vom Befehlsdecoder interpretiert wird und über das Steuerwerk entsprechende Steuersignale auslöst. Alle Bausteine sind durch einen internen Bus miteinander verbunden. Über Treiberbaugruppen kann der Mikroprozessor an das externe Bussystem angeschlossen werden.

Der Registerblock bildet den internen Arbeitsspeicher eines Mikroprozessors; z. B. setzt er sich beim U880 aus achtzehn 8-Bit- und vier 16-Bit-Registern zusammen (Abb. 6.84), die folgende Aufgaben haben:

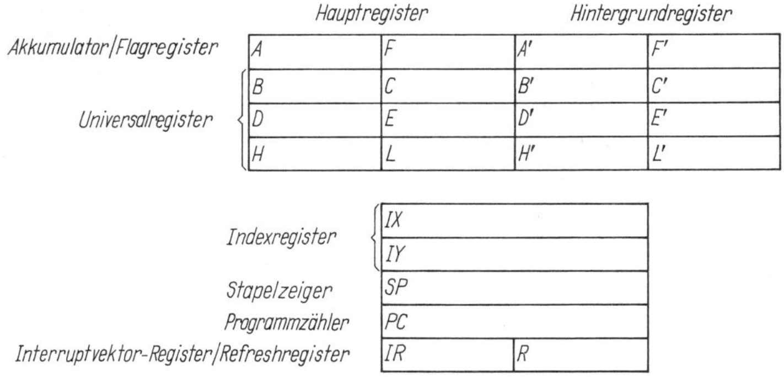

Abb. 6.84. Registerblock des Mikroprozessors U880

– Der Akkumulator arbeitet bei 8-Bit-Operationen (außer Vergleich) als Ergebnis- und Operandenspeicher.
– Das Flagregister zeigt mit einzelnen Bits das Auftreten bestimmter Bedingungen nach einer Operation an, z. B. es trat ein Übertrag auf (ja/nein), das Ergebnis ist Null (ja/nein).
– Die Universalregister können einzeln als 8-Bit- oder paarweise als 16-Bit-Register universell genutzt werden.

Akkumulator, Flagregister und Universalregister sind doppelt vorhanden. Zwischen beiden Registerblöcken kann mit speziellen Befehlen schnell umgeschaltet werden, was vor allem bei der Bearbeitung von Unterbrechungen Vorteile bietet (Erhalten des aktuellen Registerzustandes, damit das Hauptprogramm später ordnungsgemäß fortgesetzt werden kann; vgl. 6.4.2). Allerdings sind die beiden Registersätze niemals gleichzeitig verfügbar.

– Die Indexregister werden zur Adressenberechnung bei der indizierten Adressierung verwendet.
– Der Stapelzeiger enthält die 16-Bit-Anfangsadresse des obersten Speicherplatzes eines im externen Arbeitsspeicher angelegten Stapelspeichers, in dem Rücksprungadressen und Registerinhalte bei der Bearbeitung von Unterprogrammen abgelegt werden (s. a. 6.4.2; ein Stapelspeicher arbeitet nach dem Prinzip, daß die zuletzt gespeicherte Information zuerst wieder ausgelesen wird; engl.: last in first out, LIFO).
– Der Programmzähler liefert die 16-Bit-Adresse des nächsten zu bearbeitenden Befehls; nach Übernahme des Befehls in das Befehlsregister wird der Programmzählerstand erhöht.
– Das Interruptvektor-Register dient zum Ermitteln der Startadresse eines Unterprogramms, das durch eine Unterbrechungsanforderung aufgerufen wird (Interrupt-Serviceroutine). Die Startadressen dieser Unterprogramme sind im externen Arbeitsspeicher abgelegt (Interrupt-Adreßtabelle). Das Interruptvektor-Register liefert das höherwertige Byte der betreffenden Speicheradresse (Adreßzeiger bzw. Interruptvektor), das niederwertige Byte liefert das die Unterbrechung anfordernde Gerät (s. a. 6.4.2).
– Das Refreshregister liefert die Adressen für das Refresh dynamischer RAM's und wird bei jedem Befehlsaufruf um Eins erhöht (das Refresh erfolgt automatisch, während der CPU einen Befehl decodiert und ausführt, so daß dadurch ihre Bearbeitungsgeschwindigkeit nicht beeinträchtigt wird).

Der Befehlssatz eines Mikroprozessors setzt sich aus drei Typen von Befehlen zusammen (s. Tab. 44). Die meisten Befehle arbeiten mit Daten; im Anschluß an die Befehlsadresse muß daher entweder deren Wert als Konstante oder die Speicheradresse angegeben werden, unter der der Wert abgelegt ist. Die Abarbeitung eines Befehls erfolgt dann in mehreren Schritten. Zunächst gibt der Programmzähler eine Speicheradresse (N) aus. Der Inhalt dieses Speicherplatzes wird in das Befehlsregister geladen und vom Befehlsdecoder decodiert. Wenn der Befehl z. B. einen direkt

Tabelle 44
Grundtypen von Mikroprozessorbefehlen

Befehlsart	Beispiele/Bemerkungen
1. Transportbefehle	
1.1. ZVE intern	Ladebefehle,
1.2. ZVE ↔ Speicher	Stapelzugriffe } auch
1.3. ZVE ↔ Peripherie	E/A-Befehle } Blocktransfer
2. Datenmanipulationsbefehle	
2.1. arithmetisch	Addition, Subtraktion Inkremetieren, Dekrementieren Verschieben mit Übertrag
2.2. logisch	logische Verknüpfungen Bildung des Einserkomplements Verschieben ohne Übertrag
2.3. Vergleich	
2.4. Bitoperationen	Setzen/Rücksetzen einzelner Bits
3. Steuerbefehle	
3.1. Sprungbefehle	bedingt, unbedingt
3.2. Unterprogrammbefehle	
3.3. ZVE-Steuerbefehle	Halt, Interruptsteuerung

adressierten Operanden erfordert, müssen nacheinander die beiden folgenden Speicherplätze ($N + 1$ und $N + 2$) ausgelesen werden, deren Inhalt die Adresse des Operanden liefert. Erst jetzt kann der Operand ausgelesen und die eigentliche Operation ausgeführt werden.

Besondere Bedeutung kommt offensichtlich der Adressierung zu. Bei 8-Bit-Prozessoren ist die Verwendung von 16-Bit-Adressen üblich (es stehen sechzehn Adressenleitungen zur Verfügung); damit können $2^{16} = 64$ K (1 K $= 2^{10} = 1024$) Speicherplätze unmittelbar adressiert werden. Folgende Adressierungsarten werden vor allem angewendet:

- unmittelbare Adressierung: Der Operand steht im Befehl, d. h., nach dem Operationscode werden ein oder zwei Byte angegeben, die als Konstante interpretiert werden;
- direkte Adressierung (absolut): Die Adresse des Operanden steht im Befehl, d. h., nach dem Operationscode werden zwei Byte angegeben, die die Adresse des Operanden oder eine Sprungadresse bilden;
- indirekte Adressierung (absolut): Die Adresse des Operanden steht in einem Register, d. h., der Inhalt eines durch den Operationscode angesprochenen 16-Bit-Registers wird als Adresse interpretiert, unter der der Operand im externen Arbeitsspeicher abgelegt ist;

– indizierte Adressierung (direkt, relativ): Die Adresse des Operanden ergibt sich aus der im Befehl angegebenen Distanz und dem Inhalt des Indexregisters;
– implizite Adressierung (Registeradressierung): Der Operationscode bezieht sich unmittelbar auf ein oder mehrere Register, die die Operanden enthalten.

Ein Befehl besteht demnach aus einem Bitmuster von ein oder mehreren Byte Länge, dem Maschinencode. Wegen der besseren Übersichtlichkeit schreibt man die Befehle in hexadezimaler Form (vgl. 6.1.3).

Zur Programmentwicklung auf Maschinenebene benutzt man eine Befehlsdarstellung, die sich aus englischen Kürzeln für die Operationen (engl.: mnemonics) und Symbolen für Adressen und Daten zusammensetzt und die mittels eines speziellen Übersetzungsprogramms (Assembler) vom Mikrorechner in ein abarbeitbares Maschinenprogramm übersetzt werden muß. Die Verwendung höherer Programmiersprachen setzt entsprechend leistungsfähige Übersetzungsprogramme (Interpreter, Compiler) voraus, die den Quelltext des Programms in ein Maschinenprogramm übertragen, das vom Computer abgearbeitet werden kann.

6.4.2 Unterbrechungsbearbeitung

Wie bereits erwähnt, beruht die vielseitige Anwendbarkeit des Mikrorechners in der Prozeßdatenverarbeitung vor allem darauf, daß er auf zu beliebigen Zeiten auftretende periphere Ereignisse mit der Abarbeitung bestimmter Unterprogramme reagieren kann. Solche ereignisbedingten Unterbrechungen können durch besondere Fehlerzustände im Rechner selbst (z. B. Ausfall der Betriebsspannung) bzw. in peripheren Geräten (z. B. Meldung unzulässiger Betriebszustände) oder durch das Vorliegen von Daten zur Eingabe in den Rechner (z. B. aus einem Meßgerät oder einer Tastatur) bzw. durch die Bereitschaft zur Übernahme von Daten aus dem Rechner (z. B. von einem Meßgerät oder einem Drucker) erforderlich werden.

Grundsätzlich gibt es zwei Möglichkeiten der Informationsgewinnung über Zustandsänderungen in der Peripherie. Eine besteht darin, daß der Rechner zyklisch das laufende Programm unterbricht, um den Zustand aller peripheren Einheiten abzufragen (engl.: polling). Ob danach das Hauptprogramm fortgesetzt oder zu einer Unterbrechungsbearbeitung verzweigt wird, hängt von dem Ergebnis der Abfrage ab. Dieses Verfahren läßt sich zwar einfach realisieren, hat aber den Nachteil, daß der Mikrorechner bereits während der Abfrage keine anderen Operationen ausführen kann und daß er auf eine Zustandsänderung nicht unmittelbar, sondern erst nach dem nächsten Abfragezyklus reagiert.

Diese Nachteile weist die zweite Lösung nicht auf, bei der dem Mikrorechner eine externe Zustandsänderung unmittelbar mitgeteilt wird (Unterbrechungsanforderung; engl.: interrupt request). Auf diese Anforderung hin wird das laufende Programm nach dem gerade in Bearbeitung befindlichen Befehl unterbrochen. Dabei wird der aktuelle, durch Registerinhalte gekennzeichnete Prozessorzustand gerettet, damit das Hauptprogramm nach Beendigung der Unterbrechungsbearbeitung ordnungsgemäß fortgesetzt werden kann. Außerdem muß der Mikrorechner die Quelle der Unterbrechungsanforderung identifizieren, um die Startadresse des zu deren Bearbeitung erforderlichen Unterprogramms ermitteln zu können. Beim Vektorinterrupt liefert die Interruptquelle das niederwertige Byte des Interruptvektors, wenn die Anforderung vom Mikrorechner akzeptiert worden ist (vgl. S. 423: Interruptvektor-Register). Falls gleichzeitig mehrere Quellen Unterbrechungen anfordern können, muß deren Priorität festgelegt sein und berücksichtigt werden.

Zum Auffinden der aktuellen Interruptquelle werden vor allem zwei Verfahren verwendet. Die einfachste Lösung beruht auf einer Oder-Verknüpfung aller Anforderungsleitungen. Wenn eine Unterbrechungsanforderung vorliegt, fragt der Mikrorechner in einer Polling-Routine alle Interruptquellen in der Reihenfolge ihrer Priorität ab, bis er die anfordernde Quelle gefunden hat. Schaltungstechnisch und bezüglich der Steuerung aufwendiger, aber dafür bedeutend zeitgünstiger ist die Verwendung einer Interruptkette, in der die Interruptquellen entsprechend ihrer Priorität hintereinander geschaltet sind (engl.: daisy chain). In dieser Kette werden über entsprechende Steuereingänge alle Interruptquellen geringerer Priorität gesperrt, wenn eine Unterbrechungsanforderung angenommen worden ist. Danach wird die CPU für alle weiteren Unterbrechungen gesperrt, so daß die Bearbeitung des entsprechenden Unterprogramms ungestört erfolgt. Im Programm kann aber auch eine geschachtelte Unterbrechungsbehandlung ermöglicht werden, indem man zuläßt, daß Anforderungen höherer Priorität eine erneute Unterbrechung und Programmverzweigung bewirken.

6.4.3 Periphere Schaltkreise

Mikroprozessoren sind zum Anschluß an den externen Bus mit Tristate-Ausgängen ausgestattet und können darüber Operanden und Befehle sowohl ausgeben als auch aufnehmen. Für ein Minimalsystem ist der Mikroprozessor also lediglich mit einem geeigneten Speicher zu koppeln; zu seinem Betrieb ist darüber hinaus nur ein Taktgenerator und eine Betriebsspannungsquelle erforderlich (s. Abb. 6.85). Art und Umfang des Speichers richten sich nach dem Einsatzgebiet. Meist wird als Programmspeicher ein ROM verwendet, der mindestens die Initialisierungsroutinen und den residenten Teil des Betriebssystems enthält und der durch einen RAM als Arbeitsspeicher ergänzt wird (u. U. ist als Arbeitsspeicher bereits der Registerblock des Prozessors ausreichend). Derartige Minimalkonfigurationen stehen heute als sogenannte Einchip-Mikrorechner zur Verfügung.

In umfangreicheren Systemen und in Abhängigkeit von den speziellen Bedingungen des Datenverkehrs mit der Peripherie (Datenübertragung bitparallel oder bitseriell, synchron oder asynchron) ist aber eine zusätzliche Steuerlogik erforderlich, um den Datentransport zwischen der CPU, verschiedenen Speichern und peripheren Geräten zuverlässig und schnell abwickeln zu können. Um den Aufwand an weiteren Schaltkreisen möglichst gering zu halten, sind für diese Aufgaben hochintegrierte

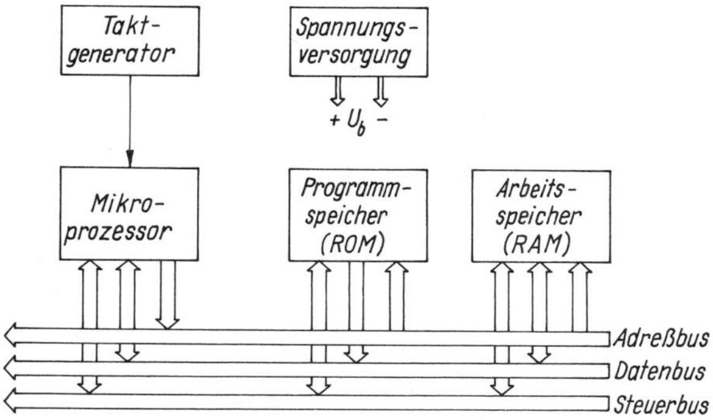

Abb. 6.85. Minimalkonfiguration eines Mikrorechners

Spezialschaltkreise entwickelt worden. Die meisten dieser Schaltkreise gestatten die Programmierung mehrerer verschiedener Betriebsarten über Steuerbefehle, die in internen Registern gespeichert werden können.

Einfache Ergänzungsschaltkreise sind Taktgeneratoren, Bustreiber und Schaltkreise zur Interruptsteuerung. Taktgeneratoren dienen der Erzeugung des Systemtakts mit den erforderlichen Werten von Flankensteilheit und Tastverhältnis; sie benötigen lediglich einen Schwingquarz als zusätzliches diskretes Bauelement. Bustreiber ermöglichen den Anschluß einer größeren Anzahl von Schaltkreisen an den Bus, ohne daß dadurch die Ausgänge des Mikroprozessors überlastet werden. Wenn mehrere Interruptquellen von einem Mikroprozessor zu bedienen sind, die die Unterbrechungsbearbeitung (z. B. den Aufbau einer Interruptkette oder die Realisierung eines Vektorinterrupts) nicht unterstützen, gestatten Interrupt-Steuerschaltkreise eine entsprechende Bearbeitung der Unterbrechungsanforderungen.

Zur Grundausstattung vieler Mikrorechner gehört eine Tastatur zur Eingabe von alphanumerischen und Steuerzeichen, ein Bildschirmgerät als Ausgabeeinheit und ein Massenspeicher zur nichtflüchtigen Speicherung von großen Datenmengen und Programmen. Zur Steuerung sowohl der Schnittstellen als auch der Zusatzgeräte selbst sind spezielle Schaltkreise entwickelt worden.

Bildschirm-Steuerschaltkreise steuern den Zugriff zum Bildwiederholspeicher und zum Zeichengenerator und erzeugen die für die Bildsynchronisation notwendigen Steuerimpulse; darüber hinaus gestatten sie die Wahl des Bildformats (Zeilen/Bild, Zeichen/Zeile) und die Steuerung des Kursors. Besondere Graphikdisplay-Steuerschaltkreise verfügen über ein wesentlich größeres Adressenvolumen zur Adressierung des Bildwiederholspeichers und ermöglichen dadurch die Ansteuerung jedes einzelnen Bildpunktes auf dem Bildschirm; außerdem können sie anhand von Parametern, die von der CPU übergeben werden (z. B. Anfangs- und Endpunkt, Mittelpunkt, Radius) den Inhalt des Bildwiederholspeichers modifizieren, um Standarddarstellungen (Geraden, Kreisbögen u. ä.) zu erzeugen. Darüber hinaus können sie die für bestimmte Aufgaben (z. B. Teilbilddarstellung, Vergrößerung) erforderlichen Berechnungen übernehmen und dadurch die CPU entlasten, die nur die Parameter bereitstellen muß.

Als Massenspeicher werden vorzugsweise Magnetfolienspeicher (Floppy-Disk-Einheiten) verwendet. Die Datenaufzeichnung erfolgt seriell. Ein Floppy-Disk-Steuerschaltkreis unterstützt bestimmte Formate zur Datenspeicherung, übernimmt die Zwischenspeicherung bei Lese- und Schreiboperationen sowie die Erzeugung und Kontrolle von Steuer- und Prüfzeichen und liefert Fehlermeldungen bei fehlerhaften Operationsbefehlen (z. B. Sektor nicht gefunden).

Universelle Ein/Ausgabeschaltkreise bieten sehr flexible Möglichkeiten für den Datentransport zwischen Mikroprozessor und Peripherie. Sie nehmen eine Zwischenspeicherung der zu übertragenden Daten vor, erzeugen und kontrollieren die für die Abwicklung des Datenverkehrs erforderlichen Steuersignale (Takt- und Synchronsignale, Quittungssignale) und unterstützen damit die Bearbeitung von Unterbrechungsanforderungen. Man unterscheidet parallele und serielle Ein/Ausgabeschaltkreise. Ein paralleler Ein/Ausschaltkreis PIO (von engl.: parallel input output) gestattet eine bitparallele, byteserielle Datenübertragung. Er verfügt meist über zwei Kanäle (engl.: port), die unabhängig voneinander – auch bitweise – zur Ein- oder Ausgabe verwendet werden können. Typische Anwendungen sind z. B. die Schnittstellen zu Tastaturen oder Meßwert-Ein/Ausgaben. Ein serieller Ein/Ausgabeschaltkreis SIO (von engl.: serial input output) verfügt meist über zwei Kanäle für das bitserielle Senden und Empfangen von Daten. Er übernimmt die Parallel/Serien- bzw. Serien/Parallel-Umsetzung, die Ergänzung der Datenworte durch Start- und Stopp-Bits sowie die Synchronisation entsprechend dem gewählten Übertragungsrahmen und der Bitrate. Darüber hinaus kann er die Ergänzung mit Paritäts- und Blockprüfbits sowie die entsprechende Datenkontrolle vornehmen. Typische Anwendungen sind der Datenaustausch mit Magnetfolienspeichern und die Datenfernübertragung (vgl. 6.3.5).

Weitere Schaltkreise sind zur Realisierung spezieller Steuerungsaufgaben entwickelt worden. Ein Schaltkreis zum direkten Speicherzugriff DMA (von engl.: direct memory access) organisiert den direkten Datenverkehr zwischen verschiedenen Speicherbereichen und peripheren Geräten, wobei sowohl Such- als auch Transportoperationen ausgeführt werden können. Gegenüber dem Datentransport über die CPU kommt man damit zu wesentlich zeitgünstigeren Lösungen, die insbesondere zur Datenübertragung zu Massenspeichern oder zur zyklischen Datenübertragung (z. B. zwischen Bildwiederholspeicher und Bildschirm-Steuerschaltkreis) vorteilhaft sind. Ein Zähler-Zeitgeber-Schaltkreis CTC (von engl.: counter timer circuit) enthält mehrere Kanäle, die wahlweise und unabhängig voneinander sowohl als intern gesteuerte Zeitgeber als auch zur Zählung externer Impulse verwendet werden können; zur Erweiterung des Zählumfangs kann man mehrere Kanäle hintereinanderschalten. Typische Anwendungen sind Ereignis- und Frequenzzähler, Echtzeituhren und integrierende D/A-Wandler.

Zur Bewältigung umfangreicher Datenmanipulationen kann die Leistungsfähigkeit eines Mikrorechners durch den Einsatz von Koprozessoren beträchtlich gesteigert werden. Die Befehlsliste von Arithmetikprozessoren umfaßt die Grundrechenarten in Gleitkommaarithmetik, darüber hinaus z. T. Standardfunktionen wie Quadratwurzel,

Absolutwert und Vergleich sowie trigonometrische, Exponential- und Logarithmusfunktionen. Signalprozessoren verfügen ebenfalls über einen umfangreichen Befehlssatz zur arithmetischen und logischen Datenverknüpfung, sind aber für ganz bestimmte Anwendungsgebiete in der Signalverarbeitung und höchsten Datendurchsatz konzipiert (z. B. schnelle Fourier-Transformation). Teilweise haben sie Analogeingänge, und die Signale werden erst über Abtast-Halteschaltungen und A/D-Wandler in Digitalsignale umgesetzt und nach der Verarbeitung wieder in Analogsignale umgewandelt.

Literaturverzeichnis

Ergänzende und weiterführende Literatur (Auswahl)

[1] ELSCHNER, H., und A. MÖSCHWITZER, Einführung in die Elektronik-Elektrotechnik (2. Aufl.). Verlag Technik, Berlin 1987.

[2] MÖSCHWITZER, A., K.-H. DIENER, D. LANDGRAF-DIETZ, Mikroelektronik. Verlag Technik, Berlin 1987, und Dr. A. Hüthig Verlag, Heidelberg 1987.

[3] MÜLLER, R., und A. PIOTROWSKI, Einführung in die Elektrotechnik und Elektronik, Teil 1–2. R. Oldenbourg Verlag, München 1985/88.

[4] NÜHRMANN, D., Das große Werkbuch Elektronik (4. Aufl.). Franzis-Verlag, München 1984.

[5] Pfeifer, H. (Hrsg.), Elektronikpraktikum (3. Aufl.). BSB B. G. Teubner Verlagsgesellschaft, Leipzig 1990.

[6] PHILIPPOW, E. (Hrsg.), Taschenbuch Elektrotechnik, Bde. 1–6 (2./3. Aufl.). Verlag Technik, Berlin 1986–1989.

[7] RINT, C. (Hrsg.), Handbuch für Hochfrequenz- und Elektrotechniker, Bde. 1–5. Dr. A. Hüthig Verlag, Heidelberg 1979–1981.

[8] SCHRÖDER, H., und G. ROMMEL, Elektrische Nachrichtentechnik, Bde. 1–3 (10. Aufl.). Pflaum-Verlag, München 1978–1984.

[9] TIETZE, U., und Ch. SCHENK, Halbleiter-Schaltungstechnik (9. Aufl.). Springer-Verlag, Berlin, Heidelberg, New York 1990.

[10] VÖLZ, H., Elektronik. Grundlagen, Prinzipien, Zusammenhänge (5. Aufl.). Akademie-Verlag, Berlin 1989.

[11] ZASTROW, D., Elektronik (3. Aufl.). F. Vieweg & Sohn, Wiesbaden 1988.

Kapitel 1

[1.1] BRIGHAM, E. ORAN, FFT: Schnelle Fouriertransformation (Übers. a. d. Engl., 3. Aufl.). R. Oldenbourg Verlag, München 1987.

[1.2] FRITZSCHE, G., Theoretische Grundlagen der Nachrichtentechnik (4. Aufl.). Verlag Technik, Berlin 1987.

[1.3] LUNZE, K., Berechnung elektrischer Stromkreise (14. Aufl.). Verlag Technik, Berlin 1987, und Dr. A. Hüthig Verlag, Heidelberg 1987.

Kapitel 2

[2.1] LUNZE, K., Theorie der Wechselstromschaltungen (7. Aufl.). Verlag Technik, Berlin 1988.
[2.2] MORGENSTERN, B., Elektronik, Bd. 1: Bauelemente (5. Aufl.). Fr. Vieweg & Sohn Verlagsges., Wiesbaden 1987.
[2.3] PAULI, W., Vierpoltheorie. Akademie-Verlag, Berlin 1974, und Fr. Vieweg & Sohn Verlagsges., Wiesbaden 1974.
[2.4] RÜHL, H., Zweipole und Vierpole in elektronischen Schaltungen. Dr. A. Hüthig Verlag, Heidelberg 1975.
[2.5] RUMPF, K.-H., Bauelemente der Elektronik (13. Aufl.). Verlag Technik, Berlin 1988.

Kapitel 3

[3.1] BADEN-FULLER, A. J., Mikrowellen. Fr. Vieweg & Sohn Verlagsges., Braunschweig 1974.
[3.2] FASSHAUER, P., Optische Nachrichtensysteme. Dr. A. Hüthig Verlag, Heidelberg 1984.
[3.3] GLASER, W., Lichtleitertechnik. Verlag Technik, Berlin 1981.
[3.4] GRIMM, E., und W. NOVAK, Lichtwellenleitertechnik. Verlag Technik, Berlin 1988, und Dr. A. Hüthig Verlag, Heidelberg 1988.
[3.5] JANSSEN, W., Hohlleiter und Streifenleiter. Dr. A. Hüthig Verlag, Heidelberg 1977.
[3.6] KUMMER, M., Grundlagen der Mikrowellentechnik (2. Aufl.). Verlag Technik, Berlin 1989.
[3.7] PESCHL, H., HF-Leitung als Übertragungsglied und Bauteil. Pflaum Verlag, München 1979.

Kapitel 4

[4.1] HEYWANG, W., und W. MÜLLER (Hrsg.), Halbleiterelektronik. Springer-Verlag, Berlin, Heidelberg, New York.
Bd. 1: MÜLLER, R., Grundlagen der Halbleiter-Elektronik (5. Aufl.). 1987.
Bd. 2: MÜLLER, R., Bauelemente der Halbleiter-Elektronik (2. Aufl.), 1979.
Bd. 5: SPENKE, E., *pn*-Übergänge, 1979.
Bd. 6: SCHRENK, H., Bipolare Transistoren, 1978.
Bd. 7: BENEKING, H., Feldeffekttransistoren, 1973.
Bd. 10: WINSTEL, G., WEYRICH, C., Optoelektronik I (ber. Nachdr.), 1981.
Bd. 11:WINSTEL, G., WEYRICH, C., Optoelektronik II, 1986.
Bd. 12: GERLACH, W., Thyristoren (ber. Nachdr.), 1981.
[4.2] MÖSCHWITZER, A., Halbleiterelektronik – Wissensspeicher (6. Aufl.). Verlag Technik, Berlin 1988.
[4.3] MÖSCHWITZER, A., und K. LUNZE, Halbleiterelektronik (8. Aufl.). Verlag Technik, Berlin 1988, und Dr. A. Hüthig Verlag, Heidelberg 1988.
[4.4] MÖSCHWITZER, A., K.-H. DIESNER, D. LANDGRAF-DIETZ und E. KÖHLER, Halbleiterelektronik – Arbeitsbuch (2. Aufl.). Verlag Technik, Berlin 1977.
[4.5] PAUL, R., Optoelektronische Halbleiterbauelemente. Teubner-Verlag, Stuttgart 1985.
[4.6] PORST, A., Bipolare Halbleiter. Hüthig & Pflaum Verlag, München/Heidelberg 1979.

Kapitel 5

[5.1] Balcke, E., und H. Krause, Grundlagen der analogen Schaltungstechnik (2. Aufl.). Verlag Technik, Berlin 1984.
[5.2] Dostal, J., Operationsverstärker. Verlag Technik, Berlin 1986, und Dr. A. Hüthig Verlag, Heidelberg 1986.
[5.3] Fliege, N., Lineare Schaltungen mit Operationsverstärkern. Springer-Verlag, Berlin, Heidelberg 1979.
[5.4] Herpy, M., Analoge integrierte Schaltungen (2. Aufl.). Franzis-Verlag, München 1980.
[5.5] Hiller, H., Operationsverstärker-Schaltungen und ihre Anwendungen. Verlag Technik, Berlin 1982.
[5.6] Jungnickel, H., Stromversorgungseinrichtungen (2. Aufl.). Verlag Technik, Berlin 1985.
[5.7] Köstner, R., und A. Möschwitzer, Elektronische Schaltungstechnik (5. Aufl.). Verlag Technik, Berlin 1989, und Dr. A. Hüthig Verlag, Heidelberg 1989.
[5.8] Morgenstern, B., Elektronik, Bd. 2: Schaltungen (3. Aufl.). Fr. Vieweg & Sohn Verlagsges., Braunschweig 1981.
[5.9] Möschwitzer, A., und K.-H. Rumpf, Einführung in die Elektronik (6. Aufl.). Verlag Technik, Berlin 1988.
[5.10] Rumpf, K.-H., und M. Pulvers, Transistor-Elektronik (10. Aufl.). Verlag Technik, Berlin 1986, und Dr. A. Hüthig Verlag, Heidelberg 1986.
[5.11] Schmidt, G., Grundlagen der Regelungstechnik. Springer-Verlag, Berlin, Heidelberg, New York 1982.
[5.12] Seifart, M., Analoge Schaltungen (3. Aufl.). Verlag Technik, Berlin 1990, und Dr. A. Hüthig Verlag, Heidelberg 1990.
[5.13] Steimle, W., Der Bipolartransistor in linearen Schaltungen, Teil 1–2. R. Oldenbourg Verlag, München 1986.
[5.14] Wupper, H., Grundlagen elektronischer Schaltungen (2. Aufl.). Dr. A. Hüthig Verlag, Heidelberg 1986.

Kapitel 6

[6.1] Dokter, F., und J. Steinhauer, Digitale Elektronik in der Meßtechnik und Datenverarbeitung, Bd. 1: Theoretische Grundlagen und Schaltungstechnik (5. Aufl.), Bd. 2: Anwendung der digitalen Grundschaltungen und Gerätetechnik (4. Aufl.). Philips Fachbücher, Dr. A. Hüthig Verlag GmbH, Heidelberg 1975.
[6.2] Eckhardt, D., und W. Gross, Grundlagen der digitalen Schaltungstechnik (3. Aufl.). Militärverlag der DDR, Berlin 1982.
[6.3] Jorke, G., Lampe, B., Wengel, N., Arithmetische Algorithmen der Mikrorechentechnik. Verlag Technik, Berlin 1989.
[6.4] Kobitzsch, W., Mikroprozessoren – Aufbau und Wirkungsweise. R. Oldenbourg Verlag, München.
Teil 1: Grundlagen (3. Aufl.), 1984.
Teil 2: Beispiele und Anwendungen (2. Aufl.), 1988.
[6.5] Kühn, E., Handbuch TTL- und CMOS-Schaltkreise (3. Aufl.). Verlag Technik, Berlin 1988, und Dr. A. Hüthig Verlag, Heidelberg 1988.

[6.6] MATSCHKE, J., Von der einfachen Logikschaltung zum Mikrorechner (4. Aufl.). Verlag Technik, Berlin 1989 und Dr. A. Hüthig Verlag, Heidelberg 1989.

[6.7] MEILING, W., und R. FÜLLE, Mikroprozessoren und Mikrorechner. Akademie-Verlag, Berlin 1988.

[6.8] PELKA, H., Von der Schaltalgebra zum Mikroprozessor (2. Aufl.). Franzis-Verlag, München 1979.

[6.9] PERNARDS, P., Digitaltechnik. Dr. A. Hüthig Verlag, Heidelberg 1986.

[6.10] SEIFART, M., Digitale Schaltungen (3. Aufl.). Verlag Technik, Berlin 1988, und Dr. A. Hüthig Verlag, Heidelberg 1988.

[6.11] WOLF, G., Digitale Elektronik (4. Aufl.). Franzis-Verlag, München 1977.

[6.12] ZUIDERVEEN, E. A., Handbuch der digitalen Schaltungen. Franzis-Verlag, München 1981.

Sachverzeichnis